제2판

인간과 환경

김광렬 · 신택수 · 연익준 · 윤 철 · 이장훈 · 홍상표 | 공저

화수목

머리말 | PREFACE

인간은 누구나 행복하길 원한다. 따라서 인간의 삶 자체가 이 행복을 누리기 위해 준비하고 노력하며 추구하는 과정이라고 해도 틀린 말은 아닐 것이다. 사람마다 행복의 기준은 다를 수 있지만 아마도 쾌적한 환경에서의 삶은 모두가 공통적이지 않을까 생각된다.

현재 우리가 살고 있는 지구에서 무한한 경제적 가치를 지니고 있으면서도 그 가치가 제대로 인정받지 못하고 있는 대표적인 것은 공유물이라는 공통점을 가지고 있는 지구의 3대 구성요소인 공기, 물 그리고 암석권이라 부르는 땅일 것이다. 인간이 태어나서 죽을 때까지 생명을 유지하는데 필요한 모든 것을 공급해주고 물질적 행복감은 물론 정신적인 위안까지도 제공하는 지구의 구성요소임에도 불구하고 인간들의 근시안적 사고와 이기심은 그 가치의 소중함을 인정하는데 매우 인색해 왔다. 그 결과 각종 오염으로 피폐해진 지구는 급기야 인간의 행복하고 싶은 삶을 위협하기에 이르렀고, 수많은 인간들이 이미 고통을 겪고 있으며 생명을 잃고 있다.

이제는 일상이 되어버린 “환경”이란 용어나 개념도 그 중요성에 비해 인간들에게 별다른 관심이나 주의를 끌기에는 너무 진부한 단어가 되어버렸으며, 인간들의 습성인 무감각 속에 무관심의 영역으로 점차 사라지고 있다고 해도 과언은 아닐 것이다.

저자는 이러한 안타까운 현실에 대하여 조금이라도 환경에 관심을 가지거나 소중함을 인식하고 있는, 그래서 환경을 행복한 삶의 한 부분으로 생각하고자 하는 이들을 위하여 작은 길라잡이가 되기 위해 본서를 저술하게 되었다.

이 책은 저자의 40여년을 바라보는 오랜 강의와 연구경험을 토대로 대학의 교양교육용 교재나 같은 정도의 교육수준을 구비한 일반인들이 읽고 이해하는데 어려움이 없도록 수식이나 화학반응식 등을 사용하지 않았으며, 저자 관점에서의 생각이므로 개인에 따라 다를 수 있겠지만 적어도 현대를 살아가는 사람이라면 상식수준에서 알아야할 정도의 지식이라 여겨지는 환경관련 내용들로 구성하였다. 다만 19장은 예외적으로 환경관련 분쟁이나 피해 시 법률적인 측면에서의 참고를 위한 것으로 강의에서는 생략해도 무방하며, 또한 전공이나 관심분야에 따라 본서의 일부만을 선택하여 강의하거나 읽어도 좋을 것으로 생각된다.

끝으로 책을 지술하면서 여러 차례 다듬고 내용에 대한 검증도 하면서 노력을 하였음에도 불구하고 아직도 많은 오류와 부족함이 있을 것으로 생각되며, 이에 내한 녹자들의 이해와 조언을 부탁드린다. (kykim@cbnu.ac.kr)

저자 일동

차례 | CONTENTS

CHAPTER

01

환경의 정의 및 특성

CHAPTER 01

환경의 정의 및 특성

1.1 환경의 정의

“환경”이라는 말은 라틴어로 ‘에워싸다’, ‘둘러싸다’라는 뜻을 가진 ‘en’과 ‘원’ 또는 ‘고리(circle)’라는 뜻의 ‘viron’에 명사형 어미 ‘ment’를 붙여 만들어진 영어 단어 “Environment”를 우리말로 표현한 것으로 원 또는 둥그렇게 둘러싸인 장소라는 의미를 담고 있으며, 사전적 의미로는 생물에게 직접·간접으로 영향을 주는 자연적 조건이나 사회적 상황이라고 정의되어 있다. 즉, 환경은 넓은 의미에서 우주를 구성하고 있는 모든 생물적, 비생물적 구성요소들과 이들 사이에 일어나는 여러 현상들까지를 포함하나, 좁은 의미로는 지구를 공간적 범위로 인간을 중심으로 한 지구 내 모든 구성요소들과 이들 사이에 일어나는 상호관계를 뜻한다.

우리나라 환경정책 기본법에서는 환경을 그림 1.1과 같이 자연환경과 생활환경으로 구분하여, “자연환경”이란 ‘지하, 지표(해양 포함) 및 지상의 모든 생물과 이를 둘러싸고 있는 비생물적인 것들을 포함한 자연의 상태(생태계 및 자연경관 포함)를 말한다’라고 정의하고 있으며,

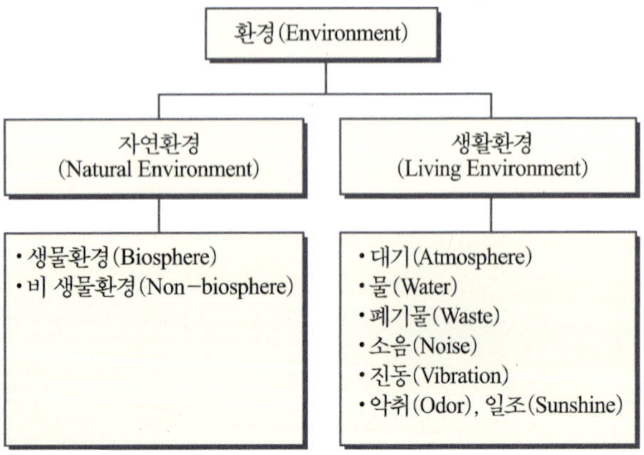

그림 1.1 환경정책기본법에 의한 환경의 분류

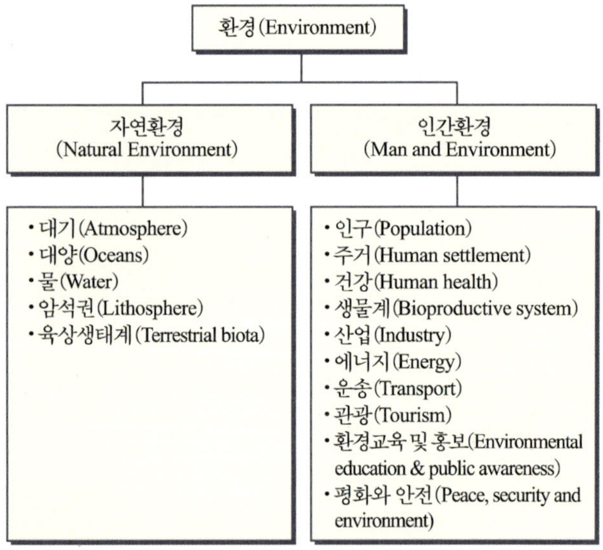

그림 1.2 환경구성요소(UNEP 분류)

“생활환경”이란 ‘대기, 물, 토양, 폐기물, 소음·진동, 악취, 일조, 인공조명 등 사람의 일상생활과 관계되는 환경을 말한다’라고 정의하고 있다.

또한 유엔 환경계획기구(UNEP)에서는 환경을 그림 1.2에 나타낸 바와 같이 자연환경과 인간환경으로 분류하고 있으며, 우리나라 환경정책 기본법에서 정의하고 있는 생활환경부분을 보다 구체적인 인간 중심의 항목으로 규정하고 있다.

이와 같이 환경의 정의와 분류는 대상과 기준에 따라 다를 수 있으나 환경의 기본적인 개념은 인간을 중심으로 지구를 구성하고 있는 모든 생물체와 비생물체 그리고 이들 사이에 일어나고 있는 여러 가지 다양한 현상들이나 관계를 포함한다고 할 수 있다.

1.2 환경오염의 특성

산업혁명 이후 급격한 과학기술의 발달은 산업화와 더불어 도시화, 경제발달 그리고 폭발적인 인구의 증가를 가져왔으며, 특히 20세기 들어 석유를 에너지원으로 다량생산(mass production)을 위한 끊임없는 자동화시스템(automation system)의 구축 결과 화석에너지를 비롯한

자원의 소비를 급격히 증가시켰다. 이와 같은 에너지와 광물자원의 소비는 인류의 삶을 물질적으로 매우 풍요롭게 하였지만, 산업시설들로부터 발생되는 각종 오염물과 자원의 채취 및 가공 그리고 화석에너지의 연소에 의한 오염물질의 배출은 자연이 가지고 있는 자정능력의 한계를 훨씬 초과함으로서 자정능력이 파괴되는 환경오염 문제로 나타나기 시작하였다. 특히 도시지역을 중심으로 오염된 대기와 하천 그리고 각종 소음과 악취 등의 문제는 생활환경의 질적 저하는 물론 일상적인 삶조차 위협을 하기에 이르렀으며, 그 결과 이미 수십 년 전부터 런던 등 대도시 지역에서 많은 사람들이 목숨을 잃는 환경오염 사건들이 발생하게 되었다. 각종 환경오염으로 인한 사고들이 세계 도처에서 발생함에 따라 산업화의 선두에 있는 선진국들을 중심으로 생산 중심의 경제발전을 최우선으로 하는 국가정책들이 환경을 고려한 정책으로 전환되기 시작하였으며, 또한 오염물의 발생원과 피해지역이 다르게 나타남으로서 국가 간의 환경 분쟁이 대두됨에 따라 환경문제를 국제적인 시각에서 다루기 위한 움직임이 시작되었다. 실제로 환경오염으로 인한 문제는 현재 우리의 지식과 기술로 판단하고 예측할 수 있는 범위나 정도보다 훨씬 더 크고 복잡하며 해결이 어려운 특성을 가지고 있다.

환경의 공간적 범위를 인간이 살고 있는 지구로 국한할 때 지구는 크게 대기권, 수권, 암석권으로 나눌 수 있으며 이들 3개 권역들은 상호관련성을 가지고 있어 끊임없이 물질과 에너지의 순환이 일어나고 있다. 따라서 만일 한 권역만이 오염되었다고 하더라도 오염물 역시 이들 권역을 순환함으로서 곧 다른 권역 까지 오염이 확산된다. 환경오염의 대표적인 특성을 보면 다음과 같다.

1) 상호관련성

지구 내에서 환경오염은 오염물질들이 특정한 대상에 국한되지 않고 확산을 통해 끊임없이 전이되고 순환됨에 따라 자정작용에 의해 소멸되거나 다른 물질로 전환 또는 안정화될 때까지 지속된다. 즉, 각각의 오염물질들은 생물에 직접적인 피해를 주거나 비생물적 요소들과 상호작용함으로써 새로운 형태와 문제를 발생시키기도 하고, 오염물질들 간의 물리, 화학, 생물학적 반응 등으로 상승작용을 일으켜 피해를 더욱 크게 나타냄으로서 환경오염 문제를 더욱 어렵게 만들기도 한다.

예를 들어, 인간의 산업 활동으로 소비되는 화석연료는 연소과정에서 발생되는 연소생성물로 대기를 오염시키고, 오염된 대기는 비나 눈 등으로 물과 토양을 다시 오염시키며, 그 결과 토양에서 생산되는 농작물과 음용수의 수질 등이 악화된다. 이와 같이 인간의 활동과 환경의 관계는 그림 1.3처럼 매우 밀접한 상호관련성을 가지고 있다. 또한 각각의 오염물질들이 개별적으로 나타내는 영향보다 여러 종류의 오염물들에 의한 복합적 피해가 훨씬 큰데 이는 상승작용에 의한 효과로 특히 물질에 의한 오염의 경우에 주로 나타난다.

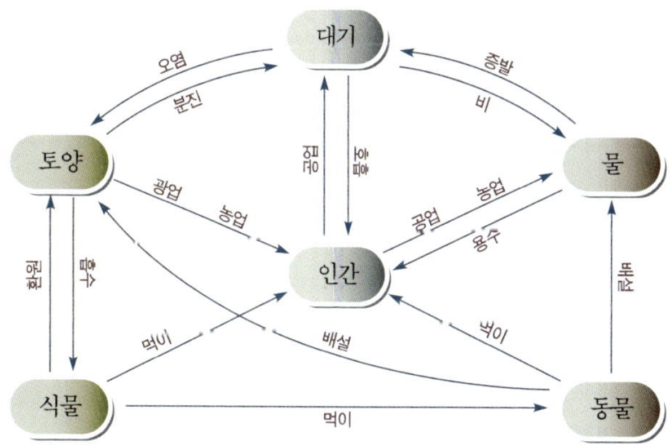

그림 1.3 인간과 환경의 상호관계

2) 광역성

우리나라는 매년 거의 주기적으로 중국으로부터 날아오는 황사와 연중 미세먼지로 인한 많은 피해를 입고 있으며 그 심각성이 매우 커지고 있다. 이와 같이 환경오염을 일으키는 오염물질의 발생원과 달리 피해는 오히려 멀리 떨어진 다른 지역에서 나타나게 되는데, 이러한 문제가 국가 간의 문제로 나타날 만큼 공간적으로 광범위한 피해를 유발하는 경우를 광역성이라 한다. 과거 영국의 맨체스터지방과 독일의 함부르크 지역의 산업단지에서 발생된 황산화물가스로 인해 노르웨이, 스웨덴, 덴마크 등 스칸디나비아국가들이 산성비 피해를 크게 입었던 일이나, 미국 동부 5대호 지역의

그림 1.4 황사

산업단지에서 배출된 황산화물가스가 캐나다의 단풍나무 숲 등을 고사시키고 토양을 산성화시킨 일 등은 환경오염의 광역성을 나타내는 대표적인 예라 하겠다.

이러한 환경오염의 광역성에 의한 심각성을 가장 먼저 인식한 국가는 EU(유럽공동체)를 중심으로 한 국가들로 특히 대기와 폐기물 등과 관련된 공동규제법 등을 제정함으로써 환경오염의 방지와 환경문제에 대한 국제적 대처에 적극적으로 앞장서고 있다. 실제로 광역성에 의한 환경피해로 국가 간의 분쟁이 발생하였을 경우 그 피해 정도를 정확히 조사하거나 예측하는 일이 매우 어려울 뿐만 아니라 보상 역시 강제할 수 있는 일이 아니기 때문에 국가 간의 갈등이나 마찰만 커질 뿐 실질적인 해결을 기대하기는 어렵다. 따라서 이러한 문제를 해결하기 위한 대책으로 환경문제의 사전 예방을 위한 상호 공동규제 등 국제적인 협력이 요구된다. 현재 국제적으로 많은 국가들이 참여하여 규제를 준수하고 있는 여러 가지 국제협약이나 의정서 등의 기원도 이러한 환경오염의 광역성으로부터 출발하였다고 할 수 있다.

3) 시차성

환경에서 일반적으로 규제하는 오염물질의 양이나 농도는 극미량으로 100만분의 1인 ppm(part per million)이나 10억분의 1인 ppb(part per billion) 등의 단위를 사용한다. 실제로 이러한 단위의 농도를 가지는 오염물이 인체에 즉각적인 영향을 나타내는 경우는 매우 드물다. 그러나 이러한 극미량의 농도를 가지는 오염물일지라도 오랜 기간 동안 인체나 생물체에 축적이 될 경우에는 여러 가지 영향을 나타낼 수 있다. 따라서 장기간 특정한 오염물질에 노출됨으로서 오염물의 체내 축적으로 피해가 나타나기까지의 시간차를 환경오염의 시차성이라 부른다. 환경오염의 시차성은 오염물질이 인체나 생물체에 축적되어 환경적 피해를 나타내기까지의 경과 시간을 말하지만, 실제로 환경오염물질의 축적에 의한 영향이 한 순간에 나타나는 것이 아니고 체내 축적량에 따라 아주 느리게 나타나다가 서서히 특정한 증상을 나타냄으로서 원인 규명이 매우 어렵기 때문에 시차성의 특성을 인식하지 못하는 경우가 많다. 과거 우리나라에서 발생한 원진레이온 근로자들의 이황화탄소에 의한 피해나 미국의 러브캐널 사건 등은 환경오염의 시차성을 보여주는 대표적인 예이며, 세계 최초의 공해병으로 인정받은 바 있는 일본에서의 미나마타병과 이타이이타이병 역시 오랜 기간 동안 수은과 카드뮴의 인체 내 축적이 원인으로 공해병으로 인정받기까지 30~40여년이 걸린 것으로 알려져 있다.

4) 자정작용

'환경'을 목적에 따라 '자연' 또는 '생태계'라고도 부르는데 환경, 즉 생태계가 가지고 있는 물리, 화학, 생물학적 작용에 의한 환경오염물질의 처리과정을 자정작용(self purification)이라고 하며, 실제로 지구상의 모든 오염물들은 바로 이 생태계의 자정작용에 의해 최종적으로 처리되고 있다. 따라서 환경, 즉 자연으로 배출되는 오염물질의 양이 자정작용에 의해 생태계가 정화할 수 있는 환경용량을 초과하지 않는 한 생태계는 환경오염 또는 환경파괴에 대하여 스스로 수용, 정화 및 복원하여 환경의 질을 유지시켜준다. 여기서 "환경오염"이라 함은 인간의 일상생활이나 산업활동에 의하여 발생되는 대기오염, 수질오염, 토양오염, 해양오염, 방사능오염, 소음·진동, 악취, 일조 방해, 인공조명에 의한 빛 공해 등으로 사람의 건강이나 생태계에 피해를 주는 상태를 말하며, "환경파괴"는 야생 동·식물의 남획 및 서식지 파괴, 생태계 질서의 교란, 자연경관 훼손, 표토의 유실 등으로 자연환경의 본래적 기능에 중대한 손상을 주는 상태를 말한다. 따라서 오염물질의 배출량이 환경용량을 초과하게 되면 자정작용에 대한 부하가 커져 자정능력이 감소하게 되며, 궁극적으로는 환경용량의 한계가 점차 축소됨으로서 오염물질들의 축적으로 인한 환경오염문제가 매우 심각해지게 된다. 주로 도시지역이나 산업단지 주변의 대기오염도가 높고, 또한 인근 하천이나 강의 수질이 매우 악화되어 있는 반면, 한적한 시골지역이나 산간 계곡 등의 환경이 양호한 데서 이러한 예를 확인할 수 있다. 현재 강과 주요 하천을 대상으로 정부에서 실시하고 있는 총량 오염제는 바로 강이나 하천의 자정능력을 평가하여, 이곳으로 유입되는 오염물의 총량이 환경용량 이하가 되도록 규제하는 것으로, 수질생태계의 자정능력을 유지토록 함으로서 생태계를 보호하고 환경오염을 방지하기 위한 정책이라 할 수 있다.

5) 엔트로피(Entropy) 증가

엔트로피라는 말은 '무질서의 정도', '쓸모없는 것으로 변하는 정도'라는 뜻으로 1865년 독일의 물리학자인 클라우시우스(Clausius)에 의해 열역학 제2법칙으로 정의되었으며, 열역학 제2법칙인 엔트로피의 법칙에서는 "모든 에너지는 엔트로피가 증가하는 쪽으로 이동한다."라고 정의함으로서 에너지의 흐름에 대한 방향을 나타내고 있다. 즉, 모든 에너지는 유용한 에너지에서 유용한 에너지의 양이 감소하는 쪽으로 이동하며, 이때 쓸모없는 에너지가 증가하는 것을 엔트로피의 증가라고 한다. 예를 들어 1L의 석유가 있을 때 이 석유의 화학에너지를 100이라고 가정한다면, 이 석유를 연소시켜 열에너지로 전환할 경우 얻어지는 열에너지는 100이 되지 못한다. 그 이유는 연소과정에서 화학에너지의 일부가 빛 에너지로 바뀔 뿐만 아니라 발생하는 열에너지를 전부 이용할 수 없기 때문으로 이때 손실된 총에너지가 엔트로피에 해당된다. 따라서 일상생활이나 산업 활동에서 발생되는 각종 대기오염물질, 폐수, 폐기물 등은 모두 유용한 자원들에 대한 엔트로피에 해당되며, 지구상에서 엔트로피의 증가는 자원고갈을 의미한다. 결국 인간에 의한 지속적인 엔트로피 증가는 재생 불가능자원의 고갈로 지구상에서 인류의 종말을 가져올 수도 있다.

1.3 환경문제가 대두된 원인

1) 인구의 급증

2016년 12월말 기준으로 세계의 인구는 74억 7천 4백만 명을 돌파하기에 이르렀다. 이렇게 인구가 급증한 것은 최근 몇 세기 동안의 현상이다. 인구의 증가를 그래프로 그려보면 영어 알파벳의 J자형으로 된다. 즉, 처음에는 서서히 증가하다가 갑자기 급증하는 형태가 된다. 세계의 인구는 16세기까지는 대단히 느리게 증가하여 6억 정도의 인구가 지구에 살고 있었다. 그 후 1804년 10억 명을 돌파하였고, 123년만인 1927년에 20억을 넘었으며, 1960년 30억, 1974년 40억, 1987년 50억, 1999년 60억, 2012년 70억 명 등으로 인구 10억 증가에 소요되는 기간이 갈수록 단축되는 경향을 보이고 있다. 세계은행에 따르면 전 세계인구는 2050년경 약 93억에 달하며 2100년까지 123억 명을 돌파할 것으로 추정하고 있다.

이러한 인구증가율의 90%가 개발도상국가에서의 증가율에 기인한 것이며, 지역적으로 볼 때 세계 인구의 75%가 아시아에 집중되어 있다. 인구가 증가하게 되면 최우선적으로 증가된 인구의 의식주와 관련하여 식량과 자원의 공급이 확대되어야 하며, 증가된 인구가 증가전과 같은 수준의 의식주 생활을 유지하기 위해서는 실제로 인구 증가율보다 더 높은 식량과 자원의 공급이 요구된다. 예를 들어 인구 증가율이 연간 2.1~2.2%가 된다고 가정할 경우 식량공급은 연간 4% 이상 증가해야만 한다. 따라서 인구가 증가하게 되면 식량생산에 더 한층 박차를 가하여야 하며, 이를 위해 농지 확대, 집약적인 농업 행위, 다수확종의 개발 등과 많은 양의 농약과 비료의 사용 등으로 환경파괴와 오염이 가속화될 수밖에 없게 된다. 또한 증가하는 인구를 입히고 적절한 주택을 제공하며 소비욕구를 충족시키고, 학교, 병원 등 사회간접시설 등을 확대하기 위해서는 더 많은 자원과 에너지의 소비 및 생산활동이 필요하며 그 결과 환경문제를 더욱 악화시키는 커다란 요인이 되게 된다. 실제로 비록 지구의 생태계는 엉망이 되었지만 농약과 농기계를 동원한 다수확 품종의 재배로 세계 식량생산량은 급격히 늘어났다. 그럼에도 불구하고 지금도 전 세계에서 기아로 5초에 8명씩이 죽어가고 있는 문제에 대하여 기아문제가 식량 부족이 아니라 식량의 수급 불균형 때문으로 보는 견해도 있다. 전문가들의 예측에 의하면 식량의 수요는 2030년까지 약 50% 정도 증가할 것으로 전망하고 있으나, 곡물생산은 기후변화 등의 영향으로 오히려 어려움이 더해질 것으로 보고 있어 식량자원 확보는 국가 간의 또 다른 소리 없는 전쟁을 암시하고 있다.

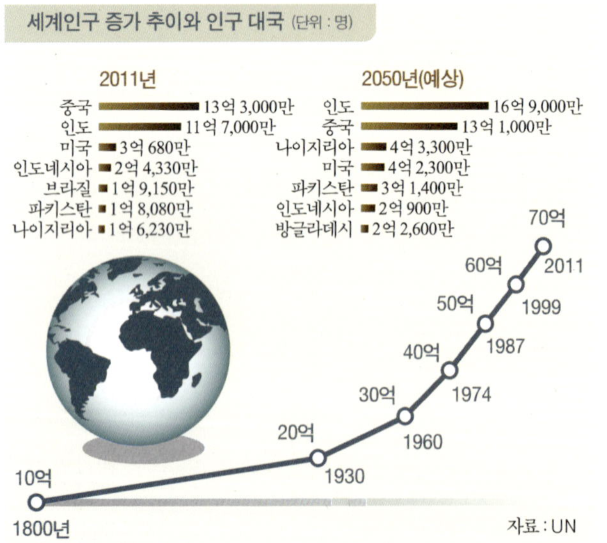

그림 1.5 세계인구증가율

2) 산업화와 자동화

인류는 산업혁명 이후 각종 제품을 생산할 수 있는 생산력을 급속하게 신장시켰다. 현대적인 제조시설을 갖춘 공장은 과거 가내공업으로 1년이나 걸려 생산하던 양을 단 몇 분 내에 생산할 수 있게 되었다. 또한 IT기술의 발달로 자동화시설을 구비한 대규모 제조공장들은 하루 24시간 쉴 사이 없이 수많은 제품들을 생산하고 있다. 예를 들어 2만여 개의 부품으로 이루어진 자동차가 불과 몇 분 내에 만들어질 정도로 자동화에 의한 대량생산체제를 구축하다보니 예전과 같이 소비가 생산을 창출하는 것이 아니라 생산이 소비를 창출하는 시대가 되었다. 이와 같이 생산이 수요를 초과하다보니 기업들은 다양한 매체를 통한 광고로 소비를 지속적으로 조장할 뿐만 아니라, 인간 삶의 기본이 되는 의식주 생활조차 패션화시킴으로서 막대한 양의 자원과 에너지를 필요 이상으로 과도하게 소비하게 하고, 이에 따라 생산과정에서 각종 환경오염물 뿐만 아니라 폐기물의 발생량까지 증가시키는 결과를 가져오고 있다. 적절한 수요 이상의 생산은 결국 한정된 자원의 고갈시기를 앞당길 뿐만 아니라 또한 과도한 폐기물의 발생 원인이 되고 있다. 특히 지하자원의 이용은 채광 및 선광과정에서 산림 벌채로 인한 생태계 파괴, 폐기물 발생, 폐수 및 대기오염 발생 등 환경문제를 직접 또는 간접적으로 더욱 악화시킨다.

그림 1.6 대규모 벌채

그림 1.7 자동화설비

오늘날 각종 매스미디어를 비롯하여 다양한 광고의 홍수 속에 살고 있는 현대인들은 이미 광고에 의한 세뇌로 물질의 소중함을 잊은 지 오래이며, 일상생활 중에 사용하는 여러 가지 제품들에 대하여 기능이나 역할보다도 유행이나 감성적 욕구에 대한 충족도를 우선시하게 되었다. 그 결과 전 세계적으로 소비수준은 매년 급속도로 증가하고 있고, 우리나라도 예외는 아니어서 2014년 10월 전 세계적으로 15번째, 아시아에서는 4번째로 자동차 등록대수가 2천만대를 넘어 섰고, 자원과 에너지의 사용량이 크게 증가하고 있다. 어린이나 어른을 막론하고 일상생활의 편의를 더하기 위해 다양한 소비용품들을 사용하고 있으며, 지속적인 사용 안하기 캠페인에도 불구하고 1회용품들은 그 종류와 사용량이 계속 증가 추세에 있고, 먹는 것, 입는 것, 장식용품 등 모든 것들이 과도하게 소비되고 있다. 이렇게 소비성향이 과도하게 높아짐에 따라 생활쓰레기를 비롯한 음식물쓰레기 등의 배출량이 줄어들지 않고 있으며 이들의 처리문제 역시 과잉 생산·소비와 함께 환경오염의 주된 원인이 되고 있다.

3) 자연에 대한 인간의 우위사상

인간은 자연을 마음대로 이용해도 되며 자연자원은 무한할 것이라고 생각하는 서양의 실용주의적 환경관이 환경문제를 일으키는 또 하나의 원인이 되어왔으며, 이와 같은 인간의 자연정복관과 우위사상이 서양문화와 사상의 근원이 되는 성경에서 비롯되었다는 주장이 있다. 성서의 창세기에 보면 "자식을 많이 낳고 번성하여 땅을 가득 채우고 지배하여라. 그리고 바다의 물고기와 하늘의 새와 땅을 기어 다니는 온갖 생물을 다스려라"라는 구절이 있는데 이를 잘못 받아들임으로서 자연에 대한 인간의 우위사상이 비롯되었다는 것이다. 즉, 창조론적 관점에서 인간과 자연이 동등한 피조물이라기보다는 자연을 종속물로 보는 잘못된 해석이 과학기술의 발달과 함께 인간 중심의 자연에 대한 정복관을 서구사회에 팽배시켜왔으며, 이러한 사상이 서구문물과 함께 전 세계로 확산되면서 전지구적으로 자연을 정복하고 지배하게 된 요인이 되었다고 생각된다. 그 결과 모든 지하자원은 물론 수많은 동·식물 등을 비롯한 자연자원들이 인간의 소비생활 충족을 위하여 무분별하게 이용되어 왔으며, 산업화 과정에서 수반되는 자연 파괴와 환경오염 문제를 당연시 하거나 합리화 시켜왔다. 이에 반하여 자연, 즉 환경에 대한 동양적인 사상은 공자와 맹자의 유교사상과 노자의 자연관을 바탕으로 인간 역시 하나의 자연, 즉 환경의 구성원으로 인식하고 있었으며, 경천애지(敬天愛地) 사상으로 자연을 경외하면서 동시에 자연에 순응하는 것이었다. 그 예로 과거 처음으로 글자를 배울 때의 학습서이었던 천자문조차 「천(天)」, 「지(地)」로부터 시작하여 「우주(宇宙)」로 이어지면서 글을 배움과 동시에 자연을 시작으로 인륜, 도덕 등 철학적 사상까지도 함께 가르치고 있었음을 알 수 있다. 그러나 발달된 서구문물과 함께 선진국으로부터의 과학과 기술의 전파는 동양적 자연관까지 서양사상으로 바꾸어 놓았으며, 일찍이 산업화와 개발로 인한 환경오염의 피해를 경험한 선진국에서는 환경의 중요성을 인식하여 오히려 동양적 환경관으로 회귀한 반면, 개발도상국을 비롯한 후진국에서는 환경파괴가 지속되고 있다. 야생동물을 죽이고 포획하는 사냥이나 낚시 등이 인간의 재미를 위한 스포츠로 아직까지 각광받고 있음은 자연에 대한 인간의 우위사상을 나타내는 또 하나의 예라고 볼 수 있다.

4) 인간의 이기심, 공유물의 비극

현재와 같은 환경문제가 발생하게 된 원인 중 또 다른 하나는 인간의 뿌리 깊은 이기심과 관계가 있다. 인간의 이기심에

그림 1.8 과도한 방목에 의한 사막화

대하여 가레트하딘은 다음과 같이 "공유물의 비극"이란 예를 들어 설명한 바 있다.

여기 좋은 목초가 가득한 넓은 공동방목지가 있다. 이곳은 원하는 사람이면 누구든지 자신이 기르는 소를 몰고 와서 풀을 뜯길 수 있다. 따라서 목동들은 가능한 한 많은 소를 공동방목지에서 기르려 하였다. 그럼에도 불구하고 이 공동방목지가 오랫동안 유지될 수 있었던 것은 수백 년 동안 부족들 간의 전쟁과 질병 등이 공동방목지에서 생활하는 인간과 가축의 수를 제한하였기 때문이었다. 그러나 전쟁이 멈추고 질병 등의 발병률이 낮아지면서 사회적 안정이 찾아들자, 모든 목축업자들은 그들의 소득 증대를 위해 무제한적으로 방목가축수를 증가시켰다. 그 결과 과도한 방목에 의해 방목지는 급속히 황폐화되기 시작하였으며, 결국 공동방목지는 더 이상 가축을 기를 수 없게 되었을 뿐만 아니라 오히려 황무지로 변해버렸고, 기르던 가축들도 굶어죽게 되었으며 인간들도 같은 운명에 처하게 되었다. 결과적으로 공동 방목지에서의 자유는 인간의 이기심으로 모두에게 파멸을 가져왔다. 이와 같은 공유물의 비극은 환경오염 문제에서도 나타난다. 더 이상 방목이 불가능한 황무지에 사람들이 이번에는 각종 폐기물을 내다버리기 시작한 것이다. 무단으로 버리는 것이 개개인이 이를 처리하는 것보다 훨씬 편리하고 경제적이기 때문이다. 그러므로 제한된 영역 속에서 각자가 독립적이며, 합리적인 자유경제주의자로 행동한다면 결국 이 영역은 오염되어 파괴되고 만다. 현재 대기, 물, 토양, 바다 등의 오염도 바로 이와 같은 공유물의 비극에서 비롯되었다고 볼 수 있다. 즉, 인간의 이기심 때문에 환경오염이 발생된다.

환경파괴에는 인간의 이기심뿐만 아니라 커다란 군사력이나 경제력을 갖춘 국가의 영향력이 작용하기도 한다. 국제관계에 있어서 국가적인 권력 또는 영향력을 행사하기 위해서는 막강한 군사력을 갖추는 것이 최상책이라고 생각하는 국가들이 많다. 미국과 러시아가 그 대표적인 예로 이들 국가는 이제까지 군비증강과 끊임없이 크고 작은 전쟁을 통해 지속적으로 환경을 파괴하거나 악화시켜 왔다. 과거 핵실험에 의한 방사능 낙진이나 베트남전에서의 고엽제 살포 등은 대표적인 사례라 할 수 있다. 아직도 전 세계적으로 물리학 박사학위를 소지한 과학자의 75%가 방위산업에 종사하고 있는 사실만 보더라도 전쟁 시는 물론 평상시에도 군수물자의 제조와 핵실험 등으로 상당한 환경오염과 파괴를 유발시키고 있음을 알 수 있다.

한편, 자본주의 경제체제에 있어서는 이러한 권력욕이 무한한 화폐소유욕으로 나타난다. 기업주들의 화폐소유욕과 기업의 세력 확장의욕은 과도한 소비풍조를 조장하고, 세계 도처에 다국적기업을 설립하여 공해형 산업을 수출시켰으며, 막대한 자원의 소비 및 개발활동으로 인해 갖가지 환경오염을 야기하고 있다. 그 예로 선진국들의 공해형 산업들은 모두 후진국으로 이전하고 있으며, 이로 인한 개발도상국에서의 환경오염문제 증가와 선진국들의 수요에 따른 각종 자원의 공급으로 인한 환경파괴 문제가 심화되고 있다.

5) 인간의 근시안적 사고방식

시간과 공간에 대한 인간의 근시안적 사고방식 역시 환경오염의 또 다른 원인이 되고 있다. 대부분의 현대인들은 현재와 가까운 장래에만 관심이 있을 뿐 인류의 미래와 자연환경에 대해서는 그다지 큰 관심이 없다. 즉, 미래세대에 대한 책임감이 부족하며 후손들에 대한 배려에도 매우 인색하다. 이것은 인간의 근시안적 사고방식을 대변하는 인류의 보편적인 속성이다.

또한 우리는 공간에 대해서도 근시안적 사고방식을 가지고 있다. 우리의 관심사는 우리의 가정, 사무실 등 좁은 공간 범위에 집중되어 있고, 지역, 국가, 세계 등 보다 넓은 공간에 대해서는 역시 큰 관심이 없다. 한 예로 서울의

한강변에 있는 올림픽대로에서 하루에 수거되는 담배꽁초가 트럭 2대분을 넘은 적이 있었다. 이것은 공간적 사고범위가 차안일 뿐이며 개인의 사고 범위가 좁은 차안의 공간을 벗어나지 못하는 사람들 때문이다.

우리들 모두는 자신이 살고 있는 집안이나 사무실을 깨끗이 청소하고 청결하게 유지할 줄 안다. 그러나 문 밖만 나서도 관심이 없을 뿐만 아니라 거리, 공원, 산, 강, 해수욕장 등 보다 더 넓은 공간을 훼손하고 오염시키는 것에 대해서는 별로 개의치 않는다. 이는 우리의 공간에 대한 근시안적 사고방식 때문이다.

CHAPTER 01 | 환경의 정의 및 특성

EXERCISE

1. 우리나라에서 환경문제가 대두된 근본 원인을 조사하라.
2. 21세기 우리나라의 가장 큰 환경문제는 무엇이라고 생각하며, 그 이유는?
3. 미국의 러브캐널 사건에 대하여 조사하라.
4. 자신이 살고 있는 지역을 중심으로 대표적인 환경문제의 예를 들고 해결 방법을 제시하라.
5. 환경오염의 상호관련성에 대한 예시를 들고 설명하라.
6. 엔트로피에 대하여 설명하라.
7. 환경문제로 인한 국가 간의 분쟁사례를 조사하여라.
8. 다국적 기업의 공해형 산업의 수출에 대한 예시를 들고 설명하라.
9. 우리나라가 피해를 입고 있는 황사와 미세먼지의 영향에 대하여 설명하라.
10. 공유물의 비극으로 인한 환경문제를 예방할 수 있는 대책을 제시하라.

CHAPTER 02

인류의 위기

CHAPTER

02 인류의 위기

2.1 위기의 21세기

인류는 수렵시대를 거쳐 농경시대와 함께 정착생활을 하기 시작하였다. 오랜 농경시대는 산업혁명을 전환점으로 도시의 형성과 산업사회라는 새로운 인류문명을 건설하게 되었으며, 오늘날 우리는 대량생산 시스템과 자동화 설비로 구축된 현대문명 속에 물질의 풍요와 편리를 누리며 살고 있다. 지난 역사 속에 눈부신 과학의 발전은 인류가 꿈꾸어왔던 모든 것을 거의 가능하게 하였을 뿐만 아니라 현재도 인류의 미래에 무한한 비전을 제시하고 있다. 그러나 21세기에 살고 있는 우리에게 미래는 결코 꿈과 희망이 넘치는 것만은 아닌 듯싶다. 이미 미래학자들이 인류의 위기를 끊임없이 경고하여 왔듯이 현재 우리가 누리고 있는 물질적 풍요와 혜택들은 모두가 환경을 담보로 주어진 것이라는 사실을 인식하기 시작하면서 위기의식이 대두되고 있다.

그 결과 20세기부터 제기되어온 지구상의 가장 큰 문제로는 지구온난화 및 기후변화 등과 같은 지구환경문제, 석유, 석탄 등과 같은 화석연료를 비롯한 여러 광물자원들의 고갈, 치명적인 신종 질병의 확산, 인구의 지속적인 증가와 식량부족 등을 들 수 있다. 즉, 환경, 에너지, 자원, 식량, 질병, 인구 등의 문제가 지구의 위기를 가속화시키고 있다. 현재 지구상에는 약 73억 명이 넘는 인간이 살고 있으며 이들이 생존하기 위해 소비하는 식량, 에너지, 자원 등의 생산과 소비과정에서 발생되는 환경오염의 문제는 과거 폭발적 인구 증가로 인한 인류의 위기보다 훨씬 더 심각한 21세기의 문제로 인식되고 있다.

산업혁명 이후 선진국들에 의한 환경오염과 근시안적 개발활동은 이미 그들의 국내문제의 범주를 벗어나 전 지구적인 환경문제로 확대되었으며, 그 결과 현재 우리가 겪고 있는 지구환경문제는 이제 새로운 도전에 직면하고 있다. 즉, 지구온난화와 기상변화, 사막화현상, 산성비 및 오존층 파괴 등은 심각한 지구의 위기를 초래하고 있다.

예를 들어 화석연료 사용의 급증과 더불어 끊임없이 제기되어 왔던 기후변화만 하더라도 2007년 2월 IPCC(기후변화에 관한 정부 간 패널) 4차 보고서에 지구상에서 일어나고 있음이 공식적으로 선언되었으며, 이와 함께 산업혁명이 시작된 1750년대부터 인간의 활동에 의해 전 지구적으로 온난화가 진행되어 왔음을 확신한다고 기술하였다. IPCC는 이 보고서를 작성하기 위해 수십 개의 기후모델을 비교하여 6개의 미래 기후에 대한 가상 시나리오를

그림 2.1 21세기 지구의 4대 위기

발표하였는데, 이 중 인류가 지구온난화의 심각성을 무시하고 화석연료를 기반으로 현재와 같은 경제발전 중심으로 나갈 경우인 최악의 시나리오를 보면 2100년쯤 지구의 평균온도가 약 4℃쯤 오르는 것으로 나타났고, 물질의 생산과 소비를 크게 줄이면서 재생자원과 재생에너지 사용을 최대한으로 높였을 경우를 가정한 최선의 시나리오의 경우 약 1.8℃ 정도 상승하는 것으로 나타났다. 또한 현재까지 인류가 배출한 온실가스만으로도 지구의 평균기온은 0.6℃ 상승할 것이라고 예측하였다. 이와 같은 지구의 온도 상승은 극지방의 빙하를 녹여 해수면의 상승과 더불어 전 지구적 해수순환을 느리게 하거나 멈추게 함으로서 10년 또는 그 이하의 짧은 시간 내에 지구의 기후를 완전히 다른 형태로 바꾸어 놓을 수도 있으며, 육상에서는 물 부족 현상이 심화되고 그로 인해 농업 생산량의 감소로 식량부족 현상이 가중될 수 있다. 지구의 평균온도가 1.5~2.5℃만 상승해도 전 세계 동식물의 약 30%가 멸종하며, 과거 빙하기 시절의 지구 평균온도가 현재의 평균온도 보다 겨우 5℃정도 밖에 낮지 않았음을 고려하면 21세기 지구온난화로 인한 기후 변화는 지구의 위기를 예고하고 있다고 해도 과장이 아닐 것이다.

이러한 위기 의식은 EU를 중심으로 이산화탄소 배출 감축과 규제를 강화하기 위한 자발적 노력을 통해 전 세계적으로 확산되어 왔으며, 특히 국제무역과 연계하여 더욱 강력한 규제수단으로 작용될 전망이다.

이미 선진국들을 중심으로 신재생에너지 및 자연에너지의 보급 확대로 화석에너지의 사용을 줄임으로서 이산화탄소의 배출량을 감축하고자 녹색기술 개발과 시설 투자에 막대한 예산을 투입하고 있으며, 또한 녹색기술을 국가의 신 성장 동력으로 삼아 경제적 부를 추구하기 위한 정책들이 추진되고 있다.

한편 폭발적인 인구의 증가 역시 기아로 인한 인류의 위기를 고조시키고 있는데, 지구가 부양할 수 있는 적정 인구를 정확히 알지 못하는 상태에서 인간의 삶의 수준을 어디에 맞추느냐에 따라 지구는 이미 부양인구를 초과하였을 수도 있고, 또한 아직은 여유가 있을 수도 있을 것이다. 만일 삶의 기준을 선진국 수준에 둔다면 이미 지구는 부양인구를 초과하였을 것이나 최소한의 의식주에 부족함이 없는 정도의 수준이라면 아직도 부양에 여유가 있을 것이다. 그럼에도 불구하고 편중된 자원과 농경지로 인하여 일부 국가에서는 식량생산을 전략적으로 제한하고 있으며 채식의 10배가 넘는 식량인 육식 위주의 식생활을 하고 있는 반면, 일부 국가에서는 생명유지를 위한 최소한의 식량조차도 공급받지 못하고 있다.

실제 기아로 인해 고통 받고 있는 인구만 하더라도 10억 이상인 것으로 알려져 있으며, 특히 굶주림으로 죽어가고 있는 어린이는 매년 2천만 명에 이르는 것으로 알려져 있다. 기아문제는 비단 후진국뿐만 아니라 선진국에서도 도시빈민 등 빈곤층에서 발생되고 있으며 실제로 단백질 섭취를 위해 애완동물들의 사료를 사먹는 경우도 있다. 한편 세계 최고의 부국인 미국에서 조차 26만 5,000여 가구의 아동이 결식아동이며, 전체 1억 800만 가구의 11%인 약 1,200만 가구가 절대빈곤층이라는 보고가 있으며, 최근에 경제적으로 급격한 성장을 하고 있는 중국 역시 총 인구의 12%인 1억 6천만 명이 절대 빈곤층인 것으로 알려져 있다.

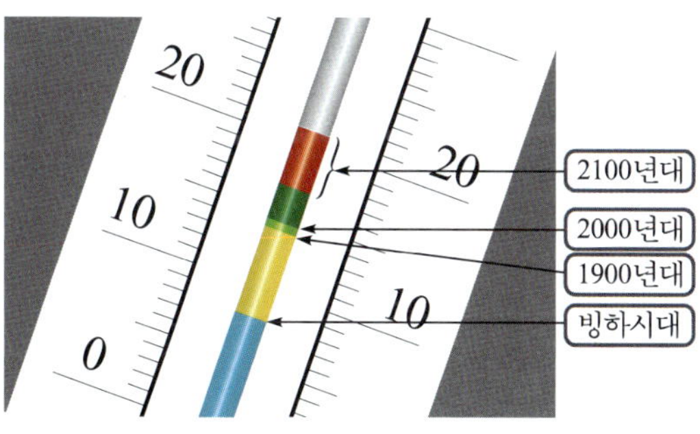

그림 2.2 지구 평균온도변화

그림 2.3 우주에서 본 지구

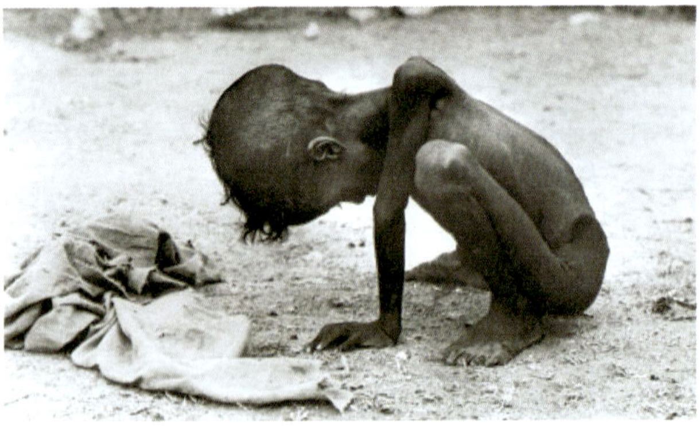

그림 2.4 기아로 고통 받는 어린이

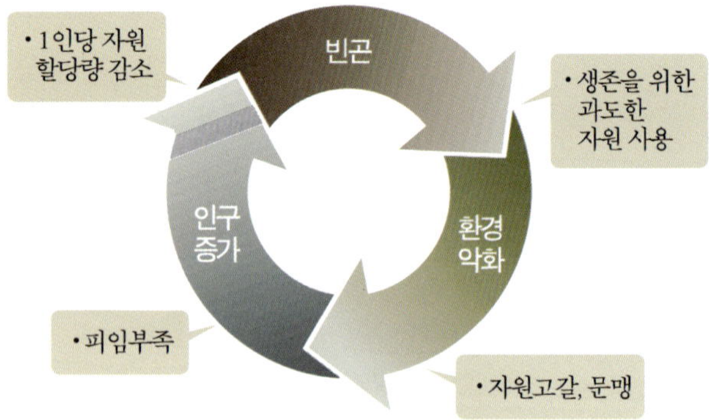

그림 2.5 빈곤의 악순환

유엔의 '2014 밀레니엄성장목표보고서'에 의하면 하루 소득 1.25달러 이하로 살아가는 절대빈곤층의 인구가 전 세계적으로 12억 명에 달하며, 이들 대부분은 아프리카 사하라사막 이남과 네팔 등 남아시아에 집중되어 있으며 이들 국민의 30~48%가 빈곤층인 것으로 알려져 있다.

이러한 절대빈곤층의 국가들은 대부분 높은 인구 증가율을 나타내고 있어 실제로 산업화가 된다고 하더라도 빈곤을 벗어나기가 매우 어렵다. 그 이유는 높은 문맹율과 낮은 교육환경, 부족한 자원과 낙후된 기술력 그리고 증가되는 인구를 부양하기 위해 의식주 공급만으로도 더욱 악화되는 경제력 때문에 시간이 지날수록 오히려 생활은 더욱 어려워지기 때문이다. 예를 들어 인구의 배가년도(인구가 2배로 증가되는데 걸리는 시간)가 30년이라고 가정할 때(실제로 후진국 대부분은 배가년도가 이보다 짧음) 2배로 늘어난 인구가 현재 수준의 생활을 유지하기 위해서는 식량, 주택, 생필품 등을 최소한 2배 이상 공급하여야 하며 이를 위해서는 식량생산을 위한 농경지, 축산 및 어업 등과 산업시설, 발전소, 학교, 병원, 도로, 환경기초시설 등 사회간접시설 그리고 용수, 에너지, 자원 등의 공급 등이 2배 이상 늘어나야 한다. 30년 동안 이러한 시설과 자원을 공급하기란 풍부한 자원과 첨단기술력을 가지고 있는 선진국조차도 거의 불가능에 가까운 일일 것이다. 따라서 이들 국가의 경우 인구증가의 억제가 빈곤을 벗어나는 최선책일 수밖에 없다.

그림 2.6 도시빈민

2.2 지구환경오염의 역사

현대 산업사회의 시작이라고 할 수 있는 18세기 산업혁명 이후 환경오염(Pollution)문제는 인구(Population), 빈곤(Poverty)과 함께 인류가 직면한 3가지 주요 문제로 대두되었다. 산업화를 주도한 미국, 영국, 독일 등을 중심으로 과학기술의 발전은 수많은 합성물, 특히 비료, 농약 및 살충제 등을 만들어냄으로서 식량 증산과 인류의 보건에 커다란 기여를 하였지만, 한편으로는 수많은 동·식물들의 멸종과 생태계를 파괴시켰고, 2차례의 세계대전 역시 수많은 인명피해와 산업시설의 파괴를 초래함과 동시에 지구를 황폐화시켰으며, 전후 개발주도의 정책들은 환경오염을 더욱 심화시켜왔다. 지구환경오염의 역사를 살펴보면

1945년 8월 일본 히로시마에 투하된 원자폭탄으로 20여 만 명의 사상자가 발생함으로서 방사능오염에 의한 환경문제가 처음으로 제기되었으며, 안개로 유명한 영국 런던에서는 석탄 연소생성물과 안개로부터 생성된 스모그로 인해 매년 사망자가 발생하여 왔는데, 특히 1952년 12월에 1주일간 스모그현상이 지속되면서 호흡장애, 질식, 폐질환 등으로 총 12,000여명이 사망하는 사건이 발생하기도 하였다.

그림 2.7 최초의 증기기관차

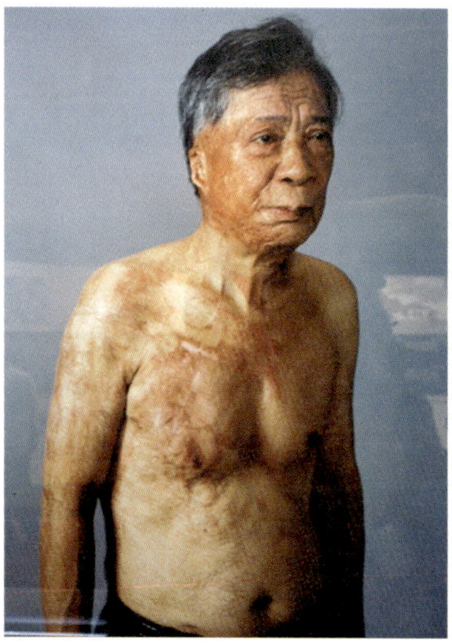

그림 2.8 원자폭탄 피해자

그림 2.9 런던스모그

1954년 7월에는 미국 로스앤젤레스에서 맑은 날씨에 안개가 발생하는 새로운 스모그현상(로스엔젤레스형 스모그)이 관찰되었는데 이는 유연탄 연소생성물에 의한 런던스모그와 달리 자동차 배기가스가 원인으로 배기가스 중의 질소산화물(NO_X)이 대기 중에서 햇빛에 의해 광화학옥시던트라고 하는 2차 오염물질을 생성함으로서 나타난 현상으로 런던스모그와 구분하여 광화학스모그라고 부른다. 이보다 앞선 대기오염사건으로 벨기에 뮤즈밸리(Muse Valley, 1930년 12월)시와 미국의 도노라(Donora, 1948년 10월)시에서 발생된 대기오염 사건들이 있다.

한편, 일본 구마모토대학 의학부는 1956년 5월경부터 미나마타현에서 1945년 후반부터 발생하기 시작한 괴질에 대한 역학조사를 시작하여 그 결과를 1959년에 발표

그림 2.10 L.A. 스모그

그림 2.11 미나마타병 환자

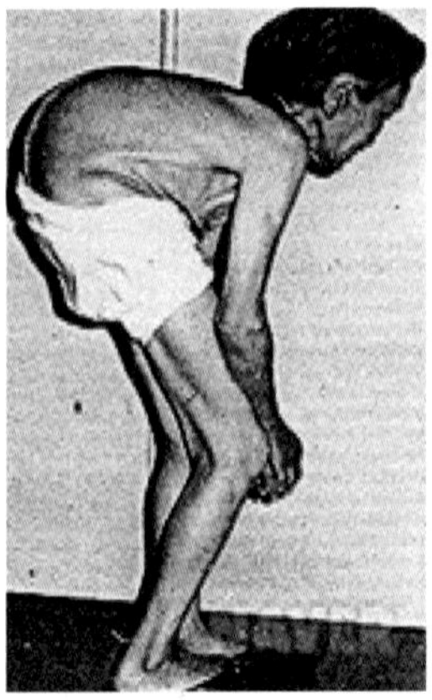

그림 2.12 이타이이타이병 환자

하였는데 그 원인이 신일본질소공장에서 미나마타만으로 배출한 공장 폐수 중의 메틸수은이 어패류에 축적되었고, 이 메틸수은에 오염된 어패류를 먹은 것이라고 하였으나, 일본 정부는 1968년에서야 이를 수은 중독에 의한 미나마타병이라고 공식적으로 인정하였으며, 카드뮴의 인체축적에 의한 이타이이타이병과 함께 대표적인 공해병으로 알려지게 되었다.

세계 곳곳에서 산업화에 따른 많은 환경문제가 발생함에 따라 환경의 중요성과 환경파괴에 따른 보고서 등이 발간되었는데 이 중 미국의 해양생물학자인 레이첼 카슨의 "침묵의 봄"(1962년 9월)은 살충제와 농약의 피해에 대한 경고를 담은 책으로 20세기 환경 분야 최고의 저술로 평가되고 있다. 이 책을 계기로 현대적 개념의 환경운동이 시작되었을 뿐만 아니라 많은 환경기구들이 생겨났으며, 미국을 비롯한 유럽 등지에서 당시 최고의 살충제로 사용되던 DDT(dichloro diphenyl trichloroethane)를 비롯한 많은 종류의 살충제의 제조와 사용이 금지되기 시작한 계기가 되었다.

제2차 세계대전 이후 최대의 전쟁으로 기록된 베트남전쟁은 120여만 명의 사망자와 400여만 명에 달하는 부상자를 발생시킨 것 외에 대규모 고엽제의 살포로 인체에 대한 후유증 등 엄청난 피해와 삼림을 비롯한 생태계의 파괴를 초래하였다.

1960년대 후반에 들어서면서 스칸디나비아 남부지역에서 삼림이 고사하는 산성비 피해가 보고되기 시작하였

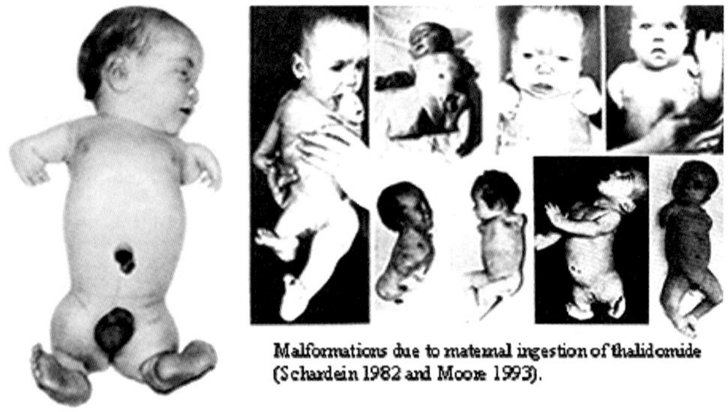

그림 2.13 탈리도마이드에 의한 기형아

으며 호소, 저수지 및 하천수의 산성화를 비롯하여 토양 및 농작물 수확과 재산상의 많은 피해를 나타내었다.

1968년에는 독일의 한 제약회사를 상대로 민사소송이 제기되어 2년 후 제약회사와 연방정부가 각각 1억 마르크씩의 피해보상금을 지급한 사건이 있었는데, 이는 1950년대 후반부터 시판된 임산부의 입덧 방지용 약품으로 탈리도마이드라는 약을 복용한 임산부들이 출산한 아이들이 약의 후유증으로 팔이나 다리가 성장하지 않는, 일명 물개아라고 불리는 기형을 나타냈기 때문이다. 유럽에서만 약 8,000여 명의 피해를 나타내었는데 의약품의 부작용에 의한 경종과 제조물 책임논쟁을 일으킨 최초의 사건이 되었다.

한편, 1976년 7월에는 이탈리아 세베소(Seveso)시에 소재한 스위스 제약회사 로슈(Roche)의 자회사인 익메사(Icmesa) 현지공장에서 의료용 비누를 만들기 위해 트리클로로페놀(trichlorophenol)을 생산하던 중 많은 염소가스, 다이옥신을 포함한 다량의 유독성 화학물질의 누출사고가 발생하였는데, 이 사고로 수만 마리의 가축들이 죽거나 병들었고 많은 사람들이 화상과 피부병을 호소하였으며, 특히 다이옥신 때문에 약 1,800 ha의 토지가 60 cm 깊이까지 오염되어 지역 전체가 폐쇄되는 결과를 가져왔다. 1984년에는 인도 보팔(Bhopal)시에 있던 미국계 기업인 유니언카바이드(Union Carbide)사의 공장에서 저장탱크의 폭발로 시안화 가스와 제1차 세계대전 때 쓰였던 가장 치명적인 독가스인 포스겐이 뒤섞인 약 39t의 맹독성 메틸이소시안이 2시간 동안 누출되어 약 3만 명이 사망하고 15만여 명이 불구가 되었으며, 50만 명이 가스

중독으로 인한 피해를 입은 것으로 추산되었다. 또한 역사상 최악의 산업 사고로 기록된 이 사고로 상수도가 오염되면서 암과 호흡 곤란, 기형아 출산율이 치솟았다.

유해성 폐기물의 불법매립 역시 커다란 환경오염의 원인이 되고 있는데 1978년 미국 러브캐널(Love canal) 사건은 후커케미칼회사가 나이아가라 폭포 인근의 중단된 운하사업장에 화학폐기물을 매립한 결과 발생된 것으로 미국 EPA (Environmental Protection Agency)에서 역사상 최초로 이 지역을 환경재난지역으로 선포하였다. 이듬해에는 역시 미국 펜실베니아주 해리스버그의 스리마일(three miles)섬에 있는 원자력발전소에서 핵연료 누출사건이 발생하였는데 이 역시 최초의 원자력발전소 사고로 기록되어 있다. 또 다른 원자력발전소 사고로 1986년 옛 소련의 우크라이나 체르노빌 원자력 발전소 사고를 들 수 있는데, 원자로의 폭발로 인해 29명이 사망하고 9만 2천여 명이 강제 이주하였으며 이후 6년간 원자력발전소 해체 작업인부와 인근 주민 약 2500여 명이 추가로 사망하고 43만여 명이 암과 기형아 출산 등 각종 후유증이 발생한 최악의 원자력발전사고로 기록되어 있다. 이 사고로 누출된 방사능물질은 유럽 전역으로 확산되었으며 우리나라에서도 일부 검출이 된 바 있다. 2011년 3월에는 일본 도호쿠 지방 앞 바다에서 발생한 리히터규모 9의 지진으로 인한 쓰나미로 2만여 명 이상의 사망 및 실종자와 수십만 명의 이재민이 발생하였는데 이 쓰나미로 후쿠시마 제1원자력발전소가 침수됨으로서 전원 및 냉각시스템이 파손되어 핵연료 용융과 수소폭발 등에 의해 다량의 방사성 물질이 유출되는 사고가 발생되었다. 이 사고로 초기에는 체르노빌 사고의 약 20% 수준의 방사성물질이 누출된 것으로 추정되었으나 시간이 경과하면서 심각한 대기, 토양, 해양오염 문제가 점점 증폭되고 있으며, 사고가 발생한 이후 현재까지도 효율적인 대책수립이 이루어지지 못하고 있어 방사성 물질의 지속적인 해양 배출에 따른 방사능오염의 확산과 어패류 등의 오염문제가 국제적으로도 심각하게 대두되고 있다.

세계 각국의 산업화 속도가 빨라짐에 따라 자원의 소비량 역시 급격한 증가 추세를 나타내고 있는데, 특히 에너지의 소비증가로 대규모의 원유수송이 증가함에 따라 유조선 사고 등으로 인한 기름유출로 크고 작은 해양오염사고가 빈번하게 발생되어 왔다. 1989년 3월 125만 배럴의 원유를 싣고 가던 엑슨발데즈호가 알래스카에서 암초에 좌초됨으로써 원유유출로 해양오염을 일으킨 사고는 최초의 대형 유조선에 의한 해양오염으로 기억되고 있다. 이 사고로 바닷새와 물개 등에 많은 피해를 입혔으며 그 밖에 어패류 등에도 극심한 피해를 나타내었다. 우리나라도 예외는 아니어서 1995년 7월 당시 전남 여천군 앞 해상에서 LG칼텍스사의 키프러스 국적 14만 톤 유조선 시프린스호가 침몰하는 사고로 원유 98,000톤, 벙커C유 1,000톤이 유출되어 양식장 3.8 ha를 오염시킴으로서 735억 원의 재산피해를 초래한바 있다. 2007년 12월에는 충남 태안 앞 바다에서 삼성중공업의 크레인 선박이 유조선 허베이스피리트호와 충돌하는 사고로 인해 약 1만 500kL의 기름이 유출되어 양식장과 해안을 오염시키는 사고가 발생하였다. 이 사고로 충남 6개 시군이 청구한 보상금액은 1조 465억 1,900만 원으로 현재까지 68억 원 정도의 피해보상만이 이루어졌을 뿐 보상 문제가 현재도 진행 중에 있다.

2.3 지구환경보전을 위한 국제협력

자연을 보호하기 위한 국제적 운동 중 하나로 1971년 이란 람사르(Ramsar)에서 "물새 서식지로서 특히 국제적으로 중요한 습지보호"에 관한 협약이 채택되었는데, 이 협약은 국경을 초월해 이동하는 물새를 국제자원으로 규정하여 가입국의 습지를 보전하는 정책을 이행할 것을 의무화하는 자연자원의 보전에 대하여 국제적으로 맺어진 최초의 협약으로 1975년 12월 12일부터 발효되었다. 우리나라는 1997년 7월에 101번째로 가입하였으며 가입 시 강원도 양구군 대암산 용늪을 등록하였고, 이후 경남 우포늪, 전남 장도습지 등 8개 람사르 습지를 등록하였으며, 2008년에는 국내에서 국제 람사르 총회를 개최한 바가 있다. 람사르 협약은 현재 158개국이 가입되어 있으며 전 세계적으로 1,743개의 습지가 등록되어 있다.

그림 2.14 늪지

1971년 9월 캐나다의 반전운동가, 인디언보호 운동가, 사회사업가, 대학생 등 12명으로 구성된 일단의 그룹이 낡은 어선을 타고 캐나다 밴쿠버로 부터 핵실험이 예정된 알래스카 암치카섬으로 출발을 하였는데 이것을 계기로 포경반대, 해양생태계 보호, 플루토늄 반출 반대, 이산화탄소에 의한 지구온난화 방지 등의 국제적 활동을 하는 그린피스가 창설되게 되었다.

이탈리아의 국제적 연구기관인 로마클럽은 1972년도에 경제성장이 환경에 미치는 부정적 영향을 지적한 "성장의 한계"라는 보고서를 발간하였는데 환경문제의 고전격인 보고서에서 제시된 성장 한계론은 20세기 말 최대의 화두가 되었고 이후 지속 가능한 개발을 주제로 하는 리우회의의 개최 동기가 되었다.

1972년 6월 스웨덴의 스톡홀름에서 세계 113개국의 정상들이 모여서 범지구적 규모의 환경파괴에 대한 대책을 협의하기 위한 최초의 환경관련 국제회의를 개최하였는데 그 결과 "하나 뿐인 지구"라는 구호 아래 「인간환경선언」을 선포하였다. 이는 환경에 대한 인권선언에 비유되며 국제간의 환경문제에 큰 이정표를 세운 중대한 선언이었다. 또한 하나뿐인 지구를 더 이상 방치할 수 없다는 공동 위기의식에서 다 함께 협력하자는데 기본적으로 합의를 본 것으로, 환경문제가 어느 한 지역, 한 국가만의 노력으로는 해결이 어렵다는데 인식을 같이 한 것이라 할 수 있다. 이날을 기념해 환경의 날이 제정되었고, 이듬해 스톡홀름에서 합의된 사항을 바탕으로 「유엔환경계획기구(UNEP, United Nations Environment Programme)」가 창설되었다. 이후 UNEP는 환경문제에 대한 각종 협약, 회의 등의 구심점 역할을 하게 되었다.

한편, 스톡홀름회의의 10주년이 되는 1982년에는 UNEP의 본부가 있는 케냐 나이로비에서 다시 세계 100여 개국 정상들이 모여 지난 10년간 각국의 환경보전노력에 대한 평가와 함께 세계자연헌장(World Charter for Nature)을 채택하였다. 1983년에는 인류가 당면한 지구 생태계와 경제성장간의 조화 문제를 다루기 위한 「환경과 개발에 관한 세계위원회(WCED ; World Commission on Environment and Development)」가 창설되었다.

이후 WCED는 4년간의 연구 끝에 1987년 4월 도쿄에서 「우리들의 미래(Our Common Future)」라는 보고서를 발간하였다. 이 보고서에서 최초로 "미래 세대의 욕구를 충족시킬 수 있는 여건의 손상 없이 현세대의 욕구를 충족시킬 수 있는 개발"로 정의되는 「지속가능한 개발(sustainable development)」이라는 개념이 제시되었다. 「지속가능한 개발」이란 개념은 그동안 개발과 보전의 조화라는 선언적인 개념에서 구체적으로 지속적인 개발이 보장되는 보전을 주장하고 있다는 측면에서 보다 적극적인 환경개념의 도입이었다.

지속가능한 개발의 개념은 1990년대에 들어서면서 「환경적으로 건전한, 지속가능한 개발(Environmentally Sound and Sustainable Development, ESSD)」로 더욱 구체화되었다. 즉, 지속가능한 개발도 환경적으로 건전한 수단과 방법을 동원하여야 한다는 것이다.

1989년 제44차 유엔총회는 스톡홀름회의의 20주년이 되는 1992년 6월 브라질의 리우데자네이루에서 「환경정상회담(Earth Summit)」을 열 것을 결의하였고, 1992년 6월 마침내 180여 개국 대표, 83개국 정상들이 참여한 가운데 「리우 환경선언(Rio Declaration)」이 선포되었으며, 그동안 국제간의 환경쟁점을 중심으로 기후변화협약, 생물다양성협약과 21세기 지구인의 행동강령인 의제 21(Agenda 21)이 채택되었다. 아울러 지구환경문제에 대한 좀 더 구체적인 집행기구로서 유엔경제사회이사회 직속으로 「지속개발위원회(Commissions on Sustainable Development, CSD)」를 설치할 것을 결정하고, 1992년 11월 제47차 유엔

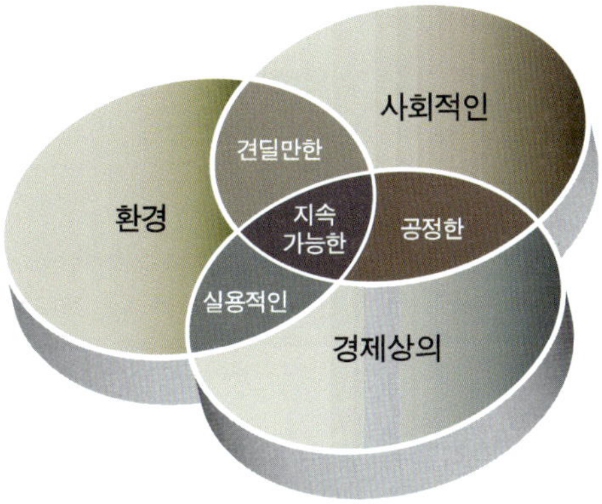

그림 2.15 지속가능한 개발의 개념

총회에서 의결하였다. 이것은 지구환경보전 문제를 더 이상 소극적으로 방치할 수 없다는 전 지구인의 결정으로 보여진다.

2002년 남아프리카 요하네스버그에서는 리우선언 10주년을 맞이하여 지속가능발전 세계정상회의(WSSD ; World Summit for Sustainable Development)를 개최하여 지방행동 21(Local Action 21)을 제안함으로써 지난 10년 동안의 성과를 평가하고 향후 실천계획을 합의하였다.

1989년에는 로우랜드 교수가 1974년도부터 제기해온 성층권의 오존층파괴에 대한 문제가 주목을 끌면서, 1985년도에 체결된 오존층보호에 관한 빈 협약에 이어 1987년 캐나다 몬트리올에서 채택된 몬트리올 의정서가 발효되기 시작하였다. 몬트리올 의정서는 오존층 파괴물질로 알려진 염화불화탄소(CFCs)의 생산과 사용을 규제하는 것을 내용으로 하고 있으며, 그 결과 현재 CFCs의 생산중단은 물론 사용이 전면 금지되었다.

기후변화로 인한 지구환경의 영향도 세계 곳곳에서 나타나고 있는데 대표적인 예로 1997년 인도네시아 칼리마탄과 수마트라 지역에서 발생한 열대우림의 산불을 들 수 있다. 이 산불은 반년이 넘도록 지속되었으며 170만 ha의 열대우림이 산불로 사라짐으로써 생태계의 파괴는 물론 연기로 아시아지역에 거대한 갈색구름층을 형성하여 전체 일조량의 10~15%를 감소시킴으로써 기상이변과 농작물을 비롯한 식량 생산량의 감소를 초래한 것으로 조사되고 있다. 이와 같은 대규모 산불이 발생한 원인은 엘니뇨

그림 2.16 열대우림 산불

현상 때문에 이 지역에 오랫동안 가뭄이 지속되어 건조하였기 때문인 것으로 알려졌다.

21세기 들어 지구온난화에 따른 기상이변 현상들이 더욱 빈번하게 발생되고 있는데 그 결과 태풍을 비롯한 폭우 발생, 내륙에서의 가뭄과 사막화 현상, 해수면 상승 등이 점점 가속화되고 있다. 태평양의 하와이와 호주 사이에 위치한 작은 국가인 투발루섬 지역의 주민 1만 1,000명이 해수면 상승에 따라 다른 나라와 지역으로 전원 이주함으로써 국가가 없어져 버린 사례는 앞으로 계속해서 기후난민의 발생을 예고하고 있으며, 현재 몰디브를 비롯한 1,196개 섬나라들이 해수면 상승으로 사라질 위기에 처해 있다. 기상재해로 2005년도 미국남부지역에 몰아닥친 카트리나는 최고 시속 280 km의 강풍과 폭우를 동반한 초대형 허리케인으로 1,300여 명의 사망자와 약 250만 세대의 이재민 그리고 1,000억 달러가 넘는 피해를 입힘으로서 환경요인에 의한 지구온난화가 기후변화를 통해 커다란 재난으로 닥치고 있음을 입증하고 있다. 이와 같이 지구온난화로 인한 기상이변으로 막대한 피해가 잇따르면서 그 원인이 되는 이산화탄소를 비롯한 지구온실가스의 배출량 감축을 위해 2005년 교토의정서가 발효되었다. 교토의정서는 1997년 교토에서 개최된 기후변화협약 제3차 당사국총회에서 채택한 지구온난화 규제 및 방지를 위한

그림 2.17 기상 재해

구체적 이행 방안으로 선진국들의 온실가스 감축 목표치를 규정한 것이었으나, 전 세계 이산화탄소 배출량의 28%를 차지하는 미국이 2001년 탈퇴하는 등 우여곡절 끝에 발효되게 되었다. 교토의정서 1차 공약기간이 2012년으로 만료됨에 따라 2차 공약기간을 2020년 까지 연장하기로 하고 온실가스 배출량을 평균 18% 감축하기로 하였으나 교토의정서 당사국 192나라 중 65개국만이 비준함으로서 개정문이 효력을 상실하게 되었다. 이에 따라 2011년 제17차 당사국 총회에서 기후변화방지를 위해 새로운 체제를 설립할 것을 합의하고 협상을 시작하여 2015년 12월 파리에서 제21차 당사국총회를 열고 신 기후체제의 기반이 되는 파리협정을 채택하였다.

2.4 환경에 대한 인식

인류의 생존을 위협하는 환경문제들의 기본적인 해결을 위해서는 환경학이나 생태학 등을 통해서 생태계의 다른 구성요소들과 인간은 서로 상호의존적인 관계라는 것을 인식하고, 인구를 감소시키는 방향으로 나아가야 할 것이다. 또한 기술의 맹목적인 사용을 중단해야 할 것이며 소비와 생산을 감소시키는 경제시스템, 즉 개인당 공급의 적절한 시스템을 재구성해야 할 것이다. 우리가 크게 의존하고 있는 화석연료는 재순환될 수 없을 뿐만 아니라 대기권에 미치는 여러 가지 영향 때문에 결국 1인당 소비량을 감소시켜 나가야만 할 것이다.

우리는 다음 세대에 보다 안전하고, 보다 풍요로운 환경을 물려주기 위해서 어떤 의무를 가져야 할 것인가? 지구환경오염과 자원고갈을 감소시키기 위해 에너지와 자원의 소비를 어떻게 줄여나가야 할 것인가? 오염방지와 환경정화에 예산을 더 투자할 수는 없는가? 이에 대한 대답은 현대문명과 생활관습에 대한 우리의 자세와 태도를 바꾸어 나가는 것 밖에는 없을 것이다. 또한 이와 관련하여 성 안드류 프레스바이테리안(St. Andrews Presbyter-ian)대학의 밀러(G. Tyler Miller) 교수는 환경인식의 새로운 국면에 대처하면서 강하고 효과적인 진보를 이끌어내는 '지구인 정신(Earthmanship)'이 필요하다고 하였다. 이러한 인식은 생태권의 상호의존과 복잡성뿐만 아니라 인간개체군의 자유, 위엄, 자연군집의 안정성과 보존, 생태적, 문명적 다양성을 보존하려는 정신이다. 다시 말해서 '지구인 정신'의 개념은 인간가치나 경제적 진보를 배타하지 않으면서 진보가 이해와 조화를 통해 일어나게 하는 것이라고 할 수 있다.

현대인이 원시인처럼 손수 집을 짓고 옷을 만들어 입으며 식량을 자급자족할 수는 없다. 그러나 일상생활에서 과소비나 낭비적 습관을 고치고 새로운 소비문화를 정착시킴으로서 자원의 절약과 폐기물의 발생량 감소를 위해 지속적으로 노력한다면, 현재 예견되고 있는 여러 가지 환경위기로부터 벗어날 수 있는 작은 희망을 가질 수 있을 것이다. 우선 손쉽게 할 수 있는 일들을 찾아서 실천하는 것이 무엇보다도 중요하다. 예를 들어 실내의 온도를 적당하게 조절하며, 손쉽게 기르기 쉬운 야채정도는 길러서 먹는다던지, 가까운 거리는 걸어서 가거나 자전거를 이용하는 것은 에너지 절약뿐 아니라 건강을 위해서도 좋을 것이며, 이러한 행동을 통해 새로운 생활양식을 정착시킬 수 있을 것이다. 물질만능주의의 감소가 반드시 생활의 질적 저하를 의미하지는 않는다. 우리들이 자연을 잘 알면 알수록 우리들은 자연을 오히려 경외하면서도 사랑스럽게 여기게 되며 그와 동시에 점점 자연을 최소한의

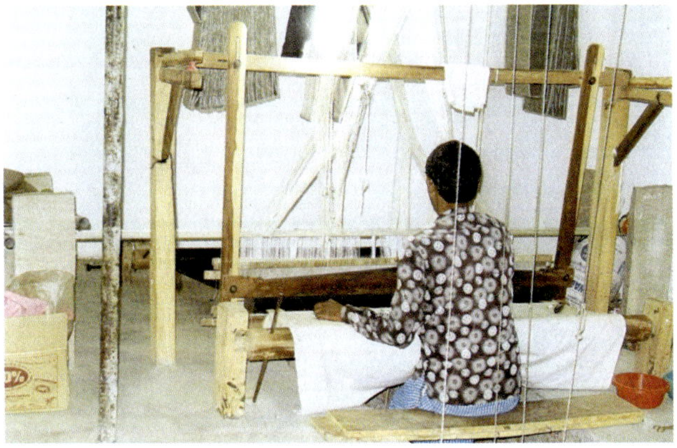

그림 2.18 옷감 짜기

이용 대상으로만 보게 될 것이다.

우리들은 자연관찰을 통해서 인간에 관한 많은 것을 배울 수 있으므로 인간 자신을 위하여 자연과 친하고 자연을 알지 않으면 안 된다. 따라서 자연과 생태적인 조화(ecological harmony)를 이루어야만 지구상에서 인류는 영구히 존속할 수 있을 것이다.

CHAPTER 02 | 인류의 위기

EXERCISE

1. 개발도상국은 영원히 진보될 수 없는 나라인가?에 대하여 의견을 제시하라.
2. UNEP의 대표적인 활동을 조사하고 그 중 우리나라가 참여하고 있는 프로그램을 예를 들어 설명하라.
3. 지속가능한 개발의 정의와 구체적 내용을 조사하여 설명하라.
4. 우리가 살고 있는 지역의 의제 21(Local Agenda 21)은 무엇인가?
5. 환경보전을 위한 실천적 행동강령을 만들어 보고 어떠한 결과를 얻을 수 있을지 예측하라.
6. 우리나라의 수질, 대기, 토양, 해양 등의 오염사례를 조사하여라.
7. 뮤즈밸리시와 도노라시에서 발생되었던 대기오염사건과 런던 스모그의 차이를 비교하여 설명하라.
8. 이타이이타이병과 미나마타병의 피해에 대하여 설명하라.
9. 우리나라에서 발생된 공해병에 대하여 조사하라.
10. 레이첼 카슨의 "침묵의 봄"을 읽고 소감을 정리해 보자.

CHAPTER

03

인구문제

CHAPTER 03 인구문제

3.1 인구의 증가

기원전 8,000년경의 세계 인구는 약 500만 명으로 추정된다. 그 후 인구는 꾸준히 증가하여 예수 그리스도의 탄생 당시 세계의 인구는 약 2억 5천만 명이었다. 이후 서기 1,000년경까지 세계 인구는 페스트와 같은 전염병, 전쟁 및 기근 등으로 사망률이 높아 거의 정체상태를 유지하였으며, 이후 17세기 산업혁명이 일어나기 전까지 연간 0.04~0.05%의 낮은 인구 증가율을 보여 1750년경 세계 인구는 약 8억 명이었다.

그러나 산업혁명 이후 경제성장과 더불어 농업 기술의 발달로 식량 생산이 크게 늘고, 의학의 발달로 인해 유아 사망률 감소와 평균 수명이 크게 연장됨으로서 이른바 인구폭발이 시작되었다.

그 결과 1820년경 약 10억이었던 세계 인구는 약 100년 후인 1930년경 2배로 늘어 20억이 되었으며, 1974년에 약 40억, 2006년에는 65억 명을 돌파하였다. 현재의 전 세계 인구는 2016년 12월 말 기준으로 73억 6천 2백만 명으로 영국의 토마스 맬더스(Thomas Malthus)가 인구론을 썼던 200여 년 전보다 5배 이상, 미국을 중심으로 한 신 맬더스주의자들이 '인구폭탄론'을 발표하였을 때 보다 2배 가까이 늘었다. 그러나 최근 들어 선진국들을 중심으로 저출산이 국가적 문제로 대두되면서 인구문제는 과거보다는 훨씬 비중이 작아지고 있는 듯하다.

한편, 세계 인구의 지리적 분포를 보면 대부분은 아시아(61%), 아프리카(13%)에 집중되어 있으며 그 밖에 남미(8.5%), 유럽(12%), 북미(5%), 오세아니아(0.5%) 등에 분포하고 있다. 현재 지구상에서 태어나고 있는 신생아 수는 초당 평균 4.4명으로 대륙별로 보면 1분당 아시아 107명, 아프리카 39명, 남미 16명, 그리고 유럽 1명꼴이며, 2014년 1년 동안 신생아 출생은 약 7,728만 명인데 비하여

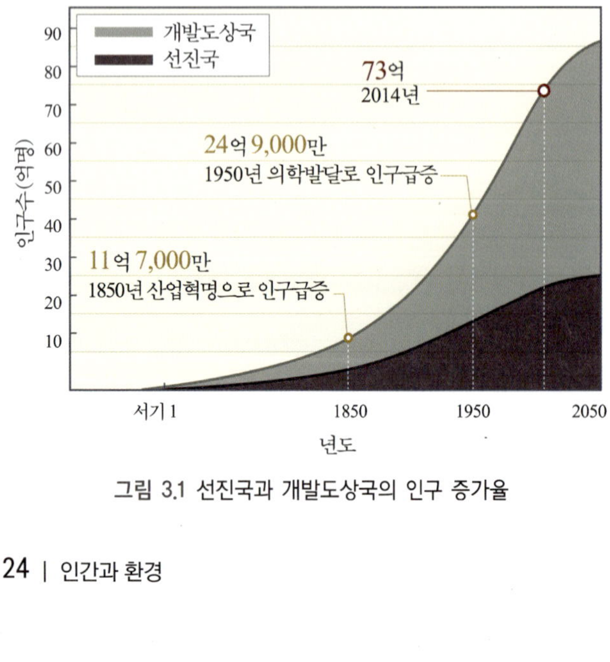

그림 3.1 선진국과 개발도상국의 인구 증가율

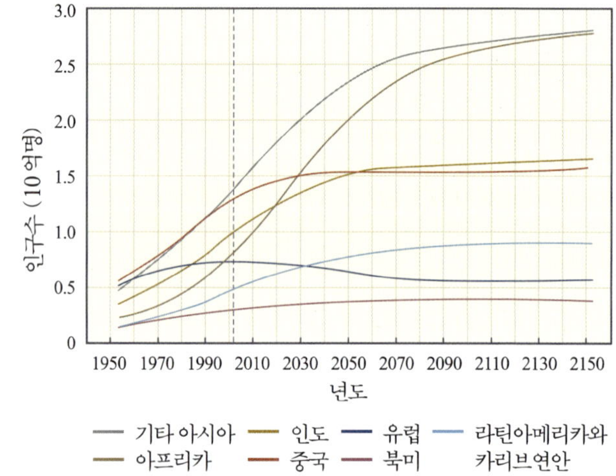

그림 3.2 세계주요지역의 인구변화 및 예측(1950~2150년)

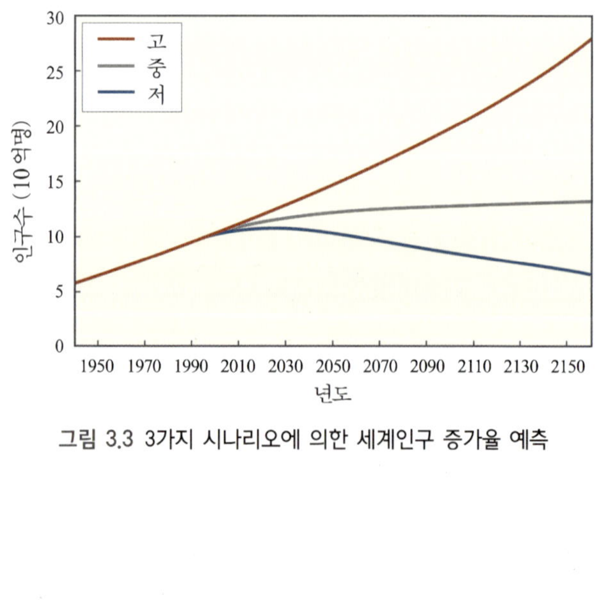

그림 3.3 3가지 시나리오에 의한 세계인구 증가율 예측

사망자수는 약 3,188만 명으로 순 인구 증가수가 4,539만 명인 것으로 조사되었다. 대륙별 증가율을 보면 아프리카 2.7%, 남미 1.7%, 아시아 1.6%, 북미 0.9%, 유럽 0.08% 등으로 선진국들이 평균 0.3%, 개발도상국 1.7%, 그리고 저개발국가 2.6%로 나타나있다. UN의 보고에 의하면 2100년경 전 세계 인구의 50%를 아프리카인이 차지할 것으로 전망하고 있다. 인구증가율에 대한 자료를 보면 특히 1950년대 이후 급격한 인구증가를 볼 수 있는데, 이는 2차 세계대전직후 대부분의 선진국들에서 베이비붐 현상 때문에 출생률이 급격히 증가한 것과 대부분의 개발도상국에서의 급격한 인구성장 때문이다. 그러나 선진국들에서의 베이비붐은 불과 몇 년 만에 끝나 1960년대에는 다시 정상수준을 회복하였으며, 1980년대에는 오히려 출생률이 감소하였고, 결혼연령의 상승, 자녀양육비의 증가, 결혼 및 자녀에 대한 사회적 가치관의 변화 등에 의해 지속적인 인구감소가 일어나고 있다. 한편 개발도상국들의 경우 역시 2차 세계대전 이후 급격한 인구성장 추세를 나타내었는데, 이는 선진국들로부터 도입된 의약품들의 보급과 위생 및 공중보건의 향상 등으로 사망률이 줄어든 반면 선진국들과 같은 출생률 감소가 일어나지 않았기 때문이다. 1960년대 개발도상국들의 평균 인구증가율은 3%였으나 1970년대부터는 점차 감소하여 현재 1.7~2.7%의 증가율을 나타내고 있다.

인구증가율은 사망자 대비 출산율로 나타내는데 인간의 수명이 길어짐에 따라 사망자 수가 감소하여 출산율이 줄어들더라도 인구는 증가하게 된다. 2000년부터 2005년까지의 평균 출산율을 보면 1970년부터 1975년까지 평균 출산율을 기준으로 세계평균이 41%나 감소하였으며 개발도상국들의 경우 46.7%, 선진국들의 경우 26.4%가 각각 감소한 것으로 나타나 신생아 출생률이 급격하게 감소

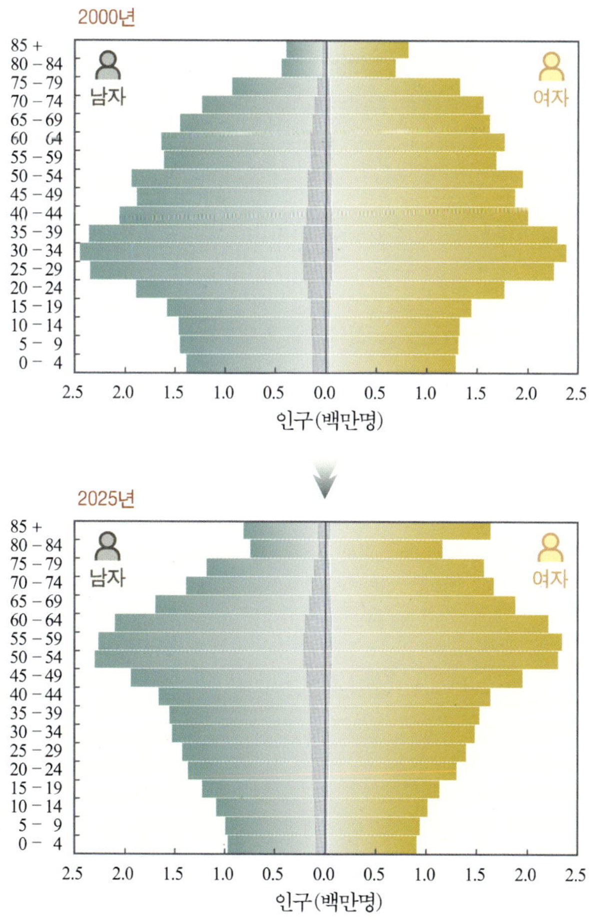

그림 3.4 선진국의 연령별 인구분포 및 변화예측

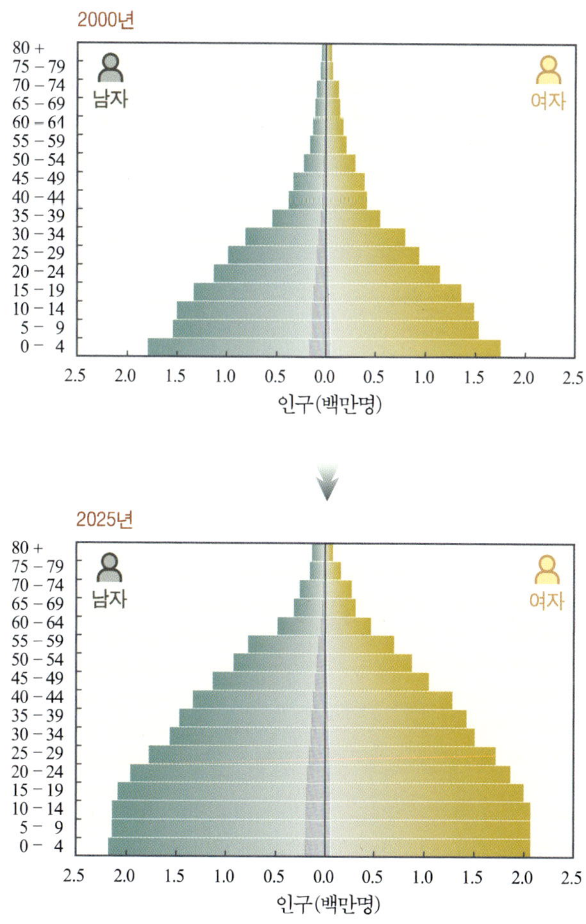

그림 3.5 개발도상국의 연령별 인구분포 및 변화예측

하고 있음을 알 수 있다. 그럼에도 불구하고 인구증가율이 높은 것은 역시 인간수명의 연장 때문이며 그 결과 인구문제와 더불어 고령화라는 새로운 문제가 선진국들을 중심으로 또 다른 사회문제로 심각하게 대두되고 있다. 우리나라도 2008년 65세 이상 노인이 500만 명을 돌파함으로서 14세부터 65세까지로 산정하는 '생산인구'에 대한 비율이 10%를 넘어선 고령화 사회에 진입하였으며, 프랑스가 154년, 미국이 94년 그리고 일본이 36년 걸렸던 초고령화 사회, 즉 65세 인구비가 전체 인구의 20%를 초과하는 데까지 불과 26년 정도가 걸릴 것으로 예측하고 있다. 초고령화 사회가 되면 노인 1명을 부양하기 위해 생산인구 3명이 필요하게 되며 이에 따라 개개인의 경제적 부담과 국가성장률도 떨어지는 것으로 알려져 있다. 우리나라는 평균수명이 늘어나는 만큼 현재 인구가 증가하는 것으로 나타나고 있지만 머지않아 약 4,900만 명에 달하는 2018년을 정점으로 하향곡선을 그릴 것으로 예측하고 있다. 세계 최대의 인구국가는 중국으로 13억 명으로 추산되고 있으며, 2위가 인도 10억 명으로 전 세계인구의 약 38.3%를 차지하고 있는데, 중국의 경우 강력한 산아제한정책 결과 인구증가율이 급격히 감소하여 2025년경에는 인도의 인구가 중국을 추월할 것으로 예측된다. 현재 인구수가 1억을 넘는 국가들은 중국, 인도 외에 미국, 인도네시아, 브라질, 파키스탄, 나이지리아, 방글라데시, 러시아, 멕시코, 일본, 필리핀, 에티오피아 등 13개국이나 2050년경에는 18개국으로 증가할 것으로 전망되고 있다.

3.2 배가년도와 부양능력

인구증가의 심각성은 인구증가가 산술급수적 성장이 아니고 지수적 성장을 하는데 있다. 그림 3.6에 세계 인구의 증가추세를 나타내었다. 이 그래프를 보면 1800년경까지는 인구가 산술적으로 서서히 증가하다가 그 이후에 지수적으로 증가하는 것을 볼 수가 있다. 이것이 이른바 인구폭발현상이다.

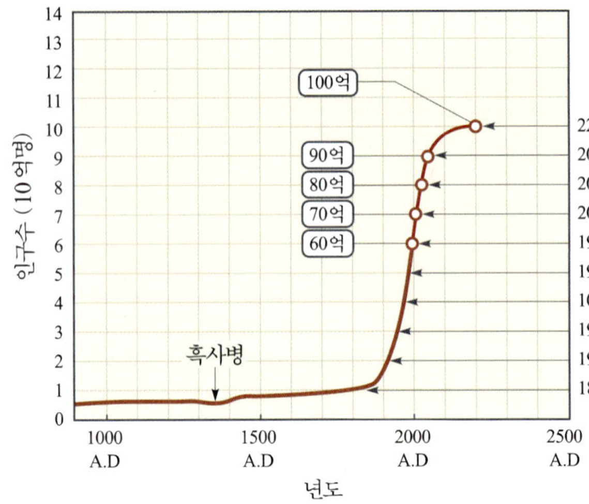

그림 3.6 세계인구의 증가추세

지수적 성장이란 어떤 양이 일정한 기간 동안에 그 총량에 대해서 일정한 비율로 증가하는 경우이다. 지수적 성장을 하는 대표적인 예로 박테리아를 들 수 있다. 박테리아 1마리가 30분마다 2마리로 분열하여 증식할 경우 박테리아 1마리는 30분 후에 2마리가 되고, 1시간 후에는 4마리가 되나 10시간 후에는 무려 100만 마리가 넘는 숫자로 늘어나게 된다. 이와 같이 지수적 성장은 놀랄만한 결과를 낳을 수 있다. 예를 들어 연잎이 매일 2배로 늘어나는 연못을 가정해 보자. 29일 째에 연못의 절반이 연잎으로 덮여졌다면 연못이 완전히 연잎으로 덮여지는 데는 며칠이 걸릴까? 답은 30일이 된다. 29일 째에 연못의 반이 연꽃으로 덮여 있을 때 연못 전체가 연꽃으로 덮이려면 아직 멀었겠지 하고 생각했다가는 큰 오산이다. 이 예는 지수적 성장의 특징을 보여주는 것으로, 성장이 계속되면 일정한 한계에 급속히 가까워진다는 사실을 잘 나타내고 있다.

물론 세계 인구가 연잎의 예와 같이 불어나지는 않지만 인구증가율 1~2%는 결코 작은 수치가 아니다. 현재 세계인의 인구증가율은 1.5%이다. 표 3.1은 인구 증가율에 따라 인구가 2배로 되는 배가 기간을 보여주고 있다.

이 표를 보면 연평균 인구증가율이 1%일 때 인구는 70년 만에 2배로 되며, 2%일 때는 35년 만에 2배로 된다.

표 3.1 연평균 인구증가율에 따른 배가 기간

연증가율(%)	0.01	0.1	0.5	1	2	4	5	7	10
배가기간(년)	7,000	700	140	70	35	18	14	10	7

시간(hr)	박테리아 수
0	1
0.5	2
1.0	4
1.5	8
2.0	16
2.5	32
3.0	64
3.5	128
4.0	256
4.5	512
5.0	1,024
5.5	2,048
6.0	4,096
6.5	8,192
7.0	16,384
7.5	32,768
8.0	65,536
8.5	131,072
9.0	262,144
9.5	524,288
10.0	1,048,576

(a) 매 30분마다 박테리아 분열

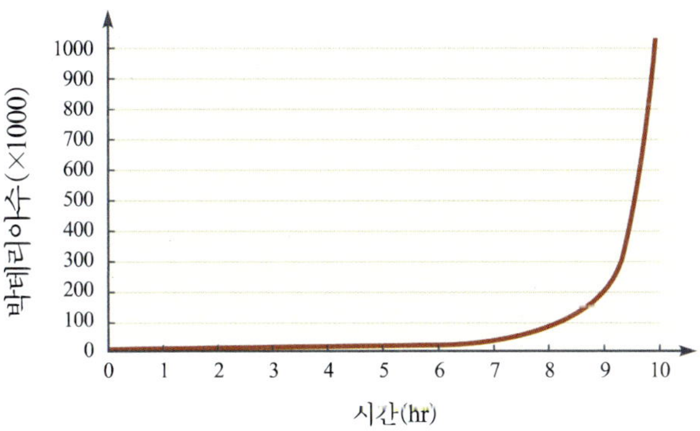

(b) 지수성장자료를 그래프화 한 것으로 J형 곡선

그림 3.7 지수성장

1798년에 출판된 「인구론」에서 맬더스는 "인구는 제한하지 않으면 기하급수적으로 증가하고, 식량은 산술급수적으로 증가한다"는 자연적인 법칙에 따라 필연적으로 과잉인구가 나타나며, 이것이 바로 사회악의 원인이라고 주장한 바가 있다. 그러므로 만일 식량의 부족에도 불구하고 계속 생존하려면 인구의 증가는 어떠한 형태로든지 억제되어야 한다고 믿었다. 인구의 증가를 억제시키는 요소로서 맬더스는 전쟁, 질병, 범죄 및 기아와 같은 적극적 억제와 도덕적 억제를 주장하였다. 여기서 도덕적 억제는 만혼, 피임, 성적 절제 등의 자발적 억제를 말한다.

지구가 수용할 수 있는 인구, 즉 지구의 적정부양 인구에 대해서는 학자마다 서로 다른 근거와 의견으로 10배 이상의 차이를 보이고 있는데, 이러한 부양인구 추정에서

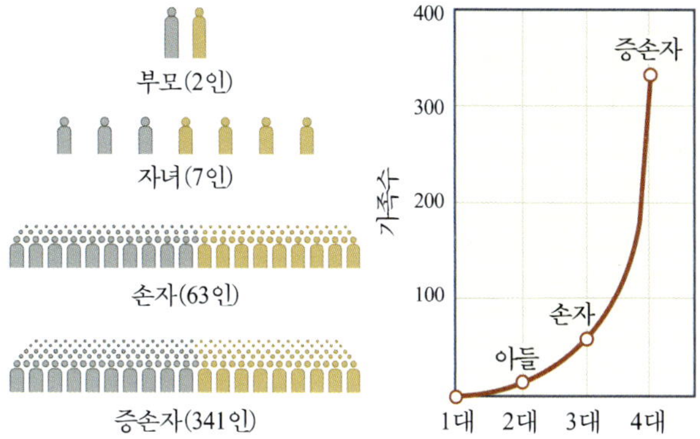

그림 3.8 (a) 4대에 걸친 어느 가정의 인구증가 수
(b) 폭발적 인구증가를 나타낸 그래프

큰 차이가 나는 것은 2가지 요인에 기인한다. 첫째, 지구의 경작면적과 식량생산이 어느 정도까지 가능한가 하는 추정의 차이와 둘째, 식생활의 수준에 따라 부양능력에 차이가 있기 때문이다. 지구상의 개발 가능한 경작면적을 약 40억 ha로 가정하고 이를 100% 경작하여 생산된 곡물을 전량 식량으로 이용한다면 400억 명까지 부양할 수 있다고 한다. 그러나 세계의 모든 사람이 미국인 수준의 식생활을 한다면 지구는 이미 부양한계를 훨씬 초과하였다고 할 수 있다. 따라서 지구의 인구부양능력이 얼마인가가 중요한 것이 아니라, 사람이 영양가 있는 충분한 식사를 하고 쾌적한 환경에서 사람답게 살기 위해서는 인구를 억제하는 일이 최우선적으로 필요하다고 할 수 있다.

3.3 인구증가로 인한 사회문제

인구증가로 인해 가장 시급한 것은 의식주에 대한 문제일 것이다. 즉, 증가되는 인구를 부양하기 위해 식량의 공급을 늘려야 하고 주택을 증설하여야 하며, 의식주 문제를 해결한다고 하더라도 사회기반시설의 확충이 요구되는데 예를 들어 학교, 병원, 복지, 도로, 교통, 발전, 휴양 등의 시설은 물론 환경적으로는 급수, 하수처리, 쓰레기 수거 및 처리 등도 커다란 문제가 된다. 따라서 이로 인한 경제적 부담의 한계 때문에 결국 선진국과의 빈부격차는 더욱

커질 수밖에 없다.

인구가 좁은 지역, 즉 도시지역으로 몰리는 도시화 현상 또한 인구 및 환경 문제에 있어서 중요한 의미를 가진다. 인구가 도시지역으로 집중되는 현상을 도시화라 하는데, 이것은 전 세계적으로 공통된 추세이다. 농촌인구가 취업 및 교육, 문화적 기회를 찾아서 도시로 이동하는 것은 행복을 추구하려는 인간의 본성과 연결된 자연스러운 현상이다.

현재 전 세계에는 인구가 1천만 명이 넘는 거대도시가 30개나 되는데, 대도시의 생활은 여러 가지 장점도 있지만 부작용도 많이 존재한다. 대기, 폐기물, 소음, 악취, 수질오염 등의 환경문제들과 주택, 교통, 범죄, 좌절된 인간관계에서 오는 소외감, 군중 속의 고독감, 심한 경쟁관계에서 오는 스트레스, 자연과 접할 수 있는 휴식공간의 부족 등은 도시생활에서 겪는 부작용들이다.

우리나라의 경우를 보면 대도시, 특히 서울을 중심으로 한 수도권의 인구집중 현상이 두드러지게 나타나고 있다. 서울의 면적은 전 국토의 0.6%에 불과하지만 국민 4명 중 1명이 거주하고 있으며, 대학의 40%, 경공업의 35%, 금융 자본의 70%, 전국에서 고등학교 이상 졸업자의 70%가 이곳에 몰려 있다. 또한 서울과 경기도를 합한 수도권 인구는 총 인구의 약 43%를 차지하고 있다.

인구가 과밀하게 되면 어떠한 문제가 발생할까? 이것을 직접적으로 실험해볼 수는 없지만 동물 실험에 의해 간접적으로 추측할 수는 있다. 캘훈(Calhoun)은 300평 정도의 격리된 공간에서 먹이를 충분히 주면서 쥐를 사육하였다. 그 결과 이론적으로는 쥐가 5,000마리까지 불어날 수 있음에도 불구하고, 27개월 후부터 새끼들의 사망률이 급격히 늘어나면서 쥐는 150마리라는 일정개체수를 유지하는 것을 알았다. 또한 쥐의 밀도가 높아지자 쥐들은 비정상적인 행동을 보였다. 어미는 집을 짓지 않고 새끼는 자꾸 유산되었으며, 숫놈이나 암놈이나 다분히 동성애적인 행동들을 보이기 시작하였다.

그림 3.9 인구증가율이 높은 개발도상국

이와 같은 동물실험 결과를 그대로 인간사회에 적용할 수는 없겠지만, 오늘날 전 세계적으로 대도시 등을 중심으로 이와 비슷한 사례들이 많이 일어나고 있음을 확인할 수 있을 것이다.

3.4 인구조절

산업혁명 이전의 인구증가는 높은 사망률에 의해 억제되어 왔다. 그러나 산업혁명 이후에는 기아, 전쟁, 전염병 등으로 인한 인구증가 억제요인들의 영향이 상대적으로 작아지면서 사망률이 급격하게 감소하기 시작하였다. 그러므로 인구의 증가를 효율적으로 억제하여 인구의 안정화를 꾀하려면 출산율 저하를 위해 가족계획 사업과 같은 인위적인 수단을 강구하지 않으면 안 될 것이다.

개발도상국가들에서 경제적 생산의 증가는 종종 인구증가에 의해 상쇄되고 만다. 예를 들어 어느 국가가 25년간 산업생산이 2배로 늘어났는데, 같은 기간 동안에 인구도 2배로 늘어났다면 1인당 산업생산은 조금도 늘지 않은 셈이다. 그러므로 인구증가율이 높은 국가들에서는 경제발전을 위해서 효율적인 가족계획이 반드시 필요하다. 가족계획은 자발적인 가족계획과 자발적 수준을 넘어선 강제적 가족계획이 있다.

1) 자발적 가족계획

자발적 가족계획은 피임약, 콘돔의 사용, 불임시술 등 자발적 참여를 통하여 가족계획을 실현하는 것이다. 선진국에서는 피임약이 보편화되어 있으며, 저개발 국가에서는

그림 3.10 산아제한 포스터

이를 위해 매년 상당한 경비를 쓰고 있다. 그러나 일부 전문가들은 이러한 자발적 가족계획에 대해 별다른 효과가 없다는 평가를 내리고 있다. 즉, 이것은 아이를 낳지 않는 것이 아니라 단지 출산시기를 조절해줄 뿐이라는 것이다.

2) 자발적 수준을 넘어선 가족계획

(1) 낙태의 합법화

세계적인 추세를 보면 종교단체의 반대에도 불구하고 낙태가 점점 합법화되는 경향을 보이고 있다. 전 세계적으로 연간 약 4천만 건 이상의 낙태수술이 행해지고 있다. 그러나 가난한 나라에서는 낙태수술 경비를 지불할 수 없는 사람도 많으며, 또한 태아 살해라는 윤리적인 문제가 있다.

(2) 여성의 교육 및 고용기회의 증대

여성의 교육기회 및 고용기회를 사회적으로 증대시켜주고, 여성의 지위를 향상시킴으로써 인구증가율을 낮출 수 있다. 이것은 사회가 발전하고 경제성장이 되면 자연적으로 나타나는 현상이기도 하나, 국가적인 계획을 세워 이를 체계적으로 추진하면 상당한 효과를 볼 수 있다. 여성의 사회적 지위가 향상되면 일반적으로 결혼연령이 높아지고 독신율도 높아지기 때문이다. 그러나 이러한 정책의 추진에 있어서도 몇 가지 어려움이 따른다. 이러한 사항을 국가에서 장려할 수는 있으나 제도적으로 강제하기는 어렵기 때문이다. 일부 국가에서는 이러한 정책을 제도적으로 추진하려는 시도를 하고 있는데, 예를 들면 쿠바, 중국, 스웨덴에서는 남성과 여성이 균등하게 가사를 분담할 것을 공식 정책으로 채택하고 있으며, 스웨덴과 프랑스에서는 취업여성을 위하여 3세 이상의 아이를 수용해주는 유아학교(preschool)를 운영하고 있다.

(3) 경제적 수단에 의한 억제책

이것은 피임약의 공급이나 불임 수술비를 국가에서 무료로 지원하고, 아이를 적게 낳거나 낳지 않는 가정에 무료로 급수나 도시가스 등을 공급해주거나, 주택구입 시 저리융자, 생활비의 지원 등 경제적 지원을 해주는 정책을 말한다. 또한 경제적인 혜택을 박탈함으로써 인구를 억제하는 방법도 있다. 예를 들면, 아이를 많이 낳은 가정에 과외로 세금을 물리든가 경제적 지원 중단, 취업의 제한 등의 정책을 쓰는 것이다. 그러나 이러한 정책은 부모의 잘못으로 태어난 아이가 부당한 대우를 받게 된다는 사회적 문제를 발생시킨다.

가족계획의 대표적인 예로 중국을 들 수 있는데 중국은 사회주의 국가라는 특성을 이용하여 강력한 국가의 힘으로 대대적인 가족계획 정책을 추진함으로서 인구 억제정책에 성공하였다. 그리하여 중국은 세계 인구의 억제에 가장 공헌한 국가가 되고 있다. 현재 중국의 인구증가율은 약 1% 정도인데, 이러한 가족계획의 성공은 국가가 소수민족을 제외한 한족에 대하여 남녀구분 없이 무조건 자녀 1인만을 낳도록 강요하였기 때문이다. 그 결과 1가정 1자녀만 인정하고 그 다음으로 태어난 아이에 대해서는 출생신고조차 할 수 없는 탓에 이들에 대한 사회문제가 새롭게 대두되고 있다.

3) 가족계획의 성공 여부

가족계획의 성공은 사람들의 의식변화에 달려있다. 인류의 오랜 역사를 통하여 많은 자손은 좋은 것으로 인식되어 왔기 때문이다. 농경사회의 경우 자녀가 많을수록 힘든 농사일을 거들 일손이 많아지는 것으로 생각해왔다. 우리나라는 전통적으로 효를 강조하여 왔는데, 노년에 자식이 특히 아들이 부모를 부양하는 일은 사회보장제도가 없었던 시대에서 당연한 아름다운 전통이었다. 이로 인해 과거 우리나라에서 가족계획사업의 가장 큰 걸림돌은 뿌리 깊은 남아선호사상이었으며, 전 세계적으로도 종교(예, 힌두교)나 전통적 사고에 의한 남아선호사상으로 아들을 낳기 위하여 계속 출산을 하는 경우를 볼 수 있다. 일반적으로 경제개발과 도시화에 따른 사회구조의 변화속도는 빠르나 사람들의 의식구조 변화는 매우 느리다. 따라서 이 문제는 남녀평등에 기초한 민주사회를 정착시키고 국민연금, 의료보장제도 등 사회복지정책을 확대하게 되면 차츰 해결이 될 것이다.

3.5 저출산 및 고령화

출산율은 여성 한사람이 임신해서 아기를 낳을 수 있는 가임기간(15~49세) 동안 평균적으로 몇 명을 낳는지를 나타내는 것으로, 경제가 발달하고 여성의 사회적 진출이 많아지면 결혼 시기가 늦어지고 결혼을 하여도 출산과 육아에 대한 기피로 출산율이 감소하는 경향을 나타낸다. 이러한 현상은 선진국들의 공통적 문제이며, 우리나라 역시 빠른 경제성장과 함께 최근 급격한 출산율 저하를 나타내고 있다.

우리나라의 인구는 1690년(숙종 16년)에 약 695만 명으로 추산되었으나 1906년에는 1,290만 명으로 증가되어 200년 동안에 거의 2배로 증가하였다. 1935년 조선 총독부가 실시한 조사결과 총 인구는 2,290만, 서울 인구는 44만 명이었다. 이때 여성의 81%는 19세 이전에 결혼하였으며, 평균 수명은 남자는 36.3세, 여자가 38.5세였다. 특히 1,000명당 사망자 수가 20명이었는데 이 중 40%는 5세 미만의 갓난아기와 아이들로서 유아사망률이 매우 높았음을 알 수 있다. 1945년 해방직후 남한의 인구는 1,900만 명, 북한의 인구는 600만 명으로 추산되었으나, 6.25전쟁과 대규모 북한 인구의 남한 유입 및 종전 후 출산붐 등으로 4~4.5%의 높은 출생률로 인해 1960년 인구가 2,499만 명에 이르고 출산율 또한 6명이 되자 정부는 이듬해부터 가족계획을 실시하기 시작하였다. 1961년부터 추진된 경제개발계획과 지속적으로 실시한 가족계획사업으로 정부는 셋째 아이의 병원비를 의료보험에서 제외시키는 것은 물론 심지어 정관수술 시 예비군 훈련을 면제해주기까지 하였다. 그 결과 1984년 당초 목표였던 2%의 출생률로 출산율을 2.1명까지 줄였으며 연평균 인구증가율을 1.6%까지 낮추게 되었다.

이러한 가족계획은 세계적으로도 성공적인 정책으로 평가받아 2014년 여성 1명당 4.6명의 출산율과 출산 1,000건당 74명이 사망하는 영아사망률을 나타내고 있는 에티오피아에 수출까지 하였다.

그러나 지나친 가족계획의 추진으로 2000년대 초에는 오히려 저출산 문제가 제기되기 시작하였다. 이에 따라 가족계획협회는 2005년부터 출산 장려정책을 펼치는 인구보건복지협회로 바뀌었으며 "둘만 낳아 잘 기르자(1973)", "둘도 많다(1983)"던 표어가 2000년대에 들어서 "한 자녀보다는 둘, 둘보단 셋이 더 행복합니다."로 바뀌었다. 현재 우리나라의 2013년도 출산율은 미국 중앙정보국(CIA)의 월드팩트북(The World Factbook, 2014)에 따르면 조사대상 224개국 중 219위로 가임여성(15~49세)이 평생 낳은 아기수를 말하는 합계출산율이 1.3명(추정치 기준)으로 나타났으며, 싱가포르가 0.8명으로 224위, 마카오가 0.93명으로 223위였으며, 대만이 1.11명으로 222위, 홍콩이 1.17명으로 221위, 그리고 버진아일랜드가 한국과 공동인 219위로 나타났다. 합계출산율 1위는 니제르로 6.89명이었고 이어서 말리 6.16명, 부룬디 6.14명, 소말리아 6.08명, 우간다 5.97명 등으로 상위 50위권 내에 아프리카 국가들이 대부분 포함되어 있고, 아프가니스탄 5.43명(9위), 동티모르 5.11명(15위), 이라크 3.41명(46위) 등 최근 전쟁을 겪은 국가들이 일부 포함되어 있다. OECD회원국들 중에서는 우리나라가 최하위로 나타났으며, 이스라엘이 2.62명으로 가장 높은 75위를 나타내었고, 멕시코 2.29명(94위), 프랑스 2.08명(112위), 미국 2.01명(122위) 등이었으며, 그 밖에 인도 2.51명(80위)과 중국 1.55명(185위)이었다. 또한 인구 1천 명당 출생아 수를 나타내는 조출생율 역시 우리나라는 224개국 중 220위를 나타내었는데 니제르가 46.12명으로 1위였고, 이어서 말리 45.53명, 우간다 44.17명, 잠비아 42.46명 순이었으며, 인도와 중국은

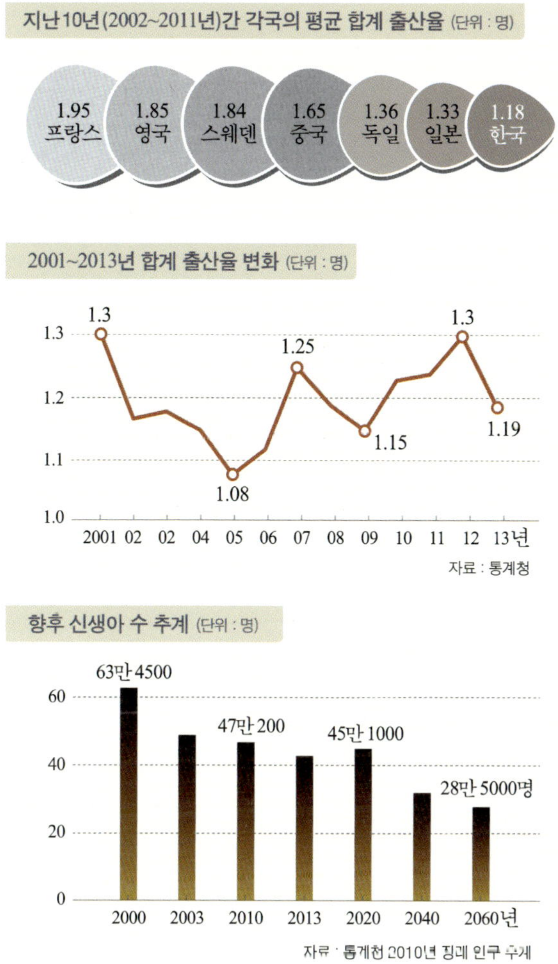

그림 3.11 세계 각국의 출산율과 우리나라 출산율 및 신생아수 추계

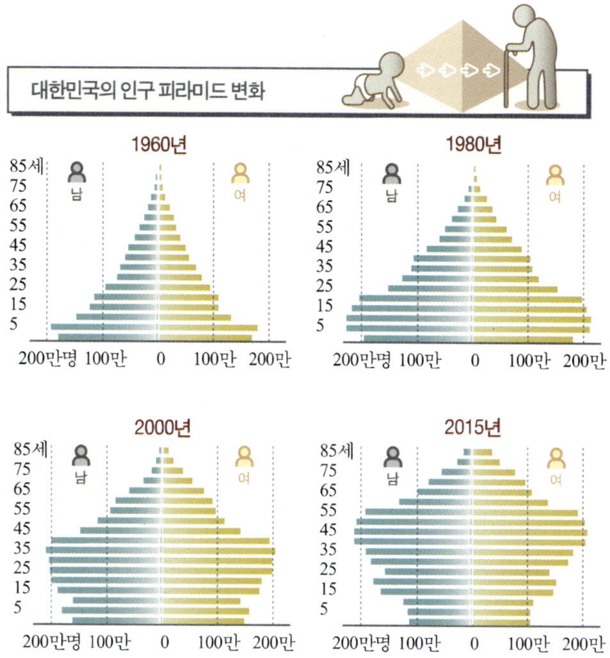

그림 3.12 연도별 성별 연령별 인구 구조

각각 19.89명(86위)과 12.17명(163위)으로 나타났고, OECD 국가들 중에서는 멕시코가 19.02명으로 91위를 차지해 가장 높은 순위였으며, 이스라엘 18.44명(101위), 터키 16.86명(114위), 미국 13.42명(150위) 등이었고 우리나라는 8.26명으로 일본 다음으로 나타났다. 이러한 추세로 갈 경우 우리나라 인구는 2024년부터 줄어들기 시작할 것으로 전망된다. 출산율 감소와 인간의 수명연장에 따른 우리나라의 고령화 사회 진입속도 역시 어느 선진국보다도 빨라, 2026년도에는 65세 이상 노인 인구가 20%를 넘는 '초고령사회'에 도달할 것으로 예측되고 있다. 우리나라 평균수명은 남자 71.8세, 여자 79.3세로 여자가 남자보다 수명이 7.5세 길며, 세계 남녀 평균수명(남자 63.3세, 여자 67.6세)과 비교해 각각 8.5세, 11.7세가 높다.

국가경제에서 인구수가 가지는 의미에 대해서 인구증가율이 높으면 앞에서 설명한 바와 같이 경제성장속도가 느려져서 후진국 상태를 벗어나기 어렵지만, 한편으로는 사람을 생산요소와 소비주체로 파악하여 인구증가로 생산이 늘어나고 상품소비도 증가하기 때문에 경제발전에 도움이 된다는 주장도 있다. 특히 저출산의 경우 일할 수 있는 젊은 노동력의 감소로 노동력 보충을 위해 고령자의 고용이 불가피하게 되고, 그 결과 생산성 감소와 젊은 사람에 비해 소비활동도 줄어들기 때문에 결국은 국가경제의 성장잠재력이 떨어지게 된다. 우리나라의 인구경쟁력은 OECD 회원국 29개국 가운데 2010년 17위였으나 2030년 21위로 하락할 것으로 전망되고 있다. 인구경쟁력 지수는 고령화로 인한 인구 구조변화가 경제·사회에 미치는 영향을 평가한 것으로 2030년 기준 1위가 이스라엘이고, 이어 미국, 아일랜드, 호주, 스위스, 캐나다 순으로 나타났다. 전체 인구 중 고령자의 비율이 늘어날수록 노인들은 연금 등 사회복지에 의존해서 생활해야하므로 이들을 부양하기 위해 젊은 세대나 국가가 부담해야할 부분들이 커지게 된다. 이에 따라 출산율이 낮은 선진국들은 저출산 문제의 심각성을 일찍부터 깨닫고 출산장려를 위한 다양한

그림 3.13 미래의 모습

정책과 혜택을 부여하고 있으며, 우리나라 역시 2005년 9월 저출산·고령사회 기본법을 만들어 출산장려를 위해 노력하고 있으며 각 지방자치단체, 종교단체, 각종 기관에서 세금감면, 출산장려금, 주택입주 우선순위 부여 등 다양한 방법으로 출산을 유도하고 있다. 또한 수년전부터 모자보건학회와 대한인구보건복지협회는 '123운동'을 펼치고 있다. 즉, 결혼 1년 내에 임신해서 2명의 자녀를 30세 이전에 낳아 잘 기르자는 것으로 결혼과 출산을 앞당기고 고령화 사회와 인구감소를 예방하자는 취지이다. 고령화 사회의 심각성이나 경고에 정부가 눈을 돌리기 전까지만 하여도 정부는 산아제한정책을 포기하지 않았었다.

3.6 우리나라 인구문제

2015년도 우리나라 신생아 출생은 43만 8,420명으로 조출생률은 8.6명이었으며, 합계 출생률은 1.24명으로 역대 출생률이 가장 높았던 1970년 1,006,645명의 출생 수에 조출생률 31.4명 그리고 합계출산율 4.53명에 비하면 72%나 감소한 것으로 나타났다. 2002년 이후부터 태어난 40만 명대의 신생아들이 성장하여 아기를 낳게 되는 2030년대가 되면, 신생아는 30만 명대로 2050년대 후반이 되면 20만 명대로 감소할 것으로 예측된다.

통계청에서 발표한 '2015~2065년 장래 인구추계'를 보면 우리나라 인구는 2031년 5,296만 명으로 정점에 도달한 뒤 이후에는 감소세로 돌아서고, 50년 후인 2065년에는 4,302만 명까지 감소함으로서, 현재 인구보다 800만 명이

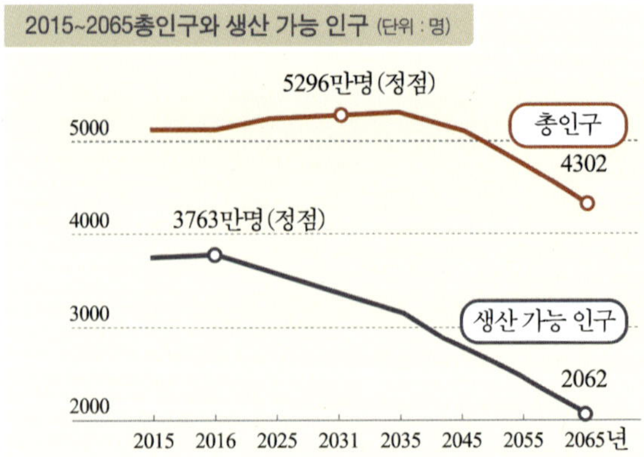

그림 3.14 우리나라 생산가능 인구(15~64세 인구 예상치)

줄어든다고 한다. 또한 활발하게 경제활동을 하는 연령대를 말하는 생산 가능인구가 2016년 3,763만 명으로 정점에 도달한 뒤 2017년부터 줄어들며, 2020년부터는 생산 가능인구가 매년 30만 명씩 빠르게 줄어들어 2065년에는 2,062만 명까지 감소할 것으로 예측하고 있다. 즉, 2015년에는 전체 인구대비 생산가능 인구비율이 73.4%로 OECD(경제협력개발기구)에서 가장 높았지만, 2065년에는 이 비율이 절반 이하(47.9%)로 떨어져 OECD 최하위를 기록할 것으로 예측됐다. 그 결과 인력 부족으로 인한 기업 활동 저하는 전반적으로 국가 경쟁력을 잃게 만들 것이다. 더욱이 앞에서 설명한 고령화 사회로 인한 국가부담의 가중으로 이러한 문제는 더욱 심화될 것이다. 장래 인구추계는 통계청이 5년마다 발표하며 재정계획, 연금정책 등을 설계하는 데 기초자료로 사용되고 있다. 저출산에 따른 당면 문제로 많은 초·중·고등학교들이 학생 수 감소로 문을 닫아야하고, 대학 역시 지원자수가 입학 정원보다 적어지는 사태를 맞이하게 될 것이며, 군대 역시 병역 인력부족으로 모병제로 바꾸어야 할 상황이 예견된다.

EXERCISE

1. 개발도상국들의 인구증가 억제정책들을 조사하고 비교하라.
2. 우리나라는 현재 인구가 감소하고 있는데 이와 관련하여 인구정책에 대한 의견을 제시하라.
3. 인구의 도시집중현상을 막을 수 있는 정책적 대안을 제시하라.
4. 최근 10년간 우리나라 인구증가율을 조사하고 2020, 2050, 2100년도의 인구를 예측하라.
5. 고령화 사회에 따른 사회문제들에 대하여 논하라.
6. 인구증가와 인구감소가 국가경제에 미치는 영향을 각각 비교 검토하고, 적정 인구 증가율을 제시해보라.
7. 저출산 국가들의 출산 장려책들을 조사하고 비교하여라.
8. 맬디스의 인구론을 읽고 현재 세계 인구증가 추이에 대한 견해를 논하라.
9. 인구감소와 인구증가에 따른 사회문제들을 예상해보라.
10. 우리나라의 출산장려를 위한 정책적 대안을 제시해 보자.

CHAPTER

04

생태계

CHAPTER

04 생태계

4.1 생태학의 정의

"생태학(Ecology)"이란 용어는 1865년에 독일의 생물학자인 헤켈(Haeckel)에 의해 처음 도입되었으며, 그리스어에서 '집' 혹은 '가정'을 뜻하는 'oikos(οικοξ)'와 '학문'을 의미하는 'logos(λοϒοξ)'에서 유래된 것으로, 지구에서 상호 의존하는 존재들로서 더불어 살고 있는 인간, 동물, 식물, 미생물들을 포함하여 환경 중에서의 생물과 생물환경에 관한 학문을 의미한다. 생물은 인간과 같이 정교한 집이 없으며, 따라서 생물의 집은 환경이라고 할 수 있는데, 이와 같이 생물의 집이 되는 환경은 이 집에 거주할 수 있게 해주는 모든 기능적인 과정까지 포함한다. 웹스터 사전의 정의에 의하면 생태학은 "생물과 그 환경관계의 모든 것"이라고 되어 있다.

생태학은 지구의 생명 부양계에 대한 학문으로서 생명을 가진 한 개체가 환경 속에서 어떻게 생명을 유지하는가, 그리고 개체들이 모인 개체군(populations) 및 군집(community)이 어떻게 생명을 유지하고 발달과 진화를 하는가에 대해서 연구하는 학문이다. 또한 생태학은 생물과 이를 둘러싼 환경을 함께 연구하는 것이며, 환경 속에서 같은 종(種)들 간의 관계, 한 종과 다른 종과의 관계, 그리고 생물과 환경과의 관계를 연구하는 학문이라고도 볼 수 있다. 따라서 상식적인 수준에서 볼 때, 생태학이란 생태계(Ecosystem)를 연구하는 학문이라 할 수 있다.

한편 생태계란 용어는 1935년 영국의 식물학자인 아서 트랜슬리가 처음 제창한 것으로 어떤 지역의 모든 생물이 무기적 환경과 유기적으로 상호작용하며, 이 시스템 속에서 에너지의 흐름에 따른 뚜렷한 영양단계, 즉 생물의 다양성 및 물질의 순환을 만들어내는 구조를 말한다. 따라서 생태계라는 용어는 종종 자연 또는 환경이라는 용어와 동의어로 사용되고 있다. 생태계는 크게 생물생태계와 비생물생태계로 분류되며, 생물생태계와 비생물생태계의 구성 요소들 간에 물질과 에너지의 순환을 통한 다양하고 복잡한 평형관계가 유지될 수 있을 때 비로소 건강한 생태계가 될 수 있으며, 인위적인 요인 등에 의해 이들 상호 간의 평형이 깨질 경우 범지구적인 환경오염을 일으키게 된다. 예를 들어 급격한 화석연료의 사용 증가는 대기 중의 이산화탄소 농도를 지속적으로 증가시켜왔으며, 반면 대기 중의 이산화탄소를 감소시키는 숲과 삼림은 지구상에서 이루어지고 있는 각종 개발과 벌채 등으로 급속히 파괴됨으로서 결과적으로 대기 중의 이산화탄소 농도 증가, 즉 비생물생태계 내에서의 이산화탄소의 축적으로 인한 생물생태계와 비생물생태계 간의 이산화탄소(CO_2)에 대한 평형이 깨짐으로서 현재 범지구적 환경문제인 지구온난화와 기후변화도 발생되었다고 할 수 있다.

4.2 생태계의 구성

1) 구성

생태계는 그림 4.1에 나타낸 것과 같이 생물생태계와 비생물생태계로 분류되며, 이들 구성 요소들 간에는 다음과 같은 인자들이 상호작용하고 있다.

① 순환되는 무기물 : 탄소, 산소, 질소, 인, 황, 물 등

② 생물생태계와 비생물생태계를 연결시키는 유기화합물 : 탄수화물, 단백질, 지방, 부식질 등

③ 물리적 인자 : 공기, 물, 토양, 기후, 온도, 바람, 눈, 비, 일사량 등

생물생태계를 구성하고 있는 요소들은 미국의 생태학자 린드먼에 의해 영양단계에 따라 다음과 같이 3가지로 분류된다.

① 생산자 : 무기물질로부터 유기물질을 합성할 수 있는 생물로 독립 영양성생물이라 부르며, 엽록체를 가지고 있어 광합성을 하는 녹색식물과 조류 및 일부 세균들이 있다.

② 소비자 : 생산자를 먹이로 하는 생산자의 상위 영양단계 생물들로 초식동물인 1차 소비자, 육식동물인 2차 소비자, 그리고 인간이나 맹금류 또는 맹수와 같이 최상위 영양단계에 있는 3차 소비자로 구분된다.

③ 분해자 : 주로 세균이나 곰팡이와 같은 미생물들로 생산자나 소비자의 배설물이나 죽은 사체 등과 같은 유기물을 분해하여 먹이와 에너지를 얻으며, 이들의 활동으로 생산자가 이용할 수 있는 각종 영양분을 생성한다.

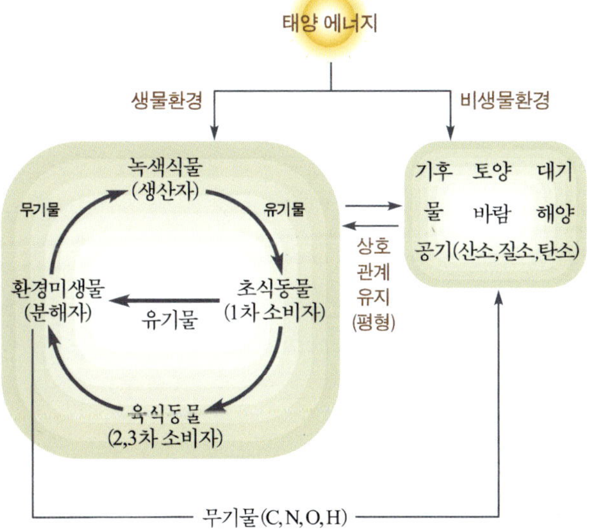

그림 4.1 생태계의 구성

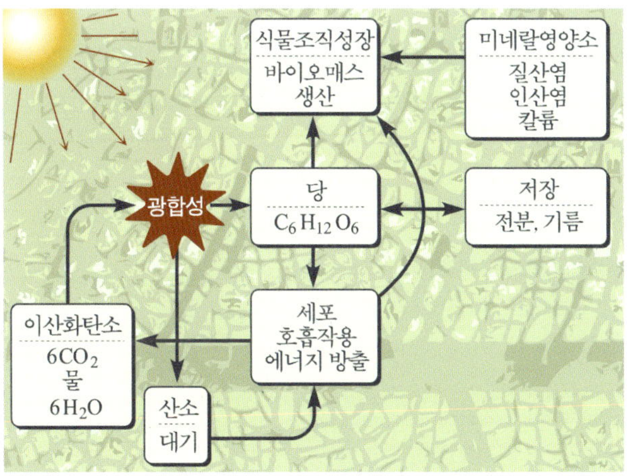

그림 4.2 화학공장으로서의 생산자

그림 4.3 생산자와 소비자 간의 영양관계

2) 기능적 요소

생태계는 기능적인 면에서 다음과 같은 요소들을 가지고 있다.

(1) 에너지 회로

생태계 내 생물들이 에너지를 얻는 과정인 에너지 회로는 먹이사슬과 같은 과정을 통해 이루어지는데, 녹색식물에서부터 시작하여 초식자(살아있는 목초를 먹는 초식동물), 육식자로 이어지는 초식먹이 연쇄를 통해 에너지를 얻는 초식회로(grazing circuit)와 동·식물의 사체나 부식물, 동물의 배설물 등을 먹이로 하는 미생물 및 이 미생물의 포식자와 같이 유기물을 먹이로 하는 유기물잔재 먹이연쇄를 통해 에너지를 얻는 유기물잔재회로(organic detritus circuit)로 구분된다.

(2) 먹이연쇄(food chain)

먹이사슬은 식물 → 초식동물 → 육식동물(예 : 벼 → 메뚜기 → 개구리 → 뱀) 등과 같이 먹고 먹히는 관계를 말한다. 이 먹이사슬은 직선상으로 이어지는 것도 있으나 대부분 한 종류의 먹이만을 취하지 않기 때문에 복잡한 그물망을 이루고 있으며 이를 먹이망(food web)이라고 한다.

(3) 시간, 공간적 다양성

생태계는 계절에 따라 변화하며 또한 지역에 따라서, 즉 위도와 고도 그리고 육지, 해양, 사막, 담수호 등 지역적 특성 등에 따라 기후적 요인이나 기타 환경적인 영향으로 생태계를 구성하는 동·식물의 분포나 구성 등이 매우 다양하게 나타난다.

(4) 물질의 순환

생태계에서는 끊임없이 많은 물질들이 먹이와 에너지의 형태로 순환되고 있다. 생물의 필수원소인 탄소, 수소, 산소, 질소, 인, 황 등이 탄수화물, 단백질, 지방 등과 같은 유기화합물이나 무기영양염류 등 다양한 형태로 생물과 사물(死物) 간에 끊임없이 이동함으로서 순환된다.

(5) 발달과 진화

시간에 따라 생태계는 끊임없이 발달(development)하고 진화(evolution)하는 과정을 이어가고 있다. 발달은 유기체가 그 생명을 유지하기 위해 환경에 적응해가는 과정으로 생후부터 사망까지 전 기간에 걸쳐 일어나며, 진화는 생물집단이 여러 세대를 거치면서 변화를 축적하여 집단 전체의 특성을 변화시키고, 나아가 새로운 종의 탄생을 야기하는 과정이다. 따라서 진화가 일어나는 주요 원인은 생물집단과 환경의 상호관계에서 유전형질이 선택되는 자연선택과 집단 내에서 이루어지는 유전자 부동이 있으며, 생물집단이 환경에 적응하는데 유리한 유전형질은 다음 세대로 전달되는 반면 불리한 형질은 사라지게 된다. 이와 같은 진화의 과정을 거쳐 생물들은 환경에 적응하여 새로운 종으로 분화하며 보다 안정되고 균형 잡힌 상태로 변화해 간다. 생물들 사이의 상호작용에 의한 진화의 결과로는 공생이 있으며 급격한 환경의 변화는 생물의 멸종을 가져온다. 시간에 따른 생태계의 종 구조와 군집과정의 변화를 천이(succession)라고 한다. 외부적인 힘에 의해 방해받지 않는다면 천이는 상당한 방향성이 있기 때문에 예측이 가능하다.

(6) 제어(Control, cybernetics)

생태계는 스스로 그 자신의 시스템을 제어하는 능력을 가지고 있다. 생태계 내부에서는 끊임없이 동·식물이 태어나고 죽고, 먹고 먹히는 변화가 일어나지만 전체적으로 보면 대단히 안정된 특징을 가지고 있다. 이것은 생태계 자체의 제어능력 때문이다. 따라서 외부로부터의 영향이 없다면 생태계는 지속적으로 안정한 상태를 유지할 수 있으며, 외부적 영향이 생태계가 가지고 있는 수용범위 내에 있을 경우에도 생태계는 보상작용과 재생능력 및 복원능력에 의해 안정을 유지할 수 있다.

3) 생태계의 예

생물권의 주요 생태계는 생물군계에 따라 크게 육상생물 생태계, 담수 생태계, 해양 생태계, 인공 생태계 등으로 분류할 수 있으며, 이들 생태계를 구성하는 요소들로 소규모적으로는 논, 늪, 하천, 강, 호수, 초원, 사막, 삼림, 갯벌, 도시 등 매우 다양한 생태계들이 있다.

4.3 생태계의 특성

생태계는 기본적으로 태양에너지와 산소 및 물을 기반으로 구성 요소들 간에 먹이사슬을 통한 에너지와 물질의 순환으로 생명을 유지함으로서 안정적인 체계를 유지하려는 특성을 가지고 있다. 이러한 생태계의 주요 특성들을 요약하면 다음과 같다.

1) 에너지와 물질의 순환

생태계에 있어서 에너지의 근원은 무한한 태양에너지이며, 이러한 태양에너지가 식물에 의해 화학에너지로 전환됨으로서 먹이의 형태로 생태계 내의 먹이사슬을 통해 에너지의 흐름을 나타내게 된다. 따라서 생태계 에너지흐름은 엔트로피의 법칙에 따라 일방적인 비가역적 흐름으로 재생이 되지 않는 특성을 갖는다.

물질의 순환은 먹이사슬을 통해 이루어지며 태양에너지가 화학에너지로 전환되는 과정에서 비생물계의 원소들이 유기물의 형태로 고정되어 상위 영양단계까지 먹이로 전달되고, 이 과정에서 발생되는 배설물이나 사체는 다시 분해자인 미생물에 의해 분해되어 비생물계로 환원됨으로서 생물계와 비생물계를 끊임없이 순환하게 된다.

2) 먹이연쇄(Food Chain)

생태계 내에서 무기물로부터 직접 유기물을 합성하는 독립영양성인 식물, 즉 생산자를 출발점으로 소비자, 분해자로 이어지는 먹이사슬을 먹이연쇄라고 하며, 이 먹이연쇄를 통해 에너지의 흐름과 물질의 순환이 이루어진다. 소비자인 초식동물이나 육식동물 그리고 사람 역시 한 종류의 먹이만을 취하는 것이 아니기 때문에 생산자와 소비자 그리고 소비자와 소비자 그리고 소비자와 분해자 및 분해자와 분해자 간의 먹이연쇄는 매우 복잡하면서 다양한 그물구조를 가지고 있다. 따라서 이러한 먹이연쇄의 그물망을 구성하는 한 개체가 기후변화 등과 같은 자연적인 요인이나 인간의 활동으로 인한 여러 가지 요인들로 인해 피해를 입거나 파괴될 경우 생태계에 미치는 영향은 우리의 상상을 초월하게 되며 그 결과는 곧 인간에게 환경재해로 나타나게 된다.

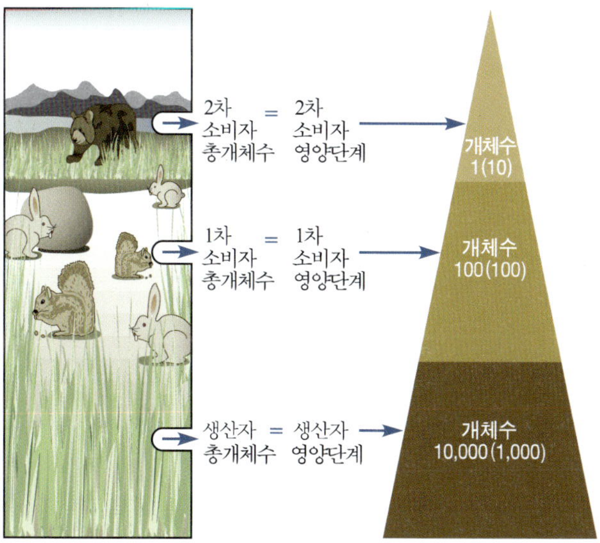

그림 4.4 생태 피라미드

한편 먹이연쇄에 따라 생산자를 기준으로 1차 소비자, 2차 소비자 그리고 3차 소비자로 이어지는 영양단계를 생물의 생체량(biomass)으로 나타내면 영양단계를 하나씩 거칠 때마다 에너지의 양이 90%씩 줄어들어 약 10% 정도만 남게 되는데 이를 그림으로 나타내면 그림 4.4와 같은 피라미드의 형태가 된다. 이를 엘튼(Elton)의 생태 피라미드라고 부르며, 상위 영양단계로 갈수록 순 생산량은 1/10으로 줄어들고, 반면 먹이를 통한 오염물의 생체축적량은 최소 10배 이상으로 증가될 수 있다. 따라서 식량문제의 해결방안으로 육식을 채식으로 바꾼다면 10배의 식량 증산 효과를 기대할 수 있다.

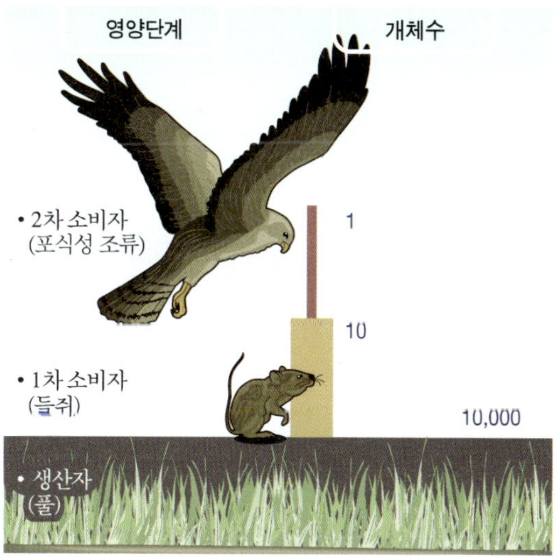

그림 4.5 영양단계별 개체수 피라미드

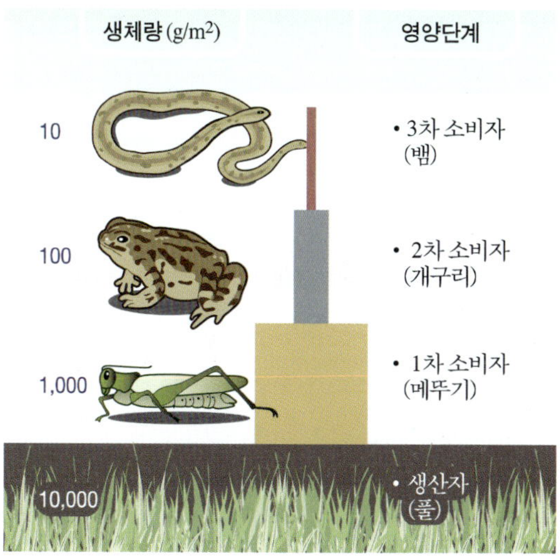

그림 4.6 초원지대에서 생체량(Biomass) 피라미드

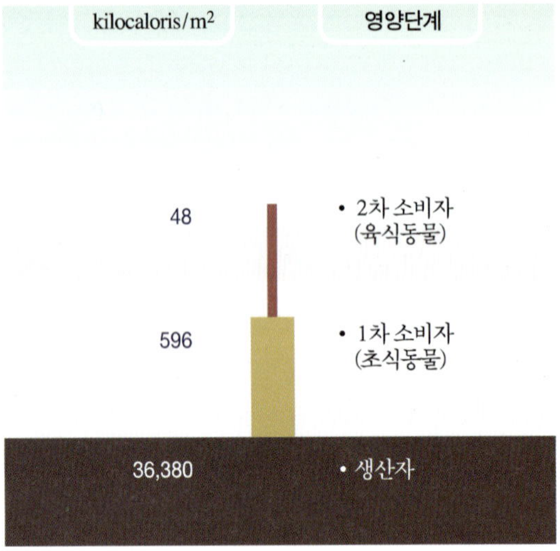

그림 4.7 에너지 흐름에 따른 생태계구조

3) 항상성(Homeostasis)

생태계에는 그 각각의 구성원들이 상호 간의 균형 상태를 유지하려는 속성이 있는데 이를 항상성(恒常性)이라고 한다. 예를 들면 성장속도가 매우 빠른 부레옥잠이 수생 생태계에서 절대 우점종이 되지 못하는 것이라든지 우리나라의 경우 가장 번식력이 뛰어난 아까시나무가 역시 우점종이 되지 못하고 있는 것 등은 바로 생태계의 항상성 때문이라고 할 수 있다. 즉, 어느 한 종이 일정 규모 이상으로 번식하는 것을 스스로 제어함으로서 정상상태를 유지하려하며, 따라서 안정적인 생태계일수록 항상성으로 생태계의 조절능력이 크고 외부의 환경변화에도 대처능력이 뛰어나다고 할 수 있다. 실제로 지구상의 모든 소비자에 해당하는 개체들은 생산자에 의해 조절되어 왔으며, 생산자는 광합성을 하는데 필수적인 태양에너지에 의해 조절되어 왔다. 그러나 인간의 활동에 의한 개발이나 오염물질의 배출 등과 같은 생태계의 파괴 시 특정한 개체의 폭발적인 증식이나 멸종위기가 발생하기도 하지만, 대규모 산불과 같은 생태계의 파괴에도 불구하고 자연적으로 수십 년에 걸쳐 다시 복원력을 나타내는 것 역시 항상성의 특성이라고 볼 수 있다. 이러한 관점에서 일부 생태학자들은 사회학자들과 달리 전쟁이나 질병 그리고 재해 등의 발생으로 제어되어온 인구문제도 항상성의 일환으로 보는 견해가 있다.

4) 상호의존성(Interdependence)

물속에서 조류와 박테리아는 이산화탄소와 산소를 주고 받음으로서 공생관계를 유지하고 있으며, 커다란 느티나무는 무성한 잎을 가을에 떨어뜨림으로서 토양미생물의 먹이가 되고 이 미생물의 분해생성물은 뿌리에 의해 다시 나무가 자라나는데 필요한 영양분이 되며, 아프리카의 건조지역에 자생하는 비터부쉬(bitterbush)라는 풀은 흙속에 여러 개의 씨앗이 함께 묻혀야만 싹이 트는 특성을 가지고 있음에도 불구하고, 이 지역에 서식하는 다람쥐의 한 종류가 이 풀의 씨앗을 땅속에 저장하는 버릇 때문에 저장한 씨를 다람쥐가 잊어 버렸을 때 싹이 틈으로서 이 지역 초식동물들의 주요 먹이가 되고 있다. 또한 인간이 식량으로 광합성을 하는 식물로부터 탄수화물을 얻고 가축이나 어패류로부터 단백질을 얻으며 화석연료로부터 에너지를 얻어 생명을 유지하는 것처럼 모든 생태계의 구성 요소들은 생물생태계뿐만 아니라 비생물생태계까지 서로 복잡한 구조로 상호 관련되어 있으며, 서로 상호의존관계를 통해 생명을 유지하고 있음을 알 수 있다. 이러한 상호관련성은 악어와 악어새처럼 가장 단순한 공생관계부터 "모든 것은 다른 모든 것과 관련되어 있다"는 생물학자인 배리코머너(Commoner)가 말한 것처럼 매우 광범위하고 복잡한 관계까지 다양하게 형성되어 있다.

5) 복잡성(Complexity)

생태계의 먹이연쇄와 상호의존성에서 설명하였듯이 생태계는 우리가 생각할 수 있는 것보다 훨씬 더 복잡한 구조로 이루어져 있다. 먹이연쇄만 하더라도 복잡한 그물망으로 이루어져 있어 마치 그물의 한 부분이 끊어지면 연쇄적으로 그물이 망가지듯이, 생태계 역시 환경오염이나 개발 등과 같이 인위적인 환경요인에 의해 어느 한 부분이 손상되면 연쇄적으로 그 피해가 확산되며, 이때 생태계의 손상 원인에 대한 결과가 우리가 예상하는 것보다 훨씬 더 크고 광범위하며, 또한 전혀 예기치 못한 결과들로 나타날 수 있다. 실제로 개발행위를 할 때는 개발에 따른 환경적 변화에 대처하기 위해 환경영향평가를 반드시 실시하도록 제도화하고 있지만, 생태계의 복잡성 때문에 평가결과에는 한계가 있다.

6) 적응(Accommodation)

급격한 환경변화는 생태계에 극심한 혼란을 초래함으로서 멸종이나 개체수의 감소 원인이 되는데 이러한 환경변화를 생물종이 수용할 수 있을 경우 생물들은 생존이 가능하나 수용이 불가능할 경우에는 멸종이나 개체수가 크게 감소하게 된다. 따라서 변화된 환경 속에서 생존하기 위해서는 순응이 필요한데, 이와 같이 변화되는 환경에 맞추어 스스로 생명유지를 위한 체계를 변화시켜나가는 것을 적응이라고 한다. 적응과정은 같은 환경변화라 하더라도 생물종에 따라서 다르게 일어나며 장기간에 걸친 적응의 결과를 진화라고 부른다.

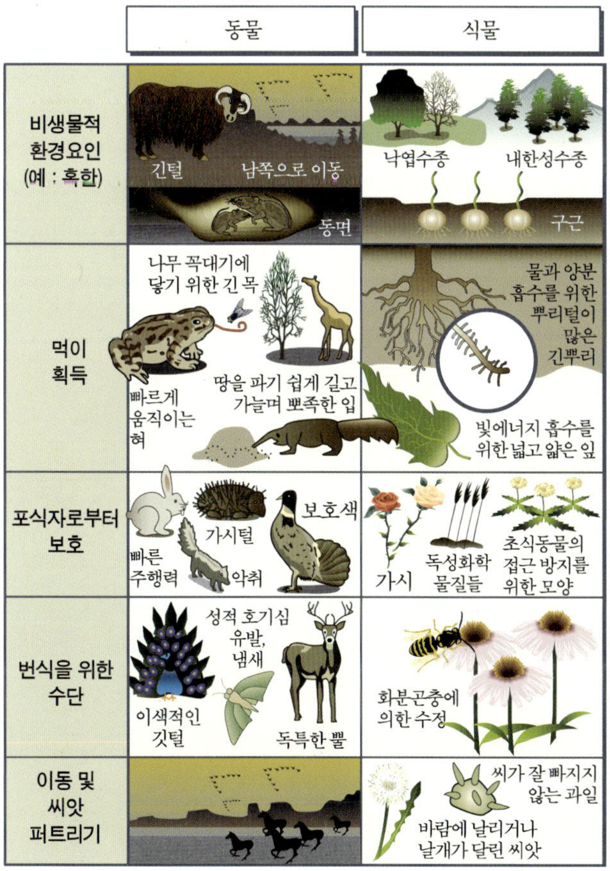

그림 4.8 번식과 생존을 위한 적응 예

4.4 생태계 내 순환

생태계의 에너지원은 태양에너지로, 지구 밖의 태양으로부터 지속적으로 공급되고 있으나 생물들의 먹이가 되는 물질은 지구 밖으로부터 공급이 되지 않으므로 지구 내에서 순환이 이루어지지 않으면 안 된다. 이러한 물질의 주요 구성요소로는 물과 공기(산소, 질소) 그리고 탄소(C), 인(P), 황(S), 칼륨(K) 등과 여러 가지 미량원소 등이 있다. 따라서 생태계가 존재하기 위해서는 이와 같은 물질들이 지속적으로 생태계 내에서 재순환되어야 한다. 이 중 생물체가 생명을 유지하기 위해서 가장 중요한 3가지 원소인 탄소, 질소, 인의 순환에 대해서 설명한다.

이들 물질들은 공통적으로 다음과 같은 순환 경로를 갖는다.

(1) 물리적 순환

대기권, 암석권, 수권 간의 흡수, 흡착, 탈기, 분해 등에 의한 이동

(2) 화학적 순한

① 먹이사슬을 통한 생물생태계 내 순환

② 생물생태계(유기물)와 비생물생태계(무기물) 간의 순환

1) 탄소(C)의 순환

탄소는 모든 생물체뿐만 아니라 석탄과 석유에서 유전정보 전달물질인 DNA(deoxyribonucleic acid)에 이르기까지 모든 유기체의 가장 기본적인 원소로서 대기 중에 주로 이산화탄소(CO_2)나 메탄(CH_4) 등으로 존재하며 물속에서는 탄산수소이온(HCO_3^-)이나 탄산이온(CO_3^{-2}) 그리고 석회석과 같은 암석 등으로 존재한다. 탄소는 생물체들의 호흡이나 화석연료의 연소 시 이산화탄소의 형태로 대기로 방출되며, 대기 중의 이산화탄소는 녹색식물, 조류(algae) 그리고 광합성 박테리아 등에 의해 제거된다. 탄소의 순환은 광합성 생성물이 먹이로 이용되는 경우 호흡이나 대사 작용을 통해 이산화탄소로 다시 환원됨으로서

짧은 순환주기를 갖지만 삼림에 축적된 탄소는 수백 년 이상 고정된 형태로 남아있을 수 있으며, 이러한 삼림들이나 유기체가 석탄이나 석유로 전환될 경우에는 순환되기까지 수백만 년 이상이 걸릴 수도 있다. 또한 바다 밑에 퇴적된 탄소침전물은 지질학적 변화가 생기지 않는 한 거의 순환이 불가능하다고 보아야할 것이다. 그럼에도 불구하고 대기 중의 이산화탄소의 농도가 지속적으로 증가하고 있는 것은 화석연료의 사용량 증가로 탄소의 순환에 있어서 배출량과 제거량의 균형이 깨어진 탓으로 볼 수 있다.

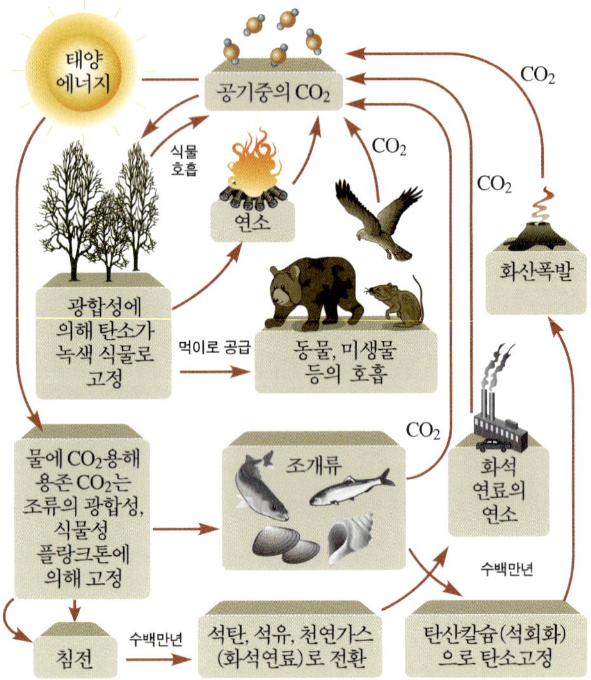

그림 4.9 탄소순환

2) 질소(N)의 순환

질소는 공기 중에 부피비로 약 79%를 점유하고 있으며 생물체 내에도 단백질이나 핵산을 비롯한 여러 세포물질에 다량으로 존재하고 있다. 그러나 질소는 종종 생물권 내에서 결핍된 상태에 있으며 이에 따라 인위적으로 질소를 공급하기 위해 농업분야에서는 화학적으로 고정시킨 질소를 비료로 사용하고 있다. 자연계에서 질소의 순환과 관련하여 질소의 전환과정은 다음과 같이 5가지로 요약할 수 있다.

① 질소동화작용(nitrogen assimilation) : 미생물이 생장하기 위해서는 탄소기질의 이용이 필요하며 100단위의 탄소가 세포로 동화될 경우 질소는 5~10 정도가 동화된다. 이와 같이 질소가 암모늄, 아질산, 질산 등의 이온형태로 미생물에 섭취되는 것을 동화라고 한다.

② 질소 광물질화(nitrogen mineralization) : 유기질소화합물을 미생물들이 분해하여 무기질소 형태로 환원하는 것으로, 예를 들면 단백질을 분해하여 암모늄이온을 생성하는 것을 들 수 있다.

③ 질산화반응(nitrification) : 유기물질의 광물질화반응에 의해 생성된 암모늄이온을 산화하여 질산이온을 생성하는 반응으로 호기성인 질산화 박테리아에 의해 일어난다.

④ 탈질산화반응(denitrification) : 질산이온을 전자수용체로 이용하는 혐기성 박테리아에 의해 질산이온을 질소로 환원하는 반응으로, 특히 폐수처리나 슬러지 처리에서 매우 중요한 반응이다.

⑤ 질소고정(nitrogen fixation) : 공기 중의 질소를 흡수하여 단백질로 전환시키는 것으로 박테리아와 남조류 등에 의해 일어난다.

N_2/NO_3-N → 단백질 → NH_4-N →

NO_2-N → NO_3-N → NO_2-N → N_2

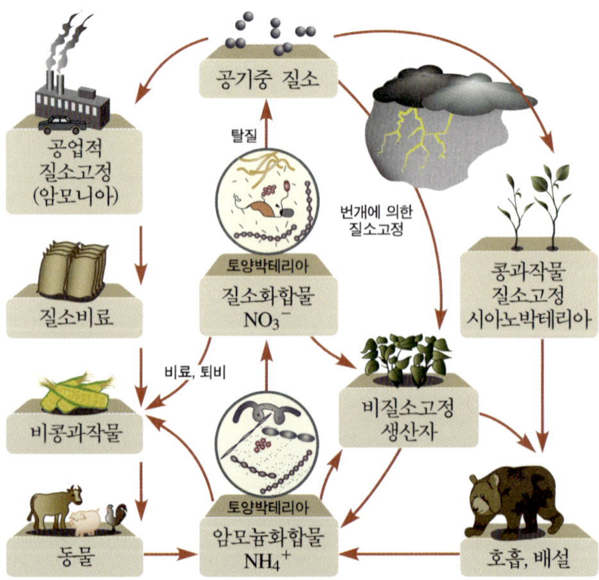

그림 4.10 질소순환

3) 인(P)의 순환

인은 모든 생명체에 있어서 필수적인 원소로서 DNA와 RNA 등 핵산과 인지질(phospholipids) 중 ATP(adenosine triphosphate)의 고에너지 인산결합에 쓰이는 매우 중요한 물질이다. 또한 인은 비료로서 식량생산에도 중요하며 산업적으로도 중요하다. 생물체 내에서 순환되는 인과 비료나 산업적으로 이용되는 인은 사용 과정에서 대부분 호수나 바다로 유입되어 바닥에 퇴적된다. 따라서 육상으로부터 바다라는 비할용성 저장소로 흘러들어 가는 인의 양이 지속적으로 증가함으로서 육지에서 인의 고갈 문제가 대두되고 있다. 이와 같이 퇴적된 인이 다시 순환되기 위해서는 바다의 융기에 의한 암석의 생성, 암석들의 풍화 그리고 바람이나 강우 등에 의한 이동 등이 이루어지거나, 바닷물의 용승에 의해 퇴적된 인이 재현탁되어 해양식물이나 어패류 등에 축적되고 이들을 먹이로 하는 새들이 해안가에 배설물을 퇴적함으로서 구아노형태로 되돌려 놓아야 한다. 이와 같이 바다 속에 퇴적된 인이 다시 순환되기 위해서는 수백만 년 이상의 시간이 걸릴 수밖에 없으며, 따라서 인이 고갈될 경우 가장 큰 타격은 식량생산 감소로 지구의 인구부양 능력이 10억~20억 명 정도로 크게 감소할 것이라고 예측하는 사람도 있다.

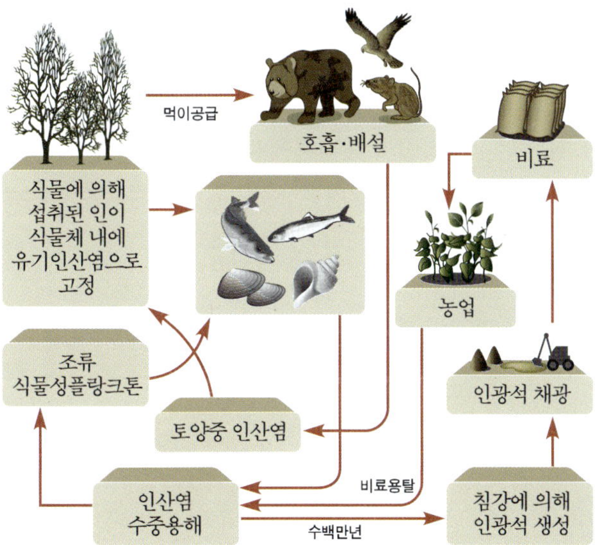

그림 4.11 인의 순환

4.5 생태계의 변화

1) 개발에 의한 생태계의 변화

생태계의 변화를 초래하는 인간의 인위적 행위는 주로 환경오염물질의 배출과 대규모 개발행위를 들 수 있는데 이 중 개발행위로는 대규모 초지나 농경지 조성, 산업단지 조성, 도시건설, 댐 건설, 간척사업, 도로 및 항만 건설 등이 있으며 이를 위한 삼림벌채, 바다 매립 등이 있다. 이 밖에도 베트남전쟁 당시 고엽제 살포와 같은 전쟁에 의한 생태계의 변화나 파괴도 있다.

그림 4.12 베트남전 고엽제 살포

이 중 특히 대규모 삼림벌채는 숲을 파괴함으로서 생태계에 커다란 변화를 가져오는데 숲에 의지해 살던 많은 동물들이 서식처 파괴로 살수 없게 되며, 대기정화와 홍수조절 능력 및 산소의 공급도 감소하게 된다. 또한 강우에 의한 표토층의 침식으로 비옥토가 유실됨으로서 점차 척박한 토양으로 변모함에 따라 사막화의 위험에 놓이게 된다. 중국의 황토고원이나 양쯔강의 범람은 삼림벌채에 따른 생태계의 파괴가 원인인 것으로 알려져 있으며, 또한 삼림 벌채나 지나친 방목 등에 의한 생태계의 변화는 이미 많은 사막을 만들고 있다. 현재 대륙의 총 면적 중 1/3에 해당하는 약 35억 9천 2백만 ha가 사막화 위험에 놓여 있으며, 매년 6백만 ha의 면적이 사막으로 변하고 있고, 이로 인해 전 세계 인구의 1/5이 식량 부족 등으로 생존에 영향을 받고 있다.

그림 4.13 토양침식

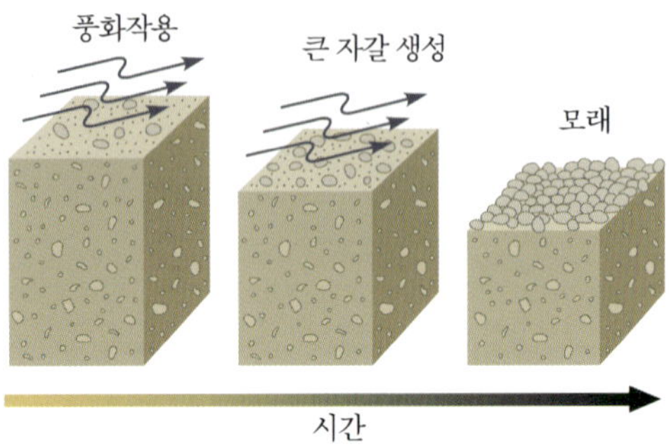

(a)

(b)

그림 4.14 사막의 생성

2) 대기오염이 생태계에 미치는 영향

대기오염이 생태계에 미치는 영향은 주로 가스상 물질과 분진 등에 의해 나타나며, 이 밖에 산성비와 대도시에서 발생되는 스모그(smog) 등이 있다. 이러한 대기오염은 주로 호흡기나 피부자극 등으로 사람의 건강을 해치고, 건축물이나 구조물 등의 부식과 생태계에도 여러 가지 피해를 나타나게 한다. 대기오염으로 인한 생태계의 영향 역시 매우 다양하게 나타나는데, 예를 들어 산성가스와 산성비 등은 식물이나 삼림 등의 성장을 저해하거나 고사시키고 또한 토양과 호소 등을 산성화시켜 토양 및 수생생태계를 파괴한다. 이 밖에 농업 분야에서 사용되는 살충제나 살균제 중 입상물질의 경우 미세먼지로 대기 중에 부유하며 확산됨으로서 대기를 오염시키기도 한다. 삼림과 토양은 대기정화에 매우 중요한 역할을 하는데 삼림과 토양은 주로 대기 중의 가스상 물질들을 흡수하거나 흡착하여 제거한다. 이때 토양에 흡수된 대기오염물질들은 토양 내에서 물리·화학적 작용에 의해 분해되거나 고정되며, 또한 토양미생물들에 의해 분해된다. 미국의 경우 연간 약 800톤 이상의 에틸렌가스가 토양에 의해 흡수되어 토양미생물에 의해 처리되고 있는 것으로 알려져 있으며, 그 밖에 아황산가스와 질소산화물가스 등도 토양의 화학적 작용에 의해 처리되는 것으로 보고되고 있다. 그러나 이러한 대기오염물의 발생이 높은 도시지역은 대부분이 건물이나 도로포장 등으로 대기와 토양의 접촉이 차단되어 있어 실제 정화기능이 매우 낮아 오염이 더욱 심화되고 있다. 그러므로 도시지역에서 공원이나 녹지 그리고 가로수 등은 대기오염방지에 매우 중요한 역할을 하며 온도조절, 방음, 치수 그리고 심미적 효과 등 부수적인 효과를 나타낸다.

한편 지구는 태양으로부터 에너지를 받아 온도를 유지하는데 대기를 투과하는 단파장인 태양 복사파를 지표면이 흡수하여 따뜻해지고, 따뜻해진 지표면은 다시 장파장(적외선)인 지구 복사파를 방출하는데, 이 지구 복사파가 대기 중의 온실가스 등에 의해 흡수됨으로서 지구의 온도가 일정하게 유지되고 있다. 그런데 산업의 발달로 화석연료의 사용이 급격하게 증가하면서 지구 복사파를 흡수하는 대기

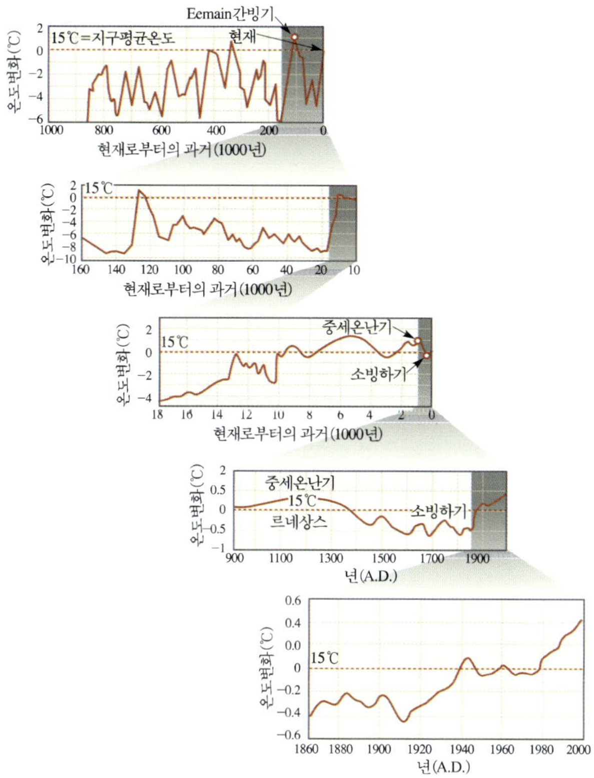

그림 4.15 지난 100만 년 동안 시대별 지구의 온도 변화

중의 이산화탄소(CO_2)를 비롯한 온실가스 등의 농도가 증가함에 따라 지속적인 지구 온도의 상승이 진행되고 있다.

특히 대기 중의 이산화탄소는 약 397ppm 정도이지만 지구 복사파 중 13~17μm의 파장에 대한 흡수 특성이 있어 지구온난화의 주원인이 되고 있다. 이산화탄소의 증가에 의한 지구온난화는 지구 전체에 대한 기후변화를 초래하고 있으며, 빙하와 만년설 등의 감소로 인한 해수면 상승과 각종 기상재해는 물론 열성전염병의 증가, 사막화 현상의 가속화 등 21세기 지구의 새로운 위기요인이 되고 있다.

3) 농약살포와 생태계의 변화

(1) 농산물, 축산물의 오염

인간은 식량자원으로 약 80여종 이상의 식물을 경작하고 있으며, 약 25종 이상의 동물을 가축으로 사육하고 있다. 따라서 식량증산을 위해 비료와 농약살포는 필수적이며 우리나라의 쌀 생산량만 하더라도 과거에 비해 단위면적당 약 1.5~2배 정도가 증가되었는데, 이러한 성과는 품종 개량과 농약살포 및 화학비료의 사용 때문이라고 할 수 있다. 그러나 지속적인 농약의 살포는 해충의 저항성(resistance)을 높이고 일부 곤충들의 변이로 해충화(resurgence)와 작물에 대한 잔류농약(residue) 문제 등을 발생시킨다.

특히 잔류농약 문제는 직접 살포한 농약이 작물의 잎이나 열매 등을 통해 흡수되거나 토양 또는 물에 잔류하는 농약이 뿌리를 통해 흡수되어 축적됨으로서 이를 사람이 섭취할 경우 그 피해를 직접 받게 된다. 또한 축산물의 경우에도 목초나 사료 등이 농약 등에 오염이 되었을 경우 먹이사슬에 따라 생물농축이 됨으로서 같은 피해를 입게 된다. 생물농축의 예로 과거에 광범위한 살충제로 사용되었던 유기염소계 살충제인 DDT는 최초의 합성살충제로서 식량증산과 인류의 보건 위생에 기여하였다는 긍정적인 효과도 있었으나 난분해성으로 토양 중에서의 잔류기간이 15년 이상이나 되며 생태계, 특히 조류에 대한 피해를 크게 나타냄으로서 1972년부터 제조가 금지되었다.

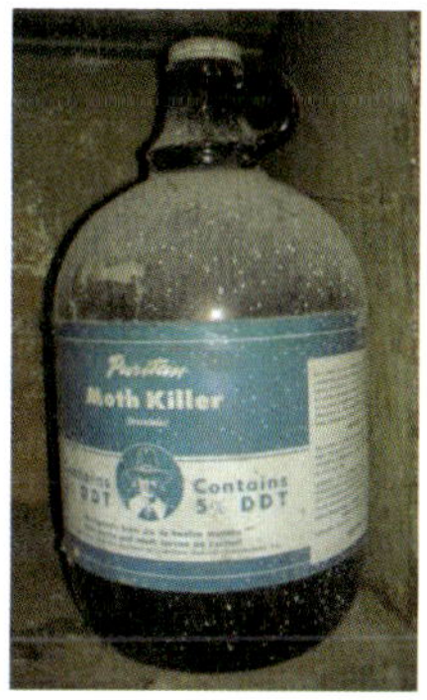

그림 4.16 DDT

그림 4.17 농약

(a) 축산 폐수

(b) 농약 살포

그림 4.18 여러 수질오염의 원인이 되고 있는 농업

(2) 기타 생물상의 변화

농업에서 살충제의 사용으로 해충에 의한 피해는 감소하였으나 살충제의 사용이 해충의 감소만을 가져온 것은 아니다. 과거의 살충제는 주로 독성에 의해 살충효과를 나타내는 살충제로 해충과 더불어 벌이나 나비와 같은 곤충이나 해충의 천적까지 죽임으로서 개화시기에 수정이 제대로 이루어지지 않아 수확량이 감소하고, 천적의 개체 수가 줄어듦에 따라 과수원 진드기처럼 오히려 개체 수가 증가한 해충도 있기 때문이다. 또한 농약 사용으로 메뚜기의 숫자가 줄고, 이에 따라 메뚜기보다 상위 영양단계에 있는 개구리 숫자가 줄자 개구리를 포식하는 뱀이 줄어들게 되었다. 뱀의 개체 수가 줄어들자 포식자가 없어진 들쥐가 급격하게 늘어나면서 과거 한탄강 유역에서만 발생하던 유행성 출혈열병이 전국으로 확산하게 되었다. 이와 같이 인간의 개입에 의한 생태계의 변화는 먹이망의 혼란을 가져옴으로서 결국 그 피해는 인간이 받게 된다.

4) 육상 생태계의 변화

산업의 발달과 인구 증가로 인한 광물자원수급, 식량증산, 도시건설, 산업단지 조성 등은 주로 삼림파괴와 직접 관련된다. 즉, 인류의 역사는 생태계의 파괴와 함께 시작되어왔다고 해도 과언이 아닐 것이다. 이제 지구상에서 인간의 발길이 닿지 않은 원시림은 거의 남아있지 않으며, 이러한 생태계의 변화와 파괴는 수많은 동·식물의 멸종과 개체 수 감소라는 결과를 가져오고 있다. 그 예로 지구상에서 멸종된 포유류만도 약 198종에 이르는 것으로 알려져 있으며, 국제적으로 또는 각 나라마다 멸종위기의 동·식물들을 천연기념물 등으로 지정하여 보존에 노력을 기울이고 있고, 또한 이들의 서식처를 보호하기 위해 국립공원이나 보호지 등으로 지정하여 관리하고 있다.

5) 수권(水圈) 생태계의 변화

물의 오염원은 생활하수, 산업폐수, 축산폐수, 광산폐수 등 다양하며 이들은 하천이나 강을 통해 바다로 유입되고 있다. 이러한 오염물의 종류나 양에 따라 수생생태계에서 생물종의 분포와 개체 수가 큰 영향을 받으며, 따라서 하천이나 강에서 어류의 분포만으로도 수질오염 정도를 파악할 수 있다. 또한 강마다 설치된 다목적댐들 역시 생태계에 커다란 변화를 주고 있는데, 댐으로 인해 회귀성 어종의 개체수가 크게 줄어들었으며, 댐 저수지 내 오염물의 축적과 체류시간이 길어짐에 따라 수질 악화 등으로 수생생태계에 커다란 영향을 미치고 있다. 댐 호소에서 매년 발생하는 녹조는 수질악화에 따른 대표적인 현상이며 이로 인한 생태계의 연쇄적 변화가 심각한 문제로 대두되고 있다.

한편 육상에서 배출된 오염물은 모두 바다로 유입되는데 이로 인해 바다에서도 연안오염문제가 점차 확산되고 있다. 특히 유기물에 의한 적조의 발생은 양식어업에 매년 커다란 피해를 주고 있으며 연안오염으로 인한 해저 사막화현상 또한 심각한 문제가 아닐 수 없다. 이 밖에 유조선이나 선박사고 등으로 인한 석유의 유출과 열오염으로 수력발전소의 냉수방류나 화력 및 원자력발전소의 냉각수인 온수의 방류로 강이나 해역에서의 수온차가 발생할 경우 수생생태계에 교란을 일으킬 수 있다.

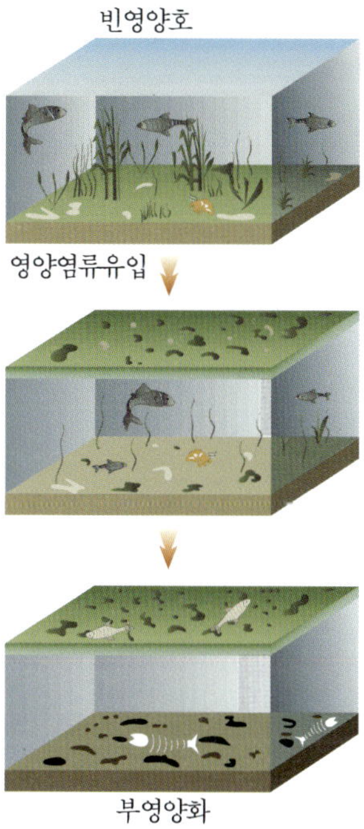

그림 4.19 부영양화 과정

6) 생물계의 농축

생물계의 농축은 오염된 물이나 토양 등에 사는 식물이나 동물들의 먹이사슬에 따라 발생되며 호흡이나 피부접촉 등을 통해서도 일어난다. DDT의 경우 비수용성으로 물에 0.00005ppm 정도 밖에 녹지 않으나 먹이연쇄를 통해 생물 농축이 될 경우 표 4.1에 나타낸 바와 같이 최대 50만배 이상까지 농축됨을 알 수 있다.

표 4.1 생물계 DDT 농축

	DDT 잔류농도(ppm)
물	0.00005
플랑크톤	0.04
피라미류	0.94
작은 창꼬치류(포식어)	1.33
동갈치(포식어)	2.07
왜가리(소동물 포식)	3.57
제비갈매기(소동물 포식)	3.91
검은 등 갈매기(소동물 포식)	6.00
독수리 알	13.8
비오리(물고기 포식)	22.8
가마우지(대형어 포식)	26.4

그림 4.20 지렁이

한편 토양에서 지렁이는 토양 중 유기물 대사에 매우 중요한 역할을 하는데 1ha의 면적에 약 3만 마리 정도가 서식하고 있으며, 지렁이 1마리가 소화관을 통해 대사하는 흙의 양은 연간 약 800kg 정도가 되는 것으로 알려져 있다. 따라서 토양 속에 DDT와 같은 잔류성 농약들이 들어있을 경우 지렁이는 토양 중의 농도보다 훨씬 고농도로 농약을 체내에 농축하게 되며, 이 지렁이를 먹이로 하는 어류나 조류 등에게 먹이연쇄를 통해 커다란 피해를 일으키게 된다.

일본에서 발병된 이타이이타이병이나 미나마타병은 먹이사슬을 통한 생물계의 농축으로 인한 대표적인 사례이다.

EXERCISE

1. 산림파괴와 감소로 인한 대기 중의 산소농도 변화가 초래할 수 있는 문제점들을 제시하라.
2. 주변에서 생태계 먹이사슬의 예를 들고 설명하라.
3. 최근 우리나라에서 진행되고 있는 생태계 변화를 예를 들어 설명하라.
4. 질소, 탄소, 인의 순환에 대한 예를 들고, 환경과의 관계를 설명하라.
5. 생태계 보호를 위한 국제협력에 어떠한 것들이 있는지 조사하라.
6. 최근 국내 호소에 대한 녹조 발생실태를 조사하라.
7. DDT농약이 인간에게 기여한 실적과 폐해에 대하여 논하라.
8. 농약의 토양잔류성에 대하여 사례를 들고 설명하라.
9. 우리나라에서 멸종된 동물을 조사하고 그 원인을 설명하라.
10. 유기염소계 농약의 종류를 조사하고 이들의 생산 및 사용실태를 설명하라.

CHAPTER

05

자연생태계 보존

CHAPTER

05 자연생태계 보존

생물다양성협약의 지구생물 다양성 전망보고서에 의하면 전 세계 생물종은 약 1,400만종으로 추정되며 이 중 현재 약 175만 여종의 동·식물들이 동정되어 있다. 동정된 종의 약 6%는 한대 또는 극지방에, 59%는 온대에, 나머지 35%는 열대지방에서 서식하고 있다. 특정한 장소에서 살아가는 생물종의 수와 변이를 생물학적 다양성 또는 생물다양성이라고 한다(표 5.1). 생물종 다양성이 가장 풍부한 곳은 열대우림이다. 이곳의 면적은 육지 면적의 1.4%에 불과하지만 전 세계 식물의 44%와 새, 포유류, 파충류 및 양치류의 3분의 1 이상이 살고 있는 것으로 알려져 있다. 그러나 열대우림의 면적이 개발로 인해 급속도로 줄어들고 있어 많은 종들의 멸종이 우려되고 있다. 국제 자원연구소(World Resources Institute)의 1986년 자료에 의하면 지구의 종 풍부도는 최고 3천만~5천만 종에 이를 수 있으며 열대종이 전체의 90%에 달하는 것으로 추산하고 있다. 야생 동·식물은 우리에게 무한한 물질적, 정신적 자원의 보고로서 인간의 삶에 공헌하고 있다. 그럼에도 불구하고 산업화로 인한 환경오염과 각종 개발 등으로 이들의 서식지 파괴와 남획 등에 의해 야생 동·식물 자원의 멸종되는 속도가 빨라지고 있다.

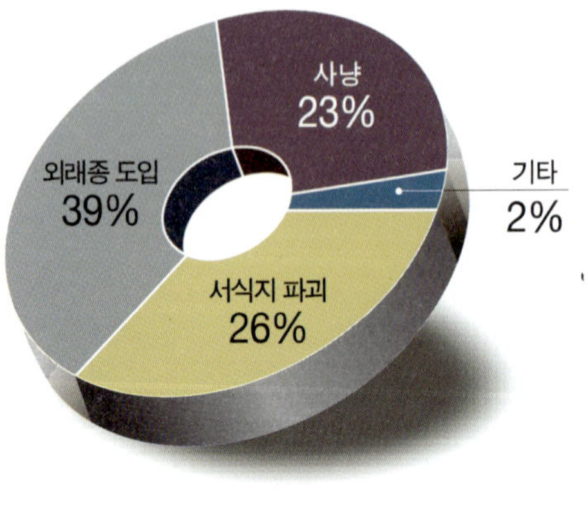

그림 5.1 1600년대 이후 동물의 멸종 원인

1989년부터 과테말라 아티틀란 호수에서 더 이상 모습을 찾을 수 없었던 아티틀란 논병아리, 1936년에 동물원에서 최후를 맞은 태즈메이니아 늑대, 포유동물 중에 고래를 제외하고 근대까지 생존한 가장 큰 포유동물이었던 스텔라 바다소 등 지난 1500년부터 1999년 사이에 멸종한 동물은 80여 종의 포유류를 포함하여 새, 파충류(양서류, 어류, 무척추동물 제외) 등 모두 103종이나 되는 것으로 스위스 자연보존국제연합에서 발표한 바 있다. 태즈메이니아 호랑이, 스텔라 바다소, 캄차카불곰 등은 지구상에서 완전히 멸종되었으며, UC버클리 대학의 고생물학자인 바노스키((Barnosky)에 의하면 포유류의 멸종율과 멸종속도는 최근 500년이 과거 대멸종기의 3배 이상으로, 현재 멸종위기에 처한 종들이 모두 멸종한다고 가정하면 제6의 대멸종이 향후 300년~2200년 안에 닥칠 수 있다고 밝히고 있다. 대멸종은 과거 빙하기나 화산폭발, 운석충돌 등 자연적 현상이 주원인이었으나 바노스키가 지적한 6번째 대멸종은 지구온난화와 이로 인한 질병확산, 서식지파괴, 외래종의 유입 등 인간에 의한 것으로 지적되고 있다. 코스타리카의 황금두꺼비는 1980년대 후반 기후변화로 멸종된 최초의 동물이었으며, 팬더나 자바코뿔소, 북극곰, 대만표범 등도 지구온난화로 서식지가 파괴되면서 멸종위기에 처해 있다. 우리나라의 경우 북방산개구리가 대표 멸종위기 종으로, 지구온난화로 겨울잠에서 깨어나는 시기가 1달 이상 빨라진지 10년이 넘었으며, 일찍 낳은 알이 꽃샘추위에 얼어 죽고, 또한 서식지마저 지속적으로 파괴되면서 멸종위기에 놓이게 된 것이다.

1993년 생물다양성을 보전하고 지속가능한 이용을 위하여 유전자원의 이용에 따른 이익의 공정한 분배에 목적을 둔 생물다양성 협약이 발효되었지만, 열대우림과 같은 서식지의 파괴는 아직도 지속되고 있다. 생물다양성을 보전하여야 하는 이유는 첫째, 현재까지 우리에게 도움이 되는 생물종을 완전히 다 알지 못한다는 사실이다. 둘째, 우리가 사육하고 있는 종들에게서 찾아보기 힘든 유전적 변이의 원천, 즉 사람들이 선택할 수 있는 수없이 많은 유전적 형질들이 야생의 동·식물들에게는 존재하기 때문이다. 셋째, 종들의 상호관련성 때문이다. 지구상에 살고 있는 모든 생물들은 생태계에 존재하는 풍부한 생물다양성에 의해서 유지되고 있기 때문이다.

표 5.1 생물종의 분류기준

<table>
<tr><th>계
Kingdom</th><th colspan="2">문
Phylum</th><th>강
Class</th><th>목
Order</th><th>과
Family</th><th>속
Genus</th><th>종
Species</th></tr>
<tr><td rowspan="13">동물계
Animalia</td><td colspan="2" rowspan="5">척색(추)동물</td><td>포유류</td><td>식육목</td><td>개과</td><td>여우속</td><td>여우종</td></tr>
<tr><td>조류</td><td colspan="4">부엉이, 두루미, 펭귄 등</td></tr>
<tr><td>파충류</td><td colspan="4">거북, 악어, 도마뱀 등</td></tr>
<tr><td>양서류</td><td colspan="4">맹꽁이, 두꺼비, 도롱뇽 등</td></tr>
<tr><td>어류</td><td colspan="4">붕어, 잉어, 열목어 등</td></tr>
<tr><td rowspan="8">무척추동물</td><td rowspan="4">절지동물</td><td>갑각류</td><td colspan="4">새우, 게, 바닷가재 등</td></tr>
<tr><td>곤충류</td><td colspan="4">개미, 파리, 노린재, 풍뎅이 등</td></tr>
<tr><td>거미류</td><td colspan="4">거미, 진드기, 전갈 등</td></tr>
<tr><td>다족류</td><td colspan="4">노래기, 지네 등</td></tr>
<tr><td>연체동물</td><td colspan="5">조개, 달팽이, 굴, 오징어, 문어 등</td></tr>
<tr><td>강장동물</td><td colspan="5">해파리, 산호, 말미잘 등</td></tr>
<tr><td>극피동물</td><td colspan="5">불가사리, 성게, 해삼 등</td></tr>
<tr><td>환형동물</td><td colspan="5">거머리, 지렁이, 갯지렁이</td></tr>
<tr><td rowspan="4">식물계
Plantae</td><td colspan="2">속씨식물</td><td colspan="5">꽃이 피는 대부분의 식물</td></tr>
<tr><td colspan="2">겉씨식물</td><td colspan="5">소철문, 은행나무문, 마황문, 구과식물문(소나무 등)</td></tr>
<tr><td colspan="2">양치식물</td><td colspan="5">석송문, 양치식물문(고사리 등)</td></tr>
<tr><td colspan="2">선태(이끼)식물</td><td colspan="5">우산이끼문, 솔이끼문, 뿔이끼문</td></tr>
<tr><td>균계
Fungi</td><td colspan="7">효모, 곰팡이, 버섯 등</td></tr>
<tr><td>원생생물계
Protista</td><td colspan="7">원생동물(아메바, 짚신벌레, 유글레나, 반달말)
황적/녹/갈/홍/규조류(김, 미역, 다시마, 해캄 등)</td></tr>
<tr><td>원핵생물계
Monera</td><td colspan="7">세균(대장균, 포도상구균, 폐렴균 등), 남조류(염주말 등)</td></tr>
<tr><td>미세포</td><td colspan="7">바이러스</td></tr>
</table>

5.1 야생 동·식물을 보호하는 이유

1) 경제적 중요성

야생 동·식물을 보호하는 이유는 첫째로 경제적 중요성 때문이다. 이들은 식량, 화장품, 의약품, 실험적 연구 및 각종 공업원료 및 자원으로서의 잠재력을 가지고 있다. 예를 들면, 산양이나 들소, 물돼지 등은 가축화할 수 있는 잠재력을 가지고 있으며, 또한 다양한 식물들은 여러 가지 의약 원료로 사용될 수 있다. 한방에서는 이미 오래 전부터 1,700~2,500여 종의 식물들을 의약용 원료로 이용해 왔으며, 현재도 암이나 기타 불치병의 치료제 또는 건강식품의 개발을 위한 다양한 연구를 수행하고 있다(표 5.2).

예를 들어, 지중해에 사는 우렁쉥이(멍게)를 엑타이나시디아 터비나타(Ecteinascidia turbinata)라고 하는데 여기서 추출한 단백질이 욘델리스(Yondelis)라는 난소암 치료제의 원료가 되고 있으며, 남미 브라질, 파라과이 등지에서 서식하는 라파초(Lapacho)라는 나무는 관상수로 많이 이용되며, 속껍질은 전통적으로 이 지역에서 차의 재료로 이용되어 왔는데 최근 이 나무껍질에서 라파콘(β la-pachone)이라는 항암물질이 발견됨으로서 폐암과 췌장암 치료에 효과가 있을 것으로 기대되고 있다. 또한 어떤 동물들은 의·약학이나 유전학 연구에 실험동물로 사용됨으로써 학문의 발전과 인간의 복지에 기여하고 있다. 예를

표 5.2 식물에서 발견된 화합물의 현대 의학적 및 전통적 용도

화합물	식물재료	의약에서의 사용	
		현대	약초(전통)
Agrimophol	보통 짚신나물(Agrimonia eupatoria)	기생충 감염	기생충 감염
Anabasine	명아주, 엉겅퀴(Anabasis aphylla)	두개골 근육 이완제	사용되지 않음
Codeine	양귀비(Papaver somniferum)	진통제, 감기 예방약	진통제, 진정제
Danthron	세나(Cassia)	완하제(緩下劑)	완하제
Digitalin	디기탈리스(Digitalis peltatum)	심장 자극제	심장 자극제
Etoposide	May apple(Podophyllum peltatum)	항종양제	암
Gossypol	목화(Gossypium)	남성용 피임약	번식력 감소에 특효
Lobeline	Indian tobacco(Lobelia inflata)	호흡 촉진제	거담제(祛痰劑)
Papain	파파야(Carica papaya)	단백질 소화제, 점액	소화제
Pseudephoedrine	Ma-Huang(Ephedra sinica)	기관지 확장	기관지염
Quinidine	신코닌(키니네 대용품)(Cinchona)	불규칙, 심장박동 조절	말라리아
Quinine	신코닌(키니네 대용품)(Cinchona)	항말라리아제, 해열제	말라리아
Salicin	백색 버드나무(Salix alba)	아스피린 속의 진통제	진통제
Sanguinarine	겨자과 식물(Sanguinaria canadensis)	반점 억제제(붉은색)	의학적 사용 없음 : 붉은 염료
Scopolamine	흰독말풀류(Datura metel)	진정제	진정제
Theobromine	코코아, 카카오(Theobroma cacao)	이뇨제, 혈관 확장	뇨 생성을 증가시키는 이뇨제
Trichosanthin	Chinese snake gourd(Tricosanthes)	낙태약	낙태 유도
Vincristine	마다가스카르 빙카(협죽도과식물)(Catharanthus roseus)	항종양제	사용되지 않았음

들면, 코끼리의 심장은 심장병 연구에 쓰이며, 알마딜로는 한센병 연구에(우리나라에서는 다람쥐가 대신 쓰임), 그리고 꼴뚜기는 신경계 연구에 쓰이고 있다. 이밖에 흰 쥐, 토끼 등은 가장 보편적으로 이용되고 있는 실험동물들이다. 현재 시판되고 있는 의약품의 40% 정도가 지구에 살고 있는 식물들로부터 얻어진 것이라고 한다.

그밖에 우리는 많은 식물로부터 공업원료를 얻고 있다. 목재, 섬유, 윤활유, 식용유, 페인트, 염료, 커피, 차, 살충제 등이 그 예가 된다. 또한 동물로부터도 실크, 향료, 가죽과 뿔 등을 얻고 있다. 이러한 동·식물자원의 이용 가능성은 우리의 생물학에 대한 지식이 발전할수록 더 커지게 될 것이다. 그러므로 현재 우리가 이용하지 않는 동·식물이라 할지라도 장래에 생물학적 지식이 발전되면 이용이 가능할 수 있으므로 충분한 지식이 확보될 때까지 보전하는 것이 미래에 큰 도움을 줄 수 있는데, 경제학에서는 이를 준옵션가치(quasi option value)라고 부른다. 따라서 야생 동·식물종을 적극적으로 보존해야 하며, 특히 멸종위기종을 보호해야 할 이유가 여기에 있는 것이다.

생태계의 가치는 크게 사용가치(use value)와 비사용가치(nonuse value)로 나뉘는데, 야자나 코코넛 같은 야생과일을 따먹고 스킨스쿠버 다이버가 바다 속을 헤엄치며, 낚시를 통해 월척을 낚는 기쁨 등은 모두 생물다양성이 우리에게 제공하는 직접 사용가치이다.

반면 비사용가치는 자기 자신이 직접 도움을 얻는 것은 아니지만 주위 사람들이나 후손들이 자연으로부터 얻게 될 혜택에 대해 부여하는 가치라고 할 수 있다.

한편 관광객들이 아프리카에서 코끼리 떼를 구경할 수 있는 것은 자연을 보전하였기 때문이다. 조류학자가 되고 싶은 어린 자식을 위해 철새도래지를 보호해야 한다고 생각하는 것은 상속가치(bequest)에 해당된다. 따라서 여기에 모든 생물들은 그 나름의 특별한 존재이유를 가지고 있다는 고유가치까지 포함한다면 생물다양성의 가치는 엄청나다고 할 수 있다.

생태계를 화폐가치로 환산하면 얼마나 될까? 네이처(Nature)지에 실린 코스탄자(Costanza) 등의 연구에 의하면 2000년 화폐기준으로 지구 전체 생태계가 인간에게

주는 이익은 연간 평균 38조 달러로 추정하고 있다. 또한 생태계의 보전과 개발의 경제적 가치를 비교해보면 보전을 통해 얻는 이익이 개발을 통해 얻는 부가가치보다 훨씬 크다는 실증연구결과들이 많이 제시되고 있다.

예를 들면, 아프리카 카메룬에서 대규모 플랜테이션(서구자본을 현지 노동력과 결합시킨 기업형 농업)을 위해 열대우림을 벌목해서 얻은 경제적 가치가 열대우림을 보전하면서 일부만 벌목해서 얻는 이익보다 훨씬 적은 것으로 평가되었다. 또 2002년 사이언스(Science)지에 실린 한 논문에 의하면 현재 지구상에 남아 있는 자연생태계에 대하여 적극적인 보전노력을 할 경우 그 경제적 효과는 보전비용의 100배에 이를 것으로 제시하고 있다.

그림 5.2 대규모 삼림벌채

2) 심미적 · 여가활동의 중요성

야생 동 · 식물은 인간의 정서생활에 도움을 주며 여러 가지 기쁨과 위안을 준다. 특히 도시생활에 지친 현대인들은 생활이 풍요로워짐에 따라 레크리에이션과 취미, 오락 등 여가생활을 위해 많은 시간과 비용을 소비하고 있다. 우리나라에서도 요즈음 휴일이나 휴가철에 산이나 바다로 놀러가 자연과 더불어 즐기는 인구가 급격히 늘고 있다. 그러므로 풍부한 야생 동 · 식물은 우리의 심미적, 레크리에이션적 정서를 고양하여 국민 생활의 건강과 복지를 증진시키는 생물자원인 것이다. 이러한 심미적, 레크리에이션적 가치를 현재 화폐적 가치로 따지기는 곤란하나 앞으로 환경 · 경제학적 계량화기법이 개발되면 어느 정도 경제적 가치로의 평가가 가능할 것이다.

3) 생태적 중요성

풍부한 야생 동 · 식물로 구성되어 있는 자연은 건강한 생태계의 통합성을 유지하면서 물의 정화 및 공급조절, 영양염류의 순환, 폐기물의 처리, 대기 정화, 기상 조절 등 다양한 작용을 한다. 다양한 종류의 구성종을 가지고 있는 생태계일수록 이러한 여러 가지 기능을 원활하게 수행할 수 있으므로 야생 동 · 식물 종의 다양성 보존은 생태학적으로 매우 중요할 뿐만 아니라 멸종위기 종의 보전이 최우선시 되어야 한다.

4) 윤리적 중요성

야생 동 · 식물은 인간에게 경제적으로 유익하고 생태학적으로 여러 가지 혜택을 베풀어주기 이전에 그 자체의 고유한 생존권이 있다. 즉, 야생 동 · 식물도 인간과 마찬가지로 자연 속에서 생을 누리며 평화롭게 살 권리가 있으며, 따라서 인간에 의해 무분별하게 이용당하거나 희생을 당할 이유가 없다. 인간의 삶에 있어서 야생 동 · 식물의 이용은 피할 수 없는 일이지만 "인간이 살아가기에 필요로 하는 최소한의 야생 동 · 식물 자원만을 이용해야 한다."는 윤리적 개념이 필요하다.

이러한 관념은 인간이 자연과 별개의 존재로서 자연을 정복하고 군림하며 착취하는 존재가 아니라 인간 역시 자연의 구성원이며, 따라서 자연과 동등한 존재로서 조화를 이루어야한다는 동양적 자연관과 일치하는 것으로서, 서양철학에서 인간을 만물의 영장이라 인식하여 동물에 대한 착취나 이용 및 학대에 대하여 죄책감을 느낄 필요가 없다고 단정한 합리주의적 사고와 정면으로 대치되는 개념이다. 실제로 데카르트와 같은 철학자조차 동물은 오감이 없어 통증을 못 느끼며 감정도 영혼도 없기 때문에 살아있는 시계나 로봇과 같은 동물기계에 불과하므로 인간은 언제 어디서나 동물을 실험대상으로 삼을 수 있다고 까지 하였다. 이후 다윈의 진화론이 발표되면서 이러한 합리주의적 주장을 반박하고 인간의 우위성을 격하시키기도 하였다. 현대에 와서 성서의 창세기와 합리주의 철학 등을 바탕으로 한 서양의 인간 우월적 자연관에 대한 반성이 일게 되면서 생태적 자연관에 대한 새로운 시각과 정의를 확립하게 되었다. 생태적 자연관의 이론적 기초는 첫 번째로 창조질서의 보존이다. 즉, 하느님이 창조하신 자연의 모든 것은 훼손되거나 파괴됨이 없이 그대로 보존되어야 한다는 것이다. 두 번째는 공동 피조성이다. 즉, 야생 동・식물도 하느님의 신성한 의지에 의해 인간과 똑같이 창조된 것이므로 이들도 인간과 똑같이 존중되어야 한다는 것이다.

5.2 멸종의 가속화

현재 지구상에는 약 175만 종의 동・식물 종이 확인되어 있으나 지구상에 존재하는 종은 끊임없는 생성과 멸종의 산물이다. 즉, 종은 끊임없이 생성되고 멸종되어가면서 평형을 이루고 있는 것이다. 그런데 최근에는 대규모 벌채와 개발 행위, 도시화, 지구온난화 그리고 환경오염 등으로 인해 멸종이 가속화되고 있다. 특히 지속적인 열대우림의 대규모 벌채로 수십만 종의 조사되지 않은 생물종(식물과 곤충, 소형동물 등)이 멸종되었을 것으로 추산된다. 리차드 리키는 우리가 사는 이 시대를 '6번째 대멸종'이 진행되는 시기로 표현했다. 또한 시사주간지인 타임지도 2009년도에 "지구는 지금 6번째 대멸종기를 맞고 있다."며 커버스토리에서 지구상에 멸종위기에 처한 생물이 급증하고 있다(표 5.3)는 소식을 다루면서 이와 같이 전했다. 타임지가 전하는 6번째 멸종의 원인은 과거와 같은 소행성의 충돌이나 지각변동 등 자연적인 요인이 아니라 인간에 의한 생태계의 파괴 때문에 일어나는 재앙이라는 것이다. 즉, 기후나 지각변동으로 인한 이전의 '절멸'과 달리, '6번째 멸종'의 원인은 호모사피엔스, 즉 인간이다. "인간이 지구 생태계에 영향을 미치기 시작하면서 멸종은 걷잡을 수 없이 빠른 속도로 진행되었다"는 것이다. 그 결과 최악의 경우 모든 생물이 사라지고 인간만 남는 고립기(Eremozoic Era)가 올 것이라는 극단적인 전망도 있다.

표 5.3 타임이 선정한 10대 멸종위기 생물종

멸종위기 생물	개체 수
자바코뿔소	60마리 미만
바키타돌고래	200~300마리
크로스리버고릴라	300마리 미만
수마트라호랑이	600마리 미만
황금머리랑구르원숭이	70마리 미만
검은발족제비	1,000마리 가량
보르네오피그미코끼리	1,500마리 가량
자이언트팬다	2,000마리 미만
북극곰	2만 5천 마리 미만
메콩대왕메기	수백 마리

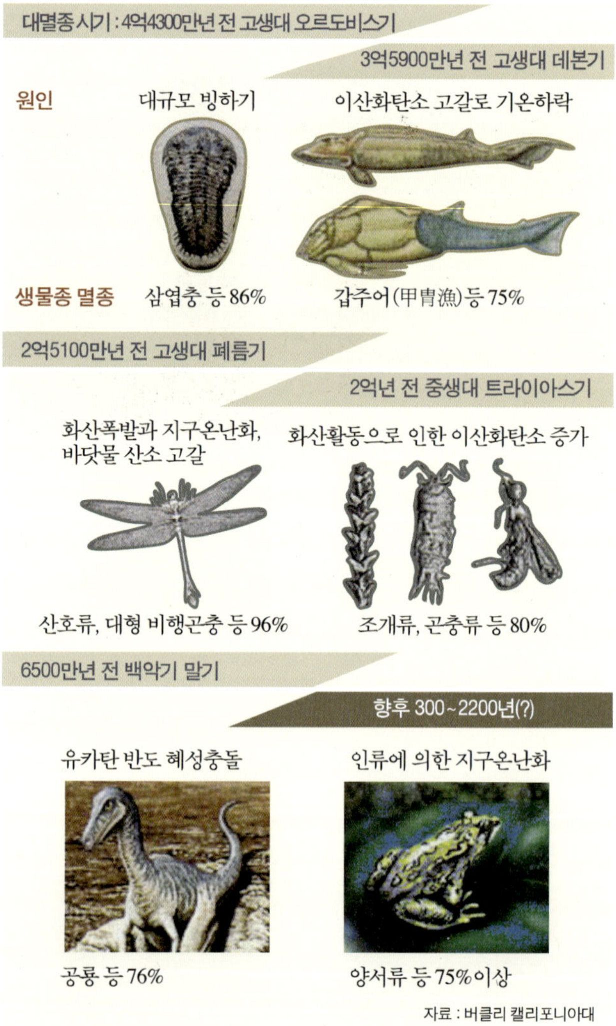

그림 5.3 지구 제6의 생물 대멸종

그림 5.4 지난 세기동안 지구상에서 멸종되었거나 멸종위기에 있는 동 · 식물 예

지구에선 페름기에 속하는 2억 5천만 년 전과 백악기인 6천 5백만 년 전 등 생물이 대규모로 멸종한 시기가 지금까지 5차례 발생하였다. 페름기 대멸종시기에는 육상생물의 70%, 해양생물의 96%가 사라졌으며, 백악기에 발생한 멸종기에서는 공룡이 멸종되었다. 호주에서는 지난 4만 년 동안 체중 45 kg이 넘는 육상동물 중 95%, 아메리카 대륙에서는 75%가 사라졌다고 한다. 타임지는 현재 생물이 사라지는 규모가 앞서 대멸종기들에 비견할만하다고 보도하고 있다.

또한 세계자연보전기금(WWF)의 지구생명보고서(2014)에 의하면 1970~2010년까지 40년 동안 생물종의 개체군 크기가 52%나 감소하였으며, 육상 및 해양 생물종이 39%, 그리고 담수 생물종이 76%나 감소한 것으로 나타났고, 양서류의 41%, 포유류는 26%, 조류 13% 그리고 곤충의 40%가 멸종위기에 있으며, 특히 벌과 나비와 같은 곤충의 멸종위기는 식량작물의 생산량 감소위기를 초래할 것으로 예측되고 있다. 대멸종의 대표적 사례로 마다가스카르를 들 수 있는데 아프리카 대륙 동쪽 인도양에 있는 이 섬은 밀림이 우거져 여우원숭이 등 희귀생물종들이 서식하여 왔다. 이 섬의 식물 90%, 동물 70%가 마다가스카르 고유종일 정도였으나 최근 농지개발과 밀렵 등으로 급격한 멸종위기를 맞고 있다. 국제자연보존연맹(IUCN)도 2008년 지구상의 포유류 25% 가량이 이미 멸종위기에 처했다고 발표하였다.

(a) Male Pine Barrens Tree Frog

(b) Silversword

(c) Red-cockaded Woodpecker

(d) Karner Blue Butterfly

(e) Swamp Pink

(f) Whooping Cranes

(g) Devil's Hole Pupfish

(h) 흰 아프리카 영양(White Oryx)

(i) 바다소(Manatee)

그림 5.5 멸종위기종

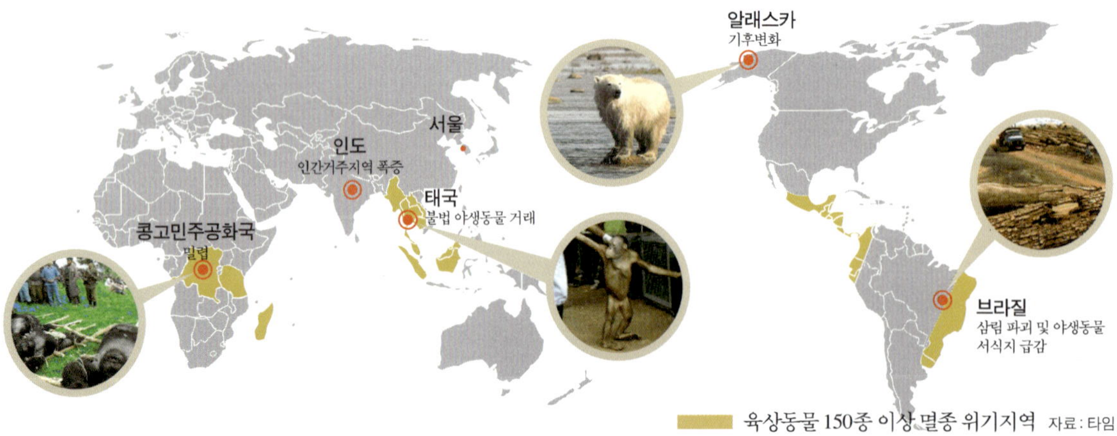

그림 5.6 세계 생물 멸종위기 현황

한편 우리나라도 예외가 아니어서 국토 1만km^2당 야생동물의 수가 불과 95종으로 세계 155개국 가운데 131위이며, 2016년 9월 기준으로 환경부에서는 호랑이, 늑대, 여우 등을 포함하여 멸종위기 야생 동·식물 246종(1급 51종, 2급 195종)을 지정하여 보호하고 있으며 이는 1989년 92종에 비하여 2.7배나 증가한 것이다.

동·식물 멸종의 주된 이유를 보면 다음과 같다.

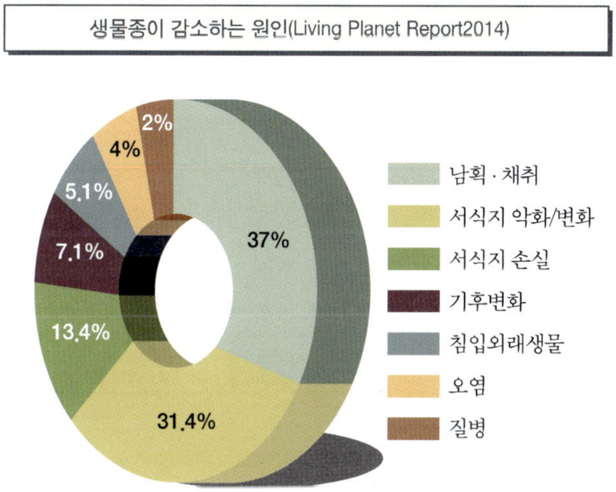

그림 5.7 생물종이 감소하는 원인

1) 서식지의 혼란 및 제거

현재 가장 큰 원인으로서 도시화, 벌채, 각종 개발 행위 등에 의해 동·식물들의 서식지가 빠른 속도로 파괴되거나 훼손되고 있으며, 또한 동물의 이동로나 먹이사슬의 파괴로 인한 고립 및 먹이부족 등도 멸종의 원인이 되고 있다.

2) 수렵 행위

수렵은 상업적 수렵과 식량용 수렵 및 레크리에이션용 수렵으로 구분된다. 상업적 수렵은 모피나 뿔 또는 고기 등이 비싼 가격으로 거래되는 동물들이 대상이 된다. 상업적 수렵에 의해 현재 표범, 치타, 호랑이, 악어, 상어, 코뿔소, 캘리포니아 콘도르, 큰 두루미 등이 멸종위기에 있다.

식량용 수렵은 식량으로 쓰기 위해 동물을 잡는 것인데, 인구가 증가하고 사냥용 총의 성능이 좋아짐에 따라

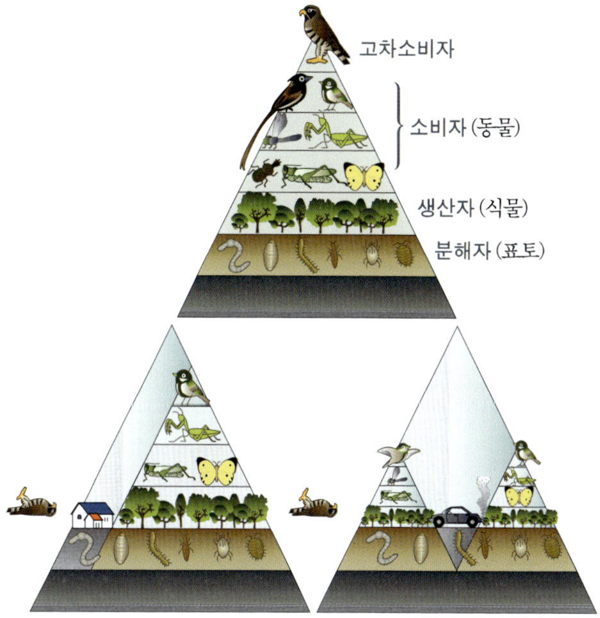

그림 5.8 서식지 파괴에 따른 생태계 변화

남획되는 것들이 많다. 식량용 수렵으로 인한 멸종 경향의 심화는 1880년대 동물 멸종의 주요 원인이었다. 이렇게 하여 녹색거북, 신천옹(큰바다 갈매기), 고래 등이 멸종위기에 있다. 또한 레크리에이션용 수렵에 의해서도 멸종화가 진행된다. 대표적인 예를 들면, 아프리카에 서식하는 큰 비단영양의 경우로 이러한 레크리에이션용 수렵에 의해 현재 500~700마리밖에 남아있지 않아 멸종위기를 맞고 있다.

3) 가축과 농작물 보호를 위한 사냥

이것은 가축을 잡아먹거나 농작물을 해치기 때문에 수렵을 행하는 경우이다. 이러한 목적으로 사냥이 성행하여 멸종의 위기를 맞고 있는 동물은 캐롤라이나 앵무새, 숲늑대, 회색곰, 산사자 등이 있다.

숲늑대의 경우는 특히 집에서 기르는 돼지나 토끼를 잡아먹고 사람을 해치는 나쁜 동물로 잘못 인식되어 보이는 대로 살생되어 왔었다. 그러나 동물학자들의 연구에 의하면 이들의 주요 먹이는 산쥐나 들쥐라고 한다.

4) 애완동물, 의학연구 및 동물원용 포획

애완동물로 사육할 목적에서, 그리고 의학연구와 동물원용 포획에 의해서도 멸종이 촉진된다. 또한 희귀식물 종은 관상용으로서 고가로 매매되기 때문에 채취 후 관리하는 과정에서 많이 죽게 되어 멸종이 가속화될 수 있다.

전 세계적으로 매년 약 550만 마리의 새가 애완용으로 거래되는데 이들 중 상당수는 수송 중에 죽거나 사육과정에서 관리부족으로 죽는다. 또한 매년 수십억 마리의 동물들이 의학이나 약학 연구용으로 희생된다. 미국의 경우를 보면, 매년 약 7,100만 마리의 동물이 의학 및 약학연구에 사용되고 있다. 따라서 실험동물로의 사용이 중요한 멸종원인 중 하나가 되고 있다. 이에 대한 대안으로서 조직 배양, 유사 또는 의제(simulated)조직 및 의제 동물체의 개발, 세균을 이용하는 방법 등이 고려될 수 있으나 아직은 이 분야에 대한 연구가 극히 미약하다.

5) 환경오염

생활하수, 산업폐수 및 축산폐수 등에 의한 수질오염, 생활 및 산업폐기물에 의한 지하수 및 토양오염, 농약과 비료의 과다 사용으로 인한 생태계 오염 등으로 생태계 내 많은 종들이 멸종된 것으로 추정되고 있다. 특히 산업의 발달로 수많은 종류의 화학물질과 합성물질들의 사용량 증가로 인한 생태계의 오염은 멸종위기를 더욱 고조시키고 있다.

6) 외래종의 도입

우발적 또는 고의적으로 새로운 종이 한 지역에 도입되었을 때 다른 종의 멸종을 가져오는 경우가 있다. 이러한 경향은 섬에 있는 종에게서 특히 두드러지게 나타난다. 인도양의 모리셔스(Mauritius)섬에 서식했던 도도새는 1681년, 이 섬에 야생돼지를 들여온 후 멸종되었는데 야생돼지가 도도새의 알을 전부 먹어치움으로서 번식이 불가능하였기 때문이다.

새로운 종이 도입되었을 때 천적이 없을 경우 우점종이

국내도입 외래생물 추이 (단위 : 종)

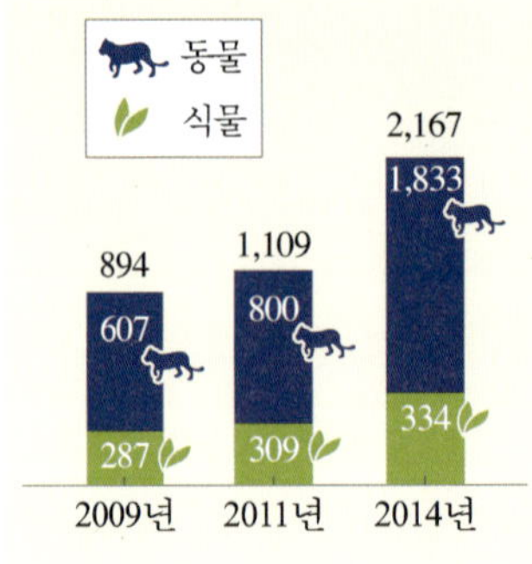

외래생물 현황('14년 기준)

분류군		종 수
동물	포유류	201
	조류	134
	파충류	329
	양서류	22
	어류	887
	무척추동물	160
	소계	1,833
식물		334
합계		2,167

그림 5.9 국내 외래종 현황

그림 5.10 국내 대표적 외래종

되어 번식하게 되면 다른 종의 멸종을 초래할 가능성이 있다. 또한 우리의 생태학적 지식으로 전혀 예상하지 못한 결과가 나타날 수도 있다. 예를 들면, 1883년 하와이에서 설치류(쥐 등)를 없애기 위하여 몽구스를 들여왔으나, 쥐는 주로 밤에 활동하기 때문에 몽구스는 먹이를 찾지 못하여 대신 뱀을 잡아먹게 되었다. 그 결과 쥐들은 천적이 없어지게 되어 더욱 더 늘어난 사례가 있다. 또한 1918년 브라질에서 미국 앨라바마주로 수입된 과수에 불개미의 알과 유충이 몇 개 붙어 있었다. 미국으로 들어오자 이 불개미는 급속히 번식하여 미국 전역에 퍼졌고, 농작물에 막대한 손실을 주게 되었다. 미국 정부는 1958년 이래 이를 구제하기 위하여 1억 5천만 달러를 들였으나 별 효과가 없었다.

부레옥잠의 경우도 흥미 있는 사례에 속한다. 1880년대에 아프리카에서 전시용으로 미국 플로리다주에 들여왔는데 이것이 2주일 만에 2배로 증식하였고, 불과 몇 년 만에 호소의 보트길을 봉쇄할 정도로 크게 증식하였던 것이다.

부레옥잠은 제초제를 써도 잘 죽지 않아 가장 효과적인 방법은 바다소(manatee)를 길러서 뜯어먹도록 하는 것인데, 이 동물은 보트의 스크류나 어망에 걸려서 많이 희생되었기 때문에 현재 멸종위기 종으로서 플로리다 연안에 800~1,000여 마리밖에 남아있지 않다.

우리나라에서도 미국에 서식하던 바퀴벌레가 가구에 붙어 와서 급격히 증식하게 된 경우를 볼 수 있다. 40년 전만 하더라도 우리나라 가정에서는 바퀴벌레가 없었으나, 지금은 대부분의 가정에서 흔히 볼 수 있다. 또한 종교행사용으로 외래어종을 수입하여 방생한 탓에 토종어종들의 피해가 보고되고 있으며, 황소개구리, 뉴트리아 등에 의한 생태계 교란도 문제가 되고 있다.

5.3 멸종 경향 종의 특성

멸종 경향 종의 특성을 살펴보면 다음과 같다.

1) 상위 영양 단계에 있다.

멸종 경향 종은 대체로 먹이연쇄의 상위 수준에 있는 종이 많다. 호랑이나 캘리포니아 콘도르 등이 그 예가 되는데, 따라서 먹이의 부족이 멸종의 가장 큰 요인이 되고 있다.

2) 몸집이 크다.

일반적으로 몸집이 크면 동작이 둔하고 눈에 잘 띄므로 적에게 발견되어 공격당하기가 쉽게 된다. 코끼리, 코뿔소, 고래, 장수하늘소 등이 그 예가 된다.

3) 생식력이 낮다.

멸종 경향 종은 1년에 한 번 새끼를 낳는다든가, 한 번에 낳거나 부화하는 새끼나 알의 수가 적어서 증식 속도가 느린 경우가 많다.

그림 5.11 메콩 대왕 메기

4) 이동로가 고정되어 있다.

어떤 동물은 이동로가 고정되어 있어서 적으로부터 공격을 당하기 쉽기 때문에 멸종 경향 종이 되는 경우가 있다. 청고래의 경우가 대표적인 예가 되며, 일정한 이동로로 이동하는 철새도 이에 속한다.

5) 특정한 먹이만을 먹는다.

어떤 동물은 먹이가 다양하지 않고 한 가지 또는 몇 가지의 특정한 먹이만을 먹기 때문에 쉽게 멸종되는 경우가 있다. 예를 들면, 상아빛 주둥이 딱따구리는 죽은 지 얼마 안 되는 고사목에서 서식하는 딱정벌레의 애벌레만을 먹기 때문에 먹이가 한정되어 멸종 경향 종이 되었다.

6) 특수한 습성을 나타낸다.

어떤 특수한 습성을 나타내기 때문에 멸종이 가속화되는 경우가 있다. 예를 들면, 나그네 비둘기는 여러 마리가 떼 지어 둥우리를 짓는 습성이 있으며, 빨간 머리 딱따구리는 달리는 자동차의 앞 유리에 부딪치는 습성이 있어서 많이 죽는다. 또한 캐롤라이나 앵무새는 1마리가 총에 맞아 죽으면 주위에 여러 마리가 떼 지어 모여드는 습성이 있다.

이렇게 생존에 역행하는 비정상적인 습성을 가지고 있는 동물들은 쉽게 멸종이 될 수 있다.

7) 사람이 있는 것을 견디지 못한다.

어떤 야생 동물은 사람의 인기척이나 사람의 존재를 견디지 못하는 습성이 있다. 캘리포니아 콘도르, 회색 곰, 빨간 늑대 등이 그 예가 된다. 그러므로 이러한 동물들은 도시화가 진행되고 개발이 확대되면 서식지가 더욱 줄어들게 되어 멸종속도가 빨라진다.

8) 가축이나 사람을 잡아먹는다.

가축을 잡아먹거나 사람을 공격하여 위해를 가하는 동물과 또는 잘못된 정보에 의해 이와 같은 동물로 오인되어 사람들에 의해 포획되거나 사살됨으로서 멸종되는 경우가 있는데 예를 들면, 숲늑대와 악어류 등이 대표적 이다.

9) 모피나 깃털, 고기가 상당히 비싸다.

가죽이나 모피, 깃털, 고기가 비싸게 거래되는 동물들은 밀렵의 대상이 되기 쉬워 멸종 경향 종으로 되기 쉽다. 치타, 벵갈호랑이, 인도코끼리, 눈빛표범, 코뿔소, 녹색거북 등이 그 예가 된다.

그림 5.12 요리용으로 절단된 상어지느러미

10) 한 지역에서만 발견된다.

한 지역에서만 발견되는 종들도 멸종 경향 종으로 되기 쉽다. 숲 들소, 코끼리, 물개 및 많은 섬의 고유종들이 그 예가 된다.

5.4 야생 동 · 식물의 보호 방법

1) 법규의 정비

야생 동 · 식물을 보호하려면 먼저 멸종위기 종의 서식지 보호 등을 규정한 국내 · 국제 법규를 준수하여야 한다.

종의 보존을 위한 국제기구의 예를 들면, 자연과 자연자원의 보존을 위한 국제연맹, 조류의 보호를 위한 국제회의, 세계 야생 동 · 식물 기금 등이 있으며, 이들의 활동에 의해 야생 동 · 식물 보호를 위한 많은 국제 조약들이 있다. 우리나라에서도 야생 동 · 식물의 보호를 위해 1992년에 자연환경보전법이 제정되었다.

2) 유전자은행, 동 · 식물원, 수족관의 이용

유전자은행은 멸종위기 종의 정자나 종자, 조직을 보존하여 필요한 시기에 증식시키는 것으로서 통상 농작물 종의 보존에 이용된다. 이것은 멸종위기 종을 확실하게 보존할 수 있다는 장점이 있으나, ① 많은 종의 보관이 어렵고, ② 관리과정에서 사고나 실수로 손괴의 위험이 높으며, ③ 보존종은 자연 상태의 야생종처럼 진화하여 유전적 다양성을 획득할 가능성이 낮다는 단점을 가지고 있다.

동 · 식물원 및 수족관을 이용하면 멸종위기의 동 · 식물을 한정된 장소에서 보존하며 이를 번식시켜(인공수정 등으로) 방사시킬 수 있으나 이 방법도 ① 고가의 비용이 요구되고, ② 자가 교배증식을 위해서는 최소 100~150개의 개체가 소요되는데, 동물원측은 개체 수보다 다양한 종을 보유하려고 한다는 점 등의 단점이 있다. 따라서 야생 동·식물의 효율적이고 경제적인 보존을 위해 일부 학자들은 ① 생존 가능성이 가장 높은 종, ② 생태적 가치가 높은 종, ③ 농업이나 기타 산업에 유용한 종들을 대상으로 최우선적으로 보존해야 한다고 주장하기도 한다.

3) 독특한 생태계의 보존

이 방법은 개개의 종을 보호대상으로 하여 보존하는 것이 아니라, 멸종위기 종을 포함하고 있는 대표적인 생태계별로 보존하는 것이다. 이 방법은 개별적인 종의 보호방식으로는 현재 가속화되고 있는 서식지의 파괴에 대처할 수 없기 때문에 고안된 것이다.

생태계별 보존이란 통상 인간의 활동으로부터 격리된 곳에 보호구역을 설정하여 관리하는 것으로 ① 개별적인 종 관리보다 집단 관리이므로 보존비용이 낮아지며, ② 야생 동·식물에 대한 연구기회를 증진시킬 수 있는 장점이 있다. 이러한 야생 동·식물 보존을 위해 세계 55개 국가에서 수 백 여개의 대형 보존지역을 설정하여 독특한 생태계를 보존하고 있으며, 국립공원이나 산림 및 넓은 들판 등도 이 목적으로 이용이 가능하다.

4) 적정한 관리

적정한 관리란 야생 동·식물 종의 개체 수를 적절히 관리해줌으로써 매년 수확할 수 있는 적정 규모의 동·식물 종을 유지시키는 방법이다. 적정한 관리, 특히 야생동물의 적정한 관리를 도모하려면 요구되는 서식지의 유형과 양을 파악해야 하고 천적, 병, 기생충, 섭식, 교미, 둥우리 짓기, 알 품기 등 생활상과 개체군의 생태학적인 특성 등에 대한 전문적인 지식이 수반되어야 한다. 적정한 관리에는 다음의 2가지 방법이 존재한다.

(1) 사냥 제어에 의한 개체군 조절

이것은 사슴, 토끼, 참새, 메추리, 오리 등 번식속도가 빠른 동물에 적용할 수 있는 것으로 ① 수렵시기(예 : 번식기간 중 수렵금지) 및 수렵 대상 종 제한, ② 수렵지역 지정, ③ 수렵구역 내 1일 수렵인수 제한, ④ 수렵 종의 크기, 마릿수, 성별(예 : 암놈 사냥 제한)의 지정 등의 방법이 있다.

(2) 서식지의 개조 및 보호

보호하고자 하는 종의 섭식 형태, 천적(포식자), 교미 행위, 알 품기 등 생태학적 지식이 충분히 알려진 종에 대해서는 서식지를 개조하거나 보호함으로써 효율적인 관리를 할 수 있다.

늪지나 물가에 서식하는 조류는 보호를 위해 특별한 관리가 요구되는데, 이는 이들 조류의 생태적인 특성이 육상동물들과 크게 다르기 때문이다. 이들의 보호 방법은 다음과 같은 것이 있다.

① 연못이나 늪지를 주기적으로 배수하여 연못이나 늪의 천이 과정을 지연시킨다.
② 늪지의 식생 일부를 제거하고 수로를 만들어 조류의 섭식과 운동에 도움이 되도록 해준다.
③ 인공적인 연못이나 섬 또는 알 품는 장소를 제공해준다.

어류의 보호를 위해서도 이들의 생태학적 특성을 잘 파악하여 효율적으로 관리해 주어야 한다. 이들의 보호 방법은 다음과 같다.

① 자연적이거나 인공적인 은신 및 서식처 제공(나무 그루터기, 바위, 통나무 등)
② 적절한 산란처 제공
③ 회귀성 어종의 이동로 제공(뱀장어, 연어 등)
④ 개체 수 확보를 위한 인공부화로 치어 방류

야생 동물학자들은 야생 조수를 생태적 천이단계에 따라 다음과 같은 4개로 구분하고 있다.

① **원야종**(Wilderness species)
천이(시간에 따른 생태계 종의 변화)가 완성된 단계의 생태계에 서식하는 종들로서 회색곰 같은 종류가 이에 속한다. 이러한 종들은 비교적 교란이 되지 않은 극상 생태계의 식생환경 속에서 살고 있다. 이러한 원야종은 자연 그대로의 상태에서 서식하며 인간이 절대로 관리해 주어서는 안 되는 종이다. 이들은 가능한 한

인간의 접근을 피할 수 있도록 해주어야 하며, 어떠한 형태로든 간섭하지 않는 것이 최상의 관리라 할 수 있다.

② 후기 천이종(Late successional species)
천이의 후기단계에 있는 생태계에서 서식하는 종들로서 야생 칠면조 같은 종류가 여기에 속한다. 이러한 종들은 성숙한 산림생태계환경 속에서 살고 있다. 이러한 종들도 원야종과 마찬가지로 거의 관리를 할 수가 없으며, 부득이한 경우에 최소한의 관리만을 해야 한다.

③ 중간단계 천이종
천이의 중간단계에 있는 생태계에 서식하는 종들로서 큰뿔사슴과 순록이 이에 속한다. 이러한 종들은 폐경지나 부분적으로 개방된 지역의 생태계에서 살고 있다. 이러한 종들은 적당한 정도의 관리가 가능하다.

④ 초기단계 천이종
천이의 초기단계에 있는 생태계에 서식하는 종들로서 산토끼와 메추리 같은 종이 여기에 속한다. 이러한 종들은 적극적인 관리가 가능하다.

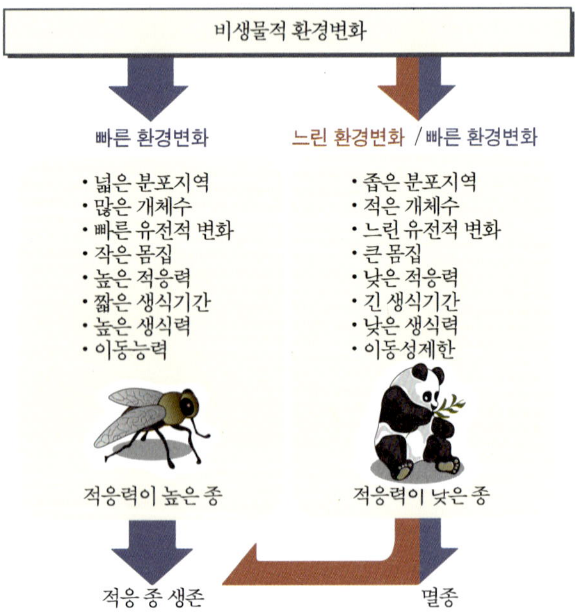

그림 5.13 환경변화에 따른 생물종들의 적응력 결과

5.5 우리나라의 생태계

1) 산림의 식생

금수강산이라 불리던 우리나라는 수려한 자연경관과 풍부한 동・식물상을 자랑해 왔다. 우리나라는 지형상 남북으로 길게 뻗어 있고, 3면이 바다로 둘러싸여 있으며, 지질학적으로 오래된 지역이기 때문에 다른 나라에 비해 단위면적당 종의 풍부도가 높은 편이었다. 이렇게 풍부한 우리나라의 자연은 가까운 조선시대만 거슬러 올라가더라도 거의 원형 그대로 보존되어 있었다. 즉, 우리의 조상들은 초라한 초가집에서 살며 물질생활은 보잘 것 없었으나 생태계의 모든 식구가 함께 살고 있는 "자연"이란 거대한 집은 잘 보존하고 있었다. 그런데 이러한 자연이 6・25 전쟁과 그 이후의 무분별한 벌채로 대부분이 파괴되었었다. 그러나 1960년대 초반부터 꾸준히 실시하여온 산림녹화 덕분에 1980년대 후반까지 대부분의 산림이 녹화되는 개가를 올렸다. 그런데 이렇게 녹화에 성공한 기쁨도 잠시였고, 현재는 경제성장과 더불어 시행된 각종 개발 행위와 환경오염으로 인해 많은 산림과 자연 생태계가 다시 파괴되어가고 있다. 2015년 기준 우리나라 산림면적은 633만 5천 ha로 지속적으로 감소하고 있다.

우리나라의 산림현황을 보면 전 산림의 81.4%가 30년생 미만이고, 1965년 이후 30년간 전체 산림면적의 53.2%가 인위적으로 식재한 것으로 육상 생태계의 대부분을 차지하는 삼림의 생태적 충실도는 매우 빈약하다고 할 수 있다. 그럼에도 불구하고 우리나라 숲이 제공하는 공익적 가치는 국립산림과학원의 발표에 의하면 2014년 기준으로 126조 원이며, 이는 국내총생산(GDP)의 8.5%, 농림어업 총생산의 4배, 임업 총생산의 65배에 달하는 금액으로 최초로 산림의 공익적 기능을 평가하였던 1987년(17.7조 원)보다 약 7배, 2010년(109조 원)보다 15.4%(약 17조 원)가 증가한 것이다.

산림의 공익적 평가는 수원함양, 산림정수, 토사유출방지, 토사붕괴방지, 온실가스흡수, 대기질 개선, 산소생산, 산림휴양, 산림치유, 생물다양성보전, 산림경관, 열섬완화

기능 등 12개 분야에 대한 평가결과로, 항목별로는 '토사유출방지기능'이 총 평가액의 14.4%(18.1조 원)를 차지해 가장 높게 나타났고, 산림휴양(14.1%, 17.7조 원), 수원함양(13.2%, 16.6조 원), 산림경관(13.0%, 16.3조 원), 산소생산(10.8%, 13.6조 원) 순으로 나타났다. 또한 우리나라 산림이 매년 흡수하는 아황산가스와 이산화질소 양은 각각 5만 7천 4백 톤과 2만 8천 1백 톤으로 발생량의 3.6%와 2.4%를 차지함으로서 대기정화에 크게 기여하고 있으며, 도심 속 '열섬완화' 기능은 1조 1,000억 원(0.9%)으로 도시에서 녹지율이 1%만 증가하여도 온도가 0.145℃ 감소하는 것으로 알려져 있다.

2) 생태계의 파괴 요인

(1) 도시화와 토지 이용의 증대

우리나라의 총 국토면적은 2015년 기준 100,295 km^2이며, 용도지역의 총면적은 106,247.29 km^2로 실제 국토면적보다 크다. 그 이유는 용도지역 고시의 경우 해면부에도 도시 관리계획으로 지정이 가능하기 때문이다. 용도지역이란 토지의 이용 및 건축물의 용도, 건폐율, 용적률, 높이 등을 제한함으로써 토지를 경제적·효율적으로 이용하고 공공복리의 증진을 도모하기 위하여 서로 중복되지 아니하게 도·시·군 관리계획으로 결정하는 지역을 말한다.

용도지역은 도시지역, 관리지역, 농림지역, 자연환경보전지역 등으로 구분되며 '국토의 계획 및 이용에 관한 법률'에 따른 용도지역은 다음과 같다.

① **도시지역** : 인구와 산업이 밀집되어 있거나 밀집이 예상되어 그 지역에 대하여 체계적인 개발·정비·관리·보전 등이 필요한 지역으로 주거지역, 상업지역, 공업지역, 녹지지역, 미지정지역 등으로 분류

② **관리지역** : 도시지역의 인구와 산업을 수용하기 위하여 도시지역에 준하여 체계적으로 관리하거나 농림업의 진흥, 자연환경 또는 산림의 보전을 위하여 농림지역 또는 자연환경보전지역에 준하여 관리할 필요가 있는 지역으로 보전관리지역, 생산관리지역, 계획관리지역 등으로 구분

③ **농림지역** : 도시지역에 속하지 아니하는 「농지법」에 따른 농업진흥지역 또는 「산지관리법」에 따른 보전산지 등으로서 농림업을 진흥시키고 산림을 보전하기 위하여 필요한 지역

④ **자연환경보전지역** : 자연환경·수자원·해안·생태계·상수원 및 문화재의 보전과 수산자원의 보호·육성 등을 위하여 필요한 지역

관리지역은 과거 준도시지역과 준농림지역으로 구분되었으나 2003년부터 관리지역으로 통합하였다. 2016년 말 통계에 의하면 도시지역은 약 17,613.7 km^2로 전체 용도지역의 16.61%, 농림지역은 49,326.4km^2로 46.51%, 관리지역은 27,171.1 km^2로 25.62% 그리고 자연환경보전지역 11,950.1km^2로 11.27%이었다.

(2) 댐 건설

급증하는 생활용수와 공업용수의 수요를 충당하기 위하여 30여 개의 인공 댐이 건설되었으며, 10여 개의 인공 댐이 건설 중에 있다. 이로 인해 많은 전답과 산림이 수몰되고 내규보의 자연 파괴가 뒤따랐다. 댐의 건설로 인해 안개일수가 크게 증가하고, 하천 생태계 및 기후의 변화를 일으키고 있는 지역이 많아졌다. 충북 청주, 옥천군 일대는 대청댐이 건설된 후 안개일수가 증가하여, 이 지역 고속도로와 국도는 통행 차량들의 위험노선이 되었고 소양강댐 건설 후에 홍천 지방의 안개일수가 연 78.6일로 늘어났다. 이것은 전국 평균 안개일수 24.2일의 약 3배가 된다.

경기도 양평은 1974년에 팔당댐이 건설되고서부터 남한 최고 강추위 지역이 되었고, 여름철에는 폭우가 내리고 겨울철에는 폭설이 쏟아져 양평은 폭우, 폭설 상습지역이 되었다.

댐의 건설로 인해 또 두드러지게 나타나는 현상은 부영양화 현상이다. 인공호인 댐은 자연 호수와는 달리 건설 당시부터 많은 영양물질이 투입될 기회가 많기 때문에 부영양화될 경향이 크다. 조사된 바에 의하면 우리나라 대부분의 인공호가 중영양화 내지는 부영양화 상태에 있음이 밝혀졌다. 이렇게 부영양화가 진행되면 물에서 악취가

나고 수자원의 이용에 방해가 되며, 물고기의 어종이 고급 어종에서 저급 어종으로 바뀌어 수중 생태계가 변하게 된다.

(3) 산업단지 조성

산업단지는 공장용지뿐만 아니라 지식산업, 정보통신산업 관련시설, 자원비축시설과 교육, 정보처리, 유통시설, 그리고 이들 시설의 기능을 높이고 시설의 종사자와 이용자들을 위한 주거, 문화, 의료, 교육, 체육, 복지시설 등을 집단적으로 설치하고자 포괄적 계획에 따라 지정·개발되는 일단의 토지로, 1960년대 이후 우리나라 산업화의 견인차의 역할을 수행해온 산업단지의 조성은 울산공업단지의 조성을 시작으로 현재에도 진행 중에 있다. 산업단지의 조성은 다양한 장점을 가지는데, 먼저 기반시설이 구비된 산업 용지를 제공하고 각종 세제와 금융지원을 통해 기업의 초기투자비용을 경감시켜 준다. 둘째, 업종군의 군집을 통해서 시너지효과를 창출하는 등 기업의 생산 활동을 지원한다. 셋째, 국가 전체적인 측면에서 공장의 집단적 배치를 통한 토지이용의 효율화를 꾀함으로써 사회적, 환경적 비용을 줄인다. 따라서 산업단지의 조성은 세계 각국에서 국가의 산업입지정책의 주요한 수단으로 활용되고 있다. 그 결과 산업단지는 지난 2000년 493개에서 2013년 1,000개에 이르고 있으며, 특히 각 지자체들이 지역경제 활성화정책의 일환으로 일반산업단지의 지정을 활발히 한데 기인한다. 2007년 이후부터는 시장, 군수 등 기초자치단체장에게 30만 m^2 이하의 산업단지 지정권을 이양함에 따라 소규모 단지의 지정·공급이 활발하게 이루어지고 있다. 이에 따라 많은 관리지역과 농림지역 및 일부 자연환경보전지역들이 도시지역으로 편입되거나 공업지역으로 전환됨에 따라 생태계의 훼손과 파괴가 가속화되고 있다. 근래에 서울을 비롯한 도시지역의 그린벨트 해제나 축소 역시 생태계의 파괴를 초래하는 주요인이 되고 있다.

(4) 관광지 및 위락지의 개발

우리나라에는 2014년 기준으로 국립공원 20곳, 도립공원 25곳 그리고 관광지 227곳이 지정되어 있으며, 이러한 곳에 관광객을 유치하기 위한 관광 및 위락시설, 도로, 콘도미니엄이나 호텔 등 대규모 숙박시설 등의 건설로 인해 산림이 벌채되고 자연 파괴가 수반되고 있으며, 이러한 시설들로부터 배출되는 각종 오염물질과 과다한 관광인구로 인한 산림과 자연 훼손 및 자연환경오염이 생태계의 질을 저하시킨다.

(5) 골프장의 건설

소득수준 향상과 주5일제 근무가 실시되면서 급격한 골프인구의 증가로 2001년 전국에 44개에 불과하던 골프장이 2013년도에 437개로 10배나 증가하였다. 이러한 골프장 건설은 막대한 산림 및 자연 파괴의 요인뿐만 아니라 골프장 운영과정에서의 농약살포 역시 지속적인 환경오염의 원인이 되고 있다. 특히 정부의 골프 대중화정책으로 골프장 개장수는 계속 증가될 것으로 예측된다. 유럽과 미국 등지의 골프장은 초원 등을 이용하므로 자연환경에 미치는 영향이 크지 않으나, 우리는 골프장 면적의 90% 이상이 산림을 훼손하여 조성하므로 자연생태계에 막대한 피해를 입히게 된다. 이 같은 골프장의 건설로 인해 산지의 임목이 대대적으로 벌채되어 토사의 유출량이 증가되었으며, 대규모 산사태까지 발생하는 사례도 있었다.

또한 잔디의 관리를 위해 다량의 농약과 비료를 살포하기 때문에 수질오염과 생태계의 파괴를 초래하게 된다. 골프장의 건설은 이 밖에도 ① 토양의 영양분과 수분 보존능력이 산림보다 훨씬 떨어지며, 홍수와 가뭄의 조절능력이 없고, ② 공기 중의 습도 유지 및 대기정화능력도 산림보다 훨씬 낮아 기후 조절기능이 떨어지는 등 여러 가지 면에서 생태학적으로 열악한 결과를 초래하게 된다.

(6) 대규모 간척사업

우리나라 서해안은 갯벌이 잘 발달되어 있어 바다의 수심이 낮고, 조수간만 차가 커서 최적의 양식조건을 갖추고 있다. 그러나 지속적인 간척사업으로 국토의 면적 확대와 더불어 농경지와 산업단지가 확충되는 이점이 있는 반면, 바다로 유입되는 오염물을 정화하는 기능은 점차 감소하고 있다. 우리나라 강들이 대부분 서해로 흘러들어감에 따라 육지로부터 온갖 오염물들이 서해로 유입되고 있음에도 불구하고 서해에서 적조라든지 해양오염이 발생하지 않는 것은 갯벌이 갖는 자정작용 때문이다. 이러한 갯벌은 대표적인 해양생태계의 한 부분이다. 따라서 해양생태계의 보전, 즉 갯벌의 중요성은 오염물에 대한 정화기능뿐만 아니라 양식업을 통해 많은 경제적 이익까지 제공하고 있음에도 불구하고 종종 그 가치가 과소평가되어왔다. 최근에 시행 중인 새만금사업 역시 계획단계부터 해양생태계의 파괴에 대한 논란이 제기되어 왔으나 결과적으로 환경보전보다 경제개발의 논리가 승리를 거둔 환경파괴의 대표적 사례로 볼 수 있다.

새만금사업은 약 400 km^2에 달하는 하구 및 하구 갯벌을 육지로 변형시키는 것으로 남한 전체 갯벌의 1/10, 전북 갯벌의 65%에 해당하는 면적이다. 미국과 독일 등에서는 이미 간척사업이 불법으로 되어 있고, 선진국을 비롯하여 네덜란드조차도 2000년도까지 국토면적의 1.76%를 연안습지로 복원한 사례가 있음을 감안할 때 새만금사업이 후대에 어떠한 결과를 초래할지 우려가 되지 않을 수 없다.

3) 농약 사용과 생태계

전 세계적으로 현재 인간이 사용하고 있는 화학물질은 약 10만 종으로서 공업용 화학물질, 의약품, 농약, 식품첨가제, 화장품 등 우리 생활의 모든 부분에 걸쳐서 사용되고 있으며, 1주일에도 수백 종의 새로운 화학물질이 실험실에서 합성되고 있다. 화학물질 중에서 생태계에 커다란 영향을 미치고 있는 것이 농약이다. 농약은 전 세계적으로 널리 사용되고 매년 살포량 및 살포 횟수가 증가하고 있기 때문이다.

농약을 많이 쓰게 되면 해충의 천적과 여러 가지 이로운 곤충 및 생물들이 죽어 자연생태계가 파괴된다. 예를 들면, 꽃가루를 매개해주는 나비, 벌 등을 비롯하여 해충을 잡아먹는 거미, 기생벌 등 많은 곤충들과 벌레들이 농약으로 죽게 되며, 또한 이렇게 죽은 곤충과 벌레들을 새들이 먹게 되면 이들도 악영향을 받게 된다. 큰 동물뿐만 아니라 토양에서 서식하는 유익한 미생물인 세균들과 질소 고정균도 죽게 된다. 따라서 생태계의 균형이 전반적으로 파괴되어 해충이나 병원균이 만연하게 되며, 지속적인 농약의 사용으로 해충이나 병원균의 내성이 증대되어 농약의 농도나 독성을 높여야만 된다.

또한 농약의 살포로 인해 땅에서 서식하는 쥐, 두더지, 지렁이, 지네, 개미, 선충류 등 토양의 물리적 성질을 좋게 해주는 소동물들이 죽게 되고 농약이 토양 및 농작물에 흡수, 축적되어 유해한 농작물을 생산하게 된다. 그리하여 이렇게 농약을 많이 주고 재배한 농산물을 먹게 되면 표면에 도포된 농약성분과 농산물 내에 축적된 잔류농약성분 때문에 농약 중독을 일으킬 수 있다.

농약은 또한 먹이사슬을 통해 농축되어 고등생물과 인간에게도 영향을 준다. 잘 분해되지 않는 농약인 DDT가 대표적인 예인데, 이것을 극적으로 잘 지적해준 책이 레이첼 카슨의 「침묵의 봄」이다. 이 책은 토양에 살포된 DDT가 식물, 벌레, 새에 이르는 먹이사슬을 통해 수십만 배의 농도로 농축됨으로써 벌레, 야생동물 및 새들의 수가 급격히 감소하여 봄이 되었는데도 새들의 울음소리가 들리지 않는다고 표현하고 있다. 즉, 농약의 과다 사용은 자연생태계를 파괴하여 생물의 다양성을 감소시키고 안정성도 감소시킨다는 것이다.

4) 우리나라의 자연생태계 보전 방안

(1) 생태계 파괴를 최소화하는 개발 계획의 추진

인간의 생활과 문화 활동은 개발과정이며, 또한 생태계의 파괴과정이라 할 수 있다. 그러므로 개발과정에 있어서 생태계의 파괴를 전혀 없게 할 수는 없다. 따라서 이에 대한 차선책으로 생태계 파괴를 최소화할 수 있는 개발계획을 추진해야 한다. 이를 위해서는 자연생태계에 대한 정확하고도 충분한 조사가 진행되어야 한다. 모든 개발행위는 사전에 환경에 미칠 영향을 예측하여 이에 대한 대책을 세우고 철저한 사후 관리가 수반되어야 한다. 가령 산악지역에 도로를 신설할 때에는 미리 생태계에 대한 충분한 사전조사를 하여 희귀종과 감소종이 있는 지역은 피하고 부득이 관통할 경우에는 이식계획을 세우며, 생태계의

(a) 생태통로

(b) 어도

그림 5.14 생태계 보호를 위한 이동로

연속성과 동물의 이동로를 단절시키지 않기 위해 터널을 뚫어서 도로 양변을 연결시키며, 절토나 성토 시에는 지형을 충분히 고려하여 최소량의 절·성토가 되도록 하여야 한다. 또한 댐의 건설시 희귀성 어종의 보호를 위해 어도 등을 설치해야 한다.

독일에서는 모든 개발행위에 있어서 환경영향평가와는 별도로 환경보전 계획서와 경관보전 계획서를 제출하도록 하고 있다. 이렇게 하여 환경영향평가를 해야 할 법정 의무가 없는 일정규모 이하의 소규모 개발행위도 환경을 보전할 수 있는 제도적인 장치를 마련하고 있다.

(2) 오염물질의 적절한 처리

산간지역이나 농촌지역 등 자연생태계 자원이 풍부한 지역에 입지한 공장이나 공해 배출시설은 특히 배출되는 오염물질을 철저히 처리하도록 해야 한다. 근래에 도시지역보다도 교외나 농촌지역에 산업시설의 입지가 늘고 있다. 각종 제조공장이나 농공단지 등이 이러한 예이다. 이러한 시설들은 주변 생태계에 미치는 영향이 크기 때문에 더욱 더 주의 깊게 오염관리를 해야 한다.

미국의 경우 공기가 깨끗한 지역에 대해서도 대기오염에 대한 규제를 실시하고 있다. 이른바 산악지역이나 국립공원 지역에서의 "유의한 악화의 방지(PSD, Prevention of Significant Deterioration)"제도이다. 이러한 제도의 취지는 깨끗한 지역도 원형대로 보존하자는 데 있다. 우리나라도 이러한 선진국의 모범을 본받아 앞으로는 깨끗한 지역에 대해서도 오염을 규제해야 할 것이다. 또한 국립공원이나 관광, 위락지역에 있는 숙박 및 위락시설에서 배출되는 오염물질도 철저히 처리하여 오염을 막아야 한다. 오염물의 처리시설이 없거나 미흡할 때는 아예 입지를 하지 못하게 사전에 막아야 할 것이며, 기존의 업체 역시 처리시설을 철저히 보강하도록 해야 할 것이다.

(3) 생태계의 복원 및 보상 식재

우리가 아무리 보존의 노력을 기울인다 해도 현재와 같은 개발 행위가 계속된다면 생태계는 일방적으로 파괴될 수 밖에 없을 것이다. 그러므로 개발 계획이 잘못 실시되어 생태계가 파괴 또는 교란이 된 지역은 지속적으로 최대한 복원해야 한다.

또한 개발로 인해 생태계 파괴가 불가피한 경우 다른 대체 지역에 나무 및 기타 식생을 보상 식재하여 파괴된 생태계를 보상하도록 해야 한다. 유럽에서는 개발 전에 미리 벌채될 나무와 기타 파괴될 식생의 숫자를 파악하여 대체지역에 보상식재하거나 이식을 완료한 후에야 개발을 허가해주고 있다. 생태계 보전을 위해서 상당히 바람직한 제도라 할 수 있다.

한편, 도시지역이나 공장지역 또는 아파트, 주거지역 등에서도 좁은 공간이라도 가능한 한 활용하여 나무를 많이 심도록 해야 한다. 이른바 "모든 가능한 공간의 정원화"가 추진되어야 한다. 5층 이하의 아파트나 낮은 건물에는 담장이 덩굴을 올리며 옥상에는 화분식물이나 관목을 식재하도록 권장하여 대기오염을 감소시키고 생태계 파괴를 보상하도록 해야 한다.

(4) 야생생물의 서식지 보호, 번식, 방사

멸종위기 종이나 감소 추세에 있는 종들의 보전을 위해서는 서식지를 보호하고 피난처를 제공하도록 하며, 번식을 증대시켜야 한다. 좀 더 적극적인 방법으로는 이들을 일정한 장소에서 사육, 번식시켜 방사하는 것이다. 미국은 이러한 방법으로 멸종위기에 있었던 미국의 상징 동물인 대머리 독수리와 들소의 개체 수를 증가시키는데 성공하였다. 이러한 정책들이 성공하려면 야생생물의 상태, 번식, 습성, 질병 등에 관한 연구가 함께 수반되어야 한다.

(5) 자연생태계에 대한 조사, 연구

자연생태계에 대한 현황 조사 및 연구 사업이 꾸준히 진행되어야 한다. 일본의 경우를 보면 이러한 조사연구 사업이 굳건히 터전을 잡아서 논밭의 잡초 생태계까지 세밀히 파악되고 있다. 자연생태계 조사사업에 있어서는 대학 교수와 전문가들만이 참여하는 것이 아니고 전국의 중·고등학교 생물교사들이 적극 참여한다. 자연생태계의 조사 방식과 절차는 일련의 양식으로 정리되어 있어서 생물교사 정도의 소양이 있는 사람이면 충분히 조사할 수 있도록 되어있다. 앞으로 우리나라도 자연생태계 조사에 있어서 이러한 제도를 검토해 보는 것도 괜찮을 것이다. 또한 우리나라의 자연생태계에 대한 연구가 끊임없이 진행되어야 할 것이다. 자연생태계에 관한 깊은 연구와 지식 없이는 생태계의 보존과 이용을 도모하기가 어렵기 때문이다.

(6) 도시 및 근린공원 시설의 확충

도시 및 근린공원의 시설을 확충하여 원시적 자연경관을 가지고 있는 산이나 하천, 바다로 가는 행락객을 흡수하여야 한다. 우리나라는 해마다 관광 위락인구가 증가하여 많은 인파가 국립공원인 산, 하천, 바다로 몰리고 있다. 이리하여 자연 파괴와 훼손이 가중될 소지가 높은데, 도시공원이나 근린공원의 시설을 확충하면 이러한 인구들을 상당히 흡수할 수 있을 것이다. 이러한 견지에서 볼 때 도시에서 녹지와 공원면적을 늘리는 방안을 강구해야 하며, 신생 도시는 개발 전에 충분한 녹지공간을 확보하도록 해야 할 것이다.

(7) 규제 및 감시 기능의 강화

자연 생태계를 효율적으로 보전하려면 자연 훼손 행위에 대한 규제, 감시기능이 강화되어야 한다. 규제와 감시를 위한 제도가 있지만 이를 보다 엄격히 시행할 수 있는 정책이 필요하며, 한편으로는 생태계 보전의 필요성과 중요성을 인식할 수 있도록 지속적인 홍보와 교육 및 안내 등이 필요하다.

(8) 안내자 동반 탐방, 입장 인원 및 캠핑 제한

국립공원을 비롯한 자연생태계 보존지역은 반드시 안내자를 동반하여 단체로 탐방하도록 하며, 지역적 생태 특성에 따라 입장객의 수를 제한하는 것도 필요하다. 또한 생태계별 보존지역 내에서의 체류기간을 가능한 한 단축시키도록 하며, 동·식물의 채집도 학술적인 목적이라 하더라도 최소한으로 하고 가급적 관찰, 사진촬영, 스케치, 도감대조 등으로 대체하도록 해야 한다.

미국의 공원 관리를 보면 우리나라보다도 훨씬 효율적이다. 미국은 고산대 등 식생의 파손이 우려되는 곳은 하루 3명으로 입장을 제한하며, 입장 전에 선서를 하는 등 산악별로 최대 수용 능력을 정하여 입장 인원을 통제하고 있으며, 공원 관리사무소의 사전 허가를 받도록 하고 있다.

(9) 시민 의식의 향상 및 환경교육

자연생태계의 보전을 위해서는 시민 의식이 고양되어야 한다. 이렇게 하기 위해서는 매스컴을 통하여 범국민적 계몽과 캠페인을 벌이며, 자연보호 및 환경교육을 꾸준히 실시하여야 한다. 이러한 교육은 평상시에는 물론이고 관광, 위락지역 내에서도 필수적으로 실시하여 소기의 성과를 거두도록 해야 한다. 참고로 미국의 경우를 보면 일반 등산행락객들에게 입장하기 전에 아래와 같은 준수사항을 교육시키고 있다.

① 하천·호수로부터는 적어도 30m 이상 떨어진 곳에 텐트를

쳐야 한다.

② 배설은 호수나 계곡수로부터 45m 이상 떨어진 곳에 구덩이를 파서하고 흙으로 덮어야 한다.

③ 세제 등 기타 오염물질을 직접 하천이나 호수에 유입시켜서는 안 되고 적어도 30m 이상 떨어진 곳에 버리도록 한다.

④ 돌을 쌓아서 방풍벽을 만들어서는 안 된다.

⑤ 쓰레기는 버리지 말고 봉투에 넣어 가지고 가야 되며, 도착할 때보다는 떠날 때가 더 깨끗해야 한다.

⑥ 보도 위로만 걸어야 하고 다른 곳에 발을 디뎌서는 안 된다.

우리나라도 이러한 수칙들을 만들어 입장 전에 주지시키도록 하고 계속 계몽하였으면 한다. 이 외에도 공원에서의 고성방가, 확성기 사용, 계곡수에서의 목욕 등의 금지와 같은 세부적인 준수사항을 제정, 실시하는 것이 바람직하다.

(10) 국제협력

자연생태계 보전의 문제는 비단 우리나라에 한정된 문제가 아니라 전 지구적 차원에서 공동보조를 취해야만 온전한 지구생태계를 보전할 수 있으므로 이에 대해 국제적인 협력이 무엇보다도 절실히 요망된다. 자연생태계 보전에 관한 대표적 국제기관으로 국제자연보존연맹(IUCN, International Union of Conservation of Nature and Natural Resources)이 있다. 이 단체는 자연의 효율적 보전 및 관리를 목적으로 1948년 설립된 국제 민간단체로서 멸종위기 종의 보호, 생물권 보존지역, 국립공원 등 보존지역에 대한 보존전략을 수립하여 세계 각국으로 하여금 이에 상응하는 국가별 보존 전략을 수립, 시행토록 촉구하기도 하였다. 이외에도 UNESCO, FAO, OECD, EC, ESCAP 등 각종 협력기구와 세계은행, 아시아 개발은행 등 국제금융기구 등이 독자적인 환경 부서를 두고 지역 환경의 개선을 위한 국제협력을 강화하고 있다. 이러한 국제기구들의 노력으로 근래에 체결된 국제협약 및 조약들은 다음과 같다.

① 국제조류보호협약(International Convention for the Protection of Birds, Paris, 1950)

② 국제식물보호협약(International Plant Protection Convention, Rome, 1951)

③ 국제포경규제협약(International Convention for the Regulation of Whaling, Washington, 1946)

④ 수서조류보호를 위한 습지조약, Ramsar, 1971

⑤ 세계문화, 자연유산 보호협약, Paris, 1972

⑥ 멸종위기에 처한 야생 동·식물의 국제 거래에 관한 협약, Washington, 1979

⑦ 철새보호협약, Bonn, 1979

⑧ 남극해양생물보호협약, Canberra, 1980

⑨ 열대산목재협약, Geneva, 1983

⑩ 동남아 자연 및 자연자원보호조약, 1985

5.6 생물다양성 협약

인간은 식량의 거의 전부를 동·식물에서 얻고 의약품과 화장품을 비롯한 일상 생활용품들도 대부분 동·식물을 원료로 하여 얻고 있다. 그 예로 지난 30여 년간 개발된 신약들의 약 48%가 이들로부터 얻어졌다는 사실만 보더라도 생물다양성의 가치와 소중함을 알 수 있다. 따라서 생물다양성이 감소한다는 것은 인간의 생존과 건강에 매우 중요한 문제가 아닐 수 없다.

지난 2010년에 공개된 유엔의 제3차 생물다양성보고서에 의하면 전 세계에 서식하는 생물종은 약 1,400만 종으로 추정되며, 자연환경파괴로 인한 서식지 감소와 기후변화에 의해서 급격히 감소하고 있는 것으로 나타나 있다. 현재 국가별로 발굴된 생물종은 약 170만 종으로 이 중 영국 9만 6천 종, 일본 9만 종, 독일 7만 6천 종, 한국 약 4만 2천 종 정도이며(표 5.4), 나고야 의정서의 발효에 따라 생물유전자원의 약 70%를 수입에 의존하고 있는 우리나라의 경우 생물자원 이용료로 매년 약 2조원을 지불하는 것으로 알려져 있다. 이러한 비용 부담은 바이오산업의 발전에도 커다란 장애 요인이 될 수 있으며, 특히 한의약 분야에서 중국과의 분쟁 소지가 발생할 가능성이 높다.

표 5.4 우리나라와 전 세계에서 확인된 생물종 수

구 분	국내 확인종	전 세계	
		확인 종	존재 추정 종
동 물	26,575	1,320,000	10,600,000
식 물	5,349	270,000	300,000
균 류	4,686	70,000	1,500,000
원생생물	7,316	80,000	600,000
원핵생물	1,369	4,000	1,000,000
소 계	45,295	1,744,000	14,000,000

이와 같이 국가의 막대한 경제적 이익이 달려있는 만큼 앞으로 생물자원에 대한 국가 간의 경쟁력은 매우 치열할 것으로 예상되며, 생물자원을 많이 가진 나라일수록 자국의 생물자원 이용에 대한 규정을 강화하거나 제한할 가능성이 매우 높다. 또한 생물자원의 이용을 위한 연구나 기술의 개발 등이 뒤처질 경우 오히려 타국의 경제적 도구로 전락할 수가 있다. 그 예로 1995년 미국의 한 화학기업은 불교 경전에도 등장하며 가려움증의 치료 효과가 높아 '축복받은 나무'라 불리는 인도의 먹구슬나무 '님(neem)'으로부터 생물농약을 만들어 특허까지 획득하였으나 인도 측의 항의로 결국 특허가 취소되었다. 아프리카 남부 칼라하리 사막의 원주민인 산족은 사냥을 떠날 때마다 '후디아'라는 식물을 씹는 관습이 있었다. 이렇게 하면 오래 굶어도 배고픔을 느끼지 않기 때문이다. 2001년 영국의 한 제약사가 이 식물에서 식욕억제 성분을 추출하여 다이어트 신약을 개발하였다. 이에 대해 언론에서 '생물자원 해적질'이라는 비판을 하자 결국 제약사는 산족에게 이익금의 6%를 로열티로 지급하기로 합의하였다. 반면 2009년 신종플루로 전 세계가 공포에 휩싸였을 때 치료제로 쓰였던 타미플루는 스위스의 한 제약회사가 중국의 토종 식물인 '팔각회향'을 원료로 제조하여 3조원 이상의 매출을 올렸으나 중국은 어떠한 보상도 받지 못하였다. 이와 같이 다른 나라 생물자원을 이용하여 개인이나 국가가 이익을 취하는 사례들이 빈번해지면서 생물유전자원을 이용하는 나라는 해당 자원을 소유하고 있는 국가의 절차에 따라 사전 승인을 얻은 후 이용하여야하며, 생물유전자원의 이용으로 발생한 이익에 대해 상호 합의한 계약조건에 따라 이익을 공유하여야 한다는 내용을 주축으로 하는 '나고야 의정서'가 2010년 유엔생물다양성협약(CBD) 당사국 총회에서 채택되어 50개국이 비준하였고 2014년 10월부터 발효되게 되었다.

이 의정서는 생물유전자원을 인류공동의 자산으로 누구나 이용할 수 있었던 것을 원산지 주권을 인정함으로서 저작권처럼 그 나라의 토착종인 유전자원에 대하여 이용에 대한 허가와 이용료를 요구할 수 있게 하였다. 따라서 생물유전자원도 광물자원과 마찬가지로 중요한 산업자원이 되었다고 할 수 있다.

그림 5.15 생물다양성 개념도

그러나 생물자원에 대한 관리를 제대로 하지 못함으로서 생물자원에 대한 주권을 빼앗기게 되는 경우도 발생할 수 있다. 그 예로 우리나라 토종인 지리산과 한라산의 구상나무가 1904년 유럽으로 반출되어 현재 크리스마스트리로 널리 사용되고 있는 경우와 북한산에 서식하던 '수수꽃다리'가 1947년 미국으로 반출되어 '미스킴라일락'으로 불리며 정원수로 큰 인기를 얻고 있는 것처럼 생물자원의 중요성을 인식하지 못하던 시기에 무단 반출된 식물들과 수많은 곤충과 어류 등 다양한 생물들에 대하여 이들의 원산지가 우리나라임에도 불구하고 오히려 이들을 돈을 주고 역수입해야하는 경우도 발생될 수 있다.

생물다양성을 보전하고 지역사회의 발전을 도모하기

위한 정책으로 유네스코(UNESCO)에서는 1976년부터 생물권보전지역을 지정하고 있는데, 북미의 로키산맥과 아프리카 세렝게티 국립공원 등 전 세계 117개국에 약 600여 개 이상이 지정되어 있으며, 우리나라도 1982년 설악산을 시작으로 제주도, 다도해, 광릉 숲, 비무장지대 등 8개 지역이 지정되어 있다.

대표적 생물자원 분쟁 사례 ※ ①자원소유자(국가) ②자원 이용자 ③내용

후디아 (다이어트약 원료)
① 남아프리카공화국 산족
② 영국 제약사 파이토팜
③ 후디아를 마구 이용한 것에 대해 산족이 반발해, 로열티 6% 떼주기로 합의

님 나무 (생물농약 원료)
① 인도
② 미국 화학기업 그레이스
③ 인도가 미국 기업의 님 나무 추출물 특허에 반발해, 결국 특허 취소

팔각회향 (타미플루 원료)
① 중국
② 스위스 제약사 로슈
③ 타미플루 매출이 2009년 3조원을 넘었지만 중국에 이익 공유 없었음

국가별 발굴된 생물종 현황
※ 세계 : 170만종

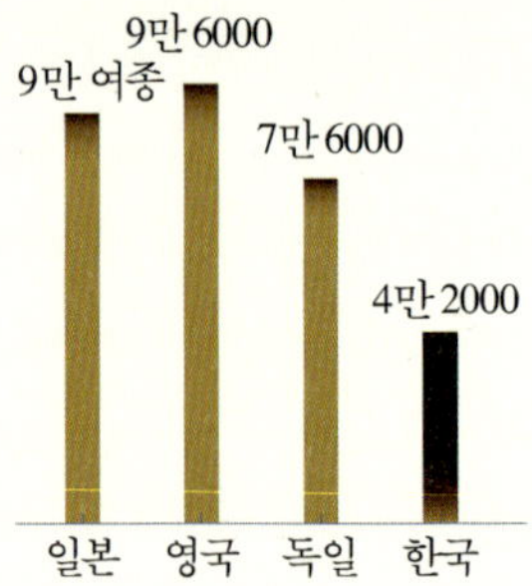

자료 : 환경부

그림 5.16 대표적 분쟁사례 생물자원

CHAPTER 05 | 자연생태계 보전

EXERCISE

1. 야생 동・식물의 경제적 가치에 대하여 설명하라.
2. 우리나라 멸종 동・식물을 조사하고 멸종 원인을 밝혀라.
3. 우리나라 멸종위기 동・식물을 조사하고 보호방안을 제시하라.
4. 우리나라 야생 동・식물보호를 위한 정책에 대하여 조사하라.
5. 기후변화에 따른 우리나라 생태계의 변화에 대하여 관련 자료를 조사하라.
6. 외래종 도입에 따른 우리나라 생태계의 피해에 대하여 조사하라.
7. 기후변화에 따른 우리나라 식생의 변화에 대하여 조사하라.
8. 기후변화에 따른 우리나라 해양생태계의 변화에 대한 예를 들고 설명하라.
9. 미스킴라일락에 대하여 조사하고 제2의 미스킴라일락을 방지하기 위한 정책을 제시하라.
10. 갯벌의 자정작용에 대하여 설명하라.

CHAPTER

06

자원과 에너지

CHAPTER

06 자원과 에너지

6.1 광물자원

1) 광물자원의 중요성

광물자원은 국가경제의 근간인 제조업의 원료, 소재, 에너지 등을 제공하는 중요한 물질이며, 또한 인간의 삶을 위해 절대적으로 필요하다. 광물자원은 철강, 비철금속, 화학, 전기, 전자 그리고 세라믹 산업 등 기간산업의 주원료로서 매우 중요한 소재이며, 이 중 금속 광물자원은 철강, 자동차, 기계, 선박, 합금, 전기, 전자 산업의 원료인 동시에 필수 소재이다. 또한 비금속 광물자원은 전자, 내화재, 시멘트, 요업, 비료, 제지, 제약, 화장품 등의 원료로서 중요한 자원이다(표 6.1).

우리나라는 철강, 비철금속, 시멘트, 유리 등의 산업분야에서 세계적인 규모와 기술을 보유하고 있으나 석회석 등 일부 자원만 국내에서 조달되고 있을 뿐 철과 비철금속자원은 모두 수입에 의존하고 있다. 그 이유는 국내부존자원의 부족과 자원 활용에 대한 기술개발투자가 미흡하고 해외자원개발을 소홀히 한 결과라 할 수 있다.

광물자원은 재생이 가능한 농·수산 및 임업자원과 달리 재생이 되지 않는 재생 불가능한 자원으로 유한성을 가지며, 따라서 합리적인 개발과 효율적 관리가 절대적으로 요구된다.

2) 광물자원의 부존량

지각을 구성하고 있는 광물의 종류는 광물을 생성하는 물질의 화학적 조성, 생성온도, 생성압력 등 여러 가지 지질학적 요인들에 따라 달라지는데, 이들의 조성과 양을 화학원소 기준으로 보면 산소, 규소, 알루미늄, 철, 칼슘, 나트륨, 칼륨, 마그네슘 등 8가지 원소가 대부분을 차지한다. 따라서 광물자원은 이들 원소들의 화합형태에 따라 오랜 동안의 지질학적 과정을 통하여 형성된 것으로서 철, 구리, 알루미늄 등 금속으로 제련하여 사용할 수 있는 것과 석면, 운모, 모래 등 자연 그대로 사용할 수 있는 것으로 구분할 수 있다. 광물의 대규모 소비는 산업혁명과 함께 시작되었다. 1750년에서 1900년까지 인구는 2배로 증가한데 비해 광물소비는 10배로 늘어났으며, 1900년 이후 전 세계의 광물소비는 최소한 13배나 늘어났다.

지구상에 존재하는 광물의 종류는 약 3,500종에 이르는 것으로 알려져 있는데, 지구 전체로 볼 때 양적으로는 굉장하지만 분포가 고르지 않으며 경제적으로 가치가 있는 양은 제한되어 있어, 이 중 20~30여 종 정도가 광물자원으로서 이용되고 있다. 예를 들어, 지각에 존재하는 금의 양은 약 470억 톤으로 추정되지만 평균함량이 0.0035 ppm으로 금을 캐내어 제련하는데 드는 비용을 고려할 때 경제성이 있는 품위를 가진 금광은 사실상 이보다 훨씬 적은 양이다. 광석의 품위에 따른 경제적인 함유율은 광물마다 다른데, 철의 경우 함유율이 20% 이상이어야 경제성이 있는 것으로 알려져 있다.

표 6.1 산업별 원료자원광물

산업별	광물 자원
에너지 자원	석유, 천연가스, 석탄, 우라늄, 오일셰일, 오일샌드, 하이드레이트
철강 원료자원	철, 망간, 몰리브덴, 텅스텐, 니켈, 코발트, 크롬, 니오븀, 베릴륨, 바나듐, 창연
기초금속자원	구리, 납, 아연, 주석
경금속자원	알루미늄, 마그네슘, 티타늄
귀금속자원	금, 은, 백금
중화학 원료자원	인광석, 황, 칼륨, 형석, 석회석 및 백운석, 석고, 안티몬, 장석, 중정석, 보론, 리튬, 스트론튬, 소다회, 세슘, 루비듐
전자공업 원료자원	비소, 운모, 수은, 인듐, 셀레늄, 갈륨, 규사, 게르마늄, 카드뮴, 탄탈륨, 희토류 광물, 텔레늄
내화재자원	점토류, 규조토, 석면, 남정석류, 질석, 흑연, 납석, 골석, 비석, 진주암, 규회석, 지르코늄, 하프늄
연마재자원	다이아몬드, 기타 연마재

광물자원은 산림자원이나 농·수산자원처럼 광합성에서 출발하는 것이 아니므로 재생될 수 없으며, 따라서 재생 불가능자원이라고 부른다. 광물자원의 미래에 대해서는 낙관론과 비관론이 있다. 비관론자들은 지구는 유한한 크기로 지구상에 부존되어 있는 광물 또한 유한한 양이므로 산업의 발달과 함께 광물자원의 매장량은 계속 줄어들어 결국에는 동이 나고 말 것이라고 주장한다. 반면 낙관론자들은 광물자원의 양은 시간이 흐르면서 줄어들기는 하지만 제련기술의 발달로 품위가 낮은 광물도 이용이 가능하게 될 것이며, 또한 자원의 회수 및 재이용과 대체 물질의 개발 등으로 인간의 삶을 유지할 수 없을 정도의 고갈은 먼 장래 이야기라고 말한다. 예를 들어, 400년 전에 경제성 있는 구리광석은 보통 8% 이상의 구리를 포함하고 있어야 했다. 그러나 현재는 1%의 구리광석도 경제성이 있으며, 기술적으로는 0.35%의 구리광석도 이용할 수 있으므로 이용 가능한 구리의 양은 줄어드는 것이 아니고 오히려 늘어났다고 볼 수 있다는 것이다.

표 6.2에 세기별 금속원소 이용의 역사를 나타내었다. 이것을 보면 역사가 진전됨에 따라서 인류가 사용하는 금속의 종류가 다양해졌으며, 1960년대 이후 특히 이러한 경향이 가속화되었음을 알 수 있다.

표 6.2 세기별 금속원소 이용의 역사

시 대	원 소 명
기원전	C, Zn, Ag, Sn, Au, Pb
기원전~1830	Na, K, Ca, Fe
1830~1840	Pt
1840~1850	Ba
1850~1870	Mn, Mg
1870~1880	Ni, Sr
1880~1890	Mg, Al
1890~1900	Si, W
1900~1910	Ti, V, Co, Cd, Th
1910~1920	As, Mo, Sb, Ra
1920~1930	Be, Cr, Te
1930~1940	Li, Nb, In, Os, Ir, Bi
1940~1950	Ga, Ge, Ta, Tl, U, Pu
1950~1960	Y, Zr, Cs, La, Hf, Re
1960~1970	Sc, Rb, Ru, Rh, Pd, Nd, Sm, Eu, Gd, Tb, Dy, Ho, Er, Tm, Yb

표 6.3 전 세계적 광물자원의 매장량 및 가채년수

광 물	매 장 량	연간 채취량	가채년수
금	43,344백만 톤	154.8백만 톤	280
보오크사이트	23,240백만 톤	91,137천 톤	255
구 리	566백만 톤	8,447천 톤	67
철	98,200백만 톤	423,275천 톤	232
코발트	8,346천 톤	35,000 톤	238
니 켈	100,926천 톤	792천 톤	127
주 석	3,080천 톤	186천 톤	17
납	142백만 톤	3,390천 톤	42
바나듐	16,566천 톤	27,294 톤	607
희토류	47,000백만 톤	43,000 톤	1,093

그리하여 전 세계적으로 볼 때 광물자원의 이용량은 연간 평균 2~5%씩 증가하고 있는데 비해 매장량은 한정되어 있기 때문에 이론적으로 광물자원의 가채년수는 광종에 따라 20~1000년으로서 앞으로 1000년 이내에 고갈될 수 있다.

3) 우리나라 광물자원의 수급 현황과 전망

석유, 석탄 등 화석에너지 자원을 제외한 일반광물(금속, 비금속광)의 국내 수요는 1990~2000년 사이에 연평균 9.6%씩 증가하여 경제성장률을 크게 상회하였으나 국내 생산은 매장량 빈곤과 개발여건의 악화로 5.7% 증가에 불과하였으며, 이것도 일부 비금속광물에 국한된 상황이다. 국내의 부존자원은 표 6.4에서 보는 바와 같이 주로 비금속자원에 해당되며 59개 법정광물 중 40여종이 부존하는 것으로 알려졌으나 이 중 석회석, 규석, 고령토 등 비금속 광종이 전체 광공업 생산의 약 71%를 차지하고 있어 부존자원의 불균형이 매우 심각한 상태이다.

우리나라는 세계 6위의 금속광물 소비국으로 6대광물의 수입액으로만 연간 300억 달러 이상을 지출하고 있다. 특히 철강, 자동차, 정보기술(IT)산업이 중심이 된 구조적 특성상 광물소비량은 지속적으로 증가할 수밖에 없으며, 따라서 부존자원의 부족으로 수입의존도가 높아질 수밖에 없다. 이에 따라 정부에서는 전 세계를 대상으로 6대 전략광물에 대한 자주 개발을 위해 표 6.5에서 보는 바와

표 6.4 우리나라 주요 광물자원의 매장량 및 가채년수

광 종	광산 수	품 위	매장량(천 톤)	가채년수(년)
		금속광		
금	96	Au 7.7 g/t	6,249	2.3
은	13	Ag 190.5 g/t	8,426	1.3
동	27	Cu 2.2%	2,313	0.1
납	31	Pb 2.5%	17,213	1.5
아연		Zn 2.7%		0.4
철	31	Fe 39.8%	49,671	0.4
기타	36		53,945	
소계	234		137,817	
		비금속광		
석회석	274	각급	12,928,099	111.8
납석	32	각급	72,861	156.1
규석	246	각급	2,646,946	452.9
장석	52	각급	102,999	223.1
고령토	135	각급	116,537	37.4
운모	11	각급	12,478	107.0
활석	25	각급	11,106	58.6
기타	115		101,469	
소계	890		15,992,495	

자료 : 광물자원 매장량 현황 2012, 산업통상자원부

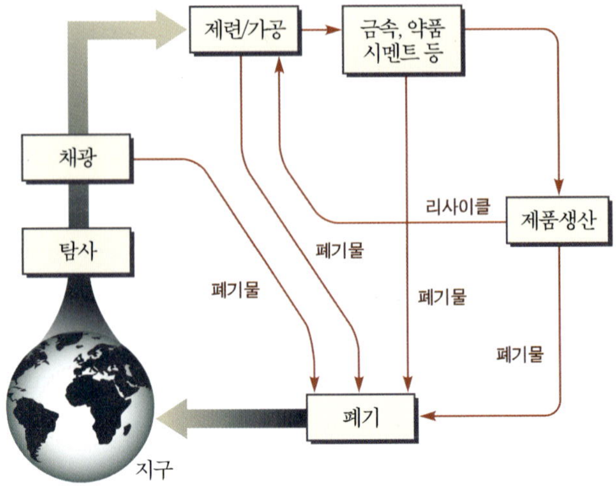

그림 6.1 자원의 순환

표 6.5 6대 전략광물 자주개발율

	2019년 목표(%)	2010년 실적(%)	일본 자주개발율(%)
유연탄	50	48.3	46.8
우라늄	30	3.4	16.4
철	35	16.5	73.7
구리	38	6.0	48.3
아연	42	32.3	52.5
니켈	40	36.8	44.2
계	40	27	55.3

같이 총력을 기울이고 있으나 중국을 비롯한 세계 각국들의 빠른 산업화로 광물자원의 소비가 급증하면서 자원 확보에 많은 어려움을 겪고 있다. 또한 광물자원에 대한 가격도 급격히 상승하고 있어 2002년도에 비해 주요 광물들의 2013년도 국제시세를 보면 철 933%, 구리 469%, 니켈 226%, 그리고 유연탄이 314%나 상승하였다. 특히 합금, 촉매, 2차전지 등 첨단제품의 소재로 쓰이는 희토류 광물의 경우에는 2009년도 국제시세가 톤당 1만 달러였으나 2011년도에는 1,200%가 오른 톤당 12만 3천 달러에 이르렀다.

이와 같은 수급 현황 및 전망은 남한에 국한된 것으로 앞으로 통일을 대비한 자원 확보를 고려하면 북한의 부존자원을 간과할 수 없다. 따라서 우리나라의 에너지·자원 수급을 전망할 때 남한보다 풍부한 부존자원을 갖고 있는 북한의 현황을 살펴보는 것도 매우 의미가 크다. 북한은 1960년대부터 원료를 자급하여 제품을 생산하는 자력갱생의 구호 아래 채취공업(광업)에 국력을 기울여왔으나 최근 전력난으로 대부분의 광산이 가동되지 못하고 있는 것으로 알려져 있다. 북한의 자원 부존량을 남한과 비교해 보면 남한의 자원 부존량보다 약 10배 이상인 것으로 알려져 있다.

표 6.6 남북한 주요 광물 부존 현황

광물 종류	품 위		단 위	매장량		
	성 분	%		남 한	북 한	합 계
철	Fe	20~50	억톤	0.4	50.0	50.4
중석	WO_3	65	천톤	127.8	246.0	373.8
몰리브덴	MoS_2	90	천톤	23.8	54.0	77.8
니켈	Ni	3	천톤	-	36.0	36.0
망간	Mn	40	천톤	176.4	300.0	476.4
금	Au	100	톤	48.1	2,000.0	2,048.1
은	Ag	100	톤	1,605.1	5,000.0	6,605.1
아연	Zn	100	천톤	464.7	21,100.0	21,564.7
석회석	CaO	각급	억톤	129.2	1,000.0	1,129.2
마그네사이트	MgO	45	억톤	-	60.0	60.0
석탄	Kcal/Kg	각급	억톤	13.1	205.0	218.1

출처 : (남북) 한국광물자원공사 남북자원협력실
주) 매장량은 확정치와 추정치의 합계이며, 남북의 매장량 각각은 동일 기준 품위로 환산하여 비교함.

4) 금속광물의 이용 과정에서 발생하는 환경문제

광업은 본질적으로 공해 산업이다. 우리가 사용하는 금속의 생산은 크게 3단계를 거치는데 각 단계마다 환경오염을 수반하고 폐기물을 발생시킨다.

첫 단계는 채광을 위해 광석을 덮고 있는 흙과 암석 등을 제거하는 일이다. 광물이 발견되면 광산입자가 제일 먼저 하는 일은 광석 위에 있는 것(암석과 흙, 산림, 경작지, 지장물 등)을 걷어내는 일이다. 노천 광산을 이용한 지표 채굴은 지하 채굴보다 더 많은 폐기물을 만든다. 미국 유타주의 빙햄캐년 구리광산에서 구리광석 채굴을 위해 제거된 흙과 바위 양은 약 33억 톤에 달하는데, 이것은 파나마운하의 건설을 위해 파낸 흙의 7배에 해당하는 양이다. 현재 지하 774m까지 채굴한 이 광산은 지구상에서 인간에 의해 만들어진 가장 큰 구덩이라고 한다.

그림 6.2 빙햄캐년의 코퍼힐채굴장

땅을 파는 강력한 굴착기의 등장과 함께 광업은 이제 침식이라는 자연작용과 견줄 정도의 영향을 환경에 미치게 되었다. 광업으로 인해 이동되는 물질의 양은 세계의 모든 하천과 강에 의해 운반되는 총 퇴적물 양의 약 2배에 해당한다고 한다. 광물 채취를 위해 제거된 흙과 암석은 화학작용을 일으키지는 않으나 넓은 지역의 하천과 저수지를 메우고 먼지를 발생시켜 대기오염을 일으킨다. 또한 황화합물이나 중금속 등을 포함하고 있을 때에는 빗물 등에 의해 토양과 하천을 오염시킬 수 있다.

두 번째 단계는 채광과 선광 폐기물의 발생이다. 채굴한 광석은 잘게 파쇄하여 선광기에서 불순물을 제거한다. 이때 광석의 최대 90%까지 선광잔재가 발생될 수 있으며 대개는 광산 근처에 산더미처럼 쌓아두거나 저수지 등에 버려진다. 이러한 선광잔재 중에 함유되어 있는 물질(비소, 카드뮴, 납, 아연 등)들이 빗물이나 하천수 등에 의해 용출되어 토양과 하천을 오염시킨다. 또한 선광잔재는 선광기에서 사용되는 톨루엔 등 유기용제들을 함유한다. 따라서 이러한 광산 폐수가 흘러드는 하천이나 저수지 등은 물고기는 물론 생물이 살 수 없는 죽은 하천과 호소가 되고 만다.

세 번째 단계로서 제련은 엄청난 양의 대기오염 물질을 발생시킨다. 전 세계적으로 구리와 그 밖의 비철금속들의 제련으로 해마다 약 600만 톤 이상의 아황산가스를 대기 중에 방출시킨다. 이 양은 산성비의 주요 원인인 황화합물 전체 배출량의 8%에 해당한다. 비철금속 제련소는 또한 많은 양의 비소, 납, 카드뮴과 그 밖의 중금속들을 대기로 배출시킨다. 세계적으로 널리 알려진 환경재해지역들은 대부분 오염방지시설이 미흡한 제련소 주변 지역들이다. 미국 테네시주의 코퍼힐 구리제련소를 둘러싼 재해지역은 7,000ha에 달하며, 영국에서는 금속 제련으로 인해 40만 ha의 농경지가 사라졌다. 캐나다의 트레일에 있던 한 제련소는 사방 19km 이내의 모든 침엽수를 전멸시켰고, 63km 안에서는 나무의 성장이 억제되었다.

과학기술의 발전으로 품위가 낮은 광석도 경제적으로 이용할 수 있게 되면 광산업자는 수익이 증대되지만, 환경피해는 그만큼 더 늘어나게 된다. 예를 들어, 같은 양의 구리를 얻기 위해 8%의 구리광석 대신 1%의 구리광석을 제련할 경우 광석의 양은 8배로 늘어나야 하며, 따라서 모든 폐기물과 오염물질의 발생량은 최소한 8.6배 이상 늘어나게 된다.

또한 채광과 선광 및 제련과정에서 수십억 톤의 물질을 이동시키고 암석을 부수고 용해시키는 작업은 많은 양의 에너지를 필요로 하며, 이러한 에너지의 공급이 지역 생태계에 큰 피해를 유발할 수 있다. 영국 남부 서섹스의 제철산업은 연료 공급원이었던 주변 삼림이 완전히 고갈되자 막을 내렸다. 브라질의 파라주에서 계획하고 있는 20기의 선철 용광로는 매년 약 240만 톤의 목탄을 소비할 것인데, 이것은 매년 약 5만 ha의 열대우림을 벌목해야 한다는 것을 의미한다. 알루미늄의 생산은 특히 고에너지 소비산업이다. 단지 광석을 녹임으로써 제련이 가능한 대부분의 금속과 달리 알루미늄은 화학적 결합을 하고 있으므로 전기분해과정을 거쳐야 한다. 알루미늄 제련소는 보오크사이트를 녹여서 알루미나를 만들고 이를 다시 전기 분해시켜 최종적으로 알루미늄을 생산한다. 알루미늄의 생산은 전 세계 에너지 소비량의 1%를 차지한다고 한다.

금속의 제련에 소비되는 에너지의 효율은 과학기술의 개발로 꾸준히 향상되어 왔다. 오늘날 알루미늄 제련소들은 1940년대에 세워진 제련소에 비해 절반의 전력만을 소비한다. 그러나 제련기술은 향상되었지만 광석의 가치가 낮아지고 광물의 생산지가 더 멀어짐에 따라 채광금속의 단위무게당 에너지 소비량은 오히려 증가하는 경향이 있다. 같은 양의 금속을 얻기 위해 더욱 많은 광석을 채굴해야 하고 더 많은 폐기물을 발생시키며 수송거리가 더 멀어졌기 때문에 에너지 비용과 환경오염방지 비용의 증가로 광물의 가격은 오를 수밖에 없다. 더욱이 수요에 비해 공급량이 점차 감소하는 추세에 있어 국제 광물가격은 최근 급격한 상승추세를 보이고 있다.

5) 고갈되는 광물자원에 대한 대책

고갈되어가고 있는 광물자원에 대한 대책으로는 지속적인 탐사와 채굴에 의해 공급을 늘리는 방안과 수요를 줄이는 방안 그리고 사용 후 폐기되는 제품으로부터 광물을 회수하여 재이용하는 리사이클링(recycling) 등이 있다. 광물의 이용 가능량을 늘리는 데에는 과학기술의 발달이 공헌하여 왔다. 새로운 탐사기술의 개발로 아직 발견되지 않은 광맥을 찾아낼지도 모른다. 그러나 대부분의 지질학자나 광산 기술자들은 새로운 거대 광맥의 발견에 대해 비관적으로 보고 있다. 세계 각지의 주요 광맥들은 이미 상당량이 개발되었고, 더 이상의 개발은 비용의 증가로 경제성이 떨어지며 환경비용까지도 계산한다면 한계가 있기 때문이다. 해양 또한 잠재적인 자원의 공급원으로서 과장되어 평가되고 있다. 현재의 기술로서 경제성 있게 바닷물로부터 추출할 수 있는 광물은 마그네슘, 브롬, 소금 정도에 불과하다. 심해저의 채광이 광물문제를 해결할 것이라는 것도 과장되어 있으며, 오직 망간만이 풍부하게 채굴될 수 있는 가능성이 있는데다 광구확보를 위한 국가간 치열한 경쟁과 기술개발 문제가 남아 있다. 우리나라는 제22차 국제해저기구 총회에서 서태평양 공해상 마젤란 해저산 지역에 3,000km^2 규모의 독점 광구를 확보함으로서 세계에서 3번째로 망간단괴, 해저열수광상, 망간각 등 주요 3대 광종에 대한 독점 탐사광구를 확보한 나라가

되었다. 이 지역의 망간각 매장량은 약 4,000만 톤 정도로 추정된다.

그림 6.3 우리나라의 해저망간단괴 독점탐사광구와 망간단괴

그림 6.4 우리나라 심해저 광물탐사광구

한편 경제학자들은 값싼 에너지만 공급될 수 있다면 자원문제는 해결된다고 보는 경향이 있다. 이러한 견해는 환경오염을 수반하지 않는 에너지의 대량 공급이 실제로는 어렵다는 사실을 무시하고 있다. 지질학적으로 볼 때 지구의 지각에 0.01%를 초과하는 비율로 존재하는 광물은 철, 알루미늄, 망간, 마그네슘, 크롬과 티타늄 등 6종류에 불과하며, 나머지는 모두 희귀금속으로서 이용 가능한 양은 지극히 제한되어 있다는 사실을 경제학자들은 간과하고 있다. 과학기술의 개발은 이 경우 에너지 효율의 개선을 통하여 약간의 도움을 줄 수 있을 뿐이다.

광물의 수요를 줄이는 방안은 어떠한가? 경제발전은 광물자원의 소비 증가를 의미하며, 1인당 광물자원의 소비는 선진국들보다 개발도상국가에서 더 빠르게 증가하고 있다. 신흥 공업국가들은 도로와 교량, 건물, 공장, 주택 등 사회기반시설과 건축물을 빠른 속도로 건설해가고 있지만 선진국의 경우 이러한 시설이 이미 완성된 상태이며, 단지 낡은 시설의 대체에 광물을 소비하고 있기 때문이다. 그러므로 경제발전을 추구하는 개발도상국가들에게 단순히 광물 수요를 줄이라고 하는 것은 의미가 없으며, 대신 광물의 재활용을 추진해야 할 것이다. 리사이클링(recycling)은 과거 고철 등 몇몇 광물들을 중심으로 이루어져 왔으나 과학기술의 발달로 최근에는 금속류뿐만 아니라 비철금속 및 합성수지류까지 다양한 소재들이 회수되어 재이용되고 있다. 미국은 강철 생산량의 60% 이상을, 그리고 전 세계적으로는 강철 생산량의 10% 이상이 고철의 재활용으로 충당되고 있다. 특히 알루미늄은 재활용하여 생산할 경우 에너지 소비량을 알루미늄 광석인 보오크사이트로부터 생산할 때의 에너지 소비량에 비해 95% 이상 줄일 수 있기 때문에 광물 중 가장 높은 재활용률을 나타내고 있다. 광물자원 리사이클링과 관련하여 최근에 가전제품을 비롯한 각종 전자제품들로부터 부가가치가 높은 희귀금속이나 귀금속 등을 회수하는 도시 광산까지 생겨났다.

대체품의 개발도 광물의 수요를 줄이는 하나의 방안이 될 수 있다. 통신용 구리선을 유리로 만든 광섬유로 대체하는 것은 광물 수요를 줄이는 좋은 방법이다. 엔지니어링 플라스틱을 철의 대용으로 많이 사용하고 있지만, 플라스틱은 석유화학제품으로서 석유의 고갈과 환경오염 등의 문제가 얽혀있기 때문에 광물의 대체품으로서 완벽하다고는 할 수가 없으며 또한 모든 광물을 대체할 수 있는 것은 아니다. 텅스텐, 수은, 리튬 등은 다른 것으로 대체할 수 없는 독특한 특성을 가지고 있다. 이들 광물의 고갈은 수요를 줄이는 것만이 최선의 대책이 될 것이다.

아무리 광물자원의 수요를 줄이더라도 재생 불가능 자원은 이론상 언젠가는 고갈되고 말 것이다. 그러므로 자원 정책의 궁극적인 목표는 지구 광물자원의 재고량을 극대화하여 자원고갈을 최대한 늦추는 일이라고 말할 수 있다. 우리나라의 경우 광물자원 자급도는 5.2%로 94.8%를 수입에 의존하고 있으며, 이 중 금속광물 자급률은 1.39%로 98.61%를 해외 수입에 의존하고 있고, 특히 화력발전, 제철 및 시멘트 산업용으로 쓰이는 유연탄과 원자력발전 원료인 우라늄은 100% 수입하고 있다. 비금속광물은 자급률이 68.2%로 국내에 가장 많이 매장되어 있는 광물은 석회석이며, 이외에 장석, 규석, 납석, 고령토 등은 90% 이상의 자급률을 나타내고 있다. 광물의 종류별 자급상황은 표 6.7과 같다.

표 6.7 우리나라 광물의 종류별 자급도

자급도		광물의 종류
100% 자급	(5광종)	납석, 규석, 사문석, 불석, 석회석
50~99% 자급	(6광종)	장석(95%), 고령토(88%), 운모(74%), 규사(72%), 규조토(63%), 티타늄(55%)
50% 미만	(10광종)	명반석(16%), 활석(11%), 아연광(2.3%), 연옥(5.6%), 연광(2.1%), 철광(0.4%), 황화철(0.2%), 흑연(0.12%), 중정석(0.04%), 금(0.03%)
자급도 0%	(39광종)	인광석, 동광, 석고, 망간광, 은, 알루미늄, 마그네사이트, 형석, 백금, 붕소광, 지르코늄, 규회석, 홍주석, 몰리브덴광, 남정석, 금강석, 크롬광, 수정, 운석, 주사, 코발트 등 39광종

6.2 화석에너지

화석에너지는 화석연료로부터 얻는 에너지를 총칭하는 말로, 화석연료는 20세기 현대 산업문명을 탄생시킨 주요한 에너지 자원일 뿐만 아니라 현재에도 에너지의 85% 이상을 차지할 만큼 중요한 에너지 자원이다. 이들 화석연료(fossil fuel)는 오래전 지구상에 서식했던 식물과 미생물 등 유기체로부터 생성된 에너지자원으로 석탄, 석유, 천연가스, 오일샌드, 셰일가스 등이 있다. 화석연료는 광물자원처럼 한 번 쓰면 다시 만들 수 없는 재생 불가능자원으로 유기체로부터 화석연료가 생성되기 까지는 수백만 년 이상이 걸리며, 때로는 6억 5천만 년까지 걸리기도 한다. 탄소 함량이 높은 고탄소 화석연료로는 석탄, 석유 등이 있으며, 저탄소화합물인 메탄에서부터 순수한 탄소로 구성된 석탄과 다양한 화합물의 형태를 갖는 석유까지 기체, 액체, 고체 등의 형태로 존재한다. OECD보고서에 의하면 전 세계 에너지 소비량은 1971년 55억 TOE(Ton of Oil Equivalent, 1TOE는 석유 1톤의 발열량과 같은 열량을 갖는 연료량)이었으나 2011년에는 131억 TOE로 증가하였으며, 우리나라의 경우 1천 7백만 TOE에서 2억 7천 5백만 TOE로 전 세계 에너지 소비량 증가 보다 훨씬 높은 15배나 증가하였다. 이와 같이 에너지의 소비가 급격히 증가함에 따라 표 6.8에서 보는 바와 같이 한정된 매장량으로 인해 가채년수가 점차 줄어들고 있는 실정이다.

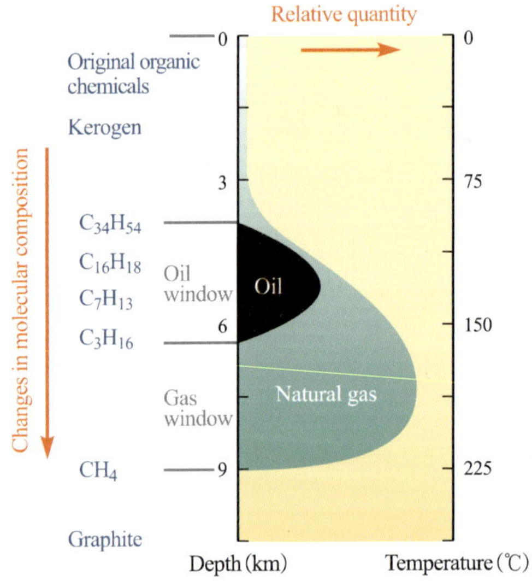

그림 6.5 화석연료 생성 및 조성

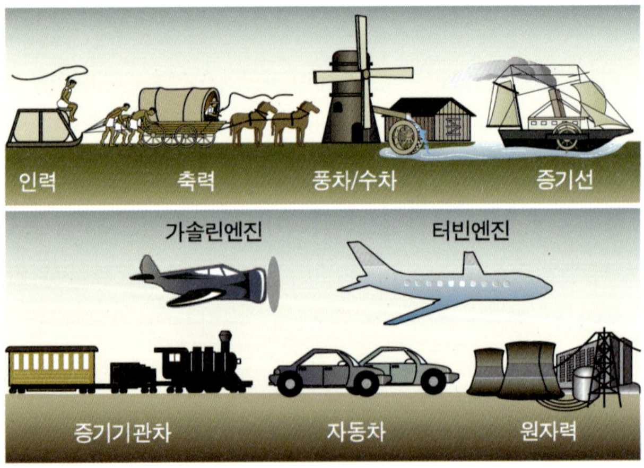

그림 6.6 에너지의 역사

표 6.8 세계 에너지자원 부존 현황 (2013년 기준)

구 분	합 계	북아메리카	중 · 남 아메리카	유럽 · 유라시아	중동 · 아프리카	아시아	비 고
							가채년수
석유(10억 bbl)	1,687.9 (100%)	229.6 (13.6)	329.6 (19.5)	147.8 (8.8)	938.8 (55.6)	42.1 (2.5)	53.8
천연가스(조 m^3)	185.7 (100%)	11.71 (6.3)	7.67 (4.1)	56.62 (30.5)	94.50 (50.8)	15.20 (8.2)	55.1
석탄(10억 톤)	891.5 (100%)	245.1 (27.5)	14.6 (1.6)	310.5 (34.8)	32.9 (3.7)	288.3 (32.3)	113

자료 : BP Statistical Review of World Energy 2014

1) 석탄

석탄은 여러 가지 식물자원이 땅속에 묻힌 상태에서 오랜 세월이 흐르면서 생성된 것으로, 과거 지구상에 존재하였던 거대한 삼림들이 지각 변동 등에 의해 땅속 깊이 매몰되면서 상층부에서 가해지는 압력과 온도 등에 의해 식물의 구성성분 중 섬유소(cellulose)와 같은 유기물질들이 분해되어 휘발되고 남은 탄소 성분들이 변이된 것으로 생성 연대에 따라 이탄(또는 토탄, peat), 갈탄(lignite), 준역청탄(sub bitumenous), 역청탄(bitumenous), 무연탄(anthracite) 등으로 분류된다.

석탄의 사용은 BC 315년경 그리스 서적에 대장간에서 석탄을 연료로 사용한 사실이 기록에 남아있기는 하지만, 본격적으로 이용하기 시작한 것은 12세기경부터였다. 석탄은 주로 고온이 필요한 대장간, 도자기 공장, 유리공장에서 사용하였다. 석탄난로의 개발로 석탄의 사용이 늘어나게 되면서 16세기에는 유럽 탄광에서 대량으로 석탄을 캐내기 시작했고, 탄갱을 깊이 파 물이 고이자 밧줄과 두레박 대신 증기의 힘으로 물을 퍼내는 펌프가 영국에서 개발되었으며, 이어서 석탄을 연료로 사용하는 증기기관이 발명되었다(1769년). 에너지원으로서 석탄과 철광석을 녹여 생산한 대량의 철은 산업혁명의 원동력이 되었다. 그러나 석탄은 채굴하는 과정이 위험할 뿐만 아니라 취급과 운반이 불편하며 연소되면서 매연과 유해가스를 발생시킨다는 단점이 있어 새로운 에너지원을 찾게 되었다.

오늘날 석탄은 직접 연료로 사용되는 외에도 건류시켜 코크스를 만들며 이 과정에서 생기는 콜타르(coal tar)와 석탄가스는 의약품과 화학약품을 만드는 원료로도 쓰인다.

우리나라에서는 조선말기인 1896년 러시아인에게 함경북도 경원과 종성 두 곳에 채광 허가를 내주면서 최초의 탄광이 개발되어 연료로 사용하기 시작하였다. 1906년에는 광업법이 제정되었고 1926년에 남한 탄광의 효시라 할 수 있는 문경탄광이 개발되기 시작하였다. 이후 1962년 제1차 경제개발 5개년 계획과 함께 급증하는 에너지 수요를 충당하기 위하여 국내 석탄 개발에 주력하여 1967년에는 총 에너지 소비의 40%까지 상승하였다. 그러나 경제규모의 확대와 중화학공업의 추진으로 1960년대 후반부터 에너지 소비가 점차 석유로 전환되기 시작함에 따라 석탄 수요가 감소하기도 하였으나 1970년대에 두 차례의 석유파동을 겪으면서 대체수요가 늘어나 1978년부터는 국내 공급만으로는 부족하여 일부를 수입하기 시작하였다. 남한의 석탄 매장량은 약 17억 톤으로 추정되나 1990년대에 들어서 채굴비용의 상승으로 석탄 산업의 채산성이 악화되어 국내 생산은 계속 줄어가고 있으며, 일부 무연탄만이 연료용 연탄 제조용으로 생산되고 있을 뿐 화력발전용 유연탄은 100% 수입에 의존하고 있다. 향후 우리나라의 석탄 수요전망을 보면 석탄 사용량은 꾸준히 증가할 것으로 예상되나, LNG와 원자력, 신재생에너지의 비중이 높아짐에 따라 그 증가폭이 감소하면서 전체 에너지 수요에서 차지하는 비중은 점차 낮아질 것으로 전망된다.

2) 석유(Petroleum)

석유란 원유(crude oil)와 석유제품을 함께 일컫는 명칭으로 원유는 지하의 유전에 고인 천연광유로 이를 정제하여 여러 가지 석유제품을 얻게 된다. 석유는 수백만 년 전에 바다나 해저에서 식물성 플랑크톤과 동물성 플랑크톤 등을 포함한 유기체들이 진흙과 같은 퇴적물 등과 함께 침전되어 압력과 열 등을 받음으로서 케로젠(kerogen)으로 알려진 밀랍과 같은 물질로 변하고 지속적인 압력과

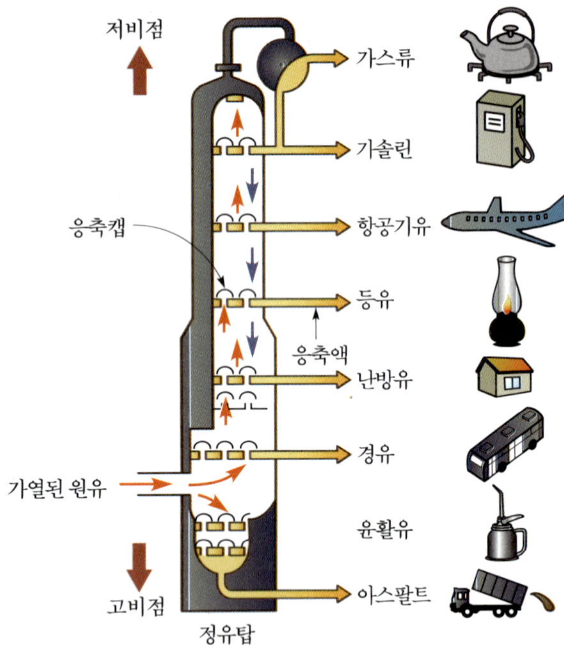

그림 6.7 원유 정유

열에 의해 다양한 탄화수소 화합물로 변한 것이다.

석유채굴의 기원은 고대 우물에서 찾을 수 있으나, 보통 15세기 말 프랑스에서 오일샌드(oil sand)가 발견되어 석유를 뽑기 위해 지층을 뚫은 것을 시초로 보고 있다. 세계 최초의 상업적인 유전개발은 1851년 미국 펜실베니아주 타이터즈빌이란 곳에서 시작되었고, 유전에서 얻어진 다량의 석유를 정제하여 등유와 휘발유를 얻을 수 있게 되었다. 등유는 유럽에서 고래 기름 대신 램프용 기름으로 사용되기 시작하였고, 우리나라에서는 콩기름이나 돼지기름 또는 밀납을 사용하여 불을 밝히다가 1880년경부터 등유를 사용하게 되었다. 휘발유는 폭발하기 쉬워서 매우 위험했기 때문에 처음에는 버렸지만 1885년에 독일에서 가솔린엔진 자동차가 처음 만들어지고, 20세기 초에 미국의 포드가 분업방식을 이용하여 자동차를 대량생산하면서 석유문명의 시대가 열렸다.

불과 40년 전만 하더라도 전 세계 석유소비량은 현재의 1/6 수준이었으며, 석유는 연료로서 중요할 뿐 다른 용도로서의 중요성이 인식되지 못하였다. 현재 석유는 연료로서의 가치보다 훨씬 더 부가가치가 높은 합성섬유, 합성고무, 페인트, 비누, 농약, 비료, 화학약품, 플라스틱 등 각종 화학제품을 생산하는 화학공업의 중요한 원료가 되고 있다. 그럼에도 불구하고 석유를 대체할 수 있는 에너지원을 찾지 못한 현실에서 석유를 에너지원으로 소비하고 있는 것은 귀중한 자원의 대표적인 낭비라고 볼 수 있다.

20세기 산업발달과 함께 우리 세대에서의 석유 의존은 불가피하고 영구적인 것으로 보일지 몰라도 석유시대는 앞서 있었던 200년 동안의 석탄 시대보다 훨씬 빠르게 사라질 것으로 전망된다. 오랫동안 사람들은 석유가 값싸게 계속 공급될 것이라는 막연한 생각을 해왔으나, 1973년 OPEC 국가들이 원유가격을 5배로 올리자 전 세계적으로 소동이 났으며, 오일쇼크와 에너지 위기라는 말이 만들어졌다. 석유가 다른 광물자원이나 석탄보다도 훨씬 빨리 고갈되고 있다는 사실에 직면하게 되자 석유소비를 줄이려는 노력과 함께 대체 에너지의 개발에 관심을 돌리게 되었다.

우리나라에서는 1935년 원산에 조선 석유라는 최초의 정유공장이 건설되었는데, 원유는 처음부터 전량 수입에 의존하였다. 에너지원으로서 석유는 1960년대 말부터 석탄을 제치고 가장 많이 쓰는 에너지가 되었다. 1979년 2차 석유파동 이후 우리나라에서도 천연가스와 원자력 등 대체에너지의 개발에 노력하여 석유 의존도를 낮추려는 노력이 있었으나, 1990년대 초·중반 저유가와 석유화학공업의 고성장, 자동차 증가, 난방 등으로 연평균 11.7%씩 증가하면서 1994년에는 석유 의존도가 63%까지 높아졌다. 현재는 고유가, 환경규제 등으로 인하여 1990년대 후반 이후부터 연평균 1.5%의 낮은 증가율을 기록하고 있으며, 따라서 석유 의존도는 지속적으로 하락하여 2013년에는 37.8% 정도에 머물고 있다(표 6.9). 향후에는 원자력이나 신재생에너지 등의 보급 확대로 사용량 증가폭이 더욱 둔화될 것으로 예상된다(표 6.10).

표 6.9 우리나라 에너지 수급 현황(%)

	석 탄	석 유	LNG	원자력	수 력	신재생
1999년	21.0	53.6	9.3	14.2	0.8	1.0
2002년	23.5	49.1	11.1	14.3	0.6	1.4
2005년	24.0	44.4	13.3	16.1	0.6	1.7
2008년	28.2	42.1	13.9	13.1	0.5	2.3
2011년	30.2	38.0	16.7	12.0	0.6	2.4
2013년	29.2	37.8	18.7	10.4	0.6	3.2

자료 : 에너지통계연보 2014, 에너지경제연구원

표 6.10 우리나라 총에너지 수요 전망

(단위 : 백 만 TOE, %)

에너지원	2011	2025	2030	2035	연평균 증가율(%)
석탄	83.6(30.3)	100.2(28.3)	107.7(29.1)	112.4(29.7)	1.24
석유	105.1(38.1)	111.0(31.3)	107.1(29.0)	101.5(26.9)	Δ0.15
LNG	46.3(16.8)	64.8(18.3)	69.8(18.9)	73.3(19.4)	1.93
수력	1.7(0.6)	1.7(0.5)	1.9(0.5)	2.0(0.5)	0.70
원자력	32.3(11.7)	59.6(16.8)	65.3(17.7)	70.0(18.5)	3.28
신재생 · 기타	6.6(2.4)	16.8(4.7)	18.0(4.9)	18.8(5.0)	4.44
계	275.7(100.0)	354.1(100.0)	369.9(100.0)	377.9(100.0)	1.32

자료 : 제2차 국가에너지 기본계획(2014)

3) 천연가스

천연가스(NG : Natural Gas)의 생성과정은 석탄과 유사하며, 원유 채굴시 섞여서 생산되거나 가스전(gas field)에서 발견된다. 천연가스의 주성분은 80~85%가 메탄(CH_4)가스이며, 메탄은 주로 죽은 동・식물의 사체가 화석화되어 수백만 년 동안 열과 지표의 압력으로 생성된다고 알려져 왔다. 이 생물기원론은 1566년 게오르그 아그리콜라에 의해 최초로 소개되었으며, 이후 18세기에 미하일 로모노소프에 의해서도 소개되었다. 천연가스는 석탄과 석유에 비해 에너지 효율이 높고 공해물질이 적게 배출되기 때문에 에너지원으로서 이용가치가 더욱 높아지고 있다. 그러나 기체 상태이기 때문에 한 곳에 많은 양을 저장하거나 대량으로 수송하는 데에 어려움이 있었으나 천연가스 액화기술이 개발되어 대량저장과 원거리 수송이 가능하게 되었다. 천연가스가 에너지원으로서 공급되기 시작한 것은 2차 대전 이후이다.

액화천연가스(LNG : Liquified Natural Gas)는 천연가스 중에 포함된 수분과 질소와 같은 불순물을 제거한 후 영하 162℃ 정도의 아주 낮은 온도에서 액화시킨 것으로 통상 압력용기에 보관한다. 우리나라에는 1986년 처음 도입되었고, 1988년 서울에서부터 LNG를 공급하기 시작하여 현재는 전국 중소도시까지 도시가스로 가정 등에 공급하고 있으며, 주로 취사 및 난방 등의 연료로 사용되고 있다. 최근에는 시내버스에도 청정연료로 공급되고 있으며 화력발전에도 이용되고 있다.

천연가스와 달리 원유를 정제하는 과정에서 나오는 프로판과 부탄가스 역시 액화시키기가 쉬워서 LPG라는 이름으로 택시 등 자동차 연료와 가정용 연료로 배달되어 사용된다.

6.3 미래의 화석에너지

기존의 화석연료 고갈에 따른 문제와 탐사 및 채굴기술의 발전으로 더욱 깊은 지층에 매장된 석유자원을 개발하기 시작함으로서 그 대상이 되는 미래 에너지자원들을 보면 프리솔트오일(presalt oil), 오일샌드(oil sand), 셰일오일(shale oil)과 셰일가스, 메탄하이드레이트(methane hydrate) 등이 있으며 이들은 매장 지층에 따라 다양한 성분으로 구성되어 있다.

1) 프리솔트 오일(Presalt Oil)

1억 5천만 년 전에 해저에 대규모로 침전된 하등 생명체들이 변하여 생성된 오일로, 2005년 브라질의 리우데자네이루 앞바다 약 2,900km 거리의 대서양에서 수심 2,100m 아래 1,500m 두께의 암염층 밑에서 약 500억~1,000억 배럴의 원유가 발견되었는데 이를 프리솔트 오일이라 부르며 2012년부터 1일 80만 배럴의 원유를 생산하고 있다.

2) 오일샌드(Oil Sand)

오일샌드는 모래, 점토, 물 그리고 반고형의 원유 성분이 함께 뒤섞인 것으로 캐나다, 카자흐스탄, 러시아 등에서 대규모 매장량이 확인되었고, 전 세계적으로는 2,500억 배럴이 되는 것으로 알려졌다. 오일샌드는 매장 깊이가 깊고 처리비용도 비싸기 때문에 현재로서는 경제성이 낮으나 석유 고갈과 국제유가 상승 시 경제성이 확보된다면 연료로서의 잠재적 가치가 매우 높은 자원이라 할 수 있다.

3) 셰일오일과 가스(Shale Oil and Gas)

오일셰일이라 부르는 토양층에 셰일오일(또는 kerogen)이라 부르는 원유와 셰일가스라는 천연가스가 토양입자 사이에 들어 있는데, 이 중 셰일오일은 전 세계 총 매장량이 2조 8천~3조 3천억 배럴로 추정되며, 현재 러시아, 브라질, 중국, 에스토니아, 독일 등지에서 시추되고 있다. 특히 에스토니아는 셰일오일로 3,000MW급 발전소를 운영 중에 있으며, 셰일오일 역시 수억 년 전의 하등식물과 동물들이 흙과 함께 대규모로 매몰되어 생겨난 것이다.

그림 6.8 전 세계 셰일가스 매장량

셰일가스는 비전통 천연가스로 약 1,000m 깊이의 탄화수소가 풍부한 셰일층에서 생산되며 1800년대에 발견되었으나 기술적인 제약으로 최근에 와서야 채굴이 되고 있다. 전 세계 매장량은 미국, 중국, 중동, 러시아 등을 비롯해 31개국에 약 187조 4천억 m^3 정도인 것으로 추정되며 주로 난방, 발전용 메탄(70~90%)가스와 석유화학 원료인 에탄(5%) 및 LPG 제조(5~25%) 등에 사용되고 있다.

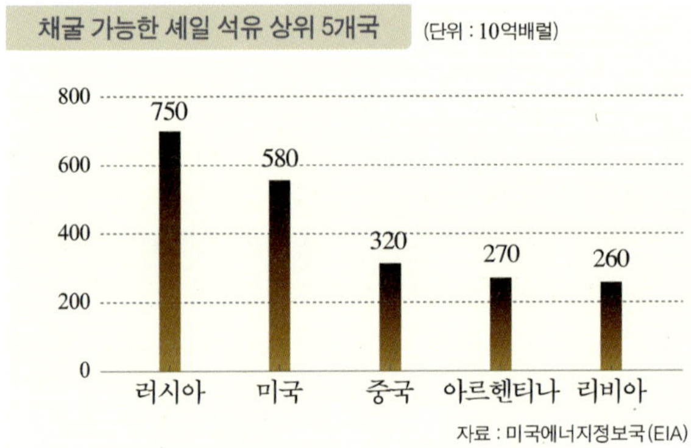

그림 6.9 채굴 가능한 셰일 석유량

그림 6.10 셰일석유 및 가스 시추

4) 메탄하이드레이트(Methane hydrate)

메탄하이드레이트는 시베리아와 같은 툰드라지대나 해저 퇴적물 또는 퇴적암 층에 광범위하게 분포되어 있는 메탄가스가 물 분자와 결합하여 드라이아이스와 같은 고체 상태로 변형된 것으로 불타는 얼음(fire ice)으로 불리기도 한다. 전 세계 매장량은 6.4×10^{12}톤으로 추정되며, 거의 세계 전 지역에 고르게 분포하고 있고 우리나라 동해 해저에도 약 6억 톤 정도가 매장되어있는 것으로 알려져 있다. 메탄하이드레이트는 연소 시 이산화탄소가 거의 발생하지 않아 온실가스 발생이 적으며 잠재적 미래 연료로서 주목받고 있다.

6.4 핵에너지

1) 원자력 에너지

원자력 에너지는 우라늄이나 플루토늄과 같은 원자의 핵에 중성자를 충돌시키면 원자핵이 쪼개지는데 이를 핵분열이라 하며, 이때 핵분열 반응으로 생기는 질량결손에 해당하는 에너지를 말한다. 원자핵은 매우 작아서 하나의 원자핵에서 방출하는 에너지는 매우 작지만 원자핵 분열은 매우 빠르고 또한 대량으로 일어난다.

우라늄 원자 1개가 분열하면 2개의 중성자가 발생되며, 이 중성자들은 다시 다른 우라늄 원자에 충돌하여 각각 2개씩의 중성자를 방출하게 됨으로서 핵분열 반응은 연쇄적으로 아주 빠르게 진행된다. 1g의 우라늄에는 1조 25억 개의 원자가 들어있는데 이들이 모두 분열하는 데는 백만분의 1초밖에 걸리지 않으며, 석탄 3톤을 완전히 연소시킬 때와 같은 에너지가 발생된다. 즉, 핵분열 반응은 연쇄반응으로 엄청난 에너지가 발생하며, 따라서 이러한 막대한 에너지의 방출로 인한 파괴력을 이용한 무기가 원자폭탄이다. 그러나 핵분열 반응에서 연쇄반응속도를 조절함으로서 핵분열 에너지를 평화적으로 이용하는 것이 원자력 발전이다. 현재 상용화되어 있는 원자력 발전의 원리는 그림 6.13에 제시하였다.

세계 최초의 원자력 발전소는 1956년 영국에서 가동되었으며, 우리나라는 1978년 4월 고리원전 1호기를 시작으로 현재 총 23기의 원자력 발전소가 가동 중에 있다. 원자력 발전이 석유의 대체에너지로서 각광을 받기 시작하자 에너지 자립화를 위해 원자력 발전소의 건설이 세계 곳곳에서 추진되었으며, 그 결과 미국, 프랑스, 일본, 러시아, 독일에 이어 우리나라도 세계 6위의 원자력 발전 국가로서 전력의 약 35% 정도를 원자력 발전으로 충당하고 있고, 2035년까지 원자력 발전 비중을 29%로 유지하기로 확정한 상태이다. 원전기술 자립을 위해 우리나라는 자체

그림 6.11 우라늄광석

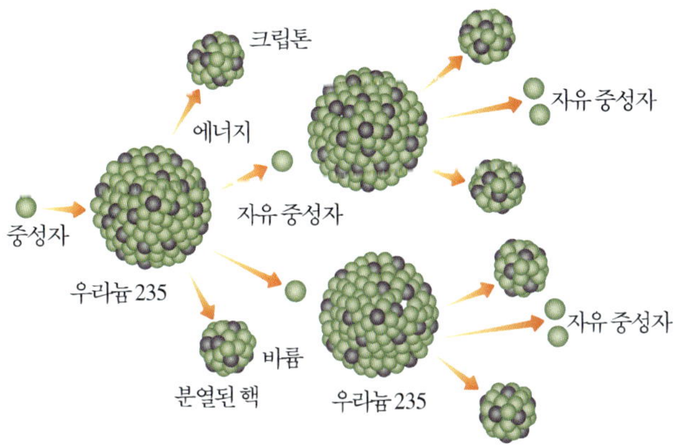

그림 6.12 원자핵 분열반응

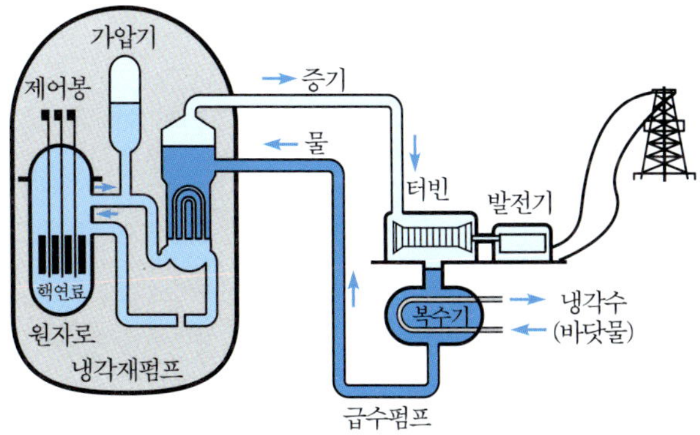

그림 6.13 원자력 발전 원리

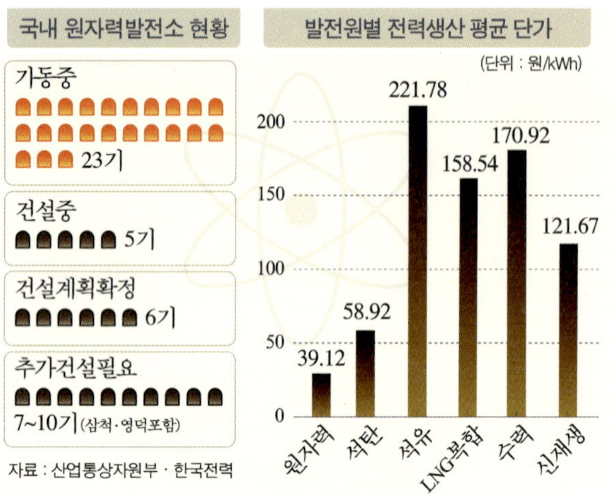

그림 6.14 발전원별 전력생산단가 및 원자력 발전소 현황(2014)

기술로 가압경수로형 원전인 한국표준형 원자력 발전설비를 개발하여 상용화하였으며 외국에 수출할 만큼 국제 경쟁력을 가지고 있다. 에너지 자원을 전량 수입에 의존하고 있는 우리나라로서는 에너지 자립문제가 매우 중요할 뿐만 아니라 시급히 해결해야할 과제가 아닐 수 없다. 실제로 발전 단가만을 비교해 보아도 원자력 발전이 가장 경제적임을 알 수 있다. 한편, 환경오염의 측면에서 보면 원자력 발전은 대기오염과 수질오염이 매우 적은 에너지원이다. 원자력 발전은 연료를 연소시키지 않아 화석연료를 태울 때 나오는 여러 가지 연소가스와 온실가스로 알려진 이산화탄소가 발생되지 않으므로 지구온난화와도 상관이 없으며, 아황산가스와 같은 산성가스가 발생되지 않으므로 산성비와도 무관하다. 또한 수질오염물질도 발생하지 않는다. 이 점을 강조하여 원자력 발전을 찬성하는 사람들은 환경오염을 일으키는 화석연료의 대안으로서 원자력은 깨끗한 에너지임을 강조하고 있다.

그러나 원자력발전이 전혀 오염이 없는 것은 아니다. 원자력 발전에서 문제가 되는 가장 중요한 오염문제는 방사선과 핵폐기물이다. 원자력 발전 핵연료인 우라늄은 2/3가 분열되면 더 이상 충분한 열을 생산하지 못하므로 새 연료로 교체해 주어야 하는데, 이때 발생되는 사용 후 핵연료에 방사능 물질이 많이 남아있으며, 이러한 방사성 핵폐기물을 안전하게 처리할 방법이 현재까지는 방사능이 소멸될 때까지 격리시키는 것 밖에 없다는 점이다. 핵폐기물인 플루토늄의 양이 반으로 줄어드는 반감기(半減期)는 2만 4천년으로서 최소한 25만년이 지나야 생물권에 해가 없는 물질로 변한다. 우리나라 역시 이와 같은 핵폐기물처리장 건설문제를 해결하기 위해 많은 노력을 하고 있으나 지역 주민들의 격렬한 반대로 추진을 못하고 있으며, 현재는 핵폐기물들을 원자력발전소 옆에 방사능을 막는 두꺼운 방호벽을 만들어 임시로 쌓아두고 있는 실정이다. 최근에 폐기물 처리시설 설치촉진 및 주변지역 지원 등에 관한 법률의 시행 이후 2005년 11월 주민투표를 거쳐 경주시 양북면에 중·저준위 핵폐기물 처리장을 건설하여 2014년 말 사용허가를 받아 운영을 시작하였으나, 고준위 핵폐기물인 사용 후 핵연료에 대해서는 원자력 발전소의 임시저장 시설이 2016년 이미 포화상태에 이르렀음에도 불구하고 법률적인 근거 미비와 주민반대 등의 이유로 현재까지 계획조차 세우지 못하고 있는 실정이다.

원자력 발전으로 인한 또 다른 환경영향에는 열오염문제가 있는데 이는 냉각수로 사용된 물이 온수로 배출될 경우 해양생태계에 교란을 일으키는 것으로 이를 방지하기 위해 냉각탑 등을 세워 냉각 후 방류하고 있으나, 냉각탑에서의 증발로 인해 잦은 안개로 일조량 감소와 겨울철 빙판 등 여러 가지 문제를 일으킨다. 최근에는 히트펌프 등을 이용하여 온배수로부터 열을 회수하여 난방이나 급탕 등에 이용하는 다양한 방법들이 시행되고 있다.

원자력 발전의 원료인 우라늄(U235)광석을 광물자원으로서 현재처럼 소비한다면 50년 이내에 경제성 있는 광석은 고갈될 것으로 우려된다. 그러나 이 문제는 기술적으로 해결이 가능하다. 이른바 증식형 원자로는 우라늄 광석의 99.3%를 차지하지만 핵연료로 쓰이지 않는 우라늄(U238)을 원자력 발전을 하는 동안 플루토늄으로 전환시키고 이 플루토늄을 계속해서 연료로 사용할 수 있다. 증식형 원자로는 현재 상용화 단계에 있으며 우리나라 또한 이 분야에 대한 기술을 확보하고 있는 것으로 알려져 있다.

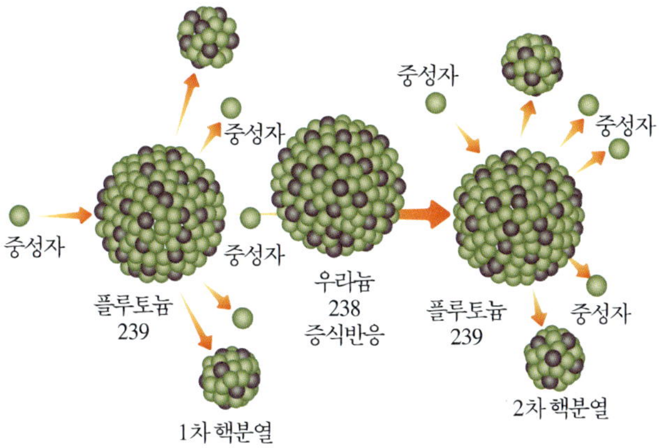

그림 6.15 핵분열 증시반응

2) 핵융합에너지

핵융합에너지는 중수소(H^2_1)나 3중수소(H^3_1)의 핵을 융합시키면 헬륨(He)이 생성되는데 이때 핵분열반응과 마찬가지로 반응 전·후에 질량결손이 생기며, 이러한 질량결손이 열에너지로 발생하는 것을 말한다. 핵융합 연료 1g은 8TOE(Ton of oil equivalent, 석유 무게로 환산한 열량으로 1TOE는 1000만 cal)의 에너지를 생산하는 것으로 알려져 있으며, 핵융합빈응은 핵분열반응과 달리 방사선이 발생되지 않아 방사능 오염이 없는 미래의 청정에너지로 기대되고 있다. 핵융합반응의 원료로 사용되는 중수소나 3중

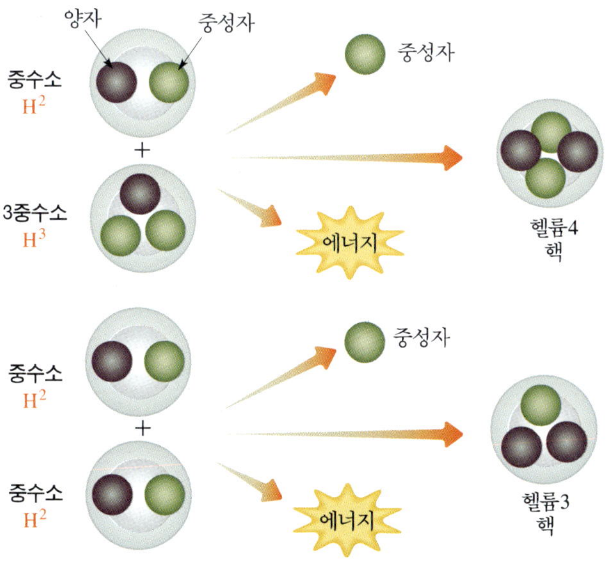

그림 6.16 원자핵 융합반응

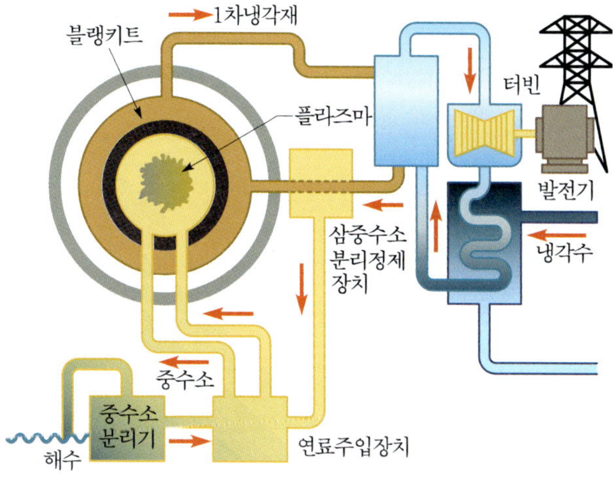

그림 6.17 핵융합 발전시스템

수소는 바닷물에 풍부하게 들어 있으며, 핵융합반응을 연쇄적으로 일으킬 경우는 수소폭탄이 된다. 핵융합에너지의 대표적인 예가 태양에너지이다. 그러나 이와 같은 핵융합반응에너지를 이용하기 위해서는 인위적으로 핵융합반응을 일으켜야 하는데 2가지 문제점을 안고 있다. 첫째는 핵융합반응이 일어나게 하기 위해서 태양과 같이 10,000℃ 가까운 높은 온도를 유지하는 기술과 둘째로 이처럼 고온에서 견딜 수 있는 반응기를 제작하는 일이다. 우리나라는 지난 2007년 9월 국가 핵융합연구소에서 핵융합장치 개발에 관해 연구한지 11년 8개월 만에 3,090억 원의 예산을 투입하여 순수한 국내기술로 개발한 핵융합로의 준공식을 갖게 되었으며, 국제적으로는 우리나라를 비롯한 7개국이 컨소시엄을 구성해 약 6조원을 투자하여 국제 핵융합실험로(ITER, 프랑스에 설치) 건설을 추진하고 있다. 앞으로도 핵융합 발전의 상용화를 위해서는 엄청난 투자와 보다 많은 연구가 필요하나, 상용화될 경우 지금까지 인류가 겪어왔던 에너지 문제를 한 번에 해소할 수 있는 획기적인 결과를 가져올 수 있을 것으로 기대된다.

6.5 신재생에너지

신재생에너지란 넓은 의미로 재생 불가능한 화석에너지를 대체할 수 있는 재생 가능한 에너지 자원을 일컫는 것으로,

그림 6.18 우리나라 신재생에너지 적합 지역

표 6.11 세계 각국의 신재생에너지 공급 비중 현황(2011년 기준)

구분	한국	덴마크	프랑스	독일	일본	미국
공급율(%)*	2.75	25.5	7.8	12.6	3.7	6.3

자료 : IEA 2012 자료, *폐기물, 대수력 포함

환경을 오염시키는 원자력이나 화석에너지와 같은 하드(hard)에너지에 비해 환경 친화적인 그린에너지로서 석탄액화와 가스화, 연료전지 그리고 수소에너지 등 3개 분야의 신에너지와 태양광, 태양열, 풍력에너지, 해양에너지, 바이오매스에너지, 지열에너지, 폐기물에너지 그리고 소수력 등 8개 분야의 재생에너지를 말한다.

1) 우리나라의 신재생에너지 개발 현황

우리나라가 신재생에너지에 관심을 갖게 된 계기는 1970년대 두 차례의 석유파동 이후 당시 동력자원연구소(현 에너지기술연구원) 등 정부출연연구소와 일부 대학에서 태양열, 바이오매스, 풍차연구 등 석유자원을 대체할 대체에너지에 관한 연구개발에 착수하게 된 것이 시초이다. 이후 1980년대 초반 에너지관리공단이 설립되고 1987년 12월 대체에너지개발촉진법을 제정하였으며, 2004년 12월에 신에너지 및 재생에너지 개발·이용·보급 촉진법으로 개정하면서 대체에너지를 신·재생에너지로 바꾸고 구체적인 종류와 범위를 확정하였다.

현재 우리나라의 신재생에너지 보급률은 2006년 2.24%였으나 2010년 2.6% 그리고 2013년에는 3.52%로 증가하였다. 이는 2011년 기준 덴마크 25.5%, 독일 12.6%, 일본 3.7%보다 낮은 수준이며, 또한 보급률 못지않게 기술 수준도 선진국들에 비해 상당히 떨어진 상태이다. 현재 국내 기술수준은 선진국에 비해 태양열 50%, 태양광 75%, 연료전지 50%, 폐기물 70%, 풍력 50%, 수소 35% 등 절반 정도에 머물러 있다. 신재생에너지 기술수준이 낮은 것은 결국 정부가 그동안 기술개발 및 보급에 지원이 적었음을 의미한다. 또한, 우리나라의 신재생에너지 보급률에는 폐기물 소각으로 얻고 있는 에너지를 포함하고 있다. 2013년을 기준으로 전체 신재생에너지 비율 가운데 65.8%가 폐기물 소각에서 얻어진 점을 감안하면, 폐기물과 바이오(15.8%)

표 6.12 신재생에너지의 연도별 공급 비중 현황

구 분	2006년	2007년	2008년	2009년	2010년	2011년	2012년	2013년
총 1차 에너지(단위 : 천 toe)	233,372	236,454	240,752	243,311	263,805	276,636	278,698	280,290
신재생에너지 공급(단위 : 천 toe)	5,225	5,609	5,858	6,086	6,856	7,582	8,851	9,879
공급비중(%)	2.24	2.37	2.43	2.50	2.60	2.74	3.18	3.52

표 6.13 신재생에너지의 원별 공급 비중 현황

구 분		합계	태양열	태양광	바이오	풍력	수력	연료전지	폐기물	지열	해양
2012	공급량	8,851	26	238	1,335	193	815	83	5,998	65	98
	(비율, %)	(100%)	(0.3)	(2.7)	(15.1)	(2.2)	(9.2)	(0.9)	(67.8)	(0.7)	(1.1)
2013	공급량	9,879	28	344	1,559	242	892	123	6,502	87	102
	(비율, %)	(100%)	(0.3)	(3.5)	(15.8)	(2.4)	(9.0)	(1.2)	(65.8)	(0.9)	(1.0)

자료 : 2013년 신재생에너지 보급통계, 에너지관리공단

및 수력(9%)을 제외한 태양열(0.3%), 태양광(3.5%), 풍력(2.4%), 연료전지(1.2%)나 지열(0.9%), 해양(1.0%)에너지와 같은 신재생에너지가 전체 에너지 사용량에서 차지하는 비율은 아직도 매우 낮음을 알 수 있다.

정부는 제3차 신재생에너지 기술개발 및 이용・보급 기본계획(2009~2030)을 중심으로, 신재생에너지 보급목표를 2015년 4.3%, 2030년 11.0%로 다시 수립하였고, 2020년까지 모든 국산 신재생에너지의 경제성을 화석연료 수준으로 확보하며, 이를 위하여 2030년까지 총 111.5조원(정부재원은 39.2조원)의 재원을 투자할 계획을 수립하였다.

2) 외국의 신재생에너지 동향

1970년대 석유파동으로 전 세계적 관심을 갖게 된 신재생에너지는 1990년대를 거치면서 주요 선진국들을 중심으로 대체에너지를 조기에 상용화할 수 있도록 초기 시장 창출과 수요 확대에 많은 노력을 기울이고 있다. 현재 적어도 66개국에서 신재생에너지의 정책목표를 설정하고 시책을 전개하고 있으며, 각국 정부는 10년 이상 장기계획을 세워 경쟁적으로 대체에너지 개발과 보급에 나서고 있다.

특히 교토의정서의 발효로 지구온난화 방지를 위한 온실가스 감축 등 국제 규제의 강화로 이산화탄소 배출이 없는 신재생에너지의 개발은 21세기 새로운 에너지 혁명을 꿈꾸고 있다.

예를 들어, 미국 연방정부의 신재생에너지 정책은 기술개발(R & D)과 보급 확대정책(금융지원제도, 규제정책)으로서 2010년까지 100만 개의 태양광 발전시스템을 주택건물에 보급하는 것을 목표로 하는 'Solar Roofs 프로젝트'를 추진한바 있고, 또 100만 개의 수영장을 태양열 발전으로 가동하는 계획에 연방정부가 자금을 지원하고 있다.

유럽연합(EU)은 연합전체의 신재생에너지 공급목표와 함께 회원국 각각의 목표를 가지고 있다. EU 전체 목표로서 2020년까지 총 에너지소비량의 20%, 발전부문에서 재생에너지의 비중 34%, 수송용 연료의 10%를 신재생에너지로 충당하려는 구속력있는 목표를 설정하였다. 이에 따라 독일, 프랑스, 스페인, 이탈리아 등 주요국에 대체에너지 발전설비를 보급하는 작업을 적극적으로 진행 중이다. 이를 위해 EU는 각국에 세제 감면과 보조금 지급을 골자로 하는 다양한 조치를 권고하고 있다.

캐나다는 석유, 천연가스 등 전통적 화석연료와 우라늄 자원이 풍부하여 새로운 재생에너지 개발에 대한 필요성이 다른 나라에 비해 크다고 할 수는 없으나 에너지 시장 확대 및 국제 경쟁력 확보를 목적으로 신재생에너지 분야에 진출하고 있다. 초기에는 대규모 수력, 제지 및 목재산업에서 사용하는 바이오매스에 주력하였으며 이후 풍력, 태양에너지 등에도 초점을 맞추고 있다. 신재생에너지 개발이 다른 자원개발과 함께 꾸준히 진행되어 1970년대 이후 15~16%를 신재생에너지로 충당하고 있으며, 이 중 하나인 수력은 캐나다의 주력 발전자원 중 하나로 2006년에는 전체 발전량의 59.9%를 차지하였다. 또한 지역별로 크게 차별화하여 풍력, 수력, 바이오매스, 태양 및 해양에너지 개발에 중요한 역량을 보이고 있으며, 연방정부 차원에서 지속적인 연구개발과 산업연구 지원 프로그램을 실시하고 있다. 두드러진 정책으로는 태양열 시스템과 고효율 저배출 바이오에너지 연소시스템 채택을 위한 재생에너지 보급(REDI), 지방정부에 풍력에너지 할당량을 정한 풍력발전 인센티브(2002), 재생에너지에 의한 전력을 정부가 구입하는 것 등이 시행 중이다.

3) 신재생에너지의 종류

(1) 석탄 이용 기술

석탄 이용 기술은 발열량이 낮은 저급 화석연료를 이용하여 전기를 생산하거나 가솔린이나 경유와 같은 액체연료를 만드는 기술로 발전을 목적으로 하는 석탄가스화복합발전(IGCC, Integrated Gasification Combined Cycle)과 연료유생산을 목적으로 하는 석탄 액화기술로 구분된다. IGCC는 미국, 유럽, 일본 등에서 이미 상용화급 설비인 300MW규모로 10여 년 전부터 운전 중에 있으며, 효율증대, 수소연료전지, 이산화탄소 분리・회수・저장 등과 같은 기술과의 연계연구가 진행 중에 있다. 석탄 액화기술은 간접액화방식으로 남아프리카공화국에서 1일 16만 배럴 규모의 설비가 가동 중에 있으며, 중국과 미국 등에서도 기술개발을 위한 노력을 하고 있다.

(2) 연료전지(Fuel cell)

물을 전기분해하면 수소와 산소로 분해되는데, 반대로 수소와 산소를 반응시키면 물이 생성되면서 이때 에너지가 발생된다. 연료전지는 이 원리를 이용하여 공기 중의 산소가 한 전극을 지나고 수소가 다른 전극을 지날 때 전기화학반응을 통해 전기와 물, 열을 생성하는 원리이다. 화학반응에 의해 전기를 발생시키는 점에서 볼타전지(배터리)와 비슷하지만 연료전지는 반응물질인 수소와 산소를 외부로부터 공급받으므로 한 번 쓰고 버리는 1차 전지나 여러 번 재충전이 가능한 2차 전지와 달리 별도의 전원 충전 없이 연료 카트리지만 계속 교체하면 영구적으로 사용이 가능하다. 연료전지의 발전효율은 40~60% 정도로 내연기관의 30%보다 훨씬 높으며, 반응 과정에서 나오는 배출열을 이용하면 전체 연료의 최대 80%까지 에너지로 바꿀 수 있다. 또한 천연가스와 메탄올, LPG, 나프타, 등유, 가스화된 석탄 등 다양한 연료를 사용할 수 있기 때문에 에너지 자원을 확보하기 쉽다. 환경적 측면에서도 연료를 연소하지 않기 때문에 질소산화물(NO_X)과 이산화탄소의 배출량이 석탄 화력발전의 각각 1/38과 1/3 정도이며, 구동부가 없어 소음도 화력발전에 비해 매우 작다는 장점이 있다. 이와 더불어 모듈화에 의한 건설 기간의 단축, 설비용량의 증감이 가능하고, 화력발전보다 부지면적의 소요도 훨씬 적기 때문에 입지 선정이 용이하다. 따라서 도심 지역 또는 건물 내에 설치가 가능하며 경제적으로 에너지를 공급할 수 있다. 연료전지 발전은 기존의 화력발전을 대체할 수 있으며, 분산 전원용 발전소, 열병합 발전소, 더 나아가서는 전기자동차의 전원 등에 적용될 수 있다. 연료전지는 1839년 영국의 W. R. 그로브가 발명한 이래로 1952년 F. T. 베이컨이 베이컨 전지를 개발하여 특허를 취득하였으며, 미국에서 이 특허를 개량하여 1969년 아폴로 11호에 탑재했다. 이후 우주선의 전력 및 식수 공급원으로 사용되고 있으며, 수소와 산소는 로켓의 연료와 산화제로, 연료전지에서 생기는 물은 승무원의 음료수로 사용된다.

이러한 연료전지는 작동 온도와 주 연료의 형태에 따라 알칼리형(AFC), 인산염형(PAGC), 용융 탄산염형(MCFC), 고체 산화물형(SOFC), 고분자 전해질형(PEMFC) 등으로 구분된다.

미국은 1960년대부터 연료전지 개발을 시작하여 2012년 2월에 세라믹을 전해질로 이용한 차세대 고체산화물형 연료전지(SOFC)의 상용화에 성공하였고, 일본은 1981년부터 에너지 절약기술개발계획(Moonlight Project)의 일환으로 연료전지의 신뢰성 향상과 고효율화 기술의 개발을 추진하였으며, 미국・일본・유럽 등은 니켈을 전해질로 이용한 용융탄산염형 연료전지를 2012년부터 상용화하였고, 우리나라는 1988년부터 선도기술사업(G7)으로 추진하고 있다. 유럽의 연료전지 기술개발은 미국과 일본의 기술독점에 대한 방어적 개념에서 추진되고 있으며, 네덜란드, 이탈리아, 캐나다는 자동차용 고분자전해질형 연료전지 개발을 주도하고 있다.

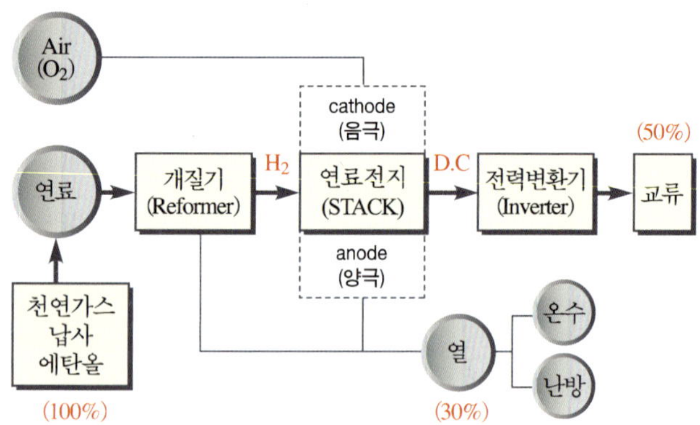

그림 6.19 연료전지 발전시스템

(3) 수소에너지(Hydrogen energy)

수소는 연소 시 극소량의 질소가 생성되는 것을 제외하고는 공해물질이 배출되지 않으며, 직접 연소를 위한 연료 또는 연료전지 등의 연료로 사용이 간편하다. 수소에너지는 대체에너지원을 이용하여 물로부터 수소를 생산하여 사용하며, 사용 후 다시 물을 생성하는 순환시스템을 근간으로 하고 있어 화석에너지가 갖지 못하는 비고갈성, 환경친화성 등의 장점을 가지고 있고, 가스나 액체로 쉽게 저장, 수송할 수 있는 장점이 있다. 또한 산업용 기초 소재에서부터 일반연료, 자동차, 비행기, 연료전지 등 현재의 에너지시스템에서 사용되는 거의 모든 분야에 이용할 수 있어 미래의 청정에너지원으로 기대되고 있다.

실제로 액체 수소는 이미 로켓의 동력으로 이용되고 있으며 항공기의 연료로서도 연구되고 있다. 수소는 자동차와 같은 내연기관에서 석유를 대체할 수 있으며, 난방장치와 연료전지에도 사용될 수 있다. 현재 일부 상용화단계에 이른 수소 자동차는 머지않아 가솔린 자동차를 대체할 것으로 예측된다. 다만 수소는 공기와 만나게 되면 폭발적으로 반응함으로 수소연료의 저장 등 안정성 문제가 미해결로 남아있다. 수소는 영하 260℃에서 액체수소가 되므로 고압에 견딜 수 있는 용기가 필요하며, 따라서 액화수소탱크는 부피가 크고 무겁다. 현재 이용되는 수소는 화석연료에 있는 탄화수소로부터 생산하며, 물을 전기분해하여 생산하는 수소는 에너지 투입보다 산출이 적어서 약 20%의 효율을 가지고 있을 뿐이다. 전기 분해를 통한 수소의 생산비용은 천연가스를 분해하는 경우보다 최소한 5배 비싸다. 수소를 값싸게 생산하고 저장할 수만 있다면 미래의 공해 없는 에너지원이 될 것이다.

세계적으로는 미국, 일본, 독일 등 선진국에서 지난 70년대 말부터 수소의 제조, 저장, 이용 등 분야별 연구개발에 힘을 쏟고 있다. 미국의 경우 우주개발 군사용 등 특수분야에 실용화 기술을 확보해 놓고 있다. 일본은 뉴선샤인 계획을 통해 지속적으로 연구를 수행해 오고 있으며, WE-NET프로그램 등으로 관련 연구의 국제화도 추진하고 있다. 독일의 경우 최근 대체 전원으로 수소의 제조와 저장, 그리고 이를 연료전지, 수소보일러, 수소자동차 등에 이용하는 수소에너지 시스템 기술 실증플랜트를 설치, 운용하는 등 수소에너지 시대에 대비하고 있다.

우리나라의 경우에는 1980년대부터 관련 기초연구에 착수, 현재 대체에너지 기술개발사업 및 에너지 기술연구의 중장기 계획에 따른 연구가 수행되고 있으며, 열화학법에 의한 수소제조, 고분자 전해질에 의한 물의 전기분해기술, 고성능 니켈-하이브리드(Ni-MH) 전지용 전극활물질 소재 개발과 관련한 연구 등이 진행 중이다.

(4) 태양에너지(Solar energy)

태양에너지는 지구생태계를 유지하는데 있어 근원이 되는 에너지로써, 광합성의 원동력일 뿐만 아니라 수력발전과 풍력발전도 근본적으로는 태양에너지의 간접 이용과 같다. 지구로 복사되는 태양에너지는 연간 약 10^{21} kcal에 달하며 우리나라에 쏟아지는 태양에너지를 석유로 환산하면 연간 132억 톤에 해당하는 열량이다. 화석연료를 대신할 수 있는 대체에너지로서 태양에너지의 이용은 크게 2가지로 나누어볼 수 있다. 첫째, 태양광에너지를 이용하는 방법과 둘째, 태양열을 이용하는 방법이 있다. 태양에너지는 환경오염이 없고 공급이 무한하므로 미래의 에너지로서 각광을 받고 있다. 단점은 다른 에너지에 비해 상대적으로 경제성이 낮다는 점인데, 과학기술의 발전으로 경생력이 점점 상승하고 있다. 예를 들면, 태양전지를 이용한 전력 생산비는 지난 20년 동안 1kWh 당 30달러에서 30센트로 줄어들었다. 석유, 석탄, 천연가스 등 화석에너지가 점점 고갈되어 가면 이들 가격이 점점 오를 것이므로 머지않아 태양에너지가 상대적으로 값싼 시대가 올 것이다. 그러나 태양에너지는 화석연료에 비해서 밀도가 낮은 에너지로서 아직까지 화석연료를 완전히 대체하기는 힘든 것으로 인식되고 있다. 또한 태양에너지는 밤이나 구름이 낀 날 등에는 이용이 불가능하며, 겨울철에는 일조시간이 짧아 제한을 받게 된다. 따라서 풍력, 수력, 지열 등 다른 대체에너지와 함께 사용되어야 하며 에너지 저장기술 등이 활용이 요구된다.

태양에너지의 장점은 대기오염이나 소음 등의 발생이 없고, 에너지 자원이 무한하여 고갈의 염려가 없으며, 발전효율이 규모에 관계없이 일정하여 소규모에서 대규모까지 설계가 용이하고, 발전시간이 첨두부하가 걸리는 낮시간과 일치하며 또한 하절기 첨두부하와도 같고, 햇빛이 비치는 곳이면 장소에 구애받지 않고 이용이 가능하며, 소형화로 휴대가 가능하고, 기계적 구동장치가 없어 보수가 거의 필요 없을 뿐만 아니라 원격제어가 가능하다.

단점으로는 다른 에너지에 비해 아직까지는 경제성이 낮으며, 대규모 발전을 위해서는 넓은 부지가 필요하고, 태양광의 유·무 및 계절과 시간대에 따라 발전의 변화폭이 크며, 우기나 흐린 날 등을 대비해서 보조에너지나 축전시설이 요구된다.

① 태양광에너지

태양광에너지의 이용은 태양의 빛에너지를 변환하여 전기를 생산하는 발전기술로 태양광을 전기에너지로 변환시키는 태양전지 시스템은 빛을 받아 전기를 생산하는 태양전지 모듈과 생산된 전기를 저장하는 배터리, 전기를 직류에서 교류로 변환하고 이를 전력계통에 연결시키는 인버터 PCS(power conditioning system) 등으로 구성된다.

실리콘 태양전지는 규소(Si)의 원소 일부를 5가 금속원소(인, 안티몬, 비소 등)로 치환하면 n형 반도체가, 3가 원소(붕소, 칼륨)로 치환하면 p형 반도체가 되는데, p형 반도체와 n형 반도체를 접합하면 접합부에서 불순물의 농도 차에 따라 내부 전기장이 형성되어 기전력이 발생되며, 이때 태양광을 받게 되면 p-n간에 발생된 기전력이 전극을 통해 흐름으로서 전기가 생성되는 원리이다. 태양전지의 재료는 주로 실리콘을 사용하며, 계산기나 시계부터 인공위성이나 우주선까지 다양하게 이용되고 있다. 실리콘 태양전지는 이론적으로

그림 6.20 태양광 발전

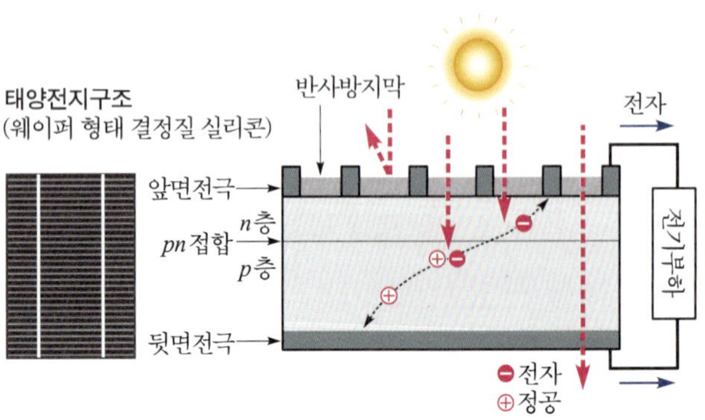

그림 6.21 태양전지

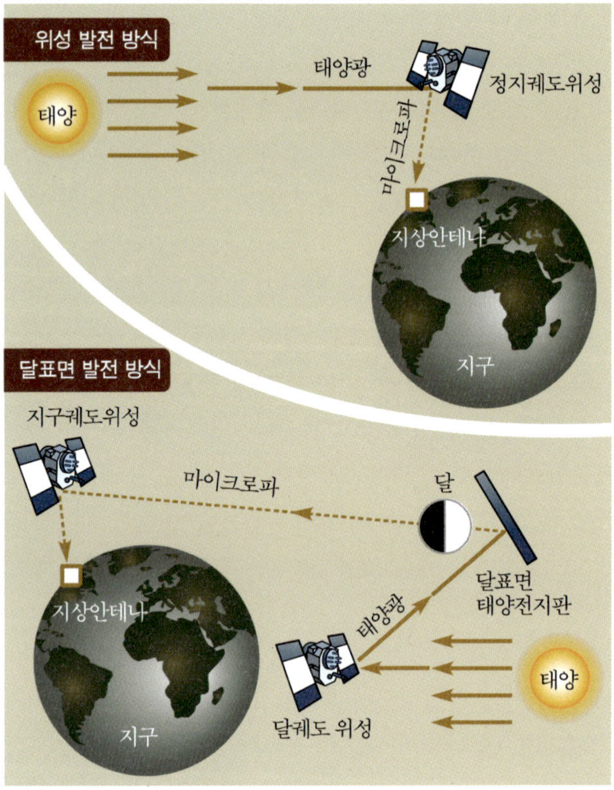

그림 6.22 우주태양광 발전

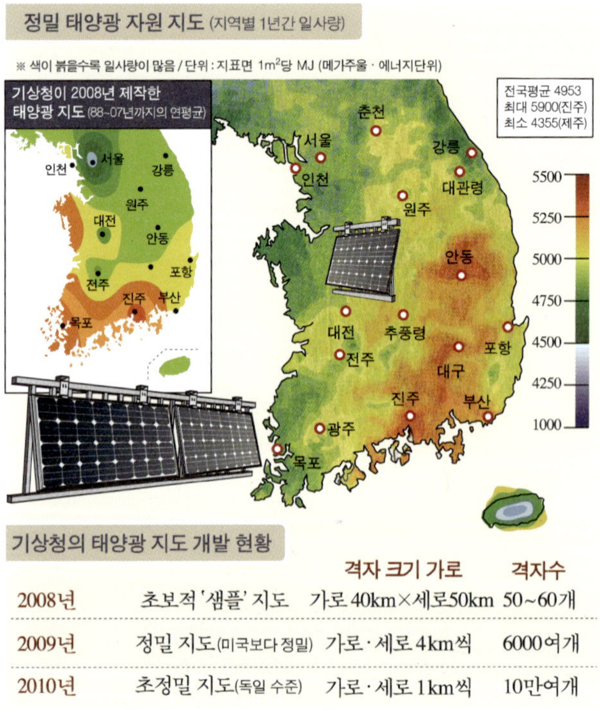

그림 6.23 우리나라 태양광 정밀지도

25% 정도의 효율이 가능하지만 실제로는 15% 정도에 머무르고 있어 효율을 높이는 연구를 활발히 진행하고 있다. 태양광을 직접 전기로 바꾸는 태양광 발전은 소규모 발전이 가능하며, 세계적으로 지난 8년간 연평균 30% 이상의 성장을 보이고 있다. 국내에서는 1988년 이후 꾸준한 연구개발과 적극적인 투자로 선진국 대비 80% 이상의 기술력을 갖춘 것으로 평가되고 있으며, 대표적인 곳으로는 제주도 남단 마라도와 전남 하의도에 태양광 발전시설이 설치되어 있다. 이밖에도 기업이나 개인 등이 상업적으로 태양광발전시설을 설치·운영하거나 에너지 대체를 위해 사업장, 관공서 등을 비롯하여 개인주택 등 태양에너지 이용을 위한 설비의 보급이 빠르게 확산되고 있다. 정부에서도 개인주택에 태양열 집열판을 설치할 경우 보조금을 지급하는 등 태양열 이용을 적극 권장하고 있다.

② 태양열에너지

태양열에너지는 검은색의 물체(흑체)에 빛을 쬐면 표면에서 빛에너지가 열에너지로 바뀌어 물체가 점점 뜨거워지는데 이러한 원리를 이용하여 태양광을 열에너지로 전환하여 이용하는 것이다. 태양열에너지를 이용하는 방법으로는 태양열의 집열 방식에 따라 난방, 급탕으로 이용하는 것과 발전을 하는 것이 있다. 난방이나 급탕용 온수를 위한 집열판은 두 층의 유리로 된 햇빛을 흡수하는 검은 집열판과 흡수된 햇빛을 열로 전환시키는 장치로 구성되며, 이 열로 열매체나 공기 또는 물을 직접 가열시킨다. 전형적인 집열판은 햇빛의 30~50%를 포획할 수 있다. 태양열 집열시스템은 열매체의 구동장치인 펌프나 팬의 유·무에 따라 설비형 태양열시스템(active solar system)과 자연형 태양열시스템(passive solar system)으로 구분되며, 자연형 태양열시스템은 주로 건물 구조물을 이용해서 태양열을 집열 및 축열하여 이용하는 방법으로 트럼월(Tromb wall)이나 온실 등에 적용된다. 설비형 태양열시스템은 태양열 집열기를 이용하여 온수급탕용이나 난방용으로 이용하고 있는 것으로, 태양열 집열기, 집열된 열을 저장하는 축열조, 태양열이 없거나 부족할 경우 열을 공급하는 보조열원장치 그리고 이용부와 이를 총괄적으로 제어하는 제어장치로 구성된다. 설비형 태양열시스템으로 축열조 등의 시설을 갖추면 밤과 흐린 날에도 태양열을 이용할 수 있다. 태양열 이용은 열대지방이나 사막지대가 유리하다. 이스라엘과 요르단에서는 이미 태양열 집열판을 이용하여 가정용 온수의 25~60%를 공급하고 있다.

우리나라에서 일사량을 조사한 결과에 의하면 가정용 태양열시스템을 이용할 경우 3~10월 사이에는 80℃, 겨울철인 11~2월 사이에는 60℃까지의 온수를 얻을 수 있으며, 난방에 이용할 경우 난방비의 약 60%까지도 절약이 가능한 것으로 나타났다.

태양열 발전은 돋보기로 태양열을 모으듯이 넓은 지역에 설치한 집열장치로 태양열을 집열하여 고온의 열로 수증기를 만들어 터빈을 돌려 발전을 하는 방법이다. 태양열 발전은 포집지역이 넓어야 하고 직사광만을 이용해야하는 단점이 있지만, 건조지역이나 유휴지 및 저수지 등 가용량이 낮은 지역에서는 실용성이 높다.

태양열 발전시설은 크게 집열장치에 따라 접시/엔진(dish/engine)시스템, 홈통형(trough)시스템, 전력타워(power tower)시스템 등 3가지로 나눌 수 있다. 이들 시스템은 공통적으로 태양열집중장치, 흡수장치, 전달·저장장치, 변환장치 등 4개의 핵심장치로 구성되며, 집중장치로 태양빛을 한군데로 모으면 모아진 빛이 흡수장치에 흡수되어 열에너지로 전환되고, 전달·저장장치에 의해 전달된 열에너지는 변환 장치에 의해 전기에너지로 바뀌게 된다.

태양광을 모으는 장치로 접시/엔진 시스템은 포물형 접시가 태양을 따라 움직이면서 광선을 포착하는 방법으로 여러 개의 접시형 반사판에서 반사된 빛이 하나의 초점에 모이도록 오목거울형태이며, 초점에 흡수장치와 엔진을 설치하여 고온의 열을 얻는 방식이다. 홈통형 시스템은 길게 이어진 반원형태의 홈통 안쪽에 반사판이나 거울을 장착한 집중장치와 홈통에서 반사된 빛이 모이는 초점에 흡수장치를 설치한 것으로 역시 해를 따라 홈통인 집중장치가 회전하도록 되어 있으며, 열매체로 기름을 사용하여 400℃ 이상의 고온을 얻는다. 이렇게 얻어진 고온으로 수증기를 생산하여 증기터빈을 돌려 전기를 생산한다. 전력타워 시스템은 넓은 부지에 태양을 따라 움직이는 수천 내지 수만 개의 거울을 설치하고 이들 거울의 초점 부분에 설치된 타워의 꼭대기에 있는 흡수장치에서 열매체를 이용하여 1,000℃에 이르는 고온으로 스팀을 생산하여 역시 증기터빈으로부터 전력을 생산하는 시스템이다.

그림 6.24 Solar Trough 발전

그림 6.25 태양열 발전 실증 시스템(진해, 10kW급)

그림 6.26 Power Tower 발전

(5) 풍력에너지(Wind energy)

풍력은 태양이 지구를 불균형하게 덥혀서 생기는 기압의 차이에서 발생되는 바람을 이용하는 에너지이다. 바람을 에너지원으로 쓴다는 것은 새로운 생각이 아니다. 과거 바람을 이용하여 범선을 움직였으며, 풍차를 돌려 물을 긷고 곡식을 빻는데 이용하였다. 풍력발전은 바람의 운동에너지를 전기에너지로 변환하는 에너지 변환기술로써 공기가 익형 위를 지날 때 양력과 항력이 발생되는 공기역학적 특성을 통해 회전자가 회전하게 되는데 이때 발생되는 기계적 회전에너지가 발전기를 통해 전기에너지로 변환되게 된다. 따라서 풍력에너지 이용에서는 바람의 속도와 방향이 중요하다. 풍력발전을 위해서는 보통 초속 5m

그림 6.27 풍력발전

이상의 바람이 불어야하며, 보조 장치를 사용할 경우 초속 3~4m의 바람으로도 발전이 가능하나, 가장 효율적인 풍력발전은 바람이 강하고 일정한 방향으로 불 때이다. 풍력발전기의 힘은 바람과 접하는 날개의 면적에 비례한다. 면적은 반경의 제곱에 비례하므로 바람개비의 규모를 2배로 하면 힘은 4배로 증대시킬 수 있다. 바람은 지상에서 떨어져 있을수록 꾸준히 불고 속도도 크다. 따라서 매우 큰 바람개비를 높은 탑 위에 설치하는 것이 경제적이다. 바람개비를 넓은 지역에 많이 설치해 놓으면 한 쪽에서 바람이 불지 않아도 다른 쪽에서 보충할 수 있을 것이다. 풍력발전으로 충분한 에너지를 얻기 위해서는 많은 면적이 필요하며, 바람개비를 크게 만듦에 따라 회전자에서 나오는 소음문제가 발생한다. 그러나 기존의 발전방식과 비교하면 단위전력생산량당 풍력발전이 가장 작은 면적이 소요(풍력 1,335 m^2/GWh, 석탄 3,642 m^2/GWh, 태양열 3,561 m^2/GWh, 태양광 발전 3,237 m^2/GWh)되며, 충분한 경제성 및 기술 성숙도가 뛰어나 신재생에너지원 중 매우 큰 잠재력을 가진 것으로 평가되고 있다.

풍력발전의 장점은 첫째, 에너지원이 고갈되지 않는 재생 가능한 무공해 청정에너지원이라는 점, 둘째, 오랜 기술력 축적으로 기술 성숙도와 가격 경쟁력이 크다는 점, 셋째, 공해발생이 거의 없고 효율이 높아 전 세계적으로 최근 5년간 연평균 22.3.%의 보급 증가를 가져오는 등 가장 빠른 성장률을 보이고 있다. 풍력에너지의 단점으로는 소음공해와 풍력발전기의 사이클이 통신, 방송 등의 주파수와 겹쳐 통신장애 및 TV시청 장애를 유발하는 것 등이 있다. 풍력을 이용한 풍력발전은 덴마크를 시작으로 독일, 스페인, 네덜란드 등 유럽 국가들과 미국, 인도, 중국 등을 중심으로 2000년 말까지 18,449MW의 발전용량으로 운전되고 있으며, 2007년에는 94,005MW로 증가하였다.

우리나라는 1970년대부터 시제품이 제작되어 시운전되었으나 외국 시스템을 모방 제작하거나 시스템 운전특성 연구에 머물러 있는 수준이었으며, 1988년 대체에너지 기술개발 및 이용·보급 기본계획이 수립됨으로써 연구개발이 시작되어 1990년대에 경제성 있는 풍력발전시설이 도입·설치되기 시작하였고, 2000년부터 1,500kW급 중대형 풍력발전기를 개발하여 상용화하였다. 2014년 3월 기준으로 풍력발전소는 전국 48개소로 설비용량은 591,300kW이며, 2000년 이래 연평균 50% 정도의 설비용량 성장을 이루었다. 발전량은 1,139,025MWh로 매년 평균 27%의 성장률을 기록하고 있다.

우리나라의 잠재적인 풍력발전 가능지역은 강원도 일부 지역과 남동해안 그리고 울릉도와 제주도로 초속 7.5m 이상의 강한 바람이 부는 지역이며, 내륙은 초속 5m 이하의 바람이 불기 때문에 상업적 발전에는 제한이 있다. 2015년 초 제주도는 2030년까지 도내 전력을 100% 태양에너지와 풍력으로 충당하는 '탄소없는 섬 제주 2030'을 발표하였다. 이를 위해 2020년까지 풍력발전설비의 정비와 신규 조성으로 230MW의 발전용량을 달성하여 59만 1,300MWh의 전력을 생산할 계획을 밝혔다.

(6) 해양에너지(Ocean energy)

해양에는 이용 가능한 다양한 형태의 에너지가 부존하는데, 태양과 달, 지구 등 천체운동에 의한 조석에너지, 바람, 파랑 또는 해류와 같은 운동에너지 그리고 해양에 저장되는 열에너지 등으로 크게 나눌 수 있다. 조석에너지는 조력과 조류력으로 이용되며, 운동에너지는 풍력, 해류력, 파력 등으로 이용될 수 있고, 열에너지 부분은 부존사원은 크지만 온도가 낮아 효율적인 이용은 어렵다. 그러나 이는 축적된 에너지이기 때문에 자연에너지 중에서 비교적 안정된 에너지라는 이점이 있어 열대 해역에서는 해양온도차발전 등을 통해 에너지 추출이 가능하다.

지구 천체운동의 상호작용에 의해 발생하는 조석현상은 지역에 따라 크기나 형태가 다양하게 나타난다. 우리나라의 서해를 비롯해서 지구상의 몇몇 해역에서는 조석현상이 아주 강하게 발생해서 밀물과 썰물의 수위차를 이용하는 조력발전을 통해 전력생산이 가능하다. 조력에너지는 이미 수세기 전에 방앗간을 움직이는 동력원으로 유럽에서 사용된 예가 있고 프랑스를 위시한 몇몇 나라에서는 이미 중소형의 조력발전소를 건설·운영하고 있다. 또한 지형적인 특성에 따라 바닷물의 흐름을 직접 이용하는 조류발전도 가능하다.

해양에너지는 앞서 언급한 조력, 조류력, 파력, 해수온도차 외에도 해상풍력, 해상태양광, 해수염도차 그리고

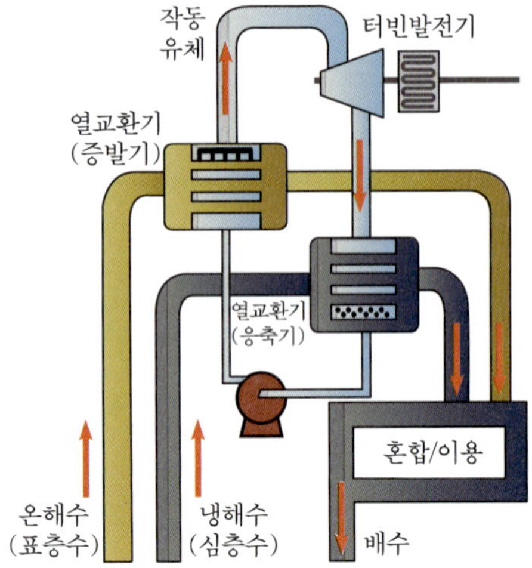

그림 6.28 해양온도차 발전원리

해양바이오매스(biomass) 등 다양한 에너지원이 존재하며, 해수의 열에너지는 냉·난방 등으로 열에너지 그대로 이용할 수도 있다. 또한 하나 이상의 에너지원을 이용하는 복합발전(Hybrid System)도 가능하다. 해양에너지 자원은 일단 개발이 되면 태양계가 존속하는 한 이용이 가능하고 무공해 청정에너지라는 장점을 가지고 있다. 조력, 파력, 해양온도차 에너지의 경우 몇몇 선진 국가에 의해 일부 실용화단계까지 기술이 개발되고 있고, 지속적이고 장기적인 연구개발 노력을 통하여 관련 핵심기술을 축적하고 있다.

해양에너지의 장점은 환경오염물질의 배출이 없는 청정에너지, 고갈되지 않는 재생 가능한 에너지, 에너지 밀도가 높아 대규모 개발 가능, 조석의 반복특성으로 발전출력의 장기 예측 가능, 장기적이고 지속적인 공급 가능 등이 있으며, 초기 투자비에 비해 유지비가 매우 낮은(3.63%) 반면, 단점으로는 초기 투자 시 시설비가 높고, 화력이나 원자력 발전에 비해 발전 효율이 낮으며, 조위의 변화가 불균일할 뿐만 아니라 조위가 일정한 시간대에는 발전이 불가능하다.

조력발전은 조수간만에 의한 낙차를 이용하여 조석방아라는 발전기로부터 전력을 생산하는 것으로 조수간만의 차가 12m 이상일 때 상업적 이용이 가능하며, 그 밖에 직접적인 이용방법으로 만의 입구에 댐을 설치하고 댐 구조물에 터빈을 장치하여 유입되는 조수와 유출되는 조수에

그림 6.29 시화호 조력발전소

의해 터빈을 돌리게 하는 방법이 있다. 전 세계적으로 조력발전이 가능한 장소는 15개 지역으로 조사되었으나 현재 조력발전소가 건설되어 가동 중인 곳은 세계 최대 규모인 우리나라 시화호(시설용량 552 GWh/년), 프랑스 Rance(시설용량 544 GWh/년), 캐나다 Annapolis(시설용량 50 GWh/년), 중국의 Jiangxia(시설용량 6 GW/년), 그리고 러시아의 Kislaya Guba(시설용량 1.7 MW) 등 5곳에 불과하다. 그러나 영국의 스코틀랜드와 중국, 미국, 호주, 스페인, 인도, 러시아, 그리고 아르헨티나에서도 조력발전 건설계획을 추진하고 있어 그 시장 규모는 더욱 확대될 것으로 전망된다.

우리나라의 경우 해양에너지를 이용하여 전력을 생산하고자 하는 노력이 오래전부터 있어왔으며, 그 결과 2014년 12월에 준공(2011.11부터 발전 개시)된 시화호 조력발전소는 10기의 발전기로부터 연간 552 GWh의 전기를 생산하고 있으며, 이는 소양댐 수력발전량의 1.56배에 해당하고 석유로 환산하면 862천 배럴에 해당한다. 우리나라 서해안은 조력발전의 최적지로 알려져 있는데, 이 중 서해안 태안반도의 가로림만과 강화도 등이 손꼽히고 있다. 그러나 최근 국토해양부에서 950 MWh/년 규모로 추진하여왔던 가로림만 조력발전소가 갯벌 감소로 인한 해양생태계 파괴와 양식 어민들의 소득 감소 등의 이유로 전면 취소되었으며, 강화도 역시 같은 이유로 논란이 되고 있다. 한편 전남 진도 울돌목은 초당 4.8~6.2 m로 빠른 조류가 흐르는 곳으로 유명한데 이곳에 한국해양기술원이 조류를 이용한 세계 최대 규모의 조류발전소를 2009년 5월에 준공하여 500 kW 규모의 발전기 2대로 발전하여 왔다. 5년간의

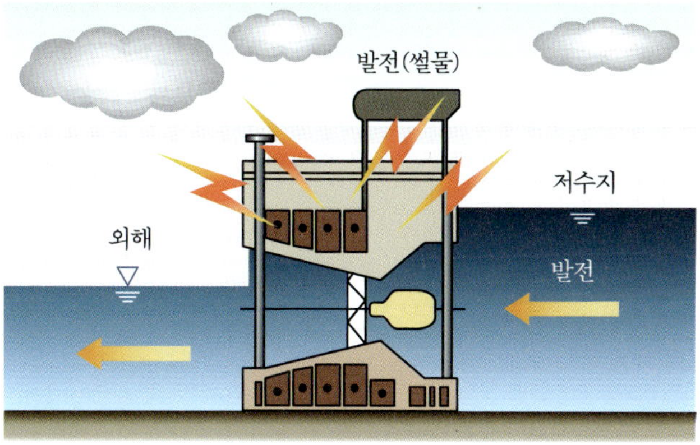

그림 6.30 조력발전 원리

사용기간이 만료됨에 따라 해상안전사고와 해양관광경관 훼손 등을 이유로 주민반발에 의해 폐쇄 위기까지 갔으나, 다행히 사업기간 연장으로 2018년까지 사용할 수 있게 되었다. 조류발전은 노르웨이를 비롯한 유럽국가 일부에서만 추진 중이다.

해양에너지는 화석에너지에 비해 에너지 추출비용이 상대적으로 높고, 또한 해양에너지로부터 전력을 생산할 경우 출력변동과 육상으로의 송전에 따른 비용문제가 있을 뿐만 아니라, 조력발전은 조력발전을 위하여 만을 막을 경우 해양생물의 이동을 방해하며 하구의 생태계를 크게 변화시킨다. 즉, 조류가 드나드는 갯벌은 생산성이 매우 높은 해안 생태계이며, 오염물질의 침전과 분해 작용이 활발한 곳인데 댐으로 막아버리면 해안 생태계의 환경적 순기능이 사라지게 되는 문제가 있다. 따라서 해양에너지를 실용화하기 위해서는 경제성 측면에서 개발비용의 저렴화와 환경상의 문제, 이용의 측면에서 안정성과 신뢰성의 확보가 앞으로 개선해 나가야할 과제라 할 수 있다.

(7) 바이오에너지(Biomass energy)

바이오에너지는 생체량(biomass)을 에너지로 이용하는 것을 의미한다. Biomass는 생태학 용어로 살아있는 동물·식물·미생물의 유기물량을 의미하는 것으로, 식물과 미생물의 광합성에 의해 생성되는 식물체와 균체, 이를 먹고 살아가는 동물체를 포함한 생물유기체, 에너지 작물, 나무와 풀, 농산물 및 부산물, 임산 부산물, 동물분뇨, 유기성 도시쓰레기, 유기성 산업쓰레기 등 매우 다양하다. 이러한 바이오매스 중 산림 바이오매스는 지구상 바이오매스의 90%로, 매년 전 세계 1차 에너지 소비량의 20배, 그리고 석유 매장량의 약 7배에 해당하는 에너지가 축적되고 있다. 바이오에너지는 이러한 바이오매스를 원료로 생산되는 에너지로 바이오매스의 직접연소로 얻어지는 열, 바이오가스, 바이오에탄올, 바이오디젤 등이 있다.

바이오매스의 직접연소는 인류가 최초로 사용한 에너지자원으로 옛날부터 연료로 이용되어온 나무와 낙엽 또는 볏짚 등과 같은 광합성 생성물을 들 수 있다. 이와 같은 광합성 생성물들은 가장 오래된 연료이지만 연료의 부피가 클 뿐만 아니라 집하비용이 높고, 또한 발열량의 균질성과 에너지 밀도가 낮으며 취급이 불편하다는 점이 있다. 따라서 이를 개선하기 위한 여러 가지 전환 기술들이 개발되었는데 가장 보편화된 것이 고체연료의 액체화인 알코올과 가스화인 메탄가스의 생성이다. 즉, 사탕수수 같은 작물에서 당분을 추출한 후 찌꺼기를 발효시켜 생성한 알코올 등과 가축 배설물이나 음식물 쓰레기 등을 혐기성 상태에서 분해시켜 얻는 바이오가스인 메탄가스가 있다. 에탄올은 생산 원료에 따라 당질계(사탕수수, 사탕무 등)와 전분질계(옥수수, 쌀, 보리, 밀 등 지상곡물, 카사바, 고구마, 감자 등 지하곡물)로 구분되며, 주로 음료용으로 제조되나 사탕수수가 많은 브라질에서는 바이오에너지로서 얻은 에탄올을 자동차 연료로 사용하고 있다. 20%의 알코올과 80%의 가솔린을 혼합시킨 연료를 가소홀(gasohol)이라고 하는데, 휘발유를 절약하는 효과가 있어 청정연료로 인식되고 있으며, 엔진을 약간 조정하여 사용하면 가솔린보다 깨끗하게 연소된다.

미국과 중국 등에서는 옥수수를 사용하여 연료용 알코올을 생산함에 따라 미주지역을 중심으로 바이오에탄올 생산량이 가파르게 증가하면서 곡물가격 폭등의 문제가 발생하고 있다. 따라서 이에 대한 대안으로 목질계, 해조류, 볏짚, 수피(barks), 초본 식물류 등을 원료로 에탄올을 생산하는 기술을 개발하고 있다. 즉, 식물의 주성분인 셀룰로오스는 포도당이 여러 개 결합된 것이므로 이를 포도당으로 분해시키는 특정한 효소를 이용하여 나무로부터 알코올을 얻는 연구를 하고 있다.

우리나라에서도 일부 바이오에너지기술이 상용화되어

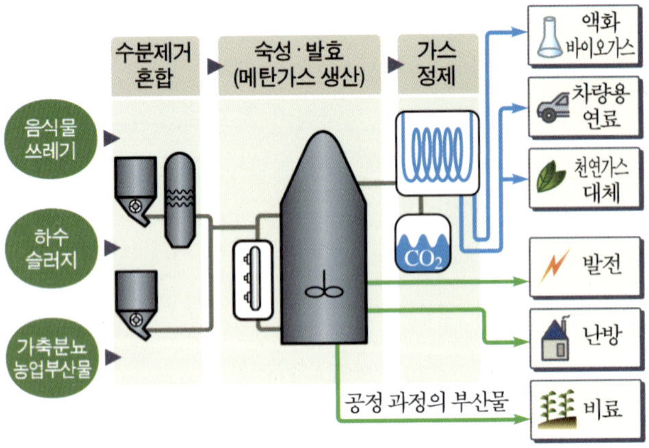

그림 6.31 바이오가스 생산 공정

있으며, 대표적으로 음식물 쓰레기 탈리액과 가축분뇨로부터 혐기성반응에 의한 메탄가스 생산 및 이용기술, 매립지 가스를 이용한 발전, 바이오디젤 생산 및 산림 간벌재와 폐목재 등을 이용한 연료용 우드칩(wood chip)과 펠릿(pellet) 생산 등이 있다.

바이오가스는 유기물을 혐기성 조건에서 분해시키면 발생되는 가스로 주성분이 메탄이다. 바이오가스가 발생되는 곳은 매립지, 하수처리장의 소화조, 축산분뇨처리시설, 음식물 쓰레기 처리시설 등이 있으며, 특히 매립지에서 발생되는 매립가스는 발전용으로 활용되고 있다. 2005년부터 유기성 쓰레기의 매립금지에 따라 매립지에서 발생되는 메탄가스의 양은 급격한 감소 추세에 있어 최근에는 위생매립지를 바이오가스 생산용 반응기(bioreactor)로 사용하기 위해 유기성 쓰레기의 매립을 허용하자는 주장들이 강력히 제기되고 있다. 즉, 유기성 쓰레기를 위생매립지에 매립할 경우 매립장은 하나의 혐기성 분해조로 작용함으로서 바이오가스를 생산할 뿐만 아니라 쓰레기의 안정적 처리도 도모할 수 있는 장점이 있다. 또한 매립가스를 연료로 이용할 경우 탄소배출권까지 확보할 수 있는 이점이 있다.

식물성 기름이나 동물성 지방의 모노알킬에스테르류라고 부르는 바이오디젤은 1892년 루돌프 디젤이 발명한 엔진에서 유래되었으며, 이 디젤엔진은 1900년 파리박람회 출품 당시 땅콩기름으로 작동되었다. 1942년 벨기에의 샤반느가 식물성 기름과 에탄올을 원료로 제조한 식물성 오일 에스테르가 생산의 시초로, 바이오디젤은 환경적 영향이나 배기가스로 인한 문제를 해결하기 위해 개발된 것이 아니라 석유연료에 대한 의존도를 줄이기 위한 목적으로 제조되었다. 그러나 바이오디젤은 기존의 경유에 비하여 매연, 이산화황 등 오염물질의 발생이 적고, 식물성 기름을 사용하므로 생분해성이 높아 대체연료로서 경유와 혼합하여 사용하고 있으며, 철도, 수송용 차량, 선박, 발전 등 수요량이 급격히 증가하고 있다. 바이오디젤 1톤 사용 시 이산화탄소는 경유 대비 2.2톤이나 감축되며, 바이오디젤 원료로는 대두유, 유채유, 팜유, 폐식용유 및 우지 등이 메탄올과 함께 사용됨에 따라 유지작물의 가격도 지속적인 상승세에 있다.

이밖에 목질계 연료로서 목재를 주로 북유럽권에서 우드칩이나 펠릿으로 가공하여 가정용 난방이나 발전용 연료 등으로 이용하고 있으며, 최근에는 국내에도 보급이 확산되고 있다.

(8) 지열에너지

지열에너지(geothermal energy)란 지구의 중심인 맨틀 부위에서 핵분열로 발생하는 에너지와 토양·지하수·지표수 등에 축적된 일부 태양복사에너지를 의미한다. 지열에너지는 에너지가 저장된 깊이를 기준으로 지표면으로부터 150~350m에 저장된 천부지열(shallow geothermal)과 400m에서 지하 수 km까지 존재하는 심부지열(deep geothermal)로 분류된다. 심부지열은 온도에 따라 120℃(또는 150℃) 이상인 고온계(High enthalpy system)와 120℃(또는 150℃) 이하인 중·저온계로(Low enthalpy system)로 구분하며, 고온계는 물+증기나 Hot dry rock을 이용한 간접이용으로 심부지열 중 대략 120℃ 이상의 고온수나 증기를 끌어올려 지열발전(geothermal power plant)에 활용하는 기술인 반면, 중·저온계는 지열수를 직접 이용하는 것으로 지역난방, 시설영농, 양어, 제설 등에 이용된다. 지형과 지역에 따라 다소 차이가 있지만, 천부지열은 대략 15~30℃, 그리고 심부지열은 대략 40~400℃의 온도 범위에 있다. 천부지열에너지의 직접 이용은 말 그대로 땅속의 중·저온에너지(15~30℃)를 열펌프(heat pump)나 냉동기와 같은 에너지 변환기기의 열원으로 공급하여 건물 냉난방·각종 건조 산업·도로 융설

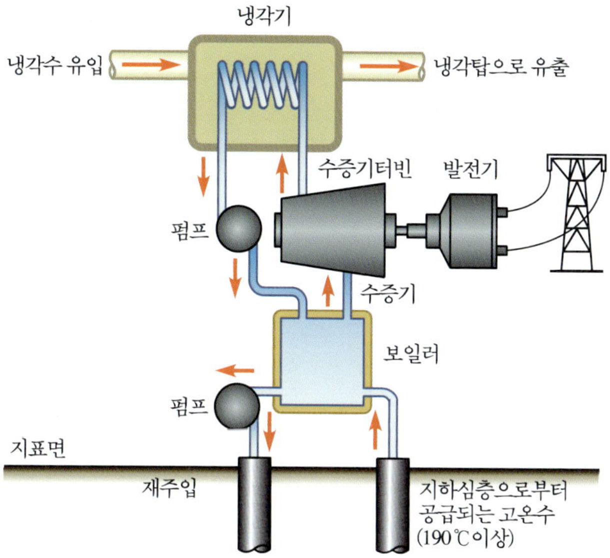

그림 6.32 지열발전 원리

그림 6.33 지열 발전소

(snow melting) · 온천 · 양식업 및 시설영농 · 지역난방 등에 활용하는 것을 의미한다. 이밖에 바이너리(binary) 발전은 증기에 비해 끓는점이 낮고, 저온에서도 높은 기체 압력을 보이는 2차 순환유체(n-pentane과 같은 유기물)를 매체로 사용하여 85~170℃의 지열수로 발전하는 방식이다.

미국, 서유럽(오스트리아, 스위스, 스웨덴 등), 터키, 중국 등이 전 세계 지열 열펌프시스템의 보급을 주도하고 있으며, 미국은 지열 열펌프시스템을 포함하여 지열에너지의 직접 이용을 주도하고 있고, 유럽에서는 아이슬란드, 스웨덴, 스위스, 노르웨이, 덴마크, 독일 등이 지열에너지의 직접 이용을 주도하고 있다. 스위스는 면적대비 지열 열펌프 설치건수로는 세계 1위로, 2 km^2당 1대 이상의 지열 열펌프 시스템이 설치되어 있다. 면적대비 이용량에서 1위인 아이슬란드는 국토 자체가 대서양판이 갈라지는 곳에 있기 때문에 지하 열자원이 풍부하며, 아울러 국가 전체 난방의 87%를 지열로 공급하고 있다. 현재 전 세계에서 약 24개국이 지열 발전을 통해 전기를 공급하고 있으며, 미국 · 필리핀 · 멕시코 · 이탈리아 · 인도네시아 · 일본 등이 이 분야를 주도하고 있다.

우리나라는 2000년경에 지열 열펌프시스템을 처음 도입한 후 정부의 지원제도에 힘입어 연간 100% 이상 지속적인 성장을 보일 정도로 시장이 확대되고 있다.

지열 열펌프시스템은 높은 열효율, 고내구성 등 많은 장점을 가지고 있으면서도 높은 초기 투자비로 보급에 어려움이 있다. 대규모 공공건물에 설치되어 있는 지열 열펌프의 효과를 분석한 결과 공기열원 열펌프시스템에 비해 냉방은 30~50% 그리고 난방은 20~40%의 에너지 절감이 가능한 것으로 파악되고 있다. 이러한 관점에서 볼 때 국제 환경변화에 능동적으로 대처하기 위한 방안으로 지열 열펌프시스템의 효율적인 이용에 대한 방안이 검토될 것이며, 높은 초기 투자비로 인한 보급 제한요소에 대해 초기 투자비, 운전비, 유지관리비 등에 대한 정부의 각종 금융지원 정책이 개발될 것으로 예상된다.

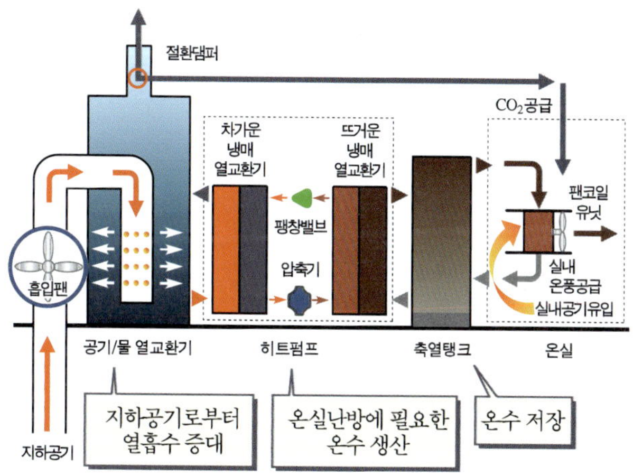

그림 6.34 지하공기 열원 이용 시스템

(9) 폐기물에너지

폐기물에너지 이용은 가연성 폐기물을 에너지원으로 활용하여 열, 전기 및 연료 등으로 이용하는 것으로 SRFs(solid refuse derived fuel), 유화, 가스화, 소각열 이용 등의 기술로 국내 대부분의 생활폐기물이나 사업장폐기물 소각시설에 적용되고 있다. 특히 근래에 건설된 MBT(mechanical-biological treatment)시설은 폐기물의 선별 효율을 높여 유기성 폐기물과 가연성 폐기물로부터 에너지 회수 이용률의 효율화에 기여하고 있다. MBT로부터 선별된 가연성 폐기물은 SRFs로 제조되어 연료로 활용되며, 폐타이어와 폐플라스틱은 열분해 유화기술에 의해 경유나 등유를 생산하고, 석탄가스화를 위해 개발된 고온 열분해나 가스화기술은 폐기물로부터 연료유와 연료가스 등을 생산하는데 이용되고 있다. 폐기물 소각 시 발생되는 폐열은 스팀을 생산하여 발전에 이용하거나 직접 산업체 등에 판매하고 있으며, 발전 후 저압의 스팀이나 온수는 지역난방 등에 활용되고 있다.

(10) 소수력

소수력은 대규모 발전을 위한 댐 건설로 인해 많은 농경지와 산림의 수몰, 생태계 파괴, 안개발생 및 일조량 감소, 건설비 과다 등의 문제점을 보완하기 위해 용수 공급과 발전 그리고 위락관광지 조성 등의 목적으로 소규모 댐을 건설하여 전력을 생산하는 것으로 우리나라와 같이

표 6.14 신재생에너지의 장 · 단점 비교

분 류	장 점	단 점
태양열	• 무공해, 무한량, 무가격	• 밀도가 낮고, 간헐적임, 비경제적
태양광	• 설치 간단, 유지비용 저렴 • 설치 수에 비례한 다량의 전기 획득 • 환경오염(소음, 진동)을 유발하지 않음 • 오랜 수명(20년 이상)	• 에너지 밀도가 낮음 • 넓은 부지 필요 • 고가의 초기 설치비용
바이오매스	• 지구온난화 억제 기여, 유익한 부가효과 • 잠재적 에너지의 가치 높음	• 산림고갈 우려 • 생물학적 공정이 복잡
풍력	• 무한정의 청정에너지원 • 저비용, 단시간의 건설 및 설치기간 • 토지 이용의 효율성 높임	• 에너지 저장을 위한 충전기술 요구
소수력	• 발전 원가 저렴, 무공해	• 수몰 보상, 지역적 편재
지열	• 발전 비용 저렴, 깨끗함	• 국내 적격지 없음
해양 에너지	• 조력발전 : 깨끗함, 양이 무한함, 장소에 제약이 없음 • 파력발전 : 깨끗함, 양이 무한함, 장소에 제약이 없음 • 해양온도차발전 : 깨끗함, 양이 무한함, 소규모 발전 가능	• 조력발전 : 수몰 지역 발생, 시설규모가 큼, 해안 생태계 영향 • 파력발전 : 발전량 대비 고비용의 시설비, 에너지 밀도가 작음 • 해양온도차발전 : 고비용의 시설비, 에너지 밀도가 작음
폐기물 에너지	• 에너지 회수의 경제성이 높음 • 쓰레기의 양 저감 • 환경오염 방지 효과	• 고도의 기술과 개발 요구 • 공해 유발 가능 • 특성에 따른 처리기술 필요
연료전지	• 저공해 고효율 • 차세대 에너지원 • 새로운 시장 잠재력 큼	• 고비용의 발전소 건설비 • 수명과 신뢰성 향상을 위한 연구 필요
석탄 액화 가스화	• 석탄 : 부존량 풍부, 가격 저렴, 석유에 비하여 편재성 적음 • 가스 : 불순물 거의 없음, 연소조정 편리, 연소장치 간단 석유와 특징이 유사	• 석탄 : 취급 불편, 재의 처리문제, 공해대책 필요 수송시설(infrastructure), 노동력 확보 • 가스 : 저장과 해상수송의 제한, 거액투자 소요(LNG) 고가격(LNG/LPG)
수소에너지	• 공해물질 생성이 없고 사용이 간편 • 거의 모든 분야에 이용 가능 • 원료(물)가 풍부함	• 생산과 저장 문제

그림 6.35 소수력 발전

산과 계곡이 많은 지형에 적합한 시설이다. 우리나라 정부는 2003년 '대체에너지 개발이용, 보급 촉진법'에서 소수력을 신재생에너지로 정의하고, 시설용량 기준으로 미국은 15,000kW 이하, 중국은 25,000kW 이하를 소수력으로 정의하고 있으나, 10,000kW 이하를 소수력으로 규정하였으며, 2004년 12월 '신에너지 및 재생에너지 개발, 이용, 보급 촉진법'으로 개정하면서 대수력을 포함하여 수력으로 정의하였다. 국내 소수력 발전소는 주로 민간 기업에서 시작하여 상업발전을 하고 있으며, 최근에는 수자원공사와 농업기반공사에서도 적극 참여하고 있을 뿐만 아니라 하수처리장에서도 도입을 서두르고 있다. 하수처리장의 경우는 최종 방류수의 방류구 낙차를 이용한 발전을 계획하고 있다. 소수력은 대규모 댐 건설에 따른 환경문제를 보완할 수 있는 대안이 될 수 있으며, 농업용수 및 생활용수 공급, 위락지 조성, 홍수조절 등의 장점이 있으나 강수량 변동에 따른 발전량 변동이 크고 대수력이나 양수발전 등에 비해 첨두부하에 대한 기여도가 낮은 단점이 있다.

(11) 대체 에너지의 미래

장기적으로 보면 석유와 석탄, 천연가스 등 화석에너지는 재생 불가능하며, 점점 고갈되어갈 뿐만 아니라 여러 형태의 환경오염을 일으키므로 화석연료 중심의 현행 에너지 공급체계는 재생가능에너지를 최대한 이용하는 에너지 공급체계로 바꾸어가지 않을 수 없다. 오일 쇼크 이후 전 세계적으로 대체 에너지 개발이 활발해졌으며, 여러 가지 신재생에너지에 대한 기술개발이 선진국을 중심으로 발 빠르게 진행되고 있다.

화석연료 시대에 비하여 미래 에너지 공급은 태양에너지를 중심으로 여러 가지 형태의 신재생에너지를 다양하게 이용하게 될 것이다. 에너지원의 구성 비율 또한 각 지역의 기후와 자연자원의 양상에 따라 달라질 것이다.

예를 들어, 북유럽은 풍력과 수력에 대한 의존율이 높아질 것이며, 북아프리카와 중동은 태양에너지를 보다 많이 이용할 것이다. 대체 에너지 기술이 실용화되기 전에 화석연료가 고갈된다면 전 세계는 혼란에 빠질 것이다. 과학자와 기술자들은 대체 에너지 개발을 연구하면서, 한편으로 화석연료의 효율을 높일 수 있는 기술을 최대한 개발해야 한다. 자동차의 엔진효율을 향상시켜 1리터의 휘발유로 20km 대신 40km를 갈 수 있게 되면 그 만큼 화석연료의 고갈시기를 연장시키며 대체 에너지 개발에 필요한 시간을 버는 셈이 된다. 에너지 소비자로서 우리들 역시 에너지 절약을 통하여 대체 에너지 개발에 간접적으로 공헌할 수 있다. 만일 한 가정의 전기 수요가 반으로 줄면 화석연료의 소비가 그만큼 줄고, 따라서 과학자들은 대체 에너지 개발에 필요한 시간을 벌 수 있게 된다.

EXERCISE

1. 가정에서 실천 가능한 에너지 절약방법을 제시하고, 이를 통한 에너지 절약효과를 구체적으로 나타내어라.
2. 도시 광산에 대하여 조사하고 환경적 효과에 대하여 설명하라.
3. 재생가능한 자원의 종류를 조사하고 설명하라.
4. 희토류란 무엇이며 주요 용도는 무엇인지 설명하라.
5. 우리나라 에너지 자원 수급전망에 대하여 설명하라
6. 신재생에너지의 종류를 조사하고 경제성을 비교하라.
7. 우리나라 원자력발전소 현황에 대하여 조사하여라.
8. 우리나라 화력, 수력, 원자력, 기타 등에 의한 전력 수급형태를 비교하라.
9. 우리나라 신재생에너지 보급 및 개발 정책들을 조사하라.
10. 우리나라 광물자원 확보 및 수급전망에 대하여 설명하라

CHAPTER

07

수질오염

CHAPTER
07 수질오염

7.1 개 요

물은 지구상에 존재하는 가장 풍부한 물질 중 하나로 지표면의 약 3/4이 물로 덮여있다. 이러한 많은 양에도 불구하고 물의 약 97%가 바닷물로 존재하고 나머지가 대부분 빙하, 만년설, 토양수분, 대기 중의 수증기 등으로 존재하기 때문에 실제로 인간이 사용할 수 있는 지표수와 지하수 등은 약 0.6% 정도 밖에 되지 않는다.

물은 인류의 역사에 있어서 매우 중요한 역할을 해 왔으며 그 예로 세계 4대문명이 모두 강이 흐르는 지역을 중심으로 발생되었음을 알 수 있다.

산업이 발달하기 이전에 물은 주로 농업과 수송 및 물레방아 등과 같은 동력원 등으로 이용되어 왔으나 산업혁명 이후 제조업을 중심으로 물의 수요가 급증하면서 수질오염 문제도 함께 발생되기 시작하였다. 또한 생활용수 역시 문화의 발달과 함께 급격히 증가하기 시작하여 선진국 기준으로 1인당 하루 물 소비량은 평균 약 700L에 달하고 있다. 이와 같이 물의 수요가 크게 증가하면서 물 부족이라는 전혀 예상치 못하였던 문제가 대두되기 시작하였으며 실제로 지구상에서 물 부족으로 고통을 받고 있는 국가들이 점차 늘어나고 있다. 이와 같이 물 부족 현상이 일어나는 이유는 첫째, 기후변화로 인해 건조지역이 확대되고 있는 반면 일부 지역은 상습적인 폭우가 내리는 등 강수가 특정지역에 편중되는 현상이 심화됨으로서 수자원의 불균형과, 둘째, 수질오염으로 인해 우리가 필요로 하는 수질기준을 충족할 수 있는 물의 양이 급격히 감소하고 있기 때문이다.

영국의 물 전문 리서치기관지인 글로벌 워터인텔리전스에 의하면 세계 물 시장규모는 2010년 4,800억 달러에서 2025년 8,700억 달러로 5.6% 증가할 것으로 예측하고 있으며, 이러한 이유는 급속한 산업화와 도시화로 아시아, 중동, 남미 등 제3세계국가들의 물 수요가 급격히 증가하고 있기 때문인 것으로 밝히고 있다.

국제식량기구(FAO)에 의하면 2025년에는 18억 명에 달하는 인구가 물 부족국가에서 살게 될 것이고, 전 세계인구의 3분의 2가 물 부족으로 고통을 받을 것이라고 한다. 그 원인은 20세기에 세계의 인구가 3배로 증가함에 따라 담수의 소비가 7배로 증가하였기 때문이다.

유네스코 등 24개 UN 기구들이 작성한 '세계 수자원 개발 보고서에 따르면 이미 미국, 중국, 호주, 인도, 인도네시아와 같은 많은 국가에서 물 부족이 경제발전을 제약하기 시작했다고 한다. 중국의 경우 669개 도시의 약 60%가 이미 물 부족으로 고통 받고 있으며, 거대한 황하강에는 고작 10% 정도의 물이 남아있고, 아시아의 20억 인구에게

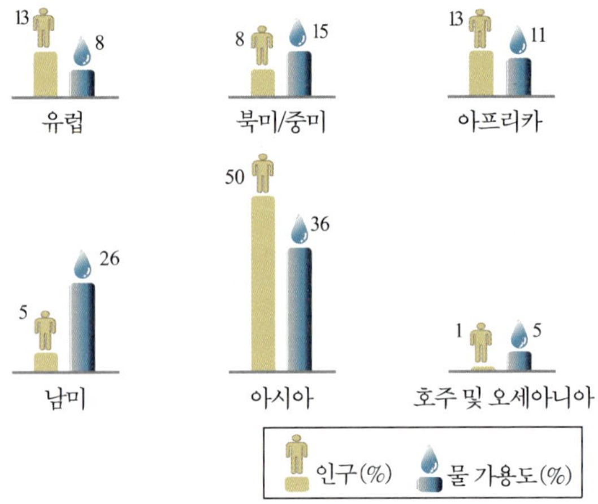

※ 출처 : UNESCO/IHP 라틴아메리카/캐리비언 지역사무소

그림 7.1 대륙별 가용 수자원과 인구비율

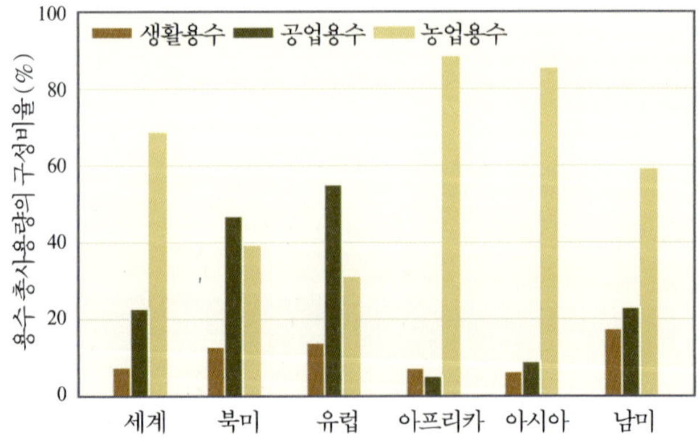

그림 7.2 대륙별 용수 사용량

물을 공급하는 거대한 워터뱅크의 역할을 하는 히말라야 산맥의 빙하 또한 지구온난화로 더욱 급속히 감소하고 있다. 우리나라도 UN산하기구인 국제 인구행동연구소(PAI, Population Action International)의 발표에 따르면 활용 가능한 수자원양이 630억 m^3로서 이를 국민 1인당 활용 가능량으로 환산할 경우 1,452 m^3로 물 부족국가에 해당된다. 국민 1인당 활용 가능한 수자원양이 1,000 m^3 미만인 경우 물 기근국가로, 1,700 m^3 미만인 경우는 물 부족국가로 그리고 1,700 m^3 이상일 때 물 풍요국가로 분류한다.

① **물 기근국가** : 매년 1,000 m^3 미만, 쿠웨이트, 케냐, 소말리아, 튀니지, 싱가포르, 사우디아라비아 등

② **물 부족국가** : 매년 1,700 m^3 미만, 한국, 리비아, 이집트, 남아공, 폴란드 등

③ **물 풍요국가** : 매년 1,700 m^3 이상, 벨기에 외 120여 개국

우리나라가 물 부족국가로 분류되는 또 하나의 원인은 연간 강우량이 1,274mm로 적은 편이 아니지만, 인구밀도가 높고 강우의 대부분이 장마철에 집중되는데다 비가 오면 순식간에 바다로 빠져나가버리기 때문이며, 또한 1900년대 이후 5~10년 주기로 극심한 가뭄이 발생했고, 1990년 이후 지역에 따라 2~3년 주기로 크고 작은 가뭄과 7년 주기의 극심한 가뭄현상이 발생하였기 때문이다. 그동안 수자원 확보를 위해 다목적댐 건설 등으로 내륙지역의 물 공급능력을 크게 증가시켜 왔지만 아직도 도서·산간지역의 물 공급능력은 상대적으로 더욱 차이가 커지고 있으며, 2020년 기준으로 최대 4.6억 톤의 물이 부족할 것으로 전망되고 있다.

7.2 수자원

수자원이란 지구상에 존재하는 자연수 중에서 생물이나 인간의 생활에 자원으로 이용가능한 물을 일컫는다. 즉, 경제적 가치를 가지거나 경제적 가치를 창출할 수 있는 물을 말하는 것으로 미국 지질조사소(UGSG)에 의하면 지구상 물의 약 0.3%만이 직접 이용 가능한 것으로 보고되어 있다.

수자원은 물이 존재하는 장소에 따라서 지표수, 지하수, 해수, 빙하 및 만년설 등으로 구분된다.

지구상의 수자원 총량은 약 $1.4\times10^{18}m^3$로 해수를 제외한 담수는 이 중 0.62%인 약 $8.68\times10^{15}m^3$에 불과하다(표 7.1).

표 7.1 지구상의 수자원 분포

구 분	표면적 (km^2)	용량 (km^3)	점유율 (%)	평균 체류시간
바다	361,000,000	1,230,000,000	97.2	수천 년
대기	510,000,000	12,700	0.001	9일
강과 하천	-	1,200	0.0001	2주
지하수(800m 깊이까지)	130,000,000	4,000,000	0.31	수백~수천 년
담수호	855,000	123,000	0.0009	10년
빙하 및 만년설	28,200,000	28,600,000	2.15	수만 년 이상

1) 수자원의 종류

(1) 지표수(Surface water)

지표수는 지표면 위를 흐르는 하천이나 강, 저수지, 호수 등에 있는 물로 대부분 강수량에 의해 크게 영향을 받는다. 지표수의 문제점은 계절에 따라 유량변동이 심하고 오염에 매우 취약하다는 것으로 유기성 오염물과 탁도가 높은 반면 광물질 등의 함량은 비교적 낮은 특성을 가지고 있다. 지표수는 자정작용에 의해 스스로 어느 정도의 오염물은 정화하는 기능이 있지만 오염물의 부하가 자정능력을 초과할 경우에는 자정능력 자체가 감소하면서 수질오염이 심화될 수 있다.

지표수는 주로 상수도의 수원으로 이용되고 있어 지표수의 수질관리가 소홀하게 되면 상수원으로서의 사용이 제한되거나 정수비용의 증가 및 수인성(水因性) 질병의 원인이 된다. 지표수에 속하는 수자원의 종류는 다음과 같다.

① **하천, 강** : 하천과 강은 강우로 내린 빗물을 바다로 유출시키는 통로의 역할을 하면서 생활용수를 비롯한 공업용수, 농업용수의 중요한 급수원이며, 한편으로는 침식과 퇴적작용으로 토사와 육상의 오염물들을 바다로

표 7.2 대륙별 연간 수자원 규모

대륙	강우량[a]		증발량		유출량
	mm/년	km^3	mm/년	km^3	km^3/년
북아메리카	756	18,300	418	10,000	8,180
남아메리카	1,600	28,400	910	16,200	12,200
유럽	790	8,290	507	5,320	2,970
아시아	740	32,200	416	18,100	14,100
아프리카	740	22,300	587	17,700	4,600
오세아니아	791	7,080	511	4,570	2,510
남극대륙	165	2,310	0	0	2,310
지구(육지)	800	119,000	485	72,000	47,000[b]

a. 강우량 − 증발량 = 유출량
b. 지표면 유출 44,800 ; 지하수 유출 2,200

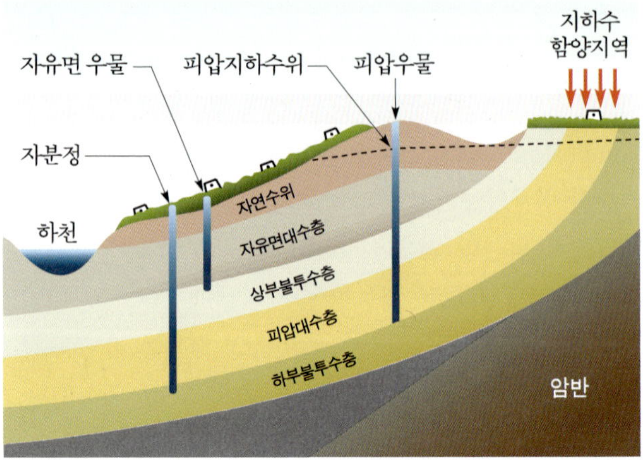

그림 7.3 지하수 구조

운반하는 역할도 한다. 또한 수력발전과 내수면 양식, 운송, 오락 및 여가용으로서의 기능도 가지고 있다.

② 호수(Lake) : 호수는 화산활동이나 지각의 변동 등에 의해 만들어진 천연 저수지로서 지구의 나이에 비해 비교적 생성연대가 짧으나 생성과정과 지역에 따라 기후조건이 다르기 때문에 담수호, 염수호 등 다양한 형태들이 있다. 이 중 담수호는 강이나 하천과 같이 생활용수를 비롯한 공업용수, 농업용수 등의 중요한 급수원으로 이용되고 있으며 또한 내수면 어업, 운송수단, 관광, 오락 및 스포츠 등 다양하게 이용되고 있다.

③ 저수지 : 지표수를 효율적으로 이용하기 위해 인위적으로 만든 저수시설을 저수지라고 부르며 우리나라 저수지의 역사는 삼국시대까지 올라간다. 과거 저수지는 주로 농업용 관개수를 위해 축조된 소규모들이었으나, 산업화와 더불어 용수의 수요가 폭발적으로 늘어나면서 대형 댐의 건설로 대규모 저수지들이 생겨나고 있다. 우리나라 저수지는 대부분 다목적댐의 건설로 조성되었으며 수량 확보, 홍수조절, 전력생산, 용수공급 등의 역할을 하고 있다.

(2) 지하수(Groundwater)

강우에 의해 지표면에 내린 빗물은 대부분 하천이나 강을 통해 지표수로 유출되지만 이 중 일부는 토양층을 통해 지하로 스며들어 지각 상부 토양층과 암석층에서 지하수를 형성한다. 지층 중 통기대라고 부르는 표토층은 많은 공극을 가지고 있는데 이 공극들은 공기와 물로 채워져 있으며, 식물과 나무들은 이 통기대로부터 성장에 필요한 물을 얻는다. 통기대의 물은 중력에 의해 서서히 암석층까지 내려가 모임으로서 지하수로 포화된 포화대를 형성하게 되는데, 이때 포화대와 통기대의 경계수면을 지하수면이라고 부르며 이 지하수를 잔층수라고 한다. 지하수면은 대부분 지표로부터 30m 이내에 있으나 지형에 따라 수백 m의 깊이에 있는 경우도 있다. 포화대의 물은 중력과 높은 압력 때문에 대기압보다 높은 압력을 갖게 되고, 따라서 암석층이 K(투수계수)=1×10^{-3}cm/sec 이상의 투수성을 갖는 사층(砂層), 역층(礫層), 사력층(砂礫層) 등으로 되어 있으면 물로 포화되는데 이를 대수층이라고 말한다. 이러한 대수층은 충분한 양의 물을 공급할 수 있는 특성을 가지고 있으며 지하수가 존재할 수 있는 충분한 공간이나 틈이 발달해 있다. 특히 대수층 중에서 낮은 투수율을 가지는 두 층 사이에서 큰 압력을 받고 있으면서 물로 가득 차있는 대수층을 압력대수층 또는 피압대수층이라고 부른다. 피압수의 경우 암반층에서 이동속도는 100년에 약 1m 정도로 알려져 있다. 과거 우물을 파서 지하수를 음용수로 많이 이용하였는데 이 우물은 포화대를 흐르는 잔층수에 해당된다. 근래 토양오염과 산성비 등으로 잔층수의 경우 수질이 악화되어 대부분의 우물들이 폐쇄되어 있다. 피압수는 심층수라고도 부르며 최근 먹는 샘물의 판매에 따라 무분별한 지하수 개발로 오염이 심화되고 있는데, 지하수는 지표수와 달리 매우 느리게 이동하므로 오염이 될 경우 거의 정화가 불가능하다. 심층수는 지표수의 오염 심화에 따라 청정수 자원으로서 그 중요성이 커지고 있으며 여러 수자원 중 미래의 활용 가능성이 무한한 자원이다.

(3) 바다(Ocean)

바다는 지구상에서 가장 큰 물 저장소인 동시에 물의 순환에 있어서 매우 중요한 역할을 하고 있다. 즉, 담수의 공급원인 강수는 모두 넓은 바다로부터 증발된 수증기가 응축하여 생성된 것으로, 태양에너지를 받아 끊임없이 담수의 간접 공급원의 기능과 동시에 에너지 저장조로서 지구의 온도조절기 역할을 하고 있다. 바닷물은 육상으로부터 유입된 여러 가지 광물질들과 염을 함유하고 있는데 바닷물의 평균 염 농도는 35,000ppm(3.5%)으로 음용수 수질 기준의 70배에 달하며, 따라서 일부 냉각용수로 사용되는 것 이외에 생활용수나 공업용수 및 농업용수 등으로 사용이 부적합하다. 그러나 최근 해수의 담수화 기술이 발달하면서 중동지역 등 물이 부족한 지역에서 해수를 담수화하여 이용하고 있으며, 지표수의 수질오염이 높은 지역에서도 지표수의 정수비용이 상승함에 따라 해수를 담수화하는 것이 경제적일 수 있다는 평가로 인해 해수담수화 설비를 도입하려는 계획들이 추진되고 있다.

표 7.3 해수의 구성성분

성 분	%	mg/L(ppm)
Cl^-	1.9	19,000
Na^+	1.06	10,600
SO_4^{2-}	0.27	2,700
Mg^{2+}	0.13	1,300
Ca^{2+}	0.041	410
K^+	0.039	390
CO_3^{2-}	0.01	100
Br^-	0.0067	67
Sr^{2+}	0.0008	8
F^-	0.00013	1.3
I^-	0.000006	0.60

(4) 빙하(Glacier)

빙하는 물이 고체 상태로 존재하는 것으로 지표수를 구성하는 수자원 중 가장 많은 담수를 가지고 있으나 이용이 어렵고 경제성이 낮다. 빙하는 남극대륙에 85%, 그린랜드에 11%, 기타 4%로 구성되어 있으며 지구온난화로 인해 매년 큰 폭으로 감소하고 있어 해수면 상승의 요인이 되고 있다. 이 빙하가 모두 녹을 경우 해수면은 약 60m나 상승될 것으로 예측하고 있다.

2) 우리나라의 수자원

(1) 수자원 현황

우리나라의 수자원 현황을 강수량, 댐, 당, 지하수 등으로 구분하여 살펴보면, 강우에 의한 수자원량은 연평균 약 1,267억 톤으로 추산되며, 이 중 증발과 토양 침투량 약 570억 톤을 제외하면 약 697억 톤이 하천으로 유출되는데(그림 7.4) 하천수, 댐용수 그리고 지하수 이용까지 포함하여 총 301억 톤(24%)만이 이용되고 있다.

현재 우리나라에는 1만 8천여 개의 크고 작은 댐이 건설되어있으며, 이 중 국제대형댐위원회(ICOLD)에 등재된 대형댐은 대략 1,200여 개로 단위면적당 세계에서 가장 높은 밀집도를 기록하고 있다.

(2) 다목적댐

다목적댐은 홍수기에 홍수 조절을 통해 재난을 방지하고 갈수기에 생활용수와 농업용수 등 각종 용수를 공급하며 수력발전으로 에너지를 공급하는 등 수자원의 이용을 극대화하기 위해 건설하는 것으로 1965년 준공된 섬진강 다목적댐이 최초이다.

현재 건설되어 있는 다목적댐은 한강유역에 소양댐, 충주댐, 횡성댐과 낙동강 유역의 안동댐, 합천댐, 임하댐, 군위댐 그리고 금강유역의 대청댐, 용담댐 및 섬진강 유역의 섬진강댐, 주암댐과 기타 유역의 부안댐, 장흥댐, 밀양댐, 남강댐, 김천 부항댐과 보현산댐 등이 있으며 이들 다목적댐의 총 저수량은 12,743백만 m^3로 연간 용수공급 11,197백만 m^3, 홍수조절 2,036백만 m^3, 발전시설용량 1,015천 kW를 확보하고 있다.

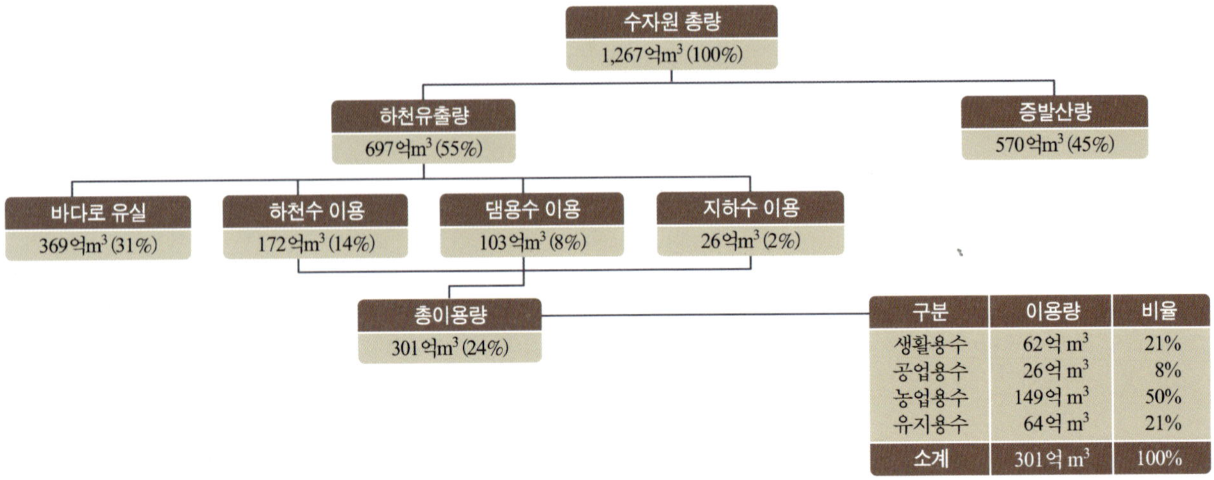

(연평균 강수량 1,274mm)기준
자료 : 수자원장기종합계획(건교부)

그림 7.4 수자원 이용 현황

표 7.4 연대별 댐 개발 현황

1960년대 이전	• 이수위주의 수자원 개발로서 농업용수 확보나 수력발전을 위한 단일목적댐 건설
1960년대	• 수자원종합개발을 위한 유역조사 활황기로서 건설 중단된 남강댐, 섬진강댐 재착수 • 소양강댐을 착수하여 본격적인 다목적댐 개발시대 구축
1970 ~ 1980년대	• 이수 및 치수의 조화를 위해 대규모 다목적댐을 건설한다는 정부계획에 의해 안동, 충주, 대청, 합천, 낙동강 하구둑 및 주암댐 건설
1990년대	• 이수 · 치수 · 환경보존 및 중규모 다목적댐으로 전환 개발계획에 의해 부안댐, 밀양댐, 용담댐, 장흥댐, 횡성댐, 임하댐, 보령댐 건설
2000년대	• ESSD(지속가능한 개발) 개념의 도입으로 자연과 인간이 어우러지는 개발사업의 추진과 국민의 공감대 형성 및 지역 주민의 생활과 자연환경 가치를 고려한 사업 • 군위댐, 김천 부항댐과 보현산댐 건설

표 7.5 전국 용수수급 현황 (단위 : 백만 m³/년)

구 분	1994	2001	2006	2011	비 고
용수 수요량	30,144	33,662	35,014	36,673	-
생활용수	6,209	7,435	8,073	8,706	
공업용수	2,582	3,873	4,074	4,544	
농업용수	14,877	15,027	15,226	15,150	
유지용수	6,476	7,327	7,641	8,273	
용수 공급량	32,463	34,364	34,607	34,662	-
하천수	17,221	17,093	16,997	16,953	
지하수	2,571	2,709	2,808	2,907	
댐 공급량	12,671	14,562	14,802	14,802	
기존 댐	12,671	14,561	14,561	14,801	

표 7.5 전국 용수수급 현황(계속) (단위 : 백만 m³/년)

구 분	1994	2001	2006	2011	비 고
과부족량	2,319	702	△407	△2,011	-
신규 수자원개발	-	700 (700)	4,140 (3,440)	5,140 (1,000)	누계 개발량 (단계별 개발량)
개발 후 과부족량	2,319	1,402	3,733	3,129	-
예비율(%)	7.7	4.2	10.7	8.5	-

7.3 물의 순환(Water cycle)

지구상의 물은 항상 순환에 의해 대기권과 암석권 사이를 이동하고 있다. 즉, 대기 중의 수분은 응축하여 지상으로 비나 눈 또는 다른 형태로 이동하며, 지표상에서 물은 하천과 호소 등을 거쳐 바다로 흘러가고 이 중 일부는 지하로 스며든다. 강, 하천, 호소, 바다 등의 지표수와 일부 지하수 등은 다시 태양 에너지에 의해 증발되거나 식물의 증산작용 등에 의해 대기로 이동되어 순환을 반복하게 된다. 따라서 지구상에서 물의 순환이 일어나게 하는 원동력은 태양에너지이며, 지표수에 비해 지하수의 순환은 매우 느릴 뿐만 아니라 순환주기가 몇 십 년에서 몇 백만 년이 걸릴 수도 있다.

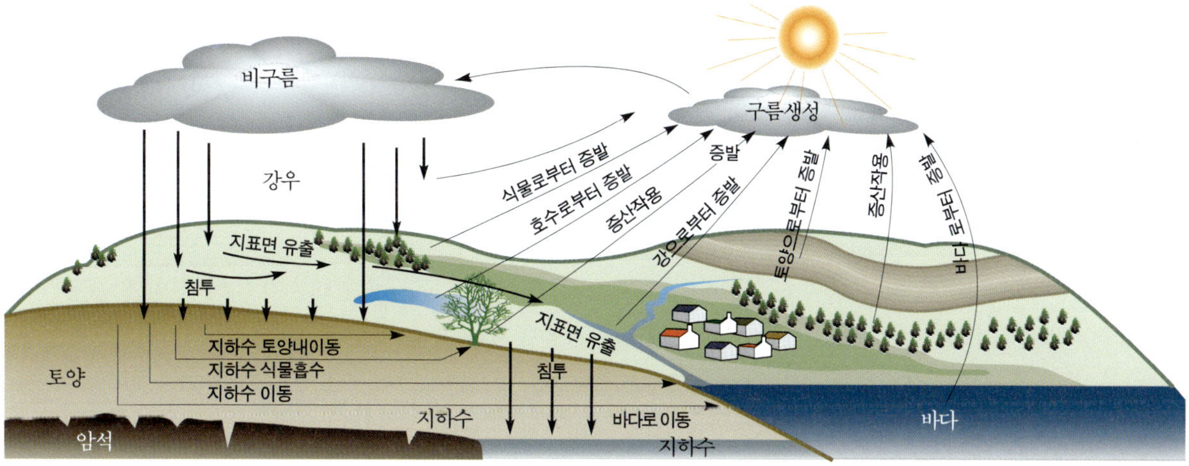

그림 7.5 물의 순환과 이동

1) 물의 순환경로

대기 중의 수분이 비나 눈이 되기 위해서는 구름형태로 존재하는 수분의 응축이 일어나야 하는데 이때 대기 중의 먼지와 같은 오염물질이 응축 핵으로 작용한다. 즉, 응축 핵을 중심으로 기체들이 잠열을 방출하면서 응축되어 액체 상태인 물방울로 되며, 이 물방울들은 중력에 의해 낙하하는데 이를 비라고 부른다. 한편 육상의 지표수는 물과 만년설이나 빙하로 존재하는데, 물이 태양에너지에 의해 끓는 온도보다 낮은 온도에서 기화되어 수증기로 되는 것을 증발이라고 하며, 빙하나 만년설이 액체인 물을 거치지 않고 바로 기화하여 수증기로 되는 것을 승화(sublimation)라고 하는데, 이 2가지 과정을 통해 지표면의 물은 대기 중의 수증기로 상변화와 함께 이동하게 된다. 따라서 물의 순환은 물의 상변화와 더불어 에너지의 변화가 항상 수반되어 대기와 암석권인 지표 사이를 반복하여 이동하는 것이며 이때 태양이 순환작용의 에너지원이 된다. 또한 물은 순환과정에서 상변화를 거칠 때마다 순수해짐으로서 스스로 정화되는 자정능력을 갖게 된다.

2) 물의 순환량

계절에 따라 대기 중의 습도나 온도는 거의 주기적으로 변화하며, 따라서 이들의 변동이 비정상적으로 크게 변화하지 않는 한 지표면과 대기 사이의 물의 순환량은 거의 일정하다고 생각할 수 있다. 즉, 대기 중으로 공급되는 물의 증발량이 육지보다는 바다가 더 많고 물의 증발량에 비해 강우량은 육지가 더 많으나 육지의 강우는 최종적으로 바다로 흘러들어옴으로서 전체적인 물의 순환량은 같다고 볼 수 있다. 그러나 지구온난화로 대기의 온도가 높아지면서 물의 증발량이 점점 증가함에 따라 상대적으로 강우량도 증가하는 추세에 있으며, 그 결과 연안지역은 상습적인 폭우로 인한 홍수 및 침수피해가 급증하고 내륙지역은 긴 가뭄이 지속되는 등 지역적인 강우의 불균형 현상이 심화되고 있다.

7.4 물의 특성

물은 생명체에 있어서 없어서는 안 되는 매우 중요한 물질로 모든 생명체의 기원이며, 지구는 다른 행성에서는 거의 발견되지 않는 풍부한 물을 가지고 있다. 지구는 지표면의 약 70%가 물로 덮여있어 물의 행성(water planet) 또는 푸른 행성(blue planet)이라고 부르기도 한다. 물은 다음과 같은 특성을 가지고 있어 지구의 생태계 보전과 지구환경을 유지하는데 기여하고 있다.

첫째, 물은 상온 및 상압에서 기체, 액체, 고체 등 3상이 모두 존재하는 유일한 물질이다. 이러한 특성 때문에 물의 순환이 일어나고 상(phase)변화로 스스로 깨끗해지는 자연적인 정화능력을 가지게 된다. 즉, 액체상태의 물이 수증기로 변하거나 고체인 얼음으로 변할 때 순수해지는 특성이 있다. 우리가 실험실에 사용하는 순수한 물을 얻기 위해 물을 끓여서 나오는 수증기를 다시 냉각시킨 증류수를 사용하는 것도 이러한 원리를 이용하는 것이다.

둘째, 지구상의 물의 총량은 약 $1.4\times10^{18}m^3$로 지구상에서 가장 많은 양이 액체로 존재하는 유일한 무기물이다.

셋째, 물은 비열이 커서 지구의 기온을 조절하는 온도 조절기의 역할을 한다. 낮에는 대기 중의 열을 흡수함으로서 태양복사에너지로 인해 기온이 급격히 상승하는 것을 막고, 밤에는 반대로 열을 방출하여 대기의 온도 저하를 막음으로서 지구의 온도가 일정하게 유지되도록 한다.

넷째, 물은 광범위한 좋은 용매로서 물의 물리화학적 작용으로 생명의 탄생과 생존에 기여한다. 즉, 물은 용매로서 모든 생명체 내에서 대사 작용에 관여하며, 따라서 물은 모든 동·식물의 생체 구성에 필수적이다. 사람은 체중의 약 70%가 물로 되어있어 체내 수분의 20%를 손실하면 죽게 되고, 물을 먹지 않고는 7~10일 정도 밖에 살지 못한다. 인간의 최초 생활도 물에서부터 시작되었다.

다섯째, 물은 얼게 되면 고체인 얼음이 되면서 체적 팽창과 함께 물보다 밀도가 작아 가벼워짐으로서 액체 위에 뜨는 유일한 물질이다. 이러한 물의 특성은 겨울철 기온이 내려가도 수표면의 얼음이 단열층을 형성하면서 얼음층 아래 물의 온도가 0℃ 이하로 내려가는 것을 막아주기 때문에 수생 생태계를 보호하는 역할을 한다. 또한 물은 4℃일 때 밀도가 가장 크므로($1g/cm^3$) 이보다 온도가 높거나 낮을 경우 가벼워짐으로서 호수나 저수지에서 계절에 따라 수온분포가 바뀔 때 물의 수직 순환이 일어나게 한다.

여섯째, 물은 기화열(100℃의 물을 온도변화 없이 100℃ 수증기로 상변화만 시키는데 필요한 열, 539cal/g)과 융해열(0℃의 얼음을 온도변화 없이 0℃의 물로 상변화만 시키는데 필요한 열, 80cal/g)이 커서 외부의 급격한 온도변화 시 기화열이나 융해열 방출로 생물체의 체온변화가 크게 일어나는 것을 완화시켜준다.

일곱째, 물은 무색, 무취로 투명하며 맑은 물에서 태양빛은 물속으로 약 180m까지 침투가 가능하다. 이러한 특성으로 수중식물들이 물속에서 태양광을 받아 광합성을 할 수 있으며, 식물성 플랑크톤이나 수중식물들은 어패류의 먹이와 서식 및 산란처의 역할을 한다.

여덟째, 물은 다른 물질로 대체할 수 있는 대체재가 없으며 세계보건기구(WHO)에 의하면 인류 질병의 80% 이상이 물과 관련이 있다고 한다.

7.5 수질오염의 정의

오염이 되지 않은 깨끗한 물이란 순수한 물로서 증류수나 탈이온수일 것이다. 그러나 사람을 비롯한 생명체들은 물을 통해 여러 가지 미네랄 등을 섭취하고 있으므로 순수한 물은 음용수로서 적합하다고 할 수 없다. 따라서 자연상태에서 오염이 되지 않은 물은 다음과 같은 조건들을 충족시키는 물이어야 한다.

첫째, 물리적 조건으로서 사람의 감각기관으로 판단하여 이상이 없는 물로 탁도, 냄새, 맛, 색깔 등이 없어야 하며, 음용수의 경우에는 온도도 포함된다.

둘째, 화학적 조건으로 적절한 무기영양소, 즉 미네랄 등을 함유하고 충분한 용존 산소를 가지고 있어야하며, 인체나 생명체에 유해한 물질들을 가지고 있지 않거나 기준농도 이하이어야 한다.

셋째, 생물학적 조건으로 수인성 전염병균이나 기타 세균 등이 없어야 한다.

자연수계는 여러 가지 자연적인 오염원들을 가지고 있다. 낙엽이 썩어서 생기는 부식질이라든지 광물질들의 용해 그리고 여러 생물체들의 활동 등에 의한 분해 생성물, 배설물, 사체 등 다양하다. 그러나 이러한 오염원에도 불구하고 물이 가지는 물리, 화학, 생물학적 작용들은 이들 오염물질들을 스스로 정화함으로서 물의 자정작용을 나타내게 한다. 결과적으로 자연오염원에 의한 오염물들은 물의 이러한 자정작용으로 충분히 처리가 가능하기 때문에 자연수는 오염되지 않고 항상 깨끗한 상태를 유지할 수

표 7.6 자연수의 특징 및 오염과 피해

	하천수	지하수	호소수	해 수
특 징	다양한 종류의 오염물질	오염영역이 아주 좁고 긴 지속시간	폐쇄성공간으로 2차 오염이 유발될 우려가 크며 자체정화능력 저하	지구상의 가장 낮은 지역으로 각종 오염물질 유입
오염물질	• 무기물에 의한 탁도 증가 • 유기물에 의한 부패 • 중금속 등의 유해물질	• 부적절한 매립시설이나 유독성 화학물질의 침출수 • 농경지나 정원 등에 마구 사용된 농약 및 비료 • 운송 중 사고에 의한 화학물질	• 각종 유기물 • 영양염류의 유입	• 하천을 통해 흘러든 각종 오염물질 • 선박의 좌초와 석유개발 • 발전소의 온수 유입
피 해	• 유기물 – 물속의 용존산소를 소비하여 생물의 생식곤란 및 부패로 악취 발생(검고 불쾌한 색깔) • 합성세제 – 유해성분이 인체 내에 흡수될 경우 소화 작용의 저하, 피부염 발생	음용수에 대한 위협	• 유속이 느려 오염물질이 침전하며 수위 변화와 탁도 증대시킴 • 부영양화 • 양식업 피해	• 동해와 남해의 적조발생 • 수산물의 오염으로 인한 국민 보건상 피해
관 리	생활하수와 빗물의 관리 – 하수도 처리시설, 하수종말 처리시설	무분별한 지하수 개발방지	• 과다한 유기물질의 유입 방지 • 인, 질소 등 영양염류의 유입 방지	내륙의 오염물질 최소화

있게 된다. 또한 인위적인 오염원에 의한 오염물질의 유입이 일어나더라도 역시 자정능력의 한계를 초과하지 않는다면 물은 다시 본래의 수질을 회복함으로서 깨끗한 상태를 유지할 수 있게 된다. 따라서 수질오염의 발생은 인위적인 오염물의 유입량이 자정능력의 한계를 초과하였을 때 발생되며 지속적인 오염은 자정능력의 감소와 파괴로 이어져 오염을 더욱 악화시키는 요인이 된다.

7.6 수질오염의 지표

물의 오염도를 나타내기 위해 각 나라마다 수질오염 지표 항목들을 설정하여 기준 값들을 정해놓고 있으며 이를 기준으로 수질오염도를 평가하고 있다. 이때 물의 용도에 따라 지표기준이 다르게 설정되어 있다. 예를 들면, 음용수의 수질기준이 가장 엄격한 반면 하천수 등은 항목이라든지 기준값이 훨씬 적거나 완화되어 있다. 일반적으로 수질오염물질의 양은 mg/L, ppm 또는 ppb 등의 단위로 나타낸다.

1) 탁도(Turbidity)

탁도는 물에 들어있는 부유물질과 콜로이드성 물질의 정도를 나타내는 척도로 빛이 투과될 때 빛을 산란시키거나 흡수 또는 반사한다.

탁도는 심미적으로 불쾌감을 유발하며 세균 등 미생물들의 서식이나 은신처가 되고 또한 물의 색깔이나 악취 등의 원인이 된다. 탁도의 측정은 일정 세기의 빛을 투과시켜 빛의 투광도나 흡광도로써 나타낸다.

2) 총 고형물(TS, Total solids)

시료수를 103~105℃에서 완전히 증발시켰을 때 잔류하는 모든 물질을 말하며, 침전성 고형물(settleable solids)은 시료수를 60분간 원추형 용기(Imhoff cone)에서 침전시켰을 때 바닥에 가라앉는 고형물로 정의한다.

총 고형물(TS)은 물에 존재하는 형태에 따라 부유고형물(SS, suspended solids)과 용존고형물(DS, dissolved solids)로 나뉘는데, 분류기준은 여과 시 여과지에 걸리는 것(SS)과 여액에 잔류하는 것(DS)에 따라 구분된다. 이때 용존고형물에는 콜로이드(지름 0.001~1μm)가 함께 포함된다. 또한 총고형물은 550±50℃에서의 휘발성에 기준하여 이 온도에서 휘발하는 휘발성고형물(VS, volatile solids)과 잔류고형물(FS, fixed solids)로 분류되는데 이들은 각각 유기물과 무기물 성분에 해당된다.

3) 색도(Color)

순수한 물은 무색이나 자연수는 이물질 등에 의해 종종 색을 띠는 경우가 있다. 예를 들면, 조류(藻類)에 의한 초록색 또는 갈색, 철분에 의한 빨강, 망간에 의한 흑갈색 등이 있으며, 폐수의 경우는 보통 밝은 갈색 빛의 회색을 띠나 부패가 일어남에 따라 점차 짙은 회색이나 검은색을 띠게 된다. 이러한 색깔이 현탁물질에 의해 나타나는 경우 겉보기색(apparent color)이라 하며, 현탁물질을 제거한 후 용존물질에 의해 나타나는 경우는 진색(true color)이라고 한다. 현탁물질에 의한 물의 색도는 물을 응집 처리함으로서 쉽게 제거할 수 있으나 용존물질에 의한 색도는 제거가 매우 곤란하다.

4) 수소이온 농도지수(pH)

물이 산성인지 알칼리성인지 여부를 판단하는 척도로 수소이온 농도지수인 pH 7.0을 중성이라 하며, 이를 기준으로 pH가 작을수록 산성도가 높아지고, pH가 클수록 알칼리도가 높아짐을 뜻한다. 자연수의 pH는 보통 6.5~7.5 범위에 있다.

5) 용존산소(DO, Dissolved Oxygen)

용존산소란 물속에 녹아있는 산소량으로 수중생물들의 호흡에 매우 중요하다. 물은 항상 대기와 접촉하고 있으므로 대기로부터 산소가 녹아들어가 용존산소가 되며, 이밖에 수중식물의 광합성 반응에 의해서도 용존산소가 만들어진다. 따라서 오염되지 않은 물은 항상 용존산소 농도가 포화농도를 유지하고 있다(표 7.7). 그러나 물에 생분해성 유기오염물이 유입되면 이를 먹이로 하는 호기성 박테리아 등이 급격하게 증식되면서 용존산소의 소비량이 늘고 외부로부터 산소의 공급량이 소비량보다 적어짐으로서 용존산소의 농도가 감소하게 된다. 그러나 유기오염물이 더 이상 유입되지 않을 경우 용존산소의 소비량이 점차 감소함에 따라 공기로부터 산소 공급에 의해 용존산소농도는 원래의 상태로 회복될 수 있다. 하천에서 이러한 용존산소농도의 변화를 나타낸 그림 7.6을 용존산소 하락곡선(DO sag curve)이라고 부른다. 용존산소의 포화농도는 온도에 따라 다르며 온도가 낮을수록 포화농도 값이 커진다. 산소는 물에 잘 녹지 않는 기체이며, 따라서 대기로부터의 전달 속도가 매우 낮다.

표 7.7 용존산소의 포화농도

수 온(℃)	산소포화농도(mg/L)
0	14.6
2	13.8
4	13.1
6	12.5
8	11.9
10	11.3
12	10.8
14	10.4
16	10.0
18	9.5
20	9.2
22	8.8
24	8.5
26	8.2
28	8.0
30	7.6

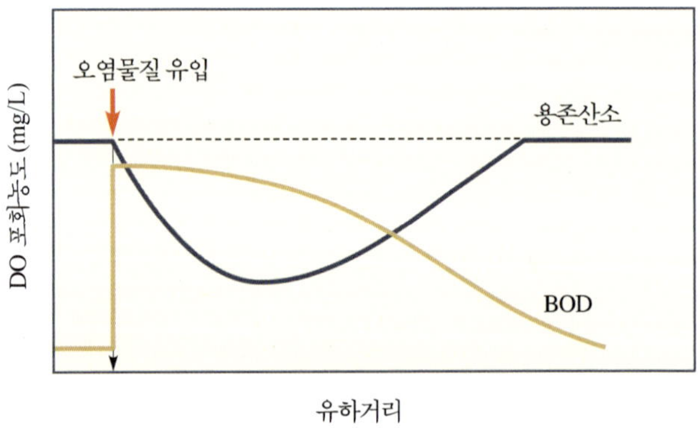

그림 7.6 용존산소 하락곡선

6) 화학적 산소요구량 (COD, Chemical Oxygen Demand)

COD는 강한 산화력을 갖는 약품인 산화제를 사용하여 시료수 내의 유기오염물들을 화학적으로 산화시킬 때 소모되는 산화제 중 산소량으로 유기오염물질의 양을 나타내는 오염도 지표이다. 이러한 산화제가 물속의 유기오염물질을 완전히 산화시키는 것은 아니지만 물의 오염도를 나타내는 대표적인 지표 중의 하나로 사용되고 있다. COD 측정에 사용되는 산화제는 중크롬산칼륨($K_2Cr_2O_7$)과 과망간산칼륨($KMnO_4$)이 있으며, 중크롬산칼륨은 유기물의 약 80%, 과망간산칼륨은 약 60% 정도를 산화시키므로 이를 고려하여 COD값은 산화제에 따라 COD_{Cr}와 COD_{Mn}로 각각 나타낸다.

COD 실험은 미생물의 성장에 유해한 독성물질이 포함되는 산업폐수나 도시하수의 유기오염물 측정에 주로 이용되는데 폐수의 COD는 일반적으로 BOD보다 높다. 그 이유는 생물학적으로 산화되는 것보다 화학적으로 산화되는 유기물이 많기 때문이다. 폐수 중의 BOD와 COD 사이의 비례관계를 알아두면 매우 편리한데, COD는 보통 2시간 이내에 측정할 수 있지만, BOD는 측정하는데 5일이 걸리기 때문에 BOD와 COD의 상관관계를 알면 COD의 측정만으로도 BOD를 추정할 수가 있기 때문이다.

7) 생화학적 산소요구량 (BOD, Biochemical Oxygen Demand)

생화학적 산소요구량은 물속에 들어있는 생분해성 유기오염물질의 양을 나타내는 지표로서 일정한 온도(20℃)에서 5일 동안 호기성 미생물이 생분해성 유기오염물을 대사하는 동안 소비된 용존산소량으로 나타낸다. 따라서 유기오염물의 양이 많을수록 미생물의 증식과 대사 작용이 활발하게 일어나 용존산소의 소비량이 높은 반면, 오염물의 양이 적으면 용존산소의 소비량도 낮아지게 되므로 용존산소의 소비량은 유기오염물의 양에 비례함을 알 수 있다. BOD 실험 중 가장 보편적으로 이용되는 것은 5일 BOD(BOD_5)이며 시료수 300mL를 기준으로 BOD인큐베이터에서 5일간 배양하여 용존산소의 변화량을 측정하여 나타낸다. BOD기준으로 지표수의 오염도를 평가할 때 BOD가 1ppm 이하이면 여과・살균 등 간단한 정수처리 후 생활용수로 사용할 수 있으나, 2ppm 이하이면 여과・침전・살균 등 일반적인 정수처리 후 생활용수로 사용이 가능하다.

8) 질소화합물

질소는 미생물이나 식물의 영양염류로 작용하며 단백질 합성 및 클로로필 등 많은 생물들의 화학적 구성요소가 되고 있다. 단백질은 분해되면 아미노산을 거쳐 암모니아가 되며 암모니아는 산화되면 질산염이 된다. 이와 같이 질소를 함유하는 단백질, 요소, 요산 등과 같은 유기물질들이 오염물질로 배출되면 시간의 경과에 따라 암모니아, 아질산이온, 질산이온 등의 형태로 물속에 잔류하게 된다. 질산염은 호소 등에서 녹조의 원인이 되며, 어린아이나 어린동물들에게 심각한 독성을 유발한다. 특히 어린아이의 경우 질산염을 섭취하게 되면 산도가 약한 위장 안의 질산 환원세균에 의해 질산염이 아질산으로 환원되어 혈액에 흡수됨으로서 산소결핍으로 청색증(blue baby)을 발병시킨다. 하천 등으로 질소를 함유하고 있는 오염물이 배출되었을 경우 그림 7.7과 같이 유기물(단백질, 분뇨 등) → NH_3 → NO_2 → NO_3 단계로 분해된다.

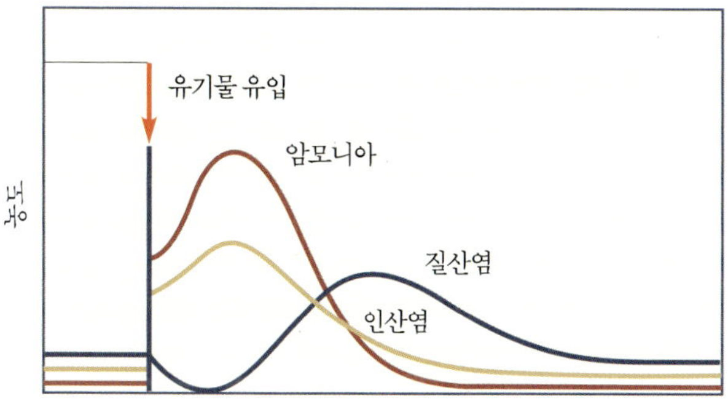

그림 7.7 수중에서 유기물의 분해

9) 대장균군(Escherichia coli)

대부분의 수인성병원균은 배설물에 의한 수질오염이 원인이 되는데 사람이나 온혈동물의 장 안에 기생하는 대장균은 바로 물속의 병원균에 대한 지표균으로서 중요한 역할을 한다. 대장균은 인체에 해가 없는 호기성균으로 광범위하게 존재하면서 소화기계 병원성균보다 저항성이 크므로 병원성 세균의 유·무와 살균이나 멸균효과 등을 평가하는데 사용된다.

10) 생물상의 변화

강이나 하천과 같은 수생 생태계에 오염물질이 유입될 경우 오염도에 따라 수중생물의 분포가 달라지는데 그림 7.8에 나타낸 바와 같이 수질에 따라 미생물로부터 어패류까지 다양한 형태의 군집을 나타낸다. 따라서 강이나 하천에서 수생생물의 분포 조사만으로도 수질오염정도를 평가할 수 있으며, 극도로 오염된 지역은 주로 미생물들만 존재하고 수질이 좋아질수록 다양한 종의 분포와 풍부한 개체수들을 볼 수 있다.

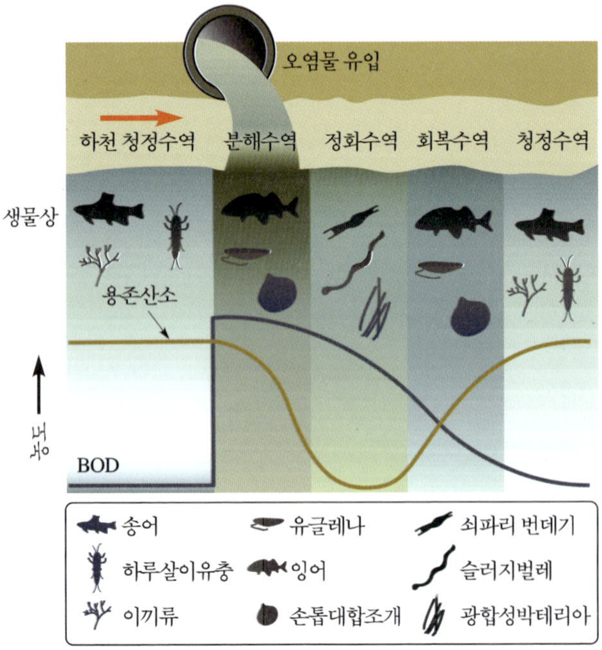

그림 7.8 하천의 자정작용과 생물상 분포

7.7 환경미생물

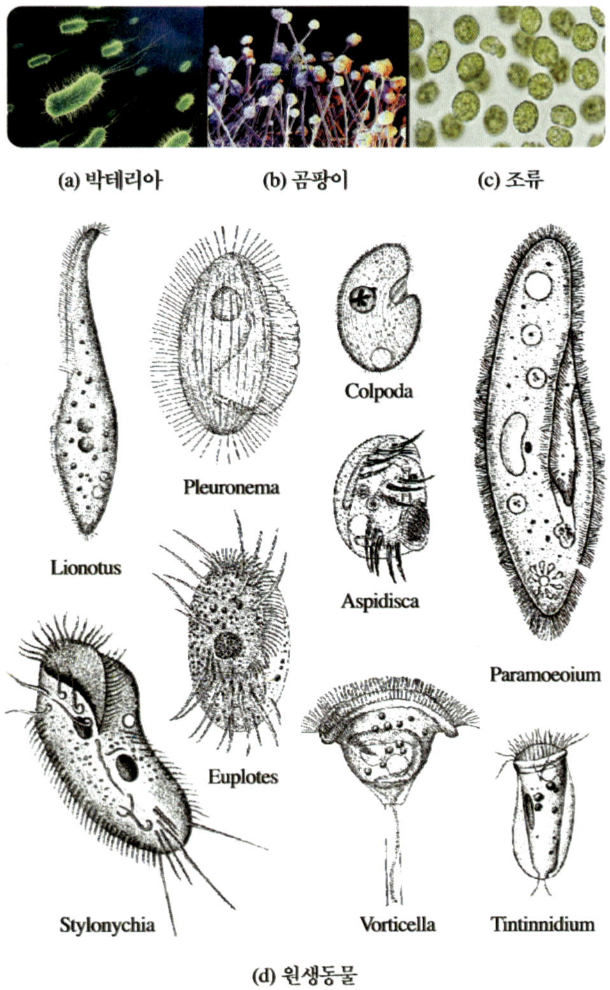

그림 7.9 환경미생물

1) 박테리아(Bacteria)

박테리아는 단세포 원핵성 세균(procaryotic eubacteria)이다. 박테리아는 모양에 따라 4가지 종류로 나눌 수 있는데, 구형(spheroid), 막대형(rod), 굽은 막대형(curved rod) 혹은 나선형(spiral) 및 사상형(filamentous) 등이 있다. 또한 호흡에 따라 호기성, 혐기성, 임의성으로 나누며, 유기물의 분해와 안정화에 기본적인 역할을 하기 때문에 특히 하수처리에서 매우 중요하다. 따라서 자연수계 및 하수 처리에서 박테리아의 특징, 기능, 물질대사 및 세포의 합성 등을 이해하는 것이 필요하다.

2) 곰팡이류(Fungi)

곰팡이류는 호기성, 다세포, 비광합성, 화학종속영양(chemoheterotrophic)성진핵 원생생물이다. 또한 곰팡이류는 사체유기물로부터 먹이를 얻는 기생생물로 박테리아와 함께 곰팡이는 생물권 내에 탄소화합물의 분해를 감당하는 주된 미생물이다. 생태학적으로 곰팡이류는 박테리아에 비해 2가지 장점을 가지고 있는데, 습기가 적은 지역과 낮은 pH 환경에서도 성장할 수 있다. 만약 유기물질을 분해하는 곰팡이류가 존재하지 않는다면 탄소순환은 현재 상태에서 멈출 것이고, 따라서 유기물의 축적으로 환경오염이 매우 심각해질 수 있다.

3) 조류(Algae)

조류(藻類)는 성장 조건이 적합할 경우에 급격히 증식하여 호수 및 하천에 녹조를 형성하기 때문에 큰 문제 거리이다. 녹조는 부영양화(eutrophication) 호소나 조류의 생화학적 성장에 필요한 화합물이 너무 많이 유입된 호소에서 공통적으로 나타나는 현상이다. 비점 오염원이나 소규모 축산농가, 농경지 등으로부터 강우 등에 의해 질소(N)나 인(P) 등을 함유하고 있는 축산분뇨 및 비료성분들이 호소에 유입되어 부영양화의 원인이 되고 있으며, 또한 하수처리장 방류수의 영양염류 농도가 높을 경우 방류수의 호소 유입에 의해서도 부영양화가 일어난다.

조류는 물고기 및 기타 각종 수생식물이 성장하는 호소의 수질을 크게 악화시켜 물고기 등의 떼죽음 등을 일으키기도 하고, 물에서 종종 좋지 않은 맛과 냄새 및 탁도 등을 유발하여 상수원의 가치를 하락시킬 뿐만 아니라 정수비용을 증가시키는 원인이 되기도 한다.

4) 원생동물(Protozoa)

원생동물은 세포벽이 없는 단세포 진핵 미생물이다. 원생동물의 일부는 혐기성 미생물로 알려져 있지만 대부분은 호기성이나 임의성을 띤 혐기성 화학종속영양(chemoheterotrophs) 생물이다. 하수처리 과정상 중요한 원생동물은 아메바, flagellates, free swimming ciliates 및 stalked ciliates 등이다. 원생동물은 박테리아와 다른 미세한 미생물을 먹이로 하며, 생물학적 하수처리공정의 운전과 하천의 정화에 필수적이다. 상당수의 원생동물은 병원성이다.

7.8 오염물질이 생물에 미치는 영향

1) 부유물질

부유물은 탁도 유발로 심미적으로 불쾌감을 주며, 특히 콜로이드성 물질들은 화학물질들을 흡착하여 좋지 않은 냄새와 맛을 나게 하는 원인이 되기도 한다. 또한 하천과 호소 등에서 빛의 투과와 수중식물들의 광합성 등을 방해하며 하상이나 저수지 등의 바닥에 퇴적되어 수질을 악화시키는 원인이 되기도 한다. 물속에서는 탁도로 가시거리가 짧아져서 어류 등의 먹이 포획을 방해하며 어류의 호흡시 아가미 등에 부착되어 호흡장애를 초래하기도 한다.

그 밖에 정수장에서는 부유물의 농도가 높을수록 응집제 등 약품비의 증가로 정수 비용의 상승을 가져온다.

그림 7.10 부유물에 의한 강 오염

2) 열오염(Thermal Pollution)

열오염이란 수력발전소의 발전 방류수나 화력 및 원자력 발전소의 냉각수 등이 방류될 때 자연수와 온도차가 크게 남으로서 자연생태계에 혼란을 유발하는 것을 말하며 통상 3℃ 이상의 온도차를 기준으로 하고 있다.

수력발전의 경우 발전에 사용되는 물은 댐의 하부에 있는 심층수로 표층수와 계절에 불문하고 큰 온도차를 나타냄으로서 여름철의 경우 자연수보다 낮은 온도로 냉수에 의한 생태계의 혼란과 농업용수로 사용 시 냉해 등을 일으킬 수 있으며, 겨울철에는 표층수보다 높은 온도로 동면 중인 생태계에 혼란을 일으킬 수 있다. 따라서 대부분의 수력발전소는 댐의 하류에 보조 댐을 설치하여 일정시간 동안 물을 저류시켜 자연수와 온도가 같아지도록 하고 있으며, 심야시간에는 남는 전력을 이용하여 물을 댐 위로 퍼 올려 양수발전을 하기도 한다.

화력발전소와 원자력발전소는 보일러 냉각수로 다량의 물을 사용하는데 이에 따라 항상 온배수가 배출된다. 따라서 온배수 배출로 배출수역의 용존산소농도 저하와 생태계에 혼란을 초래하며, 특히 바닷가에 주로 설치되어 있는 원자력발전소의 경우 온배수 배출로 양식업에 많은 피해를 나타내고 있다. 수중생태계 중 어패류는 식물보다 온도에 더욱 민감하여 생장과 산란 시 온도의 영향을 크게 받는데 온배수로 인해 수온이 일정해짐으로서 종의 수나 개체수가 급격하게 감소하게 된다. 따라서 열오염 피해를 줄이기 위해 방류 시 수온의 차가 3℃ 이내가 되도록 규정하고 있다. 뜨거운 냉각수를 처리하기 위해 여러 가지 방법들이 연구되고 있는데, 과거에는 냉각탑이 주로 사용되었으나 최근에는 열펌프(heat pump)나 열교환기 등을 이용하여 냉각수로부터 열을 회수하여 시설원예단지나 양식어업장(aquaculture) 등을 비롯하여 수영장, 목욕탕, 건물이나 주택난방 및 지역난방 등에 이용하고 있다. 이러한 열 이용은 열오염을 감소시키는 동시에 귀중한 화석연료를 절약할 수 있다.

3) 영양염류에 의한 영향

생물이 생장하고 번식하는데 필요한 필수원소들을 영양염류라고 부르는데 수중생물들은 이러한 영양염류에 크게 영향을 받는다. 광범위한 광물질들이나 미량 원소들이 영양염류에 포함될 수 있으나 수중생물들이 가장 필요로 하는 것들로는 탄소, 질소, 인 등이 있다. 이 중 탄소는 대기 중의 이산화탄소가 물에 용해되거나 알칼리도 및 유기물의 부패나 분해생성물 등을 통해 공급되며 비교적 물속에 높은 농도로 존재한다. 따라서 나머지 질소와 인이 수중식물의 성장 제한인자가 되며 이들을 영양염류라고 부른다. 호수나 저수지의 경우 오랜 시간이 경과하면서 유입되는 영양염류의 축적으로 빈영양호에서 부영양호로 변해가는 데 이를 부영양화현상이라고 부른다. 부영양화 현상이 일어나는 영양염류의 축적은 주로 질소나 인산질 비료의 사용량 증가, 대규모 축산 등으로 인한 축산폐수의 유입 그리고 합성세제의 사용량 증가가 원인인 것으로 알려져 있다. 이 중 합성세제의 경우 세제의 빌더로 인산염이 사용되어 수질오염의 원인 중 커다란 비중을 차지하였으나, 최근에 판매되고 있는 합성세제들은 인산염을 함유하고 있지 않아 부영양화에 대한 영향이 매우 낮아졌다.

이와 같이 부영양화에 의한 부영양호가 되면 모든 미생물들의 성장이 촉진되며, 특히 녹조의 성장이 급격히 일어나 수화현상(algal bloom)을 일으킨다.

과도한 조류의 성장은 밤에 물속의 용존산소를 고갈시켜 어패류의 질식사와 침강퇴적물의 증가로 바닥에서 혐기성 분해를 촉진시킴으로서 탁도 및 냄새 등이 증가하여 수질을 급격하게 악화시키는 요인이 된다.

그림 7.11 부영양호에서 녹조현상으로 인한 수질오염

4) 미생물에 의한 오염

물을 매개체로 한 세균에 의해 발생하는 질병을 수인성 병이라고 하는데 전염성이 강하여 일시에 많은 감염률을 나타내는 특성이 있으며, 대표적으로 콜레라, 장티푸스, 파라티푸스, 이질 등이 있다.

또한 바이러스도 전염성 간염을 일으키며, 기타 원생동물과 기생충도 물에 의해 매개될 수 있다.

현재는 위생적으로 처리된 물을 음용수로 공급받으면서 수인성 전염병에 대한 발병률이 매우 낮아졌지만 후진국 등에서는 아직도 많은 사람들이 이로 인하여 목숨을 잃고 있다. 음용수의 제조과정인 정수 처리에서 살균제로 염소를 사용하는데 염소는 가격이 싸고 살균효과뿐만 아니라 물속에 차아염소산 등의 형태로 잔류하면서 살균 지속력을 가지고 있기 때문에 가장 많이 사용되고 있는 살균제이다. 그러나 원수 중에 부식질의 농도가 높을 경우 염소는 THM(trihalomethane)이라는 물질을 생성하는데 이는 발암물질로 알려져 있으며 미국의 EPA는 1979년 이를 인체유해성분으로 고시한 바 있다.

7.9 중금속 및 유기염소계 화합물에 의한 오염

1) 수은(Hg)

자연계에 존재하는 수은은 금속수은, 무기수은, 유기수은 등으로 구분되며, 이 중 유기수은인 메틸수은은 금속수은이나 무기수은에 비해 인체 축적률이 매우 높은 특성을 가지고 있다. 1953년경 일본의 구마모토현 미나마타시의 연안지역 주민들에게서 원인 불명의 중추신경계질환 환자들이 나타나기 시작하여, 1977년까지 환자 수가 3,101명으로 증가하였고, 그 중 71명이 죽는 사건이 발생하여 이에 대한 역학조사를 실시한 결과 발병의 원인이 메틸수은 때문이라는 것이 밝혀졌다. 환자들 대부분이 오랫동안 어패류를 즐겨 섭취하였는데 이들이 섭취한 어패류에서 다량의 메틸수은이 발견되었으며, 그 원인이 인근의 일본 최대의 아세트알데하이드 생산 공장인 신일본질소공장에서 배출된 폐수 중의 메틸수은 때문인 것으로 확인되었다. 이후 1965년도에는 쇼와(昭和)전기 가노세 공장에서 메틸수은이 함유된 공장폐수의 배출로 제2의 미나마타병을 일으킴으로서 중금속 오염으로 인한 이타이이타이병에 이어 두 번째 공해병으로 전 세계에 알려지게 되었다.

메틸수은은 사람의 머리카락에도 많이 축적되는 특징이 있어 인체의 수은오염 지표로 머리카락에 대한 분석을 많이 이용한다. 보통 사람의 경우 총 수은양은 5ppm 이하

표 7.8 음용수와 음식물에 의해 전달되는 수인성 전염병

병 명	병균유형	전염경로	증 상
콜레라	세 균	1차는 음용수가 매개하며, 2차로 음식물과 파리의 접촉에 의함	심한 구토, 설사, 탈수를 보이며 치료하지 않으면 사망하기도 한다.
장티푸스	세 균	음식물과 음용수에 의해 전달	심한 구토, 설사, 장에 염증, 지라팽창, 치료하지 않으면 죽기도 한다.
세균성 이질	몇 종류의 세균	배설물로 오염된 물을 통하여 전염되거나 우유, 음식물, 파리와의 직접적인 접촉에 의해 전염	설사, 죽는 경우는 드물다.
파라티푸스	몇 종류의 세균	배설물로 오염된 음용수나 음식물	심한 구토나 설사, 죽는 경우는 드물다.
간장염	바이러스	음용수나 조개류와 같은 음식물을 통해 전염	누런 황달 걸린 피부, 간 팽창, 구토, 복통, 영구적인 간 손상을 일으킨다.
아메바성 이질	원생동물	조개류 같은 음식물을 통하여 전염	설사, 장기적이기도 하다.

이나 30ppm 이상일 경우 수은중독으로 판정한다.

미나마타병은 중추신경계 질환으로서 초기에는 두통, 현기증, 경련, 불면증 등 가벼운 증세를 보이나 심하면 운동기능과 감각기능 상실로 보행불능 및 사망하게 되는 불치의 질환이다. 미나마타병 중 특히 태아성 미나마타병은 산모는 환자가 아니더라도 출생한 아기가 환자인 경우로 1974~1975년 일본 산부인과에서 정상 출산한 산모 89명을 조사한 결과 신생아의 혈중 메틸수은 농도가 산모의 혈중농도보다 평균 1.7배나 높았다고 한다.

최근에는 바닷물 중의 수은농도 증가로 먹이사슬의 상위에 있는 포식성 어종인 참치에 대한 수은농도가 주목을 받고 있어 미국 산부인과학회 등에서는 임산부들에게 참치의 섭취를(1주일에 1캔 이하) 줄일 것을 권장하고 있다.

표 7.9 산모와 태아혈액 중의 중금속량

중금속	평균치의 비(태아 : 산모)	상관계수
총 수은	1.6*	0.595**
메틸수은	1.6*	0.591**
납	1.1	0.402**
카드뮴	1.3*	0.322**
망간	0.9	0.608**
구리	0.5**	−0.260**
아연	0.5**	0.169
철	1.2**	0.238

유의성(* 5%, ** 1%)
자료 : H. Tsuchiya 등 : Arch. Environ, Health(1990)(生活과 環境)

2) 카드뮴(Cd)

카드뮴은 은백색의 금속으로 공기 중에서 표면에 산화 피막을 만들어 내부 부식이 일어나지 않으며 안료, 합금, 도금, 충전용 전지 등에 많이 사용되고 있다.

카드뮴은 체내에 들어오면 혈류를 타고 간과 신장으로 확산되며 골연화증을 일으킨다. 카드뮴에 중독된 환자는 칼슘 부족으로 뼈가 굽거나 금이 가기 때문에 기침만으로도 늑골이 골절될 수 있으며, 허리와 관절에 심한 통증과 팔, 늑골, 골반, 대퇴골 등에 다발성 골절증상을 나타낸다.

1910년경 일본 도야마현(富山縣) 신쓰천(神通川) 유역에서 주로 출산을 많이 한 경험이 있는 중년 이상으로 이 지역 거주기간이 30년을 넘은 여성에게서 다발성 골절과 극심한 관절 통증을 호소하는 병이 발생하였는데 이 증상은 신쓰천 유역의 일부 지역에서만 발병하였다.

신쓰천 상류에는 오래전부터 납과 아연을 채굴하는 가미오카 광산이 있었으나 다른 지역의 아연광산 주변에서는 이러한 일이 없었기 때문에 이 지역의 풍토병으로 알려져 있었다. 이후 2차 세계대전이 시작되면서 채광 양이 늘어남에 따라 환자 수도 증가하였으나 전쟁 중의 식량 부족이 증상을 악화시킨 것으로 생각하였고, 전쟁이 끝난 후에는 세균이나 영양실조에 이 병의 원인이 있다는 가설이 나왔다. 그 후 1957년에 중금속 중독이 원인이라는 가설이 처음 발표되면서 1961년에 카드뮴에 원인이 있다는 사실이 밝혀졌으며, 1968년 원인 규명 끝에 과거 아연광산의 폐광석으로부터 카드뮴이 용출되어 강으로 흘러들어감으로서 이를 식수나 농업용수로 사용한 주민들에게서 발병한 것으로 밝혀졌다. 카드뮴과 이타이이타이병의 인과관계는 1971년에 행해진 이타이이타이병에 대한 1차 소송에서 처음 인정되었다.

이 병으로 사망한 사람은 56명이었으며 수백 명이 극심한 고통을 호소했다고 한다. 이 병은 환자가 참기 어려운 통증을 호소할 때 내는 '이타이이타이(いたい いたい, 아프다 아프다)'라고 하는 것에서 병명이 붙여졌다.

폐수 중의 카드뮴 배출기준은 0.1mg/L 이하이며, 사람의 건강 보호를 위한 환경기준은 0.01ppm 이하로 규정하고 있다.

3) 유기염소계 화합물

수질오염을 일으키는 대표적 유기염소계 화합물은 과거에 널리 사용되었으며, 현재도 일부 사용되고 있는 살충제로 DDT, BHC, 앨드린, 디엘드린, 헵타클로르, 클로르단 등이 있으며, 이들은 난분해성으로 토양잔류기간이 길고 물에 잘 녹지 않으며 생물농축성이 매우 높은 것으로 알려져 있다. 이들은 합성이 쉽고 제조단가가 낮아 2차 세계대전 이후 전 세계적으로 대량 생산하여 사용되었다.

유기염소계 살충제에 의한 최대 피해자는 조류(鳥類)로 주로 날개 등 지방조직에 축적되어 산란 시 알껍질이 얇아져 부화하기 전에 쉽게 부서지거나 독성으로 새가 죽어

버림으로서 멸종과 개체수의 감소를 초래하였다. 또한 토양생물들에게도 영향을 주어 지렁이나 소동물들의 개체수 감소를 가져오고 농경지 등에 살포한 유기염소계 화합물들이 강우 등에 의해 지속적으로 바다로 유입되면서 표 7.11에 나타낸 바와 같이 전 세계해양에 넓게 확산되어있으며, 심지어 남극이나 북극의 얼음에서까지 발견되고 있다.

이밖에 오염된 물에 주로 많이 들어있는 합성유기화합물들로는 표 7.13과 같은 것들이 있다.

표 7.10 한국산 조류의 유기염소계 살충제 함량(ppm)

조 류 \ 농 약	DDT	BHC	PCB
물총새			
가슴 근육	1.74	0.77	1.28
지방	35.81	6.00	3.39
까치			
가슴 근육	0.27	0.70	0.00
지방	8.48	1.37	0.01

표 7.11 플랑크톤 속의 DDT와 PCB

지 역	표본 수	총 량 (μg/kg wet weight)	
		DDT	PCB
사르가소해	4		7~450
남대서양	4	0.7	19~450
북동 대서양	22	0.2~2.6	10~110
스코틀랜드, 클리드	15	2~2.6	40~230
미국, 캘리포니아	15	6~130	0.7~30
미국, 캘리포니아	250	0.2~0.206	100~1,300
아이슬랜드(식물성 플랑크톤)	1		1,500

출처 : IDOE. 1992. Baseline studies of pollutants in the environment and research recommendations. New York, IDOE Baseline Conference.

표 7.12 DDT, BHC, PCB의 생물 농축

	농도(ppm)	농축계수
해 수	0.000003	
동물성 플랑크톤	0.04	7.3×10^5
작은 물고기	0.5	1.4×10^5
큰 물고기	2.0	5.7×10^5
새	25	8.6×10^6
인 간	—	1×10^7 이상

출처 : Uda. M. 바다를 지키자, 1994년 동경대학 출판회

표 7.13 오염된 물속에 들어있는 합성 유기화합물

화합물	건강에 대한 영향
알디카브(살충제)	신경계 손상
벤젠(유기용제)	백혈병, 혈액질환
사염화탄소(유기용제)	암, 간 손상, 콩팥 및 시력 약화
클로로포름(유기용제)	암
다이옥신류(화학물질)	암 유발, 면역체계 및 내분비계, 신경계이상
에틸디브로마이드(훈증제)	암, 간과 콩팥 손상
PCBs(산업용 화학약품)	간과 콩팥 손상 암 유발 가능
트리클로로에틸렌(유기용제)	간암 유발(쥐)
바이닐클로라이드(플라스틱공업)	암

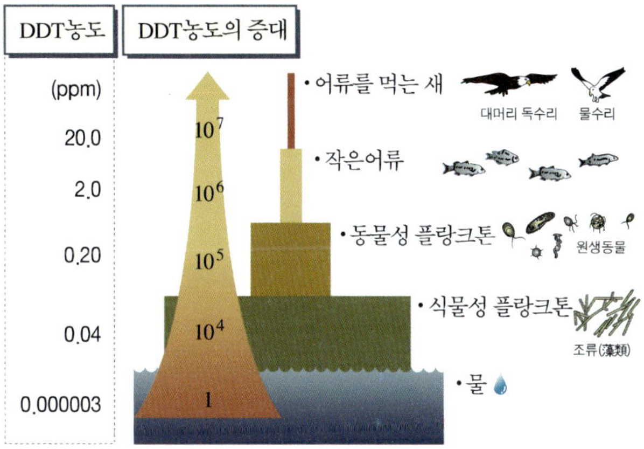

그림 7.12 먹이연쇄에 의한 DDT의 생물농축

7.10 지하수 오염

지하수는 강우나 지표수가 토양 속으로 침투하여 생성되는 물로 막대한 부존량을 가지고 있으며, 지표수의 오염이 심화됨에 따라 미래의 음용수 자원으로서 매우 중요하다. 지하수 오염은 주로 토양오염, 폐기물 매립장의 침출수 누출, 지하수 개발을 위한 폐공, 광산폐수 등을 통해 오염물이 유입됨으로서 발생된다. 그 밖에 지층이나 암석층에 따라 산성을 띠거나 중금속 등을 함유하기도 한다.

지하수가 인위적인 요인에 의해 오염될 경우 다음과 같은 이유로 정화가 매우 어렵다.

첫째, 지하수에는 오염물의 정화에 필요한 산소와 미생물 등이 존재하지 않아 오염물을 정화할 수 있는 자정작용이 불가능하다. 둘째, 인공적으로 깊은 암석층에 들어있는

오염된 지하수를 처리하기가 불가능하다. 셋째, 지하수의 오염범위와 오염된 양을 추정하기가 매우 어렵다. 넷째, 피압수의 경우 1년에 약 1m를 흐를 정도로 지하수는 매우 느리게 유동하는 것으로 알려져 있다. 따라서 지하수가 오염되면 수백 년에서 수만 년이 경과되어도 수질을 회복하기가 어려우며, 과도한 지하수의 채취는 지하에 빈 공간을 만들어 싱크 홀의 원인이 되기도 한다.

7.11 상수처리

물은 사용 목적에 따라 요구되는 수질기준이 다르며 용도에 따라 용수는 생활용수(음용수 포함), 공업용수(제품용수, 세척용수, 냉각용수, 스팀용수 등), 농업용수, 공공용수(소화용수 포함), 오락용수 등으로 구분되는데, 이 중 정수 처리를 통해 공급되는 물은 생활용수와 공업용수가 대부분이며, 수질기준 역시 가장 엄격하다.

1) 상수 처리

생활용수와 공업용수를 공급하기 위해 정수장에서 물을 처리하는 것을 상수 처리라고 하는데, 수인성 전염병의 예방과 안정적인 물 공급을 위해 위생적이고 깨끗한 물을 생산하여 공급하는 것을 목적으로 하고 있다. 따라서 수돗물의 보급률이 높은 선진국일수록 수인성 질병의 발병률이 낮으며 급수사정이 열악한 물 부족국가나 후진국에서는

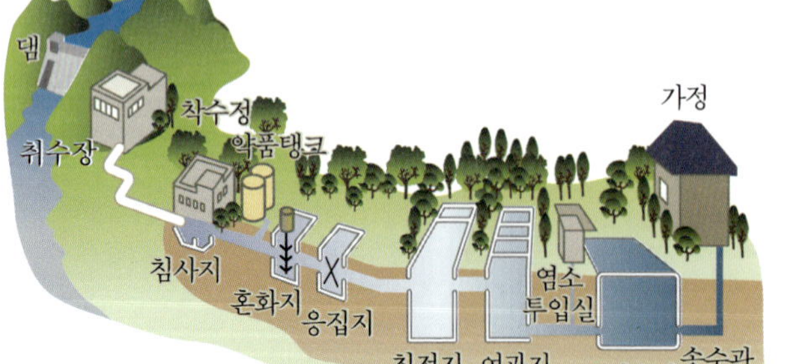

그림 7.13 상수 처리과정

아직도 매년 수인성 질병으로 많은 사람들이 사망하고 있다.

(1) 원수(Raw Water)

상수용 원수로 사용되는 물은 강, 하천, 호수, 저수지 등과 같은 지표수와 하천 복류수 등이 주로 이용되고 있으며, 소규모 상수도의 경우 지하수를 사용하고 있고 일부 국가에서는 바닷물을 담수화하여 공급하기도 한다.

지표수는 다양한 비점오염원들과 하수 및 폐수처리장의 방류수, 농경지로부터 강우에 의한 비료나 농약 등의 유입과 같은 여러 가지 요인들에 의해 유기물의 함량과 탁도 등이 높은 특성을 가지고 있다. 따라서 체계적인 정수과정을 거쳐야 용수의 수질 기준을 충족시킬 수 있다. 이에 비하여 지하수원은 보통 오염이 되지 않아 대부분 간단한 여과만으로도 음용수로 사용할 수 있는 경우가 많다.

(2) 수처리(Water treatment)

수돗물을 생산하는 정수 과정은 그림 7.13과 같다.

취수탑으로부터 취수된 원수는 상수처리장으로 보내지며, 다음과 같은 과정을 거쳐 정수된 후 각 가정 등으로 공급된다.

① **취수장** : 강, 하천, 호수, 저수지 등으로부터 원수를 취수하는 곳으로 취수탑을 통해 취수한 물을 정수장으로 보낸다.

② **착수정**(침사지) : 취수장에서 취수한 물이 관을 따라 정수장으로 유입되어 침사지를 거쳐 머무는 곳으로 침사지는 원수에 함유된 흙, 모래 및 각종 이물질들 중 침전성 입자들을 침강시켜 제거한다.

③ **약품투입실** : 콜로이드와 같이 작고 가벼워서 가라앉지 않는 부유물들을 제거하기 위해 응집제라는 약품을 투입한다.

④ **혼화지** : 물과 응집제 및 응집보조제 등 약품들이 잘 섞이도록 빠르고 균일하게 혼합한다.

⑤ **응집지** : 응집제에 의해 물속의 콜로이드성 부유물 입자들이 응결성 입자(floc)로 전환되어 입자들 간의 접촉에 의해 뭉침현상(coagulation)으로 큰 입자를 형성한다.

⑥ **침전지** : 응집지에서 침전성 큰 입자로 전환된 콜로이드 입자들을 침강시켜 물과 분리하는 곳으로 이 과정을 거치면 물속에 현탁되어 있던 모든 현탁물들이 제거된다.

⑦ **여과지** : 침전지에서 유출되는 상등수를 모래와 자갈층 등으로 구성된 여과기를 통과시킴으로서 침전지에서 미처 침강되지 못해 물속에 잔류하는 미세한 응집물(floc)들을 제거한다.

⑧ **활성탄 흡착** : 물에서 나는 맛과 냄새를 제거하기 위해 활성탄으로 맛과 냄새의 원인이 되는 유기물질 등을 흡착하여 제거한다.

⑨ **소독실** : 물속에 남아있는 세균 등을 죽이고 정수장으로부터 공급되는 물이 최종적으로 가정까지 급수되는 과정에 혹시 있을지도 모르는 세균의 침투 등 오염에 대비하기 위해 살균제를 투입하는 곳으로 주로 살균제로 살균 지속력이 큰 염소를 많이 사용하는데 염소가스나 차아염소산과 같은 약품을 주입한다.

⑩ **정수지** : 정수처리가 끝난 물을 배수지로 보내기 전 저장하는 저장조이다.

⑪ **배수지** : 정수장으로부터 공급받은 수돗물을 각 가정이나 소비자에게 급수하는 곳으로 일정한 압력으로 수돗물을 공급하기 위해 가압시설과 저류지의 역할을 한다.

일부 정수장에서는 충치예방을 위해 정수된 수돗물에 1ppm 정도의 불소를 첨가하기도 하는데 특히 어린이들의 충치 예방에 효과적인 것으로 알려져 있다.

2) 먹는 물 기준

지표수의 오염 증가로 상수도원의 원수에 대한 관심이 높아지면서 각국에서는 음용수의 수질 기준을 정해놓고 있다.

우리나라 먹는 물 기준으로 수돗물, 샘물, 해양심층수 등에 대한 수질기준 및 항목은 표 7.14와 같다.

표 7.14 우리나라 먹는 물 수질기준

구분	수질항목		수돗물	먹는 샘물	먹는 해양심층수	먹는 염지하수	염지하수	샘물	먹는 물 공동시설 (약수터 등)
미생물	일반 세균	저온일반세균(21℃)	-	100CFU/mL	100CFU/mL	100CFU/mL	20CFU/mL	20CFU/mL	-
		중온일반세균(35℃)	100CFU/mL	20CFU/mL	20CFU/mL	20CFU/mL	5CFU/mL	5CFU/mL	100CFU/mL
	총대장균군		ND/100mL	ND/250mL	ND/250mL	ND/250mL	ND/250mL	ND/250mL	ND/100mL
	분원성연쇄상구균		-	ND/250mL	ND/250mL	ND/250mL	ND/250mL	ND/250mL	-
	녹농균		-	ND/250mL	ND/250mL	ND/250mL	ND/250mL	ND/250mL	-
	아황산환원혐기성포자형성균		-	ND/50mL	ND/50mL	ND/50mL	ND/50mL	ND/50mL	-
	살모넬라		-	ND/250mL	ND/250mL	ND/250mL	ND/250mL	ND/250mL	-
	쉬겔라		-	ND/250mL	ND/250mL	ND/250mL	ND/250mL	ND/250mL	-
	분원성대장균군		ND/100mL	-	-	-	-	-	ND/100mL
	대장균		ND/100mL	-	-	-	-	-	ND/100mL
	여시니아균		-	-	-	-	-	-	ND/2L
유해 영향 무기 물질	납		0.01mg/L	0.01mg/L	0.01mg/L	0.01mg/L	0.01mg/L	0.01mg/L	0.01mg/L
	불소		1.5mg/L	2.0mg/L	2.0mg/L	2.0mg/L	2.0mg/L	2.0mg/L	1.5mg/L
	비소		0.01mg/L	0.01mg/L	0.01mg/L	0.01mg/L	0.05mg/L	0.05mg/L	0.01mg/L
	셀레늄		0.01mg/L	0.01mg/L	0.01mg/L	0.01mg/L	0.05mg/L	0.01mg/L	0.01mg/L
	수은		0.001mg/L	0.001mg/L	0.001mg/L	0.001mg/L	0.001mg/L	0.001mg/L	0.001mg/L
	시안		0.01mg/L	0.01mg/L	0.01mg/L	0.01mg/L	0.01mg/L	0.01mg/L	0.01mg/L
	크롬		0.05mg/L	0.05mg/L	0.05mg/L	0.05mg/L	0.05mg/L	0.05mg/L	0.05mg/L
	암모니아성 질소		0.5mg/L	0.5mg/L	0.5mg/L	0.5mg/L	0.5mg/L	0.5mg/L	0.5mg/L

표 7.14 우리나라 먹는 물 수질기준(계속)

구분		수질항목	수돗물	먹는 샘물	먹는 해양심층수	먹는 염지하수	염지하수	샘물	먹는 물 공동시설 (약수터 등)
유해영향 무기물질		질산성 질소	10mg/L	10mg/L	10mg/L	10mg/L	10mg/L	10mg/L	10mg/L
		카드뮴	0.005mg/L	0.005mg/L	0.005mg/L	0.005mg/L	0.005mg/L	0.005mg/L	0.005mg/L
		붕소	1.0mg/L	1.0mg/L	1.0mg/L	1.0mg/L	-	1.0mg/L	1.0mg/L
		브론산염	0.01mg/L	0.01mg/L	0.01mg/L	0.01mg/L	0.01mg/L	-	-
		스트론튬	-	-	4mg/L	4mg/L	-	-	-
		우라늄	-	30μg/L	-	30μg/L	-	30μg/L	30μg/L
유해영향유기물질	휘발성유기물질	페놀	0.005mg/L	0.005mg/L	0.005mg/L	0.005mg/L	0.005mg/L	0.005mg/L	0.005mg/L
		1,1,1-트리클로로에탄	0.1mg/L	0.1mg/L	0.1mg/L	0.1mg/L	0.1mg/L	0.1mg/L	0.1mg/L
		테트라클로로에틸렌	0.01mg/L	0.01mg/L	0.01mg/L	0.01mg/L	0.01mg/L	0.01mg/L	0.01mg/L
		트리클로로에틸렌	0.03mg/L	0.03mg/L	0.03mg/L	0.03mg/L	0.03mg/L	0.03mg/L	0.03mg/L
		디클로로메탄	0.02mg/L	0.02mg/L	0.02mg/L	0.02mg/L	0.02mg/L	0.02mg/L	0.02mg/L
		벤젠	0.01mg/L	0.01mg/L	0.01mg/L	0.01mg/L	0.01mg/L	0.01mg/L	0.01mg/L
		톨루엔	0.7mg/L	0.7mg/L	0.7mg/L	0.7mg/L	0.7mg/L	0.7mg/L	0.7mg/L
		에틸벤젠	0.3mg/L	0.3mg/L	0.3mg/L	0.3mg/L	0.3mg/L	0.3mg/L	0.3mg/L
		크실렌	0.5mg/L	0.5mg/L	0.5mg/L	0.5mg/L	0.5mg/L	0.5mg/L	0.5mg/L
		1,1-디클로로에틸렌	0.03mg/L	0.03mg/L	0.03mg/L	0.03mg/L	0.03mg/L	0.03mg/L	0.03mg/L
		사염화탄소	0.002mg/L	0.002mg/L	0.002mg/L	0.002mg/L	0.002mg/L	0.002mg/L	0.002mg/L
		1,4-다이옥산	0.05mg/L	0.05mg/L	0.05mg/L	0.05mg/L	0.05mg/L	0.05mg/L	0.05mg/L
	농약	다이아지논	0.02mg/L	0.02mg/L	0.02mg/L	0.02mg/L	0.02mg/L	0.02mg/L	0.02mg/L
		파라티온	0.06mg/L	0.06mg/L	0.06mg/L	0.06mg/L	0.06mg/L	0.06mg/L	0.06mg/L
		페니트로티온	0.04mg/L	0.04mg/L	0.04mg/L	0.04mg/L	0.04mg/L	0.04mg/L	0.04mg/L
		카바릴	0.07mg/L	0.07mg/L	0.07mg/L	0.07mg/L	0.07mg/L	0.07mg/L	0.07mg/L
		1,2-디브로모-3-클로로프로판	0.003mg/L	0.003mg/L	0.003mg/L	0.003mg/L	0.003mg/L	0.003mg/L	0.003mg/L
	소독부산물	유리잔류염소	4.0mg/L	-	-	-	-	-	-
		총트리할로메탄	0.1mg/L	-	-	-	-	-	-
		브로모디클로로메탄	0.03mg/L	-	-	-	-	-	-
		디브로모클로로메탄	0.1mg/L	-	-	-	-	-	-
		클로로포름	0.08mg/L	-	-	-	-	-	-
		클로랄하이드레이트	0.03mg/L	-	-	-	-	-	-
		디브로모아세토니트릴	0.1mg/L	-	-	-	-	-	-
		디클로로아세토니트릴	0.09mg/L	-	-	-	-	-	-
		트리클로로아세토니트릴	0.004mg/L	-	-	-	-	-	-
		할로아세틱액시드	0.1mg/L	-	-	-	-	-	-
		포름알데히드	0.5mg/L	-	-	-	-	-	-

표 7.14 우리나라 먹는 물 수질기준(계속)

구분	수질항목	수돗물	먹는 샘물	먹는 해양심층수	먹는 염지하수	염지하수	샘물	먹는 물 공동시설 (약수터 등)
심미적 영향 물질	경도	300mg/L	1,000mg/L	1,200mg/L	1,200mg/L	–	–	1,000mg/L
	과망간산칼륨 소비량	10mg/L	10mg/L	10mg/L	10mg/L	10mg/L	10mg/L	10mg/L
	동	1mg/L	1mg/L	1mg/L	1mg/L	1mg/L	1mg/L	1mg/L
	색도	5도	5도	5도	5도	5도	5도	5도
	세제(음이온 계면활성제)	0.5mg/L	검출되지 않을 것	검출되지 않을 것	검출되지 않을 것	검출되지 않을 것	검출되지 않을 것	0.5mg/L
	수소이온농도(pH)	5.8~8.5	4.5~9.5	5.8~8.5	5.8~8.5	5.8~8.5	4.5~9.5	4.5~9.5
	아연	3mg/L	3mg/L	3mg/L	3mg/L	3mg/L	3mg/L	3mg/L
	염소이온	250mg/L	250mg/L	250mg/L	250mg/L	–	250mg/L	250mg/L
	증발잔류물	500mg/L	–	500mg/L (미네랄 등 무해성분 제외)	500mg/L (미네랄 등 무해성분 제외)	–	–	–
	철	0.3mg/L	0.3mg/L	0.3mg/L	0.3mg/L	–	–	0.3mg/L
	망간	0.05mg/L	0.3mg/L	0.3mg/L	0.3mg/L	–	–	0.3mg/L
	탁도	0.5NTU	1NTU	1NTU	1NTU	1NTU	1NTU	1NTU
	황산이온	200mg/L	250mg/L	200mg/L	200mg/L	–	250mg/L	250mg/L
	알루미늄	0.2mg/L	0.2mg/L	0.2mg/L	0.2mg/L	0.2mg/L	0.2mg/L	0.2mg/L
	냄새	소독으로 인한 냄새 이외의 냄새가 있어서는 안 됨	소독으로 인한 냄새 이외의 냄새가 있어서는 안 됨	소독으로 인한 냄새 이외의 냄새가 있어서는 안 됨	소독으로 인한 냄새 이외의 냄새가 있어서는 안 됨	소독으로 인한 냄새 이외의 냄새가 있어서는 안 됨	소독으로 인한 냄새 이외의 냄새가 있어서는 안 됨	소독으로 인한 냄새 이외의 냄새가 있어서는 안 됨
	맛	소독으로 인한 맛 이외의 맛이 있어서는 안 됨	–	소독으로 인한 맛 이외의 맛이 있어서는 안 됨	소독으로 인한 맛 이외의 맛이 있어서는 안 됨	–	–	–
방사능	세슘(Cs-137)	–	–	–	–	4.0mBq/L	–	–
	스트론튬(Sr-90)	–	–	–	–	3.0mBq/L	–	–
	삼중수소	–	–	–	–	6.0Bq/L	–	–

7.12 폐수 처리

과거에는 하수를 그대로 방류하여도 하천 등의 자정작용에 의해 수질오염이 일어나지 않았으나, 인구증가와 도시화 그리고 산업화 등으로 용수의 사용량이 크게 증가함으로서 각종 오염물질들을 함유한 다양한 고농도의 하·폐수가 대규모로 배출되고 있어 수질오염 문제가 심각해짐에 따라 모든 하·폐수는 의무적으로 처리하여 방류하도록 하고 있다. 또한 하·폐수의 처리 방류수는 방류수역에 따라 방류수질기준을 충족시켜야하며 하천수의 수질과 밀접한 관계를 가지고 있어 수계별로 방류수의 양과 수질기준을 엄격하게 규제하는 수질오염총량제를 실시하고 있다.

폐수 속에는 각종 오염물질들이 부유물(SS)이나 용존물(DS)의 형태로 들어 있으며, 이들을 방류수질기준에 적합하도록 처리해야만 한다. 부유물질은 침전성 물질과 비침전성 물질로 구분되는데, 침전성 물질은 침사지에서 중력침강으로 제거하며, 비침전성 물질은 상수 처리에서와 같이 응집제를 사용하여 응집침전 제거한다. 용존성 오염물은 무기물과 유기물로 구분하여 무기물은 화학약품으로 처리하며 유기물 중 생분해성 물질들은 주로 생물학적 처리를 하고 있다. 폐수 처리가 끝난 물은 그대로 자연수계로 방류하며 재이용을 하거나 필요할 경우 염소살균을 하기도 한다. 그러나 최근 하천, 호소 등은 수질오염이 계속 증가하고 있어 처리된 폐수 중의 영양염류인 N, P와 오염물의 농도를 보다 더 낮은 수준으로 처리하기 위해 고도처리방법의 의무적 도입과 방류수질기준의 강화가 시행되고 있다.

일반적으로 폐수 처리과정은 스크린→침사지→응집지→1차 침전지 →생물학적 처리조→2차 침전지→염소투입→고도처리 순으로 이루어진다(그림 7.14).

폐수처리에서 물리적 처리를 1차 처리, 화학적 처리 및 생물학적 처리를 2차 처리 그리고 고도처리를 3차 처리라고 부르기도 한다.

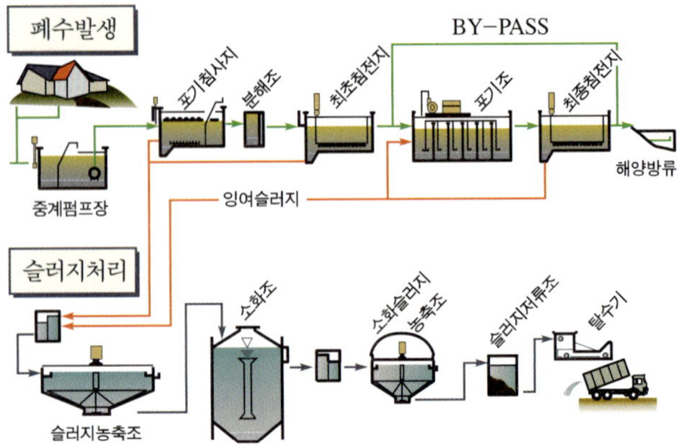

그림 7.14 폐수 처리공정

1) 1차 처리

하수나 폐수는 처음 스크린을 통해 처리장으로 유입되는데 주로 2.5cm 정도의 간격을 갖는 바(bar)스크린이나 이동식 스크린을 사용하여 각종 처리장치와 펌프 등에 고장을 일으킬 수 있는 부유물질을 제거한다.

스크린을 거쳐 침사지에서 무기물, 해캄, 모래, 그릿(grit)등을 제거함으로서 펌프나 장치의 마모나 손상 등을 방지한다. 침사지의 원리는 폐수가 흘러가는 유로를 넓게 함으로서 유속이 느려짐에 따라 상대적으로 부유물들의 중력이 커지는 효과를 이용하여 고형물질들을 침강시켜 제거한다. 따라서 침사지에서 제거되는 고형물들은 쉽게 침강하는 물질들이다.

2) 2차 처리

1차 처리가 끝난 하·폐수에는 콜로이드와 같은 비침전성 부유물들이 잔류하게 되는데 이들을 제거하기 위해 응집침전지에서 명반(alum, Al_2SO_4)이나 폴리염화알루미늄(PAC, poly aluminum chloride) 등과 같은 응집제와 화학약품(고분자전해질, 벤토나이트, 알칼리 등) 등을 넣어 콜로이드 물질까지 응집시킨 후 침전에 의해 제거한다. 이와 같이 화학응집 처리까지의 과정으로 고형물과 부유물질을 제거할 경우 하·폐수 중의 유기오염물 중 약 30~50% 정도가 제거되는 것으로 알려져 있다.

부유물의 처리가 끝난 하・폐수 중에 들어있는 오염물질들은 용존성 물질들로 이들을 처리하기 위해서 통상 생물학적 처리방법을 이용한다. 생물학적 처리방법은 호기성 미생물을 이용한 살수여상, 회전원판법(RBC, rotating biological contactor), 활성슬러지법 등이 있으며 하・폐수의 양과 처리시설의 규모에 따라 선택된다. 생물학적 처리로 물속의 용존성 유기오염물들은 슬러지로 전환되며 침전조에서 침강 분리하여 일부는 재순환하고 나머지는 탈수하여 처분된다. 2차 처리가 끝난 하・폐수 중의 유기물 농도는 대략 10~15% 수준이 된다.

3) 3차 처리(고도처리)

수계에 대한 오염총량제 실시와 댐이나 대형 보 등에서 매년 주기적으로 발생하는 녹조현상과 바다에서의 적조현상 등으로 수질오염이 심해지면서 수질오염을 방지하고자 방류수질에 대한 기준을 강화함에 따라 하・폐수의 고도처리시설을 의무화하고 있다. 3차 처리의 주목적은 영양염류인 질소와 인의 처리이나 BOD, COD, SS 등의 고도처리도 포함된다. 또한 처리수 중의 독성물질이나 악취성분 등을 제거하기 위해 활성탄 흡착이나 염소투입, 막(membrane)을 이용한 처리방법 등이 사용되고 있다.

4) 슬러지 처리

하・폐수처리장에서 발생되는 슬러지는 부유물과 침사지에서 발생되는 1차 슬러지와 생물학적 처리과정에서 발생되는 2차 슬러지가 있으며, 1차 슬러지는 대부분 소각 또는 매립하는 반면 슬러지의 대부분을 차지하는 2차 슬러지는 처리에 많은 어려움을 겪고 있다. 2차 슬러지는 주성분이 박테리아로 함수율이 높아 기계적으로 탈수하여도 함수율이 80%나 되며, 과거에는 주로 해양투기로 처리하였으나 런던 덤핑협약에 의해 해양투기가 진면적으로 금지됨에 따라 다양한 처리법들이 시도되고 있으며, 높은 함수율이 처리의 최대 걸림돌이 되고 있다. 이 중 가장 보편적으로 사용되는 방법 중 하나가 탈수된 슬러지를 혐기성 소화시키는 것으로 다음과 같은 과정으로 메탄가스를 얻을 수 있다.

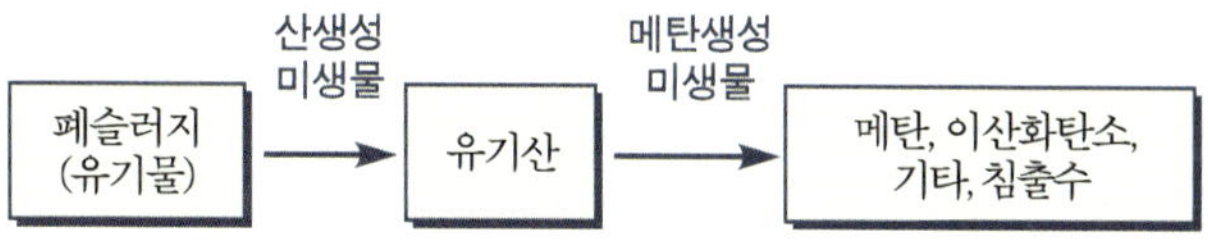

혐기성 소화에서도 소화슬러지가 발생되는데 탈수하여 농장이나 과수원 등지에 비료로 공급하거나 건조 후 소각한다.

2014년 말 기준 전국의 하수도 보급률은 92.5%이며 공공하수처리시설은 500 m^3/일 이상이 569개소로 시설용량은

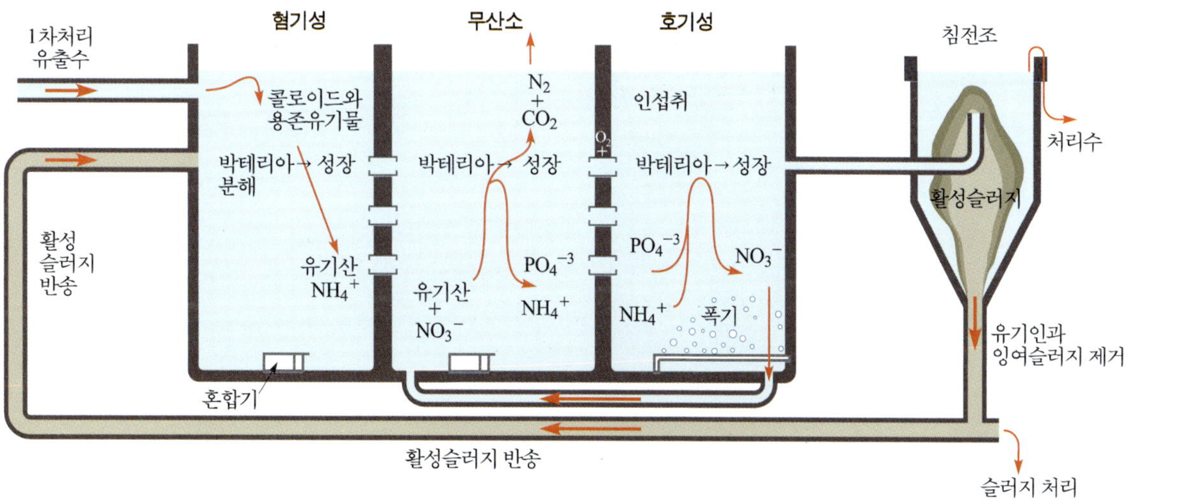

그림 7.15 생물학적 영양염류 제거

25,085,810 m^3/일이며, 500 m^3/일 미만이 3,130개소로 시설용량은 240,993 m^3/일이다. 하수관로의 설치연장은 총 126,605 km(합류식관로 : 45,415 km(35.9%), 분류식 : 81,191 km(64.1%))로 하수도정비기본계획상의 계획연장 165,479 km의 76.5%이다.

공공하수처리시설의 처리수 재이용은 전국 569개 공공하수처리시설(500 m^3/일 이상) 중 534개에서 처리수를 재이용하고 있으며, 연평균 하수처리량 7,185,984천 톤 중 12.6%인 907,443천 톤을 하수처리시설의 세척수나 청소수 또는 하천유지용수, 농업용수 등으로 재이용하고 있다. 지역별로는 충청북도가 33.8%로 재이용률이 가장 높고 다음으로 대구광역시 30.4%인 반면, 제주도와 전라북도는 모두 2.3%로 나타나 있다.

(a) 슬러지 탈수

(b) 슬러지 탈수케이크

그림 7.16 벨트탈수기

7.13 우리나라 수질오염 현황

인간이 생존해나가는데 있어서 물은 필수적으로 매우 중요한 역할을 한다. 그러나 최근에 이르러 고도 경제성장을 추구하는 산업활동과 인구증가 및 도시화 현상으로 인위적 오염요인이 증가되어 수질오염이 국가적 및 국제적으로 커다란 현안문제로 등장하였다.

수질오염을 유발하는 요인으로는 경제 · 사회여건 변화와 자연적 요인으로 대별할 수 있겠다. 경제 · 사회적 요인으로는 첫째, 인구증가와 도시집중, 가구 및 주택증가이다. 우리나라의 도시 인구비율은 1960년 39.15%에서 1980년 68.7%, 2000년 88.35%로 계속 증가하여 2015년 91.79%로 증가하였으며, 전국 인구 10명 중 9명이 도시에 살고 있다.

둘째, 경제성장과 산업구조의 변화인데, 우리나라의 경제규모는 국민총생산(GDP)이 1980년 640억 달러였으나 IMF여파로 2000년 530억 달러로 감소하였다가, 2010년 10,140억 달러, 2012년 11,290억 달러로 크게 증가하였으며, 2016년도는 13,212억 달러로 매년 높은 경제 성장률을 보이고 있다.

셋째, 국토종합건설계획에 의하면 지역 간의 균형 있는 발전을 도모하기 위하여 환경오염과 밀접한 관계가 있는 주거, 상업, 공업지역 등 도시지역의 확산 및 국토개발사업이 늘어남에 따라 수질환경에 대한 부담이 가중될 전망이다.

자연적인 요인으로는 강수량의 불균형으로 인한 물의 지역별, 계절적 편차가 매우 크기 때문에 수질관리에 어려움을 주고 있다. 우리나라의 연평균 강수량은 1,274mm로 제주도를 포함한 남부해안지역은 1,500mm 이상의 강수량을 보이는 반면 남북부의 산간지역은 900mm 정도에도 미달되고 있어 지역별 편차가 심하다. 또 계절적인 편차가 심하여 우기인 6~9월 중에 전체 강수량의 60% 이상이 집중되고 있어 수량 관리에 많은 어려움을 겪고 있다. 우리나라 수자원 현황 및 이용실태를 살펴보면, 우리나라 수자원의 총량은 약 1,267억 톤으로 이 중 증발과 지하침투 등 자연손실이 약 545억 톤이 되고 바다로 약 400억 톤이 유실되어, 결국 하천수나 댐, 지하수 등으로 우리가 사용할 수 있는 수자원 양은 전체의 26%에 불과한 331억 톤에 지나지 않는다. 따라서 수자원의 이용률을 높이기 위하여 전국적으로 약 66,000여 개의 저수지, 관정 등 이수시설이 설치되어 있으나 관리 소홀과 토사유입 등으로 저수량이 감소되어 물 부족현상이 더욱 심해지고 있으며, 생활하수와 산업폐수의 양적 증가 및 질적 악화와 더불어 용수 사용량의 급증으로 수질오염도를 날로 가중시키고 있다.

1) 수질오염 현황 및 전망

한강수계는 크게 북한강, 남한강, 한강 본류로 나눌 수 있는데, 본류로 합류되는 지점까지는 BOD가 2ppm 이하로 비교적 양호한 상태를 나타내고 있다. 그러나 한강의 최상류 지점이라 할 수 있는 춘천댐이 2급수의 수질을 보이고 있다는 조사결과와 수도권 지역 인구의 상수원인 팔당호의 상류에 위치한 청평호와 소양호에서 매년 발생하는 녹조현상은 앞으로 안심하고 마실 수 있는 물을 지속적으로 공급받을 수 있을지 근본적인 회의를 갖게 한다. 특히 최근 환경부는 막대한 예산을 투입하여 팔당호 수질을 2급수로 개선하기 위한 노력을 하여왔으나 실패를 인정하고 있다. 낙동강 수계 중에서는 대구시의 생활하수 및 공단폐수가 유입되는 금호강 합류 이후 고령지점에서 가장 높은 오염도를 보이다가 그 후로부터 점차 회복되고 있으나 여전히 미흡한 상태이다. 금강수계 역시 전반적으로 오염상태가 심한데, 특히 중류인 청주시 지역 이후 하류까지는 상수원수 2급 수질에도 미달되고 있다. 이는 대전시 생활하수, 공단폐수가 유입되는 갑천 및 청주시의 생활하수와 공단폐수가 유입되는 미호천의 영향 때문으로 풀이될 수 있다. 영산강 수계는 4대 하천 중 수질오염도가 가장 높은 하천이며, 계속 수질이 악화되어가고 있는 추세이다. 이는 농업용수의 확보를 위해 나주호, 장성호, 광주호 등의 인공호수를 축조하여 물을 저수함으로써 영산강의 하천 유지용수가 부족하고, 광주시의 생활하수, 공단폐수가 유입되는 광주천의 영향이 크기 때문이다. 이밖에도 환경부가 최근 발표한 4대강 수계의 66곳 주요 하천의 오염실태 조사결과에 의하면 잉어와 붕어가 제대로 살기 힘들 만큼 오염된 하천이 3곳, 농업용수로도 쓰지 못할 만큼 오염된 하천이 16곳으로 조사 대상 하천의 약 30%에 달하고 있다.

(1) 생활하수

생활하수의 발생량은 처리량 기준으로 하루 약 19,687천 톤이며, 인구증가와 이에 따른 물소비량의 증가로 인하여 해마다 6~7%씩 증가될 것으로 전망된다. 생활하수는 탄수화물, 지방, 단백질 등이 포함되어 있는 유기성 물질이 대부분이며, 상가지역 등에서 미량의 중금속과 유기합성 화합물들이 함유될 수 있다. 생활하수는 수질오염 중에서 가장 많은 부분을 차지하고 있어 인구가 밀집된 대도시 주변 수역의 수질을 악화시키고 있는 요인이 되고 있으므로 하수처리율을 지속적으로 늘려나가지 않으면 안 된다.

(2) 산업폐수

사업장에서 배출되는 산업폐수는 생활하수에 비하여 그 양은 많지 않으나 오염물질의 농도는 생활하수에 비하여 월등히 높다고 볼 수 있으며, 자체 정화를 하지 않고 방류할 경우 수질오염의 큰 원인이 될 수 있다. 그러나 산업단지 등에는 모두 폐수처리장이 설치되어 있어 산업폐수에 의한 수질오염문제는 상당히 감소할 것으로 보인다.

(3) 축산폐수

축산폐수의 배출량은 1% 정도에 불과하나 BOD 기준 오염 발생량은 32%를 차지하는 고농도의 폐수이다. 현재 축산시설의 90% 이상이 비규제대상 영세축산농가이므로 개별 정화시설의 설치가 불가능하여 적정처리를 기대하기 어려운 실정이다. 전국의 가축 수를 보면 최근 육류 소비증가에 따라 축산사육 두수가 지속적으로 늘어나고 있다. 이들이 배출하는 분뇨의 배출량은 사료의 종류나 가축의 연령에 따라 차이가 있으나 하루에 소의 경우 분(糞) 25 kg, 뇨(尿) 10 L, 돼지의 경우 분(糞) 3 kg, 뇨(尿) 3 L를 배출하고 있다(참고 : 닭은 0.1 kg의 분을, 사람은 1.0 kg의 분과 0.9 L의 뇨를 배출함). 화학비료를 구하기 어려웠던 과거 농촌에서는 가축 분뇨를 비료로 만들어 농지로 환원하였으나, 근래에는 취급이 어렵고 혐오감을 주기 때문에 일부만이 혐기성 소화 등을 거쳐 유기질 비료의 형태로 농지에 환원되고 있다.

(4) 기타 오염원

이 외에 수계 상류의 호소, 저수지 내에 위치한 가두리 양식장으로부터 질소와 인이 대량 함유된 잔류사료, 폐사어 등의 유출로 호소 부영양화 발생의 원인이 되고 있으나 현재는 가두리 양식금지로 이 문제는 해소되었지만 농약과 비료의 사용량이 증가추세에 있고 골프장, 호텔, 숙박업소, 수상음식점, 낚시 행위 등으로 상수원의 수질은 계속 오염되고 있다. 맑은 물을 공급받기 위해서는 가능한 한 상수원 보호지역을 확대하여 동지역 내에서 관광 및 위락단지의 이용제한, 기존 시설의 이전촉진 등 오염물질 배출원을 제거해야 한다.

2) 수질기준

수질기준은 모든 수질관리의 목표라고 할 수 있다. 특정 수역의 수질관리를 위한 수질기준이 설정되면 기준치는 그 수역의 수질관리 정책목표가 되며, 그 목표를 달성하기 위한 수단이자 법적판단의 근거가 된다. 우리나라의 수질기준은 음용수, 공업용수, 농업용수, 수산용수, 위락용수 등 이용목적에 따라 생활환경과 국민의 건강보호를 위해 설정되었으며 하천, 호소 및 해역의 수질환경기준이 규정되어 있다. 표 7.15에 우리나라의 수질 및 수생태계 환경기준을 제시하였다.

표 7.15 **우리나라 수질 및 수생태계 환경기준**

가. 하천

1) 사람의 건강보호 기준

항 목	기준값(mg/L)
카드뮴(Cd)	0.005 이하
비소(As)	0.05 이하
시안(CN)	검출되어서는 안 됨(검출한계 0.01)
수은(Hg)	검출되어서는 안 됨(검출한계 0.001)
유기인	검출되어서는 안 됨(검출한계 0.0005)
폴리클로리네이티드비페닐(PCB)	검출되어서는 안 됨(검출한계 0.0005)
납(Pb)	0.05 이하
6가 크롬(Cr^{6+})	0.05 이하
음이온 계면활성제(ABS)	0.5 이하
사염화탄소	0.004 이하
1,2-디클로로에탄	0.03 이하
테트라클로로에틸렌(PCE)	0.04 이하
디클로로메탄	0.02 이하
벤젠	0.01 이하
클로로포름	0.08 이하
디에틸헥실프탈레이트(DEHP)	0.008 이하
안티몬	0.02 이하
1,4-다이옥세인	0.05 이하
포름알데히드	0.5 이하
헥사클로로벤젠	0.00004 이하

2) 생활환경 기준

등급		상태(캐릭터)	기준							대장균군(군수/100mL)	
			수소이온농도(pH)	생물화학적 산소요구량(BOD)(mg/L)	화학적 산소요구량(COD)(mg/L)	총유기탄소량(TOC)(mg/L)	부유물질량(SS)(mg/L)	용존산소량(DO)(mg/L)	총인(T-P)(mg/L)	총 대장균군	분원성 대장균군
매우 좋음	Ia		6.5~8.5	1 이하	2 이하	2 이하	25 이하	7.5 이상	0.02 이하	50 이하	10 이하
좋음	Ib		6.5~8.5	2 이하	4 이하	3 이하	25 이하	5.0 이상	0.04 이하	500 이하	100 이하
약간 좋음	II		6.5~8.5	3 이하	5 이하	4 이하	25 이하	5.0 이상	0.1 이하	1,000 이하	200 이하
보통	III		6.5~8.5	5 이하	7 이하	5 이하	25 이하	5.0 이상	0.2 이하	5,000 이하	1,000 이하
약간 나쁨	IV		6.0~8.5	8 이하	9 이하	6 이하	100 이하	2.0 이상	0.3 이하		
나쁨	V		6.0~8.5	10 이하	11 이하	8 이하	쓰레기 등이 떠 있지 않을 것	2.0 이상	0.5 이하		
매우 나쁨	VI	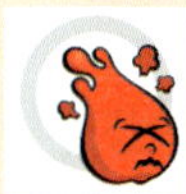		10 초과	11 초과	8 초과		2.0 미만	0.5 초과		

1. 등급별 수질 및 수생태계 상태
   가. 매우 좋음 : 용존산소(溶存酸素)가 풍부하고 오염물질이 없는 청정상태의 생태계로 여과 · 살균 등 간단한 정수처리 후 생활용수로 사용할 수 있음.
   나. 좋음 : 용존산소가 많은 편이고 오염물질이 거의 없는 청정상태에 근접한 생태계로 여과 · 침전 · 살균 등 일반적인 정수처리 후 생활용수로 사용할 수 있음.
   다. 약간 좋음 : 약간의 오염물질은 있으나 용존산소가 많은 상태의 다소 좋은 생태계로 여과 · 침전 · 살균 등 일반적인 정수처리 후 생활용수 또는 수영용수로 사용할 수 있음.
   라. 보통 : 보통의 오염물질로 인하여 용존산소가 소모되는 일반 생태계로 여과, 침전, 활성탄 투입, 살균 등 고도의 정수처리 후 생활용수로 이용하거나 일반적 정수처리 후 공업용수로 사용할 수 있음.
   마. 약간 나쁨 : 상당량의 오염물질로 인하여 용존산소가 소모되는 생태계로 농업용수로 사용하거나 여과, 침전, 활성탄 투입, 살균 등 고도의 정수처리 후 공업용수로 사용할 수 있음.
   바. 나쁨 : 다량의 오염물질로 인하여 용존산소가 소모되는 생태계로 산책 등 국민의 일상생활에 불쾌감을 주지 않으며, 활성탄 투입, 역삼투압공법 등 특수한 정수처리 후 공업용수로 사용할 수 있음.
   사. 매우 나쁨 : 용존산소가 거의 없는 오염된 물로 물고기가 살기 어려움.
   아. 용수는 해당 등급보다 낮은 등급의 용도로 사용할 수 있음.
   자. 수소이온농도(pH) 등 각 기준항목에 대한 오염도 현황, 용수처리방법 등을 종합적으로 검토하여 그에 맞는 처리방법에 따라 용수를 처리하는 경우에는 해당 등급보다 높은 등급의 용도로도 사용할 수 있음.

나. 호소

등 급		상태(캐릭터)	기준								대장균군(군수/100mL)	
			수소이온농도(pH)	화학적 산소요구량(COD)(mg/L)	총유기탄소량(TOC)(mg/L)	부유물질량(SS)(mg/L)	용존산소량(DO)(mg/L)	총인(T-P)(mg/L)	총질소(T-N)(mg/L)	클로로필-a(Chl-a)(mg/m^3)	총 대장균군	분원성 대장균군
매우 좋음	Ia		6.5~8.5	2 이하	2 이하	1 이하	7.5 이상	0.01 이하	0.2 이하	5 이하	50 이하	10 이하
좋음	Ib		6.5~8.5	3 이하	3 이하	5 이하	5.0 이상	0.02 이하	0.3 이하	9 이하	500 이하	100 이하
약간 좋음	II		6.5~8.5	4 이하	4 이하	5 이하	5.0 이상	0.03 이하	0.4 이하	14 이하	1,000 이하	200 이하
보통	III		6.5~8.5	5 이하	5 이하	15 이하	5.0 이상	0.05 이하	0.6 이하	20 이하	5,000 이하	1,000 이하
약간 나쁨	IV		6.0~8.5	8 이하	6 이하	15 이하	2.0 이상	0.10 이하	1.0 이하	35 이하		
나쁨	V		6.0~8.5	10 이하	8 이하	쓰레기 등이 떠 있지 않을 것	2.0 이상	0.15 이하	1.5 이하	70 이하		
매우 나쁨	VI	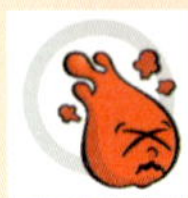		10 초과	8 초과		2.0 미만	0.15 초과	1.5 초과	70 초과		

화학적 산소요구량(COD) 기준은 2015년 12월 31일까지 적용한다.

다. 해역

1) 생활환경

항 목	수소이온농도(pH)	총대장균군(총대장균군수/100mL)	용매 추출유분(mg/L)
기 준	6.5 ~ 8.5	1,000 이하	0.01 이하

2) 생태기반 해수 수질기준

등 급	수질평가 지수값(Water Quality Index)
I (매우 좋음)	23 이하
II (좋음)	24 ~ 33
III (보통)	34 ~ 46
IV (나쁨)	47 ~ 59
V (아주 나쁨)	60 이상

3) 해양생태계 보호기준

(단위 : $\mu g/L$)

중금속류	구리	납	아연	비소	카드뮴	크롬(6가)
단기 기준	3.0	7.6	34	9.4	19	200
장기 기준	1.2	1.6	11	3.4	2.2	2.8

4) 사람의 건강보호

등 급	항 목	기준(mg/L)
모든 수역	6가 크롬(Cr^{6+})	0.05
	비소(As)	0.05
	카드뮴(Cd)	0.01
	납(Pb)	0.05
	아연(Zn)	0.1
	구리(Cu)	0.02
	시안(CN)	0.01
	수은(Hg)	0.0005
	폴리클로리네이티드비페닐(PCB)	0.0005
	다이아지논	0.02
	파라티온	0.06
	말라티온	0.25
	1.1.1 - 트리클로로에탄	0.1
	테트라클로로에틸렌	0.01
	트리클로로에틸렌	0.03
	디클로로메탄	0.02
	벤젠	0.01
	페놀	0.005
	음이온 계면활성제(ABS)	0.5

표 7.16 수질 및 수생태계 상태별 생물학적 특성 이해표

생물 등급	생물 지표종		서식지 및 생물 특성
	서서생물(底棲生物)	어 류	
매우 좋음 ~ 좋음	옆새우, 가재, 뿔하루살이, 민하루살이, 강도래, 물날도래, 광택날도래, 띠무늬우묵날도래, 비수염날도래	산천어, 금강모치, 열목어, 버들치 등 서식	- 물이 매우 맑으며, 유속은 빠른 편임. - 바닥은 주로 바위와 자갈로 구성됨. - 부착 조류(藻類)가 매우 적음.
좋음 ~ 보통	다슬기, 넓적거머리, 강하루살이, 동양하루살이, 등줄하루살이, 등딱지하루살이, 물삿갓벌레, 큰줄날도래	쉬리, 갈겨니, 은어, 쏘가리 등 서식	- 물이 맑으며, 유속은 약간 빠르거나 보통임. - 바닥은 주로 자갈과 모래로 구성됨. - 부착 조류가 약간 있음.
보통 ~ 약간 나쁨	물달팽이, 턱거머리, 물벌레, 밀잠자리	피라미, 끄리, 모래무지, 참붕어 등 서식	- 물이 약간 혼탁하며, 유속은 약간 느린 편임. - 바닥은 주로 잔자갈과 모래로 구성됨. - 부착 조류가 녹색을 띠며 많음.
약간 나쁨 ~ 매우 나쁨	왼돌이물달팽이, 실지렁이, 붉은깔따구, 나방파리, 꽃등에	붕어, 잉어, 미꾸라지, 메기 등 서식	- 물이 매우 혼탁하며, 유속은 느린 편임. - 바닥은 주로 모래와 실트로 구성되며, 대체로 검은색을 띰. - 부착 조류가 갈색 혹은 회색을 띠며 매우 많음.

구 분	생물 지표종			
	어 류		저서생물	
매우 좋음 ~ 좋음				
	산천어	금강모치	강도래	가재

	버들치	열목어	뿔하루살이	민하루살이
좋음 ~ 보통				
	갈겨니	쉬리	다슬기	조개넙적머리

	은어	쏘가리	강하루살이	동양하루살이
보통 ~ 약간 나쁨				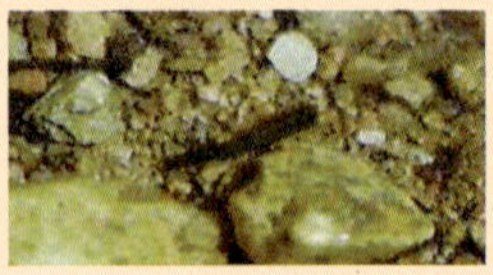
	피라미	끄리	물달팽이	돌거머리

	모래무지	참붕어	물벌레	밀잠자리
약간 나쁨 ~ 매우 나쁨				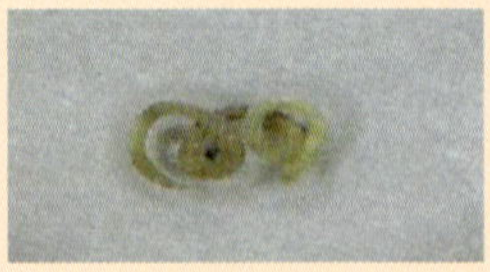
	붕어	잉어	왼돌이물달팽이	실지렁이
				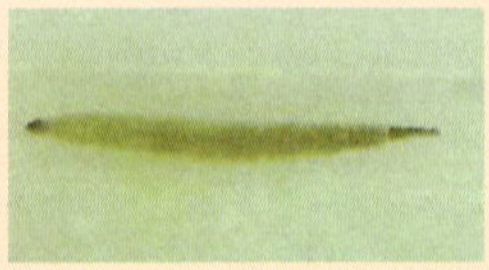
	메기	미꾸라지	붉은깔다구	나방파리류

그림 7.17 하천의 생물지표종

또한 환경부는 2007년부터 하천의 이화학적 수질환경기준 외에 수질의 등급에 따라 가장 많이 발견되는 어류와 저서생물지표 종, 서식지 및 생물특성을 기초로 수생태계 생태별 생물학적 특성을 나타내는 특성 이해표를 제정하여 생물학적 수질평가기법으로 사용하고 있으며, 독일, 영국 등은 이미 1990년대부터 생물학적 수질평가기법을 운용하고 있다.

3) 배출규제기준

폐수배출 시설업체로부터 하천으로 유입되는 오염물질들은 반드시 폐수의 배출허용 기준을 준수하여 방류되어야 한다. 수질측정결과 환경기준이 초과되는 수역이나 수질 장래 예측결과 목표수질이 환경기준을 초과하는 경우, 양질의 수자원을 확보하기 위해서 오염원을 포함한 종합적인 수질관리를 위해 특별대책지역으로 지정하고 공공하수처리시설 등의 방류수 수질기준(표 7.17)보다 엄격한 배출허용 기준을 정할 수 있으며, 특별대책지역 중 사업장이 밀집되어 있는 구역의 경우에는 구역 내의 사업장에 대하여 배출되는 오염물질을 총량으로 규제할 수 있다.

표 7.17 공공하수처리시설 · 간이공공하수처리시설의 방류수 수질기준 (개정 2014.7.17)

1. 공공하수처리시설의 방류수 수질기준

가. 방류수 수질기준

구 분		생물화학적 산소요구량 (BOD)(mg/L)	화학적 산소요구량 (COD)(mg/L)	부유물질 (SS)(mg/L)	총질소 (T-N)(mg/L)	총인 (T-P)(mg/L)	총대장균군수 (개/ml)	생태 독성 (TU)
1일 하수처리용량 500m³ 이상	I 지역	5 이하	20 이하	10 이하	20 이하	0.2 이하	1,000 이하	1 이하
	II 지역	5 이하	20 이하	10 이하	20 이하	0.3 이하	3,000이하	
	III지역	10 이하	40 이하	10 이하	20 이하	0.5 이하		
	IV지역	10 이하	40 이하	10 이하	20 이하	2 이하		
1일 하수처리용량 500m³ 미만 50m³ 이상		10 이하	40 이하	10 이하	20 이하	2 이하		
1일 하수처리용량 50m³ 미만		10 이하	40 이하	10 이하	40 이하	4 이하		

나. 지역 구분

구 분	범 위
I 지역	가. 「수도법」 제7조에 따라 지정 · 공고된 상수원보호구역 나. 「환경정책기본법」 제22조 제1항에 따라 지정 · 고시된 특별대책지역 중 수질보전 특별대책지역으로 지정 · 고시된 지역 다. 「한강수계 상수원 수질개선 및 주민지원 등에 관한 법률」 제4조 제1항, 「낙동강수계 물관리 및 주민지원 등에 관한 법률」 제4조 제1항, 「금강수계 물관리 및 주민지원 등에 관한 법률」 제4조 제1항 및 「영산강 · 섬진강수계 물관리 및 주민지원 등에 관한 법률」 제4조 제1항에 따라 각각 지정 · 고시된 수변구역 라. 「새만금사업 촉진을 위한 특별법」 제2조 제1호에 따른 새만금사업지역으로 유입되는 하천이 있는 지역으로서 환경부장관이 정하여 고시하는 지역
II 지역	「수질 및 수생태계 보전에 관한 법률」 제22조 제2항에 따라 고시된 중권역 중 화학적 산소요구량(COD) 또는 총인(T-P)의 수치가 같은 법 제24조 제2항 제1호에 따른 목표기준을 초과하였거나 초과할 우려가 현저한 지역으로서 환경부장관이 정하여 고시하는 지역
III지역	「수질 및 수생태계 보전에 관한 법률」 제22조 제2항에 따라 고시된 중권역 중 한강 · 금강 · 낙동강 · 영산강 · 섬진강 수계에 포함되는 지역으로서 환경부장관이 정하여 고시하는 지역(I 지역 및 II 지역을 제외한다)
IV지역	I 지역, II 지역 및 III지역을 제외한 지역

2. 간이공공하수처리시설의 방류수 수질기준

가. 방류수 수질기준

구 분	생물화학적 산소요구량(BOD)(mg/L)		총대장균군수(개/ml)	
Ⅰ지역	2014년 7월 17일부터 2018년 12월 31일까지	60 이하	2014년 7월 17일부터 2018년 12월 31일까지	-
	2019년 1월 1일부터 2023년 12월 31일까지	60 이하	2019년 1월 1일 이후	3,000 이하
	2024년 1월 1일 이후	40 이하		
Ⅱ지역	2014년 7월 17일부터 2019년 12월 31일까지	60 이하	2014년 7월 17일부터 2019년 12월 31일까지	-
	2020년 1월 1일부터 2024년 12월 31일까지	60 이하	2020년 1월 1일 이후	3,000 이하
	2025년 1월 1일 이후	40 이하		
Ⅲ · Ⅳ지역	-		-	

비고

1. 위 방류수수질기준은 1일 하수처리용량이 $500m^3$ 이상인 공공하수처리시설에 유입되는 하수가 일시적으로 늘어날 경우 이를 처리하기 위하여 설치되는 간이공공하수처리시설에 대해서만 적용한다.
2. 환경부장관은 2014년 7월 17일부터 2018년 12월 31일까지의 기간에 새로 설치되는 간이공공하수처리시설에 대해서는 위 방류수수질기준보다 완화된 기준을 정하여 고시할 수 있다.

나. 지역 구분 : 제1호 나목과 같다.

CHAPTER 07 | 수질오염

EXERCISE

1. 최근 10년 동안 우리나라 수질오염 자료를 조사하고 오염도를 평가하라.
2. 수질오염의 지표들을 조사하고 설명하라.
3. 수질오염이 인체에 미치는 영향에 대하여 구체적으로 설명하라.
4. 수질오염을 방지할 수 있는 가정에서의 실천방법들을 제시하라.
5. 최근 수돗물에 대한 불신이 높아지고 있는데 그 이유와 대책을 제시하라.
6. 무분별한 지하수 개발을 규제할 수 있는 정책적 대안을 제시하라.
7. 우리지역의 정수장과 폐수처리장을 방문하고 각각의 처리방법에 대하여 조사하라.
8. 우리나라 축산폐수 발생량과 수질오염 방지대책을 제시하라.
9. 수질오염총량제에 대하여 설명하라.
10. 가정용 합성 세제의 종류와 생분해도에 대하여 조사하라.

CHAPTER

08

대기오염

CHAPTER 08 대기오염

8.1 대기권

우주에서 보면 지구는 엷은 푸른빛의 기체로 둘러싸여 있는 것처럼 보이는데, 이처럼 거대한 공기 덩어리를 대기(atmosphere)라고 부르며, 대기는 지표면으로부터 고도가 상승함에 따라 나타나는 온도 분포에 따라 그림 8.1에 나타낸 바와 같이 대류권, 성층권, 중간권 그리고 열권 등 4개의 권역으로 구분된다.

대류권(troposphere)은 지상에서 약 12km까지로 고도가 상승함에 따라 온도가 낮아지며, 비나 눈 그리고 바람이나 대기의 순환 등 여러 가지 기상의 변화가 일어남으로서 대기오염과 밀접한 관계를 갖는다. 성층권(stratosphere)은 대류권 다음에 있는 층으로 지상에서 약 50km까지를 일컬으며 성층권 내에는 오존가스들이 모여 있는 오존층이 존재한다. 성층권에서는 오존층이 태양복사선 중 자외선을 흡수함으로써 고도가 증가함에 따라 온도 역시 증가하며 기상의 변화가 없다. 대기로 배출되는 오염물질들의 대부분은 대류권 내에서 확산, 이동, 순환되나, 염화불화탄소(CFCs) 등 일부 물질들은 성층권까지 확산하여 오존층의 오존을 파괴함으로써 지구환경문제를 초래하고 있다. 성층권 다음으로 지상으로부터 약 80km까지를 중간권(mesosphere)이라고 하는데 고도에 따라 온도가 감소하며, 그 이상은 고도에 따라 온도가 증가하는 열권(thermosphere)이라 부른다.

지구의 나이를 약 45억 년으로 추정하는데 태초에 지구를 둘러싸고 있던 대기의 조성은 어떠하였을까? 지구가 처음 생겨나던 때 대기의 주성분은 질소(N_2), 암모니아(NH_3), 일산화탄소(CO), 메탄(CH_4) 그리고 수증기 등으로 산소는 극히 미량으로 존재함으로서 생명체가 살 수 없는 환경이었던 것으로 알려져 있다. 이후 지상에 식물이

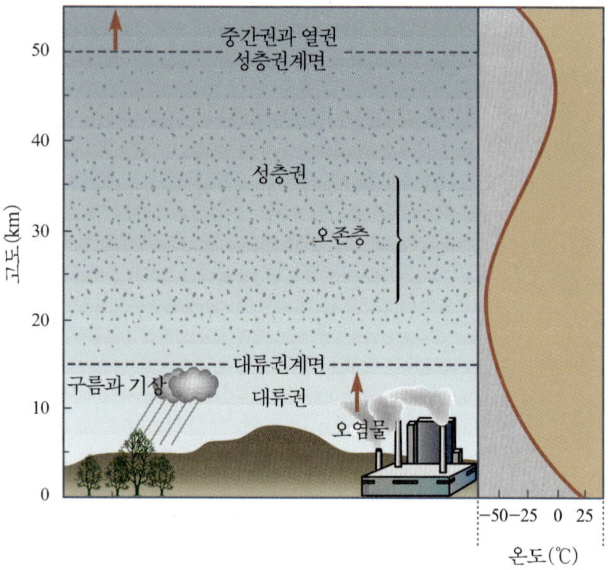

그림 8.1 대기권에서 고도에 따른 온도 분포

생겨나면서 광합성 작용에 의해 대기 중에 산소(O_2)가 생겨나기 시작하여 오늘날과 같은 공기의 조성을 이루게 되었다. 그렇다면 오염되지 않은 공기의 조성은 어떠한 것일까? 이에 대하여 명확한 대기의 조성에 대한 기준은 없으나 일반적으로 지표면의 오염되지 않은 공기의 조성으로 건조공기의 조성은 표 8.1과 같다. 현재 일반적인 공기의 조성은 부피비로 표준상태(0℃, 1atm)에서 질소 78.084%, 산소 20.946%, 아르곤 0.933%, 이산화탄소 0.033% 그리고

표 8.1 오염되지 않은 건조공기의 조성

	ppm(부피)	$\mu g/m^3$
질소(N_2)	780,840	8.95×10^8
산소(O_2)	209,460	2.74×10^8
물(H_2O)	-	-
아르곤(Ar)	9,330	1.52×10^7
이산화탄소(CO_2)	355	5.67×10^5
네온(Ne)	18	1.49×10^4
헬륨(He)	5.2	8.50×10^2
메탄(CH_4)	2	1.312×10^3
크립톤(Kr)	1.0	3.43×10^3
아산화질소(N_2O)	0.5	9.00×10^2
수소(H_2)	0.5	4.13×10^1
크세논(Xe)	0.08	4.29×10^2
일산화탄소(CO)	0.06~0.2	2.3×10^{-2}~6.8×10
오존(O_3)	0.02~0.07	3.9×10^{-2}~1.4×10^{-1}
암모니아(NH_3)	극미량(7ppb 이하)	-

나머지 0~4%의 수증기 등과 40여종의 미량기체들로 구성되어 있다. 미량 기체들로는 오존(O_3), 헬륨(He), 수소(H_2), 질소산화물(NO_X), 이산화황(SO_2), 네온(Ne) 등이 있으며 각종 에어로졸, 먼지, 연기, 꽃가루 등이 육지나 바다로부터 생성되어 포함되어 있기도 하다. 공기의 평균 분자량은 28.84이고, 밀도는 1.29g/L이다.

8.2 대기운동과 기상학

대기 중으로 배출된 오염물이 대류권 내에서 어느 지역에 어느 정도의 오염도를 나타낼 것인지는 오염물질의 이동과 확산에 따라 크게 좌우된다. 이때 오염물의 이동과 확산에 가장 큰 영향을 미치는 요인들이 기상조건과 지형적 조건이다. 모든 기상현상의 근원은 태양복사열에 의한 대기의 온도차로 생성되는 기압, 바람, 수분 등에 있으며, 따라서 열, 압력, 바람, 수분 등 4가지 요소들의 상호작용에 의해 대기의 운동규모와 수준이 달라지게 된다. 가장 큰 대기의 운동규모인 대규모 순환은 수천 km에 걸쳐 일어나며, 남반구와 북반구에서 각각 반구 전체에 걸쳐 영향을 미치는데, 지구의 자전에 의한 코리올리스(Coriolis) 힘에 의해 북반구에서는 바람이 오른쪽으로 남반구에서는 왼쪽으로 편향된다. 각 반구에서의 대규모 대기 순환은 극편동풍, 편서풍 그리고 무역풍 등 크게 3개의 운동 셀로 구성되어 있는데, 열에 의한 대류와 코리올리스 힘의 영향으로 고기압과 저기압지역, 한랭전선과 온난전선, 태풍이나 허리케인 그리고 겨울폭풍 등을 생기게 한다. 중규모 대기 순환은 수백 km의 규모로 발생되며 주로 산악, 바다, 삼림, 도시 등 지표면의 구조나 지형의 영향으로 해륙풍, 산곡풍, 이동하는 고기압 또는 저기압전선, 도시열섬현상 등을 나타낸다. 소규모 대기운동은 10km 이내에서 일어나는 현상으로 건물, 나무, 숲, 또는 구릉지와 같은 지표면의 불특정 장애물 등에 의해 공기의 흐름, 즉 바람이 불 때 생기는 마찰응력으로 인한 역학적 난류나 도시의 아스팔트와 콘크리트 건물, 사막의 모래 등으로부터의 복사열에 의한 열 난류에 의해 공기의 흐름이 영향을 받는 것으로, 주로 지면에 있는 대기층에서 발생되며 굴뚝으로부터 배출되는 연기 플룸(plume)의 너울거림과 분산 등이 여기에 해당된다.

대규모 대기 순환은 대기오염에 큰 영향을 미치지 않으므로 실제 대기오염물질의 거동과 확산 등으로 인한 대기오염과 밀접한 영향을 나타내는 것은 중규모와 소규모 대기 순환이라 할 수 있다. 이러한 중규모와 소규모 범위의 기상을 미기상학이라 부르며, 대기오염에 영향을 미치는 주요 미기상학적 요소들을 정리하면 다음과 같다.

1) 바람

공기의 수평적 이동을 바람이라 하며, 수직적 이동은 대류라고 부른다. 바람은 공기의 불균일한 온도와 압력 때문에 나타나는 대기운동으로 고기압에서 저기압으로 불며 지구 자전에 의한 코리올리스 힘의 영향 등을 받는다. 바람의 종류로는 500m 이상의 고도에서 코리올리스 힘과 기압경도력의 평형에 의해 일정한 속도로 부는 지균풍(geostrophic wind), 지균풍에 원심력이 더해져서 균형을 이루어 부는 경도풍, 지표면 가까이에서 부는 지상풍 등이 있으며, 이밖에 국지풍으로는 산에서 밤이 되면 능선을 따라 형성된 차가운 공기가 다음날 아침까지 골짜기 바닥으로 확산되고, 낮에 햇빛을 받아 지면의 온도가 올라가면 거꾸로 골짜기로부터 능선 위로 바람이 부는 산곡풍과 바다에 인접한 지역에서 육지와 바다의 비열 차이로 낮에는 육지가 빨리 가열되어 육지 위의 공기가 상승함에 따라 바다로부터 해풍이 육지로 불고, 밤에는 반대로 육지가 먼저 냉각됨으로써 육지로부터 바다로 육풍이 부는 해륙풍이 있다.

2) 바람장미(wind rose)

바람의 속도는 아네모미터(anemometer)로 측정하는데 보통 3컵이나 4컵 형식을 이용하여 풍향과 풍속을 동시에 측정한다. 아네모미터로 측정된 풍속과 풍향자료를 그림으로 나타낸 것을 바람장미 또는 풍배도라 부르며, 그림 8.2와 같다.

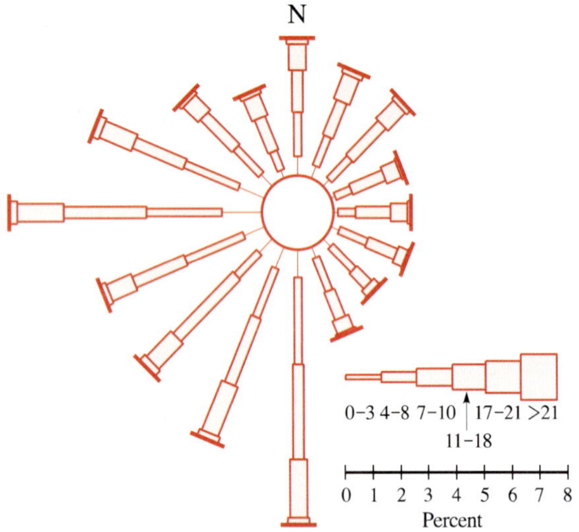

그림 8.2 바람장미(Wind rose)

3) 기압

공기도 무게가 있으므로 지표면에 대하여 압력을 나타낸다. 위도 45°에서 기온 0℃일 때 측정된 대기의 평균 압력은 760mmHg이며, 이를 1기압(atm)이라 한다. 기상학에서는 기압을 밀리바(millibar)로 나타내는데, 1기압은 1,013 millibar이다. 대기 중의 기압분포를 지도상에 나타낸 것을 등압선이라 부르며, 한 지역의 기압이 상승하면 다른 지역의 기압이 상대적으로 내려가므로 플럭스(flux)는 항상 일정하게 된다. 기압의 형태는 대륙의 위치, 지표면 상태, 태양복사도, 풍향과 풍속, 지구적 대기 순환 등이 복합적으로 작용하여 고기압이나 저기압으로 나타나며, 고기압계는 맑은 하늘과 가벼운 바람으로 대기가 안정한 상태이며, 바람의 수직운동은 하향적이고 북반구에서 수평운동은 시계방향이다. 따라서 고기압계에서는 대기가 안정하고 기온이나 습도의 변화가 적으며 분산이 제한되어 있어 오염물의 축적으로 대기오염도가 증가할 수 있다. 저기압계는 구름이 낀 하늘과 세찬바람, 대기의 불안정 그리고 전선의 형성 등으로 오염물의 분산이 빠르게 일어나며, 공기의 수직운동은 상향적이고 북반구에서 수평운동은 반시계방향이다. 남반구에서는 고기압계와 저기압계 바람의 수평운동방향이 북반구와 반대가 된다.

4) 전선

온도가 다른 커다란 공기 덩어리가 서로 만나 이루는 경계를 전선이라고 하는데, 따뜻하고 밀도가 낮은 공기가 차갑고, 밀도가 높은 공기를 만나게 되면 따뜻한 공기가 차가운 공기 덩어리 위로 올라가게 되며, 이때 찬 공기가 후퇴하고 더운 공기가 전진하는 경우를 온난전선, 찬 공기가 더운 공기로 전진하는 경우를 한랭전선이라 한다. 온난전선의 경우 광범위한 강수대가 형성되나 한랭전선의 경우에는 갑자기 세찬 소나기가 내린 후 맑아지며 기온과 습도가 내려간다.

5) 체감율과 대기 안정도

대류권에서는 고도가 상승함에 따라 온도가 낮아지는데 고도의 상승에 따른 온도 변화율을 체감율(lapse rate)이라고 정의한다. 이때 대기 중에서 건조하고 더운 공기 덩어리가 주변 공기와의 열 교환 없이 상승하게 되면 단열적으로 팽창하면서 냉각되는데, 이때의 일정한 온도변화를 건조단열체감율(dry adiabatic lapse rate)이라 하며, -9.8℃/km의 값을 갖는다. 반면 수증기를 포함하고 있는 실제 공기의 습윤단열체감율은 응축되는 수증기의 양에 따라 온도변화가 일정하지는 않으나 통상 -6.5℃/km로 더 작다.

대기 안정도는 기온의 수직분포함수로 주변 체감율을 건조단열체감율과 비교하여 판정한다. 즉, 건조단열체감율(-9.8℃/km)을 기준으로 주변 체감율이 더 크면 과단열이라고 하며, 이때 대기는 매우 불안정한 상태이고, 두 체감율이 같을 경우에는 대기 안정도를 중성이라고 한다. 주변 체감율이 건조단열체감율보다 작은 경우는 미단열이라 하며, 이때 대기는 안정하고, 고도에 무관하게 온도가 일정한 경우, 즉 주변 체감율이 0인 경우에는 등온이라 하며, 대기는 역시 안정하다. 반면 고도에 비례하여 온도가 오히려 증가하는 경우가 있는데 이를 기온역전이라고 하며, 이때 대기는 강안정상태가 되어 대기오염물질을 가둠으로서 오염물의 축적으로 대기 오염도가 크게 증가한다. 이와 같은 기온역전의 원인은 2가지가 있는데 하나는

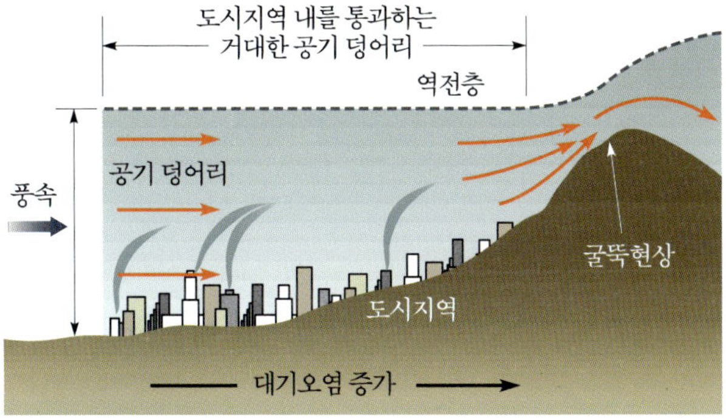

그림 8.3 풍속에 따른 대기오염도 변화

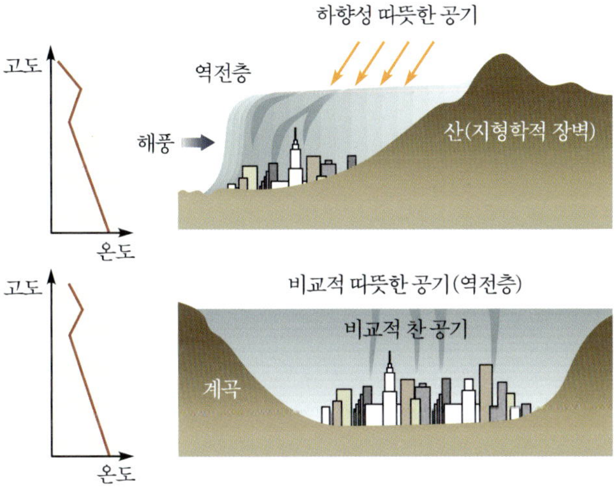

그림 8.4 대기역전이 발생하는 2가지 원인

복사역전으로 지표면과 지표면 위의 공기의 냉각속도가 달라서 생기는 것으로 야행성이며 햇빛이 나면 쉽게 파괴된다. 복사역전은 수백 m까지 생성되며 안개 생성을 촉진한다. 또 다른 기온역전은 침강역전으로 고기압과 관련되어 있는데, 고기압 셀 안의 공기가 지표면으로 하강하면서 압축 및 가열되어 더운 공기층을 이루어 그 밑의 찬 공기층을 덮음으로서 발생된다. 침강역전의 경우 약 1,500m까지 영향을 미치는 것으로 알려져 있다.

8.3 대기오염물질 발생원

대기오염물질의 발생은 자연현상에 의한 것과 인간의 활동에 의한 인위적인 것으로 구분할 수 있다.

자연현상에 의한 대기오염물질들의 발생원을 자연발생원이라 하며, 자연발생원으로부터 발생되는 물질에 의한 오염은 환경오염으로 정의하지는 않으나 그 피해가 클 경우에는 자연재해로 분류한다. 자연발생 오염원은 주로 화산, 나대지, 사막, 온천, 산불, 동식물의 부패 또는 발효, 꽃가루, 식물의 씨, 나무수액 풍화 등이 있다. 인위적 발생원인 인공발생원은 주로 화력발전소, 원자력발전소, 제철 및 제련공장, 각종 산업체, 자동차, 선박, 소각로, 농업, 광업, 축산업 및 주택 등 매우 다양하며 오염원에 따라 여러 종류와 형태의 오염물질들이 발생된다.

한편, 오염원을 오염물질의 발생형태에 따라 점오염원, 선오염원, 면오염원으로 분류하기도 하는데 오염원이 고정되어 있으며 오염지도 상에서 점으로 표시되는 점오염원은 주로 대형 화력발전소, 제철 및 제련공장과 같이 다량의 에너지 소비나 오염물질을 배출하는 곳에 해당된다.

이동하는 오염원으로 자동차, 선박, 항공기 등은 일정한 경로, 즉 도로, 항로, 항공로를 따라 이동하므로 이러한 경로는 선오염원이 된다. 또한 오염물질을 배출하는 불특정 다수의 오염원들이 집단을 이루고 있는 공업지역, 즉 산업단지와 같은 곳은 면오염원으로 분류된다.

8.4 대기오염물질의 종류

대기오염물질은 물리적 형태에 따라 입자상 오염물질과 가스상 오염물질로 나누어지며, 기타 물질의 형태가 아닌 것으로 방사선 등이 있다. 또한 대기오염물질은 생성원에 따라 1차 오염물질(primary pollutants)과 2차 오염물질(secondary pollutants)로 구분된다. 1차 오염물질은 연소, 휘발, 증발, 연마, 분쇄 등으로 인해 직접 대기로 배출되는 물질로 분진, 휘발성 유기화합물(VOC_s), 일산화탄소(CO), 질소산화물(NO_X), 황산화물(SO_X), 훈연 등이 대표적인 물질들이며, 이들 1차 오염물질 중 일부가 대기 중에서 광화학반응을 통해 새로운 형태의 오염물질을 생성할 경우 그 물질을 2차 오염물이라 한다. 2차 오염물질 중 오존(O_3)과 수많은 종류의 유기화합물질들이 1차 오염물질인 질소산화물과 휘발성 유기화합물(VOCs)의 광화학반응에 의해 생성되는데, 이때 햇빛이 반응에너지로 작용하기 때문에 광화학반응이라고 부르며, 2차 오염물질들의 생성에 관여하는 산화제들을 광화학옥시던트(photochemical oxidants)라고 부른다. 질소산화물 중 이산화질소(NO_2)는 태양에너지를 흡수하면 일산화질소(NO)와 원자상태의 산소(O)로 해리되는데, 이 산소는 산화력이 매우 크고 불안정하여 공기 중의 산소(O_2)와 빠르게 결합하여 오존(O_3)을 생성하며, 오존과 더불어 VOCs와 반응하여 2차 오염물질들을 생성한다. 오존(O_3)이나 원자상태의 산소(O)는 또한 일산화질소(NO)와 반응하여 다시 이산화질소(NO_2)와 산소분자(O_2)가 되는데, 만일 대기 중에 VOCs가 있을 경우에는 일산화질소(NO) 대신 VOCs와 반응하여 발암물질로 알려진 아크로레인(acrolein)이나 PAN(Peroxy acetyl nitrates) 등과 같은 2차 오염물질을 생성한다. 또한 VOCs 중 케톤이나 알데히드 화합물들 역시 원자 상태의 산소(O)나 오존(O_3)에 의해 산화되어 유해한 2차 오염물질들을 생성하며, 이들 대부분은 발암성을 갖는 것으로 알려져 있다. 햇빛이 강한 여름철 이산화질소로부터 생성된 대기 중의 오존이 인체에 유해할 정도로 높은 농도를 나타내기도 하는데 이 경우 오존 농도에 따라 오존 경보를 발령한다.

입자상 오염물질들은 표면에 각종 가스 상 물질이나 기타 오염성분 등을 흡착하며, 특히 2.5μm 이하의 미세한 입자들은 호흡 시 폐 속까지 침투함으로써 흡착된 오염성분들의 전달매체 역할을 하기도 한다. 또한 황산화물(SO_X)과 질소산화물(NO_X)가스 등은 대기 중의 수분이나 하이드록실기(hydroxyl)와 반응하여 각각 황산과 질산을 생성한다. 이들 역시 2차 오염물질에 해당되며 산 침적(deposition)이나 산성비의 원인이 되고 있다. 주요 대기오염물질의 종류와 우리나라 대기환경기준 및 측정법은 표 8.2 및 8.3과 같다.

1) 입자상 오염물질(분진 : Particulate Matters)

입자상 오염물질(분진)은 고체, 액체 및 부유물로서 가장 작은 단일입자(직경 0.002μm)보다 크고, 약 500μm보다는 작은 물질이다. 입자상 물질은 주로 물질의 파쇄, 연마,

표 8.2 주요 대기오염물질

오염물의 분류	물 질
산화물	CO, CO_2, SO_2, SO_3, NO, NO_2, N_2O
휘발성유기화합물 (VOCs)	메탄, 에틸렌, 벤젠, 벤조피렌, 등의 탄소화합물, 포름알데하이드, CCl_4, 클로로포름, 메틸렌 클로라이드, 에틸렌 디클로라이드, TCE (trichloroethylene), 바이닐 클로라이드, 에틸렌 옥사이드 등의 유기화합물
부유입자와 액적	먼지, 검댕, 훈연, 카드뮴, 석면, 크롬, 비소, 질산염, 황산염, 질산, 황산, 오일, 농약
2차 오염물질	오존(O_3), 아세트알데하이드, 과산화수소(H_2O_2),수산화라디칼, 황산, PAN(peroxy acetyl nitrates), Benzopyrene, Acrolein

표 8.3 우리나라 대기환경기준 및 측정법

항 목	기 준	측정법
아황산가스 (SO_2)	• 연간 평균치 0.02 ppm 이하 • 24시간 평균치 0.05 ppm 이하 • 1시간 평균치 0.15 ppm 이하	자외선형광법
일산화탄소 (CO)	• 8시간 평균치 9 ppm 이하 • 1시간 평균치 25 ppm 이하	비분산적외선 분석법
이산화질소 (NO_2)	• 연간 평균치 0.03 ppm 이하 • 24시간 평균치 0.06 ppm 이하 • 1시간 평균치 0.10 ppm 이하	화학발광법
미세먼지 (PM_{10})	• 연간 평균치 50 $\mu g/m^3$ 이하 • 24시간 평균100 $\mu g/m^3$ 이하	베타선흡수법
초미세먼지 ($PM_{2.5}$)	• 연간 평균치 15 $\mu g/m^3$ 이하 • 24시간 평균 35 $\mu g/m^3$ 이하	중량농도법 또는 이에 준하는 자동측정법
오존 (O_3)	• 8시간 평균치 0.06 ppm 이하 • 1시간 평균치 0.1 ppm 이하	자외선광도법
납(Pb)	• 연간 평균치 0.5 $\mu g/m^3$ 이하	원자흡광도법
벤젠 (C_6H_6)	• 연간 평균치 5 $\mu g/m^3$ 이하	가스크로마토그래피법

선별, 퇴적, 이송, 연소, 소각 및 건설, 기타 과정 등에서 발생하는데 물리적, 화학적, 생물학적 특성에 따라 구분하기도 한다.

물리적 특성으로는 입자의 크기, 생성과정, 침강성, 광학적 성질 등이 있으며, 이 중 입자의 크기는 입자상 오염물의 가장 중요한 특성 중 하나로 입자상 오염물의 거동과 피해 그리고 집진장치의 설계에 중요한 요소가 된다. 그림 8.8에 대기 중 입자상 물질들의 크기를 나타내었다. 입자는 생성과정에 따라서 분진, 연기, 검댕, 플라이애쉬, 미스트 등과 같이 고체입자와 액체입자로 구분되며, 입자의

그림 8.5 대기오염의 주발생원인 화력발전소

그림 8.6 주변 지역을 황폐화시키는 대기오염 피해

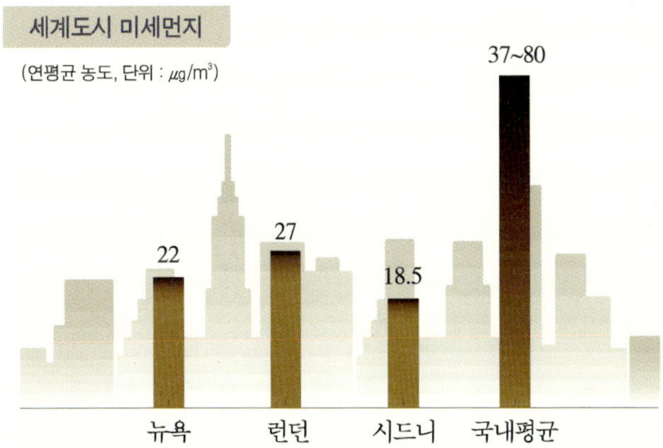

그림 8.7 세계 도시 미세먼지 비교

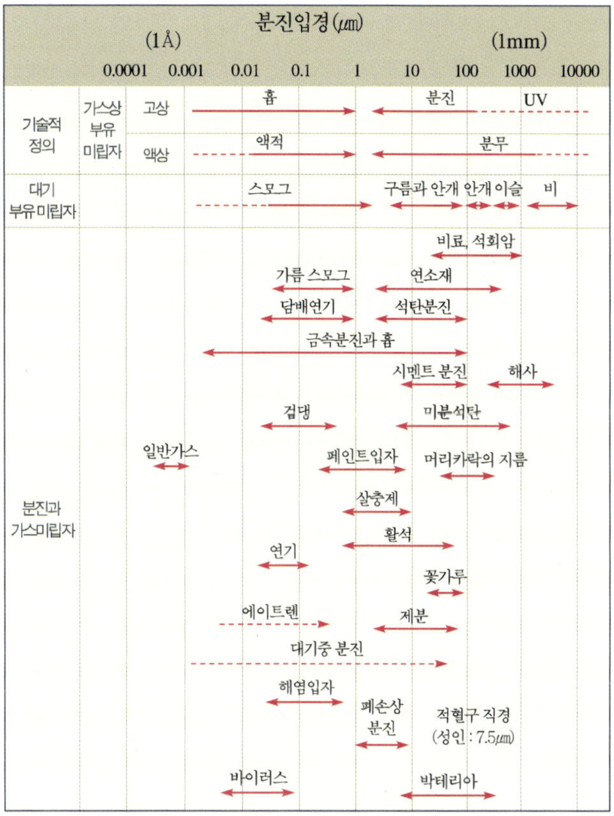

그림 8 8 대기 중 입자상 물진들이 크기

침강특성은 대기의 자정작용에 의한 분진제기를 평가하는 데 중요하다. 광학적 성질은 입자가 빛을 산란시킴으로써 시계(visibility) 감소와 관계되며, 가시광선(0.38~0.76μm) 영역의 입자가 가장 시계감소가 큰 것으로 알려져 있으나, 시계 감소는 입도 분포뿐만 아니라 입자의 모양 및 표면 특성에도 영향을 받으므로 실제 시계감소를 정확히 예측하는 것은 매우 복잡하다.

입자의 화학적 특성은 입자상 물질의 화학적 조성으로 무기물과 유기물 성분 등을 나타내며, 무기물로는 질산염, 황산염, 그리고 철, 납, 크롬, 구리, 망간 등 중금속 성분 등이 있고, 유기물로는 페놀, 유기산, 알코올 등이 있다.

생물학적 특성으로 대기 중 생물입자에는 박테리아, 바이러스, 균류(fungi), 조류, 포자(spore), 꽃가루 등이 있으며 미생물들은 대기 중에서 영양물의 결핍과 자외선 등으로 인해 단시간 밖에 생존하지 못하나 일부 박테리아나 균류는 포자를 형성하여 장기간 생존하기도 한다.

이밖에 입자상 물질의 표면 특성, 즉 흡착성, 흡수성,

부착성, 응결성, 조해성 등은 특히 1μm 이하의 크기를 갖는 입자의 침강특성에 매우 중요한 요인이 된다.

일반적으로 입자상 물질은 대기 중에서 부유하는 부유분진과 공기의 움직임이 느려지거나 정체 시 낙하하는 강하분진으로 구분하며, 부유분진 중 입자의 직경이 10μm 이하인 것을 미세먼지(PM-10)라고 규정하고 있다. 미세입자는 황산염 및 질산염 등과 같은 독성물질을 함유하고 있으며, 황사발생 시에는 납, 카드뮴, 비소 등과 같은 중금속까지 포함하고 있어 인간 및 동물이 호흡할 때 흡입되어 여러 가지 피해를 유발한다. 미세먼지 중 에어로졸은 공장이나 자동차 등에서 발생되는 열이 대기 중으로 확산하면서 생성되는데, 도시지역에 스모그를 만들기도 하고 바이오에어로졸을 형성하여 도시 열섬 효과와 인간에게 치명적인 결과를 가져올 수 있다. 바이오에어로졸은 세균이나 곰팡이 같은 미생물과 바이러스 그리고 알러지를 일으키는 꽃가루 등이 고체나 액체입자에 붙어 형성된 입자로 0.02~100μm 정도의 크기를 갖는다. 바이오에어로졸이 문제가 되는 것은 이들이 전염성 질환의 매개체로서 공기를 통해 확산되므로 호흡이나 피부와의 접촉을 통해 질병을 일으킬 수 있기 때문이다. 국립환경과학원 자료에 의하면 미세먼지 농도가 30μg/m^{3}를 초과할 경우 만성질환자, 고령자, 어린이는 기침, 안구 자극, 피부 트러블 등의 증상이 나타나며 건강한 성인도 120μg/m^{3}가 넘으면 폐·기도 세포염증이 나타나는 것으로 알려져 있다. 이밖에도 여러 연구 결과에서 미세먼지는 유아의 성장기 인지능력 및 동작성 저하, 호흡기관련 질환, 심장발작, 칼슘대사 방해, 뇌졸중 유발, 뇌 인지기능 퇴화 촉진 등의 영향이 있는 것으로 보고되어 있다. 특히 겨울철 우리나라에서 빈번하게 발생하고 있는 스모그는 중국에서 발생되어 우리나라로 유입된 미세먼지의 영향 때문인 것으로 조사되고 있다. 중국의 대기오염이 심각한 이유는 석탄이 아직도 주 연료로 사용되고 있을 뿐만 아니라 대기오염 방지시설을 제대로 가동하지 않는 소형 석탄화력 발전소가 곳곳에 있고, 기하급수적으로 증가하고 있는 자동차의 배기가스 등의 영향 때문인 것으로 알려져 있다. 최근에 미세먼지 중 입자의 크기가 2.5μm 이하인 초미세먼지의 비중이 증가하면서 PM-2.5를 2015년부터 대기환경기준 항목에 추가하였는데, 초미세먼지는 미세먼지보다 호흡기 내 침투율이 높아 건강에 대한 피해가 훨씬 큰 것으로 나타나 있다. 실제로 중국의 수도인 베이징만 하더라도 2013년 겨울 PM-2.5의 농도가 993μg/m^{3}로 세계보건기구(WHO)의 기준치인 25μg/m^{3}를 무려 40배나 초과한 것으로 조사된 바 있다. 이와 같이 중국 대륙 곳곳에서 발생된 먼지들이 편서풍을 타고 우리나라로 수시로 유입되면서 황사와 더불어 우리나라 전역에 피해를 유발하고 있다.

표 8.4 연도별 대기오염물질 배출량 (단위 : 천 톤/년)

연도	CO	NOx	SOx	TSP (PM_{10})	VOC	NH_3	합계
1999	885	1,072	485	85(63)	665	50	3,242
2000	901	1,123	491	82(62)	707	48	3,352
2005	789	1,307	408	89(67)	756	247	3,597
2010	766	1,061	401	178(117)	866	290	3,562
2011	718	1,040	434	202(131)	873	276	3,544

*비산먼지 및 자연식생 VOC 제외, 합계는 PM_{10}, $PM_{2.5}$ 제외
자료 : 국립환경과학원

과거 중국 북부나 몽골로부터 유입되는 황사로 매년 여러 가지 피해를 입어왔던 우리나라는 중국의 산업화로 미세먼지에 의한 스모그 피해까지 입고 있어, 이에 대한 대책 마련이 시급한 실정이다. 20세기 산성비의 최대 피해국이었던 스웨덴은 북유럽국가들을 대상으로 산성비 피해방지를

그림 8.9 중국의 초미세먼지 스모그 지역

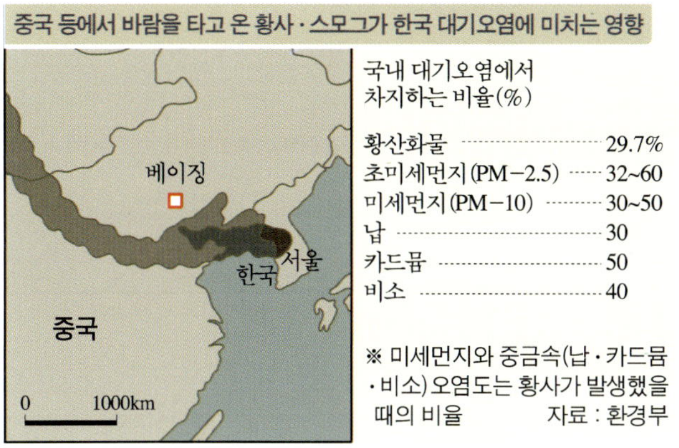

그림 8.10 한반도 황사 · 스모그 이동 유입경로 및 한국 대기오염에 미치는 영향

위한 '장거리 대기오염물질 이동에 관한 협약(CLRTAP)'을 1979년에 체결하여 35개국의 서명을 받고, 이에 따라 대기오염 유발국은 오염제한·감소·방지를 위한 노력과 상호간 정보·협의·연구·모니터링에 협력하여 정책과 전략을 개발하고 손해배상까지 가능하도록 하였으며, 캐나다와 미국 동북부 지역의 산성비 논쟁 역시 산성비 원인 물질의 대폭 삭감을 권고하는 '대기협정(Air Quality Agreement)'을 1991년에 체결함으로써 미국의 아황산가스(SO_2) 배출량 감축을 유도하였다. 그러나 동북아시아에서는 아직까지 구속력 있는 협약이 없을 뿐만 아니라 중국의 수동적인 태도와 비협조로 손해배상 청구는 현실적으로 요원한 일로 남아있다. 주요 입자상 오염물질의 종류는 다음과 같다.

(1) 분진(dust)

입자의 크기가 1~100μm인 미세한 고체 및 액체입자를 총칭하며, 분진의 거동에 따라 강하분진과 부유분진으로 분류하고 크기에 따라 거대입자와 미세입자 및 초미세입자로 나누기도 한다. 우리나라 대기환경기준에서 분진은 입자의 크기가 10μm 이하인 미세먼지(PM-10)와 2.5μm 이하인 초미세먼지(PM-2.5)로 구분하고 있으며, 폐포에 침착된다.

(2) 에어로졸(aerosol)

매연, 안개, 연무 등과 같이 가스 내에 10~20μm의 미세한 고체 또는 액체입자가 분산되어있는 상태를 말한다.

(3) 액적(droplet)

공기가 움직이지 않는 고요한 상태에서는 낙하하나 와류에서는 부유하는 밀도가 작은 액체입자들을 총칭한다.

(4) 비산재(fly ash)

화석연료나 쓰레기 등 고체물질을 연소시킬 때 연소가스와 함께 굴뚝을 통해 배출되는 미세한 연소재로, 비산재 입자 내에 불완전 연소된 가연성분이나 가스를 함유하기도 한다. 대부분의 비산재는 대기로 배출되는 것을 방지하기 위해 집진장치에서 포집된다.

표 8.5 배출원별 대기오염물질 배출량 (2011)

SCC 대분류	CO	NO_X	SO_X	TSP	PM_{10}	$PM_{2.5}$	VOC	NH_3	합계	기여율(%)
에너지산업연소	56,202	166,709	84,464	5,024	4,546	3,534	7,623	1,465	321,487	9.1
비산업연소	79,804	90,876	53,957	2,562	2,213	1,326	2,948	1,528	231,675	6.5
제조업연소	19,179	181,219	109,878	153,097	89,463	45,721	3,560	863	467,795	13.2
생산공정	21,406	53,077	109,342	13,249	7,394	5,876	146,499	33,530	377,104	10.6
에너지수송저장							25,318		25,318	0.7
유기용제사용							559,662		559,662	15.8
도로이동오염원	463,543	322,307	366	13,030	13,030	11,988	69,059	9,208	877,514	24.8
비도로이동오염원	68,290	217,098	67,557	13,904	13,901	12,792	16,758	662	384,269	10.8
폐기물처리	1,861	8,732	8,395	334	242	209	40,879	23	60,223	1.7
농업								216,453	216,453	6.1
기타 면오염원	8,060	197		609	386	348	803	12,684	22,353	0.6
합계	718,345	1,040,214	433,959	201,810	131,176	81,793	873,108	276,415	3,543,852	100.0

(5) 안개(fog)

습도가 70% 이상일 때 공기 중의 수증기가 기온이 낮아짐에 따라 응축하여 생성되는 액체입자로 시계를 1km 이하로 감소시키며, 가스상 오염물질이나 미세 분진과 결합 시 피해를 가중시킨다. 스모그(smog)는 연기(smoke)와 안개(fog)의 합성어로 주로 유연탄 연소 시 발생한다.

(6) 훈연(fume)

용융된 광물질이 증발하여 생성된 증기가 냉각되어 응축함으로써 생성되는 미세한 고체입자로 0.03~0.3μm의 크기를 갖는다.

(7) 박무(mist)

안개보다 입자의 크기가 큰 액적들이 지표면 부근에 분산되어있는 것으로, 안개보다는 투명하며 물의 증발작용에 의해 생성되고 0.5~3.0μm 정도의 크기이다.

(8) 연기(smoke)

연료의 불완전 연소 시 발생되는 미세한 입자로 유리 탄소나 기타 연소성 물질로 구성되어 있다. 입자의 크기는 0.01μm 이상으로 석탄연기는 0.01~0.2μm의 크기이며, 기름연기는 0.03~1μm의 크기를 갖는다.

(9) 검댕(soot)

유리 탄소입자들이 타르에 의해 뭉쳐진 것으로 주로 탄화수소계 연료의 불완전 연소 시 많이 생성되며 1μm 이상의 크기이다.

(10) 증기(vapor)

액체 또는 고체가 물리적 변화에 의해 증발하거나 승화하여 생성하는 가스 상태의 물질이다.

(11) 연무(haze)

수분, 증기, 분진 등으로 구성된 물질로 1μm보다 작고 시야를 방해하며 대기를 엷은 회색이나 백색으로 보이게 한다. 연기와 합쳐서 발생될 경우 오염을 가중시키며 스메이즈(smaze, smoke+haze의 합성어)라고 부른다.

2) 기체상 대기오염물질(Gaseous Pollutants)

기체상 대기오염물질은 상온에서 가스 상태로 존재하는 물질로서 주요 오염물질로는 황산화물, 질소산화물, 탄소화합물 등과 기타 물질로 할로겐가스인 염소화합물, 불소화합물 등이 있고, 대기 중에서 광화학반응에 의해 생성되는 2차 오염물질로 오존 등을 비롯한 옥시던트(oxidants)가 있다.

(1) 황산화물(SO_x)

황산화물(SO, SO_2, SO_3, SO_4, S_2O_3, S_2O_7) 중 대기오염물질로 이를 통상 SOx라고 하며, 가장 중요한 것은 이산화황(SO_2)과 삼산화황(SO_3)이다. SO_2는 황산제조, 염료제조, 살충제, 펄프 제지, 폐기물 소각, 철이나 구리 등 금속이나 비철금속의 제련과정과 황을 함유한 화석연료의 연소 시 발생하며, 저농도에서도 매우 자극성이 있는 유독가스로 폐섬유증, 폐기종, 호흡장애 등을 유발한다. SO_2는 대기 중에서 비교적 안정한 가스이나 물에 잘 녹아 빗물이나 눈, 안개 등에 녹아 아황산(H_2SO_3)을 생성함으로서 산성비나 산성 안개의 원인이 된다.

SO_3는 SO_2가 대기 중의 오존 등과 반응하여 산화되거나 SO_2 발생 시 함께 발생하며, 흡습성이 있어 대기 중의 수분을 흡수하여 미세한 액적을 생성하여 침강하는데 이를 건식침강이라 하고, 비나 눈에 녹아 황산(H_2SO_4)을 생성함으로서 역시 산성비가 되는데 이를 습식침강이라고 한다.

이밖에 황을 함유하나 산화물 형태가 아닌 것으로 황화수소(H_2S)와 메르캅탄(mercaptan)류가 있으며 이들 가스들은 모두 악취를 갖는 물질로 독성이 있는 것으로 알려져 있으나, 독성농도보다 악취기준농도가 훨씬 낮아 독성물질보다는 악취유발물질로서 규제되고 있다.

(2) 질소산화물(NO_x)

질소산화물에는 산화질소(NO), 이산화질소(NO_2), 아산화질소(N_2O), 삼산화이질소(N_2O_3), 무수질소(N_2O_5) 등이 있는데, 이들을 총칭하여 NOx라고 하며 대부분이 NO와 NO_2이다. NOx는 주로 화석연료의 연소 시 발생되는데 연소용 공기 중의 질소가 고온에서 산화되어 생성되는 NOx를 열 NOx(thermal NOx)라고 하며, 연료 중의 질소화합물이 산화되어 생성되는 NOx는 연료 NOx(fuel NO_x)라고 하는데 NO_x의 대부분은 열 NO_x이다. 또한 연소과정에서 발생되는 NO_x 중 90% 이상이 NO인데, NO는 무색으로 자체 독성이 약하여 일반적인 대기 중의 농도에서는 특별한 피해를 나타내지 않으나, NO_2는 적갈색의 자극성 기체로 인체 및 동물의 호흡기 세포를 파괴하여 폐충혈, 폐수종, 기관지염 등을 유발하며, 또한 혈중 헤모글로빈과 결합하여 메트헤모글로빈(methemoglobin)을 생성함으로써 산소전달을 방해한다. 산화물 형태가 아닌 질소함유 가스상 오염물로는 암모니아가 있으며 자극성 냄새를 갖는 유독성 기체이다.

(3) 탄소함유 화합물

탄소함유 화합물가스로 일산화탄소(CO), 탄화수소(HC) 등이 있으며, 이 중 일산화탄소는 연료의 불완전연소 시 발생하는 무색, 무취의 가스로 약 70%가 운송 분야에서 발생된다. 일산화탄소는 비교적 안정한 가스로 쉽게 산화되거나 물에 잘 녹지 않으며 대기 중에서 다른 물질과도 잘 반응하지 않는다. 일산화탄소는 산소보다 혈액 중의 헤모글로빈과의 결합력이 250~300배 정도 더 크기 때문에 호흡 시 일산화탄소가 있을 경우 CO와 헤모글로빈이 카르복시헤모글로빈(carboxy hemoglobin)을 생성하여 혈액의 산소운반능력을 감소시킴으로써 질식에 의한 사망을 초래하기도 한다. 탄화수소는 탄소와 수소로 이루어진 화합물로 탄소 결합에 따라 포화탄화수소와 불포화탄화수소로 구분하기도 하고, 결합 형태에 따라 파라핀계(paraffin), 올레핀계(olefin), 방향족계(aromatic) 등으로 나누기도 한다. 이들 탄화수소화합물 중 증기압이 높고 비등점이 낮아 쉽게 상온에서 휘발하는 물질들을 휘발성 유기화합물(VOCs, volatile organic compounds)이라고 부르며, 대기 중에서 광화학반응에 의해 알데하이드(aldehyde), 아크로레인(acrolein), PAN(peroxy acetyl nitrate) 등과 같은 2차 오염물질을 생성한다.

그림 8.11 차량에 의한 대기오염

(4) 광화학옥시던트

광화학옥시던트는 대기의 순 산화능을 나타내며, 옥시던트 중 오존이 약 90%를 차지한다. 이밖에 발생기 산소(O), 들뜬 상태의 산소분자(O_2*), PAN, 이산화질소(NO_2), 과산화수소(H_2O_2) 등이 있다. 오존은 성층권 내의 오존층에서 태양복사선 중 300nm 이하의 단파장을 흡수하면서 광화학반응에 의해 생성과 해리를 반복하며, 대류권에서는 주로 NOx와 VOCs의 광화학반응에 의해 생성된다. 광화학반응이란 태양복사선 중 자외선의 대부분이 오존층에서 흡수되나,

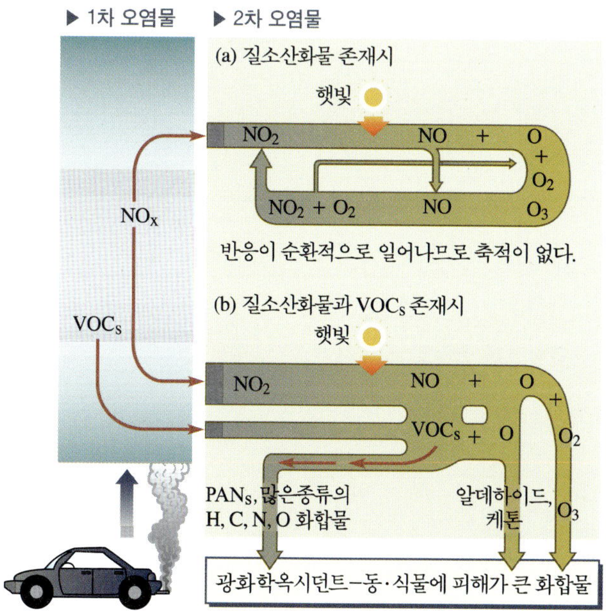

그림 8.12 오존과 광화학옥시던트 생성과정

오존층을 통과하여 대류권으로 유입되는 280nm 이상의 파장을 갖는 자외선에 의해 대기 중에서 일어나는 1차 오염물질들 간의 화학반응으로 이 반응에 의해 2차 오염물질들이 생성된다. 따라서 오존 역시 광화학반응에 의해 생성된 물질이며, 강한 산화제로서 광화학스모그 생성의 가장 중요한 인자가 된다.

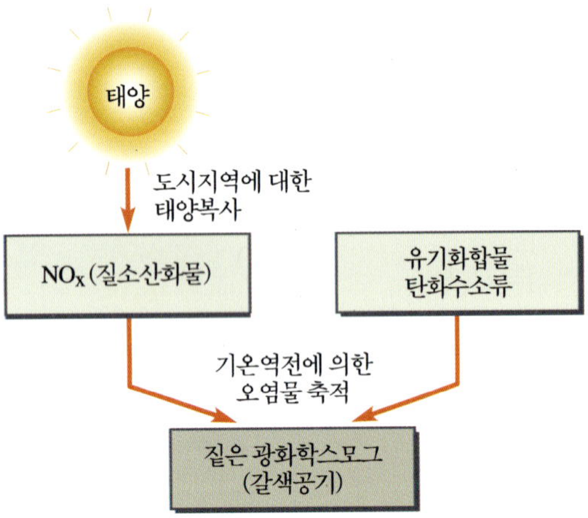

그림 8.13 광화학스모그 생성

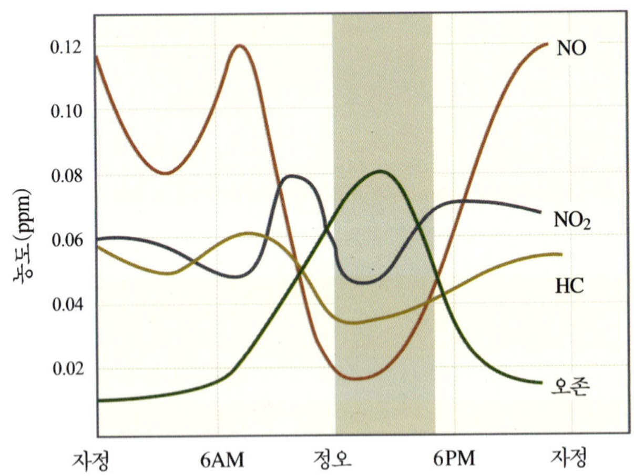

그림 8.14 광화학스모그의 시간대별 농도변화(로스엔젤레스)

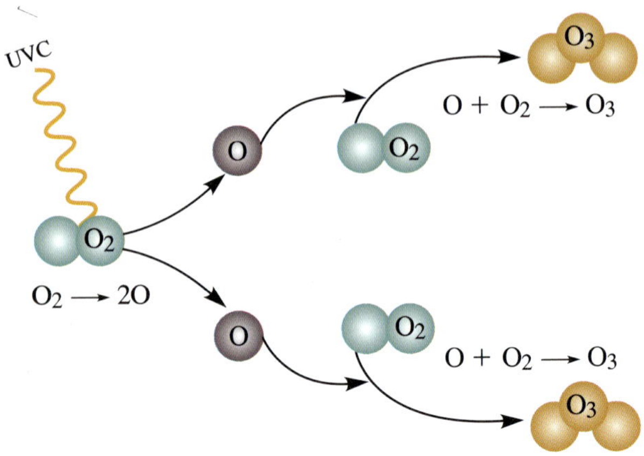

그림 8.15 성층권에서 오존의 생성

(a) 맑은 날

(b) 스모그가 발생한 날

그림 8.16 도시 광화학스모그

(5) 기타

기타 가스상 오염물질로 자극성이 매우 강하며 독성을 갖는 암모니아(NH_3), 염화수소(HCl), 불화수소(HF) 등과 할로겐족 원소로 불소(F), 염소(Cl_2), 브롬(Br) 등이 있고, 악취를 유발하는 황화수소(H_2S)와 휘발성물질로 자극성과 함께 발암성이 있는 것으로 알려진 포름알데하이드(CHOH), 벤젠(C_6H_6), 톨루엔($C_6H_5CH_3$), 자일렌($C_6H_4(CH_3)_2$), 에틸벤젠($C_6H_5C_2H_5$), 페놀(C_6H_5OH) 등이 있다.

8.5 대기오염의 영향

1) 인간의 건강에 미치는 영향

대기오염물질이 인간의 건강에 미치는 영향은 대기오염물질의 종류, 농도, 기후, 노출조건, 건강상태 등에 따라 달라지며, 주로 호흡기와 피부 그리고 눈 등에 피해를 나타내는데, 특히 호흡기를 구성하는 코, 기도, 기관지, 폐 등에 많은 피해를 발생시킨다. 입자상 오염물질에 의한 피해는 입자의 크기에 따라 다르게 나타나는데, 호흡 시 10μm 이상의 입자는 대부분 코에서 제거되나, 1~2μm 크기의 입자는 약 40% 정도가 기관지와 폐포에 체류한다. 반면 0.25~1μm 입자들은 날숨 시 다시 배출됨으로서 체류량이 감소한다. 그러나 0.25μm 이하의 입자들은 브라운(Brownian motion)운동 때문에 다시 체류량이 커진다. 입자상 오염물의 폐포 축적은 분진의 종류에 따라 탄폐증, 규폐증, 진폐증, 석면폐증 등을 유발하며 분진에 함유된 중금속이나 유해물질에 따라 암이나 폐충혈 또는 폐기종 등 질병을 일으킨다. 또한 꽃가루나 포자 등은 알러지(allergy)를 일으키는 에어로알러젠(aeroallergen)으로 작용하기도 한다. WHO의 자료에 의하면 개발도상국가와 중진국 국민 10만 명당 172명이 대기오염으로 사망하는 것으로 나타나 선진국의 5배가 넘으며, 특히 호주, 한국, 일본, 동남아시아를 포함하는 서태평양 지역은 세계 인구의 25%만을 차지하는 반면, 2012년 이 지역에서 대기오염으로 인한 사망자는 전 세계 사망자의 41%인 288만

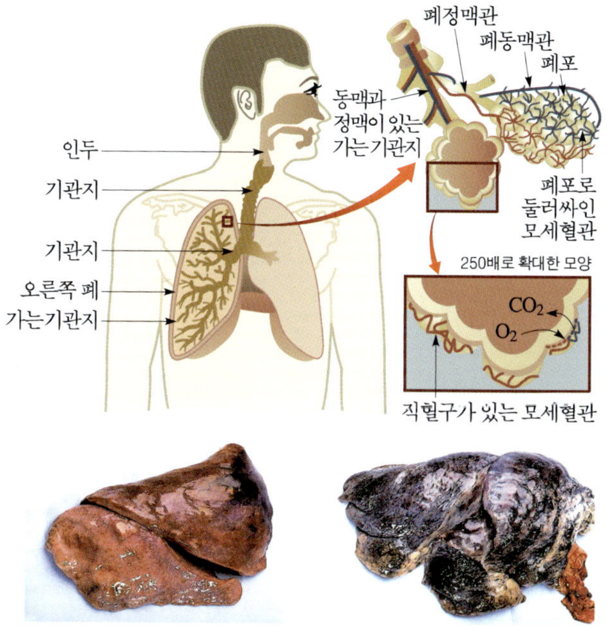

(a) 모세혈관으로 둘러싸인 건강한 폐포

(b) 흡연, 극심한 대기오염 등으로 폐기종에 걸린 폐포

그림 8.17 호흡기 구조 및 폐포

명을 차지하는 것으로 나타났다. 이와 같이 대기오염이 인간을 비롯해 주위의 수목과 가축, 조류 등에 막심한 피해를 입힌다는 것은 잘 알려진 사실이다. 그런데 대기오염이 태아에게까지 영향을 미친다는 연구결과가 발표되어 주목을 끌고 있다. PM 10의 농도가 10$\mu m/m^3$씩 증가할 때마다 저체중아 출산 위험이 3% 증가하며, 신생아의 평균 체중이 3g 감소하는 것으로 밝혀졌다. 또한 PM 2.5의 농도가 1단위 증가할 때마다 저체중아 출산 위험이 10%씩 증가하는 것으로 밝혀졌다.

특히 PM 2.5는 조기 사망 및 만성호흡기질환, 폐렴 발병 등을 초래하며 대중의 병원 내원 빈도를 증가시키기 때문에 보건학적 측면에서 관리되어야 할 오염물질이다. 미국 정부가 캘리포니아에서 태어난 1만 8천명 이상의 아동을 대상으로 연구한 결과에 따르면 PM 2.5의 농도가 높은 지역에 거주한 임산부가 출산한 아기는 대기오염이 적은 지역의 아기보다 26%가 임신 기간 동안 체중이 적은 것으로 나타났다.

또한 독일 연구진이 뮌헨에서 출생한 1천여 명의 영아들과 그 어머니를 대상으로 연구한 결과에 의하면 임신 기간 동안 PM 2.5의 농도가 증가할수록 3kg 이하의 출생

체중을 나타낸 저체중 신생아의 비율이 증가하는 것으로 나타나기도 했다.

저체중아로 태어날 경우 유아 사망률과 성장 장애의 위험이 높으며, 후에 성인이 되어서도 당뇨병이나 심장질환 등의 발병 위험이 높아지는 것으로 알려져 있다.

가스상 물질이 인체에 미치는 영향 역시 물질의 종류나 농도에 따라 다르게 나타나나 황산화물은 호흡기계통에 통증, 폐자극, 폐충혈, 질식, 발열, 조혈기능장애, 알러지, 전신 중독, 발암성 등을 나타내며 피부나 눈 등 점막부위에도 심한 자극이나 통증을 나타낸다. 세계적으로 유명하였던 대기오염사건인 벨기에의 뮤즈밸리(Meuse Valley, 1930)시의 경우 추정 SO_2 농도가 8ppm이었으며, 미국의 도노라(Donora, 1948)시는 3일 간 0.5~2ppm이었고, 런던(London, 1952)의 경우에는 5일 평균 0.57ppm(1일 최대 평균 1.3ppm)이었다.

질소산화물은 비교적 불활성가스로서 중간 정도의 독성을 가지며, NO는 대기 중 농도가 1ppm 이하여서 인체에 미치는 영향은 무시할 정도이나, NO_2로 산화될 경우 폐포 자극, 폐렴, 기관지염 등 호흡기 계통의 질병을 유발하며 150ppm 이상에 노출될 경우 치명적인 것으로 알려져 있다.

옥시던트가 인체에 미치는 영향은 호흡기 계통에 자극, 기침, 기도수축, 두통, 흉부압박감, 호흡곤란, 폐 기능장애, 적혈구변화, 인두염, 인후염 등을 유발하며, 0.37ppm 이상의 농도에 노출 시 건강상 심각한 영향을 나타내는 것으로 알려져 있다. 또한 고농도에 노출 시 방사선 노출과 같이 염색체 파괴가 일어나기도 한다.

자동차 배기가스로 배출되는 일산화탄소와 1,3-부타디엔은 소아암의 위험을 심각하게 증가시킬 수 있는 것으로 나타났다. 예를 들어, 버스정류장 가까이에 살면서 1,3-부타디엔에 노출된 경우 소아암의 위험이 12.6배나 높아지는 것으로 밝혀졌다.

또한 미국 텍사스 대학 연구진도 대기 중 1,3-부타디엔의 농도가 높은 석유정제소 2마일(약 3.2km) 내에 사는 사람들은 10마일(약 16km) 밖에 사는 사람들에 비해 소아백혈병의 발병률이 56%나 높다는 연구결과를 2007년에 발표한 바 있다.

한편, 교통과 관련된 대기오염이 임산부의 조산을 증가시킨다는 연구결과도 있다. 미국 캘리포니아 대학 연구진이 자동차에 의한 대기오염도가 높은 로스엔젤레스의 신생아 10만 명을 분석해 발표한 연구결과 다환방향족탄화수소(PAH) 등과 같은 중요한 오염물질에 임산부가 노출될 경우 조산 위험이 30% 정도 증가하는 것으로 나타났다.

2) 동물에 미치는 영향

동물로서 가축들 역시 인간과 마찬가지로 대기오염물질에 의해 호흡기 계통의 피해를 입으며 같은 오염물에 노출되었다 하더라도 동물의 종류에 따라 피해 정도는 차이를 나타낸다. 가축의 경우 목초와 같은 사료가 대기오염물질에 오염되거나, 살충제, 살균제, 제초제 등이 함유된 사료를 먹을 경우 호흡기와 달리 소화기를 통한 피해가 나타날 수 있다. 특히 식물에 따라 대기오염물질에 대한 저항성이 다르므로 사료로 사용되는 식물에 따라 피해 정도가 다를 수 있으며, 입자상 오염물로서 비소, 납, 몰리브덴 등과 같은 중금속이나 불소화합물 등이 축적된 사료를 먹을 경우 가축은 물론 육류 소비를 통한 사람에게까지 피해를 줄 수 있다. 실제로 인산공장이나 알루미늄 제련공장 근처의 목축지에서 불소화합물로 오염된 목초로 인해 이빨이 손상되거나 불화증(osteofluorotic bone) 등으로 인해 가축의 숫자가 감소한 사례가 있다.

3) 식물에 미치는 영향

식물은 인간이나 동물보다 대기오염물질에 훨씬 더 민감하여 그 피해가 먼저 나타나는 경우가 많으며, 식물의 광합성작용과 증산작용 및 호흡과 관련하여 피해의 정도가 다르게 나타난다. 입자상 오염물이 식물에 미치는 영향은 크지 않으나 시멘트킬른 분진 등이 잎 표면에서 수분과 반응할 경우에는 잎을 손상시켜 광합성 등을 방해할 수 있으며, 매연과 같은 분진들이 식물의 기공을 막을 경우 증산작용 및 호흡작용 등을 방해하여 생육에 영향을 미칠 수 있다. 대기오염물질에 의한 식물의 피해는 주로 가스상 물질에 의한 것으로 황산화물의 경우 기공을 통해 흡수되어

그림 8.18 산성물질 강하

식물 잎의 조직을 파괴함으로써 잎이 하얗게 되는 백화현상이나 낙엽이 지게 한다. 산성가스에 의한 피해는 습식피해와 건식피해로 구분되는데 습식피해는 주로 산성비에 의한 식물 잎이나 뿌리 등의 손상으로 일어나는 고사현상이며, 이 부분은 산성비에서 설명하기로 한다. 건식 피해는 산성물질의 건식 침강물이 식물의 잎 등에 침착되어 나타나며, 대기 중의 가스상 오염물에 의한 피해는 습도가 높고 온도가 높아 기공이 크게 열릴 때 가스상 물질의 침투율 증가로 가장 피해가 크고, SO_2가 식물에 피해를 나타내는 농도는 0.3ppm으로 알려져 있다. SO_2에 민감한 식물로는 알팔파, 목화, 콩, 시금치, 상추, 등과 사과나무, 소나무, 뽕나무, 등이 있고, 강한 식물로는 양파, 옥수수, 양배추, 감자, 장미, 단풍나무 등이 있다. 질소산화물에 의한 영향은 황산화물에 비해 매우 적으며, NO_2의 경우 잎맥에 반점을 생기게 하는 정도이다. 옥시던트에 의한 영향으로 오존과 PAN등은 기공을 통해 식물 잎으로 침투하여 식물세포 대사를 방해하며, 오존은 잎에 반점이나 점각(stippling)을 나타내고, PAN은 잎 뒷면의 청동색화(bronzing), 광택화(glazing), 은백화(silvering) 등을 유발한다. 광화학옥시던트는 콩, 옥수수, 무 등의 수확량 감소와 카네이션, 얼룩배기 강낭콩 등의 성장과 개화를 늦추기도 한다. 이밖에 식물에 영향을 미치는 기체상 오염물로 암모니아, 염소, 염화수소, 황화수소, 불소 등이 있으며 주로 잎의 손상을 초래한다. 한편 대기오염과 관련하여 식물들이 대기질을 평가하거나 대기 오염도를 나타내기 위한 지표로 사용되기도 한다.

4) 물질에 미치는 영향

대기오염물질 중 입자상 오염물질은 의류나 자동차, 건축물 및 각종 구조물 등을 더럽히며 페인트를 탈색시키거나 박리시킨다. 황산화물로 SOx나 산성비, 산성에어로졸 등은 건축 재료인 대리석, 시멘트, 석회암, 철 및 비철금속재, 몰탈 등을 부식시킴으로서 주택이나 건축물, 문화재나 유적, 교량, 각종 기념물 등을 훼손하며, 또한 면, 레이온, 모, 합성섬유 등의 탈색과 변색 및 노화나 열화를 촉진하고, 고무, 피혁, 플라스틱, 종이류 등의 번색, 노화, 열화 등을 일으킨다. 또한 가정에서는 각종 전자제품의 고장 등을 유발하기도 한다. 고농도의 NO_2 역시 섬유나 의류의 탈색과 하얀 천을 누렇게 변색시키며 금속 등을 산화시킨다. 옥시던트 중 오존은 강한 산화력을 갖는 물질로 페인트, 고무 등 탄성체, 섬유 등을 쉽게 열화시켜 제품의 수명을 단축시킨다.

이밖에 산성비로 인한 토양 산성화에 따른 농업 생산량의 감소, 삼림의 피해, 생태자원의 피해 등도 있으나 산성비의 영향에 대해서는 15장에서 상세히 설명하기로 한다.

그림 8.19 산성비에 의한 부식

5) 시계에 대한 영향

입자상 대기오염물질은 빛을 흡수, 산란, 반사시킴으로서 가시거리를 단축시키며, 가스상 오염물질 역시 특정 파장의

표 8.6 대기오염의 영향

	먼지	SO_X	NO_X	CO	HC
발생원	석탄 등 화석연료의 연소, 자동차의 배출가스, 분쇄 등 기계적 공정	화석연료의 연소, 황산제조 공장	고정배출원 - 공장의 고열로, 난방, 이동배출원 - 자동차의 배출가스	연료의 불완전연소시, 자동차의 배출가스	산업배출원(정유공업) - 제조업, 동식물의 부패시 자연적인 생성
형 태	미세먼지(PM-10) 초미세먼지(PM-2.5)	SO, SO_2, SO_3, SO_4, S_2O_3, S_2O_7	NO, NO_2, N_2O, N_2O_3, N_2O_4, N_2O_5	CO	C_nH_{2n+2}, C_nH_{2n+1}, C_nH_{2n}, C_nH_n
영 향	• 인체 : 폐, 호흡기, 피부, 눈 그리고 세포손상. 임산부가 고농도 미세먼지에 노출 시 태어난 태아의 성장 및 지능 저하. • 물질 : 옷과 천을 더럽힘 • 기타 : SO_X, NO_X의 오염을 더욱 가중화, 시계 감소	• 인체 : 호흡기 점막을 자극하여 기관지염과 같은 만성 호흡기 질병유발 • 식물 : SO_2에 민감 황화, 백화 • 물질 : 황산미스트를 형성하여 산성비가 되어 내리면 대리석, 석회석 손상, 철, 아연 등 금속부식, 무명, 마, 레이온, 나일론 손상	• 인체 : 헤모글로빈과 반응하여 혈액의 산소운반능력 감소시킴. NO_2는 폐포를 자극하여 호흡기 질환 발생 • 물질 : 산성비의 발생 원인이 되어 직물, 금속, 건물에 피해 • 기타 : NO_2가 탄화수소와 함께 스모그를 생성시킴	• 인체 : 헤모글로빈과 반응하여 산소운반능력 감소, 두통, 피로감, 빈혈, 시력장애, 호흡곤란, 사망	• 인체 : 발암성물질 • 기타 : NO_X와 반응하여 PAN, O_3과 같은 2차오염물 생성

빛을 흡수함으로써 시계 단축에 영향을 미치나 입자상 오염물에 비하면 그 영향은 무시할 정도이다. 대기오염물질에 의한 시계 감소는 특히 황사가 심하거나 안개가 낀 날 시계 감소로 도로상의 자동차가 실제 거리보다 멀리 보이게 함으로서 착시에 의한 교통사고 등을 유발할 수 있다. 또한 입자상 물질 중 고체상 분진들은 구름 속에서 응축핵으로 작용함으로써 구름을 응축시켜 비를 내리게 하기도 한다.

8.6 대기오염 제어

대기오염 제어는 대기오염 물질들의 양이나 농도가 기준치 이하로 배출되도록 조절(control)함으로써 대기오염을 방지하고자 하는 것이 목적이다. 대기오염방지는 사전오염방지와 사후오염방지로 나눌 수 있으며 사전오염방지는 연료나, 원료, 연소기, 생산설비 등의 개선을 통해 대기오염물질의 생성 자체를 감소시키거나 차단하는 것으로 일종의 청정화 기술이라 할 수 있다. 예를 들어, 자동차의 경우 연료의 대체, 배기가스 정화용 촉매개발, 새로운 고연비 엔진개발, 수소 및 전기자동차의 상용화 등이 있으며, 산업시설의 경우 다음과 같은 방법들이 있다.

1) 대기오염물질의 생성 저감

(1) 연료 또는 원자재의 대체

① 황함량이 높은 연료를 저황연료로 대체
　예) 석탄 대신 LNG나 LPG 또는 탈황유 사용
② 유기용매 용해성 원료 등을 수용성으로 대체
　예) 유성 페인트를 수성 페인트로 대체

(2) 생산설비의 개선

① 노후설비의 신속한 교체
② 생산 공정의 개선으로 오염물 생성 저감
③ 새로운 공정의 개발로 저농도 저유해성 오염물 생성

(3) 조업조건 개선

① 저 NO_X 연소기 도입
② NO_X 생성 저감을 위한 과잉 공기비 조절
③ 기술인력 확대
④ 최적조건 조업 준수

(4) 운영 및 보수 체계의 개선

① 주기적 점검 강화와 사전 수리로 고장 사전 방지
② 부품 등 사전 구매 및 준비로 고장 시 수리시간 최소화

③ 전문기술인력 확보

2) 대기오염물의 확산

(1) 입지선정

굴뚝을 통해 배출된 오염물이 대기 중에서 빠르게 확산되어 희석됨으로써 피해가 나타나지 않도록 하기 위해서는 오염물질 배출원의 입지선정이 매우 중요하다. 지속적으로 강한 바람이 불고 역전 발생 빈도수가 낮은 곳은 바람에 의한 오염물의 확산이 빠르게 일어나 국지적으로 오염도가 증가하거나 오염물이 축적됨으로써 나타날 수 있는 피해를 방지할 수 있다. 따라서 기상조건과 지형 등을 고려한 입지선정이 필요하다.

(2) 높은 굴뚝

굴뚝은 같은 양의 오염물질을 배출하더라도 높이에 따라 배출된 오염물의 확산에 커다란 영향을 미친다. 일반적으로 굴뚝 높이가 높으면 오염물이 넓게 확산하면서 이동거리가 길어지기 때문에 오염물질의 희석에 도움이 된다. 그러나 역전층 발생이나 대기 안정도 및 기상이나 지형에 따라 오염원으로부터 멀리 떨어진 곳에서 국지적인 피해를 유발할 수도 있다. 대기오염물 확산은 모델링을 통하여 예측을 할 수 있으며, 따라서 그 피해도 예측이 가능하다.

3) 대기오염 제어

생성된 대기오염물들은 최종 배출되기 전에 배출기준 이하로 처리되어야 한다. 대기오염물들의 제어는 오염물의 물리적 상태에 따라 입자상 오염물과 가스상 오염물로 구분되어 각각 처리된다. 입자상 오염물은 집진원리에 따라 5종류로 분류되는 집진장치에 의해 처리되는데 입자의 크기와 특성에 따라 적절한 집진장치가 선정된다.

(1) 입자상 오염물질의 제거

크기가 50μm 이상인 거대입자는 중력침강실(gravity chamber)에서 제거될 수 있다. 중력침강실의 원리는 분진을 함유하고 있는 가스의 유로를 크게 해줌으로써 상대적으로

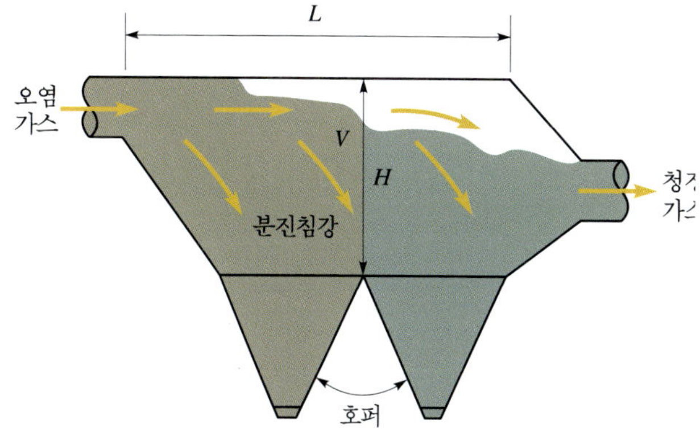

그림 8.20 중력침강실

수평속도에 비해 입자에 작용하는 중력이 커지는 효과로 중력에 의해 가스로부터 분진이 분리되도록 하는 것으로, 장치의 효율이 낮고 설치 시 많은 공간을 차지하게 되어 나머지 4종류의 집진장치에 대한 전처리시설로 사용되거나 극히 제한적으로 사용되고 있다.

사이클론(cyclone) 장치는 원심력을 이용한 집진장치로, 입자상 오염물질을 함유하고 있는 가스를 원통 속으로 강제 흡입하여 빠른 속도로 회전시킴으로써, 회전하는 와류 내의 입자상 물질들이 원심력에 의해 원통 내벽에 충돌하면서 가스와 분리되는 장치이다. 사이클론 집진기는 5μm 이상 크기의 분진에 대하여 집진이 가능하나 고효율

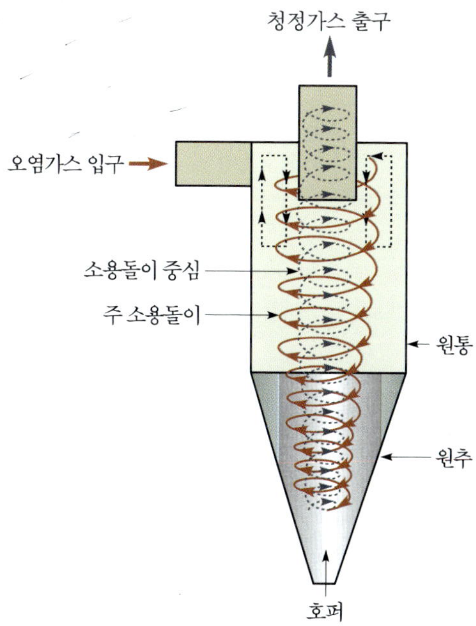

그림 8.21 사이클론

사이클론의 경우 3μm까지도 집진이 가능하며, 와류 내의 입자상 물질에 작용하는 원심력은 중력에 비해 약 20배 정도 더 크게 작용한다. 이 장치는 고온의 가스를 처리할 수 있는 장점이 있으며 비교적 제작비와 운영비가 낮아서 보편적으로 많이 사용되고 있다.

여과집진(Bag filter)장치는 입자상 오염물을 함유하고 있는 가스를 면, 모, 합성섬유, 유리섬유 등으로 만들어진 자루모양의 여과포에 통과시켜 걸러줌으로써 여과포 표면에 입자상물질이 포집되도록 하는 집진기이다. 여과포는 통상 여러 개를 커다란 장치실에 설치하는데 이를 백하우스(Bag house)라고 부르며, 여과포는 주기적으로 탈진하여 포집된 오염물을 털어낸다. 여과집진장치는 0.01μm의 미세한 입자까지 집진이 가능하며 99% 이상의 집진효율을 갖는다.

전기집진장치(ESP ; electrostatic precipitator)는 Cottrell 장치라고도 불리며, 정전기적 인력을 이용한 집진장치로 입자상 물질을 함유한 가스가 유입되는 쪽에 30,000~100,000V 전압의 코로나 방전극을 설치하여 분진들이 모두 양전하를 갖도록 하전시킨 후 음극집진판 사이로 통과시켜 집진하는 장치이다. 집진된 분진은 집진판에서 전기적으로 중성이 되어 포집되며 전기집진장치는 1μm 이상의 입자에 대하여 99%까지의 집진효율을 나타내나 설치비가 비싼 단점이 있다.

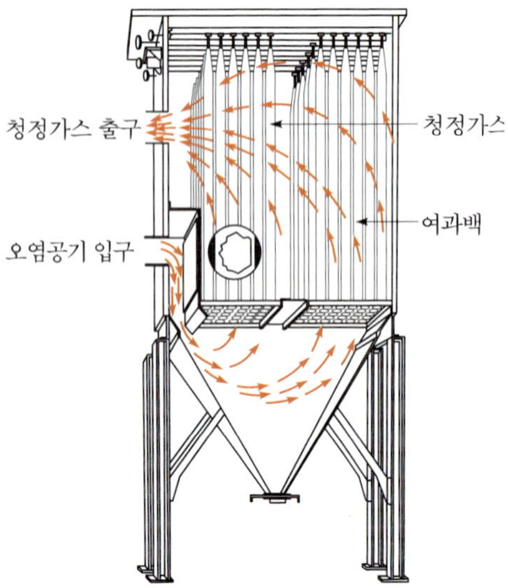

그림 8.22 여과집진기

습식집진기(wet scrubber)는 세정집진기라고도 부르며 주로 물을 사용하여 입자상 오염물을 함유하고 있는 가스를 세척하여 분진을 제거한다. 이 장치는 분진뿐만 아니라 일부 가스상 유해물질도 제거가 되는 장점이 있으며, 경우에 따라서는 물 대신 다른 세정액을 사용하기도 한다. 그러나 다른 집진장치와 달리 물을 사용함으로써 폐수처리 설비가 요구되는 단점도 있다. 습식집진장치로는 벤튜리 스크러버(venturi scrubber)가 가장 많이 사용되며 이밖에 미세분무화기(atomizer)나 노즐, 스프레이어 등이 사용되기도 하고 최근에는 사이클론을 습식으로 사용하는 장치도 있다.

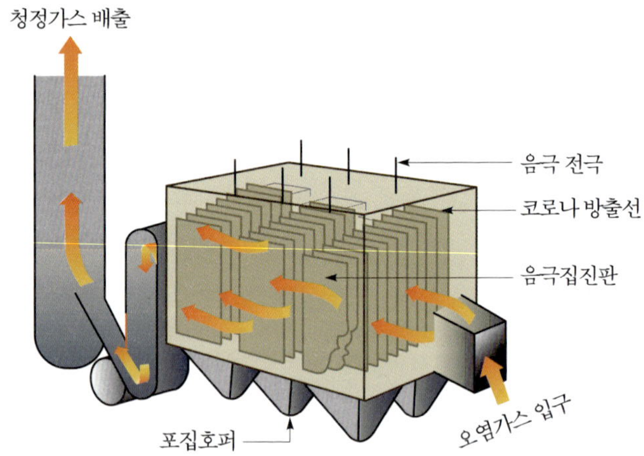

그림 8.23 전기집진기

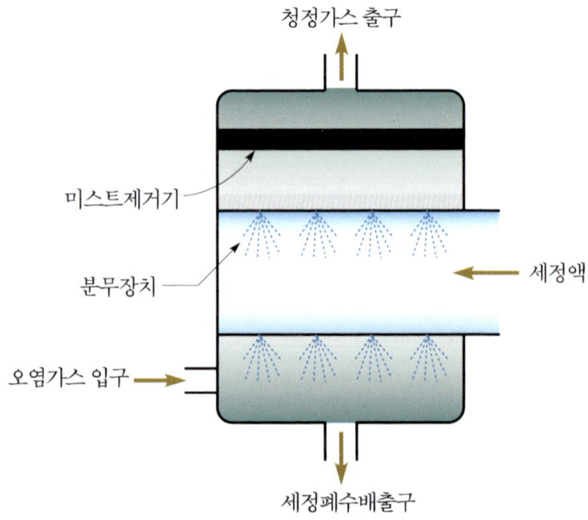

그림 8.24 분무식 세정기

(2) 가스상 오염물질의 제거

대기오염 제어에서 주로 관심의 대상이 되는 가스는 황산화물(SOx), 질소산화물(NOx), 유기 및 무기산가스, 탄화수소(HC) 등이다. 이러한 가스와 기타 기상 배출물 제어에 사용되는 처리법에는 흡착, 흡수, 응축, 연소 및 산화법 등이 있다.

기상오염물은 여러 가지 방법으로 제어할 수 있어서 가장 경제적이고 가장 효율적인 장치를 선택하려면, 대상 오염물질의 물리, 화학적 특성을 신중하게 고려하여야 하며, 장치나 처리방법의 선정 후에는 예상되는 배출농도가 법적 기준을 충분히 충족하는지 여부를 확인하여야 한다.

흡착(adsorption)은 기상오염물 제거를 위해 활성표면을 갖는 다공성 고체물질(흡착제, adsorbent)에 배출가스를 통과시킴으로서 다공성 고체물질 표면에 물리 또는 화학적으로 기상오염물(피흡착질, adsorbate)기체분자가 부착되어 제거되는 것으로 물리흡착과 화학흡착으로 구분되는데, 물리흡착(physical adsorption)은 이슬점 이상의 온도에서 가스나 증기가 고체에 응축하는 것으로 van der Waals 힘(분자 간 인력)에 좌우된다. 흡착된 가스의 양은 기체의 응축과 관계가 있으며, 끓는 온도가 높은 물질일수록 흡착량이 증가한다. 물리흡착은 흡착량이 흡착제의 유효 표면적에 정비례하지만, 표면에 다분자층으로 흡착된다. 물리흡착에서는 세공 안에서의 모세관 응축현상이 동반되는데, 이로 인하여 흡착될 수 있는 가스의 양이 상당히 많아진다. 또한 물리흡착 중에는 소량의 열이 방출되며, 이 과정은 비교적 빠르고 가역적이다. 따라서 압력을 낮추거나 온도를 높이면 흡착된 기체가 탈착(desorption)되는데 이 방법은 흡착제의 재생 시 사용된다.

화학흡착(chemical adsorption)은 피흡착질인 오염가스분자가 흡착제 표면과의 화학반응에 의해 결합함으로서 흡착되는 것으로 비가역 반응이며, 물리흡착보다 반응이 상당히 느리고 흡착제 표면에 단일 분자층을 형성함으로 흡착양도 적고 화학반응에 의해 많은 열을 방출한다.

흡착장치는 흡착방법에 따라 고정층, 이동층 그리고 유동층흡착장치로 구분되며, 흡착이 끝난 흡착제는 재생 여부에 따라 흡착제를 재생(regenerative) 및 비재생으로 분류하는데, 물리흡착은 흡착제의 재생이용이 가능하나 화학흡착은 비재생성으로 흡착능이 소진되면 폐기하고 새로운 것으로 대체하여야 하므로 비용이 많이 든다.

물리흡착에서는 흡착제와 흡착질이 화학적으로 변화하지 않기 때문에 과열 수증기나 뜨거운 공기 또는 불활성 가스 등을 사용하여 흡착제를 재생할 수 있다.

흡수(absorption) 또는 스크러빙(scrubbing, 세정)은 오염된 배출가스를 액상 흡수제(용액)와 접촉시킴으로써, 배출 가스 중의 한 가지 또는 그 이상의 오염물질 성분을 흡수시켜 제거 또는 전환시킨다.

흡수는 주로 이산화황, 질소산화물, 황화수소, 염화수소, 염소, 암모니아 및 경질탄화수소와 같은 가스의 처리에 사용된다.

SO_2 흡수에는 주로 알칼리(나트륨 및 암모니아) 및 알칼리토류(칼슘 및 마그네슘) 수용액이 사용되며, 부산물인 황산암모늄은 비료로 사용된다.

기체 흡수장치는 기체와 액체의 접촉면적을 극대화하여 기체상으로부터 오염물질이 액체상으로 빠른 시간 내에 최대한 전달될 수 있도록 설계되어야 하며, 이러한 원리를 기초로 제작되어 사용되고 있는 흡수장치로는 분무탑, 단탑, 충전탑, 벤투리 스크러버, 습식 사이클론 등이 있다.

응축(condensation)은 임의의 온도에서 기체상 화합물의 분압을 그 증기압과 같거나 크게 하면 그 온도에서 응축하여 액체상으로 되는 원리를 이용하여 기상 오염물질을 액화시키는 것으로, 기체상 혼합물의 온도를 낮추어 포화온도가 되게 하면 증기압이 분압과 같아져 응축이 일어난다. 또 압력을 증가시켜도 응축이 일어나게 할 수 있지만, 이 방법은 대기오염 방지에서는 별로 이용되지 않는다. 응축은 주로 휘발성 유기오염물의 처리에 이용된다.

연소(combustion) 또는 소각(incineration)은 중요 대기오염 배출원이지만, 동시에 대기오염 제어공정의 기초가 된다. 이때 연소나 소각의 목적은 대기오염물질(대개 탄화수소나 일산화탄소 등 가연성물질)을 무해한 이산화탄소와 물로 전환시키는 것으로, 오염된 기체에 포함되어 있는 가연성 가스, 증기 또는 악취물질을 연소(산화)시켜 제거하는데 이용된다. 정유공장에서는 대량의 가연성 유기가스가 방출되므로 굴뚝(stack flare)에서 태우거나 연소장치에서 소각시켜 처리한다. 이 방법은 배출량이 많고 오염가스가 비교적 적을 때에 많이 사용된다. 연소가 효과적으로 일어나려면, 4가지 중요요소, 즉, 산소, 온도, 난류 및 시간의 적절한 조합이 필요하다. 연소 중에 유효 산소 공급량에 따라서 최종 생성물이 정해진다. 검댕과 일산화탄소는 산화율이 낮을 때의 연소 부산물이지만, 이산화탄소는 충분한 산소가 존재할 때의 연소 생성물이다. 연소법에는 직화연소(direct flame combustion), 열연소(thermal incineration) 그리고 촉매연소(catalytic incineration) 등이 있다.

촉매 연소법은 SO_2, NOx, 탄화수소, CO의 제어에 사용되나, 비싼 설치비, 촉매 피독 가능성 등의 단점이 있으며 현재 자동차 배기가스 정화용 등으로 많이 사용되고 있다.

그림 8.25 자동차용 촉매 전환장치

CHAPTER 08 | 대기오염

EXERCISE

1. 최근 우리나라 대기오염문제의 주된 원인과 대책을 제시하라.
2. 대기오염이 생태계에 미치는 피해에 대하여 설명하라.
3. 최근 10년 동안 우리나라 대기오염자료를 조사하고 오염도를 평가하라.
4. 대기오염을 줄일 수 있는 일상생활 속의 실천방법을 제시하라.
5. 우리나라에서 발생한 대기오염 피해 사례를 조사하라.
6. 기상조건이 대기오염에 미치는 영향을 설명하라.
7. 산림의 대기오염 자정작용에 대하여 설명하라.
8. 대기오염물의 종류와 인체에 미치는 영향에 대해 설명하라.
9. 대기오염으로 인한 인체의 영향 중 기관지계 질병에 대하여 논하라.
10. 우리나라 대기환경기준과 외국의 대기환경기준을 비교하고 의견을 제시하라.

CHAPTER

09

폐기물

CHAPTER 09 폐기물

9.1 폐기물의 정의와 분류

폐기물이란 일반적으로 인간 및 동물의 활동에 의해 야기되는 것으로서 대개 고체물질로 생활에 소용이 없거나 원치 않아서 내버리는 물질이라 할 수 있다. 이러한 정의에 입각하여 볼 때, "원치 않아서 내버리는 물질"도 폐기물이 되므로 주관적인 성격이 강하며, 현대사회에서는 특히 이러한 주관적인 판단에 의해서 발생되는 폐기물이 급속히 증가하고 있다.

세상에 있는 모든 물질은 언젠가는 폐기물이 되며 인간이 만든 모든 제품도 제조될 때부터 폐기물이 될 운명을 가지고 생산된다. 그림 9.1을 보면 먹고 남은 음식물은 식사 후 곧바로 폐기물이 되며, 식탁이나 가구, 가전제품 등은 몇 십 년 후, 그리고 사람과 가옥 자체도 30~50년 후면 폐기물로 변한다. 우리나라의 폐기물관리법에서는 "폐기물이라 함은 쓰레기, 연소재, 오니, 폐유, 폐산, 폐알칼리 및 동물의 사체 등으로서 사람의 생활이나 사업 활동에 필요하지 아니하게 된 물질을 말한다."라고 폐기물을 정의하고 있다. 또한 폐기물관리법 시행규칙에 의하면, 폐기물을 성상에 따라 수분함량이 85%를 초과하거나 고형물함량이 15% 미만인 액체상태의 폐기물과 그 외 고체상태의 폐기물로 구분하고 있다.

그림 9.1 시간에 따른 폐기물의 생성

2007년 전면 개정된 우리나라의 폐기물관리법에서는 폐기물을 발생원에 따라 생활폐기물과 사업장폐기물로 구분하고 있으며, 사업장폐기물은 위해성 등 발생특성 및 성상에 따라 다시 일반폐기물과 지정폐기물 등으로 세분하고 있다.

그림 9.2에서 생활폐기물은 사업장폐기물외의 폐기물로써 주로 가정, 상가 등에서 발생되는 폐기물이며, 사업장폐기물은 대기환경보전법 · 수질 및 수생태계 보전에 관한 법률 또는 소음 · 진동규제법의 규정에 의하여 배출시설을 설치 · 운영하는 사업장이나 기타 대통령령이 정하는 사업장에서 발생되는 폐기물이다. 건설폐기물은 건설공사로 인하여 공사 시작부터 완공 시까지 건설현장에서 발생하는 5톤 이상의 폐기물로 폐콘크리트, 폐아스콘, 폐벽돌, 폐블럭, 폐기와, 폐목재, 폐합성수지, 폐섬유, 폐벽지, 건설오니, 폐금속류, 폐유리, 폐타일 및 폐도자기, 폐보드류, 폐판넬, 건설폐토석 따위와 이들이 혼합된 혼합건설폐기물, 그 밖의 생활폐기물과 지정폐기물을 제외한 건설공사로 인하여 발생하는 폐기물을 말한다.

지정폐기물(표 9.1)은 사업장폐기물 중 폐유 · 폐산 등 주변 환경을 오염시킬 수 있거나 의료폐기물과 같이 인체에 위해를 줄 수 있는 해로운 물질로서 대통령령으로 정하는 폐기물이며, 의료폐기물은 보건 · 의료기관, 동물병원, 시험 · 검사기관 등에서 배출되는 폐기물로 인체 조직 등 적출물, 실험동물의 사체, 탈지면, 붕대, 주사기 등 보건 ·

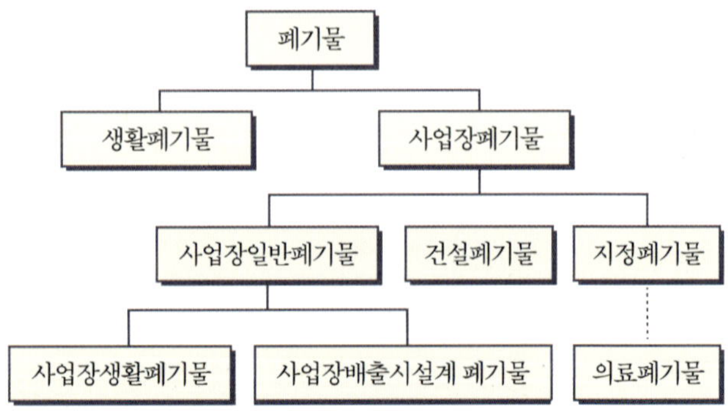

그림 9.2 폐기물의 분류체계

표 9.1 지정폐기물의 종류

구 분	세 부 대 상
특정시설 발생 폐기물	폐합성 고분자화합물 – 폐합성 수지 · 고무(고체상태 제외)
	오니류 – 폐수처리 오니, 공정 오니(수분함량 95% 미만, 고형물함량 5% 이상인 것으로 한정)
	폐농약(농약의 제조 · 판매업소에서 발생되는 것)
부식성 폐기물	폐산(액체상태의 폐기물로 수소이온 농도지수가 2.0 이하인 것)
	폐알칼리(액체상태의 폐기물로 수소이온 농도지수가 12.5 이상인 것)
유해물질 함유 폐기물	광재, 분진, 폐주물사 및 샌드블라스트폐사, 폐내화물 및 재벌구이 전에 유약을 바른 도자기 조각, 소각재, 안정화 또는 고형화 처리물, 폐촉매, 폐흡착제 및 폐흡수제, 폐형광등의 파쇄물
폐유기용제	할로겐족, 그 밖의 폐유기용제
폐페인트 및 폐래커	페인트 및 래커와 유기용제가 혼합된 것
	페인트 보관용기에 남아 있는 페인트를 제거하기 위하여 유기용제와 혼합된 것
	폐페인트 용기
폐유	기름성분을 5% 이상 함유한 것을 포함
폐석면	건조고형물의 함량을 기준으로 석면이 1% 이상 함유된 제품 · 설비 등의 해체 · 제거 시 발생되는 것
	슬레이트 등 고형화된 석면 제품 등의 연마 · 절단 · 가공 공정에서 발생된 부스러기 및 연마 · 절단 · 가공 시설의 집진기에서 모아진 분진
	석면의 제거작업에 사용된 바닥 비닐 시트 · 방진마스크 · 작업복 등
폴리클로리네이티드비페닐 함유 폐기물	액체상태의 것(1L당 2mg 이상 함유한 것)
	액체상태 외의 것(용출액 1L당 0.003mg 이상 함유한 것)
폐유독물	유해성이 있는 화학물질인 유독물을 폐기하는 경우
의료폐기물	격리의료폐기물(격리된 사람에 대한 의료행위에서 발생한 일체의 폐기물)
	위해의료폐기물(조직물류폐기물, 병리계폐기물, 손상성폐기물, 생물 · 화학폐기물, 혈액오염폐기물)
	일반의료폐기물(탈지면, 붕대, 거즈, 일회용 기저귀, 생리대, 일회용주사기, 수액세트)
기타 고시하는 물질	

환경보호상 특별한 관리가 필요하다고 인정되는 폐기물로서 대통령령으로 정하는 폐기물이다. 우리나라 폐기물 관리체계를 그림 9.3에 나타내었으며, 폐기물 분류체계를 따라서 분류한 생활폐기물, 사업장 일반폐기물, 건설폐기물, 지정폐기물 및 의료폐기물에 대한 각각의 관리시스템을 그림 9.4~8에 나타내었다.

한편, 용기에 들어있지 아니한 기체상태의 물질이나 방사성 물질과 이로 인하여 오염된 물질, 하 · 폐수, 오수 · 분뇨 및 가축분뇨, 가축이나 수산동물의 사체와 오염물건, 수입 금지 물건 및 검역 불합격품 등은 폐기물관리법의 적용을 받지 않고 별도의 관리법이 제정되어 있어 이에 의한 규제를 받는다.

미국의 경우에는 자원보존 및 회수법(Resource Conser-vation and Recovery Act, RCRA, 1976)에서 고형폐기물(solid waste)을 "공업, 상업, 광산, 농업활동, 지역사회의 활동으로부터 생성된 고체상, 반고체상, 액체상 및 가스를 포함한 물질로서 ① 버려져서 퇴적 · 저장되거나 버리기 전에 물리학적, 생물학적, 화학적으로 처리된 것, ② 원래 의도한 용도로 사용된 후 버려진 것, ③ 제조 또는 광산작업의 부산물로 버려진 것을 말한다."라고 정의하고 있어, 고상 폐기물은 물론 액상 및 기체상 폐기물도 포함하고 있음을 알 수 있다.

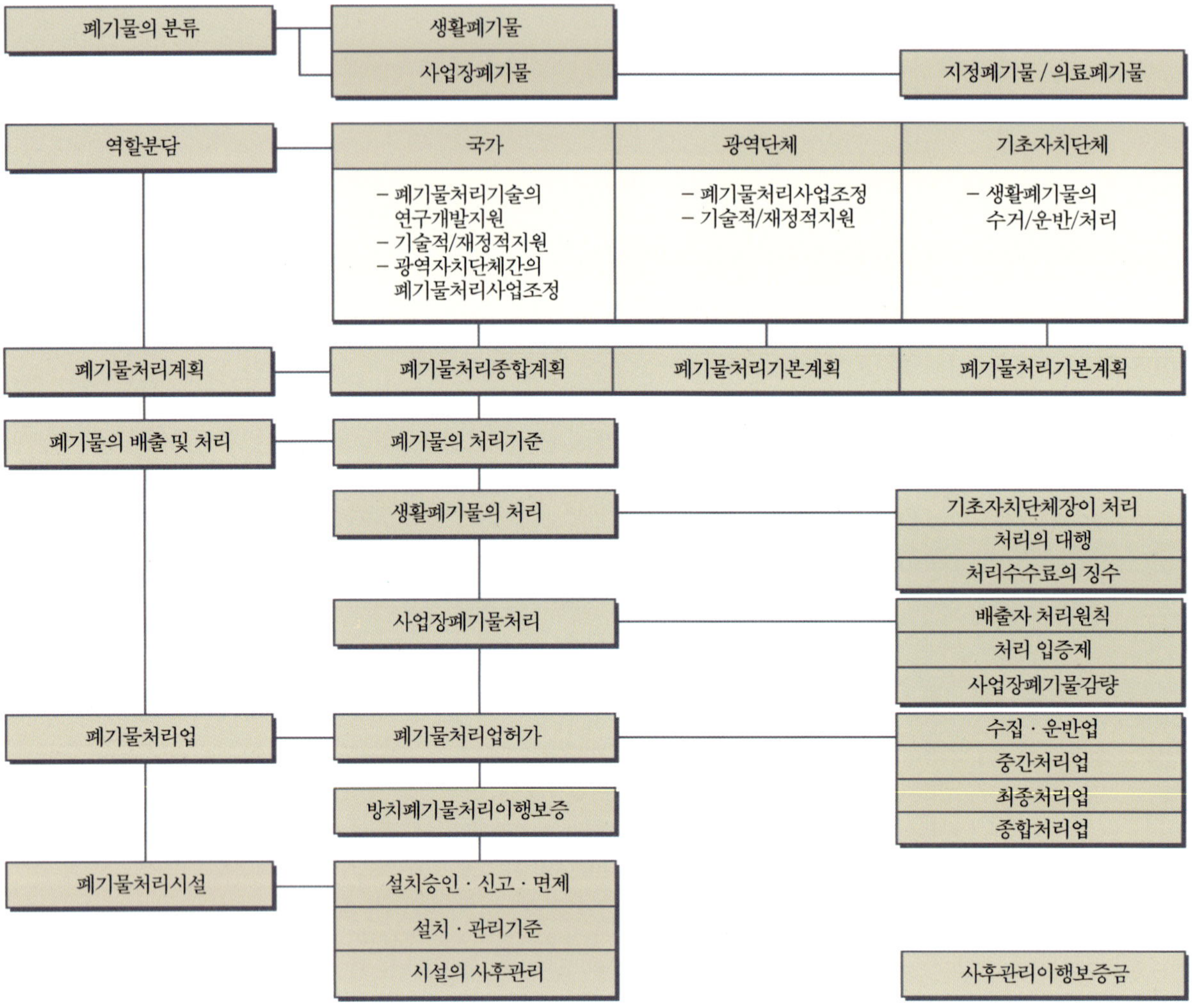

그림 9.3 우리나라 폐기물관리 체계

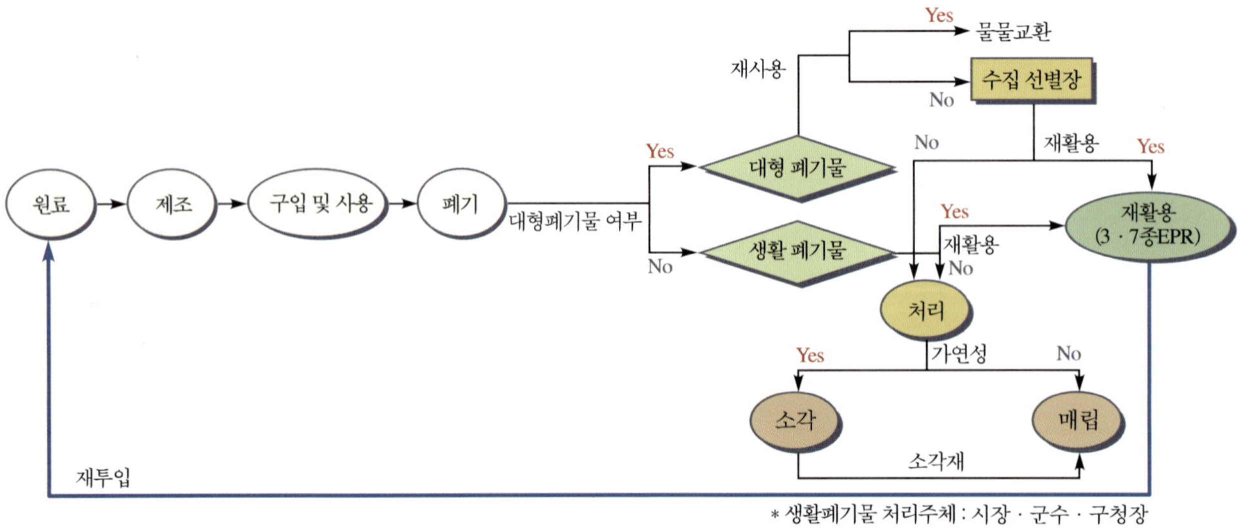

그림 9.4 생활폐기물 관리시스템

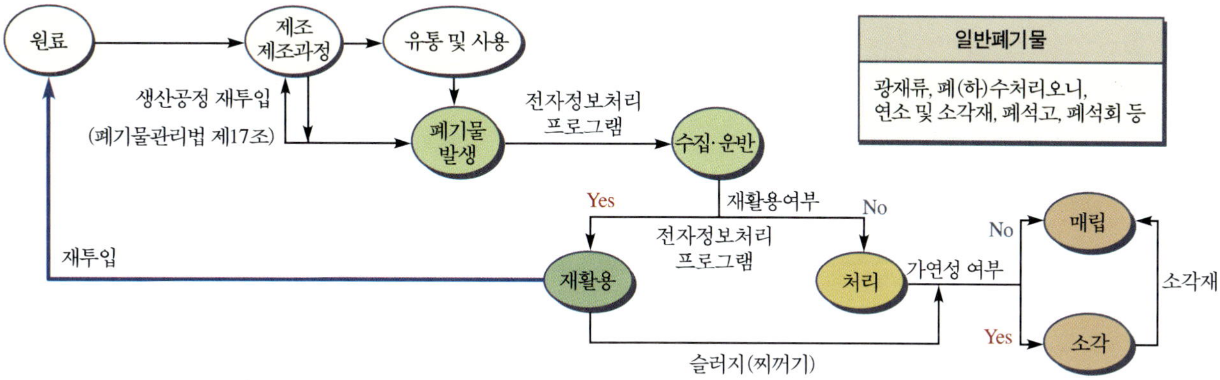

	사업장 폐기물 감량화 대상사업장 (폐기물관리법 제17조 제3항)	재활용지정사업자 (재활용촉진법 제23조)	지정부산물 사업자 (재활용촉진법 제25조)	재질·구조개선 사업자 (재활용촉진법 제24조)
	• 지정폐기물 : 200톤 이상 배출자 • 일반폐기물 : 1,000톤 이상 배출자	• 1만 톤 이상 종이제조업 • 2만 톤 이상 유리용기제조업 • 10만 톤 이상 제철업	• 10만 톤 이상 철강슬래그 • 1억 kW 이상의 전력생산자(석탄재) • 150억 이상 사업자 – 토사, 콘크리트, 아스팔트, 벽돌 및 건축 폐목재	• 연간 1만대 이상 자동차 • 연간 2만대 이상 전자제품
위반 시 처분내용	과태료(300만 원 이하)	1차 권고, 2차 조치명령 3차 과태료(300만 원 이하)	좌동	좌동

그림 9.5 사업장 일반폐기물 관리시스템

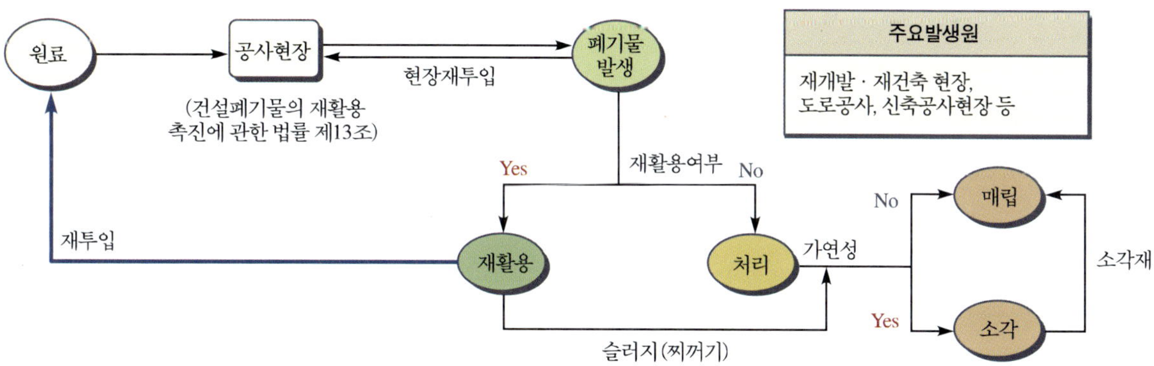

건설폐기물 지정부산물 사업장(150억 이상 사업자) (재활용촉진법 제25조)	위반 시 처분내용
토사, 콘크리트, 아스팔트, 벽돌 및 건축폐목재	1차 : 권고, 2차 : 조치명령, 3차 : 과태료(300만 원 이하)

그림 9.6 건설폐기물 관리시스템

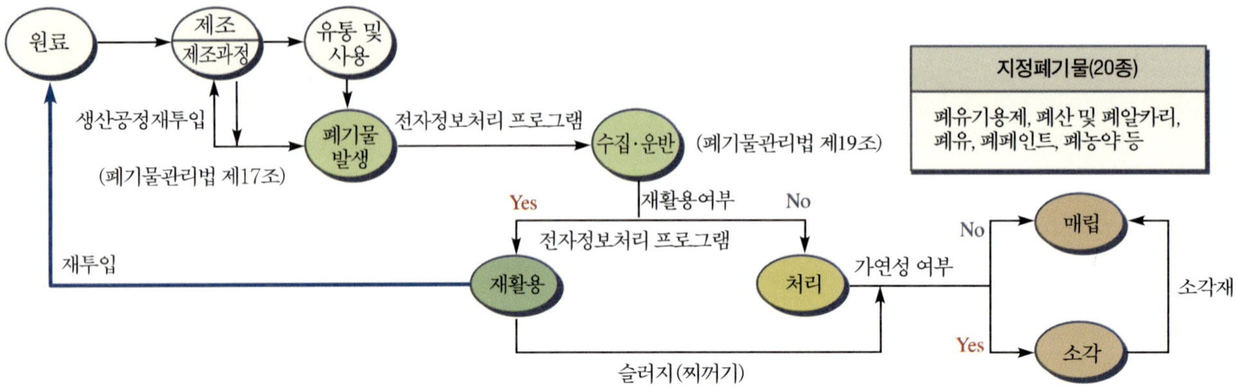

그림 9.7 지정폐기물 관리시스템

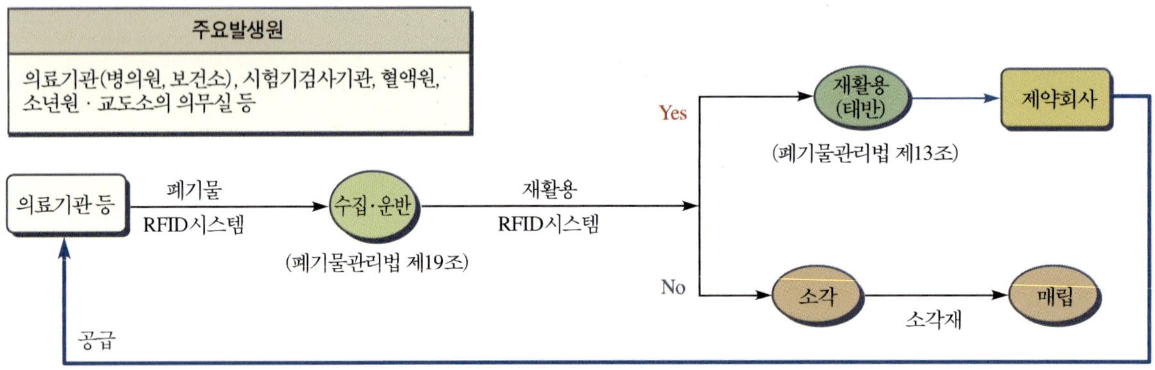

그림 9.8 의료폐기물 관리시스템

9.2 생활폐기물의 발생 및 관리현황

폐기물 발생량 조사방법에는 적재차량분석법(load-count analysis), 직접계근법(direct weighing method), 물질수지법(material balance method) 등이 있다.

우리나라 생활폐기물 발생량은 1990년에 약 83,962톤/일로 1인당 발생량은 용적 톤(10톤을 적재할 수 있는 트럭에 쓰레기가 만재되었다면 이를 10톤이라 추정하는 방법으로 적재 계수를 감안하지 않은 부정확한 방법)으로 2.32 kg/인/일에서 2000년에 0.98 kg/인/일까지 매년 감소하는 추세를 보였으며, 2014년에는 1일 발생량이 49,915톤/일로 1인당 발생량은 0.95 kg/일이었다.

표 9.3에는 우리나라 생활폐기물의 조성을 나타내었다.

표 9.2 생활폐기물의 발생량 추이

연도	1일 발생량 (톤)	전년대비 증가율 (%)	1인당 발생량 (kg/인/일)	비고
1990	83,962	7.3	2.32	용적톤
1995	47,800	-17.8	1.20	무게톤
2000	46,438	1.8	0.98	무게톤
2005	48,398	-3.2	0.99	무게톤
2010	49,159	-3.4	0.96	무게톤
2014	49,915	2.4	0.95	무게톤

폐기물의 성상조사는 연소 특성에 따라 가연성과 불연성, 물리적 형태에 따라 기상, 액상, 고상, 생물학적 특성에 따라 생분해성과 난분해성, 그리고 재활용 여부에 따라 재사용성, 재활용성 등으로 분류하여 실시하며 성상분석과정은 그림 9.9와 같으며 분석 항목은 다음과 같다.

① 밀도
② 물리적 조성
③ 수분, 휘발분, 회분, 고정탄소(공업분석)
④ 화학적 조성(원소분석 : C, H, O, N, S, Cl 등)

표 9.3 생활폐기물의 조성 (단위 : 톤/일)

구 분		'09	'10	'11	'12	'13	'14
총 계		21,690	20,940	21,414	21,272	22,292	22,264
가연성	소 계	17,977	17,266	17,548	17,595	18,420	18,070
	음식물 · 채소류[1)]	417	243	273	172	162	476
	종이류	4,915	4,783	4,940	5,247	5,383	5,410
	나무류	2,341	2,205	2,314	1,982	2,776	1,706
	기 타	10,304	10,035	10,021	10,194	10,099	10,478
불연성	소 계	3,713	3,674	3,866	3,677	3,872	4,194
	연탄재[2)]	-	-	-	0	0	0
	유리류	425	411	430	444	499	536
	금속초자류	376	337	330	335	347	392
	기 타	2,912	2,926	3,106	2,899	3,026	3,266

1) '06년부터 남은 음식물류 배출량 별도 조사하여 분리 집계 : '09년 13,701톤/일, '10년 13,429톤/일, '11년 13,264톤/일, '12년 13,037톤/일, '13년 12,501톤/일, '14년 13,222톤/일
2) 종전 '연탄재' 항목이 '07년부터 유리류로 바뀜

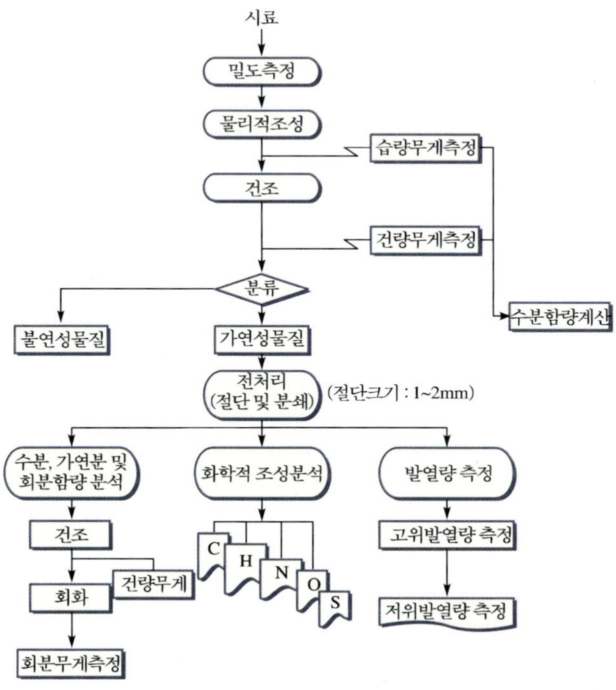

그림 9.9 폐기물의 성상분석 흐름도

⑤ 발열량 분석(저위발열량, 고위발열량)

표 9.4에는 생활폐기물의 처리방법을 보였다. 2000년 이후 소각과 재활용 비율이 지속적으로 증가함에 따라 매립 비율이 크게 감소하고 있음을 알 수 있다.

표 9.4 생활폐기물의 처리방법 (단위 : %)

구분년도	매 립	소 각	재활용	기 타
1990	93.0	1.8	4.6	0.6
1995	68.3	5.5	26.2	-
2000	47.0	11.7	41.3	-
2005	27.7	16.0	56.3	-
2010	17.9	21.6	60.5	-
2014	15.7	25.3	59.0	-

9.3 생활폐기물의 처리

생활폐기물은 일상생활과 관련하여 가정에서 발생되는 폐기물로 음식물 폐기물을 포함한 주방 폐기물과 각종 폐지, 폐플라스틱, 폐목재, 폐고무, 폐섬유류, 소각재, 폐유리, 고철, 알루미늄 등 매우 다양한 조성을 가지고 있다. 생활폐기물은 발생원에서부터 재활용 가능 여부, 가연성 등의 기준에 따라 일반적으로 분리 배출되고 있다.

폐기물에 대한 처리는 관리라고 하는 것이 오히려 더 적절할 것이다. 왜냐하면 폐기물은 발생된 후의 처리보다는 발생 전 단계에서의 관리가 더 중요하고, 또한 발생원부터 최종처분까지 뿐만 아니라 매립지 등에 대한 사후관리까지도 포함하기 때문이다.

생활폐기물의 발생에서 최종 처분까지의 흐름을 간단히 나타내면 그림 9.10과 같다.

1) 발생 및 배출

폐기물이 발생되는 곳을 발생원이라 하며, 생활폐기물의 주요 발생원은 가정이고 그 밖에 공공기관, 상가, 학교, 기숙사, 교도소 및 각종 사무실 등이 있다. 과거 생활폐기물의 조성을 보면 연탄재 등이 많은 부분을 차지하였으나

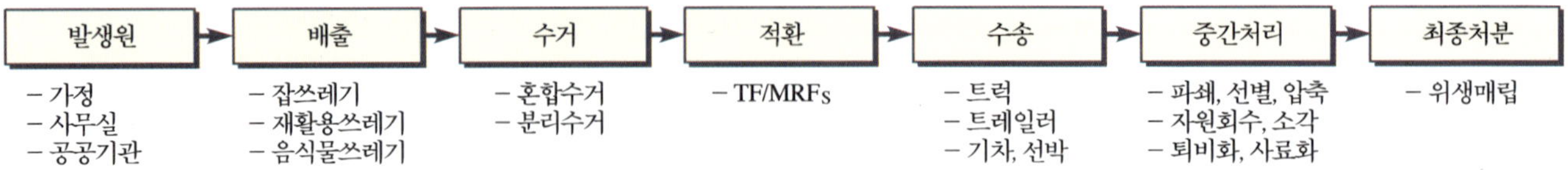

그림 9.10 생활폐기물의 발생에서 최종 처분까지의 흐름도

연료전환으로 연탄재는 급격히 감소한 반면 플라스틱, 종이, 음식물 폐기물 등의 점유율이 상대적으로 높은 비율을 차지하고 있어 생활관습, 경제수준에 따라 폐기물의 발생량과 조성이 크게 영향을 받음을 알 수 있다.

폐기물 관리정책은 흔히 3R로 요약될 수 있는데, 이는 감량화(Reduction), 재사용(Reuse), 재활용(Recycling)을 일컫는다. 특히 감량화는 근본적으로 폐기물 발생량을 줄임으로써 폐기물처리 비용절감과 환경에 미치는 영향을 최소화 할 수 있는 최선의 방법이나, 궁극적으로는 소비절약과 성숙된 시민의식을 통한 실천이 선행되어야 하므로 지속적인 홍보와 교육이 필요하다.

배출은 발생된 폐기물을 지정 용기나 봉투 등을 통해 수거가 용이하도록 내어놓는 것으로 여러 가지 방법이 있다. 우리나라의 경우 대부분 재활용품, 타는 쓰레기, 불연성 쓰레기, 음식물 폐기물, 대형 폐기물 정도로 분류하여 배출하고 있으며, 잡쓰레기는 종량제 봉투로, 대형 폐기물은 종류별로 배출전표를 구매하여 부착한 후 배출하고 있다.

재활용 폐기물 배출방식은 폐기물을 몇 종류로 분류하느냐에 따라 다르며 지방자치단체에 따라서도 배출품목이 다르다. 보통 재활용품은 고철, 폐지류, 알루미늄, 유리병류, 폐플라스틱류, 의류 등으로 분류하고 있으며 최근 폐형광등을 재활용품으로 배출토록 하는 곳도 있다.

2) 수거

배출된 폐기물을 적환장이나 최종 처분지까지 운송하기 위해 수집하는 것을 수거라 하며, 발생원에서의 배출 형태에 따라 통합수거와 분리수거로 구분된다.

우리나라는 과거 수거수단으로 좁은 골목이 많은 지역적 특성상 손수레가 많이 이용되었으나 현재는 차량수거 방식으로 모두 바뀌었다. 또한 과거 타종식 수거방법이 사용되었으나 1995년부터 종량제를 실시함에 따라 요일별 수거품목을 지정하여 수거하는 방식이 시행되고 있다. 수거 빈도는 폐기물의 발생량에 따라 달라져야 하며, 특히 여름철의 경우 폐기물의 부패와 장마 등을 고려할 때 계절에 따라서도 달라져야 한다.

폐기물 처리비용의 약 60% 정도가 수거 및 운반비용임을 감안할 때 폐기물 수거에 대한 지속적인 개선이 필요하며, 이에 따라 폐기물 배출용기의 규격화, 수거의 자동화, 압축차량도입, 수거노선의 최적화 등 비용절감을 위한 노력을 하고 있다.

그림 9.11 분리수거를 위해 규격화된 폐기물 수거함

그림 9.12 생활쓰레기 수거차량

3) 적환 및 수송

수송에는 수거차로 직접 최종 처리장까지 수송하는 경우와 수거차와 운반차로 구분하여 수거차로 적환장까지 운반하고 적환장에서 대형운반차로 최종 처리장까지 수송하는 중계처리방식이 있다. 여기서 중계처리방식을 택할 것이냐, 직접 최종 처리장까지 수송할 것이냐의 결정은 최종 처리장까지의 운송거리, 수송도로의 조건 등을 고려하여 결정하여야 한다. 일반적으로 최종 처리장까지의 거리와 적환장 설치비용을 토대로 직접 수송여부를 결정한다.

또한 폐기물의 새로운 수거 및 수집방법으로 파이프라인(pipe line)을 이용한 방법이 있다. 파이프라인 수거시스템은 폐기물 수거와 수집을 위한 관로를 지하에 건설하고 발생원에 폐기물 투입구를 설치하여 공기 수송에 의해 폐기물을 수집하는 것으로 매우 간편하고 위생적인 방법이나 시설·설비를 위해 초기에 막대한 투자비가 필요하다. 최근 들어 새로 조성되는 인천 송도, 판교, 파주, 세종시 등

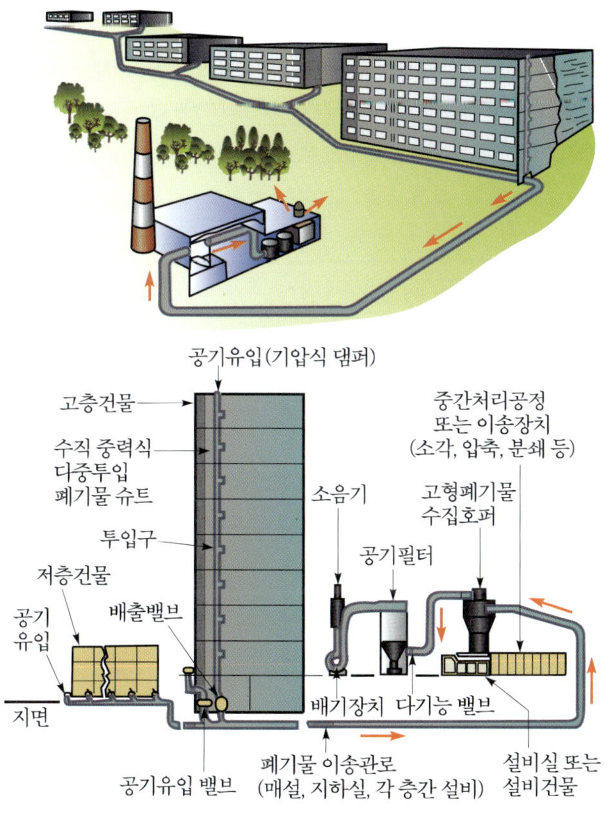

그림 9.13 지하수송관로를 이용한 폐기물 수거시스템

대규모 신도시 지역에서 클린넷 시스템이라는 이름으로 폐기물 수송관로시스템을 많이 도입하고 있다.

4) 중간처리

중간처리는 수거된 폐기물로부터 재활용 물질, 가연성 물질 및 생분해성 물질 등을 선별하여 재활용, 소각 및 연료생산으로 에너지 회수, 퇴비화 및 사료화 등으로 자원순환을 함으로서 폐자원의 회수 이용률을 높이고, 최종 처분대상 폐기물의 양을 줄임으로서 최종 처분비용을 줄이는 것을 목적으로 하며, 또한 매립용 폐기물의 부피를 줄여 수송비 등을 절감하기도 한다. 중간처리방법에는 파쇄, 선별, 압축, 소각, 연료화, 사료화, 퇴비화 등의 방법이 있다. 중간처리방법의 선택은 전적으로 수집된 폐기물의 성상 및 조성, 양, 최종 매립지까지의 거리 등을 종합적으로 고려하여야 한다.

그림 9.14 폐기물 선별작업

(1) 소각(Incineration)

소각은 중간처리방법 중 쓰레기의 부피와 무게를 동시에 줄일 수 있으며, 가연성 폐기물로부터 에너지를 회수할 수 있는 위생적으로 안전한 방법이다. 다만, 설치비용이 비싸고 운영비용이 많이 든다.

일괄 혼합 수집한 쓰레기를 소각 처리할 경우 중량은 1/4로 줄어들고, 부피는 1/5로 줄어들게 된다. 소각방식은 연소기체의 유동방향, 연소공정 등에 따라 여러 가지로

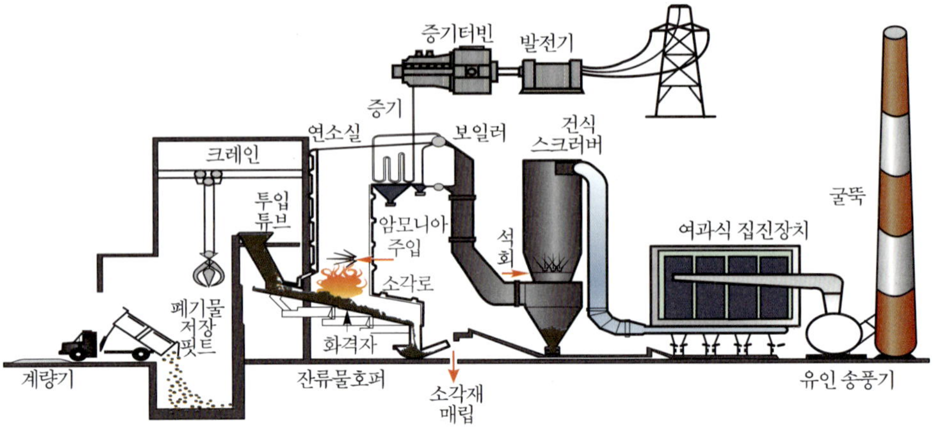

그림 9.15 스토커형 소각로 공정도

구분하기도 하나 주로 폐기물의 연소방식에 따라 분류하는데 화격자 연소방식, 상(床) 연소방식, 유동층 연소방식, 분무연소방식, 건류가스화 방식 등이 있으며 최근에는 열용융 분해법 등이 개발되어 상용화되고 있다.

소각의 장점은 다음과 같다.

- 폐기물로부터 에너지의 회수 이용
- 폐기물 감량화 및 안정화
- 매립지의 효율적 이용
- SRF 및 연료 생산

소각의 단점은 다음과 같다.

- 소각을 위해서는 가연분 25% 이상, 수분 50% 이하, 회분 60% 이하인 가연조건을 충족하여야 한다.
- 처리, 운전, 관리비가 비싸다.
- 분진, 매연, CO, SO_X, NO_X, Dioxin류 등 2차 오염 발생
- 폐수발생

① 화격자 소각로(Stoker식)

가장 대표적인 소각방식이며, 대규모 소각로에 적합하다. 우리나라의 경우 현재 운영 중인 대부분의 생활폐기물 소각로가 이 방식이다.

스토커형 소각로는 폐기물을 구동화격자의 상부로 공급하여 소각하는 방식으로 화격자는 폐기물의 건조, 연소, 후연소의 3단계로 구분되며, 화격자의 구동방식들이 각 회사마다의 특허로 되어 있다. 이 소각로는 다른 형식에 비해 구조가 비교적 간단하며 고장도 적고 운전이 용이하여 혼합쓰레기의 소각에 널리 사용된다(그림 9.15). 소각용 연소공기는 통상 화격자의 아래방향으로부터 들어와 화격자 상에 있는 폐기물에 공급되어 연소되는데, 이를 상향식 연소라고 하며 그 반대로 공기를 위에서 아래방향으로 공급하는 것을 하향식 연소라고 한다. 일반적으로 보통 가연성이 작은 폐기물을 연소시키는 경우에는 상향 연소방식이 연소 속도가 빠르고 유리하다. 그러나 고무나 플라스틱류와 같이 열분해속도가 빠르고 가연성이 큰 것은 불완전연소가 되어 검댕(soot)이 발생하므로 재연소를 행할 필요가 있다. 이와 같이 열분해 속도가 빠른 폐기물에 대해서는 분해속도의 제어가 필요하고, 따라서 하향식 연소를 하는 것이 좋다. 이 경우 상향식 연소에 비해 소각율은 1/2 이하로 떨어진다.

② 상(床) 연소방식

소각로 내의 상(床, 화격자와는 다른 일종의 판과 같은 형태)의 상부에 폐기물을 적재하여 연소시키는 방식으로서 화격자에 적재할 수 없는 슬러지, 입자상 물질 같은 폐기물이나 열을 받아 용융되어 착화, 연소되는 폐기물의 연소에 적합한 방식이다. 이 방식에는 구조에 따라 고정식, 회전로 방식, 다단로 방식, 로타리킬른 방식 등이 있다.

그림 9.16 로타리킬른 소각로

③ 유동상 연소방식

비교적 입자의 크기가 고른 폐기물들의 경우 소각로 하단에서 고속으로 공기를 불어넣어주면 입자상에 작용하는 항력이 입자의 하중을 이겨내는 점에서 입자가 부상하게 되고, 입자 전체가 비등상태에 가까운 운동을 하게 된다(그림 9.17). 이를 유동화라고 하는데, 유동화 원리를 폐기물 소각에 응용한 것이 유동층 연소방식이다.

유동층 소각로는 열전달과 유동매체로 배기가스의 열용량보다 약 3배 이상의 열용량을 갖는 모래나 석영 등을 사용하며 일부 석회석 등을 첨가하기도 한다. 유동층 소각로는 폐기물과 유동매체 간의 균일한 혼합으로 낮은 과잉 공기비로 높은 연소효율을 얻을 수 있으나 소각재가 모두 비산재로 배출되는 탓에 집진시설에 대한 부하가 커진다. 주로 균일하게 파쇄한 비중이 낮은 폐기물이나 수분이 많은 슬러지 및 산업폐기물 등의 소각에 적합하다.

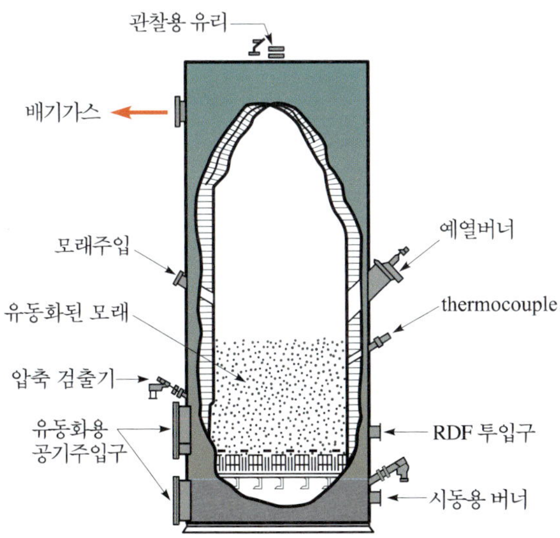

그림 9.17 유동상 소각로

④ 분무 연소방식

액체연료의 분무화 연소와 같은 방법으로 미세분무화기(atomizer)에 의해 액체 폐기물을 미세한 액적으로 만들어 표면적을 증대시켜 로 내로 분사하고, 로 내에서 복사, 대류, 전열, 증발, 가스화를 촉진하면서 공기공급에 의해 연소속도와 연소효율을 높여 소각하는 방식이다. 분무형식에 따라 가압분무, 2유체분무, 회전식 분무가 있으며, 액체의 연소는 일반적으로 기화한 상태에서 양호하게 된다. 연속적으로 보조연료를 필요로 하는 저칼로리 폐액의 경우 고압 2유체 분무형식을 사용하는 것이 좋다. 액적의 연소시간은 분무 입경의 제곱에 비례하며, 미립화하면 불완전연소에 의한 분진 생성 감소에 현저한 효과가 있다.

⑤ 건류가스화 방식

가연성폐기물로부터 에너지를 회수하는 기술의 하나로 폐타이어나 폐합성 수지류의 처리에 이용되고 있는

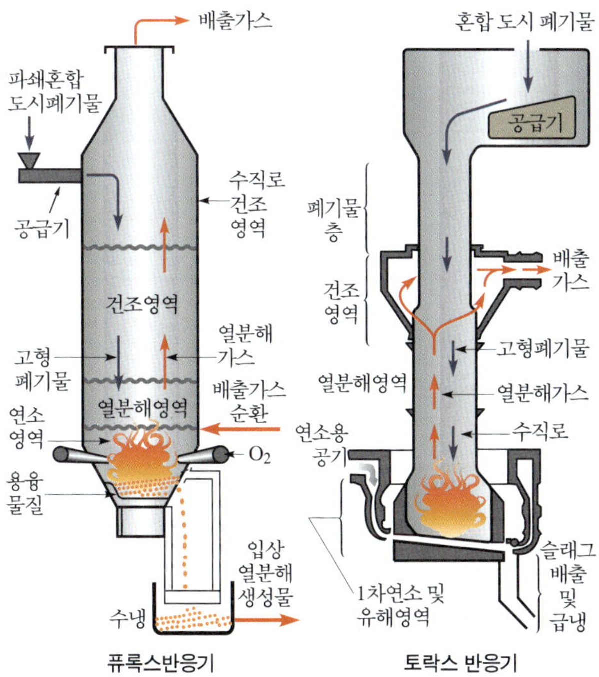

그림 9.18 폐기물 가스화

방식이다. 건류가스화란 열분해와 비슷하게 산소결핍 상태에서 연소열에 의해 유기물질을 가스, 오일 등으로 분해하여 연료를 만드는 것을 말한다. 이렇게 건류실에서 만들어진 연료가스는 보일러 등 에너지 회수용 연소로에서 연소된다. 건류가스화는 2차 공해물질의 발생량이 적고 연료생성과 폐열이용이 보다 용이하다는 장점이 있으나, 폭발 위험성이 있고 왁스(wax)의 생성으로 가스유도관이 막힐 우려가 있다.

⑥ 열분해

열분해는 열분해 로에 폐기물을 넣고 무산소 상태에서 외부 가열로 폐기물을 분해하는 방식으로 폐기물 중 유기물들이 분해되어 메탄, 수소, CO 등의 가스상 물질과 타르상 물질 그리고 챠(char)라고 부르는 탄소를 주성분으로 한 고체상 물질이 얻어진다.

이들 열분해 생성물은 직접연료로 사용하거나 연료의 합성 또는 공업적 원료 등으로 사용할 수 있다. 도시에서 발생되는 생활폐기물은 열분해 처리가 가능하나 경제성 측면에서 불리하여 현재 이용이 안 되고 있다.

⑦ 열용융분해

열용융분해는 폐기물을 고압으로 압축하여 탈기과정을 거친 다음 1,700℃ 이상의 고온으로 용융시켜 분해하는

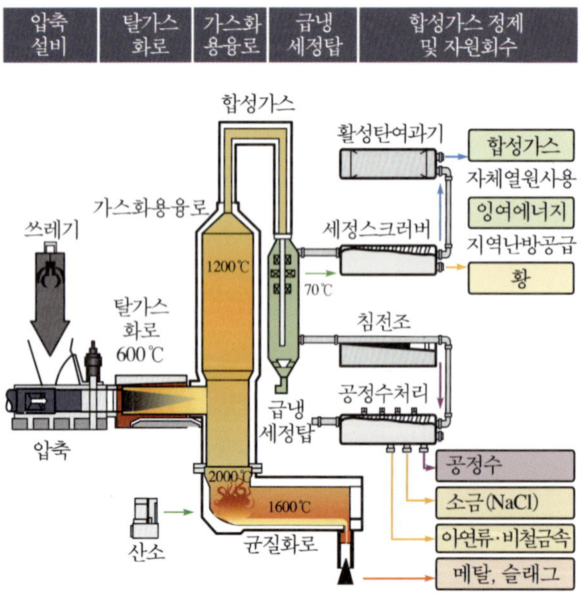

그림 9.19 생활폐기물 열분해

그림 9.20 열용융 슬래그

것으로 이탈리아의 서모셀렉트(Thermoselect)사에서 세계 최초로 공정을 상업화한 이래 현재 일본을 중심으로 여러 종류의 공정들이 상용화되어 있다. 열용융분해는 유기성폐기물로부터 열분해 결과 생성되는 탄화수소 및 수소 등을 이용하여 연료 및 각종 화학약품 등을 합성하며 무기물은 용융슬래그로 도로 등 토목이나 건축 공사장에 활용되고 있다.

(2) 퇴비화(Composting)

퇴비화는 토양이나 대기 중에 존재하는 세균, 방선균 및 사상균 등 다양한 미생물들의 특성을 이용하여 생분해성 유기물들을 비교적 고온(40~60℃)에서 호기성 분해함으로서 생물학적이나 화학적으로 안정한 물질로 전환시키는 것을 말한다. 퇴비는 유기물이 퇴비화 과정에 의해 분해되어 생성된 최종 물질이며, 퇴비의 원료로는 가축분과 음식물 쓰레기, 종이, 섬유, 나무, 하수 슬러지와 이들의 혼합물 등이 대상이 된다.

퇴비화의 장점은 다음과 같다.

- 생물학적으로 분해 가능한 유기물의 안정화
- 부피감소
- 병원성 미생물, 해충알, 잡초씨 사멸
- 퇴비, 토양개량제, 멀취(mulch) 등 부산물 생산

퇴비화 반응은 호기성과 혐기성 2가지로 나누어지는데 악취발생문제와 영양염류성분의 손실을 방지하기 위해 주로 호기성 방법들이 선호된다. 호기성 퇴비화 과정에서 고려

해야 할 기본인자들은 C/N비, pH, 통기성, 수분함량, 온도, 입자의 크기 등이다.

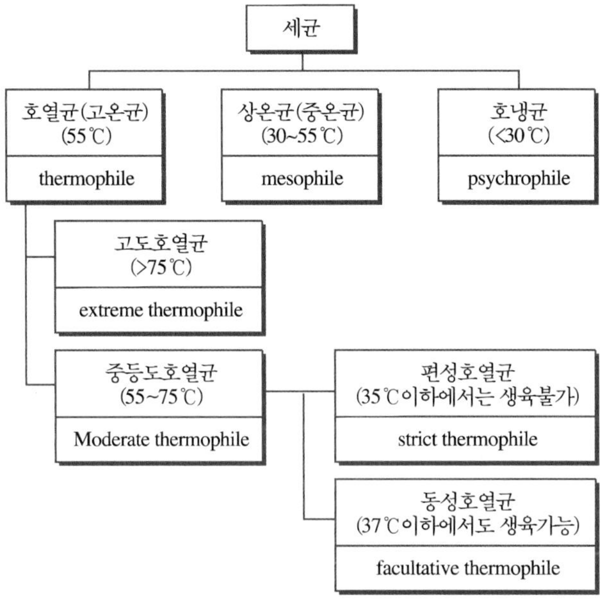

그림 9.21 퇴비화 반응에 관여하는 미생물균

① C/N(탄소/질소)비

C/N비는 분해대상 유기성폐기물에 따라 다른데, 처음에는 높나가 분해가 진행될수록 낮아져서 최종적으로 미생물 세포자체의 C/N비와 비슷해질 때까지 감소한다. 퇴비의 원료에 있어서 가장 적합한 C/N비는 약 20~30이라고 알려져 있다. C/N비가 높으면 질소원이 부족하여 미생물의 증식이 제한되게 되고, C/N비가 낮으면 유기물이 양호하게 분해되지만 암모니아가 발생하여 악취와 비료 성분으로서 질소의 손실이 일어난다.

② pH

퇴비화에 있어서 유기물 분해는 중성 혹은 약알칼리성의 범위에서 활성이 가장 높은 것으로 알려져 있다.

초기에 투입된 원료 중 전분, 각종 산, 단백질에서 유래되는 탄소는 서서히 분해되어 공기 중의 CO_2로 전환되고, 질소원은 일부 탈질이 일어나나 주로 암모니아로 전환되며, 이러한 암모니아에 의하여 pH가 상승되어 pH는 8보다 약간 높은 값으로 자연적으로 제어된다.

③ 산소공급

퇴비화 과정은 호기성이기 때문에 산소의 공급이 필수적이다. 퇴비화 과정에서 공급되는 공기는 산소와 온도를 조절하며, 수분, CO_2 및 다른 기체들을 제거하는 역할을 한다. 그러나 과도하게 많은 공기를 공급하면 필요한 수분이 제거되고 온도가 저하되어 퇴비화가 늦어진다.

④ 수분함량

수분함량은 퇴비화 속도를 지배하는 필수적 요소이다. 퇴비화에 적합한 초기 수분함량은 50~65%로 수분함량이 40% 미만인 경우는 분해속도가 저하되며, 65% 이상인 경우는 호기성 미생물의 활성이 억제되어 퇴비화가 지연되고 혐기상태를 초래하여 악취를 발생하는 원인이 된다.

⑤ 온도

퇴비화 과정 중 온도 상승은 미생물에 의한 유기물의 분해에 기인되며 40℃ 이하의 중온대와 40℃ 이상의 고온대로 구분된다. 유기물 분해에 가장 효율적인 온도 범위는 45~65℃ 범위이다.

퇴비화는 호기성 미생물에 이해 진행되는 부숙과정으로 중온성(Mesophilic)균과 고온성(Thermophilic)균이 관여한다. 미생물에 의한 퇴비 부숙과정은 다음과 같이 3단계로 구분된다. 첫 번째 단계는 퇴비원료 중에 당류, 아미노산, 지방산 등 분해되기 쉬운 물질들이 분해되는 초기 단계로서 부숙온도가 상승한다. 두 번째 단계는 셀룰로오스, 헤미셀룰로오스, 펙틴 등 난해성 물질들이 분해되는 단계로서 고온성 미생물이 관여하며 수 주간 지속된다. 세 번째 단계는 퇴비더미의 온도가 떨어지며 분해속도도 지연되는 단계로서 숙성단계라고 하며 방선균을 중심으로 중온성 균들이 관여한다.

일반적으로 퇴비화는 이러한 3단계 과정을 거치며, 최근에 사용되고 있는 기계식 퇴비화 장치들은 모두 이와 같은 퇴비화 과정을 거치도록 설계되어 있다.

가. 초기 단계 : 퇴비화 과정 초기 단계에는 중온성 세균과

사상균이 유기물 분해에 관여하며, 온도가 40℃ 이상으로 상승하면 중온성 균은 고온성 균으로 대체된다.

나. 고온 단계 : 초기 단계에서 중온성 미생물에 의해 폐기물이 분해되어 열이 발생되고 퇴비 더미의 온도가 상승하면 중온성 미생물들의 밀도와 분해활동이 급격히 감소하는 반면에 고온성 미생물의 농도가 증가한다. 고온 단계에서 온도는 50~60℃로 유지되지만 때에 따라서 온도가 60℃ 이상으로 상승하면 고온성 박테리아 및 방선균조차 모두 사멸하여 퇴비화 효율이 급격히 떨어진다.

다. 숙성 단계 : 고온성 미생물의 작용에 의한 분해가 끝나면 대부분의 분해 가능한 유기물이 제거되었기 때문에 분해속도가 느려지고 온도도 40℃ 이하로 떨어진다. 이때 다시 중온성 미생물이 재정착을 하는데 초기 단계의 미생물 종류와 밀도와는 차이가 있다. 왜냐하면 숙성 단계의 유기물은 상당 부분이 더 이상 분해가 쉽지 않은 부식질(humus)이기 때문이다.

부식질은 리그닌(lignin) 함량이 높고 가용 영양분의 함량이 낮기 때문에 이러한 환경에 적합한 방선균이 많아진다. 생성된 퇴비에는 퇴비화균이 들어 있으므로 일부를 퇴비화 반응조에 순환시키며, 짙은 갈색의 흙냄새를 갖는다. 호기성 퇴비화 반응은 발열반응이므로 온도 측정만으로도 반응정도를 알 수 있으며 퇴비화 과정 중 온도변화는 그림 9.22와 같다.

퇴비화의 방법은 다음과 같이 크게 4가지로 나눈다.

- 야적 퇴비화법(Windrow composting)
  1925년 인도의 Howard에 의해 개발된 것으로서 Indore법이라고도 한다. 이 방법은 이미 오래전부터 우리나라 농촌에서 짚단과 잡쓰레기, 그리고 인분과 축분 등을 섞어 야적시켜 발효시킨 후 퇴비로 사용해온 두엄식 퇴비화 방법과 유사
- 고속 퇴비화법(High rate composting)
  공기, 온도, 수분, C/N(탄소/질소)비 등 최적의 호기성 발효조건을 인위적으로 유지하면서 퇴비화 반응을 고속으로 진행시키는 기계식 방법

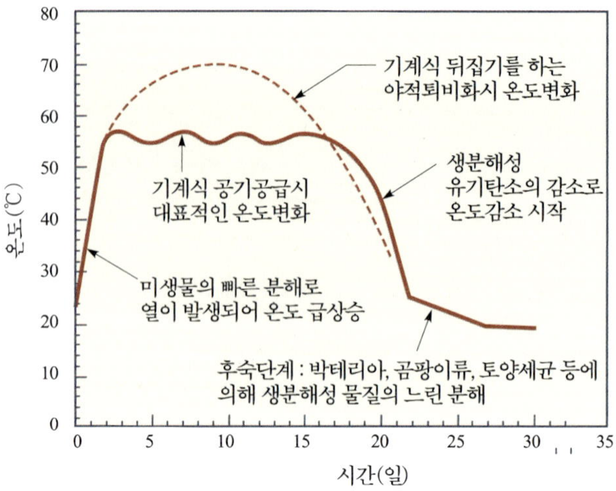

그림 9.22 퇴비화 반응 시 온도변화

- 통기식 퇴비단법(Aerated static pile composting)
  통기식 퇴비단법은 미국 농무성의 Agricultural Research Service Experimental Station에 의해 개발되었으며, 송풍기로 공기를 주입하여 산소공급과 온도 조절
- 준고속 퇴비화법(Semi high rate composting)
  호기성 매립방법으로서 파쇄 선별된 폐기물을 저지대나 습지에 매립하고 강제 통기함으로써 퇴비화

(3) 파쇄

폐기물은 파쇄에 의해 입경이 작아지며 부피 감소에 의해 겉보기 비중이 증가하기 때문에 폐기물의 취급, 특히 대량의 폐기물의 운반, 저장 등을 쉽게 할 수 있다. 또한 매립지의 공간 점유율이 작아져 가용기간을 연장할 수 있다. 생활폐기물은 많은 종류의 물질들이 혼합되어 배출되므로 이들을 파쇄할 경우 각 물질마다 파쇄되는 크기가 달라 물리적 선별이 가능하다. 따라서 폐기물로부터 재활용물질 등의 기계적 선별을 위해 대부분의 재활용물질회수시설(MRFs : Material Recovery Facilities)은 전처리 조작으로 파쇄시설을 운영하고 있다. 또한 파쇄는 입경이 감소함에 따라 폐기물의 비표면적이 증가하기 때문에 가연성폐기물의 경우 소각 시 연소 효율을 높일 수 있으며, 유기성폐기물의 경우

퇴비화 공정에서 분해 효율을 증가시킬 수 있다. 폐기물 파쇄는 충격작용, 전단작용 및 압축작용에 의해 일어나며 폐기물의 특성에 따라 각각의 원리를 이용한 파쇄기가 사용된다.

한편, 파쇄온도에 따라 상온파쇄와 폐기물을 -60~-120℃까지 냉동시켜 파쇄하는 냉동저온파쇄가 있으나 생활폐기물은 상온파쇄 방식이 이용되고 있으며, 고무 등 탄성이 큰 물질들은 냉동저온파쇄를 하고, 이 밖에 음식물 폐기물이나 폐지 등의 경우 적당량의 물을 가하여 파쇄하는 습식 파쇄방법도 있다.

(4) 압축

압축은 부피 감소가 주목적이며 폐기물의 운반, 저장을 쉽게 할 수 있고 매립지의 수명을 연장시킬 수 있다. 압축에 의해 부피를 1/10까지 감소시킬 수 있고 수분을 함유하고 있는 폐기물의 경우에는 탈수 효과로 무게까지도 감소시킬 수 있다. 압축은 주로 선별된 재활용품이나 매립폐기물의 부피 감소를 위해 이용되므로 압축성이 크고 복원력이 작은 폐기물을 대상으로 하고 있으며, 폐지나 금속 스크랩 등의 베일(bale)은 대표적인 예라 할 수 있다.

그림 9.23 압축된 재활용품

9.4 최종 처분

폐기물을 수거하여 재활용 물질들을 선별회수하고 소각용 가연성폐기물이나 퇴비화용 유기성폐기물을 제외한 나머지 폐기물들은 최종 처분하여야 하는데 이때 퇴비화 공정에서 발생되는 이물질들이나 소각재 등도 함께 최종 처분된다. 최종 처분방법은 그림 9.24와 같이 나눌 수 있다. 즉, 땅을 이용하는 경우, 바다를 이용하는 경우, 그리고 미래에 이용 가능한 우주공간을 이용하는 방법 등이 있으나, 이 중 땅속에 매립하는 방법이 가장 보편화되어 있고, 해양처분은 과거에 많이 이용되었으나 해양투기방지법의 제정으로 현재는 금지되어 있다.

우리나라 생활폐기물 처분현황을 보면 2014년 하루 49,915톤의 생활폐기물이 발생하여, 이 중 59.0%가 재활용되고 25.3%가 소각 처리되었으며, 나머지 15.7%가 매립되어 과거에 비하여 매립처분비율이 상당히 감소하였다.

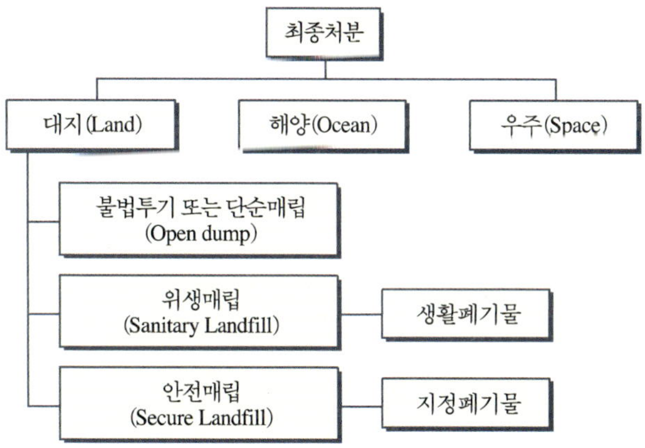

그림 9.24 최종 처분방법의 분류

1) 매립(Landfill)

매립은 매립방법, 매립위치, 매립구조 및 매립공법에 따라 다음과 같이 분류된다.

① 매립방법에 따라

- 단순매립(Open dump) : 비위생적 매립형
- 위생매립(Sanitary landfill) : 생활폐기물처분에 가장 경제적이고 흔히 사용되는 방법

• 안전매립(Secure landfill) : 유해폐기물의 최종 처분방법으로 환경오염을 최소화하기 위하여 유해폐기물을 자연계와 완전 차단하는 방법

② 매립위치에 따라
• 내륙매립
• 해안매립

③ 매립공법에 따라
• 내륙매립 – 샌드위치, 셀, 도랑형, 압축매립
• 해안매립 – 내수배제 또는 수중투기, 순차투입

④ 매립구조에 따라
• 혐기성 단순매립
• 혐기성 위생매립
• 개량혐기성 위생매립
• 준호기성 매립
• 호기성 매립

매립지로부터의 환경오염은 근본적으로 폐기물의 특성이 주위환경의 질과 크게 다르기 때문에 발생한다. 즉, 환경오염의 주된 원인이 폐기물 성분의 방출에 기인하는 것이기 때문에 매립지를 부적절하게 설치·운영할 경우(운영단계) 다음과 같이 주변의 환경을 오염시킨다.

• 침출수에 의한 지하수 오염
• 강수유출에 의한 지표수 오염
• 병원균 매개체 서식 – 파리, 모기, 쥐, 새
• 종이 등의 흩날림
• 악취, 먼지, 분해가스, 유해가스 발생
• 화재 발생

이외에도 매립지 운영에 따른 다음과 같은 환경영향이 있다.

• 경관 훼손
• 소음 발생
• 교통 체증
• 매립지 바닥 및 사면 붕괴
• 홍수 범람

이밖에 특정 동·식물 서식처의 파괴, 철새 도래지 손상, 고고학적 또는 역사적 유적지와 문화재 등의 손상 가능성이 있을 수 있으나 이러한 요인들은 매립지의 입지선정과정에서 배제되기 때문에 사전에 차단이 가능하다.

운영단계가 끝난 후 사후관리단계에서는 다음과 같은 문제점들을 생각할 수 있으며, 이들의 지속기간은 폐기물의 성상에 따라 달라질 수 있다.

• 침출수에 의한 지하수 오염
• 매립가스 및 유해가스 발생
• 매립지 위에 서식하는 식물의 오염

매립지의 설치·운영으로 인한 주변의 환경오염은 운영단계로부터 사후관리단계까지 매우 다양한데, 가장 장기간에 걸쳐 우려되는 영향은 지하수 오염으로, 지하수 오염을 최소화하는 것이 매립기술의 가장 핵심이다. 또한 매립지로 인한 환경오염을 최소화하기 위해서는 차수설비, 침출수 집배수 및 처리설비, 덮개설비, 우수침투배제 설비, 매립가스포집 및 처리대책 등 철저한 사후관리가 요구된다.

그림 9.25 위생매립장

(1) 매립지 선정

폐기물 매립지 입지선정 시 검토하여야 할 사항을 크게 구별하면 아래와 같다. 또한 아래 각 사항들을 어느 때에 검토해야 하는가 하는 입지선정 절차와 방법도 매우 중요하다.

① 관련 법규 – 정책적 사항
② 주민 의견 수렴 – 사회적 사항
③ 입지선정 기준 – 기술적 사항
④ 경제적 사항

관련법규, 지역안배 또는 장래 국토이용계획 등 국가적 차원의 정책적 배려는 가능한 한 입지선정절차 초기에 반영하는 것이 바람직할 것이다. 주민 및 공공단체 등에게

처음부터 매립지 계획을 알리는 것이 바람직하나, 주민의 의견을 수렴하는 것은 나중에 언급되겠지만 최소한 일차적인 기술 검토가 끝난 후가 바람직할 것이다.

입지선정 기준항목(기술적 사항)은 필요에 따라 여러 방법으로 설정될 수 있다. 가장 보편적인 방법은 다음과 같이 물리적 조건에 기초하여 분류하는 방법이다.

① 지형(Topography)
② 수문지질(Hydrogeology)
③ 위치(Location)
④ 생태학적 고려(Ecology)
⑤ 토지이용(Land use)
⑥ 기타

위의 분류에 따른 입지선정 기준항목을 각 항목별로 세분하면 표 9.5와 같다.

표 9.5 폐기물 매립지 입지선정 기준항목

구 분	주요 항목
1. 지형	(1) 충분한 부지확보 가능성 (2) 복토 조달 용이도 (3) 토공량 (4) 우수배제 용이도
2. 수문지질	(1) 최고 지하수위 (2) 지하수 용도 (3) 바닥층 토양 특성
3. 위치	(1) 시각적 은폐 (2) 교통 (3) 폐기물 운반거리
4. 생태	(1) 수림상태 (2) 특정 동 · 식물 서식, 철새 도래지
5. 토지이용	(1) 매립지 주변의 주민거주 현황 (2) 매립 후 부지사용계획 (3) 매립지 주변의 토지이용 현황 (4) 지역계획과의 연관성
6. 기타	(1) 접근로 (2) 사후관리 용이도 (3) 풍향, 풍속 (4) 침출수 처리를 위한 인근폐수처리장 유 · 무

(2) 매립지 내 가스의 발생

매립지에서 유기성 폐기물의 혐기성 분해에 의해 발생하는 가스는 메탄이 약 55% 그리고 이산화탄소가 45% 정도를 차지하며, 그 외에 암모니아, 수소, 황화수소, 산소 등이 있다. 매립 초기에는 이산화탄소의 농도가 메탄보다 높은데 이는 호기성 분해의 결과로, 산소가 소모되고 나면 혐기성 분해로 이어지면서 메탄의 양이 이산화탄소의 양보다 다소 높아지고 가스의 조성이 비교적 일정해지면서 시간이 지남에 따라 메탄의 발생양이 증가하는데 이는 이산화탄소가 매립지 아래층으로 확산되기 때문이다.

메탄가스는 공기 중에 5~15%로 존재하면 폭발 가능성이 높은 위험한 가스인데, 흔히 5%를 최저폭발한계(LEL : Low explosive limit)라 한다. 미국의 경우 매립지 주변 가스검사에서 메탄가스 등의 분율이 LEL값의 25%를 초과하면 매립가스 환기설비를 설치하도록 하고 있다. 메탄가스는 공기보다 비중이 작아 매립지 내에서 위로 상승하며, 지하시설물 내에 축적되어 폭발할 가능성이 있기 때문에 이에 대한 대책이 필요하다.

(3) 침출수 처리

침출수란 폐기물의 분해과정에서 생성되거나 외부로부터 유입된 물로서 매립지를 통하여 침투되어 바닥으로 흘러내리는 액체를 말한다. 침출수는 유기물질의 함량이 높아 처리가 상당히 어렵다. 침출수의 특성은 폐기물의 종류와 분해특성에 따라 크게 달라지므로 항목별 평균값을 나타내기는 매우 어렵다. 일반적으로 침출수의 양은

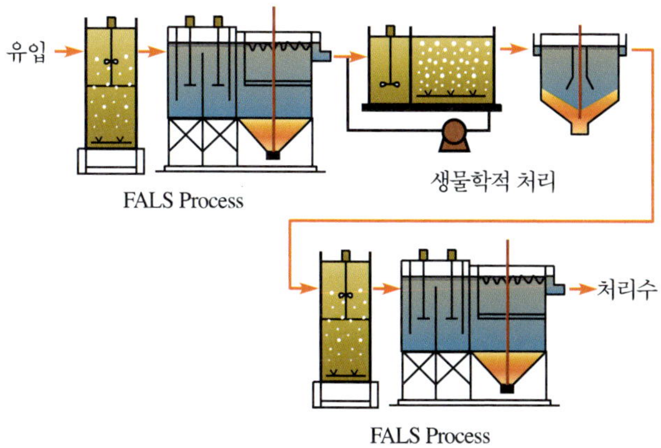

그림 9.26 침출수 처리공정

매립지로 유입되는 외부의 영향을 직접적으로 받으므로 매립지가 공학적으로 설계되었다면 침출수 발생량을 예측할 수 있으며, 발생된 침출수는 집수 및 처리시설을 통하여 처리된다.

침출수의 처리는 대부분 하수종말처리장 등에서 사용되는 물리, 화학, 생물학적 처리방법이 많이 사용되며, 매립지 내에 자체 침출수 처리장을 설치하는 경우와 인근 하수종말처리장 등 공공처리장에 이송하여 처리하는 방법 등이 있다.

9.5 자원화

최근 생활폐기물을 매립 처분하기 위한 매립지 조성이나 소각장 설치 시 지역주민들의 반대로 어려움이 커지고 있으며, 또한 막대한 설치비용과 배출기준의 지속적인 강화 등으로 매립, 소각 등의 처리방법이 꼭 적합한 폐기물처리 방법이라고 할 수 없게 되었다.

이 때문에 기존의 폐기물 소각, 매립 등에 대한 의존도를 줄이기 위한 대체기술로 폐기물에 대한 자원순환율을 높이기 위한 적극적인 노력과 연구들이 활발하게 진행되고 있다. 즉, 가연성 폐기물의 경우 가스화, 열용융분해, SRF생산, 유기성 폐기물의 퇴비화 및 사료화, 메탄가스 생성, 소각재의 슬래그화 등 다양한 방법들이 시행되고 있다.

생활폐기물의 자원화는 경제성, 환경오염방지 및 자원보호의 양면에서 볼 때 중요한 의의를 갖는 것이라고 할 수 있을 것이다. 따라서 폐기물의 처리가 자원순환의 개념으로 전환되기 위해서는 폐기물의 발생과정에서부터 처리·처분 및 사후관리에 이르기까지 일괄된 종합관리 체계로서 관리되어야 하며, 자원과 재생이용기술은 각각의 과정에서 경제성과 필요성을 감안하여 선정되어야 한다. 폐기물의 자원순환에 따른 사회적 및 경제적 효과 역시 지속적으로 상승추세에 있으며, 폐기물 정책의 궁극적 목표는 폐기물의 발생이 없는 제로웨이스트(Zero Waste)라고 볼 수 있다.

표 9.6 플라스틱의 종류 및 재활용 표시

상 징	이 름	일반인 사용과 특성	몇 가지 재생된 생산품들
1 PETE	폴리에틸렌테레프탈레이트 (polyethylene terephthalate)	• 연질 음료수병, 땅콩버터 용기(모든 병의 25%) • 병에는 산소가 없고 이산화탄소 기포가 들어 있기 때문에 가장 비싼 수지임	카펫, 소다수병, 파카, 스키, 테니스 라켓, 솜털을 만들기 위한 인조 섬유
2 HDPE	고밀도폴리에틸렌 (High density polyethylene)	• 우유병과 물병, 액체세제(모든 병의 55%) • 값싸고 강하고 다루기 쉬운 형태, 여러 색상으로 염색된 캔	음료수병, 뚜껑달린 컵, 체육관 좌석, 쓰레기통
3 PVC	폴리바이닐클로라이드 (poly vinyl chloride)	• 투명한 재료에 의한 소형 포장 • 샴푸와 요리를 위한 기름병(모든 병의 8%) 기름에 분해되지 않는 매우 투명한 것	운동용 마루, 매트, 파이프, 호스, 불투명한 뚜껑
4 LDPE	저밀도 폴리에틸렌 (Low density polyethylene)	• 헬멧, 내용물을 짜내는 플라스틱 용기, 빵 봉지(모든 용기의 7%) • 유연성이 있음	쓰레기통, 깔판, 시장바구니
5 PP	폴리프로필렌 (poly propylene)	• 시럽, 케첩, 요구르트, 마가린, 병뚜껑을 위한 용기들 (모든 용기의 7%) • 방습, 유용성, 뜨거운 액체로 채워졌을 때 변형되지 않음	페인트 통, 맨홀, 계단 등
6 PS	폴리스타이렌 (poly styrene)	• 커피 컵, 기름이 많은 고기를 위한 접시, 땅콩 포장용 플라스틱 용기, 비디오카세트 박스 • 가볍지만 투명하며 견고하게 될 수도 있고 발포 형태로 만들 수도 있음	쟁반, 꽃병, 쓰레기통, 파이프
7 OTHER	기타(others)	• 다양한 수지들, 금속, 아교나 수지와 혼합될 수 있는 다른 함유물	플라스틱 목재

그림 9.27 쓰레기 재생연료(SRF)

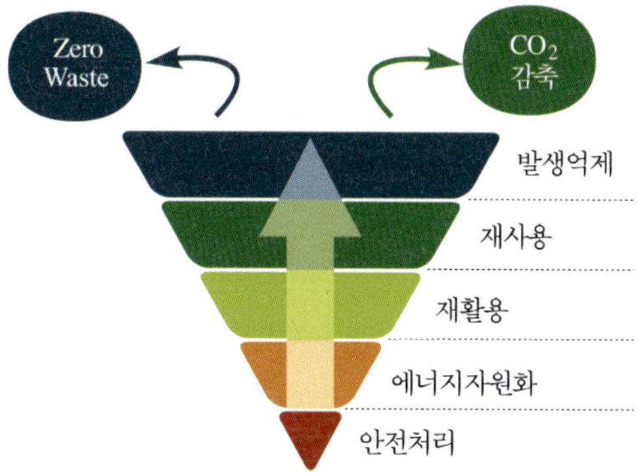

그림 9.29 폐기물 정책의 목표

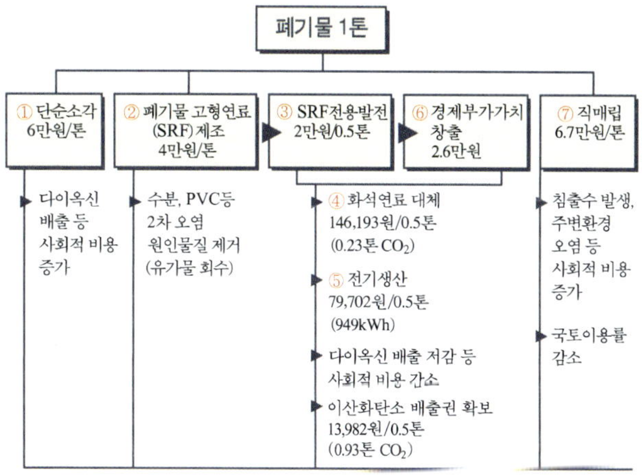

그림 9.30 폐기물 에너지화의 경제적 · 사회적 효과

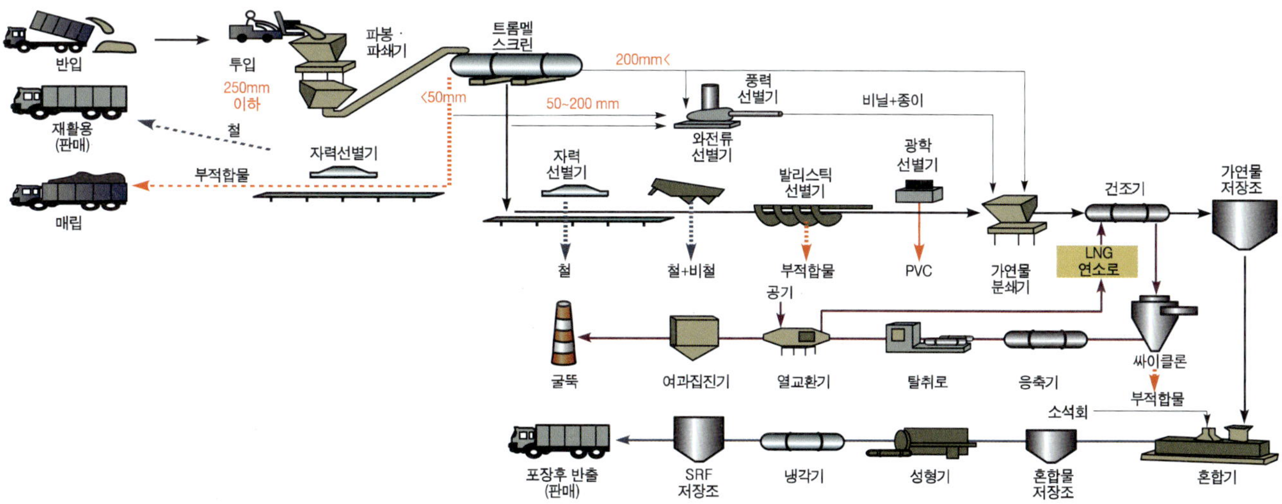

그림 9.28 SRF 제조공정

EXERCISE

1. 우리지역의 생활폐기물 배출 및 수거방법에 대하여 조사하라.
2. 쓰레기 종량제에 대하여 설명하라.
3. 생활쓰레기 발생량을 줄일 수 있는 생활 속의 실천방안을 제시하라.
4. 지역의 폐기물 처리시설(소각장, 매립지 등)을 방문하고 처리방법을 조사하라.
5. 주변에서 자원 순환의 사례를 조사하고 설명하라.
6. 폐기물 재사용에 대한 생활 속의 아이디어를 제시하라.
7. 과거 비위생 매립지에 의한 환경오염 사례를 조사하라.
8. 음식물쓰레기의 배출을 줄일 수 있는 방안을 제시하라.
9. 한 주일 동안 일상생활 중 자신의 집에서 발생되는 폐기물의 양과 조성을 조사하고 그 결과를 검토하라.
10. 가정에서 배출되는 대형폐기물의 배출방법에 대하여 조사하라.

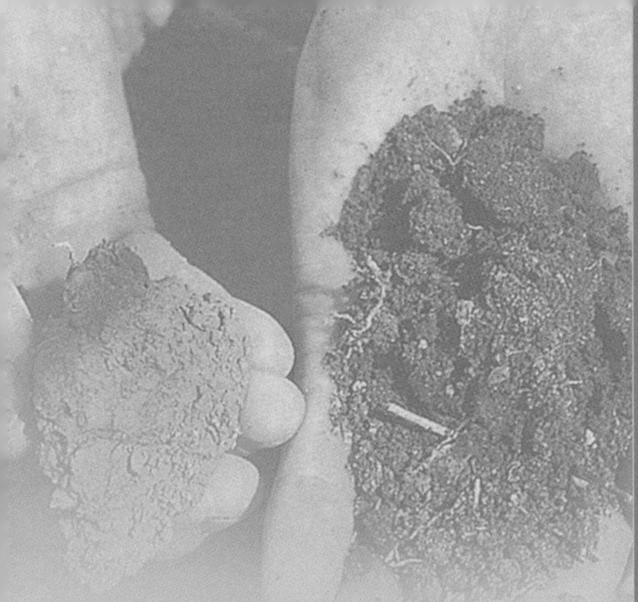

CHAPTER

10

토양오염

CHAPTER

10 토양오염

10.1 토양의 조성 및 특성

토양은 암석물질이 기후와 물리·화학적 풍화 및 마모작용, 그리고 미생물의 활동에 의해 생성되며 통상 1cm 깊이의 토양이 생성되는데 약 200년이 걸린다고 한다.

토양 중 생태학적으로 중요한 것은 표토(topsoil)로 지표면에서 20~30cm 깊이까지의 토양층을 말하며 이 층을 이루는 토양에는 유기물과 미생물이 풍부하여 생태계 유지와 물질순환에 핵심적 역할을 한다.

국제식량농업기구(FAO)에 의하면 지구 전체 토양의 1/3 가량이 과도한 토지개발과 집중호우 등에 의한 침식이 발생한다. 국토의 70%가 산으로 이루어져 있는 우리나라 역시 지형적 특성으로 매년 침식에 따른 표토의 비옥토 유실문제가 매우 심각한 것으로 조사되어 있다. 국내 표토의 평균 유실량은 표토자원전략연구단의 보고서에 의하면 연간 1ha당 32톤으로 OECD평균 11톤의 약 3배에 달하는 것으로 나타났다.

또한 화학물질에 의한 오염 등으로 표토의 질이 급격히 악화되고 있으며, 농작물의 80종 이상이 질산염 중독을 일으키는 것으로 알려져 있고, 그 중에서 밀, 보리, 옥수수, 콩 등이 가장 취약한 것으로 밝혀졌다. 질산염 중독은 인간에게 유산, 질식, 사망을 일으키기도 한다. 이밖에 가뭄 끝에 내리는 집중호우도 독성화학물질의 토양축적을 일으키는데 시안화수소(HCN), 시안화칼륨(KCN) 등과 같은 맹독성 물질들이 토양으로부터 아마, 옥수수, 수수, 지채(arrow grass), 체리 그리고 사과 등에 축적된다.

토양의 조성은 물리적인 성상에 따라 고체상(토양입자)과 액체상(지하수), 기체상(공극)으로 분류할 수 있으며, 토양의 상태와 유형에 따라 3상의 구성 비율이 변화한다. 토양을 구성하고 있는 고체상은 암석의 풍화에 의해

그림 10.1 표토 생성

생성된 무기성분과 각종 동·식물에서 유래된 유기성분으로 구성되며, 일반적으로 육지토양의 경우 식물이 잘 자라는 비율은 고체상 50%(무기물 45%, 유기물 5% 내외), 액체상 25%, 기체상 25% 정도이다. 표 10.1은 토양 조성 물질의 특징을 나타낸 것이다.

표 10.1 토양 조성물질의 특성

조성물질	특 징
무기물질	O, Si, Al, Fe, Ca, Na, K, Mg 등이 산화물의 형태로 존재
유기물질	낙엽, 가지, 뿌리, 동물의 배설물 등 통상 1~7%의 유기물질 함유
물	토양의 보수력에 의한 수분
공기	토양용량의 약 50%가 공극인데, 공기는 이러한 공극을 채우고 있으며 식물의 뿌리에 의해 이용된다.
생물	세균, 곰팡이, 원생동물, 선충류, 기타 소동물 등이 토양 질량의 0.1%를 차지하고 토양비옥도와 공극도에 기여한다.

토양은 토양 입자의 크기와 구성 비율에 따라서 구분할 수 있는데, 기본적인 3가지 토양입자의 크기는 표 10.2와 같다.

표 10.2 토양입자의 크기에 의한 구분

점토(Clay)	0.002 mm 이하
미사(Silt)	0.002~0.02 mm
모래(Sand)	0.02~2 mm

생태계 내에서 토양의 기능은 첫째, 식량생산기능으로 토양은 73억 인구의 먹거리인 농・축산물을 생산한다. 또한 수많은 식물들의 서식처로서 식물을 비롯한 동물과 미생물 등의 유전자원 저장조 역할을 한다. 둘째, 지하수 함유 기능으로 지하수 자원의 저수지 역할과 홍수조절 기능을 갖고 있다. 특히 우리나라의 경우 6~9월의 집중호우는 홍수로 대부분 방류되는데 이와 같은 홍수는 주로 논토양에 의해 조절된다. 셋째, 토양은 수권, 대기권과 유기적으로 연계되어 있으면서 토양 중의 미생물에 의한 분해 작용과 토양의 물리・화학적 작용에 의해 오염물질들을 정화시킴으로서 대기와 물을 깨끗하게 해주며, 자연생태계 및 경관을 유지시켜주는 역할을 한다. 넷째, 토양은 인간이 생존을 위해 필요로 하는 의식주 자원과 에너지 및 광물자원들을 공급하여 준다. 이 밖에 토양은 인간 활동의 공간적 토대로서 물을 비롯한 모래, 자갈, 점토 등의 공급원이며 또한 문화적 유산의 보존 역할을 한다.

한편, 토양의 특성을 보면 토양내의 무기질은 규소, 산소, 철, 알루미늄, 칼슘, 나트륨, 칼륨 등이 산화물의 형태(SiO_2, Fe_2O_3, Al_2O_3, $CaCO_3$)로 존재하며, 양적으로는 규소가 50~60%, 알루미늄이 20%, 철이 10%, 강염기류가 5% 내외로 구성되어 있다. 유기물은 대부분 동・식물 사체와 배설물(보통 1~7% 함유)로 이루어져 있으며, 유기물이 생화학적으로 분해될 때 생성된 잔재물로서 갈색 또는 암갈색의 형태가 일정하지 않은 교질상의 혼합물인 부식질(humus)이 주류를 이룬다. 이러한 부식질은 토양 내에서 토양의 함수량 증가 및 유지, 온도 유지, 토양 미생물의 에너지 공급원, 농작물에 대한 질소의 공급, 생물의 성장 촉진 또는 양분의 보유력 유지 등의 역할을 한다. 그러나 부식질이 너무 많으면 토양의 산성화로 일시적 양분 결핍증이 일어날 수 있으며 동시에 무기물의 결핍현상도 수반하게 된다. 또한 토양 1g 중에는 수억 마리의 세균과 곰팡이류가 사는데 이러한 세균 중 페니실린처럼 항생제의 원료가 되어 인류건강에 크게 이바지한 예도 있으며, 이밖에도 원생동물, 진드기, 선충류, 지렁이, 기타 소동물 등이 존재하는데 보통 토양무게의 0.1% 정도가 된다. 이러한 생물들은 토양의 비옥도와 공극도에 기여한다.

10.2 토양오염

1) 토양오염의 역사 및 정의

토양오염의 역사를 보면 1966년 영국 Aberfan 광미댐으로부터 중금속 유출로 인한 하천과 토양오염이 발생한 바 있고, 1970년대에는 미국 뉴욕의 러브캐널 매립지에서 유해화학물질 유출로 인한 주민들의 피해가 발생한 바가 있다. 또한 일본에서는 1960년대 말 후지현의 아시오 금속광산에서 카드뮴 유출로 인한 오염사고(이타이이타이병)가 발생하자 1970년에 토양오염방지법을 제정하기도 하였다.

우리나라의 경우 공식적으로 보고된 토양오염사례는 없으나 폐광산 등을 중심으로 토양오염 및 수질오염문제가 꾸준히 제기되어왔다. 이에 따라 과거 농지 및 폐광산을 대상으로 수질환경보전법 및 광산보안법에 토양오염에 관한 규정을 두고 있었으나, 1996년 토양환경보전법을 제정・시행하면서 전 국토를 대상으로 토양오염을 규제하는 최초의 법이 제정되었다.

한편, 토양오염은 자연적인 물리, 화학, 생물학적 원인에 의한 오염(contamination)과 인간의 인위적인 활동에 의한 오염(pollution)으로 토양 중의 화학물질의 농도가 높아져서 동・식물이나 사람의 건강 또는 생태계에 피해를 주는 것을 일컫는데, 실제로 토양오염은 인간의 인위적 활동에 의해 오염물질이 토양의 완충능력을 초과하여 토양에 잔류, 축적됨으로서 토양의 질적 악화나 기능적 역할이 감소되어 인간에게 직・간접적으로 피해가 우려되는 것을 말한다. 토양오염의 원인물질로는 유기물, 무기염류, 중금속류, 합성화합물 등이 있으며 유기물은 토양 내에 존재하는 미생물에 의해서 분해되고 무기염류는 식물에 흡수 또는 용탈 등으로 유실되어 감소되므로 토양에 남아있는 것은 많지 않다. 그러나 카드뮴, 구리, 아연, 납, 비소 등 중금속류는 분해되지 않기 때문에 인위적으로 제거시키지 않는 한 거의 영구적으로 잔류하며, 이들로 오염된 농경지에서 농작물을 재배한다면 이와 같은 물질들이 축적되어 있는 농산물을 생산하게 된다.

표 10.3 중금속에 의한 식물의 영향

금속명	발 생 원	식물에 대한 영향	최대허용농도(mg/L)
비소(As)	금속, Tanning, 염색 및 도자기 제조, 살충제	토양에 축적되어 식물의 성장 저해	벼 : 아비산 1.0 비산 1.0
카드뮴(Cd)	금속, 전기도금, 도자기, 사진재료	1. pH가 높은 경우에는 OH^-와 결합되어 불용성이다. 2. 인산비료의 과인산염 내의 Cd는 식물의 체내로 흡수된다.	
크롬(Cr)	금속표면세정액(묽은산용액), 도금, 피혁무두질, 페인트, 염료, 제지, 도자기	1. 식물에 독성 2. 인산비료의 인산염(PO_4^{-3}) 내의 크롬은 사탕수수에 매우 독성이 크며, 석회를 가하면 독성의 제거가 가능하다.	벼 : 1.0
구리(Cu)	금속제련, 합금, 농약	pH와 유기물질의 농도에 따라 다르다.	
붕소(B)	살균제(Boron), 세탁제(Borax)	독성	
티타늄(Ti)	금속제련	식물에 매우 민감하다.	
납(Pb)	유리, 배터리, 금속	아마 독성이 클 것이다.	
니켈(Ni)	금속, 합금	대부분의 식물에 독성이 있다. 석회를 가하면 독성이 절감된다.	벼 : 6.0
아연(Zn)	페인트, 화장품, 염료, 살충제	독성이 있다.	

그 사례로 일본에서 1995년 119명이 사망하고, 천여 명의 환자가 발생한 이타이이타이병 환자에 대한 역학조사 결과 1968년에 이후 인근광산에서 누출된 카드뮴에 의해 오염된 지역에서 생산된 물과 쌀을 주민들이 섭취함으로서 발생한 것으로 확인된 바 있다(표 10.3).

토양오염은 간접적이고, 만성적이며, 복원이 어렵다(시간적, 경제적)는 특징을 가지고 있다. 즉, 토양이 오염되면 그 속의 토양생물들과 지하수가 오염되어 인간에게 피해를 줌으로서 간접적인 영향을 끼치며, 이러한 피해는 오랜 시간 동안 오염물의 체내 축적결과로 나타나기 때문에 급성적인 피해보다는 만성적인 영향을 주게 된다. 또한 토양오염은 대부분의 환경오염처럼 한 번 오염되면 그 복원이 어려우면서도 대기나 수질에 비해 훨씬 더 긴 시간과 많은 경제적 투자를 필요로 한다. 표 10.4는 주요 국가들의 오염토양에 대한 정의이다.

표 10.4 오염토양의 정의

국가	오염토양의 정의
덴마크	지하수를 오염시킬 수 있거나 또는 지역주민의 건강을 위협할 수 있는 오염물질이 있는 토양
핀란드	토양 중의 오염물질 농도가 자연함량을 "기록적으로" 초과하여 그 총량이 인간의 건강 및 환경에 위해성을 나타낼 수 있는 토양
독일	인간의 건강과 복지 및 가축, 작물 또는 지하수 등 경제적으로 중요한 자연적 재산에 직접 또는 간접적인 악영향을 미칠 수 있는 토양
네덜란드	토양에 존재하는 물질의 농도가 일반적인 농도보다 높으며 한 가지 또는 그 이상 토양의 기능에 비가역적인 영향을 주는 토양
영국	이전의 이용에 의하여 향후 이용에 위해한 영향을 줄 수 있는 물질을 포함하고 있으며, 이로 인하여 제한된 개발 또는 복원이 요구되는 위해성 평가가 요구되는 토양
우리나라	사업활동 기타 사람의 활동에 따라 토양이 오염되어 사람의 건강이나 환경에 피해를 주는 상태의 토양

2) 토양오염원

(1) 토양 중 중금속 원소의 함유량

오염되지 않은 토양 중에 자연적으로 들어있는 중금속 원소들의 양을 보면, 우리나라 논토양은 카드뮴 0.13~0.14mg/kg, 구리 4.00~4.52mg/kg, 납 4.62~5.38mg/kg, 아연 3.90~4.36mg/kg 등이며, 밭토양의 경우도 논토양과 유사하나 카드뮴과 아연이 약간 높고 납은 약간 낮은데 비해 채소, 과수 재배지에서는 아연함량이 다소 높은 것으로 알려져 있다(표 10.5). 이들 지역에서 생산된 현미 중 중금속 함량은 카드뮴 0.05mg/kg, 구리 3.31mg/kg, 납 0.44mg/kg, 아연 20.6mg/kg, 비소 0.08mg/kg 등 정도로 일본과 비교하여 카드뮴, 아연, 비소 등은 우리나라가 낮으나 구리 및 납은 더 높은 것으로 알려져 있다. 밭작물의 경우 카드뮴은 콩에서 높은 반면 보리쌀이나 옥수수는 낮았고, 구리는 옥수수가 더 높았으며, 채소류와 같은 작물은 과채류가 낮은 경향을 나타낸 반면, 엽채류나 근채류가 높은 경향을 나타내고 있다.

표 10.5 토양 중 중금속 오염도 (단위 : mg/kg, ( ) : 평균치)

지역 · 항목	카드뮴	구리	비소
일반농경지	(0.126)	(4.602)	(0.391)
금속제련소지역	(0.139)	(4.691)	(0.156)
금속광산지역	(0.511)	(19.755)	(2.094)
자연함유량	0.135	3.995	0.560
우려기준(농경지)	4	150	25

자료 : 환경부

(2) 산업에 의한 토양오염

토양오염원이 되는 무기원소로는 주기율표의 천이원소(遷移元素)에 속하는 금속이온들인 비소(As), 카드뮴(Cd), 코발트(Co), 구리(Cu), 수은(Hg), 몰리브덴(Mo), 니켈(Ni), 납(Pb), 셀레늄(Se), 바나듐(V), 아연(Zn) 등이 있다.

① 광산폐수

폐광산이나 휴업 중인 광산 등으로부터 발생되는 광산폐수나 광미 등으로부터 강우 등에 의해 용출되어 유출되는 유출수에 의하여 주변토양과 하천 등에서 중금속에 의한 오염이 나타나고 있으며 중금속류의 60~80%가 표토로부터 30cm 깊이에 분포한다. 이 중 카드뮴, 구리, 납, 아연 등의 최고함량은 토양환경보전법의 대책기준이나 우려기준을 초과하고 있어 토양오염대책이 필요함을 나타내 주고 있다.

한편, 석탄광산의 경우 석탄 중의 황이 공기나 물에 노출될 경우 산화되어 물의 pH를 낮춤으로서 중금속의 용해도가 높아져 중금속 함량이 높은 산성폐수가 되며 농경지 및 주변 토양에 대한 토양 산성화와 중금속 오염도를 가중시킨다. 이러한 오염 사례가 강릉, 문경, 단양 등지에서 발생되고 있다.

② 산업폐수

산업폐수가 농경지나 토양으로 유입되면 산업폐수에 함유된 산성, 알칼리성 물질, 중금속, 난분해성 물질, 기타 독성물질 등에 의해 토양이 오염될 수 있으며 이들 물질들로 인해 토양의 물리, 화학적 특성이 악화된다. 예를 들면, 토양이 딱딱해지거나 현탁물 등에 의해 공극 등이 감소하여 배수가 불량해지고 중금속 등의 축적으로 토양의 이온교환능력이 감소하며, 산성화로 토양 중의 미생물이나 소동물들이 살 수 없게 되어 토양 내에서의 물질대사와 순환이 이루어지지 않아 토양 생태계의 파괴로 이어진다.

전국 토양오염 측정망 운영에 따라 전국적으로 산재되어 있는 많은 농공단지와 공업단지의 폐수가 유입되는 지역의 논토양에 대한 조사 결과 카드뮴, 구리, 납, 아연, 크롬, 비소 등이 조금씩 증가되는 경향을 보이고 있으나 일반 농경지 토양과 큰 차이는 없는 것으로 알려져 있다.

③ 도시하수

도시하수는 일반적으로 유기물질의 함량이 높고 도시 내 소규모의 공장이나 가공시설물들이 혼재되어 있어 도시하수에 유해중금속 등이 함유될 수 있으나 하수분리 차집설비를 통한 하수처리로 토양오염 가능성은 매우 낮다. 생활하수를 농지에 살포하면 질소나 인이 공급되어 농작물의 생육에 도움이 되기도 하나, 유기물이나 합성세제성분 등이 과다하게 들어있거나 질소와 인의 양이 과다하게 함유된 생활하수를 토양에 살수하면 토양을 오염시키고 이러한 오염물질이 식물체에 축적된다.

④ 제련소의 분진

제련소로부터 배출되는 중금속 함유 분진들에 의한 주변지역 오염실태 조사결과 구리제련소에서 1km 이내의 농경지에서 납 279.4mg/kg, 구리 111.4mg/kg이 검출되었으나 20km 지점에서는 납 9.7mg/kg, 구리 5.8mg/kg으로 오염되지 않은 토양 수준과 유사하였다.

⑤ 고속 및 산업도로

과거 가솔린의 안티노킹제로 연료에 첨가된 납(TEL, tetra ethyl lead)이 배기가스로 대기에 방출됨으로서 고속도로나 산업도로 주변 농경지의 토양과 농산물에 대한 납 오염 원인이 되었으나 1987년부터 무연휘발유의 전면 사용으로 납 공해문제는 해소되었다.

⑥ 폐기물

건전지나 형광등 등은 카드뮴이나 수은 등과 같은 중금속 물질을 함유하고 있어 이들의 불법투기가 토양오염의 주요 원인 중 하나이었으나 무수은 건전지로의 전면적인 대체와 LED램프의 보급으로 인한 형광램프의 사용량 감소 및 분리수거 시스템 강화 등으로 이 문제도 점차 해소되고 있다. 또한 과거 비위생매립지나 불량 매립지의 침출수 중에는 높은 COD 및 암모니아성 질소농도 이외에 벤젠, 톨루엔, 3염화에틸렌(TCE, trichloroethylene), 폴리염화에틸렌(PCE, poly chloroethylene) 등과 같은 휘발성 유기독성물질들이 함유되어 역시 주요 토양 및 지하수 오염원이었으나 위생매립장 건설로 이 문제 역시 해결이 되었다. 그러나 과거 토양에 투기한 이들 폐기물에 포함되어 있는 중금속들은 지속적으로 용출되어 토양 및 지하수, 농작물의 오염을 초래하고 생체농축을 통하여 인체에 피해를 줄 것으로 예측된다.

⑦ 기타

유류저장시설(유류비축기지, 정유공장 내의 원유저장 시설과 제품저장시설, 주유소, 송유관시설, 기타 산업시설, 주거시설, 운송시설, 공공시설, 숙박시설 등에서 보유하는 유류저장시설)에서 유류가 누출될 경우 유류 속에 함유되어 있는 벤젠, 톨루엔, 자일렌(xylene), 에틸벤젠 등 소위 BTEX에 의한 토양 및 지하수 오염이 발생한다.

또한 유해화학물질 저장시설이 있는 산업시설, 유류 판매소, 공공시설, 운송업체 등에서도 다양한 종류의 독성오염물질이 배출되어 토양오염을 야기시키며, 과거 군부대 주둔지역 역시 화약발파에 따른 각종 화학물질의 토양 내 축적과 군부대 유류저장소, 사격 및 화생방연습장 등에서 토양오염 사례가 보고되고 있다.

(3) 농업에 의한 토양오염

① 비료

비료는 농산물의 생산량을 높이기 위해 사용되지만 과량으로 사용된 비료는 하천과 지하수로 유입되어 오염물질로 작용하며 주변토양 및 환경을 오염시킨다. 따라서 비료의 과다 사용도 토양오염의 원인이 된다. 황산암모늄($(NH_4)_2SO_4$), 황산칼륨(K_2SO_4), 염화칼륨(KCl)과 같은 산성 비료를 사용하면 비료성분 중 칼륨이온(K^+)과 암모늄이온(NH_4^+) 등은 토양과 식물체에 흡수되고 황산이온(SO_4^{2-})만 남게 되어 토양의 산성화를 가져오게 된다. 또한 화학비료 중에 들어있는 미량의 중금속들 역시 토양오염의 원인이 될 수 있다.

② 농약

농약은 농작물에 대한 유해해충을 죽이거나 잡초 등을 제거하기 위해 살포하는 살충제, 살서제, 살균제, 제초제 그리고 생장촉진제 등을 말하며, 일반적으로 토양 내에 잔류하고 농축되어 토양과 지하수에 오염물질로 작용한다. 주로 스프레이용 액체, 분말 등의 형태로 판매되며 다양한 유기화합물들을 함유하고 있다. 살포된 농약은 휘산에 의하여 대기권으로 확산·희석되나 일부는 용탈에 의하여 수권으로 이동하는 경우도 있고 토양 중에서 미생물에 의한 분해와 화학적인 분해로 새로운 물질이 생성되기도 한다. 토양에 농약을 과다하게 살포하면 토양오염물질로 작용할 뿐만 아니라 지표수와 지하수까지도 오염시키게 된다. 특히 농약이 난분해성일 때는 토양에 오래 잔류하게 되며, 먹이사슬을 통해 농축되어 인간이나 동물에게 해를 주기도 한다. 최근 외국에서의 연구결과에 의하면 일반시민 중 80%가 실내에서 농약에 노출되며 가정에서 측정되는 농약물질이 10여종에 이르는 것으로 나타났다. 과거에 많이 사용되던 농약 중 특히 독성, 유해성, 잔류성, 축적성이 커서 현재는 사용이 금지된 농약들이 많은데 유기염소계 화합물(DDT, BHC, 앨드린, 엔드린, 클로르단 등)과 유기인계 화합물(파라치온, 악티온, 펜치온 등) 등이 대표적인 농약들이다(표 10.6).

이 중에서 DDT와 BHC, 파라치온은 모두 현재 생산과 사용이 금지되어 있으며 분해가 잘 되지 않는 난분해성으로 먹이사슬을 통해 생물농축이 되는 것들이다. DDT는 살포한지 20년이 지난 밭에서도 검출이 되고 있으며, 남극의 얼음 속에서도 검출이 되고 있다.

농약은 눈, 코, 목 등의 자극성, 중추신경계 및 신장 손상 가능성, 발암 위해도 증가 등의 영향을 주며, 우리나라도 최근 영농방식이 자본 집약적 방식으로 바뀌면서 농약 사용량이 크게 늘고 있다. 또한 전국적으로 늘어난 골프장 등에서 허가되지 않은 농약이나 과량으로 사용되는 농약도 문제가 된다. 따라서 토양오염을

표 10.6 **대표적인 농약**

농약의 종류	예	환경 중 잔류기간
살충제류		
식물성 원료	니코틴(nicotine), 제충국(pyrethrum), 로테논(rotenone)	수일~수주일
염소화 탄화수소 화합물	앨드린(aldrin), 벤젠(benzene), 헥사클로라이드(hexachloride), 클로르단(chlordane), DDT, 디엘드린(dieldrin), 엔드린(endrin), 헵타클로르(heptachlor), 케폰(kepone)	수년
유기인계	마라치온(malathion), 파라치온(parathion), 다이아지논(diazinon)	수주일
카바메이트계	카바릴(carbaryl), 카르보퓨란(carbofuran), 프로폭서(propoxer), 메틸카바메이트(methylcarbamate)	수일~수주일
제초제류		
대표적인 제초제	아트라진(atrazine), 2,4-D, 2,4,5,-T, 피크로람(picloram), 실벡스(silvex), 파라쿠에이트(paraquat)	수일~수주일
살균제류	캅탄(captan), 메틸브로마이드(methyl bromide), 제넵(zenneb)	수일

방지하려면 미생물 또는 화학적으로 잘 분해되고 2차 산물에 의해 유해작용을 초래하지 않는 친환경적인 농약의 개발이 필요하며 농약의 사용량을 최소화하는 등 개선이 필요하다.

(4) 기타 토양오염

우리는 1년에 약 1조개 이상의 비닐봉지를 사용하고 농업분야에서는 잡초방지를 위한 멀칭이 보편화되어 있으며 농가소득향상을 위한 비닐하우스의 시설재배가 성행하고 있다. 또한 각종 포장용기와 포장재 및 생활도구로 많은 종류의 합성수지들이 사용되고 있다. 이들에 의한 토양오염과 수질 및 해양오염문제가 대두되면서 최근에는 생분해성 플라스틱이 생산되고 있기도 하다. 그러나 생분해성 플라스틱류는 상당수가 50℃ 정도의 온도가 되어야 분해가 되며 물에 가라앉는 특성이 있다. UNEP에 의하면 폴리에틸렌의 경우 토양에 묻힐 경우 10년에 약 0.1%만이 분해되는 것으로 알려졌다. 따라서 농업분야에서 비닐이라 불리는 필름류는 실제로 폴리에틸렌으로 이들의 토양 내 축적량 증가로 인한 토양오염도 앞에서 설명한 비료나 농약의 피해 못지않게 중요한 토양오염원이 되고 있다. 이밖에 대기로 배출된 오염물질이 강수에 의해 토양에 흡착되면 토양을 오염시킬 수 있다. 이 중에서 특히 문제가 되는 것은 산성비의 원인이 되는 산성 물질과 방사성 물질이다. 전자에는 황산화물과 질소산화물, 후자에는 코발트(Co^{60}), 스트론튬(Sr^{90}), 그리고 세슘(Cs^{137}) 등이 있다.

우리나라 토양은 전반적으로 토양이 오염되지 않은 안전농경지가 대부분이나 금속광산 및 제련소 주변 토양은 중금속 함량이 상대적으로 높으며, 농약과 화학비료 사용량의 증가에 따라 일반 농경지도 오염이 점차 확산되고 있다.

10.3 토양오염 대책

토양오염은 오염원을 차단하여 오염의 발생을 최소화하는 것이 가장 좋은 방법이다. 일반적으로 토양오염을 방지하기 위한 대책들로는 다음과 같은 것들이 있다.

① 농약의 과다 사용을 피한다. 농약을 사용할 때는 난분해성 농약보다 잔류성이 짧고 토양 축적성이 없는 농약을 선정한다.

② 산성비료의 사용을 줄이고 중성비료로 바꾸며, 화학비료보다 퇴비 등 유기질 비료의 사용을 권장한다. 유기질 비료를 오래 사용하면 토양의 보수성, 보비성(비료성분 보유능력), 통기성이 크게 개선되고 토양의 비옥도가 지속적으로 유지된다.

③ 생활하수나 산업폐수를 함부로 토양에 버리지 않는다.

④ 폐기물이나 독성 물질을 무분별하게 토양에 버리지 않으며, 매립지의 매립방식을 위생 매립으로 하여 관리를 철저히 한다.

표 10.7 토양오염 우려기준 및 대책기준

(단위 : mg/kg)

물질	토양오염 우려기준(mg/kg)			토양오염 대책기준(mg/kg)		
	1지역	2지역	3지역	1지역	2지역	3지역
카드뮴	4	10	60	12	30	180
구리	150	500	2,000	450	1,500	6,000
비소	25	50	200	75	150	600
수은	4	10	20	12	30	60
납	200	400	700	600	1,200	2,100
6가크롬	5	15	40	15	45	120
아연	300	600	2,000	900	1,800	5,000
니켈	100	200	500	300	600	1,500
불소	400	400	800	800	800	2,000
유기인화합물	10	10	30	-	-	-
폴리클로리네이티드비페닐	1	4	12	3	12	36
시안	2	2	120	5	5	300
페놀	4	4	20	10	10	50
벤젠	1	1	3	3	3	9
톨루엔	20	20	60	60	60	180
에틸벤젠	50	50	340	150	150	1,020
크실렌	15	15	45	45	45	135
석유계총탄화수소(TPH)	500	800	2,000	2,000	2,400	6,000
트리클로로에틸렌(TCE)	8	8	40	24	24	120
테트라클로로에틸렌(PCE)	4	4	25	12	12	75
벤조(a)피렌	0.7	2	7	2	6	21

※ 비고

1. 1지역 : 「공간정보의 구축 및 관리 등에 관한 법률」에 따른 지목이 전 · 답 · 과수원 · 목장용지 · 광천지 · 대(「공간정보의 구축 및 관리 등에 관한 법률 시행령」 제58조 제8호 가목 중 주거의 용도로 사용되는 부지만 해당한다) · 학교용지 · 구거(溝渠) · 양어장 · 공원 · 사적지 · 묘지인 지역과 「어린이놀이시설 안전관리법」 제2조 제2호에 따른 어린이 놀이시설(실외에 설치된 경우에만 적용한다) 부지
2. 2지역 : 「공간정보의 구축 및 관리 등에 관한 법률」에 따른 지목이 임야 · 염전 · 대(1지역에 해당하는 부지 외의 모든 대를 말한다) · 창고용지 · 하천 · 유지 · 수도용지 · 체육용지 · 유원지 · 종교용지 및 잡종지(「공간정보의 구축 및 관리 등에 관한 법률 시행령」 제58조 제28호 가목 또는 다목에 해당하는 부지만 해당한다)인 지역
3. 3지역 : 「공간정보의 구축 및 관리 등에 관한 법률」에 따른 지목이 공장용지 · 주차장 · 주유소용지 · 도로 · 철도용지 · 제방 · 잡종지(2지역에 해당하는 부지 외의 모든 잡종지를 말한다)인 지역과 「국방 · 군사시설 사업에 관한 법률」 제2조 제1호 가목부터 마목까지에서 규정한 국방·군사시설 부지

일반적으로 오염된 토양의 개선을 위해 사용할 수 있는 방법은 다음과 같다.

① 토양의 조건을 고려하여 재배식물을 선정한다. 예컨대, 디엘드린에 오염되어 있는 토양에서는 디엘드린을 잘 흡수하지 않는 엽채류를 재배하고 근채류는 피한다.

② 밭을 논으로, 그리고 논을 밭으로 일시 전환한다. 이로 인해 물에 용해성인 것과 난용성인 것, 혐기적 분해성인 것과 호기적 분해성인 것이 서로 전환이 가능하며, 또 난분해성 유기물이 분해성 또는 무독성으로 바뀌는 것도 기대할 수 있다.

③ 토양의 이전, 교환 또는 용도변경, 택지조성 등의 기회를 이용하여 오염된 토양을 매립용으로 쓰고 다른 곳에서 오염이 안 된 토양을 운반하여 치환한다.

④ 화학비료의 사용으로 산성화된 토양은 석회를 사용하여 토양을 중화시킨다. 또한 산성에 강한 작물을 재배한다.

⑤ 유해 중금속에 의해 오염된 토양은 토양 개량제를 사용하거나 객토를 실시하고 특히, 퇴비 등 유기질 비료는 병원성 세균을 억제하기 때문에 식물체가 튼튼하게 되어 병충해에도 강해지게 된다. 그러므로 농약 사용량을 줄일 수 있게 된다.

⑥ 오염된 토양을 파내고 오염이 안 된 토양으로 완전 교체한다. 그러나 이에는 비용이 많이 소요된다.

이밖에 유류저장소, 군부대, 주유소, 불법산업폐기물 매립

등에 의해 오염된 토양에 대해서는 오염물질의 처리를 위하여 표 10.8과 같은 여러 가지 공학적 처리기술을 적용할 수 있다.

또한 토양환경보전을 위한 주요 정책내용을 요약하면 다음과 같다.

① 농경지 및 공장 산업지역에 대한 토양오염의 판단기준을 수립하고, 이 기준 이하로 토양 중 오염물질의 농도가 유지될 수 있도록 정책을 추진한다.

② 토양에 유입되는 오염물질을 사전에 차단할 수 있도록 시설별로 오염방지시설을 설치하여 운영한다.

③ 토양오염 측정지역을 점진적으로 확대한다.

④ 오염토양의 처리 및 복원체계를 수립한다.

표 10.8 **오염된 토양의 정화 및 복원 기술**

원 리	기 술 명	기술의 개요
물리적 방법	토양증기추출법 (SVE : Soil Vapor Extraction)	불포화 대수층위에 추출정을 설치, 토양을 진공상태로 만들어 토양으로부터 휘발성 유기물질(VOC), 준휘발성 오염물질을 제거하는 기술
	가열토양증기추출법 (Thermally Enhanced SVE)	증기 또는 뜨거운 공기를 주입하거나 전기나 무선주파수 열을 이용하여 준휘발물질의 유동을 증가시켜 토양 중 오염물질을 추출하는 기술
	고온열탈착법(열처리법) (High Temp. Thermal Desorption)	오염토양을 굴착하여 통제된 열적환경에서 토양을 고온에 노출시켜 소각이나 열분해를 통해 유해물질을 분해시키는 기술
화학적 방법	토양 세척법 (Soil Washing)	적절한 세척제를 시용하여 토양입자로부터 유해한 유기오염물질 및 중금속을 분리시켜 처리하는 기법
	토양 세정법 (Soil Flushing)	물 또는 오염물질 용해도를 증대시키기 위해 첨가제(세정제－계면활성제, 산과 염기, 착염물질)가 함유된 물을 토양공극 내에 주입함으로써 오염물질을 추출하는 처리기술
	고형화 및 안정화 (Solidification/Stabilization)	물리, 화학적인 방법을 통해 오염물질의 유동성을 감소시키는 기술로 고형화는 액상이나 슬러지 같은 폐기물에 접합제를 첨가하여 고상 형태로 만드는 것이며 안정화란 물질을 불용해성으로 만드는 것
	용매 추출법 (Solvent Extraction)	주로 산이나 유기용매를 이용하여 PCBs, PAH, 중금속, 할로겐, 유류 같은 유기오염물질을 오염 토양으로부터 분리하는 기술
	화학적산화/환원법 (Chemical Reduction/Oxidation)	오염물질을 화학적으로 더 안정하고, 유동성이 없으며, 비활성물질로 변환시키는 기술로 시안과 같은 무기물질 처리에 효과적인 기술
	탈할로겐화법 (Dehalogenation)	화학약품을 오염토양에 직접 가하여 오염물질 분자로부터 1개 또는 그 이상의 할로겐(염소, 불소 또는 요오드) 원자를 제거하는 기술로 휘발성 할로겐화합물이나 살충제 처리에 적합한 기술
생물학적 방법	지중 생물복원법 (Bioremediation)	토양에 생존하는 토착미생물의 성장과 재생산을 인위적으로 가속시켜 포화지역에 있는 유기성분의 분해를 촉진하는 현장 정화기술
	바이오벤팅법 (Bioventing)	기체상 존재하는 휘발성 유기물질을 추출하는 동시에 기존 토착미생물에 산소 및 영양분을 공급하고 토양 내 증기흐름속도를 조절함으로써 미생물의 지중생분해능을 극대화하는 기술로 토양증기추출법(SVE)과 지중생물학적 처리기술을 결합한 형태
	슬러리상 처리 (Slurry-phase Treatment)	굴착된 오염토양을 생물반응기에 넣고 오염토양물질, 미생물, 물 등을 일정용기에서 접촉시켜 처리하는 기술
	바이오파일법 (Biopile)	일정한 piles 안에 오염토양을 3～10ft 범위로 쌓은 후 폭기-영양물질 주입-수분함량 조절 등을 통해 미생물 활성을 극대화시켜 굴착된 토양 중 유기성 오염물질을 처리하는 기술
	퇴비화공법(Composting)	유기오염물질을 인위적으로 혐기성 분해시키는 기술
	식물복원공정 (Phytoremediation)	식물을 이용하여 오염토양 및 지하수를 포함한 수질을 정화시키는 자연친화적 환경복원 기술로 매우 다양한 식물을 활용할 수 있음

EXERCISE

1. 화학비료 영농이 토양에 미치는 영향을 밝혀라.
2. 유기농법의 예를 들고, 토양과의 관계를 설명하라.
3. 국내에서 시판되는 농약을 조사하고 각각의 용도에 대하여 설명하라.
4. 우리나라 토양오염의 실태에 대하여 조사하고 그 내용을 요약하라.
5. 토양오염의 원인을 조사하고 대책에 대하여 견해를 밝혀라.

CHAPTER

11

기타 오염문제

CHAPTER

11 기타 오염문제

11.1 소 음

1) 소음의 정의 및 단위

소음이란 "원치 않는 시끄러운 음"으로 정의되며, 다소 주관적인 요소가 가미되어 있다. 예를 들어, 어린 아이들이 시끄럽게 떠드는 소리도 어떤 이에게는 듣기 좋은 소리로 들릴 수 있는가하면, 유명한 교향악단의 연주도 어떤 이에게는 소음으로 느껴질 수 있기 때문이다. 그러나 규칙적인 음이거나 불규칙적인 음을 막론하고 그 소리가 커지고 음의 지속시간이 길게 되면 누구나 공통적으로 소음으로 느끼게 된다. 현대인은 아침에 일어나서 저녁에 잠들 때까지 각종 소음에 시달리고 있다. 이러한 소음의 피해를 가장 많이 받고 있는 지역은 공항 주변 지역, 시내 도로와 고속도로 및 철도에 인접된 주택가, 공단 지역 및 상가에 인접된 주택가 등일 것이다.

소음공해의 특징은 ① 축적성이 없다. ② 감각공해이다. ③ 국소적 · 다발적이다. ④ 민원발생이 높다. ⑤ 물질에 의한 공해가 아니다. 이와 같이 요약할 수 있으며 소음의 주발생원은 도로교통, 철도, 항공기, 공장, 건설, 가정 등이 있다.

소음의 단위로는 데시벨(dB)이 쓰이는데, 이것은 전화를 발명한 알렉산더 그레이햄 벨(Alexander Graham Bell)의 이름을 딴 것이다. 데시벨은 일정한 기준음에 대한 소음의 비율을 대수값으로 나타낸 것으로서 원래의 단위인 벨(Bell)에다 1/10을 곱한 값이다. 사람의 가청범위는 20~20,000Hz이며, 세기의 범위는 약 0~130dB이다. 대표적인 소음도는 표 11.1과 같다.

2) 소음의 영향

소음은 첫째로 정서장애를 일으켜 불쾌감과 짜증을 유발하고 수면방해, 회화방해, 공부방해, 작업능률의 저하 및 청력장애 등을 일으킨다. 또한 소음은 생리적 기능에 변화를 일으켜 백혈구가 증가하거나(55dB 이상) 말초혈관의 수축, 호흡율과 맥박의 상승(80dB 이상) 등이 수반된다. 표 11.2에 인간에 대한 소음의 영향요소들을 요약하였다. 소음의 영향을 한 마디로 요약하면 전반적인 생산력의 저하이다. 소음은 인간뿐만 아니라 동물에게도 영향을 미친다. 알을 품고 있는 새들이 소음에 노출되면 알품기를 중단하여 부화율이 떨어진다든지 새끼를 밴 포유류들이 놀라서 새끼를 유산하거나 새끼에게 나쁜 영향을 주기도 한다.

표 11.1 소음의 크기별 예(dBA)

dBA	예	감각 / 일반적인 영향	dBA	예	감각 / 일반적인 영향
0			80	세탁기, 시끄러운 시가지	매우 시끄러움
10	낙엽이 떨어지는 소리, 호흡	매우 조용	90	모터사이클(8m 거리)	매우 시끄러움
20	속삭이는 소리	매우 조용	100	식기세척기, 제트기(300m 거리)나는 소리	매우 시끄러움, 지속적 노출 시 청력저하
30	야간의 교외 주택지	매우 조용	110	록밴드	불쾌한 매우 시끄러움
40	도서관	조용	120	전기톱	불쾌감과 고통스러운 소음
50	주간의 교외 주택지	조용~약간 시끄러움	130	리벳팅 기계	고통스러운 소음
60	사무실에서의 대화	보통 시끄러움	140	비행기 이 · 착륙장	고통스러운 소음
70	진공청소기, TV소리	보통 시끄러움	150	제트기 이륙	고막에 통증유발

표 11.2 불쾌감에 영향을 미치는 요소

소음원 요소	개인 요소
소음레벨	건강상태
주파수 구성	성별
지속시간	나이
시작시간	성격
발생횟수	주위의 음 환경
레벨의 시간적 변동	과거의 경험
음의 돌발성	습관
주파수의 시간적 변동	작업내용
음원위치 확인 여부	이해관계
발생원의 공공성	경제상태
음의 필요성	피해자수

(1) 청력에 미치는 영향

소음성 난청은 소음에 의한 가장 직접적인 영향으로 직업병 중 하나로 알려져 있다.

소음성 난청은 C^5dip, 리크루트먼트(recruitment) 양성반응, 그리고 가벼운 이명현상 등이 있는데 C^5dip은 C^5(4,096 Hz) 부근에서 청력의 저하가 현저하고, 오디오그램에 의한 청력검사에서 깊은 골(dip)을 형성하는 것이며, 리크루트먼트 양성반응은 내이의 섬모세포 변성으로 감각성 청력손실이 나타나는 것으로 가청범위가 좁아지게 된다. 이와 같은 경우, 소리를 크게 하여도 명료도나 이해도가 감소하여 귀가 아플 정도로 소리는 크게 들리나 내용을 이해할 수 없게 된다. 이명은 통상 가벼운 정도로 일시적인 청력손실이 회복되면 소실된다. 발포, 폭발음과 같은 돌발적 난청의 경우에도 강한 이명현상이 일어난다. 일반적으로 100dB 이상의 소음에 노출되면 일시적 난청이 되며, 이러한 소음에 장기간 노출되면 영구적 난청이 되어 청력을 잃게 된다.

소음성 난청자는 통상 폭로시간이 장기간이기 때문에 노인성 난청도 함께 일으키며, 지속적인 축적으로 회복불능인 영구난청이 될 수 있다.

(2) 정서적 영향

소음으로 인해 느끼는 정서적 영향은 주로 불쾌감이다. 소음에 의한 불쾌감은 음 자체로 인한 불쾌감과 음에 수반하여 발생하는 불쾌감으로 나누어 전자를 noisiness, 2가지를 합하여 annoyance라고 한다.

불쾌감은 수음자의 특성, 사회적 및 경제적 요인 등에 의해 영향을 받는다. 이러한 불쾌감은 신체적 영향이나 작업능률 등에 직접적인 영향을 미친다. 특히 강도가 변하는 소음일수록 불쾌감이 커지는 것으로 알려져 있다.

(3) 일상생활에 미치는 영향

소음이 일상생활에 미치는 영향은 대화방해, 작업 및 학습능률 저하, 수면방해 등이 있다. 소음에 의해 대화나 전화, 텔레비전 시청, 라디오 청취 등의 방해가 일어난다. 대화방해를 일으키지 않기 위해서는 50dB 이하가 바람직하며, 70dB의 경우 1m까지도 대화가 가능하지만 실제로는 그 이하가 되어야 한다. 한편 소음이 작업능률에 미치는 영향은 작업의 종류에 따라서 다르게 나타나는데 단순작업이나 육체적 노동작업 등은 소음의 영향을 거의 받지 않는다. 다만, 소음에 익숙해지지 않은 경우 일시적 영향은 있으나 익숙해지면 단순한 정신적 작업의 경우에도 영향은 적다.

일반적으로 작업능률 저하는 작업속도, 즉 작업량의 감소와 정확도의 감소로 나타나며 학습의 경우에도 집중력의 감소로 학습효과가 떨어지게 된다. 특히 이러한 현상은 90dB 이상에서 현저하게 나타나며, 이러한 영향을 방지하기 위해서도 50dB 이하가 바람직한 것으로 알려져 있다.

다음으로 소음에 의한 수면방해는 누구나 경험하였을 것으로, 소음은 깊은 수면을 방해할 뿐만 아니라 수면 심도를 얕게 하고 수면 중 혈액이나 소변의 성분을 변화시키기도 한다.

수면이 불충분할 경우에 겪게 되는 정신적, 육체적 고통은 누구에게서나 관찰할 수 있는 현상으로 소음이 35dB일 경우 30dB일 때에 비하여 잠들기까지의 시간이 약 20% 가량 늦어지며, 55dB인 경우는 30dB인 경우보다 시간이 약 2배가량 늦어질 뿐만 아니라 잠이 깨는 시간은 60% 정도 빨라진다고 한다.

(4) 생리적 영향

인체는 외상, 한냉, 전기, 음향, 빛 등의 자극이 가해지면 비특이성 반응, 즉 스트레스 반응을 나타낸다. 이와 같은 스트레스 요인에 의해 시상하부의 자율신경중추가 자극되어 교감신경계가 긴장하면 그 결과 부신피질로부터 호르몬

(아드레날린과 노르아드레날린)의 현저한 분비가 일어나며 혈압상승, 심장박동증가, 동공확대, 혈당상승, 소화불량 등의 결과가 나타난다.

소음이 주는 생리적 영향으로 순환기계에 대한 영향은 주로 혈압상승, 맥박증가, 말초혈관수축 등을 들 수 있으며, 호흡기계에 대한 것으로는 호흡수 증가, 호흡 깊이 감소 등이 있고, 소화기계에 대한 영향으로는 타액분비량 증가, 위액산도 저하, 위 수축운동 감퇴 등이 있다. 이밖에 혈액에 대한 영향으로 혈당도 상승, 백혈구 수 증가, 혈중 아드레날린 증가가 있다.

(5) 기타

소음이 지속적으로 발생하는 곳은 땅값이나 건물가격이 하락할 수 있으며 공항 주변의 경우 가축들의 산란, 부화율, 우유량 등이 감소하고 유산이나 사산 등의 사례가 발생하는 것으로 보고되고 있다.

3) 생활소음

우리나라에는 현재 생활소음 규제기준이 정해져 있으며, 생활소음 기준을 표 11.3에 나타내었다. 이 기준은 지역과 아침, 저녁 및 주·야간별로 다르게 규정되어 있다.

소음은 교통소음, 생활소음, 건설소음, 작업장 소음 등으로 구분할 수 있는데, 건설소음은 한시적인 특징이 있어서 사람들이 비교적 잘 참는 경향이 있으며, 작업장 소음은 작업장마다 다르게 나타난다. 상기한 4가지 소음 중 특히 우리가 현저하게 피부로 느끼는 것은 교통소음이다.

4) 소음 대책

소음은 비가시적이고 영향이 즉각적으로 나타나지 않아서 경제적 손실을 따질 수 없는 것이 많다. 그러나 현재 소음의 영향에 대한 경제적 평가기법이 개발 중에 있으며, 이에는 입원율, 난청률, 출·퇴근율, 조퇴율, 생산성 저하 등의 지표가 사용된다. 또한 소음에 대한 피해 진정 건수가 늘게 되면 경제적·신체적 손실은 물론 행정상의 시간낭비 등을 초래하므로 복지행정의 차원에서 효율적인

표 11.3 생활소음 규제기준 [단위 : dB(A)]

대상 지역	소음원		아침, 저녁 (05:00~07:00, 18:00~22:00)	주간 (07:00~18:00)	야간 (22:00~05:00)
가. 주거지역, 녹지지역, 관리지역 중 취락지구·주거개발진흥지구 및 관광·휴양개발진흥지구, 자연환경보전지역, 그 밖의 지역에 있는 학교·종합병원·공공도서관	확성기	옥외 설치	60이하	65 이하	60 이하
	확성기	옥내에서 옥외로 소음이 나오는 경우	50 이하	55 이하	45 이하
	공장		50 이하	55 이하	45 이하
	사업장	동일 건물	45 이하	50 이하	40 이하
	사업장	기타	50 이하	55 이하	45 이하
	공사장		60 이하	65 이하	50 이하
나. 그 밖의 지역	확성기	옥외 설치	65 이하	70 이하	60 이하
	확성기	옥내에서 옥외로 소음이 나오는 경우	60 이하	65 이하	55 이하
	공장		60 이하	65 이하	55 이하
	사업장	동일 건물	50 이하	55 이하	45 이하
	사업장	기타	60 이하	65 이하	55 이하
	공사장		65 이하	70 이하	50 이하

대책을 강구하여야 한다.

(1) 작업장 소음

작업장 소음에 대한 대책은 다음과 같다.

① 소음원 대책 : 기계를 정비하여 이상음이 발생되지 않도록 하며, 기계 밑에 탄성재를 깔아 진동을 방지하여 공명현상을 없앤다. 송풍기의 경우는 회전 속도를 줄인다.

② 소음경로 차단 : 소음원 기계를 밀폐하거나 흡음 및 차음 등으로 소음원 에너지를 차단한다.

③ 작업자에게 귀마개를 착용시킨다. 그러나 이것은 근본적인 대책은 되지 못한다.

(2) 자동차 소음

자동차의 소음대책은 다음과 같다.

① 저소음 자동차의 개발 : 전기자동차 등 저소음 자동차를 개발한다(휘발유차 소음의 1/10 수준).

② **주택 및 공공건물 등에 대한 차음성 보강** : 특히 도로에 인접된 주택 및 공공건물에 2중창 설치 등 차음재를 사용한 건축으로 소음도를 낮춘다.

③ **차음 및 흡음용 녹지대 조성** : 도시 재개발이나 신도시 개발 시 도로 주변에 차음벽 설치나 차음용 녹지대를 충분히 두어 자동차 소음을 저감시킨다.

(3) 항공기 소음

항공기 소음대책은 다음과 같다.

① **운항방식의 개선** : 급상승 방식의 조절, 이·착륙 각도 조설, 역추진장치 사용 제한, 운항 대수와 횟수, 운항 시간의 조절 등이 포함된다.

② **저소음 기종의 개발** : 저소음 기종을 개발한다.

③ **토지이용계획의 합리화** : 토지이용계획을 잘 세워 계획 단계에서부터 주민피해가 발생하지 않도록 한다. 주민 피해가 발생했을 때는 정당한 보상을 하거나 이주시키도록 한다.

(4) 층간소음

공동주택인 아파트 주거자들 간에 층간소음으로 인한 분쟁이 급증함에 따라 공동주택 건설 시 이에 대한 규제가 강화되어 있으며, 층간 소음피해에 대한 민원과 제소에 대비하여 층간소음 기준을 표 11.4와 같이 규정하였다.

표 11.4 층간소음 기준

층간소음의 구분		층간소음의 기준 [단위 : dB(A)]	
		주간 (06:00~22:00)	야간 (22:00~06:00)
1. 직접충격 소음	1분간 등가소음도 (Leq)	43	38
	최고소음도 (Lmax)	57	52
2. 공기전달 소음	5분간 등가소음도 (Leq)	45	40

11.2 진 동

1) 진동의 정의 및 발생원

진동이란 "물체의 전후 운동"으로 정의되며, 인위적으로 발생하는 진동에는 폭발·타격 등에 의한 충격진동, 산업장의 기계 등에서 발생하는 지속적인 정상진동, 그리고 충격과 정상진동이 중첩하는 진동 등이 있으며, 진동의 발생원은 도로교통, 항공기, 고속 철도, 건설작업, 공장 등으로 보통 소음과 함께 발생한다. 생체에 작용하는 방식에 따라 전신진동과 국소진동으로 구분한다. 전신진동은 지지구조물을 통해서 전신에 전파되는 진동으로 차량, 선박, 항공기를 타거나 기중기, 분쇄기 등을 운전할 때 다리 등을 통해서 전신에 퍼진다. 국소진동은 국소적으로 손과 발 등 특정 부위에 전파되는 진동으로 착암기, 연마기, 전기톱, 전기드릴 등을 사용할 때 일어날 수 있다.

진동의 크기를 나타내는 데는 변위진폭, 속도, 가속도가 사용되는데 표준화된 단위로는 진동가속도레벨(VAL : vibration acceleration level)과 진동레벨(vibration level)이 쓰인다. 진동 가속도 레벨은 기준 진동의 가속도에 대한 대상진동비율의 대수값에 20을 곱한 값이다. 진동레벨은 진동의 등감각곡선의 보정회로를 통하여 보정된 진동값으로서 인간의 진동 감각량을 나타낸 것이다. 진동 가속도 레벨과 진동레벨의 단위는 모두 데시벨이며, 보통 40dB부터 100dB 사이의 값을 나타낸다.

2) 진동의 영향

(1) 감각의 영향

5Hz에서 허리·가슴 및 등 쪽에 가장 심한 통증을 느끼며, 13Hz에서 머리는 가장 크게 진동을 느끼고, 안면에서는 볼·눈꺼풀이 진동함을 느낀다. 4~14Hz에서 복통을 느끼고, 9~20Hz에서는 대·소변을 보고 싶게 하고 무릎에 탄력감이나 땀이 난다거나 열이 나는 느낌을 받고, 수직 및 수평진동이 동시에 가해지면 자각현상이 2배가 된다.

(2) 생리적 영향

① **후두계** : 12~16Hz에서 뱃속의 음식물이 심하게 오르락내리락함을 느끼고, 발성에 영향을 준다.

② **호흡기** : 1~3Hz에서 호흡이 힘들고, 산소소비 증가로 호흡량과 호흡수가 증가한다.

③ **순환기** : 심장박동 수 증가, 혈압상승, 말초혈관수축 등이 일어난다.

④ **대사계** : 에너지 대사율 증가, 헤모글로빈 농도 증가, 호산성적혈구의 증가 또는 감소가 일어난다.

(3) 신체적 영향

3~6Hz 부근에서 심한 공진현상(共振現象)을 보여 가해진 진동보다 크게 느끼고, 2차적으로 20~30Hz 부근에서 공진현상이 나타나지만 진동수가 증가함에 따라 감쇠가 급격히 증가한다. 이러한 공진현상은 앉아있을 때가 서 있을 때보다 심하게 나타난다.

① **전신진동** : 차량과 같이 탈 것을 운전하는 사람이나 공장 근로자들이 받는 진동으로 압박감과 동통감을 느끼며 심하면 공포감과 오한을 느낀다.

② **국소진동** : 광산 근로자, 조선공 등과 같이 착암기・공기해머 및 연마기를 많이 사용하는 사람의 손에 많이 나타나며, 손가락의 말초혈관운동의 장애로 혈액순환이 잘 안되어 창백해지는 레이노(Raynaud) 현상이 일어난다.

(4) 물적 피해

진도계(震度階)와 진동가속도레벨의 크기에 따른 물적 피해는 표 11.5와 같다.

3) 진동기준

우리나라 진동기준은 교통진동으로 도로와 철도에 대한 기준이 설정되어 있으며 건설, 생활 진동이 또한 설정되어 있다. 진동기준 역시 소음과 마찬가지로 대상지역에 따라 기준치가 다르며 주간보다는 야간이 5dB(V)씩 낮게 되어 있다.

생활진동 규제기준은 표 11.6과 같다.

표 11.6 생활진동 규제기준 [단위 : dB(V)]

시간대별 / 대상 지역	주간 (06:00~22:00)	심야 (22:00~06:00)
가. 주거지역, 녹지지역, 관리지역 중 취락지구・주거개발진흥지구 및 관광・휴양개발진흥지구, 자연환경보전지역, 그 밖의 지역에 소재한 학교・종합병원・공공도서관	65 이하	60 이하
나. 그 밖의 지역	70 이하	65 이하

4) 진동에 대한 대책

진동방지대책도 소음의 경우와 마찬가지로 발생원, 전파경로, 그리고 수진측 대책으로 구분할 수 있다.

① **발생원 대책** : 이것은 진동원을 제거하는 것으로서 진동이 작은 기계로 교체하거나 작업방법을 개선하여 진동의 노출시간을 줄이는 것이다. 또한 기계를 정비하여 불평형한 밸런싱을 교정하는 것도 한 가지 방법이다. 또한 기계를 탄성체로 받쳐주고, 그 공진 주기를 저하시킨다. 탄성받침대로서는 코일 스프링, 공기 스프링,

표 11.5 진도계와 진동가속도레벨에 따른 물적 피해

진도계	지진의 명칭	진동가속도(cm/s^2)의 피크	가속도레벨(dB)	비 고
0	무감(no feeling)	0.8 이하	55 이하	느끼지 못함
I	미진(slight)	0.8~2.5	60±5	약간 느낌
II	경진(weak)	2.5~8.0	70±5	크게 느낌
III	약진(rather strong)	8.0~25	80±5	창문, 미닫이가 흔들리고 진동음 발생
IV	중진(strong)	75~80	90±5	기물이 넘어지고 물이 넘침
V	강진(very strong)	80~250	100±5	집의 벽이나 비석이 넘어짐
VI	열진(disastrous)	250~400	105~110	가옥파괴 30% 이하
VII	격진(very disastrous)	400 이상	110 이상	가옥파괴 30% 이상, 단층, 산사태 발생

방진고무, 고무패드 등이 사용된다.

② **전파경로 대책** : 진동원의 위치를 멀리하여 거리감쇠를 크게 하거나, 큰 방에 방진구를 파든가 완충물을 사용하여 공진 형성을 감소시킨다.

③ **수진측 대책** : 이것은 진동원에서 적용된 탄성받침대를 수진측에 적용시키는 것인데, 시트쿠션 등이 있다. 그리고 수진측의 강성을 변형시키는 것도 한 가지 방법이다.

11.3 악 취

1) 악취의 정의 및 발생원

악취는 자극성 있는 기체물질이 후각을 자극하여 불쾌감과 혐오감을 느끼게 하는 냄새로 여러 성분들이 혼합 상태로 존재하며, 쾌적한 정서생활과 건강에 피해를 준다. 악취는 물질의 종류와 발생원이 다양할 뿐만 아니라 여러 물질들이 복합적으로 작용하기 때문에 생활환경과 심리상태에 따라서 오염도에 대한 인식이 달라지는 특성이 있어 다른 대기오염물질과 같이 일정량을 세거하여도 그에 비례하는 정도의 개선효과를 기대할 수 없다는 점에서 관리가 어렵다. 악취물질들은 쉽게 휘발되며, 분자량 300 이하의 비이온성 화합물로 분자구조와 작용기에 따라 냄새의 특성이 다르게 나타난다. 악취물질은 1,000여 종이 넘는

표 11.8 악취발생물질의 성분

분 류	악취물질명	냄새의 성질
(1) 황화합물	메틸메르캅탄 에틸메르캅탄 디메틸 설파이드 디메틸디설파이드 황화수소	썩은 양파 냄새 썩은 양배추 냄새 썩은 양배추 냄새 마늘 냄새 썩은 달걀 냄새
(2) 질소화합물	메틸아민 에틸아민 트리메틸아민 암모니아	생선냄새 암모니아 비슷한 냄새 썩은 물고기 냄새 자극취
(3) 탄화수소	부틸렌	올레핀 냄새
(4) 지방족화합물	낙산 아세톤 아크릴알데하이드	땀 냄새 땀 냄새 자극취

것으로 알려져 있으며 유기산류, 알코올류, 아민류, 방향족화합물류, 알데하이드류, 에스테르류 그리고 황화수소 등이 있다. 악취를 심하게 발생시키는 주요 업종으로는 금속제품 제조업, 합성수지 제조업, 고무, 피혁 가공업, 음·식료품 제조업 등이 있으며, 기타 양조장, 양돈장 등 축산시설에서도 많은 악취를 발생시키고 있다. 표 11.7과 11.8에 악취발생물질의 발생원과 성분을 나타내었다. 대표적인 악취의 발생원들을 요약하면 다음과 같다.

① **화학공장** : 황화수소, 이황화탄소, 방향족탄화수소, 4염화탄소, 파라핀, 아세트알데하이드 등

② **정유공장** : 황화수소, 암모니아, 메르캅탄, 페놀, 유기설파이드, 유기아민 알데하이드, 방향족화합물 등

③ **코크스로, 펄프공장** : 황화수소

표 11.7 악취물질별 발생원

악취물질명	주요 발생업종
황화수소	크라프트펄프제조, 전분제조업, 셀로판제조업, 화장장, 단미사료공장, 폐차처리장, 먼지처리장, 분뇨처리장, 축산업 등
황화메틸	크라프트펄프제조, 화장장, 단미사료공장, 먼지처리장, 분뇨처리장 등
이황화메틸	크라프트펄프제조, 단미사료공장, 먼지처리장, 분뇨처리장 등
암모니아	복합비료제조업, 전분제조업, 단미사료공장, 먼지처리장, 폐차장, 분뇨처리장, 가축사육장
메틸메르캅탄	크라프트펄프제조, 화장장, 단미사료공장, 분뇨처리장 등
트리메틸아민	복합비료제조업, 화장장, 단미사료공장, 분뇨처리장 등
아세트알데하이드	아세트알데하이드 제조공장, 아세트산비닐제조공장, 담배제조공장, 복합비료제조업, 단미사료공장 등
스타이렌	스타이렌제조공정, 폴리스타이렌제조·가공공정, SBR제조공장, FRP제품제조공정, 합판제조공정, 화장장 등

④ 폐수, 분뇨처리장 : 암모니아, 황화메틸, 메틸메르캅탄, 아민, 인돌 등

⑤ 석유, 석탄, 목탄, 가스 등 연료의 불완전연소 : 황화수소, 알데하이드, 유기산, 케톤 등

⑥ 자동차 디젤엔진 : 이산화질소, 포름알데하이드, 아크로레인 등

⑦ 가축사육장 : 암모니아, 황화수소, 유기아민 등

⑧ 식육이나 어육 가공처리 : 황화수소, 아민류, 황화물, 스캐톨(skatol), 메틸메르캅탄, 알데하이드, 유기산등

2) 악취의 측정

악취를 측정하는 방법은 크게 사람의 후각을 이용하는 관능법과 기기를 이용하여 악취의 성분을 분석하는 기기분석법으로 나눌 수 있는데, 관능법의 경우 현장에서 직접 악취의 세기(강도)를 측정하는 직접관능법, 냄새의 쾌·불쾌도를 나타내는 방법, 냄새의 빈도를 측정하는 방법, 악취를 깨끗한 공기와 희석하여 냄새가 감지되지 않을 때까지의 희석배율을 측정하는 복합악취 공기희석관능법 등의 방법이 있다. 우리나라의 악취방지법에서는 악취측정방법으로 2가지 이상의 악취물질이 복합적으로 존재하면서 사람의 후각을 자극하는 복합악취의 경우에는 관능법 중 공기희석관능법, 환경부에서 지정한 지정악취물질이 있다고 판단되는 경우에는 기기분석법을 적용한다. 공기희석관능법은 부지경계선 또는 배출구에서 악취시료를 채취하여 실험실로 운반한 후 이를 무취공기로 희석시켜 가면서 냄새가 나지 않을 때까지의 희석배율값을 기준으로 하여 악취배출을 규제하는 방법이며, 기기분석법은 채취시료 중 지정악취물질이 악취발생의 주요 원인으로 밝혀진 경우, 부지경계선 상에서 시료를 채취하여 이들 물질의 성분을 분석하여 규제하는 방법으로, 악취의 원인이 되는 물질의 농도를 정확히 파악할 수 있다는 장점이 있다.

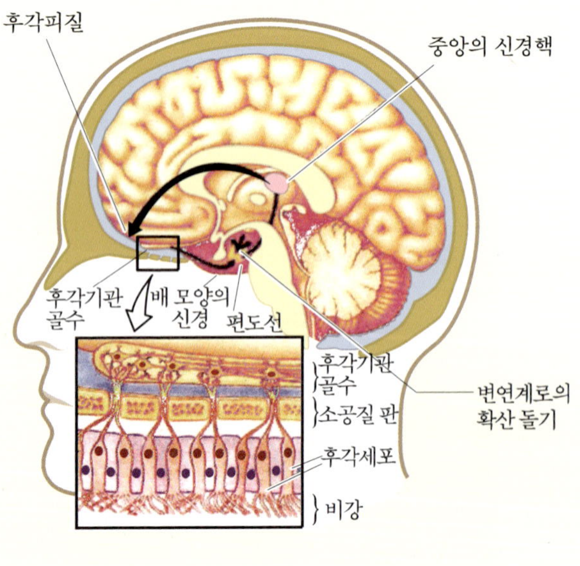

그림 11.1 인체의 후각 시스템(olfactory system)

3) 악취의 영향

사람에게 있어서 악취는 육체에 미치는 물리적인 해보다는 정신적 스트레스 때문에 중요한 것이다. 악취는 식욕을 잃게 하고 호흡을 곤란하게 하며, 멀미나 구토를 일으키고 정신적인 혼란을 초래한다. 극단적인 경우에는 일상생활에 대한 의욕 상실과 사회·경제적 활동을 저하시켜 토지 및 건물 등 부동산의 가격 하락, 세입, 판매량 등의 감소를 초래하게 된다.

4) 악취방지대책

악취는 사람의 후각을 통해서 일어나는 현상으로 악취물질의 50%를 제거해도 사람이 느끼는 정도는 별 차이가 없고, 거의 완전히 제거했을 때 비로소 악취가 적어졌다는 것을 느끼게 된다. 또한 악취 제거는 단기간에 해결하기 어려우며, 장기적으로 복합적인 계획이 필요한 경우가 많다. 악취를 제거하는 방법에는 다음과 같이 악취의 발생원을 제거하거나 변화시키는 방법과 악취물질을 처리하는 방법으로 구분된다.

(1) 악취발생원 제거 및 감소법

악취의 발생원을 밀봉, 복개, 제거하거나 변화시키는 방법으로 온도, 압력, 배출량 및 운전조건 등을 변화시킨다.

(2) 악취물질을 처리하는 방법

① **연소탈취** : 악취물질을 연소하여 완전 산화시킨다.

② **화학적 산화** : 염소, 차아염소산, 오존, 과산화수소(H_2O_2), 과망간산칼륨($KMnO_4$)과 같은 산화제를 사용하여 산화시킨다.

③ **이온교환수지법** : 이온 교환수지를 사용하여 악취물질을 제거한다.

④ **흡수법** : 염화수소(HCl)나 암모니아와 같은 수용성 가스를 제거시키는 방법으로 흔히 물로 세정시키는데, 탈취가 부족할 때는 약품을 주입한다.

⑤ **흡착법** : 활성탄이나 실리카겔 등 흡착제를 사용하여 유기성 가스 및 냄새 물질을 흡착시킨다.

⑥ **토양탈취법** : 악취물질을 토양에 통과시켜 흡착·흡수 및 미생물 작용에 의해 탈취시킨다. 토양 대신 완숙 퇴비나 멀취(mulch) 등을 쓸 수도 있다.

⑦ **희석법** : 악취물질의 농도를 악취감지 하한농도(Threshold limit value) 이하로 희석하여 악취를 감지하지 못하도록 한다.

⑧ **응축법** : 악취는 물질이 기화하여 증기나 가스 상태일 때 감지되므로 냉각 또는 냉동시켜 액체나 고체상태로 변화시킴으로써 악취물질을 안정한 상태로 한다.

(3) 기타

일상생활 중 주거공간이나 사무실 등에서 발생되는 악취에 대한 대책으로 은폐법이 있다.

은폐법은 여름철 땀 냄새 등을 은폐시키기 위해 향수 등을 사용함으로서 악취를 느끼지 못하게 하는 방법으로 공기청향제(air freshner)나 각종 향수 또는 꽃과 같은 것들을 실내에 둠으로써 악취에 대한 감지능력을 감소시키거나 은폐하여 악취로 인한 불쾌감 등을 방지할 수 있다.

11.4 해양오염(Ocean Pollution)

해양오염의 정의는 해양환경관리법에 '해양에 유입되거나 해양에서 발생되는 물질 또는 에너지로 인하여 해양환경에 해로운 결과를 미치거나 미칠 우려가 있는 상태'를 말하며, 해양생물자원을 손상시키거나 인간의 건강에 해가 되고 해양활동과 쾌적한 환경을 저해하는 모든 유해한 효과를 유발하는 것이라고 할 수 있다.

1) 해양오염의 원인

(1) 해양활동으로 인한 오염

선박의 기름 유출, 선박폐기물 배출, 해양시설물로부터 배출되는 각종 폐기물, 육상폐기물의 해양투기, 해안 매립에 따른 해수의 정체 등으로 연안지역의 오염이 높아지며, 양식업 및 어업활동과 관련하여 사료투입, 어구나 그물 등의 유실이나 방치 등에 의해 오염이 발생된다.

(2) 육상으로부터의 오염

강이나 하천은 모두 바다로 흘러들어가므로 생활하수를 비롯한 각종 오·폐수와 부유물들의 유입에 의한 오염이 발생되며, 특히 장마철의 경우 육상 폐기물의 유입이 크게 발생한다. 이밖에 하수슬러지 투기, 축산분뇨와 음식물쓰레기 탈리액 투기, 농경지로부터 농약 및 화학비료 성분, 산업폐기물과 폐수, 각종 플라스틱류 및 비닐류 등 다양한 오염물이 육상으로부터 바다로 유입된다. 내셔널 지오그래픽에 의하면 2010년 한 해 동안 약 800만 톤의 플라스틱 폐기물이 전 세계 해양으로 배출되었다고 하며, 태평양에 우리나라 면적의 14배나 되는 거대한 쓰레기 섬이 있는 것으로 알려졌다.

(3) 대기오염물에 의한 오염

대기 중에 부유하는 부유물들이나 가스 등이 강하하거나 강우 시 빗물 등에 의해 씻겨 바다 위로 떨어지며, 또한 대기 중의 여러 가지 가스상 오염물들이 바닷물에 흡수된다.

2) 해양오염물질의 종류 및 영향

(1) 병원균

바닷물이나 해양생물 중에 기생하는 박테리아, 원생동물류, 바이러스, 곰팡이 등이 어패류나 해조류 등을 통해 사람에게 여러 가지 질병을 유발할 수 있으며, 오염된 해역에서의 수상활동 시 피부접촉 등을 통해서도 감염될 수 있다.

(2) 부유물

육지로부터 수천 킬로미터 떨어진 대양에 마치 거대한 섬처럼 해양 쓰레기가 모여 있는 '거대 쓰레기 지대'들이 발견되곤 하는데, 대표적인 곳이 지난 1997년 미국의 해양조사선 찰스무어 선장이 태평양 북동부에서 발견한 '북태평양 거대쓰레기 구역(GPGP)'이다. 크기가 한반도의 7배에 달하는 GPGP에는 약 1억 톤의 해양 쓰레기가 그림처럼 잔잔한 바다 위에 마치 섬처럼 둥둥 떠 있다. 미국, 캐나다, 일본 등 북태평양 연안의 국가들에서 버려진 각종 플라스틱병, 칫솔, 장난감, 어망 등이 그 구역으로 모여드는 까닭은 해류가 이곳을 중심으로 거대한 원형을 그리며 흐르기 때문이다. 이밖에도 같은 원리로 해류에 의해 만들어진 거대한 쓰레기지대는 대서양 남북에 하나씩, 그리고 인도양과 태평양 서부 등 4군데가 더 존재한다. 이러한 부유물질들은 태양광 투과 감소로 광합성 식물의 성장저해, 산소전달 차단으로 용존산소 고갈 및 기타 기체의 교환을 제한하며, 독성이나 유해성으로 해양생물의 생태계 변화를 초래한다. 특히 플라스틱 부유물의 경우 국제적으로 문제가 되고 있는데 이들은 시간이 경과함에 따라 해양 플랑크톤과 구분이 잘 안될 정도로 작은 마이크로 플라스틱으로 크기가 감소되면서 바다생물들이나 바닷새들이 플랑크톤으로 오인하여 먹음으로서 많은 피해를 나타내고 있다. 바닷새 알바트로스는 플라스틱 쓰레기를 먹이로 착각하여 먹음으로서 소화관이 막혀 굶어죽기도 하는데 1997년에 발표된 한 연구결과에 의하면, 알바트로스 새끼의 97.6%가 뱃속에 플라스틱이 들어있는 것으로 나타났다. 또한 해파리를 먹이로 삼는 바다거북은 비닐봉지를 해파리로 오인해 먹기도 한다. 유엔환경계획(UNEP)에 의하면 해마다 바닷새 100만 마리, 고래나 바다표범 같은 해양포유동물 10만 마리가 플라스틱을 먹이로 알고 먹거나 어망 등에 걸려 죽어가고 있다고 한다.

우리나라에서도 지난해 3월 돌고래의 사체를 부검한 결과, 비닐 등의 해양 쓰레기로 인해 소화기가 막혀 만성적인 영양결핍으로 사망한 사실이 확인된 바 있다.

그림 11.2 해상부유물에 의한 피해

해양생태계 먹이사슬의 최상위에 있는 인간들도 피해를 입고 있는 건 마찬가지이다. 북극해 연안에서 바다표범 등을 잡아서 먹고사는 이누이트족의 경우 성별 출생비율이 남아 1명당 여아 2명으로 높으며, 저체중으로 조산되는 아기들도 있는 것으로 나타났다. 이는 해양 쓰레기의 플라스틱에 포함되어 있는 내분비계 교란물질 성분이 해양생물들을 통해 인체에 영향을 미치기 때문인 것으로 추정되고 있다. 또한 해양 쓰레기는 선박 사고를 일으키는 직접적인 원인이 되기도 한다. 바다에 부유하는 쓰레기가 선박의 스크류에 감기거나 냉각수 계통의 파이프에 빨려 들어가 엔진에 이상을 일으킬 수 있기 때문이다. 실제로 해양 쓰레기가 여객선에 설치된 냉각용 해수 흡입구를 막아 순식간에 엔진이 과열돼 선박이 바다 한가운데 멈춰서는 사고들이 빈발하고 있다.

한편 우리나라 서해의 경우 중국에서 떠내려 온 쓰레기들로 몸살을 앓고 있다. 굴업도나 백령도 등의 해안에서는 중국어가 적힌 샴푸용기 등 플라스틱 병을 비롯해 냉장고 문짝, 슬리퍼, 각종 어구 등을 쉽게 발견할 수 있다.

이 같은 쓰레기들은 해류의 흐름을 타고 중국 연안에서 서해로 흘러드는 것으로 추정되는데, 약 보름 정도면 중국에서 버린 쓰레기가 바다를 타고 우리나라 서해안의 섬까지 흘러들 수 있다. 전문가들은 국내로 흘러드는 해양 쓰레기 가운데 70% 이상이 중국에서 발생한 것으로 추정한다.

중국 어선들이 우리나라 영해로까지 와서 불법조업을

그림 11.3 거대한 해상 쓰레기

하는 것도 해양 쓰레기와 연관이 있다. 치어까지 잡는 싹쓸이 조업으로 인해 물고기의 씨가 마른 이유도 있지만, 중국 연안이 심각한 해양오염으로 인해 더 이상 고기가 잡히지 않기 때문이다.

(3) 고체폐기물

하·폐수처리 슬러지, 축산분뇨, 생산과정에서 사용되지 않는 물질이나 용도를 다한 생산품의 찌꺼기, 양식장 자재, 그물, 유리병, 금속, 의류, 도자기, 비닐봉지, 어구 등 해저 퇴적물의 증가로 어패류의 서식 및 산란처가 급격히 파괴되고 있으며, 특히 퇴적물에 의한 해저의 산성화와 사막화가 연안지역을 중심으로 급속히 확대되고 있다.

심해에도 인간이 버린 쓰레기가 많을 것이란 사실은 이미 심해성 어류를 통한 간접 연구결과에서 추정된 바 있다. 지난 2008년 참치와 연어, 고래 등의 주 먹잇감인 샛비늘치 670마리를 수집해 조사한 결과, 그중 35%인 234마리가 평균 1mm의 플라스틱 조각을 삼킨 상태인 것으로 밝혀졌으며 심한 경우 83개의 해양 쓰레기를 삼킨 샛비늘치도 발견되었다.

(4) 폐열

화력발전이나 원자력발전소 등의 냉각수 배출로 연안 해역에 열이 축적됨으로서 수온 상승에 따른 해양생태계의 교란 및 파괴, 유전적 손상, 성장률의 변화, 산란형태의 변화 등이 발생된다. 특히 우리나라는 연안양식업이 발달되어 있는데 원자력발전소의 냉각수 배출로 과거 울산 등지에서 양식업에 많은 피해를 나타낸바가 있다.

(5) 담수와 염수

강물과 같은 많은 양의 담수 유입은 연안 해양에서의 염도 저하로 해양환경 변화를 유발하여 생태계에 악영향을 초래하며, 장마철에 이러한 영향이 두드러진다. 그 예로 중국의 황하와 양쯔강으로부터 서해로 유입된 담수로 인한 영향이 제주인근해역까지 나타난다는 조사 결과도 있다. 한편, 탈염공정 등의 부산물로 바닷물이 염도보다 높은 염수 유입 시에도 염도 상승으로 생태계의 영속적인 손상이 발생된다.

(6) 유독성물질

살균제, 제초제, 살충제, 할로겐화 탄화수소 및 유독성 물질이나 난분해성 화학물질들이 해양으로 유입되면 장기간 동안 해양에 잔류하면서 해양생물에 축적되어 독성이나 유해성으로 해양생태계를 파괴하거나 잔류농도 증가로 수산물의 품질을 저하시키고 어류 등의 기형을 초래한다.

(7) 석유

유조선사고나 해저유전 등으로부터 원유유출로 해수면에 기름 막을 형성하여 대기로부터의 산소전달과 태양광의 투광도를 감소시켜 용존산소공급과 수중식물의 광합성을 방해하며 원유 중의 유해성분들에 의해 해양생태계의 파괴, 생태계교란 등을 초래할 뿐만 아니라 수산물의 품질 저하를 가져온다.

(8) 영양염류

축산분뇨나 질소 및 인산질 비료 성분이 농경지로부터 강이나 하천수에 의해 유입되면 연안해역의 부영양화로 적조가 발생되며, 적조발생으로 인한 독성물질농도 증가로 어패류와 양식업 등에 피해를 가져온다.

(9) 방사능

원자력발전소, 핵연료 잠수함 및 군함, 핵폐기물 심해저 투기 등으로 인한 방사능물질 유입 시 바닷물 중의 방사성

물질의 농도가 증가함에 따라 해양생물들의 방사능오염이 발생될 수 있으며, 특히 심해저 해양생물에 대한 방사선 피해가 크게 나타날 수 있다.

(10) 산소요구물질

하수침전물, 생분해성유기물질, 과다한 영양염류 등 산소요구물질들의 유입은 해양미생물들이 이들을 분해할 때 많은 산소를 필요로 함으로서 해양생물이 이용할 수 있는 용존산소를 소모하여 산소의 부족으로 인한 생물 개체수의 감소와 혐기성 상태가 되도록 한다. 혐기성 조건이 되면 악취, 탁도 증가 등으로 수질이 급격히 악화된다.

(11) 산과 염기

해수의 평균 pH는 8.0으로 약 알칼리성이나 산성물질 등이 유입될 경우 pH가 낮아져 중금속 등 유독성 물질의 용해도가 증가하여 해양생물들의 중금속 생체축적률이 높아지며, 염기의 과다 유입 시 중금속류의 침전물 증가로 해저 해양생물의 생존에 영향을 초래한다.

3) 해양오염원

(1) 해운업

해양 선박건조 및 수리, 항해 시 연료유 소비, 해상 사고, 유조선 사고, 선박에서의 폐기물 불법 투기

(2) 산업

해저 채광산업, 해저 유전개발 및 운영, 유해물질이나 독성물질 함유 산업폐수 무단 유출, 산업폐기물(액상, 고상) 투기

(3) 해양투기

하・폐수처리 슬러지, 축산분뇨, 음식물 쓰레기 등의 해양 투기

(4) 농업 및 어업

각종 비료, 동물배설물, 살충제, 살균제, 제초제 등을 함유한 농업용수 해양 유입. 그물 등 어획용 도구 유실 및 폐기, 양식업

(5) 오락 활동

낚시, 레저시설 및 숙박시설 등의 오수 유출, 수심이 얕은 바다에서 모터보트 사용 시 퇴적물 재현탁으로 탁도 등 수질오염 증가

(6) 건설

항만준설, 항만시설 건설 및 운영, 레저 및 숙박시설 건설 및 운영, 해저탐사와 채광시설 건설 및 유지 활동

4) 해양오염 사례

(1) 석유에 의한 오염

20세기를 석유시대라고 부르듯이 현대산업사회는 석유라는 에너지를 기반으로 발전하여 왔으며 21세기 들어 탈석유를 시도하고 있으나 아직도 석유의 의존도를 크게 벗어나지 못하고 있는 실정이다.

지난 10년간만 하더라도 원유 수요는 평균 1.31%씩 증가하여 왔으며, 경제호황기이었던 2003부터 2008년까지 5년간은 매년 1.44%씩 증가하였고, 2009년을 제외한 세계 경기둔화기인 2010년부터 2013년까지 3년 동안에도 1.32%의 수요증가를 보였다. 현재 석유의 1일 수요량은 9100만 배럴이며, 따라서 지난 10년 평균치 1.31% 증가를 기준으로 120만 배럴, 호경기 수요증가 1.44%를 기준으로는 매년 130만 배럴의 증산이 요구된다. 이에 따라 석유의 해상수송 증가와 해저 유전개발 등으로 매년 해양에 유입되는 원유량은 약 362만 톤이나 되는 것으로 알려져 있다. 원유의 해양유출은 유조선사고, 송유관 파손, 밸러스트(balast) 유출 순으로, 대형 유조선의 항해 중 사고가 가장 큰 원인이 되고 있다. 대표적인 유조선 사고로 1967년 토레이 캐년(Torrey Canyon)호는 12만 7천 톤의 원유 유출로 영국 해안을 오염시켰고, 1978년 아모코 카디즈(Amoco Cadiz)호는 22만 톤의 원유로 프랑스 해안을 오염시켰으며, 1979년 멕시코의 유전폭발사고 그리고 1989년 엑슨발데즈(Exxonvaldez)호의 4만 2천 톤의 원유

유출로 알래스카 프린스 윌리엄 해협이 오염되어 30만 마리 이상의 바닷새와 수많은 포유동물이 죽었으며, 1991년에는 걸프전쟁 당시 이라크가 고의로 약 100만 톤의 원유를 쿠웨이트 유정으로부터 유출시킨바가 있다. 이후로도 1992년 에스파냐 근해에서의 이지언시호의 사고와 스코틀랜드 등에서 원유 유출사고 등이 있었다.

한편 우리나라의 경우에도 1993년 제5금동호 사고, 1995년 남해 소리도 해상에서의 시프린스호 좌초로 인한 원유 유출과 2007년 12월 태안군 만리포 북쪽해상에서 유조선 허베이스피릿호로부터 원유 1만 2,547kL가 유출되는 사고가 있었다. 태안 유조선사고로 유출된 석유의 양은 1997년 이후 10여 년 동안 우리나라에서 발생한 총 3,915건의 유조선 사고로 유출된 원유의 총량인 1만 234 kL보다도 훨씬 많은 양이며 시프린스호 사고로 유출된 원유의 2.5배에 해당되는 양이다.

석유가 바다로 유출되면 수표면에 기름 막을 형성하여 대기와 물의 접촉을 차단함으로서 대기로부터 산소의 공급을 막아 바닷물 속의 용존 산소를 고갈시키며, 원유 중의 중금속을 비롯한 여러 가지 유기화합물들이 어패류나 수중 식물 및 해양 동물 등에 독성 물질로 작용할 뿐만 아니라 각종 수산물 등에 악취나 불쾌한 맛 등을 유발함으로서 상품성을 감소시키거나 식용이 불가능하게 한다.

또한 조류나 수중 모피동물들을 덮어 씌워 부력을 감소시켜 죽게 만들며, 이밖에 해양 스포츠 등 여가 활동을 할 수 없게 만들고 심미적으로도 불쾌감을 준다. 원유 중 물보다 비중이 큰 성분들은 바다 밑으로 가라앉아 해저생물에게까지 피해를 나타내며, 오염된 수역이 완전히 회복되기까지는 수개월에서 수십 년 이상이 소요된다.

그림 11.4 태안 유조선 석유 유출사고

그림 11.5 원유에 오염된 새

(2) 방사성 폐기물에 의한 오염

원자력발전, 방사선 동위원소 등 핵물질의 사용량이 증가함에 따라 방사성 폐기물의 양도 급격히 증가하고 있는데 방사성 폐기물은 처리방법이 방사능이 소멸할 때까지 격리시키는 것밖에 없다. 따라서 이러한 격리시설인 방사성 폐기물 처리장 건설과 관리에 막대한 비용이 요구됨에 따라 과거 이들 폐기물들을 고형화하여 주로 깊은 바다에 투기함으로서 처리하여왔다.

해양에 투기된 방사성 폐기물은 해저에서 방사능이 소멸될 때까지 붕괴를 계속하며 방사선을 방출하게 되고 이러한 방사선은 결국 바닷물이나 해양생태계에 축적되므로 해양생물의 체내에 농축된다. 방사성 폐기물로 인해 가장 문제가 되는 방사선은 스트론튬(Sr^{90}), 세슘(Cs^{137}), 코발트(Co^{60}), 플루토늄($Pu^{238, 239}$), 루테늄(Ru^{106}) 등으로 주로 원자력발전소의 사용 후 핵연료의 투기 시 많이 발생한다. 우리나라 동해안도 과거 러시아가 소련이었을 때 방사성 폐기물을 다량으로 투기하였던 것으로 알려져 있다. 현재 방사성 폐기물의 해양투기는 국제적으로 엄격히 금지되어 있다.

(3) 적조(Red tide)

적조는 담수호에서 발생하는 녹조처럼 바다에서 주로 규조류, 각종 편모조류, 섬모충류가 급격하게 성장하여 나타내는 것으로 갈색 또는 적갈색을 띠고 있어 적조라고 불린다. 적조 역시 바닷물 속에 질소나 인 등 영양염류의 농도가 높을 때 발생하며 해수의 온도가 높고 염분농도가 낮을 때 주로 발생한다. 적조가 발생되면 바닷물 속의 용존산소가 고갈되어 어패류 등이 질식하게 되며, 과도하게 성장한 적조들이 죽어 해저에 퇴적됨으로서 혐기성 상태를 조성하고, 또한 녹조와 달리 적조 중에는 마비성 패독(paralytic shellfish poison)을 분비하는 조류가 있어 패류 등을 죽게 하며 사람에게까지도 독성을 나타낸다.

우리나라는 최근 들어 거의 매년 진해만과 울산만을 중심으로 적조가 발생되고 있어 연안어업뿐만 아니라 양식어업에 막대한 피해를 주고 있으며 점차 발생지역과 발생일수가 증가하는 추세를 나타내고 있다.

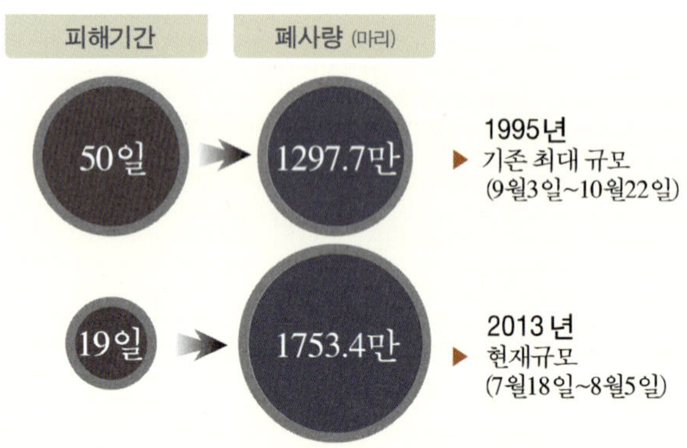

그림 11.6 남해안 적조 피해

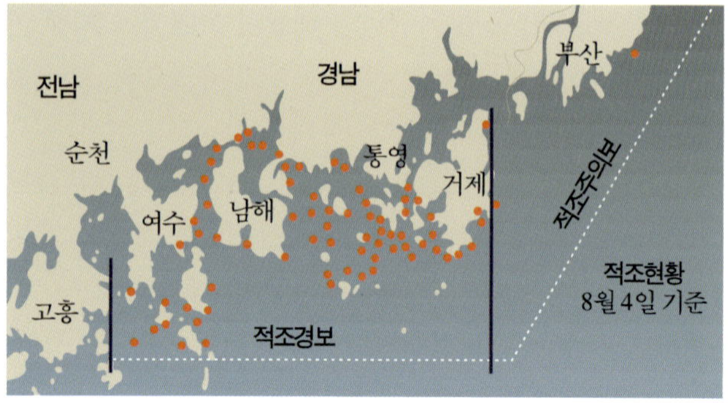

그림 11.7 적조 발생현황(2013)

5) 해양오염 방지대책

해양은 인류의 중요한 단백질 공급원일 뿐만 아니라 고갈되어가는 자원의 마지막 보고로서 매우 중요하다. 따라서 21세기에 해양산업혁명시대가 도래할 것이라고 주장하는 사람들도 있다. 우리나라는 3면이 바다로, 3천개의 섬과 국토면적의 3.5배에 해당되는 대륙붕 그리고 11,542km의 해안선을 가지고 있어 천혜의 양식업 조건과 조력 및 조류발전소 등 미래에너지산업의 최적요건을 구비하고 있다. 따라서 이러한 해양자원들을 지속적으로 보전하기 위해서는 종합적인 해양환경보전을 위한 정책의 수립과 해양측정망 등을 구축하고, 체계적인 해양오염조사와 관리를 통해 수산생물에 적합한 해양생태계를 유지해야 하며, 선진적 환경기준의 설정과 국가해난방제시스템의 확립 및 방제장비의 현대화 그리고 전문가의 양성이 요구된다. 또한 국가 간의 국제협력을 통해 오염의 영향과 감시 등에도 앞장서야 할 것이다.

CHAPTER 11 | 기타 오염문제

EXERCISE

1. 소음피해의 예를 들고 생활소음에 대하여 조사하라.
2. 소음으로 인한 분쟁사례를 조사하고 본인의 분쟁조정의견을 제시하라.
3. 진동으로 인한 분쟁사례를 조사하고 본인의 분쟁조정의견을 제시하라.
4. 환경분쟁조정위원회의 역할과 기능에 대하여 조사하라.
5. 악취 발생과 관련된 분쟁 사례를 조사하고 본인의 분쟁조정의견을 제시하라.

CHAPTER

12

방사능 오염

CHAPTER

12 방사능 오염

12.1 서 론

방사선이란 어떤 원자핵이 다른 원자핵으로 바뀔 때 내놓는 알파선, 베타선, 감마선, X선, 중성자를 말하며, 원자력발전과 동위원소의 사용이 증가함에 따라 방사선으로부터 인간환경을 안전하게 보호하는 문제가 매우 심각하게 대두되고 있다. 원자력 산업이 환경에 미치는 영향은 방사성 폐기물(고형, 액상, 가스상, 에어로졸상)과 각종 원자력사고에 의한 방사능 누출로 인해 물, 공기, 토양 등이 오염될 수 있으며, 또한 원자력 관련 산업이나 방사선 동위원소를 취급하는 과정에서의 노출에 따른 피폭 등을 들 수 있다. 방사능에 의한 피폭이나 피해의 경우를 보면 원자력 발전소에서 발생하는 비고의적인 각종 사고로 인한 방사능 누출과 핵발전폐기물의 운반, 저장, 처리과정에서 인공방사핵종 발생에 따른 잠재적 오염이 있다. 또한 의학, 공학, 농업분야에서 방사성 동위원소의 이용에 따른 오염은 원자력 발전에 비해 적지만 방지와 관리가 절대적으로 필요하다. 따라서 우라늄, 라듐을 정제하는 공장 또는 그것을 사용하는 병원, 형광도료를 취급하는 공장 등에서 의사, 기술자, 연구원, 근로자 등이 방사선의 피폭에 의한 피해를 받을 수 있다.

이 중 원자력사고는 원자력발전과정에서 발생되는 사고로 폭발에 의한 피해뿐만 아니라 방사능에 의한 피해가 수반되어 공포와 두려움의 대상이 되고 있다.

국제원자력기구(IAEA)는 1992년부터 원자력사고의 정도를 일관성 있고, 또 일반인이 이해하기 쉽도록 하기 위해 0~7등급으로 구분한 국제원자력사고등급제(INES, International nuclear event scale)를 도입하여 실시하고 있다. 0등급은 척도 미만(Deviation : No Safety Signi-ficance)으로, 사고가 발생하였으나 안전에 중요하지 않아서 사고로 간주하지 않는 경미한 정도이며, 1등급은 이례적인 사고(Anormaly)로 운전제한 범위에서 이탈하였으나 큰 문제는 아니며 세계뉴스에는 오르는 정도이고, 2등급은 이상(Incident)으로 시설 내에서 상당한 방사능 오염이 발생하였으나 시설근무자들의 법정 연간 피폭한계치 내의 방사선에 노출된 경우로, 시설 내부에서 방사능오염과 피폭이 있었으나 안전상 심각한 정도가 아닌 경우이며, 3등급은 중대한 이상(Serious Incident)으로 시설 내에서 안전상 심각한 방사능오염과 피폭으로 근무자들이 심각한 피폭을 당한 경우이고, 4등급은 시설 내부의 위험한 사고(Accident with Local Consequences)로 원자로의 노심이 상당한 손상을 입었고, 근무자들의 피폭에 의한 사망과 소량의 방사능이 외부로 유출되어 주변지역에 대한 경고가 시작되는 수준이며, 5등급은 시설외부로의 위험사고(Accident with Wider Consequences)로 원자로 용기에 중대한 손상이 발생되어 노심융해와 원자로 격벽의 일부가 파손되어 방사능이 외부로 누출되어 주변지역의 대피권고가 발동되는 경우이고, 6등급은 심각한 사고(Serious Accident)로 상당량의 방사성물질의 외부유출로 사고지점과 인근지역에서 대피하지 않으면 매우 위험한 단계이며, 마지막으로 7등급은 대형사고(Major Accident)로 대량의 방사능물질의 외부유출로 생태계에 심각한 영향과 광범위한 지역에 방사능으로 인한 재앙을 초래하는 단계이다. 원자력의 여러 가지 평화적 이용은 안전성 측면에서 많은 사람들에게 불안과 불신을 유발할 수 있기 때문에 매우 신중히 고려해야 한다.

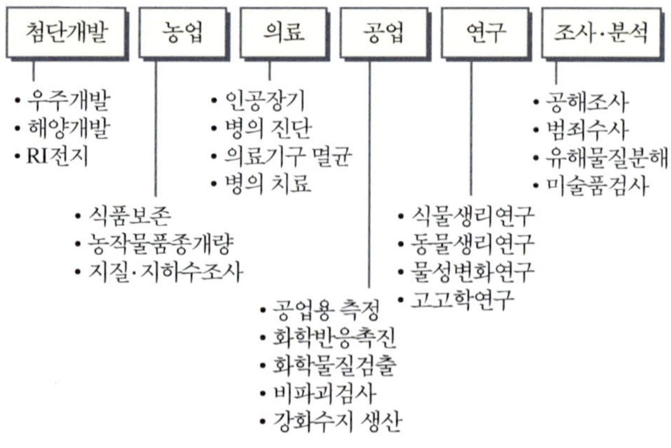

그림 12.1 방사선 및 방사선 동위원소의 이용

12.2 방사능(放射能)

1) 천연 방사성물질과 인공 방사성물질

(1) 천연 방사성물질

자연계에는 끊임없이 α선, β선, γ선을 방출하는 천연 방사성물질이 존재하는데, 이와 같이 방사능을 가진 천연물질은 43가지로서 시발원소에 따라 우라늄계(라듐은 이 계통에 속함), 악티늄계 및 토륨계 등 3개 그룹으로 분류하며 각각 우라늄, 악티늄, 토륨을 시발원소로 한다. 시발원소는 방사능이 소멸될 때까지 지속적으로 방사선을 방출하면서 다른 원자핵으로 변화한다.

방사성 원소	방사선 방출			반감기		
	α	β	γ	분	일	년
우라늄-238	☢		☢			4.5억년
토륨-234		☢	☢		24.1	
프로탁티늄-234		☢	☢	1.2		
우라늄-234	☢		☢			247,000
토륨-230	☢		☢			80,000
라듐-226	☢		☢			1,622
라돈-222	☢				3.8	
폴로늄-218	☢	☢		3.0		
납-214		☢	☢	26.8		
비스무스-214		☢	☢	19.7		
폴로늄-214	☢			0.00016 (sec)		
납-210		☢	☢			22
비스무스-210		☢			5.0	
폴로늄-210	☢		☢		138.3	
납-206	–			안정		

그림 12.2 우라늄(u^{238})의 붕괴 반응

(2) 인공 방사성물질

인공 핵변환에 의해 거의 모든 원소를 다른 원소로 변환시킬 수 있다. 이때 새로 만들어진 원자핵이 불안정할 경우 방사선을 방출하여 안정한 다른 원자핵으로 변이한다. 이러한 불안정한 원소는 대체적으로 기존 원소의 방사성 동위원소이다.

2) 방사선(放射線)

(1) α 선

헬륨 원자핵으로 이온화도가 굉장히 강하고, 흡수가 빠르지만 종이 1장으로도 막을 수 있다. 방출된 α선은 공기 중에서 수 cm, 고체 내에서는 1,000분의 1mm 정도를 투과할 수 있다.

(2) β 선

전자로서 α선과 비교하면 이온화도는 적으나 투과도는 강하다. 인공 방사선물질에는 β선을 대신하여 양전자를 방출하는 것도 있다. 현재 널리 이용되고 있는 인공 방사선물질의 대부분은 β선을 방사한다. β선은 공기 중에서 수 m, 알루미늄판의 경우 3 mm 정도를 투과할 수 있다.

(3) γ 선

X선보다 짧은 파장의 전자파로서 자기장 내에서 중성이며, 투과노는 α선보다 1,000배 정도 강해서 알루미늄 판을 투과할 수 있고 납(Pb)판까지도 투과가 가능하다.

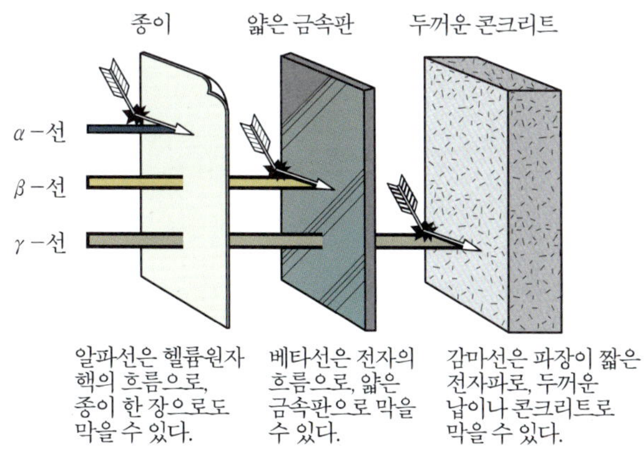

그림 12.3 방사선의 종류와 성질

3) 반감기(半減期)

반감기는 방사성물질의 무게가 붕괴에 의해 절반으로 줄어드는데 걸리는 시간으로 각 물질마다 반감기가 다른 특성이 있다. 우라늄의 핵분열 시 생성되는 방사성 동위원소들의 반감기는 표 12.1과 같다.

표 12.1 주요 방사선 핵종의 반감기

반감기가 짧은 원소		반감기(일)
Sr	(Strontium-89)	50.5
Y	(Yttrium-91)	58.5
Zr	(Zirconium-95)	64.0
Nb	(Niobium-95)	35.0
Mo	(Molybdenum-99)	2.8
Ru	(Ruthenium-103)	39.4
I	(Iodine-131)	8.1
Xe	(Xenon-133)	5.3
Ba	(Barium-140)	12.8
Ce	(Cerium-141)	32.5
Pr	(Praseodymium-143)	13.6
Nd	(Neodymium-147)	11.1
반감기가 긴 원소		**반감기(년)**
Kr	(Krypton-85)	10.7
Sr	(Strontium-90)	28.0
Ru	(Ruthenium-106)	1.0
Cs	(Cesium-137)	30.0
Ce	(Cerium-144)	0.8
Pm	(Promethium-147)	2.6
Pu	(Plutonium-239)	24,000

4) 방사능(放射能)의 단위(單位)

방사선이 나오면 기체 중의 분자 또는 원자로부터 전자를 방출시켜 2차 전자가 이온대를 형성한다. 이러한 이온화능을 나타내는 단위로 뢴트겐(Röntgen : R)이 사용된다. 1R은 X선 또는 γ선이 표준상태의 순수한 공기 중을 통과하는 경우 $1\,cm^3$당 1정전 단위의 이온을 발생시키는 X선 또는 γ선의 양이다. 1R은 공기 $1\,cm^3$ 중에 2.08×10^9개의 이온대, 공기 1g 중에 1.61×10^{12}개의 이온대를 형성한다.

인체 조직 내의 β선 입자와 기타 입자의 에너지 감소를 측정하는 데는 뢴트겐 물리당량(rep : Röntgen equivalent physical)이 사용된다. 1rep는 1R의 γ선이 공기 중에서 발생시키는 이온에 상당하는 이온을 조직 1g에 만드는 방사선량을 말한다. 그 수치로서 1 rep = 9 erg/g(조직)으로 정하였다.

생체조직에 대한 방사선의 영향을 정량적으로 기술하기 위하여 방사선의 흡수조사선량은 단위질량의 조직에 전달된 에너지로 정의된다. 흡수조사선량의 SI단위인 1kg당 J(Joule)값을 그레이(Gray : Gy)라 한다. 즉, 1 Gy = 1 J/kg이다. 현재는 래드(rad)라는 단위를 더 흔히 사용하는데 1 rad = 0.01 J/kg = 0.01 Gy이다. 그러나 흡수

표 12.2 방사능과 방사선량의 정의 및 단위

<table>
<tr><th colspan="2">구 분</th><th>단 위</th><th>종래단위</th><th>환 산</th></tr>
<tr><td colspan="2">방사능</td><td>베퀴렐
(Bq)</td><td>큐리
(Ci)</td><td>1 Ci = 3.7 × 10¹⁰ Bq
1 Bq = dps = 2.7 × 10⁻¹¹ Ci</td></tr>
<tr><td rowspan="4">방사선량</td><td>조사선량
(X)</td><td>쿨롱/
킬로그램
(C/kg)</td><td>렌트겐
(R)</td><td>1 R = 2.58 × 10⁴ C/kg
1 C/kg = 3.38 × 10³ R</td></tr>
<tr><td>흡수선량
(D)</td><td>그레이
(Gy)</td><td>래드
(rad)</td><td>1 rad = 0.01 Gy
1 Gy = 100 rad = 1 J/kg</td></tr>
<tr><td>등가선량
(H)</td><td>시버트
(Sv)</td><td>렘
(rem)</td><td rowspan="2">1 rem = 0.01 Sv
1 Sv = 100 rem = 1 J/kg</td></tr>
<tr><td>유효선량
(E)</td><td>시버트
(Sv)</td><td>렘
(rem)</td></tr>
</table>

- 방사능(radioactivity)
  방사선동위원소가 다른 원소로 핵 변환하는 과정에서 이온화 방사선을 방출하는 물리적 능력을 나타내는 단위로 방사성물질의 초당 핵변환수와 같다.
- 조사선량(exposure)
  방사성동위원소에서 방출된 방사선이 자유공기 중에서 공기분자를 이온화시킬 수 있는 세기를 표현하는 양으로 공기의 단위 질량당 생성되는 + 또는 − 이온의 전하량으로 정의된다.
- 흡수선량(absorbed dose)
  피폭받은 물질의 단위질량당 흡수되는 방사선의 평균에너지로, 방사선과 물질간의 상호작용과 그 영향을 정량적으로 나타내는 수단이다.
- 등가선량
  조직 또는 장기에 흡수되는 방사선의 종류와 에너지에 따라 다르게 나타나는 생물학적 영향을 동일한 선량값으로 보상해주기 위해 방사선가중치를 고려하여 보정한 흡수선량이다.
- 유효선량(effective dose)
  각 피폭조직과 장기의 방사선감수성에 따른 위험도를 전신에 대한 위험의 상대적 가중치(조직가중치)로 보정한 가중등가선량의 합으로 방사선 피폭에 의한 인체의 위험을 사회적 용인수준까지 제한하는데 활용하기 위해 도입된 개념이다.

조사선량 자체가 생물학적 효과를 정량적으로 나타내지는 못한다. 그 이유는 동일한 에너지를 흡수해도 방사선의 종류에 따라 생물학적 효과가 다르기 때문이다. 따라서 특정한 방사선에 대한 생물학적 상대효과(RBE : Relative Biological Effectiveness) 또는 특성계수(QF : Quality Factor)를 이용하여 생물학적 효과를 흡수조사선량과 RBE의 곱으로 나타낸다. 이 양을 생물학적 등가조사선량 또는 등가조사선량이라 하며, 인체에 대한 등가조사선량의 SI단위는 시버트(Sievert : Sv)로 나타낸다. 즉, 등가조사선량(Sv) = RBE × 흡수조사선량(Gy)이 되며, 등가조사선량 단위로 rem을 쓰는 경우에는 등가조사선량(rem) = RBE × 흡수조사선량(rad)이 된다.

Rem(Röntgen equivalent man)은 인체에 대한 뢴트겐 당량으로 방사선의 종류에 관계없이 인체에 흡수되었을 때, 1R의 X선(γ선)이 흡수된 경우와 같은 효과를 나타내는 방사선량이다. 방사능과 방사선량의 정의 및 단위는 표 12.2와 같다.

방사성물질의 방사능을 나타내는 단위로 퀴리(Curie, Ci)가 있는데 이것은 매초 3.7×10^{10}번의 붕괴가 일어나는 것으로 정의된다. 붕괴가 일어나는 수는 그때그때 존재하는 방사선 원자핵의 수에 비례하므로 방사능은 시간이 흐름에 따라 감소한다. 방사능에 대한 SI단위는 베퀴렐(Becquerel)이며 Bq로 표시한다. 1초에 1번 붕괴하면 1Bq이므로 1 Ci = 3.7×10^{10}Bq이다.

12.3 방사선원(放射線原)

1) 자연방사선원

인체는 토양, 물, 공기 중에 존재하는 방사성 물질로부터 방사선이나 우주선을 끊임없이 받으며 체내의 방사성물질에 의해서도 체내 피폭(被爆)을 받는다. 우라늄이나 토륨은 지각 중에 얇고 넓게 분포되어 지각 등으로부터의 자연방사선 피폭작용을 한다. 특별히 이들이 많이 분포하는 지대는 우라늄, 토륨광산으로 채굴 등의 작업 시 방사선 방호가 문제가 된다. 한편 낙진(Fallout)은 대기 중의 방사선 강하물로서 원자폭탄이나 수소폭탄실험에서 발생된 방사성 입자가 대기 중에서 지표로 강하하는 것으로 1954년에 비키니섬 산호초에서 행한 미국의 수소폭탄실험에 의한 선박의 피해가 있었다.

2) 각종 방사선원

(1) X선 장치

이용 목적으로 보면 의료용과 공업용이 있고, 숫자적으로 가장 많이 보급된 것은 방사선 발생기이다. 사람들에게 평균 피폭으로 가장 많이 영향을 미치고 있는 것은 의료용 X선으로부터 나오는 방사선이다. X선 회절장치는 에너지가 낮음에도 불구하고, 취급 부주의로 인하여 과거에 많은 방사선 장애가 있었다.

(2) 입자가속장치

하전입자를 전장, 자장에 의하여 가속시켜 높은 에너지로 하는 장치이다. 가속장치로는 선형가속기, 사이클로트론 등이 있으며, 더 높은 에너지를 얻기 위한 싱크로트론이 있다.

(3) 중성자 발생장치

입자가속장치로 가속된 입자를 타겟 입자에 충돌시켜 핵반응을 일으킴으로써 중성자를 발생시킨다. 방사선 핵종으로부터 에너지가 높은 입자나 선을 이용하여 핵반응을 일으켜 중성자를 얻을 수도 있다.

(4) 방사선 핵종(放射線 核種)

자연방사선 핵종과 인공 방사선 핵종을 합치면 그 수는 1,600여종이 된다.

표 12.3 각종 방사선원에 따른 방사선량

방사선원	방사선량
전체 평균	3.6 mSv/년
우주방사(해수면 기준)*	0.26 mSv/년
지구방사(토양 중 원소들)	0.26 mSv/년
라돈(건축물)	2 mSv/년
X선과 핵의학(평균)	0.50 mSv/년
각종 생활용품	0.11 mSv/년
인체 내 자연방사선	0.39 mSv/년
유방 X-ray진단	0.30 mSv
흉부 X-ray진단	0.10 mSv
소화기계 X-ray진단	14 mSv
핵실험에 의한 방사능 낙진	0.01 mSv/년
원자력발전소 주변 거주지	< 0.01 mSv/년
미국 정부 기준	1.7 mSv/년

* 고도 100 ft(30m)마다 0.005 mSv 증가

3) 원자로

원자로 내의 연속 핵분열에 의하여 많은 전하를 가진 무거운 핵 파편과 가벼운 핵 파편 및 α선과 중성자가 발생한다. 핵 파편은 β선 및 γ선을 방사하고, 때로는 중성자를 내놓아 안정된 핵으로 변한다. 핵연료에는 금속 우라늄화합물 및 세라믹 연료라고 불리는 우라늄, 토륨, 플루토늄 산화물 등의 단체나 혼합물이 각각의 목적에 맞는 형태로 사용된다. 우라늄은 원광석으로부터 제련에 의하여 옐로우케익(Yellow cake)이라고 하는 천연우라늄 정광, U_3O_8으로 만들어지고 더 정제하여 UF_4의 형태까지 처리된다.

우라늄은 자체 및 우라늄으로부터 붕괴로 생성된 라듐이 방사선을 방출할 뿐만 아니라 유해하기도 하며, 따라서 우라늄원광석의 채굴, 파쇄, 분진제거 등의 작업 시 방사선 오염이 일어나기 때문에 주의해야 한다.

사용이 끝난 핵연료는 방사능이 높고 플루토늄에 의한 독성과 피폭에 의한 위험도가 높기 때문에 장치는 전부 두꺼운 콘크리트 벽 내에 위치시키고 작업은 전부 원격조작에 의하지 않으면 안 된다. X선 장치, 입자가속장치, 중성자 발생장치, 방사선 핵종 및 원자로는 방사선 안전취급 대상이며 법적으로 취급자격자가 정해져 있다.

12.4 방사선이 인체에 미치는 영향

인체가 방사선의 영향을 받는 경우는 체내에서 받는 것과 체외에서 받는 것이 있다. 일반적으로 체외에서 받는 것이 많고, 체내에 의한 것은 방사선 동위원소를 섭취한 경우이며 비교적 피해가 적다. 일상생활 중 사람이 받는 방사선은 그림 12.4와 같다.

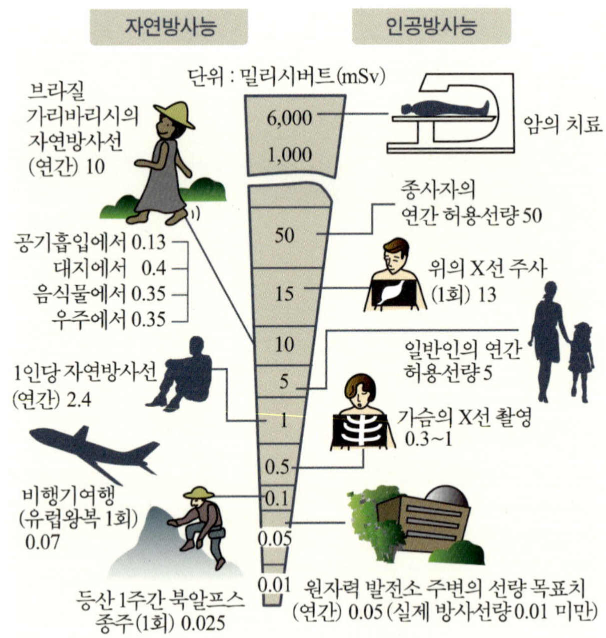

그림 12.4 일상생활과 방사선

1) 체외조사(體外照射)의 영향

체외에 방사선원이 있어서 체외로부터 피폭을 받았을 경우를 말한다.

(1) α, β 선

투과율이 적기 때문에 피부 부근밖에 조사(照射)되지 않는다.

(2) X, γ 선

투과율이 크기 때문에 먼 곳에 방사선원이 있으면 전신에

균등하게 조사(照射)되며, 방사선원이 가까이에 있으면 신체의 일부밖에 투과하지 않는다. 전자를 전신조사, 후자를 부분조사라고 한다. 원폭피폭과 같은 급성 전신성, 극대 선량조사는 극히 예외적인 것으로서 체외조사는 만성 또는 아급성 국소조사이다. 또 방사선 취급자만 받는 조사는 급성장기미량조사이다. 전신조사는 국소조사보다도 인체에 큰 영향을 주고, 또 급성조사는 만성조사보다 강한 영향을 준다. 저방사선량이라도 조사를 계속하면 만성방사선 장애가 일어난다. 급성장애로 죽음을 모면한 개체는 얼마 안 있어 회복되고, 때때로 얼핏 보아서는 정상이라고 생각되는 상태로 돌아온다. 그러나 장기간이 경과되어도 회복되지 않는 개체는 그 원인을 방사선이라고 생각한다. 이러한 장애를 만발성 장애라고 하며 만발성 방사선장애로는 백혈병, 악성 종양 등의 발병과 수명 단축이 중요한 특징이다.

2) 체내조사(體內照射)의 영향

방사선 핵종이 체내에 침투하여 신체 내부에서 조사(照射)되는 경우를 체내조사라고 한다. 체내조사의 경우 ^{3}H(수소), ^{36}Cl(염소) 등과 같은 핵종이 전신에 고르게 와 닿아 전신조사를 일으키는 경우도 있고, ^{226}Ra(라돈), ^{239}Pu(플루토늄), ^{45}Ca(칼슘), ^{90}Sr(스트론튬) 등과 같이 뼈나 이에 많이 축적되는 핵종이 있으며, 장기(臟器)나 조직에 많이 축적되어 부분조사를 일으키는 것들이 있다.

체내조사의 경우에는 α, β선이 중요하며, 이것은 조직의 한정된 부분에 강하게 장애를 일으키는 핵종이다. 즉, 축적된 방사성 동위원소의 종류, 방사능의 종류, 비방사능(Curie/gram), 반감기, 축적장기조직(臟器組職) 등에 의하여 그 영향이 다르나 인체의 장기조직에 일으키는 변화는 체외조사의 경우와 유사하다.

12.5 방사선 대책

1) 방사선 방호(防護)

체외, 체내 양 피폭에 대한 방호의 원칙은 첫째, 방사선원을 가능한 한 좁은 공간에 고정시킬 것, 둘째, 필요시 최소한의 방사선만을 이용할 것, 셋째, 방사선 관리를 엄중히 할 것이다. 체외피폭에 대한 방호는 방사선원과의 거리를 가능한 한 멀리 하는 것이 좋은데 그 이유는 모든 종류의 전 방사선원에 대하여 방사선량은 거리의 제곱에 반비례하여 감소하기 때문이다. 또한 방사선원과의 사이에 적당한 차폐재를 설치한다. 방사선 준위가 높고, 방사선원을 취급하는 장소가 제한되어 있을 경우에는 차폐에 의하여 방사선 준위를 낮출 수 있다. 차폐는 방사선원 자체에 대하여 행하는 경우와 작업자 측에 대하여 행하는 경우(납 장갑, 납 에이프런, 방호안경 착용 등)가 있다. 또 방사선원과 작업자의 사이에 차폐벽을 설치하는 경우는 행동공간을 넓게 하고, 차폐재료를 절약하기 위하여 취급에 지장이 없는 범위 내에서 방사선원에 가깝게 차폐를 행한다. 방사선물질을 취급하는 병원, 공장, 실험실 등에서 방사선오염과 방사능에 의한 장애로부터 방호를 위하여 최선을 다해야 한다는 것은 말할 필요가 없다. 방사성 물질을 취급하는 사람은 필름뱃지나 포켓선량계를 휴대하여 조사(照射)되는 선량을 측정한다. 피폭 등에 의한 오염이 인정되었을 경우에는 피폭물은 전부 전용 세탁기에서 오염을 제거한다. 혈액검사도 주기적으로 행할 필요가 있다.

한편, 취급시간을 되도록 단축하는 것도 체외피폭을 줄이는 방법이다.

2) 방사성 폐기물의 처리

(1) 기체폐기물

기체폐기물은 방사성 가스와 방사성 에어로졸로 분류된다. 방사성 에어로졸은 방사성 액체 또는 고체 미립자가 공기 중에 분산된 것을 말한다. 방사성 에어로졸은 배기

처리설비에서 고성능 필터에 의하여 포집된다. 에어로졸이 축적된 필터는 고체폐기물로, 습식필터에 이용한 물은 액체폐기물로 처리한다. 방사성 가스에 대하여는 그 화학적 성질에 맞게 적절한 세정제를 이용하여 포집한다. 세정액은 액체폐기물로서 처리한다.

(2) 액체폐기물

액체폐기물의 처리법에는 희석법과 농축법이 있다.

① **희석법** : 낮은 수준의 방사성 폐액은 최대 허용량을 고려하여 대량의 물로 희석하거나 비방사선 동위체로 희석하여 자연에 방류한다. 비교적 반감기가 짧은 핵종으로 오염된 경우에는 우선 도자기 또는 내약품성의 용기에 넣어 격리된 장소에서 일정시간 보관하여 어느 정도 낮은 수준까지 감쇠를 기다려 희석 방류한다.

② **농축법** : 응집침전법, 이온교환법, 증발법이 있다. 응집침전법은 낮은 양의 방사성 폐액의 처리에 적합하며 응집제를 첨가하여 플럭(floc)을 형성시켜 침전을 만들고, 상등액을 방류한다. 방사성 침전물은 슬러지의 형태로 응집침전조의 저부로부터 배출하고, 수분을 다량 함유하고 있기 때문에 여과나 동결, 재융해 후에 각종 분리법에 의하여 탈수 감용을 시키고, 더 나아가 고형화 등의 최종처리를 행한다.

이온교환법에서는 이온교환제로서 합성이온교환수지, 천연의 무기이온교환제, 이온교환막들이 이용된다. 이 방법은 최종 정제용으로서 넓게 사용된다. 증발법은 폐액 중의 수분을 가열·증발시키고, 농축액에 방사성 물질을 잔류시켜 감용시킨 후 고형화 처리한다.

(3) 고체폐기물

폴리에틸렌 시트를 내장시킨 상자에 폐기물을 불연물, 가연물별로 회수하여 처리기관에서 소각, 고형화, 보관폐기, 해양투기 등에 의하여 처리한다.

12.6 방사선 관리

1) 피폭(被爆)의 제한

국제 방사선 방호위원회(The International Commission on Radiological Protection, ICRP)는 방사선의학계의 요청으로 1928년 설립되었다. 원자력발전에 따라 방사선 피폭의 가능성 증대에 대비하기 위하여 전리방사선 방호의 전 분야에 대하여도 책임을 갖는 ICRP의 정의에 의하면 "방사선 방호의 목적은 방사선 피폭이 생길지 모르는 필요한 제반활동을 허가하고, 개인 또는 그 후손 및 인류 전체의 방호에 관계하는 기본적인 이해를 가지고 보다 구체적으로 비확률적인 위해한 영향을 방지하며, 또 확률적 영향의 확률을 허용가능하다고 생각되는 수준까지 제한하고 있다."라고 하고 있으며, 방사선의 영향은 비확률적 영향과 확률적 영향으로 나누어진다. 비확률적 영향에는 백내장, 수태능력의 감퇴, 피부의 손상, 혈액 실조증 등이 있다. 확률적 영향은 악성종양, 유전적 영향 등이 있다. 영향의 발현빈도는 방사선량에 좌우된다. 방사선 작업으로 통상 일어나는 피폭조건의 원인인 방사선량당량과 영향을 일으키는 빈도와의 관계는 직선적으로 알려져 있다.

(1) 최대 허용방사선량과 방사선량 한도

ICRP는 방사선 작업자에 대하여 최대 허용방사선량을, 일반 공중에 대해서는 방사선량 한도를 권고하고 있다. 표 12.4에 표시한 것은 개인에 대한 한도이다.

① **방사선 작업자와 일반 공중의 구별** : 일반적으로 사람들은 방사선으로부터 피폭을 받거나 받지 않을 선택의 자유가 없고, 그 피폭으로부터 직접적인 아무런 편익도 받을 수 없다. 일반사람들에 대한 방사선량 한도를 방사선 작업자에 대한 기준보다 얼마만큼 낮게 설정할 것인가 하는 문제에 대해서는 방사선이 인체에 미치는 생물학적 영향에 대한 지식이 충분치 않으므로 매우 어려운 일이다. 그러나 계획된 목적에는 일반사람의 방사선량 한도를 방사선 작업자의 1/10로 정하는 것이 적절하다고 생각한다.

표 12.4 개인의 피폭에 대한 선량의 제한치

결정기관	제어할 수 있는 선원에서의 피폭					제어되어지지 않는 선원에서의 피폭 직업인
	작업 중 피폭된 성인				공중의 구성원	
	평상시의 피폭		계획특별피폭			
	1년에	1/4년에	1회에	1년에	자의에 의한 피폭의 경우 : 긴급 시 피폭 (수치는 주어지지 않는다)	
생식선, 적색 골수 및 균일 피폭의 경우	5 rem	3 rem	10 rem	25 rem	0.5 rem	
전신피부, 갑상선, 뼈	30	15	60	150	3 16세까지의 어린아이의 갑상선 : 1.5 rem	
손과 팔목, 다리와 발목	75	38	150	375	75	사고에 의한 피폭의 경우 : 사고시간 피폭 (수치는 주어지지 않는다)
기타 기관	15	8	30	75	1.5	
비고		1년치의 1/2 단, 정수	1년치의 2배	1년치의 5배	직업상 평균은 상시의 10배	

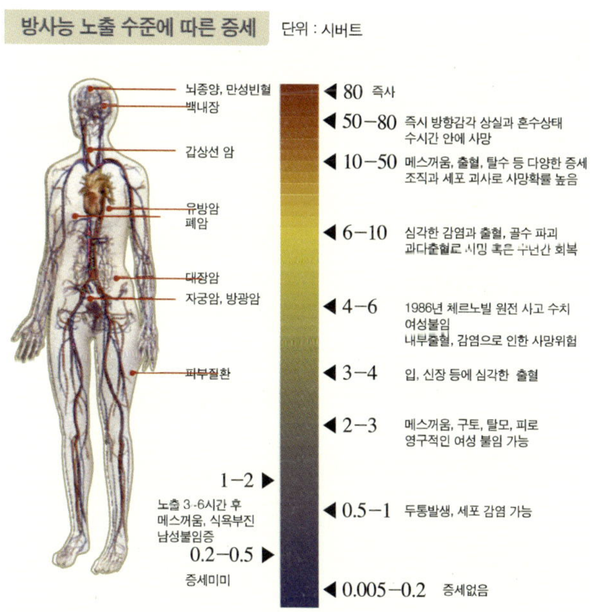

그림 12.5 방사선 피폭에 따른 피해도

② 개인에 대한 한도와 집단에 대한 생각 : 전 집단 또는 집단의 대부분이 피폭을 받았을 경우 개인의 위험크기뿐 아니라 피폭 받은 사람의 수를 고려하지 않으면 안 된다. 개개인의 피폭이 상당히 적고 개인의 리스크가 용인될 정도로 적을 경우라도, 임의의 집단 중에 신체선량 및 유도선량으로부터 전체량으로 표현되는 위험의 통계를 고려하면 피폭은 더욱 더 제한하여야 할 필요가 있다.

2) 방사선시설로부터의 방사선 배출에 관한 규제

방사성 물질에 대하여 일본의 경우 방사성 물질에 의한 대기오염, 수질오염 및 토양오염 방지를 위해 원자력 기본법과 기타 관계 법률을 정해놓고 있다. 우리나라의 경우는 방사신시설 근무자를 위하여 산업안전보건법에 신체검사의 항목이 규정되어 있다. 그러나 이 부분에 대한 법률을 명확히 정하여 방사선 시설로부터 방출되는 방사선에 의한 근무자들의 안전과 환경을 보호하기위해 보다 구체적인 항목과 규제 등이 보완되어야 한다.

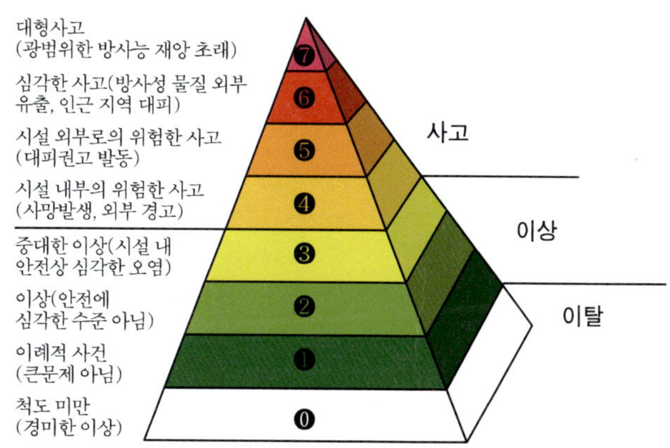

그림 12.6 국제원자력 사고등급(INES : International Nuclear Event Scale)

12.7 원자력 사고

1957년 9월 구소련의 마야크 핵연료 재처리공장에서 70~80톤의 방사성 폐기물을 모아둔 저장탱크가 냉각장치의 이상으로 고온이 되면서 폭발함에 따라 최소 200명 이상이 사망하고 47만 명이 피폭되었으며 800km^{2}에 달하는 넓은 지역을 오염시킨 7등급 수준의 사고가 발생하였다. 이 사고는 당시 이 시설이 비밀시설이어서 은폐되어있었으나 나중에 알려지게 되었다. 영국의 경우도 1957년 10월 윈드스케일(현재는 셀라필드로 불림)이라 불리던 원자력 단지에서 원자로 내 중성자 감속재로 사용되는 흑연을 가열하는 과정에서 과열로 인한 냉각팬의 오작동으로 방사성 물질이 외부로 퍼져나가는 5등급의 사고가 발생한바 있으며, 이전인 1955년부터 1979년까지 수차례나 4등급의 사고가 발생한 기록을 가지고 있다. 1979년에는 미국의 펜실베니아주 미들타운의 스리마일 섬에 위치한 원자력발전소에서 급수시스템의 문제로 노심이 융해되는 5등급의 사고가 발생하였는데 다행히 사고 16시간 만에 사고원인 파악으로 방사능 누출로 인한 피폭 피해는 없었다. 당시 누출방사선량은 자연방사선량보다도 낮았으나 이 사고로 70개의 원자력발전소 건설이 백지화되고 30여 년 동안 원자력발전소 건설이 중단되었다. 1986년 4월 구소련

그림 12.7 방사선 노출의 위험성을 경고하는 로고(출처 : IAEA)

그림 12.8 영국의 윈드스케일 원자로(Windscale Piles)(출처 : Chris Eaton)

그림 12.9 방사능 누출사고가 발생한 스리마일 원자력발전소 전경

그림 12.10 원자력 사고로 폭발한 체르노빌 원자로 4호기

(현재의 우크라이나)의 체르노빌 원자력발전소에서 발생한 사고는 7등급 수준으로 원자력발전소 가동 중단에 대한 대비실험을 하다가 증기폭발로 인한 것으로 원자로의 콘크리트 천장이 파괴됨으로서 다량의 방사성 물질이 대기 중으로 방출되어 사고 당시 폭발로 56명이 사망하고, 20만 명 이상이 피폭되어 2,500명 이상이 사망하였으며, 우크라이나, 러시아, 벨로루시 등에 심각한 피해를 초래하였고, 특히 벨로루시의 경우 방사능 낙진의 80%가 떨어져 국토의 4분의 1이 출입금지지역이 되었다. 현재도 체르노빌은 위험지역으로 방사성원소가 충분히 감소하려면 900년 이상이 걸릴 것으로 예상된다. 일본에서는 1999년 9월 도카이촌에 있는 핵연료 재처리공장에서 4등급 수준의 방사능 누출사고로 2명의 사망자와 수십 명의 피폭사고가 발생하였고, 2011년 3월에는 도호쿠지방에서 발생한 대지진과 쓰나미로 인해 후쿠시마 원자력발전소로부터 방사능 물질이 다량으로 누출되는 사고가 발생하였다. 사고 당시 IAEA는 사고등급을 4등급으로 발표하였으나 시간이 지남에 따라 사태가 점점 악화되자 1달 만에 7등급으로 격상하였다. 사고 당시 초대형 쓰나미로 인한 피해와 피폭에 의한 피해가 겹쳐 구분이 되지 않고 있으나 원자력 사고 사상 7등급은 유일하게 체르노빌과 후쿠시마로 기록되고 있다. 쓰나미의 피해를 입은 후쿠시마 원자력발전소는 모두 4기로 현재도 방사능 물질이나 방사능으로 오염된 냉각수 등의 방출이 문제되고 있어 진행형이라고 볼 수 있다.

그림 12.11 일본 후쿠시마 원전 사고

핵폭탄 실험도 방사능 오염의 원인이 될 수 있는데 대표적인 경우로 1970년 12월 미국 네바다주의 라스베가스에서 160km 떨어진 유카평원 내의 바네베리 지하 핵실험장에서 대기 중으로 방사능이 누출되는 사건이 발생하였는데 당시 이곳은 4개의 핵실험장 중 하나로 739회의 핵실험 중 80%가 이곳에서 행해졌었다.

그림 12.12 네바다 유카 평원 방사능 유출사건 장면(1970)

이밖에 방사능 누출사고로 1985년 8월 러시아의 블라디보스토크 챠즈흐마만에 정박 중이던 원자력 잠수함 폭발사건이 있다. 이 원자력 잠수함은 연료 재공급을 위해 정박 중이었는데 연료 공급 중 폭발사고로 10여 명의 승무원이 사망하고 49명이 피폭되었으며, 대기 중으로도 방사능 가스를 유출시켰다.

한편, 브라질에서는 1987년 9월 고이아니아시의 한 암전문병원에 있던 방사선 치료기를 도둑이 훔쳐가 치료기 안에 들어 있던 염화세슘분말을 무엇인지도 모르는 상태에서 꺼내어 고물상에 팔았는데 이 세슘분말이 여러 사람들의 손을 거치는 동안 방사능에 오염되는 결과를 초래하게 되었다. 그 결과 10만 명 이상이 검진을 받았으며, 250여 명이 피폭되어 4명이 사망하고 20여 명이 치료를 받았다.

그림 12.13 브라질 고이아니아 방사능물질 누출사고 후 수습된 방사성 폐기물 (1987)

CHAPTER 12 | 방사능 오염

EXERCISE

1. 방사성 동위원소의 의학, 공학, 농업분야 이용에 대하여 조사하라.
2. 방사능 피해에 대한 예를 조사하고 그 결과를 설명하라.
3. 우리나라 원자력발전소 지역의 방사능 실태 조사결과에 대한 자료를 조사하여 안정성에 대하여 견해를 밝혀라.
4. 생활 속의 방사능 피해원인에 대하여 조사하라.
5. 최근 우리나라 원자력 사고에 대하여 설명하라.

CHAPTER

13

농업과 환경

CHAPTER

13 농업과 환경

13.1 식량문제와 농업

오늘날 환경문제가 산업과 경제발전으로부터 비롯되었듯이 높은 생산성을 가진 현대 농업은 광범위한 환경파괴 잠재력을 가지고 있다. 현대의 농업은 자연생태계를 거스르거나 정복하려는 기반위에 구축되었기 때문에 현대농업의 생산성이 미래에도 지속되기는 매우 어려울 것으로 전망된다. 인간은 약 3,000여 종의 식물을 식용으로 사용하고 있으며, 이 중 150종 이상을 식량을 위해 경작하고 있지만 주요 곡물로서 생산되고 있는 것은 불과 16종에 불과하다(표 13.1).

표 13.1 세계 16대 주요 식량작물

종 류	작 물
곡류	쌀, 밀, 옥수수, 수수, 보리
당류식물	사탕수수, 사탕무
서류(薯類)	감자, 고구마, 카사바
두류(豆類)	콩, 팥, 땅콩
과수(果樹)	코코넛, 바나나, 견과류(nuts)

이와 같이 다양한 종류의 식물을 식량자원으로 개발하기 위해 노력해왔고, 또한 지속적인 경작지 개발과 품종개량, 농약과 비료의 사용 등 식량증산을 위해 광범위한 노력을 해왔으나 인구증가율이 높은 지역에서는 식량의 증산이 인구증가율을 따라가지 못함으로서 식량부족현상이 더욱 심화되고 있다. 예를 들어, 농업이 근대화되기 이전인 1940년대까지만 하더라도 아시아, 아프리카, 라틴아메리카의 여러 나라들은 밀, 쌀, 옥수수 등의 주요 수출국이었으나 지속적인 높은 인구증가율로 인해 1965년부터는 오히려 식량의 자급자족능력을 상실한 곡물의 수입국으로 전락하고 말았다. 그 결과 개발도상국가들의 어린이들은 만성적인 영양실조에 시달리고 있으며, 단백질 부족으로 신체적, 정신적으로 정상적인 성장을 못하고 있다. 특히 1972년 세계적인 이상기후로 미국에 흉작이 들면서 곡물가격이 오르기 시작한 이래 1980년대에 들어 지속적으로 발생되는 기상이변으로 세계 각국의 농작물 생산량이 급격히 감소하기 시작하였다. 그 중에서도 특히 에티오피아, 케냐, 우간다, 탄자니아 등 동아프리카지역 국가들이 극심한 식량난에 시달리게 되었다. 전 세계에 걸쳐 식량부족문제가 현실로 나타나기 시작하면서 2007년부터는 국제적으로 식량위기가 새로운 문제로 대두되기 시작하였다. 그 결과 중국, 러시아, 인도, 브라질, 아르헨티나, 우크라이나 등 세계 주요 식량수출국들이 수출을 통제하기 위해 수출세 부과 등 다양한 조치들을 취하기 시작하였다. 1990년대까지는 전 세계적으로 식량의 생산량이 소비량보다 많았기 때문에 식량문제가 상대적인 식량위기로 인식되었었다. 왜냐하면 당시에는 경제적인 문제로 충분한 식량을 수입할 수 없는 가난한 나라들에서 주로 굶주림으로 고생하는 경우가 많았기 때문이다. 그럼에도 불구하고 국제식량농업기구(FAO, Food and Agriculture Organization)는 '미래의 가장 강력한 무기는 식량이 될 것'이라고 경고한 바 있다. 2000년대에 들어서면서 소비량이 생산량보다 평균 1,140만 톤을 초과하고, 곡물재고율이 21.7%로 1990년대보다 7%나 감소하면서 곡물부족시대로 전환됨에 따라 절대적인 식량위기에 돌입하게 되었다. 그 결과 누적된 식량부족으로 2007~2008년 주요 곡물가격이 사상 최고치를 기록하게 되었으며 이때 밀과 쌀의 가격이 톤당 439.72달러와 1,015.2달러까지 급등하였다. 이후 2010~2011년 또 한 차례의 식량위기를 경험하게 되었는데 당시 옥수수와 대두 가격이 각각 사상 최고치인 톤당 332.95달러와 622.91달러를 기록함으로서 밀, 옥수수, 대두 등의 가격이 전년대비 각각 23.9%, 17.1%, 26.8%나 상승하였다. 그렇다면 농업기술의 비약적 발전에도 불구하고 과거 농업기술이 덜 발달했고, 농지 단위면적당 생산량이 낮았던 1990년대까지도 곡물 생산량이 소비량보다 높았었는데 오히려 곡물 생산량이 소비량을 충족시키지 못하는 이유는 무엇때문일까? 첫 번째 원인은 세계 인구의 1/3 이상을 차지하는 중국과 인도에서 육류소비가 증가함에 따라 곡물이 사료로 사용되었기 때문이다. 실제로 1kg씩의 쇠고기, 돼지

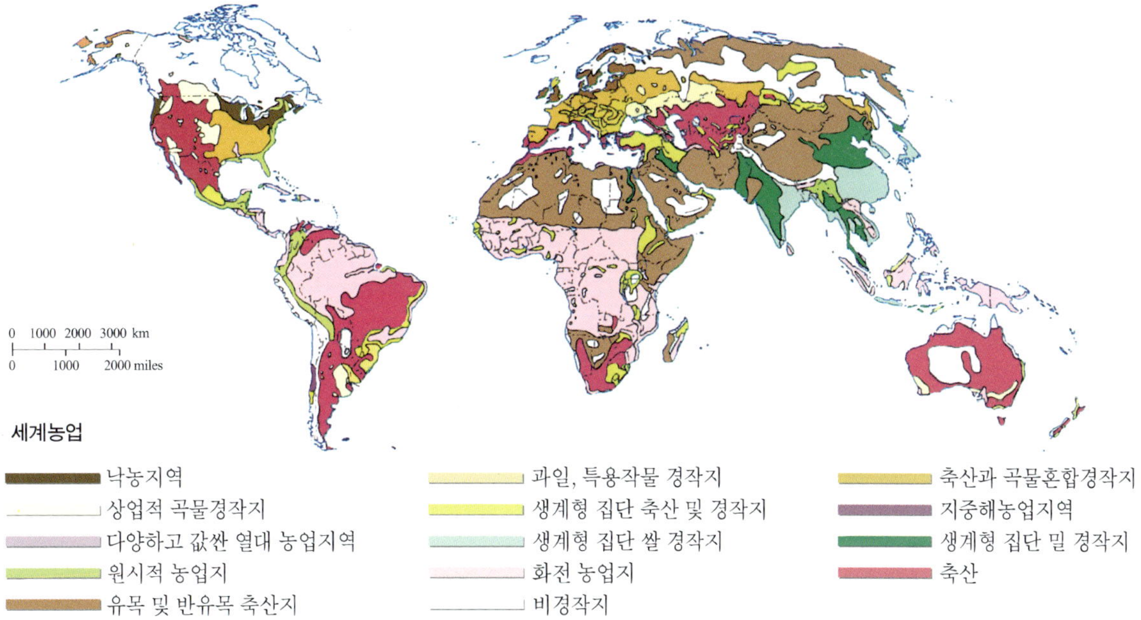

그림 13.1 세계농업 경작지 분포

고기 그리고 닭고기를 생산하기 위해서는 각각 12~14 kg, 6~7 kg, 그리고 2~3 kg의 곡물을 사료로 공급하여야 한다. 두 번째 원인으로는 국제 원유가격상승과 온실가스 감축 등을 위한 미국 및 EU 국가들에서의 바이오연료의 생산이 늘어나면서 바이오연료 생산용 원료로 사용되는 옥수수 등 곡물의 수요가 증가하였기 때문이다. 세 번째는 기후변화를 들 수 있다. 지구온난화로 인한 기후변화로 가뭄, 홍수, 이상기온 등 농업환경의 변화와 사막화 등에 의한 농지감소에 따라 지속적으로 농업생산량이 감소하고 있기 때문이다.

한편, 최근 국제식량가격지수(FFPI, FAO food price index)를 보면 2011년 2월 237.9포인트를 기록한 이후 조금씩 감소 추세를 보이고 있으며 2013년 5월 기준 FFPI는 215.2 포인트를 나타내었다. 특히 곡물에 대한 FFPI의 경우를 보면 러시아의 가뭄으로 2010년 3분기부터 2011년 3분기까지 곡물가격이 상승하였으나 그 이후 안정된 모습을 나타내었으며 2012년 미국에서의 기록적인 가뭄 여파로 2012년 7월 다시 국제 곡물가격이 상승하였으나 2012년 9월 263.0포인트를 정점으로 다시 감소하는 추세에 있다.

2014/2015년 시즌 글로벌 곡물수급 전망을 보면 세계 곡물 생산은 사상 최대 수준을 기록했던 2013/2014년 시즌에는 미치지 못하지만, 예년에 비해 양호한 실적을 기록하게 될 것으로 예측하고 있다. 정상적인 기상 여건을 선제로 FAO는 2014/2015년 시즌 세계 곡물 생산량이 사상 두 번째 규모인 24.58억 톤에 이를 것으로 전망하고 있다. 그러나 이는 2013/2014년 시즌에 비하면 2.4% 감소한 것으로 그 원인은 밀과 잡곡의 수확량이 전년 대비 소폭 하락할 것으로 예측되었기 때문이다.

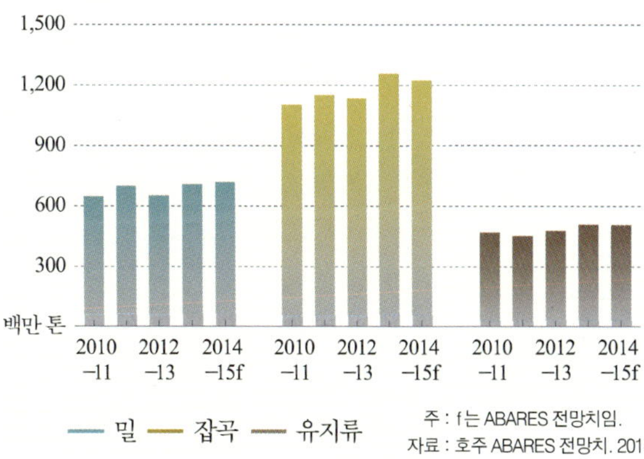

주 : f는 ABARES 전망치임.
자료 : 호주 ABARES 전망치. 2014.

그림 13.2 세계 곡물류 생산량 전망

2014/2015년 전 세계 식량 소비량은 2013/2014년 대비 1.9% 증가한 24.66억 톤으로 2013/2014년 시즌 곡물 소비 증가율인 4%에 비해 낮은 값을 나타낼 것으로 전망되며, 그 이유는 산업용 곡물과 사료용 잡곡의 소비 둔화가 원인인 것으로 나타나 있다. 2015년 말 전 세계 곡물 재고율은 2013/2014년 시즌에 비해 1.4% 감소한 5.66억 톤에 이를 것으로 예상되며 전반적으로 잡곡의 재고 수준은 하락할 것으로 전망하지만 밀과 쌀의 전 세계 재고량은 지난 시즌과 거의 유사할 것으로 예상하고 있다. 2014/2015년 시즌 전 세계 곡물교역량은 전년 시즌 대비 1.5% 정도 감소한 3.31억 톤에 이를 것으로 전망되며, 기상이나 지정학적 여건 등에 따라 옥수수, 보리, 밀 등의 교역량 감소가 두드러질 것으로 예상된다.

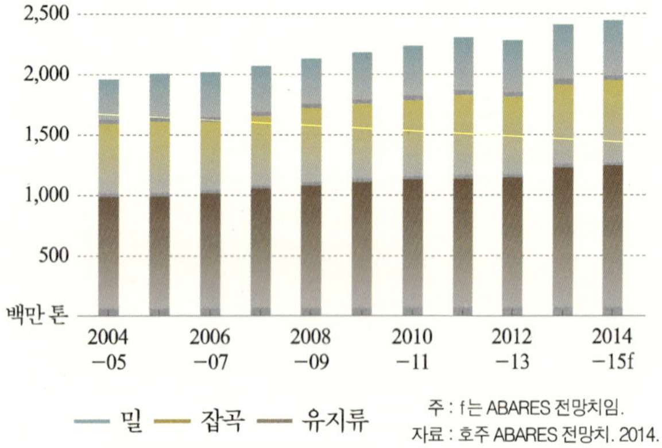

그림 13.3 세계 곡물류 소비량 전망

한편, 쌀에 대한 국제적 수급전망을 보면 쌀은 상대적인 가격 약세와 엘니뇨 등과 같은 기상이변 등으로 아시아 지역에서 생산이 지속적으로 감소하는 추세에 있으며, 특히 태국에서 가격 약세로 경작과 생산량 감소가 두드러지고 있다. 국제 교역량은 방글라데시, 인도네시아, 필리핀 등 주요 쌀 수입국에서의 수요량 증가로 증가 추세를 유지할 것으로 전망되며, 10여년 만에 2014/2015 시즌 글로벌 쌀 수요량이 생산량을 초과하면서 재고량은 소폭 감소할 것으로 예측된다.

최근 국제적 쌀 가격은 특히 기상에 따라 변동성이 확대되는 경향을 보이고 있으며, Japonica(우리가 먹는 찰기 있는 쌀) 품종이 강세를 보이는 반면 Indica(동남아 지역이나 서양 사람들이 먹는 찰기 없는 쌀) 품종이 약세를 나타내고 있고, 기상이변에 취약한 아시아 지역에서의 쌀 생산량은 매년 기상에 따라 크게 좌우되는 것으로 나타나 있다.

밀(wheat)은 캐나다에서의 생산량이 크게 감소하였고 호주, 미국, 러시아, 우크라이나, 시리아 등지에서 소폭 감소하였으나 브라질, 인도, 아르헨티나, 멕시코 등지에서

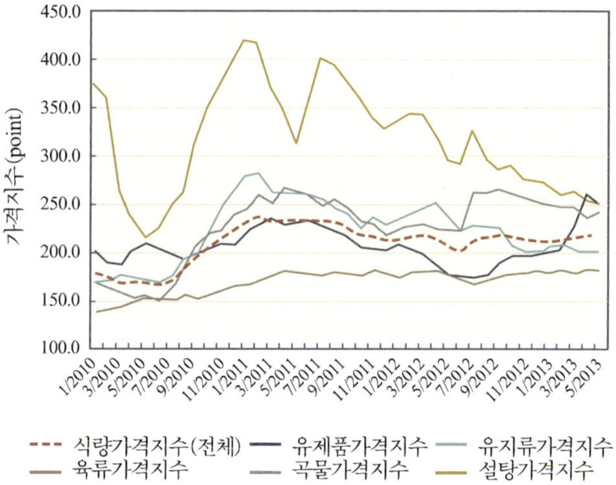

그림 13.4 국제식량가격지수 추이

그림 13.5 주요 식량 작물

표 13.2 세계 밀 수급 동향 및 전망

구분	단위	2011~12	2012~13	2013~14	2014~15	2015~16	2016~17	2017~18	2018~19
세계									
재배면적	백만 ha	221	215	221	224	225	226	227	228
단수	톤/ha	3.15	3.05	3.20	3.17	3.18	3.19	3.21	3.23
생산량	백만 톤	695	655	707	711	715	722	730	738
소비량	백만 톤	696	673	694	700	709	719	729	738
기말재고량	백만 톤	194	175	188	200	205	208	210	209
교역량	백만 톤	145	141	147	140	141	144	145	148
기말재고율	%	27.8	26.0	27.1	28.6	29.0	28.9	28.8	28.4
가격									
-명목	US$/톤	299	348	305	285	290	297	305	314
-실질	US$/톤	310	354	305	280	278	278	279	280

표 13.3 세계 잡곡 수급 동향 및 전망

구분	단위	2011~12	2012~13	2013~14	2014~15	2015~16	2016~17	2017~18	2018~19
세계									
재배면적	백만 ha	315	318	323	320	322	322	324	325
단수	톤/ha	3.65	3.56	3.89	3.84	3.89	3.94	4.00	4.04
생산량	백만 톤	1,151	1,131	1,256	1,229	1,252	1,270	1,299	1,313
-옥수수	백만 톤	886	863	966	957	977	996	1,024	1,038
-보리	백만 톤	134	130	143	135	139	140	141	142
소비량	백만 톤	1,134	1,140	1,223	1,237	1,257	1,281	12,947	1,305
-옥수수	백만 톤	866	867	939	964	985	1,008	1,020	1,032
-보리	백만 톤	136	132	139	137	138	139	140	140
기말재고량	백만 톤	165	165	198	189	184	173	178	186
교역량	백만 톤	147	118	139	147	150	156	165	173
기말재고율	%	14.57	14.44	16.15	15.32	14.64	13.50	13.78	14.25
옥수수 가격	1,000 ha								
-명목	US$/톤	281	312	215	214	230	241	243	239
-실질	US$/톤	291	317	215	210	221	226	222	213
보리 가격									
-명목	US$/톤	270	296	240	230	232	232	230	228
-실질	US$/톤	280	301	240	225	223	217	210	203

생산량이 증가함으로서 전체 생산량과 재고율이 소폭으로 감소하였다. 밀 역시 기상요인에 의해 생산량이 좌우되나 지정학적 위험 등에 따라 가격형성에 영향을 받는 것으로 나타나고 있으며, 식용 및 사료용으로 아시아 지역에서의 지속적인 수요 증가가 예측되고 있다.

잡곡(coarse grain)류는 최대 생산국인 미국에서 생산 감소로 2013/2014년도 대비 2014/2015년도 전 세계 생산량이 3.9% 감소한 12.55억 톤으로 예측되며, 교역량 역시 2.7% 감소한 1.42억 톤이 될 것으로 전망된다.

잡곡 수요의 증가는 주 소비국인 중국에서의 수요에 따라 크게 영향을 받는데 최근 소비율의 둔화는 국제 잡곡가격의 상승에 따라 중국에서의 소비가 줄어들었기 때문인 것으로 분석되고 있다. 특히 옥수수의 경우 국제 교역규모의 하향세가 크게 나타나고 있으며, 재고준비율도 12%로 안정적 수준을 유지하고 있는 것으로 나타나 있다.

유지작물(oilcrops)의 경우 아시아 개발도상국들의 수요 증가로 유지작물의 재배와 생산이 지속적으로 증가하는 추세에 있으며, 이에 따라 oil meal과 식물성 유지의 생산이 매년 크게 증가하고 있는 반면, 팜유(palm oil)의 생산은 상대적으로 저조한 실적을 나타내고 있다.

이와 같은 농업 생산량의 전망과 더불어 식량의 중요한 유제품(dairy)과 수산물(fishery)에 대한 수급 전망을 보면, 먼저 전 세계 유제품의 경우 북반구 국가들의 우유생산량 증가와 뉴질랜드에서의 생산량 초과로 국제 가격의 하락이 지속되고 있으며, 특히 아시아 국가들이 우유생산량 증가를 선도하면서 생산량과 소비량 증가추세가 지속될 것으로 보이며, 아프리카 국가들의 수입량 증가에 따라 교역량 역시 지속적으로 증가할 것으로 전망하고 있다. 수산물의 경우 양식 수산물의 공급량 확대로 비교적 안정적인 성장세를 이어갈 것으로 예측되며, 쿼터제의 제한을 받는 자연산 수산물 역시 대체로 안정세를 유지할 것으로 예측되나 엘니뇨 등의 영향에 따른 중남미 지역에서의 원양 쿼터가 축소될 경우 영향을 받을 수도 있을 것으로 보인다.

전 세계적으로 곡물의 생산량이 감소하는 경향을 나타냄에 따라 현대 농업기술은 이에 대한 대책으로 병충해에 의한 손실을 줄이기 위한 농약과 화학비료의 개발, 유전자 조작 등을 통한 신품종 및 다수확품종의 개발 등에 많은 연구를 집중해 왔다. 이 중 과거에 사용되었던 독성이 높은 난분해성 농약들은 대부분 생분해성이 높고 잔류성이 낮은 농약들로 대체되었다.

다수확품종에 대한 종자의 개발은 1941년 멕시코에서 처음 시작되었는데 다수확품종의 경우 화학비료와 농약을 많이 주고 재배한 결과, 밀은 3배, 옥수수는 2배가 증산되었다. 이를 두고 흔히 녹색혁명이라 일컫는데 우리나라도 필리핀에서 개발된 IR 667이라는 볍씨를 들여다가 이를 개량하여 기적의 벼라고 부르는 '통일벼'를 개발하여 1975년부터 보급한 바가 있다. 통일벼는 수확량이 일반 벼보다 30~35% 많아 쌀의 자급에 큰 기여를 하였다. 그러나 국민소득이 높아지면서 그동안 쌀의 증산에 기여한 통일벼는 맛이 없다는 이유로 소비자들로부터 점차 외면당하게 되면서 1992년부터는 농부들도 경작을 하지 않게 되었다.

이러한 녹색혁명은 한동안 인류의 식량문제를 해결할 수 있는 열쇠로 생각되었으나 생태학적 견지에서 볼 때 신품종은 여러 가지 문제점을 안고 있다. 즉, 다수확품종은 환경에 대한 저항성이 약하여 많은 농약과 비료를 필요로 해 경작비용이 상승하며, 농약피해를 가중시키고 토양의 산성화 및 황폐화를 빠르게 가져온다.

특히 최근에 논란이 되고 있는 유전자변형 농산물(GMO : Genetically modified organism)*은 미국에서 생산되는 콩의 50%, 옥수수의 27%가 GMO인 것으로 알려지면서 안정성 문제가 계속 제기되고 있다. 국내에서 시판되고 있는 식용유 중 콩, 옥수수, 유채(카놀라)가 원료인 것은 전량 GMO농산물이거나 일부 혼합되어 있는 것으로 알려져 있으며, 더욱이 사료용으로 수입되고 있는 콩이나 옥수수는 모두 GMO농산물인 것으로 알려져 있다. 한국보다 GMO를 많이 수입하는 나라는 일본뿐이다. 일부 농업 분야 전문가는 식용 GMO 수입량만 따지면, 한국이 세계 1위라는 분석을 내놓는다. 일본은 수입 GMO 대부분을 사람의 먹거리 재료가 아닌 동물사료용으로 활용한다. 한국의 식용 GMO 수입량이 어느덧 세계 1~2위를 다툴 정도로 많아진

그림 13.6 대표적인 GMO농산물

* 유전자변형생물체(GMO) : 인간의 필요에 맞게 재조합된 유전물질을 지닌 동・식물로, 제초제에 내성을 갖는 콩, 해충에 강한 옥수수, 인체에 유익한 올레산 강화 카놀라 등이 대표적이다. 유전자변형(GM) 농산물로 만든 식품을 말할 때에도 GMO식품이라고 하며, 엘엠오(LMO : Living Modified Organisms)도 같은 뜻으로 쓰인다.

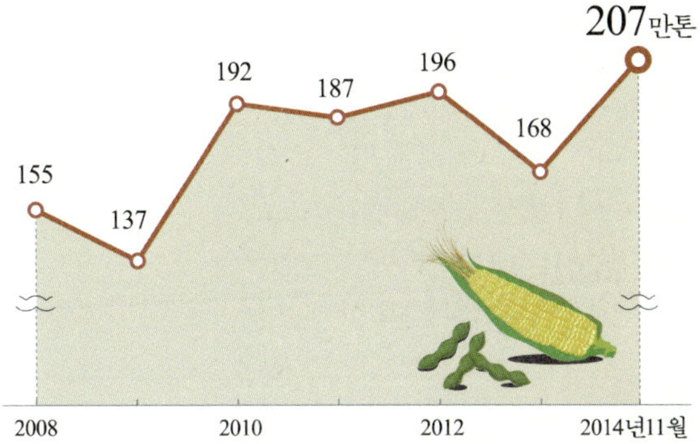

자료 : 유전자변형생물체 국가통합정보망 관련 통계

그림 13.7 식용 GMO 수입 추이

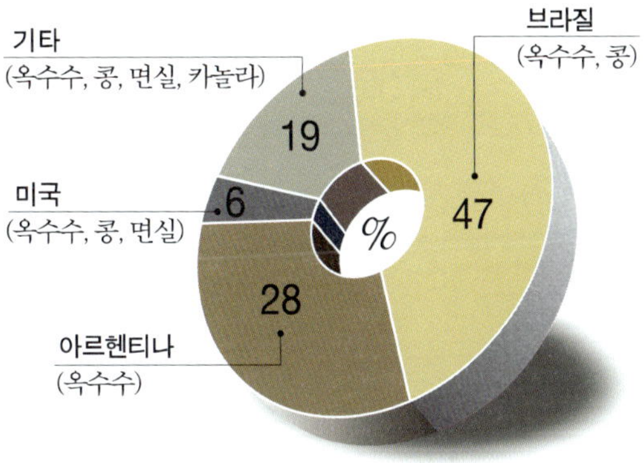

자료 : GMO국가통합정보망 관련 통계
※2013년기준

그림 13.8 국내 수입 GMO 농산물 주요수출국

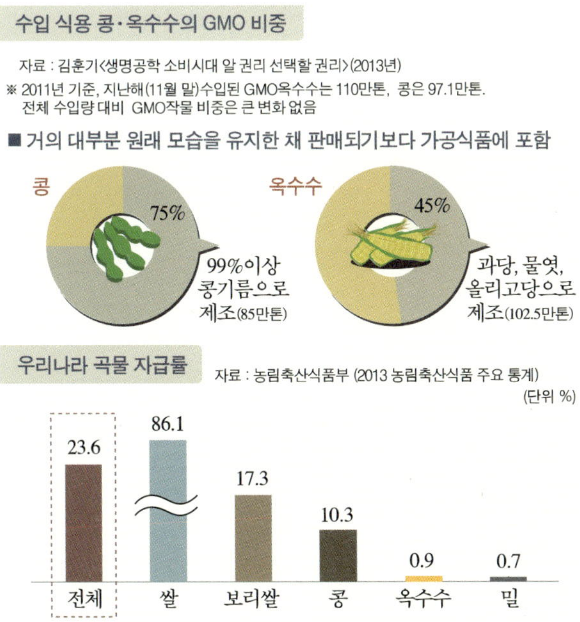

그림 13.9 수입 식용 콩, 옥수수 GMO 비중 및 국내 곡물 자급률

그림 13.10 100% 수입 콩으로 제조됐음에도 GMO 표시여부가 없는 국내 콩기름 제품들

배경엔 낮은 곡물 자급률이 있다. 2008년도 미국산 쇠고기 수입파동의 원인이 되었던 광우병의 경우, 동물성사료를 급이한 지 10년이 지나서야 광우병이 소에서 나타났으며, 그 후 다시 10년이 경과한 뒤 사람에게서 광우병이 발생한 예를 보더라도 GMO농산물 역시 경우에 따라서는 미래에 어떠한 결과를 초래할지 현재로서는 예측이 불가능하다. GMO농산물은 대부분이 식량작물이라기보다는 사료용으로 소비되는 작물이다. 그러므로 GMO농산물이 직접 식량 부족을 해소하기 위해 경작하는 주곡이 아니고, 또한 생산량 증산과 무관하다고는 하나 가축이나 인간에 미치는 영향에 대해서는 지속적인 관찰과 연구가 필요하다고 하겠다. 실제로 세계 최대의 GMO종자 생산기업인 미국의 몬산토(Monsanto)사는 콩과 옥수수에 이어 세계 최초로 GMO밀을 재배하기 위해 캐나다와 미국에서 경작을 시도하였으나 농민들뿐만 아니라 소비자들까지 자신들의 주식인 밀을 GMO종자로부터 생산하는 것에 대하여 강력히 반대하자 결국 몬산토사는 '안전하다는 더 확실한 증거가 나오기 전까지는 GMO밀을 재배하지 않겠다'라는 발표를 한 바 있다. 이 밖에도 식량의 안전문제와 관련된 것으로 식량생산단계에서의 농약과 제초제 및 화학비료 등과 축산에서 동물성 사료와 성장촉진 호르몬제 및 항생제 등 화학약품에 의한 것들이 있다. 특히 수확 후 상품성이나 품질 유지를 위한 사후처리(post harvest), 가공 및 유통과정 등에서 사용되는 각종 첨가제나 보존료 등 다양한 화학물질들의 사용 등도 식량의 안전성과 매우 밀접한 관계를 갖는다.

수입농산물에 대한 PLU(price look up, 가격인식+재배방법) 확인법

농약재배	3□□□, 4□□□(4자리)
GMO	8□□□□(5자리)
유기농	9□□□□(5자리)

우리나라의 총 식량 자급률은 1970년 80.5%였으나 소득증가로 육류소비가 늘어남에 따라 사료용 곡물의 수입이 많아지면서 사료용 곡물을 포함하여 2005년 29.4%, 2010년 27.6%, 2013년도에는 23.1%로 해마다 낮아지고 있다. 이 중 4대 유전자 변형작물에 속하는 대두(10.3%), 옥수수(0.9%)의 자급률은 더 떨어지며 사료용 곡물을 제외한 총 식량 자급률은 45.3%에 불과하다. 특히 86.1%인 쌀의 자급자족률을 제외한 나머지 식량, 즉 옥수수, 밀, 콩 등의 자급률은 5% 미만으로 일본, EU, 멕시코, 이집트 등과 함께 세계 5대 식량 수입국으로 전락하였다. 세계 5대 식량 수출국 중 하나인 미국은 150%의 식량 자급률을 보이고 있으며, 프랑스 164%, 호주 176%, 캐나다 143% 등으로 높은 식량 자급률을 나타내고 있다. 또한 최근에는 값싼 중국산 농산물들을 비롯하여 육류의 수입이 급증하고 있으며, UR(Uruguay round) 이후 세계 각국과의 FTA(Free Trade Agreement) 등으로 농산물의 수입에 대한 개방이 확대되고 있으며, 주식인 쌀 수입시장도 2015년부터 개방되었다. 더욱이 도시의 팽창으로 근교의 경작지가 주택용지나 공업단지로 전환되고 영농비의 상승, 농촌인구의 고령화에 따른 일손 부족 등으로 농업인구가 감소하면서 식량자급의 전망은 더욱 어두워지고 있다.

13.2 한국농업의 현황

우리나라 전체 가구에 대한 농촌 가구의 비율은 2000년 약 9.5%로 총 1,450만 가구 중 138만 가구였으나, 2005년도에는 총 1,597만 가구 중 8%인 127만 가구로 감소하였고, 2013년에는 총 1,812만 6천여 가구 중 6.3%인 114만 2,000여 가구로 줄어듦으로서 지속적인 감소 추세를 보이고 있다. 현재 농업에 종사하고 있는 인구는 2013년 기준으로 총 인구 5,120만 명 중 5.56%인 284만 7천여 명이며, 2000년도 총 인구 4,700만 명의 8.6%인 403만 명보다 무려 118만 3천여 명이 감소하였다. 1970년대 초만 해도 농업인구가 50% 정도였었는데, 약 40여 년 동안에 44.4%가 감소한 것이다. 특히 젊은 층의 인구가 농촌을 계속 빠져나감으로서 가구당 평균 인구는 2000년 2.91명에서

표 13.4 농 · 축산물 생산 및 소비 추이

(단위 : 천 톤, %, kg)

		2005	2006	2007	2008	2009	2010	2011	2012	2013
생산량 (천 톤)	쌀	4,768	4,680	4,408	4,843	4,916	4,295	4,224	4,006	4,230
	채소	9,584	9,994	9,394	9,935	9,888	8,391	9,747	8,662	9,243
	과실	2,593	2,504	2,750	2,698	2,881	2,489	2,458	2,374	2,523
	쇠고기	152	158	171	174	198	186	216	234	260
자급률 (%)	식량(사료용 포함)	29.4	27.7	26.9	27.8	29.6	27.6	24.3	22.8	23.1
	식량(사료용 제외)	53.4	52.7	51.6	51.8	56.2	54	45.3	45	47.2
	쌀	102	98.5	95.8	94.3	101.1	104.5	83.1	86.6	89.2
	축산육류	74.5	72.2	71.5	71.7	73.5	72.6	61.9	69.2	72.8
	쇠고기	48.1	47.9	46.4	47.6	50	43.2	42.8	48.2	50.1
주요 농산물 1인당 소비량 추이(kg)	쌀	80.7	78.8	76.9	75.8	74	72.8	71.2	69.8	67.2
	채소	145.5	153.8	149.9	153.6	152.5	146.1	173.3	160.6	170
	과실	62.7	62.2	67.9	65.5	67.7	62.4	62.4	61.8	63.2
	축산육류	32.1	33.6	35.8	35.6	36.8	38.8	40.6	40.5	42.8
	쇠고기	6.7	6.8	7.6	7.5	8.1	8.8	10.2	9.7	10.3

2005년 2.7명 그리고 2013년 1.66명으로 계속 감소하고 있으며, 또한 농촌인구의 고령화로 70세 이상 노인의 비율이 25% 이상인 것으로 나타나고 있다. 한편, 농가의 경지면적은 1가구당 2000년 1.37 ha에서 조금씩 증가하여 2005년 1.43 ha 그리고 2013년에는 1.5 ha로 나타나있으나 외국과의 비교 시 세계에서 가장 영세한 수준이다. 총 경작지 면적은 2000년 188만 ha에서 2013년 약 169만 ha로 감소하였다.

우리나라 곡류의 자급률을 보면 1985년부터 쌀은 자급이 되고 있으나, 보리, 밀, 콩, 옥수수 등은 2008/2009년도 1.9%, 2009/2010년도 1.7%, 2010/2011년도 1.6%, 2011/ 2012년도 1.8%, 2012/2013년도 1.6%로 계속 감소 추세를 나타내고 있다.

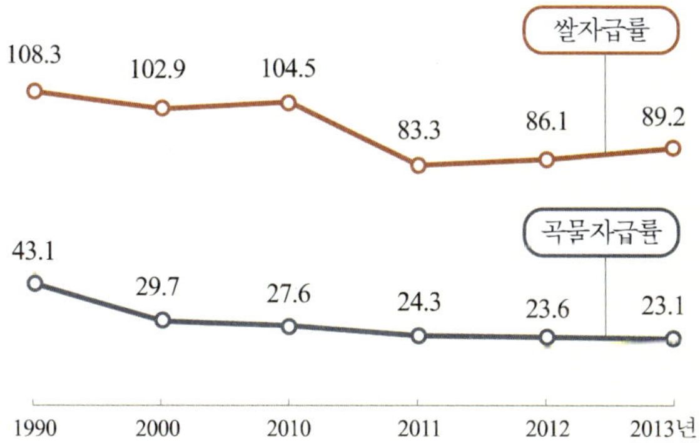

(단위 : %)　　자료 : 농림축산식품부

그림 13.11 곡물 및 쌀 자급률 추이

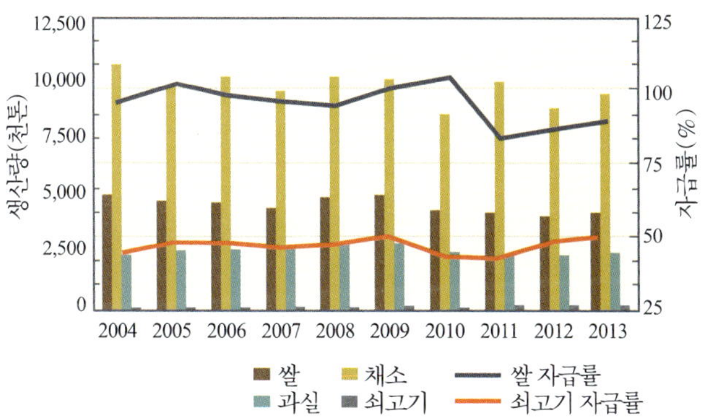

그림 13.12 농 · 축산물 생산량 및 자급률 추이

한편, 농업생산의 경제적 측면에서 비료가 차지하는 부분도 영향이 큰데 우리나라는 무기질 비료 생산에 필요한 인광석(천연인산칼슘) · 염화칼륨 · 요소 등 원료를 100% 수입하고 있으며 중국에 대한 의존도가 높은 편이다. 그렇기 때문에 FTA로 관세가 낮아지면 원료비 부담이 줄어드는 측면이 있지만, 반면 완제품 비료는 상황이 완전히 다르다. 우리나라는 중국에서 매년 5만 톤 이상의 복합비료를 수입하고 있으며, 총 수입량의 30%가 넘는 양으로, 중국산 복합비료 수입 가격이 톤당 445.8달러인데 비하여 국산 복합비료 가격은 660.4달러로 가격차가 무려 214.6달러(32.5%)나 된다. 따라서 값싼 비료가격은 농업 생산비의 절감효과를 가져올 수 있으나 수입개방에 따른 농산물 가격하락도 동시에 발생되어 궁극적으로는 농업 경쟁력의 후퇴가 예상된다.

따라서 농업생산성은 계속 낮아지고 타 부분보다 수익성이 크게 떨어지기 때문에 겸업률이 높아지고 있으며, 노동력의 부족과 채산성의 악화로 경작되지 않고 있는 유휴농지가 크게 늘고 있다.

13.3 도시의 확산과 개발이 농촌에 미치는 환경영향

인구증가 및 집중화에 의한 도시의 확산과 산업단지조성 등을 비롯한 갖가지 개발행위로 인해 농촌은 경작지가 지속적으로 줄어들고 있으며, 따라서 생태계의 인위적 변화에 따른 영향을 가장 많이 받고 있다. 우리나라의 도시화율은 도시지역 인구비율이 1970년에는 50.1%에 불과했지만, 2013년 91.6%까지 증가했다. 주택보급률은 서울 97.5%, 경기 98.7%인 가운데 전국 평균 103%로 세계 선진국들의 수준보다 높으며, 앞으로도 이러한 도시화 추세는 계속될 전망이다. 이렇게 도시화가 진행되면 주변의 농지가 잠식되고, 도시에서 발생되는 각종 폐수와 폐기물이 주변 농촌을 오염시키게 된다.

우리나라의 총 국토면적 중 농경지가 차지하는 비율이 2001년에는 20.9%이었으나 2007년에는 17.9%로 감소된 것으로 조사되었으며, 2013년 기준 16.8 %로 조사되었다.

2013년 기준으로 전국에는 447개의 농공단지와 41개의 국가산업단지, 510개의 일반산업단지 그리고 11개의 도시첨단산업단지가 조성되어 있으며, 이들 총 면적은 1,454.827 km^2에 달한다.

한편, 공업화와 더불어 늘어나는 수자원의 수요를 충족시키기 위해 농촌산간지역에 많은 댐이 축조되었다. 우리나라에는 18,797개의 호소가 있으며 이들 대부분은 댐 등을 건설하여 조성된 인공호들이다. 2013년 기준으로 댐 현황을 보면 다목적댐 17, 발전용댐 957, 생공용수댐 63, 관개용수댐 1,114 그리고 지하수로 5개소 등이며 그 밖에 저수지가 17,573개소가 있다. 이들 댐으로부터 공급되는 용수는 연간 생활용수 79억 m^3, 공업용수 28억 m^3, 농업용수 160억 m^3, 유지용수 78억 m^3 등이며, 특히 다목적댐의 경우 유효저수량이 연간 10,884백만 m^3으로 하루에 1,934천 m^3의 공업용수 공급과 2,483백만 kWh의 전력(우리나라 생산전력의 1.53%) 그리고 2,197.6 m^3의 홍수조절 능력을 가지고 있다. 이와 같은 여러 가지 목적으로 댐들이 건설되었으나 한편으로는 댐 건설로 인해 많은 농촌마을과 전답 및 산림들이 수몰되고 대규모의 자연파괴가 뒤따랐다. 댐의 건설로 인해 주변지역의 안개 일수가 크게 증가함으로서 일조량 감소로 인한 작물수확량의 감소와 생태계 및 기온의 변화가 발생하고 있다. 또한 이러한 인공호들은 댐 상류지역에서 흘러들어 오는 광산폐수, 생활하수, 산업폐수 그리고 축산폐수들로 인한 부영양화로 매년 녹조현상이 발생하고 있어 수자원의 이용에 상당한 지장을 초래하고 있다. 이 때문에 최근 정부에서는 전국을 대상으로 기초 자치단체 단위로 민자사업에 의한 대대적인 하수관거정비사업을 시행하고 있으며, 댐 상류지역의 하수처리시설 및 기존의 하수처리장에 고도처리시설 도입 등 수질 개선을 위해 많은 노력을 기울이고 있다. 또 다른 영향으로는 레저문화의 확산에 따른 관광 및 위락지의 조성, 대규모 숙박시설 및 휴양시설 건설 등으로 인해 농·어촌지역의 산림이나 자연경관들이 훼손됨에 따른 생태계의 변화와 파괴가 있으며, 이들 시설로부터 배출되는 각종 오염물질과 쓰레기 등에 의해서도 환경오염이 증가하고 있다.

마지막으로 농촌지역의 산림 파괴 및 환경오염에 일조하고 있는 것이 골프장의 건설이다. 골프장은 2008년 전국에 총 440개이었던 것이 2013년 545개로 이 중 운영중인 곳이 437개, 건설 중이 64개, 그리고 허가를 받았으나 아직 미착공인 곳이 44개로 골프장 개발로 훼손된 숲 면적이 여의도(290 ha)의 약 20배에 달하는 것으로 조사됐다. 축구장 면적(0.714 ha)으로 따지면 7,986개에 달하는 규모다.

이와 같이 골프장 건설로 산지의 임목이 대대적으로 벌채되어 토사 유출량이 증가되었으며, 산사태까지 발생하는 사례도 있었다. 또한 골프장은 잔디를 좋은 상태로 유지하기 위하여 농약과 비료를 과다하게 살포하는 경우가 많기 때문에 이로 인한 토양오염과 수질오염 문제가 빈번하게 제기되고 있다. 2012년 전국 골프장에 사용된 농약은 232개 품목에 총 425.7톤으로 평균 5.1 kg/ha에 해당하며, 특히 대중 골프장보다 회원제 골프장의 농약 사용량이 68%나 더 높은 것으로 나타났다.

13.4 농업으로 인한 환경문제

1) 토양침식

토양침식은 심한 강우 등에 의해 지면의 표토층이 유실되는 것을 말한다. 우리나라는 전체 경작지 면적 중 72% 이상이 2% 이상의 경사지에 위치하고 있고(논 52%, 밭 91%), 연간 강우량의 68%가 6~8월의 장마기에 집중적으로 내리기 때문에 매년 많은 양의 토양 침식이 일어난다. 농촌진흥청의 시험결과에 의하면 경사 20%인 사양토 지역에서 일반작물을 재배할 경우 1 ha당 연간 약 40톤의 표토가 토양침식에 의해 씻겨 내려가는 것으로 알려져 있다. 표토가 유실되면 흙 자체뿐만 아니라 토양 중에 함유되어 있는 식물의 생육에 유효한 양분이 토양과 함께 유실되므로 토양이 척박하게 된다.

따라서 경작지의 경우 척박해진 토양을 비옥하게 하기 위해 매년 많은 양의 비료를 사용하지 않으면 안 된다.

2) 농약

우리나라의 농약 사용량은 1979년 이후 해마다 8.8% 이상의 높은 증가율을 보이고 있으며, 최근 하우스농업의 확산과 재배작물이 다양해지면서 지속적으로 농약 사용량이 증가하는 추세를 나타내고 있다. 우리나라 ha당 농약 사용량은 9.9 kg(2012년)으로 일본 12.7(2006년), 네덜란드 11.0(2007년), 영국 4.2(2006년) 등 주요국과 비교하여 비슷한 수준이다.

우리나라는 과거 20년 간 쌀을 1.6배 증산하는데 농약은 10배 이상을 더 살포해야만 하였다. 구체적인 예를 들면, 벼농사에는 농약을 한 해에 7~8회씩 뿌리고 사과나무에는 13~14회씩 뿌려야 한다. 벼의 주요 해충인 이화명충과 벼멸구를 죽이기 위해 살충제를 뿌리면 실제적으로 해충의 수가 감소하지만 해충을 잡아먹는 천적도 함께 죽는다.

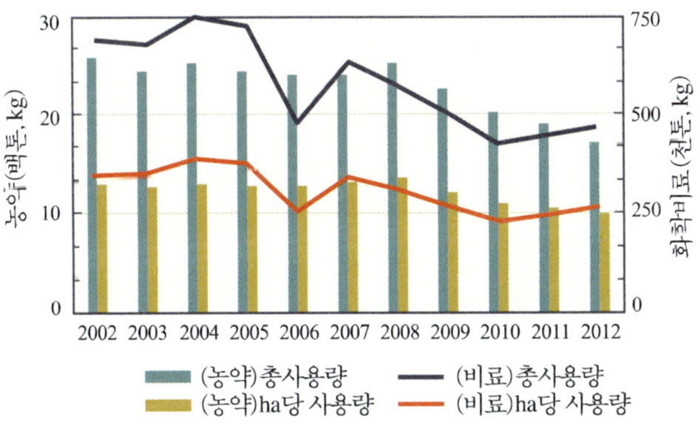

그림 13.13 농약 및 화학비료 사용량

그리고 며칠 후에 생활사 주기가 긴 천적의 수는 줄어든 채 머물게 되므로 생태계의 균형이 깨지게 된다. 따라서 생활사 주기가 짧은 해충들이 다시 번성하여 극성을 부리기 때문에 농약의 농도를 높이거나 종류를 바꿔야 하는 악순환을 되풀이하여야 한다. 전 세계적으로 볼 때 2000년까지 450여 종의 해충, 응애, 진드기, 50여 종의 곰팡이, 몇 종의 잡초 등이 적어도 한 두 종 이상의 농약에 대해 저항성이 생긴 것으로 보고되어 있다.

농약은 인간의 건강에도 커다란 영향을 미친다. 우리가 직접 섭취하는 곡물이나 야채 및 과일 등에 잔류하는 농약 성분들이나, 토양 중에 잔류하는 난분해성 농약 성분들이 축적된 작물을 식량으로 먹게 됨으로서 농약성분들이 인체 내에 축적되게 된다. 유기염소계 물질들은 대부분 체내지방에 축적되며 납은 뼈에 그리고 기타 중금속들 역시 각각 체내 여러 가지 장기에 축적된다. 특히 독성물질의 경우 간에서 효소체계에 이상을 초래하여 면역력 감소와 내분비계교란 등을 유발한다.

한편, 농작물에 뿌린 농약이 볏짚을 통해 젖소에게 전달되고 이것이 우유 속에서 검출되거나 모유에서 검출된다는 연구결과도 있다. 이것은 농약의 잔류기간이 매우 길기 때문인데 토양에서의 잔류기간을 보면 DDT(dichloro-diphenyl trichloroethane)의 경우 4~30년, BHC(benzene hexachloride)와 디엘드린은 5~25년, 린덴은 3~10년 정도인 것으로 알려져 있다. 이밖에 난분해성으로 독성 또한 높은 농약으로 제초제를 들 수 있다. 현재 시판되고 있는 대부분의 제초제들이 농약에 비해 잔류성이 길고 독성이 높음에도 불구하고 이에 대한 규제나 관리가 매우 소홀한 실정이다(표 13.5).

표 13.5 잔류성이 큰 유해물질 및 농약류

화학물질	용도	유해성
앨드린	토양병원균 살충제, 흰개미 살충제	독성, 발암성
클로르단	농업용 살충제	먹이망을 통해 생물체 내로 확산
DDT	농업용 살충제, 말라리아 예방	먹이망을 통해 생물체 내로 확산
디엘드린	흰개미 살충제, 작물해충 구제	독성, 먹이망을 통한 생물체내 확산, 내성
엔드린	바퀴벌레, 해충구제	수생생태계 독성
헵타클로르벤젠	광범위 살충제	독성, 발암성
BHC	살균제	독성, 발암성
미렉스 (Mirex)	개미 살충제	발암성, 수생 생물에 높은 독성
톡사펜 (Toxaphene)	광범위 살충제	발암성, 수생 생물에 높은 독성
PCBs	변압기 절연유, 콘덴서 절연재	독성, 발암성
다이옥신류	소각, 고엽제 제조 부산물	독성, 발암성
퓨란류	소각, PCB 제조 공정 부산물	독성, 특히 수생생태계 독성

3) 화학비료

우리나라의 농경지 단위면적당 화학비료의 사용량은 앞에서 설명한 토양침식 등의 원인 때문에 세계에서 가장 높은 수준이라 할 수 있다. 1997년도에 우리나라 비료사용량은 ha당 472 kg으로, 일본의 430 kg, 독일의 423 kg 보다 높았으며 미국과 이스라엘은 이보다 훨씬 낮은 각각 106 kg, 173 kg이다. 그러나 1990년대 이후 서서히 유기농법의 보급과 확산이 일어나면서 화학비료에 대한 퇴비의 대체와 생태농법의 도입으로 화학비료의 사용량은 다소 감소하는 추세에 있다. 2000년도 우리나라 화학비료의 총 사용량은 800천 톤으로 1997년 총 사용량 989천 톤보다 20%가 줄었으며, 2005년도에는 722천 톤으로 10%가 감소하였고, 2007년도에는 631천 톤으로 농경지 1 ha당 340 kg에 해당되어 지난 10년 동안 36.4%의 감소를 보였다.

화학비료를 계속 사용하게 되면 토양 중의 유기물량이 감소하고 비료 중의 산성염의 축적으로 토양이 산성화됨으로서 장기적으로는 식량생산의 잠재력을 저하시킨다.

화학비료의 과다 사용은 수질오염에도 큰 영향을 미친다. 즉, 농경지에 시비한 질소 및 인산질 비료가 비에 씻겨 저수지나 호수에 유입되면 부영양화를 일으켜 수질을 크게 악화시킨다. 부영양화가 발생하면 물에서 이상한 맛과 냄새가 나고 심한 경우에는 독성을 유발한다. 또한 조류가 과다 증식된 물은 정수장에서 수돗물의 생산비용을 증가시키고, 기타 공업용수나 농업용수로의 이용에도 부적합한 수질이 된다.

화학비료의 사용은 농약과 더불어 토양오염의 가장 대표적인 원인이 되기도 한다. 특히 화학비료에 포함된 미량의 중금속이 토양에 축적된다. 그 결과 농작물의 생육을 저해할 뿐 아니라 농작물에도 축적되어 농산물 오염의 원인이 되기도 한다.

한편, 최근에 와서 질소비료의 과다 시비와 관련된 환경문제로 오존층 파괴가 있다. 즉, 토양에 뿌려진 질소비료 중 극히 일부가 토양 미생물에 의해 환원될 경우 환원형 질소화합물인 아산화질소(N_2O)를 생성하고 이것이 성층권까지 올라가게 되면 오존층의 오존과 반응하여 오존을 산소로 전환시키기 때문이다.

4) 축산 폐기물

축산업의 발전에 따른 가축 분뇨 발생의 증가도 농촌 환경오염의 원인이 되고 있다. 우리나라는 2012년 육우 3,063천 두, 젖소 413천 두, 돼지 9,534천 마리, 닭 149,750천 마리, 기타 오리와 말 등으로부터 162,760천 톤의 가축분뇨가 발생되었으며, 이 중 88.8%가 퇴·액비화된 것으로 알려져 있으나, 실제 법적 기준에 따라 비료공정 규격을 준수해 생산되는 퇴·액비는 고작 10%에 불과하다. 결국 아무런 품질 기준 없이 가축분뇨인지 퇴·액비인지 모호한 상태로 가축분뇨의 79%인 3,600만 톤이 토양에 뿌려지고 있는 셈이다. 토양이 정화시키고 양분으로 받아들일 수 있는 양은 한정되어있는 데 비해, 대량의 가축 분뇨가 무분별하게 뿌려짐에 따라 여러 문제점들이 발생하고 있다.

첫째는 수질오염으로 수계로 유입되는 오염원의 약 70%는 바로 비가 내릴 때 비특정경로로 유입되는 오염원인 비점오염원으로 이 중 32%가 가축분뇨에 기인한다.

둘째는 가축분뇨 퇴·액비를 사용하여 소위 유기농법으로 경작한 작물로 사료 중에 함유된 항생제나 성장촉진 호르몬제 등이 퇴·액비에 잔류함으로서 농산물을 통해 결국 고스란히 우리의 몸에 축적된다. 국립환경과학원에

그림 13.14 축산분뇨 퇴비화 모습

따르면 이 항생물질은 액비화 처리 시 겨우 33~54%만 제거된다고 한다.

축산폐수나 가축분뇨 등은 과거 소규모 축산에서 점차 대규모화하면서 처리시설도 함께 설치되어 수질오염 사례는 많이 줄어들었으나 아직도 소규모 축산농가 등에서 부적절하게 관리되거나 버려지는 경우에 수질오염과 토양오염의 원인이 되고 있다. 특히 상수원 상류지역에 소규모 축산시설들이 산재되어 있을 때 크게 문제가 된다. 또한 축산분뇨는 대기오염을 일으키는 하나의 인자이다. 배출된 가축분뇨로부터 가축분뇨 무게의 2.5배에 해당하는 암모니아가 발생되는데, 이것은 대기오염물질로서 악취를 유발하고 식물의 잎을 고사시키는 등 커다란 피해를 주는 가스이기 때문이다.

5) 농업 및 생활쓰레기

근래에 들어와서 농산물의 조기 수확 및 출하와 일손을 덜고 농작물의 수분 보유력·보온·잡초 억제 등의 목적을 위해 비닐(실제로는 폴리에틸렌필름)하우스나 멀칭(토양덮개)재배가 성행하고 있다.

이 중 멀칭재배에 사용된 비닐은 농산물 수확 후 철저히 수거하여 처리하여야 하는데 인력부족 등의 이유로 방치되고 있어 또 다른 환경오염문제를 일으키고 있다.

폐비닐은 오랫동안 썩지 않기 때문에(미생물에 의해 분해되는데 약 500년 소요) 토양에 묻힐 경우 토양 내에서의 수분이동 저해, 통기성 저해, 토양미생물의 분해활동 저해 등의 작용으로 토양생태계에 큰 지장을 초래하게 된다. 특히 농경지에 있어서 밭갈이에 방해가 되고 농작물이 필요로 하는 수분·영양분 등의 공급을 차단하며 작물의 뿌리 신장을 억제하여 작물의 생육을 저하시킨다. 폐비닐류가 하천이나 호수로 유입될 경우에는 어패류 등의 질식 등을 초래할 수 있으며 미관상으로도 나쁜 영향을 나타낸다. 또한 매립 시에도 부피가 크고 썩지 않기 때문에 매립지의 공간을 많이 차지하게 되고 매립지의 조기 안정화를 방해한다.

폐농약병의 경우도 수거되지 않고 잘못 버려지게 되면 심각한 환경오염문제를 발생시킨다. 대부분의 농약이 맹독성 물질이기 때문이다. 이와 같은 농업환경문제를 방지하기 위하여 현재 환경공단 등에서 폐비닐과 빈농약병 등을 수거하고 있으나 앞으로도 계속 관리되어야 할 문제로 남아 있다.

한편, 소비수준의 향상과 문화생활의 확대로 인해 농촌의 소비생활도 도시 못지않게 향상되어 농촌에서 발생되는 생활폐기물도 그 조성이 도시와 비슷하게 되어가고 있다. 이에 따라 농촌지역에 대한 쓰레기수거의 지속적인 확대와 불법 소각이나 투기 또는 매립이 일어나지 않도록 관리가 요구된다. 이제 깨끗한 환경을 자랑했던 "수려한 농촌"이란 말은 점점 옛말이 되어가고 있다.

13.5 식량문제 해결방안

1) 채식의 장려

식량문제 해결방안으로 채식을 장려하고 육류의 소비를 줄이게 되면 몇 배 더 많은 인구를 부양할 수 있다. 이것은 먹이연쇄에 의한 손실을 감소시키는 것으로 곡물을 사료로 가축을 사육한 후 그 고기를 먹게 되면 에너지가 그만큼 손실된다. 이른바 생태학에 있어서 10% 법칙이 적용되므로 사료곡물의 10%만이 고기로 합성되고 나머지 90%는 열과 배설물로 폐기되기 때문이다. 따라서 육식을 채식으로 전환하게 되면 10배의 식량증산 효과를 얻을 수 있다.

선진국의 육류 소비율은 후진국의 10~25배에 달하며, 이를 위해 가축의 사료로 사용되는 곡물의 양은 전 세계 곡물생산량의 약 1/3에 해당된다. 이는 후진국에서 가축 사료로 사용되는 양이 세계 곡물의 3%임에 비해 11배나 된다. 곡물은 가축의 먹이 외에도 애완동물에게도 먹여진다. 미국의 경우를 보면 애완동물이 먹는 사료의 총량이 2천 1백만 명의 사람을 먹일 수 있는 단백질의 양과 같다. 또한 미국 곡물수출량의 70%가 애완동물용이다. 애완동물의 가장 대표적인 것이 개와 고양이, 조류 등인데, 이들은 사람이 먹을 수 있는 곡물을 소비하는 외에도 여러 가지 문제를 발생시킨다. 즉, 이들은 사람에게 전염이 가능한

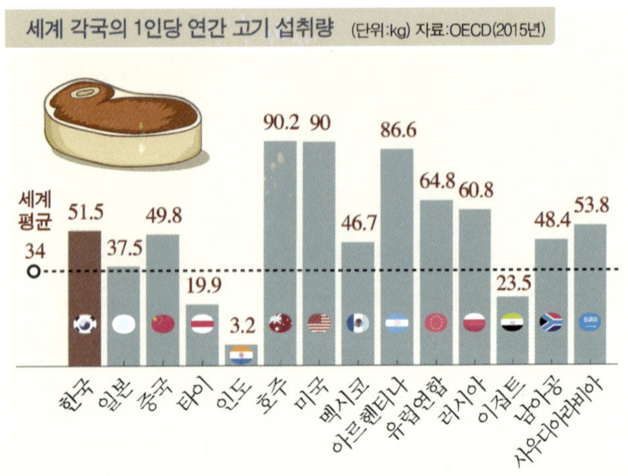

그림 13.15 세계 각국의 1인당 연간 고기섭취량

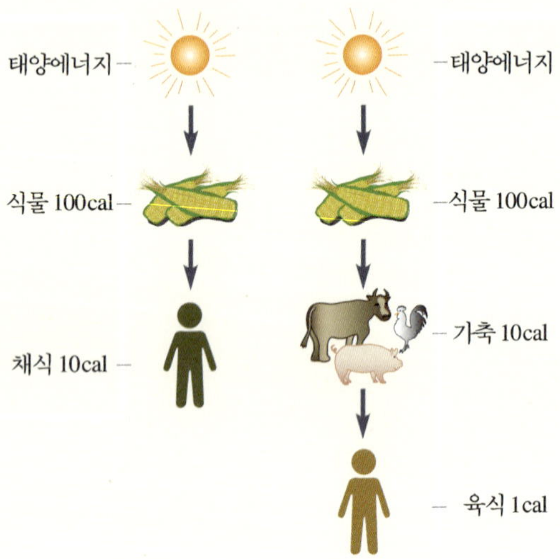

그림 13.16 육식과 채식의 에너지 비교

그림 13.17 애완동물 사료

65종의 병을 가지고 있으며, 사람을 물거나 시끄럽게 하기도 한다. 또한 이들의 사체와 배설물처리 또한 골칫거리이다. 미국의 경우를 보면 매년 2,000만 마리 이상의 버려진 개와 고양이 사체의 처분에 6억 달러 정도의 돈을 들이고 있다.

2) 비전통적 식량, 강화식, 단세포 단백질 개발

인간의 식성은 대단히 보수적이라 좀처럼 식생활이나 식습관을 바꾸려 들지 않지만 다양한 식량의 종류를 개발하면 식량문제의 해결에 도움이 될 수 있다. 현재 식량자원으로 개발될 수 있는 잠재력을 가진 것으로 날개콩, 코코얌, 이드(Yeed, 관목류의 씨), 루센다(Lucenda, 콩과류) 등이 있으며, 이외에도 야생채소 및 산나물류가 있다. 한편, 단백질 식량자원으로 유망 시 되는 것은 주로 곤충으로 아프리카 칼라하리사막의 식용바퀴, 여치, 메뚜기, 나비(유충), 개미, 나무거미 등이 있으며 이들은 단백질 함량이 몸무게의 58~78%로 기존 가축이나 물고기보다 3~4배나 높다. 곤충을 식품으로 즐겨먹은 것은 고대 원시인뿐만 아니라 옛 학자들로 아리스토텔레스는 '동물의 역사'란 저서에서 '땅속에서 마지막 껍질이 벗겨지기 전의 매미 유충과 알이 찬 암컷이 가장 맛이 좋다'라고 하였으며, 찰스 다윈의 할아버지인 에라무스 다윈 역시 왕풍뎅이를 추천하면서 메뚜기나 흰개미처럼 제대로 요리하면 맛있는 음식이 될 수 있다고 하였다. 기독교, 유대교, 이슬람교 등의 경전에도 메뚜기에 대한 언급이 많다. 성경 레위기에 보면 곤충 가운데 먹을 수 있는 것으로 메뚜기, 방아깨비, 귀뚜라미가 기록되어 있으며, 코란에도 메뚜기 떼는

그림 13.18 식용 번데기

그림 13.19 애벌레와 동물사료용 귀뚜라미

그림 13.20 식용 곤충(갈색거저리)을 이용한 요리들

먹어도 된다고 가르치고 있다. FAO에 의하면 현재 지구상에서 20억 명 이상이 식량의 일부로 곤충을 먹고 있는 것으로 추산되고 있으며, 2013년도에 발간한 '식용곤충 : 식량 및 사료안보 전망' 보고서에서 인류의 생존에 곤충은 매우 중요한 역할을 하며 딱정벌레, 애벌레, 벌, 개미, 귀뚜라미, 잠자리 등 1,900여 종을 식용 범위에 넣고 있다. 식용곤충은 일찍이 여러 나라에서 식량으로 이용되어 왔으며 콩고의 경우 매년 96톤의 애벌레가 식용으로 판매되고 있고, 콜롬비아에서는 잎꾼개미가 팝콘 대신 극장에서 판매되고 있으며, 독일의 나방 통조림, 프랑스의 메뚜기와 개미 통조림 등도 식용으로 판매되고 있다. 우리나라의 경우 식품의약품안전처에서 2014년 7월 최초로 곤충인 갈색거저리를 식용으로 인정하였다. 이와 같이 육류소비량의 증가(2050년 육류소비량 2010년 대비 2배 증가, FAO)에도 불구하고 곤충들이 미래의 식량으로 주목받게 된 이유는 육류 생산을 위한 사료비의 지속적인 증가, 광우병, 구제역, 조류인플루엔자 등 질병확산과 같은 생산비용과 안전성 문제에 비하여 생산비가 저렴하고 또한 영양학적 가치가 높기 때문이라 볼 수 있다. 소나 돼지에 비해 곤충 사육은 같은 무게의 생산량 기준으로 사료비가 약 1/4~1/5 정도 밖에 들지 않으며 온실가스와 분뇨의 배출 등 환경문제에서도 매우 유리하고 또한 작은 사육 면적이나 자본으로도 기를 수 있는 장점이 있다. 영양학적인 측면에서 단백질(40~70%로 건조 옥수수 10%, 쇠고기 55%보다 높음), 불포화지방, 칼슘, 철, 아연 등을 함유하고 있으며, 일부 곤충은 오메가3 및 오메가6 함량이 육류나 생선보다도 높다. 그러나 이러한 비전통적 식량의 보급에는 인간식성의 보수성이 가장 큰 장애가 된다. 즉, 먹어도 된다는 것과 먹을 수 있다는 것은 다른 문제이기 때문이다. 따라서 조리기술이 발전되고 관념적 사고가 바뀌어져야 이러한 문제가 어느 정도 해소될 것이다.

표 13.6 갈색거저리 영양성분 비교

	갈색거저리	소	닭	돼지
탄수화물	9	3.36	0.11	0.22
단백질	53	65	65	33
지방	31	21	29	65
철	0.005	0.009	0.001	0.001

자료 : 농촌진흥청, 100g당 함량, 단위 g

그림 13.21 강화식

강화식은 기존의 식품에 비타민이나 미네랄 또는 부족한 아미노산 등을 첨가하여 식품으로서의 가치를 높인 것이다. 현재는 주로 식품이나 음료 등의 가공 또는 제조과정에서 손실된 영양소 등을 보충하는 수준으로서, 대표적인 예로 칼슘이나 비타민 등을 첨가한 주스류나 곡물제품(콘플레이크와 같은 시리얼류) 등을 볼 수 있다. 이러한 강화식은 영양분을 보강할 수 있으며 보수적 식성에도 문제가 없다는 장점이 있다.

우주개발계획과 더불어 고단백 식품원으로서 조류(藻類)에 대한 관심이 대두되었는데 조류는 단백질 함량이 높아 우주인의 식량으로 사용되기도 하였으며, 인위적으로 배양하여 사람이나 가축의 식량으로 일부 이용되고 있다. 식용 조류로는 주로 녹조류에 속하는 광합성 조류인 클로렐라 등이 이용되고 있으며 조류는 광합성을 하므로 수심이 얕은 호수나 도랑에서 햇빛이 잘 침투되도록 하면서 영양소를 공급해주면 쉽게 배양할 수 있다. 조류는 단세포 미생물이기 때문에 증식이 빨라 단시간 내에 많은 양을 수확할 수 있다. 그러나 조류의 단백질 생산은 다음과 같은 문제점을 가지고 있다. 첫째, 핵산(RNA)의 농도가 커서 중풍이나 콩팥 결석을 일으키기 쉽고, 둘째, 세포막이 매우 두껍고 소화가 안 되어 설사나 구토, 위장 장애 등을 일으키기 쉬우며, 셋째, 맛이 별로 좋지 않아서 식품으로서 선호도가 낮다는 점이 있다. 마지막으로 생산비가 상당히 많이 드는데, 특히 수확에 에너지와 노동력이 많이 든다는 단점이 있다.

3) 어획고의 향상 및 양식

물고기는 인류의 중요한 단백질원으로서 동남아 지역에서는 어류가 총 단백질 공급량의 55%를 차지하고 있으며, 아프리카에서는 19%, 그리고 전 세계적으로 볼 때는 25%를 차지하고 있다. 그런데 최근에 들어서 어획고가 점점 줄어들고 있다. 이러한 이유는 연안해의 오염과 남획이 원인이다. 해양오염과 남획현상은 1960년대 이후 가속화되었다. 그리하여 대부분의 연안해는 상당히 오염되어 있는데, 문제는 어획고의 99%가 근해에서 얻어진다는 데에 있다. 즉, 근해를 제외한 대부분의 바다인 원양지역은 실제로 생물학적 사막지대로서 해수 1톤당 불과 한 두 마리의 물고기가 성장을 지탱할 수 있을 정도로 생산성이 떨어지며 주로 물고기의 회유장소로 이용되고 있을 뿐이다.

남획은 1960년대 이후 크게 증가했는데 이는 온도, 광선, 초음파 및 항공사진 등을 이용한 어군 탐지기술이 개발되었기 때문이다. 이러한 어군 탐지기술 또는 어군의 유인기술을 이용하여 어획고를 높임으로써 단백질 식량의 공급량을 증대시킬 수 있었으나 산란기의 어업금지나 치어의 남획금지 등이 이루어지지 않으므로 어류의 생산성 감소와 멸종 등의 문제가 대두되고 있다. 한편, 양식에 의해 이러한 문제점 해결과 해산물 수확량 및 단백질 식량의 공급량을 늘릴 수 있으나 전체 해산물 중에서 차지하는 비율이 적으며(전 세계 총 해산물 양의 10%), 연안해의 오염이 심화됨에 따라 폐허화되는 양식장이 늘고 있다.

4) 경작지의 증가

경작지를 증가시킴으로써 식량증산을 도모할 수 있다. 현재 전 세계적으로 경작 가능한 토지 중에서 실제 경작지로 이용되고 있는 것은 약 44%에 불과하다. 그러므로 이론적으로는 경작지를 2배까지 늘릴 수 있으나 여기에는 몇 가지 문제점이 있다.

(1) 거리가 멀고 해충 발생이 심한 지역이 많다.

경작지로서 잠재적 후보지들은 남미의 아마존강 유역, 아프리카 우림지, 동남아 우림지 등 대부분 열대지역에 위치하고 있어 기존의 도시지역과 거리가 먼 오지로 경작 여건이 매우 불리하며 또한 해충발생이 높은 지역이다. 더욱이 이 지역들은 열대우림지역으로 지구의 산소 공급원으로서 매우 중요한데 농경지로 개발할 경우 산소 생산양은 현저히 감소할 것으로 예측되어 또 다른 지구환경문제를 유발할 가능성이 매우 높다.

(2) 토양 척박지가 많다.

습지나 열대 우림지 등은 약 90%의 토지가 인(P)이 절대적으로 부족하고 알루미늄 함량이 높으며, 약 73%의 토양이 산성을 나타내는 등 토양이 척박하여 한 번 벌채하면 토양침식이 가중되고 사막으로 변하고 만다. 그러므로 이러한 곳에서는 대대적인 농경지 확대사업이 불가능하고 간벌식 농업 등으로 소규모의 경작지 확대만이 가능하다.

그림 13.22 계단식 농경지

그림 13.23 관개용 수로(로마시대)

(3) 관개하기가 어려운 지역이 많다.

농업에서 농업용수의 공급은 필수적이며, 따라서 건조지역이라고 하더라도 농업용수만 공급될 수 있다면 상당부분을 농경지로 전환할 수 있다. 그러나 용수공급에 막대한 비용이 소요되며 현재 전 세계적으로 관개가 되고 있는 지역도 약 절반가량이 지나친 관개 내지는 관개용수의 부족으로 염수 침투현상이 일어나고 있다.

이렇게 여러 가지 방법으로 경작지를 늘려간다고 하더라도 경작지를 잠식해가는 여러 가지 요인이 상존하고 있다. 그 대표적인 요인이 도시화 및 도로의 건설, 각종 개발사업 등이다. 따라서 잠식되는 경작지를 보충하고 식량증산을 위하여 경작지를 늘이는 데에는 여러 가지 한계점이 존재한다.

5) 작물의 수확량 증가

작물의 수확량을 증가시킴으로써 식량을 증산하는 방법은 이제까지의 식량증산방법 중에서 가장 핵심이 되는 것 중의 하나였다. 따라서 과거 통일벼와 같은 다수확품종들에 의한 녹색혁명이 식량증산에 크게 기여한 것은 사실이다. 그러나 이것도 식량 증산에 있어서 해결책은 되지 못한다. 녹색혁명, 즉 작물의 품종을 개량하고 집중적인 영농관리를 통하여 식량을 증산하는 데에는 다음과 같은 문제점들이 존재한다.

① 재래품종에 비하여 다수확품종은 농약, 비료, 그리고 농업용수를 더 많이 요구하기 때문에 그만큼 비용이 많이 든다(3배의 비료, 2배의 관개용수가 필요하나 수확량 증가율은 최대 50% 미만).

② 개량종은 대부분 병충해에 대한 저항력이 약하기 때문에 살충제 등 농약의 살포 양이 많아지게 된다. 이에 따라 농작물의 잔류농약농도 증가와 농약에 의한 해충의 내성이 증대된다.

6) 병충해에 의한 손실

통계에 의하면 전 세계적으로 병충해에 의한 농작물의 손실이 수확 전에 33%, 수확 후에 12% 등 매년 약 45% 정도나 되는 것으로 추정되고 있다.

1947년 뮬러가 최초로 DDT의 살충성을 발견하여 최초의 합성살충제로 상업화한 이래 수많은 다양한 농약들이 개발되었다. 현재 전 세계적으로 약 3,000여 종의 농약들이 사용되고 있으며, 우리나라에서도 약 200여 종의 농약이 특히 많이 사용되고 있다. 이러한 농약들의 장점은 병충해를 신속하게 싼 값으로 줄일 수 있다는 점이다. 그러나 이러한 화학적 농약의 단점은 다음과 같다.

① 무관한 생물들을 많이 죽이며, 특히 천적들을 죽이게 된다. 이렇게 하여 이전에는 문제가 되지 않던 다른 생물들이 해충으로 돌변하는 경우가 생긴다. 응애의 경우가 대표적인 예이다.
② 유전적 저항성이 증대한다. 따라서 농약의 농도나 독성을 더 높이거나 다른 농약으로 자주 바꾸어서 살포해야 한다.
③ 야생동물 및 인간의 건강을 위협한다. 농약에 의해 야생동물이 희생되는 경우가 많으며, 사람도 농약살포 시 중독이나 잔류농약 등의 체내 축적으로 인해 죽거나 건강피해를 입는 사례가 계속 증가하고 있다.
④ 생태계의 다양성이 감소되어 단조로워지고 외부 변화에 대한 적응성과 안정성이 떨어지게 된다.

현재 우리가 쓰고 있는 농약은 앞에서 설명한 여러 가지 문제점들을 가지고 있으므로 이러한 부작용이 없는 농약의 개발과 사용이 요구된다. 이상적인 농약은 다음과 같은 특성을 가져야 한다.

① 표적이 되는 해충만 죽일 것
② 농약의 잔류성이 짧고 자연 분해되며 분해 시 독성이나 유해성이 없을 것
③ 유전적 저항성(내성)이 없을 것
④ 값이 경제적일 것
⑤ 동물이나 인체에 축적성이 없을 것

13.6 생태학적 병충해 제어방법

생태학적으로 건전한 병충해 제어방법에는 다음과 같은 것들이 있다.

1) 경작적 제어

논을 밭으로 그리고 밭을 논으로 바꾸거나 작물을 주기적으로 바꾸어 경작함으로서 병해충의 서식환경변화로 병해충의 서식지 및 은신처를 파괴함으로서 병충해의 발생을 막거나 줄인다.

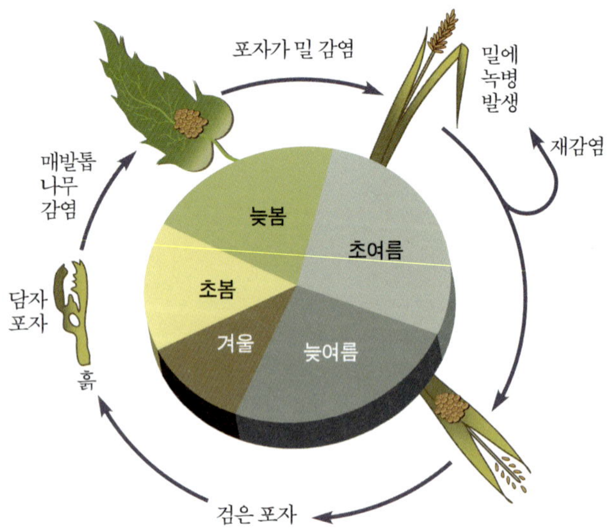

그림 13.24 경작지 제어

2) 생물학적 방제

천적을 이용하여 해충을 방제하는 것으로 딸기, 참외, 수박, 오이, 상추, 시금치 등을 망가뜨리는 진딧물을 천적인 호랑이풀잠자리로, 토마토, 파프리카, 고추, 오이 농사를 망치는 온실가루이를 온실가루이 좀벌로 제압하는 등 해충을 천적으로 구제하는 방법이다. 이 방법은 표적이 되는 해충만을 죽인다는 장점이 있는 반면에 다음과 같은 단점이 있다.

① 대량 생산이 어렵고 농약보다 비용이 2~3배 비싸다.

표 13.7 **주요 작물의 해충과 천적 곤충**

해충	천적 곤충	적용 작물
진딧물류	콜레마니진디벌, 호랑풀잠자리, 무당벌레, 싸리진디벌, 뱅커플랜트 등	딸기, 참외, 수박, 오이, 호박, 멜론, 상추, 피망, 파프리카, 토마토, 시금치, 배추, 깻잎, 장미, 국화, 포도, 복숭아 등
점박이응애	칠레이리응애	딸기, 참외, 수박, 오이, 호박, 멜론, 장미, 국화, 포도, 복숭아 등
잎응애류	꼬마무당벌레, 캘리포니쿠스응애, 긴털이리응애	파프리카, 고추, 사과, 딸기 등
총채벌레류	유럽애꽃노린재, 숨이애꽃노린재, 으뜸애꽃노린재, 오이이리응애 등	딸기, 참외, 수박, 오이, 호박, 멜론, 고추, 피망, 파프리카, 토마토, 깻잎, 장미, 국화 등
온실가루이	온실가루이좀벌	딸기, 참외, 수박, 오이, 호박, 멜론, 고추, 피망, 파프리카, 깻잎, 장미, 국화 등
나방류	쌀좀알벌, 조명알벌	고추, 피망, 파프리카, 토마토, 장미, 국화, 복숭아 등
가루깍지벌레류	깍지무당벌레	귤, 화훼류

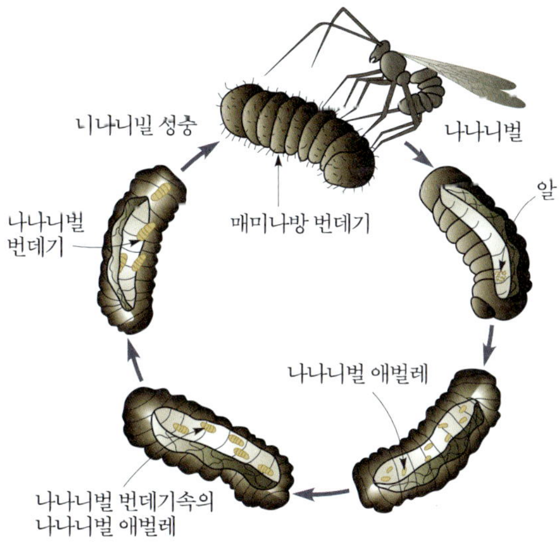

(a) 매미나방 번데기 속에 기생하는 나나니벌의 생활주기

(b) 매미나방 벌레에 알을 낳고 있는 나나니벌

(c) 토마토 사슴벌레에 기생하는 곤충 알

그림 13.25 다른 곤충에 기생하는 나나니벌

② 인공적으로 증식하여야하며 온도와 습도 등 야외 환경에서 적응이 가능하여야 한다.
③ 농약에 의해 죽지 않도록 보호해야 한다.
④ 이것 자체가 병해충이 되지 않도록 해야 한다.

3) 불임에 의한 제어

실험실에서 해충의 수컷을 대량으로 증식한 다음 방사선 등을 조사하여 불임처리한 후 방사하여 암컷과 교미하게 하는 방법이나. 이 방법은 괌에서 가축에 기생하는 나사벌레(Screw worm)를 구제하는데 성공했던 사례이다. 이 방법도 표적이 되는 해충만 제거되므로 생태계에 해로운 영향을 미치지 않는다는 장점이 있으나 다음과 같은 단점이 있다.

① 불임 처리된 수컷을 충분히 공급해야 한다.
② 생활주기와 습성에 대한 정확한 지식이 필요하다.
③ 인공적으로 증식되어 불임 처리된 수컷이 자연산에 비해 열성일 수 있다.

4) 유인제에 의한 제어

유인제에 의한 제어는 소리나 빛, 유인물질(pheromone) 등으로 해충을 유인하여 박멸하는 것이다. 이것도 표적이 되는 해충만을 죽일 수 있고, 생태계에 해로운 영향을 끼치지 않는다는 장점이 있으나 다음과 같은 단점이 있다.

① 각 해충의 종류별로 특이한 유인제의 동정 및 분리가 어렵다.
② 유인제를 사용할 경우 표적이 되는 해충의 습성에 대한 지식이 있어야 한다.
③ 해충의 주기적 번식 및 유전적 저항성에 대한 지식이 있어야 한다.

5) 호르몬제에 의한 제어

해충에게 청춘 호르몬(juvenile hormone)을 사용하여 빨리 노화시켜 죽게 하던지 변태 호르몬(molting hormone)을 써서 변태를 하지 못하도록 하거나 지연시켜 죽게 하는 방법이다. 이러한 호르몬제는 다음과 같은 장점을 가지고 있다.

① 합성이 쉬우며 동물에 무독하다.
② 1주일 이내에 분해된다.
③ 소량으로도 효과가 나타난다.

그러나 호르몬제는 다음과 같은 단점도 가지고 있다.

① 죽이는데 시간이 오래 걸린다.
② 대규모 발생에는 효과가 별로 없다.
③ 어떤 때는 작용하기 전에 환경 중에서 분해되어버린다.
④ 곤충 생활사의 정확한 단계에서 사용해야 한다.

6) 저항성 품종의 육종

저항성 품종을 육종하여 병충해에 대처하면 근본적이고도 효과적인 방법이 될 수 있다. 그러나 이것은 고도의 유전 및 육종학적인 지식과 연구가 필요하며, 많은 노력과 시간이 소요되는 일이다. 이 방법으로 일부 병충해에 대해 성공을 거둔 사례가 일부 있는데 그 중 하나가 밤나무 혹벌에 내성이 있는 내충성 밤나무의 육종이다.

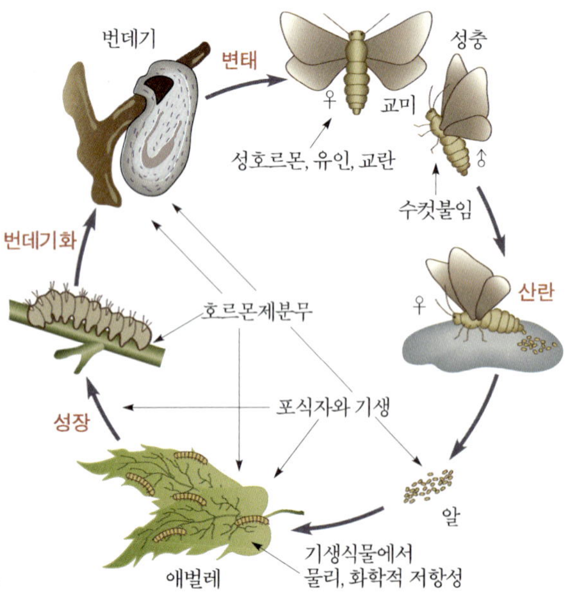

그림 13.26 곤충의 복잡한 생활주기

7) 종합적 방제

종합적 방제는 경작 농토를 하나의 생태계로 간주하여 화학적, 생물학적 및 경작적 제어를 종합적으로 실시하는 방법이다. 이 방법은 병해충을 근절하려고 하는 것이 아니라 피해를 경제적 손실 이하로 유지하려는 것이 목적이다. 그리고 농약의 살포를 최소화하여 해충의 저항성을 키우지 않도록 노력하는 것이다. 이러한 종합적 방제는 병해충을 종합적으로 관리하기 때문에 실패할 확률이 매우 적다는 장점이 있는 동시에 다음과 같은 단점이 있다.

① 복잡하며 전문적 지식이 필요하다.
② 효과가 장소에 따라 다르게 나타난다. 즉, 어느 곳에는 유효하나 다른 곳은 유효하지 않을 수가 있다.
③ 초기 비용이 많이 소요된다.

이와 같은 단점들에도 불구하고 종합적 방제는 현재까지 개발된 방법 중에서 가장 광범위하게 적용이 가능하고 효과적이며 적용 가능성이 높기 때문에 향후 이 방법에 대한 연구가 더 많이 수행되어야 한다.

13.7 농촌 환경의 보전

농촌의 환경을 보전하기 위해 다음과 같은 방안이 제시될 수 있다.

1) 자연파괴를 최소화하는 개발의 추진

농촌지역에서 행해지는 모든 개발 행위에 대해서 사전에 개발에 따른 영향을 예측하여 자연파괴를 최소화하는 개발계획이 추진되어야 한다. 큰 규모의 개발 사업은 환경영향평가를 충실하게 실시하여 대처해야 하며, 환경영향평가대상의 규모에서 제외되는 작은 개발 사업의 경우에도 사전 환경성 검토와 당해 기초자치단체의 환경보전계획이나 자연환경보전법의 적절한 적용에 의해 자연파괴를 최소화해야 한다.

독일의 경우 모든 개발계획에 환경영향평가와는 별도로

환경보전계획과 경관보전계획을 제출하도록 하고 있다. 또한 개발 전에 미리 벌채될 나무의 숫자와 제거될 식피의 양을 예측하여 이를 다른 지역에 보상 식재하도록 한 후 개발계획을 추진하도록 하고 있다.

2) 폐기물의 관리 및 수거 체계 구축

도시뿐만 아니라 농촌지역에서도 축산폐기물 및 생활폐기물을 적절히 수거처리하고 관리하는 제도를 확립시켜야 한다. 농촌지역은 인가가 서로 멀리 떨어져있기 때문에 폐기물의 수거가 여러 가지 면에서 매우 곤란하다. 그러므로 폐기물의 감량화를 우선시하고 음식물쓰레기, 채소류, 축산분뇨 등 썩을 수 있는 유기성 폐기물은 가능한 한 농촌에서 자체 퇴비화하여 토양으로 환원시키도록 해야 한다. 그리고 폐전지, 폐페인트, 농약병, 폐용제 등 유해성 폐기물은 별도의 수거체계를 확립시켜야 할 것이다. 그 밖에 현재 시행되고 있는 폐기물 처리 예치금제 등을 적극적으로 활용하는 것도 하나의 방안이 될 것이다.

3) 농촌 생활하수의 적절한 처리

농촌지역에 대한 하수처리시설의 지속적인 확대로 생활하수에 의한 하천 등의 오염을 방지하여야 한다. 현재 정부에서 전국적으로 시행하고 있는 하수관거 정비사업은 지방 중소도시까지 사업영역을 확대하고 있지만 농촌지역의 경우 도시처럼 주거지가 밀집되어있지 않으므로 하수관망을 정비하여 부락 단위로 소규모 하수처리시설을 운영해 나가야 할 것이다. 이에 대한 재정부담은 정부와 지자체에서 대폭 부담하도록 하고 농민들에게는 일부만 부담시키는 방안이 바람직하다.

4) 저투입 지속농업의 추진

저투입 지속농업이란 자원의 재생산과 재이용을 원활히 하고 농약과 화학비료의 투입량을 최소로 억제함으로써 지역자원과 환경을 보전하고 일정한 생산성과 수익성을 지속시키는 동시에 보다 안전한 농산물의 생산에 기여할 수 있는 농업체계를 의미한다. 저투입 지속농업은 유기농업, 자연농업, 생태농업과 유사한 개념으로 이러한 유형의 농업방식은 모두가 공통적으로 자연의 법칙에 순응하며, 생물의 자연 순환을 강조하고 나아가 인간과 자연생태계의 공존을 추구하고 있다. 한 마디로 말하면 화학비료와 농약의 과다 사용으로 인한 생산성 편중 농업의 피해에서 벗어나기 위한 농법이라고 할 수 있다.

유기농법은 화학비료나 농약, 그리고 화학적 생장조절제, 제초제 등을 사용하지 않고 가축의 분뇨나 유기성 폐기물, 자연광석 분말 등을 최대한 활용하는 농법이다. 현재 이러한 유기농법의 시행은 구미 선진국을 비롯한 여러 나라에서 점점 더 관심의 폭을 넓혀가고 있으며, 우리나라에서도 1992년에 유기농업학회와 한국 유기성 폐기물 자원화 협의회가 발족되었다.

오랜 영농의 역사를 가지고 있는 우리나라는 앞으로 이러한 저투입 지속형 농업을 발전시켜 지력을 보강하고 생산성을 향상시켜나가야 할 것이다. 그렇게 하기 위해서는 유기성 폐기물을 퇴비화하여 토양으로 환원시키고 저독성, 친환경성 농약(미생물 농약이나 성호르몬제 등)의 개발, 천적 등 생물학적 원리를 이용한 병충해 방제, 윤작·혼작제 등을 적절히 조합시킨 종합적 영농관리방식의 확대가 필요하다.

이러한 저투입 지속농업의 확립과 성공을 위해서는 여러 가지 사회·경제적 여건도 이에 따라서 보완되어야 한다. 또한 우리 인류가 생태계의 일원으로서 영속하려면 현재와 같은 자원·에너지 낭비형 고도산업사회는 농업사회와 조화를 이루어 발전되어야만 한다.

21세기에는 재생 불가능한 자원인 석탄·석유·광물자원의 부족으로 여러 가지 발전 저해현상과 에너지 위기, 환경오염 문제 등을 겪게 될 것이다. 그리하여 이러한 자원·에너지 문제를 극복하기 위한 수단의 하나로 농촌에서 생산되는 재생 가능한 농업자원의 적절한 이용이 크게 부각되고 있다. 즉, 농업부문을 건전하게 발전시키는 것이 경제적 측면이나 환경적 측면에서 중요한 과제가 되고 있는 것이다. 이러한 면에서 볼 때 저투입 지속농업에 대한 지속적인 연구와 실천은 어쩌면 인류의 영속을 위한 하나의 커다란 대안이 될지도 모른다.

EXERCISE

1. 우리나라 농업현황을 조사하고 주요 농작물별 자급률을 제시하라.
2. 농업이 환경에 미치는 영향을 구체적인 예를 들어 설명하고 대책을 제시하라.
3. 유기농업의 예를 들고 환경에 미치는 영향을 설명하라.
4. 농공단지가 지역경제에 이바지하는 기여도와 환경문제로 인한 부정적 측면을 고려하여 자신의 의견을 제시하라.
5. 농촌 환경문제를 제기하고 해결방안에 대한 제안을 하라.
6. 생태학적 농업방법을 조사하고 우리 농촌에 적용 가능한 방법을 제시하라.
7. 농약의 종류를 제시하고 잔류기간 등을 조사하여라.
8. 수입되고 있는 GMO농산물의 종류와 시중에서 판매되고 있는 GMO농산물 제품들을 제시하라.
9. 우리나라에서 판매되고 있는 비료의 종류와 용도 및 성분 등을 조사하여라.
10. 재래종 품종과 개량종 품종의 차이점들을 예를 들어 장・단점을 비교하여라.

CHAPTER

14

환경과 건강

CHAPTER 14 환경과 건강

14.1 환경오염과 건강

환경오염에 의해서 암 질환을 위시한 많은 불치의 만성질환들이 발생되고 있다. WHO 보고에 따르면 암질환의 70% 이상이 환경오염에 의해서 발생되고 있다고 한다. Lave와 Seskin은 폐암 사망률이 대도시의 경우 농촌보다도 2~3배나 높다고 발표한 바 있고, Brodine은 만성기관지염 환자의 발생률이 비오염지역 주민보다 대기오염지역의 주민이 2~3배나 높다고 발표하였다.

환경 중의 오염물질들이 인체 내로 유입되는 경로는 3가지로 호흡기를 통해 유입됨으로서 폐에서 인체에 흡수되는 것과 음식물과 음용수를 통해 위장으로 유입되어 흡수되는 경우 그리고 피부접촉을 통해 흡수되는 경우가 있다. 이와 같이 인체로 유입된 오염물질들이 체내축적을 통해 나타내는 생물학적 반응은 다음과 같다.

① 자극 반응
② 섬유화 반응
③ 질식
④ 알러지(allergy)
⑤ 유전자 손상 및 돌연변이 유발
⑥ 기형아 및 무뇌아 원인
⑦ 암 유발
⑧ 전신작용

이러한 생물학적 반응은 오염물질의 종류, 노출시간 및 농도 등에 따라 다르게 나타나며 또한 다음과 같이 성별, 나이, 건강상태 등 노출대상의 조건에 따라서도 다르게 나타난다.

① 나이(영유아, 신생아, 노약자 등)
② 성별
③ 건강상태(질병 유·무, 병력 등)
④ 영양상태
⑤ 면역상태
⑥ 심리상태(스트레스, 노동)
⑦ 생활습관(흡연, 음주, 약물복용, 주기적 운동, 거주지역 등)

인체로 유입되어 흡수되는 오염물질들은 대사과정을 통해 배설되거나 생체전환(bio transformation) 및 인체 내에 축적된다. 이 중 가장 문제가 되는 것은 생체전환으로 인체 내에서 본래의 오염물질보다 독성이나 유해성이 더 높은 물질로 형질전환을 일으켜 인체에 피해를 나타내게 한다. 즉, 체내로 흡수되는 독성이나 유해물질들은 간에서 효소작용에 의해 무해화되거나 독성이 제거되는데 DDT, BHC, 벤조피렌 등과 같은 유기염소계 화합물이나 유기인계 농약, 사염화탄소 등과 같은 물질들은 생체전환을 일으켜 체내에 축적되어 암 등을 유발하는 것으로 알려져 있다. 이러한 물질들은 과거 농약, 제초제 등으로 많이 사용되어 왔으며, 현재도 PCB나 다이옥신 및 퓨란류 등이 문제가 되고 있다. 인체에 유입된 오염물질들 중 생체전환 다음으로 대사과정에서 소화기에 의해 흡수된 물질들 역시 일부는 배설되어 체외로 배출되나 나머지는 인체 내에 축적되는데 오염물질의 종류와 특성에 따라 축적되는 표적기관이 다르다. 예를 들어, 비수용성인 유기염소계 화합물들은 주로 지방근육 속에, 납은 뼈의 조직 속에 그리고 카드뮴은 간에 축적되는 것으로 알려져 있다. 따라서 이러한 오염물질들의 생체전환이나 표적기관 축적으로 인해 발생되는 인체의 영향은 만성적 질환으로서 과거 일본에서 발생한 공해병처럼 장기간에 걸쳐 서서히 나타나기 때문에 원인을 명확히 규명하기가 사실상 거의 불가능할뿐더러 또한 발병 시 치유가 불가능하다는 특성을 가지고 있다. 즉, ppm이나 ppb와 같이 극미량의 농도로 규제하는 오염물질들이 생물농축에 의해 인체에 영향을 나타내기까지 긴 시간 동안의 노출과정 속에서, 인체에 대한 영향을 어느 시점에서 조기에 발견하기란 결코 쉬운 일이 아니며, 또한 유전자 손상이라든가 기형아 출산과 같은 2세에 나타나는 영향 등은 현재의 의학수준으로도 예측이 불가능한 일이라 하겠다.

14.2 식품과 건강

사람은 생명을 유지하기 위해 매일 식품을 섭취하고 물을 마셔야 한다. 이러한 과정에서 음식물이나 음료수 등에 들어있는 화학물질이나 미생물의 대사생성물 또는 병원성 미생물 등에 의해 발생하는 중독을 식중독이라고 부르며, WHO는 "식품 또는 물의 섭취에 의해 발생되었거나 발생된 것으로 생각되는 감염형 또는 독소형 질환"이라고 규정하고 있다. 이 중 화학물질에 의한 경우를 화학성 식중독이라고 하며, 미생물에 의한 중독을 세균성 식중독이라고 한다.

세균성 식품중독은 병원성 세균에 의해 발생되는 것으로 수인성 병원균 등이 식품이나 물을 통해 인체 내에 침투하여 일으키는 중독현상으로 감염형 식중독과 독소형 식중독으로 구분되며, 알러지를 일으키는 히스타민이나 아세틸콜린부터 밀이나 콩 등에서 곰팡이에 의해 생성되는 아플라톡신까지 세균성 식중독도 세균의 번식에 의해 생성되는 대사생성물 자체가 화학물질인 관계로 넓은 의미에서 화학 식중독이라고 볼 수 있다.

식중독은 중독을 일으키는 물질에 따라 다음과 같이 분류된다.

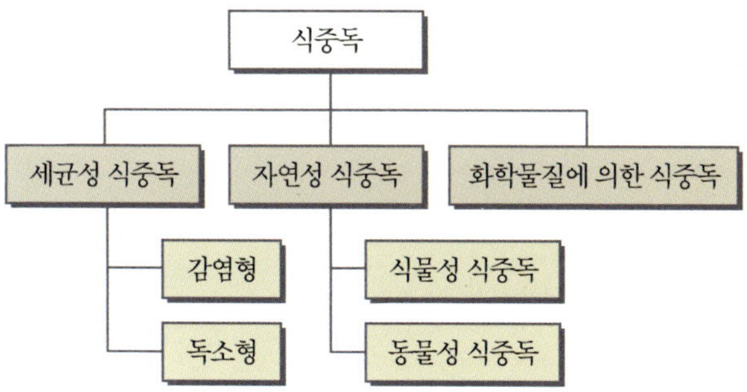

그림 14.1 식중독의 분류

식중독으로 인한 증상은 소화기계에서 나타나는 구토와 설사 및 발열 등이 있고 전신증상으로 보툴리누스균처럼 신경마비, 근육경련, 의식장애 등을 나타내는 경우도 있다. 화학물질이 치사량을 초과할 경우 사망하나 식품에 의한 중독의 경우에는 대부분 만성중독을 나타내는 경우가 많다.

이밖에 독버섯이나 복어처럼 자연 독을 가지고 있는 식물이나 어패류 등을 잘못하여 섭취함으로서 중독을 일으킬 수도 있다.

1) 세균성 식중독

세균성 식중독은 감염형과 독소형으로 구분되며, 식중독의 가장 흔한 형태로 대부분의 식중독균은 4~60℃ 사이에서 증식하며, 35~36℃에서 번식속도가 가장 빠르다. 따라서 4℃ 이하나 60℃ 이상으로 식품을 보관할 경우 세균의 증식을 방지할 수 있다. 온도별 세균성 식중독 지수와 유발시간과의 관계는 그림 14.2와 같다.

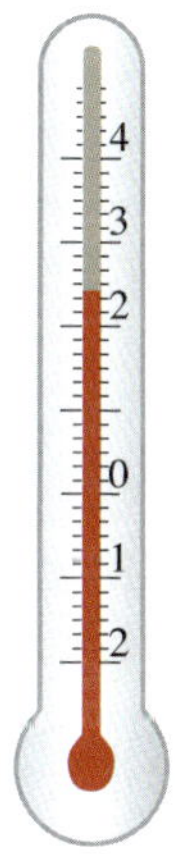

온도(℃)	식중독 유발시간	식중독 지수
15	69.3	5
20	27.7	13
25	11.6	30
27	8.7	40
29	6.9	51
31	5.8	61
33	4.8	73
35	4.1	86
40	3.5	100

※자료 : 식품의약안전청

그림 14.2 온도별 식중독 지수와 유발시간

(1) 감염형 식중독

감염형 식중독은 침투성 세균이 직접 장관 점막층의 상피세포에 침투하여 다양한 증상을 일으킴으로서 발생하며 잠복기는 16시간 이상으로 병원성 대장균, 살모넬라균, 장염비브리오균, 시겔라균 등이 있다.

① 살모넬라(Salmonella)균에 의한 식중독

살모넬라균은 수인성 전염성이 강한 장티푸스 및 파라티푸스의 원인균으로 가축, 어류, 물 등에 광범위하게 분포한다. 살모넬라는 1885년에 D. E. Salmon이 그의 공동연구자 Theobald Smith와 같이 돼지콜레라균을 발견한 것을 기념하여 이와 유사한 세균에 대해 일괄적으로 명명한 것으로, 1888년 Gärtner가 독일에서 발생한 식중독에서

표 14.1 세균성 식중독의 주요 특성

병인	전염원	전염경로	잠복기	주증상	발병률	기타
장염 비브리오	부시리(전갱이어과에 속하는 해산어류), 생선회 등	발육조건만 갖추어지면 식품 속에서 1~2시간 만에 중독을 일으킬 수 있다. 파리에 의해서도 운반	13~19시간	복통, 구토, 설사, 두통, 발열	30~90%	Takikawa 등에 의해 26가지의 혈청으로 분리되어 있는데, II, IV, VII형이 가장 많음.
살모넬라균 속	사람, 개, 고양이, 쥐 등의 보균 동물과 계란, 소, 돼지 등의 수육 및 제품, 우유, 유제품 및 식물성 식품	수육, 가금, 계란과 쥐에 의해 오염된 식품, 음식물, 그리고 파리에 의한 식품의 오염	6~72시간 (평균 12~24시간)	구토, 복통, 설사, 오한, 전율, 두통, 발열	식품오염의 정도에 따라 다르나 보통 10~75% 전후	
포도상 구균	사람, 동물의 화농창, 비점막 등에 존재하고, 온도가 알맞으면 장관독 생성균주가 증식하여 장관독 분비	식품 취급자에 의한 식품오염(손가락의 화농창이 많음), 그리고 유방염의 소에서 오염된 우유	1/2~6시간 (평균 2~3시간)	발병은 급격, 타액 분비가 증가되고 구토, 복통, 설사, 발열 거의 없음	30% (치사율 0~1%)	우유, 유제품이나 햄, 소시지, 샐러드 등에 의한 것이 많음. 어육제품 등에 특히 많으며 가공품에도 있다.
보툴리 누스균	균의 아포가 토양으로부터 식품에 오염되어 가공조작에도 견디어 내며, 혐기적으로 증식하여 균의 자체 붕괴에 의해 독소를 생성함.	가열처리가 불완전한 수육, 생선구이, 소금에 절인 것, 통조림류에 많음.	2~8일(보통 1~7일) 7일 이상 생존하면 그 후는 양호, 독소량이 많을수록 짧음.	호흡곤란, 호흡근육 마비에 의한 사망, 보통 발열은 없음.	함독식품을 먹으면 거의 모두가 발병 (치사율 30~70%)	독소는 가열에 의해 파괴되지만 아포의 내열성 독소는 위에서 잘 흡수됨.
웰치균	토양, 분변 등에 의해 오염된 식품	오염된 어육, 유제품 등(가열 후 방치된 것), 그리고 오징어나 고등어 등의 조리식품(사람, 쥐에 의한 오염)	12~18시간	복통, 설사가 주로 일어나고, 두통, 발열, 구토는 별로 없다.	50~60%	F형은 괴사성 장염을 일으키며, 치사율이 40%이나 A형은 증상이 가벼움.

같은 균을 발견함으로서 살모넬라 식중독에 대한 최초의 보고가 되었다. 살모넬라균에 의한 식중독은 주로 여름철에 어육제품, 어패류, 유제품, 메추리 알, 계란 등을 통해서 많이 일어나며, 이 식품들이 다양하게 조리되어 널리 섭취되는 만큼 실제 식중독 발생 사례는 특정 식품에 국한되지 않고 다양하다. 가축이나 쥐, 개 등의 보균, 하수도 등이 감염원으로 알려져 있으며 특히 최근 개, 고양이 등 애완동물과 녹색거북이가 살모넬라균의 중요한 오염원으로 주목받고 있는 만큼 이런 동물을 애완용으로 기르는 가정의 경우 어린이들의 각별한 주의가 요구된다. 살모넬라균에 의한 식중독 발생 시 설사, 복통 등으로 심한 탈수 증세를 보이며 심한 경우 사망하기도 한다.

그림 14.3 식중독을 일으키는 세균들

② 장염 비브리오(Vibrioparahaemolyticus)

장염 비브리오균은 세균 1마리가 10분 후에 2마리로 증식하며, 4시간 후에는 100만 마리 이상으로 증식할 수 있고, 육지에서 비교적 가까운 바다나 갯벌에 분포되어 있는 장염 비브리오균은 수온이 20℃가 넘는 환경에서 왕성하게 증식하나 저온에서는 활동이 둔화되어 5℃ 이하에서 거의 증식이 불가능하다. 열에 약하여 60℃에서 15분, 100℃에서 수분 내로 사멸된다. 장염 비브리오는 바닷물에 분포하고 있기 때문에 해산 어패류가 오염원이 된다. 주로 연안해역의 바닷물이나 플랑크톤 등에 분포하며 기온이 높은 여름철에 문어, 오징어, 고등어, 부시리, 피조개 등과 같은 연안 어종과 조개류에서 많이 발견된다.

장염 비브리오 식중독은 6월~10월에 발생하나 주로 9월에 많이 발생하며 잠복기는 10시간 이내로 급성 위장염으로 심한 복통(특히 위 복부), 설사, 37~38℃의 발열, 구토와 패혈증으로 사망하는 경우도 있다. 우리나라에서 장염 비브리오 식중독이 많은 것은 생선회나 초밥 등 생선류나 조개류를 날 것으로 즐겨먹는 식습관 때문이다. 이 식중독의 감염원은 오염된 어패류이지만 조리용 도마, 식칼, 냅킨, 수세미, 행주, 물고기 상자 등도 2차 오염원이 된다.

(2) 독소형 식중독

독소형 식중독은 황색포도상구균, 바실러스 세레우스균, 웰치균(클로스트리디움균), 장독소원성 대장균 등과 같은 비침투성 병원균이 장 내에서 독소를 생산하여 다양한 증상을 일으키는 식중독을 말한다.

① 포도상 구균(Staphylococcusaureus)

포도상 구균은 자연계에 널리 분포되어 있는 세균의 하나로서 식중독뿐만 아니라 피부 염증, 중이염, 방광염 등 화농성 질환을 일으키는 원인균으로 우리나라에서 살모넬라 식중독 및 장염 비브리오 식중독 다음으로 많이 일어나는 식중독의 원인균이다. 수십 종의 포도상 구균 중에서 식중독을 일으키는 균은 황색 포도상 구균뿐이며, 다른 포도상 구균에 의한 식중독 발생 사례는 현재까지는 없다. 두통, 설사, 구토, 복통 등 위장 장애를 일으키며 치사율이 매우 낮고, 유제품, 어육류, 육가공품 등에 의해 발생될 수 있다.

비교적 열에 강한 세균인 황색 포도상 구균은 80℃에서 30분간 가열하면 사멸되지만 황색 포도상 구균에 의해 생산된 장독소(enterotoxin)는 100℃에서 30분간 가열해도 파괴되지 않는다.

② 보툴리누스균(Clostridium botulinum)

보툴리누스균에 의한 식중독은 이 세균에서 생산되는 신경독소에 의해 말단운동신경의 마비를 일으키는 치사율이 높은 식중독이다. 신경증상이 나타나기 전에 구역질, 구토, 설사 같은 증상이 종종 나타나며 무력감, 권태감, 현기증이 나타난다. 증상이 발전되면 약시, 복시 등과 같은 시력장애와 언어장애가 나타나며 호흡중추마비로 사망할 수 있다. 보툴리누스균은 열과 소독약에 저항성이 강한 아포(spore, 포자, 생물이 무성생식수단으로 만드는 단일세포)를 생성하는 혐기성 독소형 식중독균으로 장시간 끓여도 살균되지 않는다. 보툴리누스균 포자는 토양에 광범위하게 분포되어 있으며 바다나 호수의 바닥에서도 검출되기 때문에 농산물, 어패류 등 모든 식품재료들이 이 균의 포자에 오염되어있다고도 볼 수 있다. 보관상태가 나쁜 통조림이나 소시지를 섭취할 때 주로 발생한다.

③ 병원성 대장균(enteropathogenic Escherichia coli)

병원성 대장균은 설사, 장염을 일으키는 대장균으로서 해외여행 시 자주 발생하는 설사의 원인균으로 주목받고 있다. 이들 병원성 대장균은 유아의 경우 증상이 심하나 성인은 오염이 심한 식품을 섭취할 경우 급성장염 등의 증상을 나타낼 경우가 있다. 대장균이 설사의 원인이 될 수 있다는 사실은 19세기부터 알려져 있었지만 건강한 변에 들어있는 정상 대장균과 설사를 일으키는 설사변 중의 대장균을 구별하는 방법이 1945년에 확립되어 비로소 병원성 대장균이라고 불리게 되었다.

병원성 대장균에 의한 식중독 중에서 특히 O-157에 의한 장출혈성 대장균 감염증은 1종 법정 전염병으로, 적은 수의 균으로도 감염을 일으킬 만큼 감염력이 매우 강하고, 발병 후 단기간에 사망에 이를 수도 있기 때문에 치명적인 질환이다.

병원성 대장균은 가축, 애완동물, 건강한 보균자 및 자연환경에 널리 분포하고 있기 때문에 햄, 치즈, 소시지, 샐러드, 도시락, 두부 등 식품이 원인이 될 수 있으며 물을 매개로 발생되기도 한다. 대부분의 병원성 대장균이 열에는 약하기 때문에, 병원성 대장균의 감염이 우려되는 시기나 지역에서는 반드시 익혀먹는 습관을 들여야 한다.

④ 웰치균(Clostridium perfringens)

웰치균이 장관 내에서 증식하여 아포를 형성할 때 생산하는 장독소에 의해 일으키는 감염형 식중독으로 웰치균은 혐기성균으로 열에 강하며 아포는 100℃에서 4시간 가열해도 살아남는다. 집단 급식시설 등에서 다량으로 조리한 음식 등에서 발생되기 쉬워 "집단조리 식중독"이라고 불리기도 하며, 잠복기는 8~16시간으로 설사, 복통을 일으키고 수육(獸肉), 어패류 및 이를 사용한 채소, 삶은 음식 등 가열식품에 의해 발생한다.

웰치균 식중독의 주오염원은 가축과 가금류(오리, 닭 등)로, 이들 동물이 도살되는 과정 중에 오염되어 식중독의 발생원이 된다.

⑤ 세균성 이질(shigellosis)

세균성 이질은 시겔라 세균에 의해 감염되어 설사를 일으키는 제1종 법정 전염병이며, 그 외 세균성 장염을 일으키는 것으로는 캠필로박터와 예르시니아 등이 있다. 바이러스성 위장관염을 일으키는 바이러스로는 노로바이러스와 로타바이러스가 대표적이다. 위생시설이 발달하면서 상한 음식을 섭취하는 일이 적어짐에 따라 근래에는 세균성 위장관염보다는 바이러스성 위장관염이 훨씬 더 많은 비중을 차지하고 있는데, 특히 노로바이러스에 의한 위장관염은 최근 모든 위장관염의 50%를 차지할 정도로 많으며, 주로 식수나 수영장의 물을 통해 감염되나, 사람과의 직접적인 접촉을 통해서도 감염되는 등 전염성이 강하여 집단적인 발병 양상을 보인다. 로타바이러스에 의한 위장관염은 주로 5세 이하의 영유아에게 겨울철 설사질환을 일으키는데, 오랫동안 국내에서는 그 원인을 몰라서 가성 콜레라로 불린 바 있다.

2) 자연독에 의한 식중독

자연독 식중독에는 독버섯 등 식물성 식중독과 복어와 같은 동물성 식중독이 있다.

(1) 식물성 자연독

① 감자 독

감자의 씨눈 부위나 녹색을 띠는 부분에 솔라닌이 함유되어 있는데, 가열에 의해서도 제거되지 않는 식물성 독으로 섭취 후 수 시간이 경과하면 복통, 현기증, 위장장애, 의식장애 등을 일으킨다.

② 버섯 독

버섯 독에는 원형질독, 신경독, 위장독, 악취독(惡臭毒), 격통(激痛)독 등이 있으며, 열에도 강하기 때문에 가열을 하거나 조리를 해도 독성을 유지한다.

버섯에 중독된 경우 독성분에 따라 구토, 복통, 설사 등이 나타나는 소화기계형, 경련, 혼수, 황달 등이 나타나는 콜레라형 그리고 환각, 근육경련 등이 나타나는 뇌증형 등으로 구분한다.

(2) 동물성 자연독

① 복어 독

복어는 알, 난소, 간, 껍질 등에 치명적인 독성물질인 테트로도톡신(tetrodotoxin)이라는 물질을 함유하고 있으며 특히 산란기인 4~6월에는 독성이 더욱 강하다.

복어 독은 열에 강해 120℃에서 1시간 이상 가열해도 파괴되지 않으며, 섭취 후 30분~4시간 이내에 입술과 혀끝의 마비, 두통, 복통, 지각마비, 언어장애, 호흡곤란 등이 발생하고 중증의 경우 사망한다.

② 조개류

유독성 플랑크톤이 축적된 조개류 섭취 시 발생하며 우리나라 남해안뿐만 아니라 동해안에서도 조개류의 유독화가 문제되고 있다. 마비성 조개독은 2월에서 5월 사이 적조에 노출된 섭조개나 홍합 섭취 시 발생하며 섭취 5~30분 후 입술을 시작으로 얼굴, 목 등에 마비가 오고 치사율은 10% 정도이다. 설사성 조개독은 유독성 플랑크톤이 생산하는 지용성 독소로서 초여름에 남해안 지역에서 발생하는데 섭취 후 4시간 이내에 증상이 나타나나 3일 이내 회복된다.

3) 화학물질

화학물질에 의한 식중독은 식품이나 음료수 등에 고의적으로 첨가하는 첨가물이나 원료 및 부원료, 제조과정이나 유통과정 또는 포장재나 용기 등으로부터 비고의적으로 화학물질이 혼입됨으로서 중독현상을 일으키는 경우로 허용된 첨가물이라 할지라도 과량 섭취에 의해서도 발생될 수 있다. 따라서 식품이나 음료수 등에 화학물질이 혼입되는 경우를 보면 첫째, 식품의 원료가 되는 농산물이나 축산물 및 어패류 등에 화학물질이 축적된 경우로 오염된 환경에서 서식하거나 과도한 농약, 호르몬제, 성장촉진제 등 화학물질들을 사용하여 재배하거나 기르는 경우, 둘째, 식품으로 가공하는 과정에서 고의적으로 첨가하거나 비고의적으로 혼입되는 경우로 과도한 첨가량, 공정상의 문제로 균일한 혼합이 일어나지 않거나 반응이 불완전 경우 및 사고나 실수로 허용되지 않은 화학물질이 비고의적으로 혼입되는 경우, 셋째, 유통 및 판매과정에서 포장재 파손 등으로 외부로부터 화학물질이 혼입되는 경우 등이 있다. 또한 첨가물의 오용에 의해서도 발생될 수 있는데 과거 사탕에 표백제로 사용되던 롱가리트(차아황산나트륨)처럼 첨가물에 대한 인체 유해성이 완전히 밝혀지지 않은 채 사용되다가 뒤늦게 유해성이 밝혀짐으로서 사용이 중단된 사례를 종종 볼 수 있다. 화학물질에 의한 식중독은 환자에게 치명적인 후유증을 남기며 대규모로 발생하는 특징이 있다.

(1) 식품원자재의 오염

식품의 원자재인 농산물의 재배과정에서 토양오염이나 수질오염 그리고 과도한 농약이나 비료 등에 의해 오염되는 경우, 저장성을 좋게 하고 신선도를 유지하기 위한 약품처리나 방사선 처리 등과 축산물의 경우 성장촉진호르몬제제의 투여나 항생제 등의 남용 등은 농산물과 축산물 중의 화학물질 잔류량을 증가시키며, 이를 가공하여 섭취하였을 경우 잔류 화학물질에 의해 식중독을 일으킬 수 있다. 예를 들면, 쌀, 밀, 땅콩, 콩, 옥수수 등과 같은 곡물류나 대두류는 저장이나 장거리 수송과정에서 습기로 인해 곰팡이가 증식할 경우 이들에 의해 생성되는 마이코톡신이나 아플라톡신과 같은 독성물질에 오염될 수 있다. 따라서 이러한 농산물을 식품으로 가공하여 섭취할 경우 비고의적 화학물질로 인한 피해를 입을 수 있다.

또 다른 예로 축산용 사료에 가축의 성장을 촉진하기 위해 사용되는 DES(diethylstilbestrol)가 육류를 통해 인체로 선달되는 경우로, 만일 산모가 육류를 통해 DES를 섭취할 경우 산모와 아기에게 암을 유발하는 것으로 알려져 있다. 이밖에 오염된 수역에서 채취한 어패류 역시 체내 축적된 여러 가지 오염물에 의해 같은 결과를 나타낼 수 있다.

(2) 제조, 가공과정에서의 혼입

식품의 제조 및 가공과정에서 비고의적으로 화학물질이 혼입되어 식중독을 일으키는 경우로 1955년 일본 모리나가 유업에서 분유제조 시 유질안정제로 다량의 비소가 함유되어있는 사실을 모른 채 제2인산나트륨을 첨가하였는데 분유를 먹은 유아들이 집난석으로 비소중독 증상을 나타낸바 있다. 또한 공정상의 사고나 문제로 인해 화학식중독이 발생하기도 한다. 예를 들면, 브라질에서 6세의 여자아이가 갑자기 6개월 만에 30대의 여성으로 조숙해버린 사건이 발생하였는데, 역학조사 결과 사료제조과정에서 성장촉진호르몬제 배합 시 정전으로 균일한 혼합이 이루어지지 않아 고농도의 성장촉진호르몬제가 들어간 사료를 먹은 소의 우유를 이 소녀가 집중적으로 먹었던 것이 원인으로 밝혀진 바가 있다. 이 밖에도 제조과정에서 분쇄기, 착즙기와 같은 기계장치나 반응기 등의 소재인 금속이나 비철금속 또는 합금류 등이 마모나 산화 등에 의해 식품에 혼입되는 경우가 있다. 예를 들면, 서양에는 구리주전자를 보편적으로 많이 사용하여왔는데 구리의 경우 녹청이 생길 경우 매우 독성이 큰 물질이 된다.

(3) 용기, 포장재로부터 혼입

식품을 담는 용기나 포장 재료에 들어있는 화학물질이 용출되어 식품에 흡수되거나 혼입되어 식중독을 유발할 수도 있다. 예를 들면, 산화방지를 위해 주석 도금을 한 통조림 깡통에 산성식품을 장기간 보관할 경우 주석이 용출되거나 내분비계 교란물질인 비스페놀A와 같은 성분이 용출될 수 있으며, 합성수지 용기에 뜨거운 식품을 담는 경우나 랩과 같은 필름 등으로부터 가소제와 같은 화학물질들이 용출되어 식중독이나 건강에 유해할 수 있다.

(4) 무허가 식품첨가물 사용

식품첨가물로 허가되지 않은 화학물질을 식품에 사용하는 경우로 가격이 저렴하다는 이유 때문에 주로 공업용 화학물질들을 불법적으로 사용하는 사례들이 종종 발생한다. 대표적인 예로 공업용 색소, 유화제, 젤라틴, 감미제, 보존료 등이 있으며, 간암 발병물질로 알려져 1966년부터 사용이 금지된 둘신은 설탕보다 250배나 단맛이 높아 감미제로 사용되어 왔고, 자동차 부동액으로 쓰이는 에틸렌글리콜도 한때 가격이 저렴하다는 이유로 감미제로 사용된 적이 있다. 그런가하면 사카린처럼 한때 방광암을 유발하는 것으로 알려져 사용이 금지되었으나 다시 유해성이 없는 것으로 밝혀짐에 따라 사용이 허가된 경우도 있다.

(5) 식품 첨가물의 일시적 과량섭취

식품 첨가물로 허용된 것이라고 하여도 이를 과량으로 섭취할 경우 첨가물에 의해 식중독을 일으킬 수 있다. 예를 들면, 발효주와 같은 알코올음료의 경우 발효과정에서 생성된 다가알코올이나 메탄올에 의해 과량섭취 시 두통이나 숙취 등을 유발한다. 따라서 비록 식품 첨가물은 아니지만 알코올 자체가 화학물질인 만큼 지나친 음주는 바람직하지 않다고 볼 수 있다. 한때 합성조미료인 글루타민산나트륨(MSG)의 과량섭취에 따른 후두부의 작열감, 불쾌감, 근육경련, 메스꺼움 등의 증상을 '중국음식점 증후군(CRS, Chinese restaurant syndrome ; Kwork's diseases)'이라고 하여 식품 첨가물의 일시적 과량섭취에 따른 중독으로 인식하였으나, 이 증상은 일부 사람들에게서 나타날 수 있는 일시적 과민반응으로 국제적으로는 수용이 되지 않고 있다. 최근 WHO, 호주, 일본 등의 연구결과에 의하면 MSG와 CRS 간에는 상관성이 없는 것으로 나타났다.

(6) 독성물질의 취급 부주의

독성물질을 식품으로 오인하여 섭취하거나 취급 시 유의사항을 준수하지 않아 호흡기나 피부를 통해 인체 내로 유입되어 피해를 입은 경우가 있다. 그 예로 시골에서 농약 등을 음료수 병이나 술병 등에 담아놓았다가 오인하여 마시거나, 농약 살포 시 보호 장구의 미착용, 농약을 가정용 살충제로 오인하여 실내에 살포하는 등 피해가 종종 발생한다.

14.3 식품 첨가물(Food additives)

식품 첨가물이란 식품위생법 제2조에 "식품을 제조・가공・조리 또는 보존하는 과정에서 감미(甘味), 착색(着色), 표백(漂白) 또는 산화방지 등을 목적으로 식품에 사용되는 물질(기구 및 용기・포장의 살균・소독의 목적에 사용되어 간접적으로 식품에 이행될 수 있는 물질을 포함한다)"로 정의되어 있으며, 따라서 식품에 첨가되는 모든 고의적인 첨가물을 뜻한다. 과거 식품 첨가물은 유해성에 대한 고려 없이 주로 식품의 품질을 속이거나 위장용으로 이용되어 왔으며 이를 위해 많은 종류의 색소들이 사용되어 왔다. 1856년 Perkin에 의해 타르색소가 합성되기 이전에는 주로 천연물질들이 색소로 사용되어 왔으나 값싼 합성색소의 출현으로 인공색소가 빠르게 확산되었으며, 이와 함께 다양한 첨가물들이 개발되어 식품에 광범위하게 사용되어오고 있다(표 14.2). 그 예로 우리가 즐겨먹는 아이스크림(표 14.3)의 경우 10가지의 첨가물이 사용되고 있고, 라면(표 14.4)의 경우에도 7가지 이상의 첨가물이 사용되고 있다.

우리나라에서 2016년 기준으로 사용이 허가된 식품첨가물은 화학적 합성품 441종, 천연첨가물 213종, 혼합제제류 7종 등 총 661종이다.

국제기구인 FAO/WHO 합동 식품첨가물전문가위원회

표 14.2 식품 첨가물(화학적 합성품)의 사용목적별 분류

사용목적	명 칭	허용품목 수
관능을 만족시키는 첨가물	감미료	15
	산미료	11
	착색료	30
	착향료	84
	발색제	7
	표백제	10
	색소고정제	2
	색소안정제	1
	색도유지제	3
	색소 등의 희석제	1
	향미증진제	18
식품의 변질, 부패를 방지하는 첨가물	보존료	39
	보존상승제	1
	살균제	7
	산화방지제	42
	산화방지 상승제	1
	산도조절제	70
식품의 품질개량, 품질 유지에 사용되는 첨가물	밀가루 개량제	19
	안정제	44
	유화제	50
	피막제	3
	분산제	5
	습윤제	12
	습윤고정제	5
	기포제	2
	금속제거제	27
	고결방지제	17
	결착제	1
	연화방지제	10
	증점제	22
	증점안정제	7
	추출용제	3
식품제조에 필요한 첨가물	겔형성제	4
	가공보조제	4
	소포제	6
	여과보조제	4
식품의 영향 강화에 사용하는 첨가물	영양 강화제	114
기타	팽창제	24
	껌 기초제	4
	정제제조보조제	1
	조직향상제	4
	증량제	2
	추진제	1
	충전제	2

(JECFA)에서는 사람이 어떤 물질을 평생 매일 먹더라도 유해한 작용을 일으키지 않을 양을 1일 섭취허용량으로 정해놓고 있다. 이는 동물실험을 통해 최대무독성량을 산출한 후 동물과 사람, 사람과 사람 간의 차이를 고려한 안전계수를 적용해 결정한 것이다. 가공식품에 사용할 수 있는 식품첨가물의 양은 이보다 훨씬 낮은 수준에서 정해지기 때문에 소비자들이 섭취하는 식품첨가물의 양은 실제 1일 섭취허용량에 비해 훨씬 낮은 수준이다.

표 14.3 아이스크림에 사용되는 식품 첨가물

첨가물	사용량	사용기준	비 고
유화제 글리세린지방산에스테르 자당지방산에스테르 소르비지방산에스테르 프로필렌글라이콜지방산에스테르	0.1~0.3% 지방에 대하여 7~12% 0.2~0.3%		병용하는 경우가 많다.
안정제 젤라틴 아르긴산나트륨 CMC 메틸셀룰로오즈	0.2~0.5% 0.1~0.2% 0.2~0.5%	식품의 2% 이하	보통 2종 이상을 배합하여 사용한다. 병용할 때에는 그 합계가 2% 이하
착향료 바닐라 에센스 기타 에센스류	0.1~0.2% 0.002%		
착색료 β-카로틴 합성착색료	0.001% 이하		
감미료 설 탕	12~18%		

표 14.4 인스턴트 라면에 사용되는 식품 첨가물

첨가물	사용량	사용기준	비 고
결 착 제 폴리인산염 기타 축합인산염 면류첨가알칼리제	밀가루 1kg에 대하여 0.5~1 g 밀가루 1kg에 대하여 25~40mL		탄산나트륨 70~90% 탄산나트륨 10~30%의 혼합물
산화방지제 BHA BHT	유지에 대하여 0.2 g/kg 이하		
착색료 강화제 라이신산염	밀가루에 대하여 150mg/100kg		
호료 카제인나트륨 폴리아크릴산나트륨	밀가루에 대하여 10~20g/kg 밀가루에 대하여 0.1~0.5%	0.2% 이하	

1) 식품 첨가물의 장 · 단점

식품첨가물의 사용은 첨가물의 종류에 따라 각기 장 · 단점이 있는데, 예를 들어 방부제인 보존료를 기준으로 살펴보면 다음과 같다.

장점

① 식품의 부패를 방지함으로 부패에 의한 식중독 예방
② 유효기간의 연장으로 대량생산, 유통에 따른 가격저하
③ 부패로 인한 식량자원의 손실 방지

단점

① 과량 섭취에 따른 독성이나 유해성 유발 가능성
② 보존료의 과신에 따른 위생관리 소홀
③ 첨가물의 유해성이나 독성에 대한 불완전한 지식

2) 식품 첨가물의 종류

식품첨가물은 사용 목적에 따라 표 14.2와 같이 분류되며 이 중 중요한 것들을 보면 다음과 같다.

(1) 보존료(Preservatives)

식품이 미생물 등에 의해 부패되는 것을 방지하기 위한 첨가제로 방부제라고도 부르며, 식품의 보존기간 연장과 식중독 예방에 중요한 역할을 한다. 소량을 사용하기 때문에 식품의 맛과 향에는 영향을 주지 않으며, 최근에는 냉동 및 냉장설비 등의 보급과 소비자의 기피 등으로 일부 식품의 경우 사용량이 감소하는 추세에 있다.

- **사용식품** : 어육제품, 단무지, 간장, 케첩, 발효유, 유산균음료, 치즈, 빵, 과자, 합성간장, 소시지, 버터, 마가린, 포도주 등
- **첨가물** : 소르빈산칼륨, 솔빈산, 프로피온산나트륨, 안식향산나트륨, 디히드로아세트산나트륨, 파라옥시안식향산, 아황산나트륨, 무수아황산, 벤조산, PHBA 에스테르류, 프로피온산, TBZ 등
- **인체에 미치는 영향** : 아소산과 반응하여 암을 유발하고 눈, 피부, 점막을 자극하며, 염색체 이상을 일으키거나 간질병, 경련 등을 유발할 수 있다.

(2) 산화방지제(Antioxidants)

지방성분은 산소에 의해 산화될 경우 불쾌한 냄새와 독성이 강한 과산화지질을 생성하는데 이와 같이 산소에 의해 지방성 식품과 탄수화물 식품의 변질을 방지하기 위해 첨가한다.

- **사용식품** : 스낵류, 스프, 쇼트닝, 식용유, 버터, 생선, 염장생선, 냉동식품, 주류, 주스, 버터, 치즈, 청량음료, 과즙, 잼, 젤리, 사탕, 아이스크림 등
- **식품첨가물** : BHA(부틸히드록시아니졸), BHT(디부틸히드록시톨루엔), 에르솔빈산, 에르솔빈산나트륨, 아황산나트륨, 이산화황, 차아황산나트륨, d, α 토코페롤, L아스코르빈산나트륨, 구연산 등
- **인체에 미치는 영향** : 암과 콜레스테롤, 염색체 이상 등을 일으킬 수 있으나 비교적 독성은 약하다

(3) 강화제

주로 식품에 부족한 영양소나 가공과정에서 파괴되기 쉬운 영양소를 보충하기 위한 첨가물로, 각종 음료나 주스, 시리얼 등에 첨가하는 칼슘을 비롯한 여러 가지 영양소와 비타민류 등이 있으며 식품의 빛깔이나 풍미에 영향을 주지 않는다.

- **사용식품** : 시리얼, 음료, 주스, 영양 강화 가공식품 등
- **첨가물** : 비타민, 칼슘 등과 같은 무기질, 아연과 같은 미네랄, 아미노산 등
- **인체에 미치는 영향** : 비타민이 첨가된 여러 가지 식품의 섭취 시 A, D 등의 체내 축적에 의한 신체적 영향이 발생할 수 있다.

(4) 유화제(Emulsifier)

마가린이나 마요네즈 등과 같이 물과 기름을 서로 섞이게 하거나 빵을 더 부드럽고 맛있게 만들고 보존기간도 더 길어지게 하는 역할도 한다.

- **사용식품** : 빵, 케이크, 두부, 스파게티, 라면 등 면류와 마요네즈, 아이스크림, 마가린, 커피믹스 등
- **첨가물** : 프로필렌글리콜, 레시틴, 모노글리세라이드, 디글리세라이드, 글리세린지방산에스테르 등

- **인체에 미치는 영향** : 다른 영양소의 흡수를 방해하고 발암물질 생성을 촉진하기도 한다. 유화제가 사용되는 범위가 매우 넓어서 피하기가 쉽지 않다.

(5) 착향료

식품 고유의 향은 조리, 가공, 저장 중 없어지거나 변하기 쉽다. 따라서 식품의 향을 복원하거나 원래의 식품이 지니고 있는 불쾌한 냄새를 제거・변화・강화하여 기호성을 높이기 위해 첨가하는 휘발성의 화합물로, 식물・동물에서 유래한 천연향료와 합성향료 등이 있으며 다양한 가공식품의 개발을 가능하게 한다.

- **사용식품** : 껌, 아이스크림, 음료, 빵, 과자, 사탕 등
- **첨가물** : 레몬 정유, 오렌지 정유, 바닐라향, 딸기향 등이 있으며, 화학구조로 분류하면 에스테르, 에테르, 저급유기산, 저급지방산, 알코올, 케톤, 알데하이드, 티올(thiol) 등 지방족 및 방향족 탄화수소화합물
- **인체에 미치는 영향** : 천연향의 경우 인체에 미치는 영향은 거의 없으나 합성착향료의 경우 암을 유발하고 염색체 이상을 일으키거나 간질병, 경련 등을 유발할 수 있다.

(6) 착색료

식품의 가공과정에서 손상된 색을 복원하거나 미화하여 상품성과 기호성을 높이기 위해 사용하는 색소로 천연식품에서 추출한 천연색소와 화학반응을 통해 합성한 인공색소가 있다.

- **사용식품** : 치즈, 버터, 아이스크림, 과자, 사탕, 소시지, 통조림고기, 푸딩, 햄, 어육제품, 주스 등
- **첨가물** : **천연색소로** 캐러멜색소, 치자적색소, 적양배추색소, 오징어먹물색소, 카카오색소 등과 **인공색소로** 식용색소 황색 제4호, 황색 제5호, 녹색 제3호, 청색 제1호, 청색 제2호, 청색 제3호, 적색 제3호, 적색 제40호 아질산나트륨, 아토산나트륨 등
- **인체에 미치는 영향** : 암을 유발하며 간, 혈액, 콩팥장애, 뇌장애, 빈혈증, 호흡기능약화, 급성구토, 발한, 의식불명 등을 일으킨다.

(7) 산미료

식품에 신맛을 내기 위해 사용하는 식품첨가물. 식품의 맛을 향상시키고 소화효소의 분비를 촉진해 소화흡수를 돕는다. 미생물의 번식을 억제하는 효과도 있다.

- **사용식품** : 청주, 청량음료, 빵, 과자, 젤리, 아이스크림, 소스, 합성청주, 절임식품, 청량음료, 과자, 통조림 등
- **첨가물** : 젖산, 푸마르산, 푸마르산나트륨, 구연산, 구연산칼륨, 글루콘산, 아세트산나트륨, 젖산나트륨, 호박산 등
- **인체에 미치는 영향** : 급성출혈, 적혈구 감소 등. 특히 아세트산비닐은 피부나 점막, 눈에 자극을 주는 유해물질로 규정되어있다.

(8) 감미료(Sweetener)

식품에 단맛을 내기 위해 설탕 대용으로 값싸게 사용하는 첨가물. 소량으로도 단맛을 내기가 쉽고 칼로리가 낮아 다이어트 식품이나 당뇨병 환자의 식사에 사용된다. 사카린은 많은 논란 끝에 FDA에서 사용을 승인하였다.

- **사용식품** : 껌, 청량음료, 젤리, 아이스크림, 합성된장, 합성간장, 간장, 과자, 빙과류 등
- **첨가물** : 소르비톨, 사카린나트륨, 아세설팜칼륨, 자일리톨, 아스파탐, 수크랄로스, 효소처리 스테비아, 글리실리진산나트륨, 사이클라메이트 등
- **인체에 미치는 영향** : 뇌 및 골격에 이상 반응을 보인다. 경직, 경련, 소화기 및 콩팥장애를 일으킬 수 있다.

(9) 증점제(안정제)

주로 액상식품의 점도를 높여줌으로서 부드러운 촉감으로 맛의 향상 효과를 나타내며, 식품으로부터 수분이 분리되는 것을 막는다.

- **사용식품** : 발효유, 젤리, 푸딩, 요거트 등
- **첨가물** : 알긴산프로필렌글리콜, 카르복시메틸셀룰로오스칼륨, 변성전분, 알긴산암모늄, 글루코사민, 구아검, 펙틴 등

(10) 팽창제

탄산가스를 발생시켜 케이크, 빵 등을 부풀리거나 식품의 촉감을 개선해 빵은 더욱 부드럽게, 비스킷은 더욱 바삭하게 한다.

- **사용식품** : 빵, 케이크, 비스킷, 초콜릿 등
- **첨가물** : 베이킹파우더(탄산수소나트륨)
- **인체에 미치는 영향** : 카드뮴, 납 등의 중금속 중독 유발의 부작용이 있다. 장기간 다량 복용하면 헤모글로빈 빈혈증, 구토 등을 일으킬 위험이 있다

(11) 표백제(탈색제)

식품의 색소 성분을 표백하거나 탈색시키는 식품첨가물로 표백뿐만 아니라 보존 목적으로 사용되기도 한다.

- **사용식품** : 과자, 빵, 빙과류, 체리, 포도, 복숭아 등 건조과실류, 어묵, 곤약분, 건조감자 등 농수산가공품
- **첨가물** : 아황산나트륨, 차아황산나트륨, 무수아황산, 아염소산나트륨, 과산화수소 등
- **인체에 미치는 영향** : 신경 및 순환기장애, 위 점막 자극, 기관지염, 천식유발, 유전자 손상, 염색체 이상의 부작용 등을 초래한다.

(12) 발색제

주로 육류 가공품의 발색을 위해 사용하며 고기의 색과 풍미가 향상될 뿐만 아니라 보존성이 높아진다.

- **사용식품** : 각종 식품, 햄, 소시지, 명란젓 등 어육제품, 야채나 과실류 등
- **첨가물** : 아질산나트륨
- **인체에 미치는 영향** : 헤모글로빈 빈혈증, 호흡기능 악화, 급성구토, 발한, 의식불명 등이다.

아질산나트륨은 치사량이 1g 정도로 그 자체가 강한 독성을 가지고 있으며, 대량 섭취할 경우 혈관 확장, 메트헤모글로빈(methemoglobin)을 생성하여 혈액의 산소운반능력을 저하시켜 청색증을 유발한다.

또한 아질산염은 폐를 손상시킬 수 있는 활성 질소종을 만들어 만성폐쇄성폐질환(COPD)을 발생시키며, 아질산나트륨은 육류에 들어있는 단백질인 아민류와 반응해 발암물질인 니트로소아민(nitrosoamine)을 생성한다. 니트로소아민은 돌연변이와 출산장애 등을 일으키는 것으로도 알려져 있다. 식품의약품안전처는 육가공품에 대한 아질산나트륨 잔존량을 0.07mg(70ppm)으로 제한하고, 햄과 소시지의 안전섭취량 기준을 체중 1kg 당 하루 2.7g 이하로 규정하고 있다.

(13) 산도 조절제

식품의 산도를 적절한 범위로 조정하는 식품첨가물로 보존효과를 높이기 위해 사용한다. 이외에도 식품의 색과 산화방지에 영향을 미친다.

- **사용식품** : 면, 치즈, 발효유 등
- **첨가물** : 수산화나트륨, 황산, 구연산 등

(14) 향미증진제(조미료)

식품이 가진 기존의 맛을 더욱 강화하거나 감칠맛을 부여하는 조미료로 아미노산계, 핵산계, 유기산계, 무기염류 등 4종류가 있으며, 모두 식품에 함유된 성분이다.

- **사용식품** : 모든 종류의 식품에 들어가며 과자, 통조림, 음료수, 캐러멜, 맛소금 등
- **첨가물** : L-글루타민산나트륨(MSG), 핵산류(IMP, GMP), 5-이노신산, 5-구아닐 등
- **인체에 미치는 영향** : 현기증, 손발 저림, 두통, 입의 신경세포 파괴와 뇌혈액종문관 장애, 호르몬, 생식기능, 갑상선 장애 등이 있다.

(15) 살균제

식품을 살균하기 위해 사용하는 것이 있다.

- **사용식품** : 두부, 어육제품, 햄, 소시지, 야채, 과실류, 식혜, 음료수 과실, 야채, 음료수의 제조 등
- **식품첨가물** : 표백분, 차아염소산나트륨, 에틸렌옥사이드, 사라시분 유지 등
- **인체에 미치는 영향** : 피부염을 일으키고 고환이 위축되며, 암을 발생시킬 우려가 있다.

14.4 실내오염(Indoor pollution)

도시지역에서 지하시설 등의 확대로 도시인들의 일상생활 중 실내 공간 체류시간이 하루 중 거의 80~90%가 될 만큼 크게 늘고 있으며, 주택이나 사무실 등 주거 및 업무 공간에 대한 냉·난방 시설의 확대로 인한 에너지 절약과 미세먼지 및 자동차 매연 등 대기질의 악화로 실내공간에 대한 환기가 거의 이루어지지 않고 있다. 이에 따라 실내오염문제가 새로운 환경문제로 주목받고 있다.

과거 실내오염의 주요 원인 중 하나는 흡연으로 법적으로 실내흡연이 금지됨에 따라 이 문제는 거의 해소되었으나, 새집증후군을 유발하는 건축자재 및 가구들로부터 발생되는 여러 가지 휘발성 유기화합물질들, 가정에서 사용하는 각종 세척제, 살균·살충제, 화장품 등 화학제품, 취사 및 난방을 위한 연료의 연소, 생활 및 전자제품 등과 곰팡이, 세균, 진드기 및 애완동물들 등으로 인한 실내 환경오염문제가 제기되고 있다. WHO는 대기오염으로 인한 사망자가 연간 최대 600만 명인데 비하여 실내오염으로 인한 사망자가 연간 280만 명이며, 실내오염물은 실외오염물에 비하여 폐 속까지 전달될 확률이 1,000배나 높다고 발표한 바가 있다. 실내오염은 협심증(40%), 심장마비(40%), 만성폐쇄성폐질환(COPD, 11%) 폐암 및 기타 암 질환(6%), 소아의 호흡기 감염(3%) 등을 유발하며 대표적인 실내오염물질과 오염원은 그림 14.4 및 표 14.5와 같다.

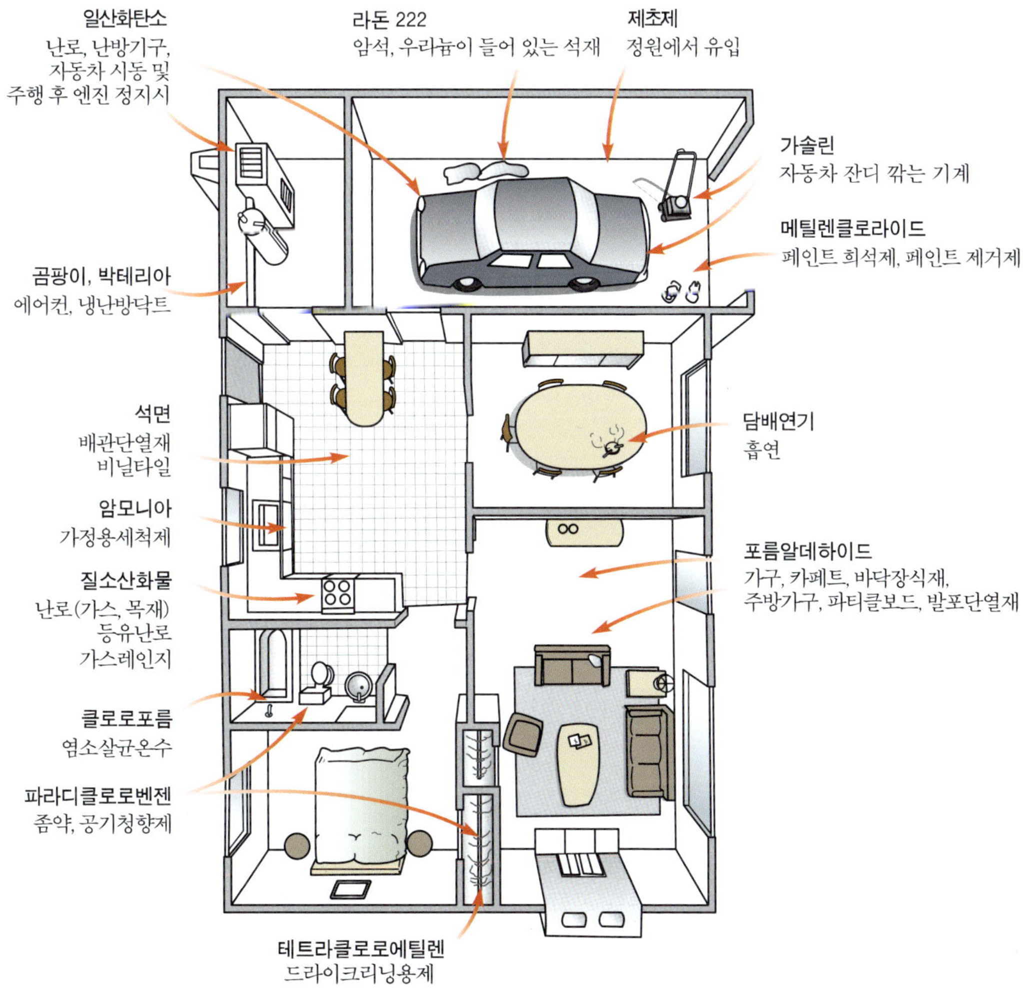

그림 14.4 실내공기오염물질과 오염원

표 14.5 실내공기 오염물, 발생원, 기준 및 인체영향

오 염 물	발 생 원	기준(사용량 또는 농도)	인체 영향
석면	방화, 단열, 비닐바닥재, 시멘트제품, 자동차 브레이크 라이닝	5μm 이상의 입자 mL당 0.2개	폐암, 피부 자극
생물학적 에어졸/미생물	알러지를 유발하는 물질 난방, 환기, 냉방기의 감염성 세균류		질병, 면역기능 저하
이산화탄소	자동차, 등유 및 가스 난방기, 흡연, 가스 및 나무 난로, 취사	1000 ppm	두통, 현기증, 구토
일산화탄소	자동차, 등유 및 가스 난방기, 흡연, 가스 및 목재 난로, 취사	10,000 $\mu g/m^3$(8시간) 40,000 $\mu g/m^3$(1시간)	두통, 현기증, 구토, 사망
포름알데하이드	발포단열재, 합판, 파티클보드, 천정타일, 판넬, 기타 건축자재	120 $\mu g/m^3$	피부 자극, 발암성
호흡기 침투 가능미세입자	흡연, 분진, 각종 연소(쓰레기 소각, 산불 등) 실내 각종 연소기	55~110 $\mu g/m^3$(연간) 350 $\mu g/m^3$(1시간)	호흡기 및 기관지 자극, 발암성
분진(무기성) 질산염 황산염	 외부 공기 외부 공기	 4 $\mu g/m^3$(연간) 12 $\mu g/m^3$(1일)	
금속입자 비소 카드뮴 납 수은	 흡연, 살충제, 쥐약 흡연, 살균제 자동차 배기가스 화석연료 연소	 2 $\mu g/m^3$(1일) 1.5 $\mu g/m^3$(3개월) 2 $\mu g/m^3$(1일)	독성, 발암성
이산화질소	가스 및 등유난방기, 가스난로 자동차 배기가스	100 $\mu g/m^3$(연간)	호흡기 및 기관지 자극
오존	복사기, 전기식 공기청정기, 외부 공기	235 $\mu g/m^3$(1시간)	호흡기 자극, 피로
살충제와 세미VOC	스프레이, 신문 · 잡지, 외부 공기	5 $\mu g/m^3$(클로르단)	암 유발 가능
라돈	토양가스 유입, 건축재, 지하수	4 pCi/L	폐암
이산화황	석탄, 기름연소, 등유난방기, 외부 공기	80 $\mu g/m^3$(연간) 356 $\mu g/m^3$(1일)	호흡기, 점막 자극
휘발성 유기물	흡연, 조리, 솔벤트, 페인트, 바니쉬, 세척제(분무용), 카펫, 가구, 옷		암 유발 가능

1) 흡연

(1) 흡연과 건강

담배연기 속에는 약 3,600여 종의 물질들이 들어있는 것으로 알려져 있으며 표 14.6에 나타낸 것처럼 많은 종류의 발암성 물질들을 함유하고 있는 것으로 보고되어 있다. 흡연 시 가장 문제가 되는 것 중 하나는 불완전 연소로 인한 연기와 일산화탄소의 발생인데 연기의 주성분인 탄소입자도 발암물질이며, 일산화탄소는 폐에서 산소보다 약 250배나 빠르게 혈액 속의 헤모글로빈과 결합하여 카르복시헤모글로빈(carboxy hemoglobin)을 생성함으로서 혈액의 산소운반능력을 크게 감소시켜 일산화탄소 중독을 일으킨다. 예를 들어, 하루에 담배 1갑을 피는 흡연자의 경우 헤모글로빈의 약 6% 정도가 카르복시헤모글로빈을 생성하여 체내 산소 공급률을 감소시키는 것으로 알려져 있다. 혈액 중 카르복시헤모글로빈의 양에 따른 중독증상은 표 14.7과 같다.

표 14.6 담배연기 속의 주요 독성물질과 발암원

가 스 상		입 자 상	
일산화탄소	유 독	벤조파이렌	발암원
질소산화물	유 독	5-메틸크리신	발암성
시안화수소	유 독	폴로늄-210(방사성)	발암성
아크로레인(Acrolein)	유 독	카드뮴	유 독
아세트알데하이드	유 독		
포름알데하이드	발암성		
하이드라진	발암성		
염화비닐	발암성		
우레탄	발암성		
2-나이트로프로판	발암성		
퀴놀린	발암성		
나이트로소아민	발암성		
니켈카보닐	발암성		

표 14.7 **혈액 중 카르복시헤모글로빈양과 중독 증상**

혈액 중 CO-Hb양(%)	중독 증상
10	거의 무증상, 운동하면 호흡곤란
20	가벼운 두통, 심한 운동 후 호흡곤란
40~50	두통, 피로, 허탈
60~70	의식상실, 호흡지체, 혼수, 방치하면 사망
80	급격한 맥박, 호흡정지
80 이상	즉사

또한 흡연 시 발생하는 타르는 담배연기 속의 여러 가지 물질들이 짙은 갈색의 점액질로 응축된 것으로 폐포에 축적되어 폐암 등 각종 폐실환의 원인이 되고 있다. 이에 비하여 니코틴은 무색의 독성물질로 흡연 시 대부분 연기로 배출되어 인체에 미치는 영향은 타르에 비하여 상대적으로 적다. 따라서 흡연으로 인한 호흡기계 질환은 타르의 폐포 축적에 의해 주로 발생하며 흡연자는 비흡연자에 비하여 폐암, 폐기종, 구강암, 기관지염, 심근경색, 고혈압, 소화기궤양 등 각종 질병에 걸릴 확률이 높으며 이로 인한 사망확률이 매우 높다. 또한 흡연자는 비흡연자에 비해 간장과 신장에 2배 이상의 카드뮴이나 니켈의 축적이 일어나는 것으로 밝혀져 있다. 임산부가 담배를 피우면 그 독성물질이 태아에게 그대로 전달되어 저산소증으로 인한 저체중아, 기형아, 태아의 지적성장 지연 등 태아에게 여러 가지 영향을 미칠 수 있으며 자연유산이 될 수도 있다.

(2) 간접흡연

담배연기는 흡연자가 흡입하였다가 내뿜는 연기인 주류연기와 담배 끝에서 발생되어 대기 중으로 확산되는 비주류연기로 구분하는데, 비주류 담배연기는 담배 필터를 거치지 않고, 담배 끝에서 발생되기 때문에 주류 담배연기에 비해 암모니아, 일산화탄소를 비롯한 여러 가지 화학물질과 발암물질의 농도가 매우 높을 뿐만 아니라 연기 중의 입자들이 쪼개져 1/10 크기로 작아짐에 따라 폐포 속으로 보다 깊숙이 침투하게 된다. 만일 실내에서 흡연을 할 경우 공기 중의 담배연기는 약 75~85%가 비주류담배연기가 차지한다. 따라서 비흡연자라고 하더라도 이와 같은 담배연기 중에 노출될 경우 흡연자와 같은 흡연효과를

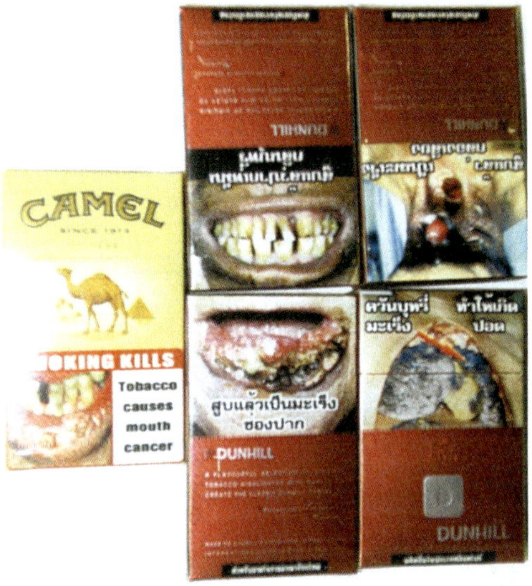

그림 14.5 담뱃갑에 인쇄된 흡연피해 경고

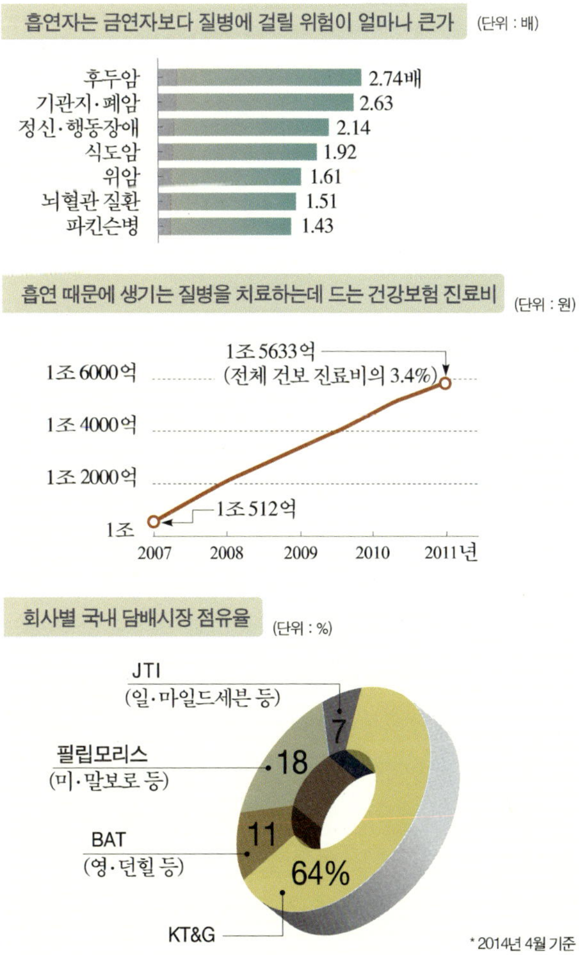

그림 14.6 흡연이 주는 영향

나타낼 수 있는데 이를 간접흡연이라고 하며, 간접흡연은 비주류담배연기를 주로 직접 마시게 되므로 직접흡연을 했을 때와 마찬가지로 각종 질병발생과 사망위험성도 증가한다. 간접흡연에 의한 피해의 예를 보면 집안에서 남편이 담배를 피우는 경우 부인에게 폐암이 발생할 위험성이 1.3배, 약 30% 증가하고, 심장질환이 발생할 위험성이 50%나 더 높으며, 특히 어린이와 태아는 세포와 조직이 성숙되지 않아 어른에 비해 급성 호흡기질환 혹은 폐기능장애가 발생할 확률이 높고, 부모의 흡연으로 간접흡연을 한 어린이는 감기, 기관지염, 폐렴 등 상기도염에 감염될 확률이 약 2배 정도이며, 암에 걸릴 확률은 100배 이상인 것으로 알려져 있다.

2) 건축자재

생활양식이 변화함에 따라 다양한 건축자재들이 개발되어 주택이나 건축물 등에 사용되면서 이들 건축자재들과 실내가구 등을 비롯한 각종 장식재 등으로부터 발생되는 휘발성 유기화합물(VOCs, volatile organic compounds)들에 의한 인체유해성 문제가 대두되기 시작하였다. 휘발성 유기화합물질이란 대기 중에서 가스형태로 존재하는 유기화합물을 총칭하며, 주로 건축 내장재나 가구 등으로부터 발생되는 벤젠, 톨루엔, 클로르포름, 아세톤, 스타이렌, 포름알데히드 등과 같은 발암물질들이 있다. 특히 포름알데히드는 농도가 120~3,680$\mu g/cm^3$이면 두통, 메스꺼움, 눈, 코 등의 자극을 유발한다. 이러한 유해물질들은 실내에 축적됨에 따라 눈, 코, 목 등의 자극, 가려움증, 아토피성 피부염, 두드러기, 천식, 심한 두통, 기관지염, 현기증, 피로감, 집중력 저하, 호흡기 질환, 심장병, 암 등 각종 질병을 일으킨다. 이를 새집증후군(SHS, sick house syndrome) 또는 빌딩증후군(SBS, sick building syndrome)이라 부르며, 미국에서는 이미 1980년대에 그리고 일본에서는 1990년대부터 사회적 문제로 등장했다.

또한 석재, 콘크리트, 벽돌 등 건축자재로부터의 라돈, 폴로늄, 석면 등도 역시 발암물질로 인체에 암을 유발하는 것으로 알려져 있다.

3) 유기용제

유기용제란 시너·솔벤트 등과 같이 어떤 물질을 녹일 수 있는 액상의 유기화합물로 기름이나 지방 등을 잘 용해하며, 비등점이 낮아 상온에서 쉽게 증발하고 인화성이 커서 불이 잘 붙으며 독성이 강하여 사람이나 동물들에게 뇌와 신경장애를 일으켜 일종의 마취작용과 두통을 유발한다.

산업분야에서 유기용제는 페인트와 같은 도료의 제조, 전자 및 금속제품과 기계류의 세척, 합성수지·접착제·화공약품 제조, 인쇄, 용매추출, 드라이클리닝 등 광범위하게 사용되고 있다.

유기용제의 종류는 현재 400여 종 이상이 알려져 있으나 우리나라 산업안전보건법에서는 유기용제에 의한 피해방지를 위해 사업장에 대하여 51종의 물질을 제1종 및 제3종으로 구분하고 있다. 피부나 호흡기를 통하여 인체에 흡수될 경우 독성이 강하여 중독의 원인이 되고 있으며, 유기용제에 급성으로 노출되었을 때 어지러움, 혼란, 두통, 집중력 저하 등의 증상이 나타날 수 있고, 장기간 노출되는 경우에는 중추신경계와 말초신경계의 장애가 나타날 수 있다. 그리고 저농도 유기용제에 장기 노출될 경우 인지기능의 장애나 정서변화 등 중추신경계의 장애를 초래할 수 있다. 또한 유기용제에 의한 중추신경계의 만성장애는 정도에 따라 경증, 중증으로 나타날 수 있으며 심한 경우 치매 증상이 나타날 수도 있다.

유기용제를 함유한 대표적 가정용 제품들을 보면 표 14.8과 같다.

표 14.8 유기용제를 함유한 가정용 제품

종 류	예
도 료	유성도료
접착제	도료 희석제
펜	유성펜, 형광펜
스프레이 제품	도료(페인트 스프레이)
	세척제(유리, 오븐, 화장실, 카펫 등의 세척제)
	정전기방지제
	방수 스프레이
	레코드 스프레이
	곰팡이 방지제
	살충제
	방향제

4) 냉 · 난방 장치 및 취사

냉방장치로 에어컨디셔너와 제습기 등이 보편화됨에 따라 에어컨디셔너 및 제습기를 올바르게 관리하지 못할 경우 여러 가지 세균, 곰팡이, 바이러스 등에 의해 전염병 및 알러지 등을 유발할 수 있다. 이 중 기회감염균은 건강한 사람에게는 문제가 되지 않지만 어린이 및 노약자나 면역력이 저하된 사람에게 폐를 비롯한 여러 신체기관에 전염성 질환을 유발하며, 레지오넬라균, 황색포도상구균 등은 두통, 발한 등을 야기할 수 있다.

한국소비자원의 연구에 의하면 서울 및 수도권 가정의 에어컨을 조사한 결과 기회감염균은 38.8%, 알러지 유발균은 89.8%가 검출된 바가 있다. 건물 냉방기의 냉각탑수나 배관시설의 오염된 물에 있는 레지오넬라균이 호흡기를 통해 몸속에 들어와 발병하는 레지오넬라병은 2~12일 가량의 잠복기를 거쳐, 고열 · 설사 · 오한 · 두통 · 구토 등의 증세를 보이며, 심한 경우는 쇼크와 출혈, 폐렴으로 사망에 이를 수도 있다. 레지오넬라병은 노약자나 만성 질환자와 같이 면역기능이 떨어진 사람에게서 발생률이 훨씬 높게 나타나며, 국내에서는 1984년 서울 고려병원 중환자실에서 23명이 병실 냉방기를 통해 레지오넬라균에 감염되어 4명이 숨진 바 있다.

한편, 난방에 의한 실내오염은 주로 연료의 연소에 의해 발생되는데 가스나 등유난로 등은 연소 생성물로 이산화탄소, 일산화탄소 및 질소산화물 등을 배출하며, 미량으로 황산화물, 벤조피렌 그리고 연료의 미연소에 의한 탄화수소화합물 등을 발생시킨다. 이 중 일산화탄소는 두통 등을 유발하며 질소산화물 및 황산화물은 폐질환을 그리고 벤조피렌은 발암물질로 알려져 있다. 이산화탄소는 독성물질은 아니나 상대적으로 실내공기 중 산소의 농도를 저하시키는 원인이 된다. 특히 취사를 위한 가스레인지나 오븐 등의 사용 시 연소 생성물은 난방의 경우 보다 훨씬 많은 양이 배출되며, 음식의 조리 시 식자재 등으로부터 발생되는 물질들 또한 실내오염을 크게 증가시키는 요인이 되고 있다.

5) 가정용 화학제품 및 기타

(1) 가정용 화학제품

가정용 화학제품으로 비누, 세제, 화장품, 살균 · 살충제, 페인트, 왁스, 의약품 등이 있으며 이들을 사용하거나 보관하는 과정에서 화학물질들에 의한 피해를 입을 수 있다. 욕실에서 사용되는 화학제품들을 보면 세탁용 세제, 빨래비누, 표백제, 세척제(하수구 및 변기 뚫기용 포함), 머리 염색약, 샤워용품, 샴푸 및 린스, 소독 살균제 등이 있으며, 이 중 표백세, 세척제, 소독 살균제 등은 염산, 황산, 가성소다, 암모니아 등과 같은 산과 알칼리를 함유하고 있어 피부, 눈 등을 부식시킬 수 있으며 독성이 있고 다른 물질과의 반응성이 강하여 표백제와 암모니아가 섞이게 되면 클로라민이라는 독가스가 발생될 수 있다. 또한 거실 및 침실에서 사용되는 화학제품으로 가정용 살충제, 접착제, 페인트, 방향제, 가습기 살균제, 가구광택제, 화장품, 향수, 헤어스프레이, 의약품, 소독약 등 다양한 제품들이 있는데 이들 제품에 아세톤, 메틸렌클로라이드, 톨루엔, 메탄올, 나프타, 석유계 용제 등과 같은 유기물질들이 함유되어있어 피부자극성, 유해성, 인화 및 폭발성, 신경계 영향 등을 나타내거나 일부 암을 유발하는 것으로 알려져 있다. 이 밖에 TV, 컴퓨터 및 프린터와 같은 전자제품 등으로부터 휘발성 유기화합물이나 오존 등이 발생되며, 카펫이나 침대 등의 진드기나 곰팡이, 책이나 신문의 종이나 인쇄잉크에 쓰이는 표백제나 톨루엔 및 포름

표 14.9 가정용 화학제품의 유해성

제 품	성 분	특성 및 부작용
세척제	가성소다, 수산화칼륨	입이나 식도염증, 소화관 천공, 호흡곤란, 쇼크, 식도유문 협착
구강 청결제	에탄올	과다 복용 시 혼수상태 또는 사망에 이를 수 있는 과민성, 무기력, 신진대사 합병증
화장품	탄화수소류	직접 흡입 시 폐렴, 구토, 두통, 심한 경우 뇌질환, 사망
살충제	피레트로이드계	흥분, 손 떨림, 전신경련, 호흡곤란
가습기 살균제	폴리헥사메틸렌 구아니딘, 염화올리고-(혹은 2-)에톡시에틸구아니딘, 메틸클로로이소치아졸리논	폐 손상, 알러지, 사망

알데히드, 플라스틱 장난감이나 놀이기구 등으로부터 가소제나 휘발성 유기화합물 등 다양한 오염물질들에 의해서도 실내오염이 발생될 수 있으며, 오염된 외부 대기의 유입으로 자동차 배기가스나 난방 배기가스, 미세먼지 등도 실내오염의 원인이 된다.

실제로 미국 소비자연구소의 보고에 의하면 우발적 독성물질에 의한 사고의 90%가 가정에서 발생하며, 이 중 60%가 5세 미만의 어린이들에게서 발생한다고 한다.

14.5 직업병

1) 작업장에서의 독성물질

산업의 발달로 다양한 제품들이 생산되는 현장에서 근무하는 근로자들은 장기간 수많은 종류의 화학물질들에 노출될 수밖에 없으며, 이로 인해 발생되는 질병을 직업병이라고 부른다. 따라서 직업병을 일으키는 대표적인 물질들을 보면 앞에서 설명한 여러 가지 유기용제들과 중금속류가 있으며, 그 밖에 산업재해로 불리는 사고 등에 의한 것이 있다. 산업체의 업종별로 유해인자에 의해 발생될 수 있는 질병들을 표 14.10에 나타내었으며, 직업병을 일으키는 대표적인 물질로 석면, 크롬, 비소 그리고 폴리염화비

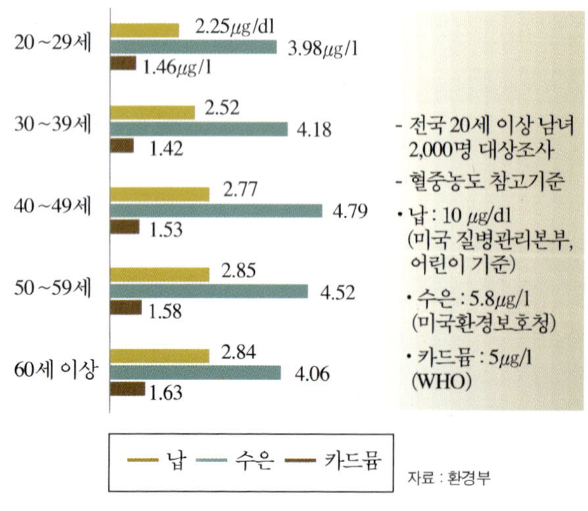

그림 14.7 연령별 혈중 중금속 농도

페닐(PCB, poly chlorinated biphenyl), 납, 망간 등에 대하여 설명한다.

(1) 석면(asbestos)

석면에는 온석면(white asbestos ; chrysotile), 갈석면(brown asbestos), 청석면(blue asbestos) 및 기타석면 등이 있으나 이 중 온석면이 가장 많이 사용되고 있고, 환경 중에서 길이 3~20μm, 굵기 0.01μm 정도의 분진형태로 존재한다.

석면은 규산염 광물로 내화성, 난연성, 단열성, 전기 절연성, 흡음성 등이 좋아 내화재, 단열재, 절연재, 방음재 등으로 많이 이용되고 있으며, 또한 화학약품에 대한 안정성이 매우 크고 인장력이 커서 섬유상의 석면은 직조가 가능하여 실, 끈, 로프, 천, 의복, 장갑 등 다양한 제품을 만들 수 있다.

인류가 석면을 사용한 역사를 보면 초기 그리스-로마 시대에 석면을 이용하여 난연성 천, 건축재, 그리고 여성 의복 등을 만들었다는 기록이 있으며, 또한 고대 이집트인들은 파라오를 미라로 만들 때 석면을 사용하였으나 석면이 널리 이용되기 시작한 것은 바로 19세기 말 산업혁명 이후부터이다. 예를 들면, 1860년경부터 미국과 캐나다에서 석면을 단열재로 이용하기 시작하였으며, 1879년 캐나다 퀘백주 아팔라치아에서 최초의 석면 광산이 개발되었다. 20세기 들어 석면은 섬유, 건설재, 절연재, 내화재, 자동차 브레이크 라이닝 등을 포함해 3,000여 종 이상의 제품에 사용되었으며, 1970년대까지 사용량은 꾸준히 증가하였다. 석면의 사용량에 비례해서 석면과 석면폐증 및 중피종, 폐암 등과 같은 질병 간의 상관성에 대한 증거들이 점점 드러남에 따라 현재는 석면의 이용량이 급감하게 되었다.

우리나라는 2010년 석면 관리법과 제도를 통합하여 '석면안전관리법'을 제정하고, 공공건물과 학교, 다중이용시설, 300인 이상의 사업장 등은 의무적으로 석면지도를 작성하도록 하고 있다.

표 14.10 업종별 유해인자에 의하여 발생될 수 있는 질병 (부상, 중독, 직업병)

산업 / 발생될 수 있는 질병	제조업											광업	건설업	운수교통업	화물취급업	농림수산업	상업금융·광고업	기타 사업
	식품제조업	섬유공업	목재·목재품공업	펄프·종이·종이 가공품·인쇄 제본업	화학공업	요업·토석제품제조업	철 및 비철금속제조업	금속제품제조업	기계가구제조업	전기·가스·수도업	기타제조업							
1. 부상에 기인되는 질병	△	△	△	△	△	△	△	△	△	△	△	△	△	△	△	△	△	△
2. 충격업무에 의한 운동기능 이상 발생	△	△	△	△	△	△	△	△	△	△	△	△	△	△	△	△	△	△
3. 고열·가스·광선에 의한 안질환	△	△	△	◎	△	△	△	△	△	△	△	△	△	△	△	△	△	△
4. 옥외방사선에 의한 질병	○			○	○			○	○			○	○	○	○	○	○	○
5. 일사병·열사병	○			△			○	○	○		○	△	△	○		○	○	○
6. 열상·동상(제2도 이상)	△	△			△	△	△	△	△	△	△	△	△	△	△	△	△	△
7. 진폐증					△	△	△	△	△	○	◎	△	△	◎	○		○	○
8. 지하작업에 의한 안구진탕증												○				△		
9. 이상기압에 의한 질병													◎			○	○	
10. 제사(製絲) 등의 작업에 의한 손가락 등의 피부염	◎	△	○						○				○					
11. 진동에 의한 관절염			○			○		○	○			○	○			△		
12. 소음에 의한 귀 질환			○		○	○	○	○	◎		○	△	△		○			○
13. 전산수들의 수지경련									○		○							
14. 납중독							○		○		○	○	△					△
(A) 납중독 및 속발증							○		○		○	○	○					
(B) 4알킬납중독 및 속발증													◎					△
15. 수은중독					○				○			△						
16. 망간중독														○				
17. 크롬, 니켈에 의한 궤양							○	○			○							
18. 금속열							○		○				○					
19. 비소중독														○				
20. 인중독					○												○	○
21. 초기, 아황산가스 중독					○	○		○			○	○		○				○
22. 황화수소 중독					○			○	○		○	△	◎					○
23. 이황화탄소 중독				○	○													
24. 일산화탄소 중독	○			○	○	◎	△	○	○	◎	○	△	△	◎	◎	○	◎	◎
25. 시안산중독		△			○									○	○			
26. 산·알칼리에 의한 중독	△		○	○	△	△	△	△	△	○	○	△	△	△	△		◎	△
27. 벤젠 등에 의한 중독			○		△			○	○		○		△			○	○	○
28. 아세톤 등에 의한 중독				○	◎	○		◎	△				△		○			
29. 상기 27, 28 이외의 중독					◎		○	○	○		○		◎	○	◎			○
30. 광물, 유류에 의한 피부질환	△		○			○	○	△	△		○	◎	△	◎	△	△	○	○
31. 타르와 핏치 등에 의한 상피암				○														
32. 상기 14~31외의 중독피부암	○	○	○		△	○	○	△	△		△	△	△	○	○	◎	◎	◎
33. 병원체에 의한 전염병													○	○		○		
34. 습윤지에서의 와일씨병																		
35. 실외 노동에 의한 쯔쯔가무시병																○		
36. 동물에 의한 탄저병																○	○	○
37. 기타 업무에 의해서 발생된 질병	△	○	△		△	○	△	△	△	◎	△	△	△	△	△	△	△	△

주 : △ 많이 발생되는 것, ◎ 중간정도 발생, ○ 적게 발생

그림 14.8 석면

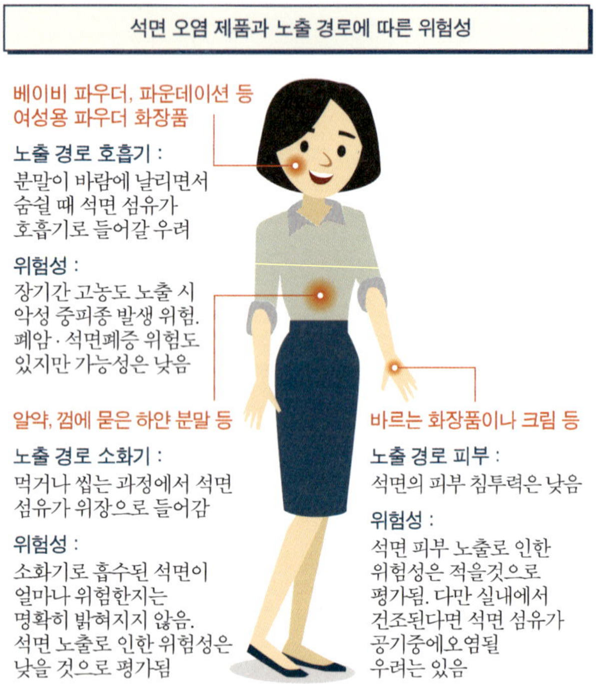

그림 14.9 석면에 의한 인체유해성

표 14.11 **가장 해로운 산업과 그곳에서 사용되는 발암물질**

산업종류	발암물질
산업기기와 과학기기	땜납, 석면, 탈륨(Tl_{81})
금속조립	납, 니켈, 용매, 크롬산, 석면
전기설비와 시설	납, 수은, 용매, 클로로하이드로카본, 땜납
기계류	절삭유, 열매체유, 윤활유
운송설비	포름알데하이드, 페놀, 이소시안산, 아민
석유와 석유산물	벤젠, 나프탈렌, 방향족 물질
가죽제품	크롬 염, 무두질 하는 유기물
파이프 수송	석유 유도체, 용접금속

자료 : Science, 197(1987), 1268

(2) 크롬(Cr, Chromium)

크롬은 미량 무기질로서 인체조직 전반에 분포되어 있으며, 부족 시 동맥경화, 당뇨, 고혈당증 등을 일으키는 지방대사에 필수적인 원소로 외국에서는 이용 빈도가 높은 영양보충제이기도 하다.

크롬은 3가크롬(Cr^{+3})과 6가크롬(Cr^{+6}) 2가지 형태로 존재하는데, 자연계나 천연식품에 함유되어 있는 3가크롬은 독성을 나타내지 않으며 하루 1mg까지 섭취해도 무해한 것으로 알려져 있다. 그러나 6가크롬은 3가크롬에 비해 독성이 10~100배 정도 강하며 인체에 발암 및 DNA 손상에 의한 돌연변이를 일으키는 유전독성물질로 알려져 있다. 크롬을 사용하는 산업체의 작업자가 6가크롬이 포함된 공기 중에 만성적으로 노출되면 알러지성 피부염, 피부궤양, 비중격 천공증, 기관지암 등이 발생할 수 있다. 6가크롬 화합물의 발암성은 3가크롬의 영양학적 역할과는 무관하다.

크롬은 주로 피혁공장에서 가죽의 무두질에 사용되는 크롬탄닌용액 제조, 도금 등에 사용되며, 철강공업에서는 내식성과 기계적 강도가 좋은 크롬철 합금제조에 사용되는데 크롬을 12% 이상 함유한 철을 스테인리스라고 부른다.

(3) 비소(As, Arsenic)

비소 화합물은 3가와 5가 화합물이 있으며 대부분 강한 독성을 가지고 있고, 이 중 3산화비소(비산, As_2O_3)는 1급 발암물질인 동시에 독성이 매우 강하여 과거 사약이나 인명살상용 등으로 사용된 적이 있기도 하나 낮은 용량의 비산은 동·서양 모두에서 수백 년 동안 암 등의 질병치료제로 널리 사용되어 왔으며, 미국 식품의약국(FDA)은 2000년에 급성 골수성 백혈병 치료제로 허가하는 등 의약품으로 사용되기도 한다. 그러나 비소는 적은 복용량으로는 메스꺼움, 구토, 설사를 일으키고, 많이 복용하면 심장박동 이상, 혈관 손상, 심한 통증, 다발성 신경염, 비중격 천공증 등을 일으켜 죽음에 이를 수도 있다. 산업체 근로자가 비소가 들어있는 공기를 장기간 호흡할 경우 폐암에 걸릴 수 있으며, 비소로 오염된 물이나 식품을 장기간 섭취하면 방광암, 피부암, 간암, 신장암, 폐암 등에 걸릴 수 있다.

비소와 비소화합물은 산업적으로도 널리 사용되는데 반도체, 합금 첨가제, 방부제, 살충제, 살서제(殺鼠劑), 제초제, 살충제, 사료 첨가제 등으로 사용되고 있으나 환경 중에서 생물농축에 의한 비소의 독성문제로 규제가 강화되고 있다. 그 예로 크롬, 비소, 구리로 만든 CCA(chroma-tedcopperarsenate ; tanalith) 방부제는 1900년대 중반부터 방부목 제조에 널리 사용되었으나, 2004년부터 유럽연합(EU)과 미국은 사용을 금지하였고, 비산 수소납($PbHAsO_4$)은 20세기 초반부터 농업용 살충제로 광범위하게 사용되었으나, 미국은 1988년 8월에 공식적으로 사용을 금지시켰다. 또한 록사손(Roxarsone)이라는 비소 화합물은 최근까지도 특히 미국에서 질병예방과 성장촉진을 위해 동물사료 첨가제로 사용되었으나, 2011년 미국 식품의약국(FDA)은 이 약품의 판매를 금지시켰다.

(4) 폴리염화비페닐(PCB)

폴리염화비페닐은 인공적으로 합성한 매우 안정된 유기염소계 화합물로 물에 녹지 않으며 유기용매나 기름 등에 녹는데, 전기절연성 및 열 보존성이 좋아 변압기, 자동차 자동변속기, 전기절연체 및 각종 설연테이프, 도료, 인쇄잉크, 합성수지 가소제 등으로 사용되어 왔다. PCB는 어류와 무척추동물에게 특히 유독하며 강한 독성, 환경 잔류성, 생물축적성 등으로 간 기능장애, 피부염, 현기증 등을 유발하고, 다이옥신류와 마찬가지로 체내에서 강력한 발암작용과 기형아 출산을 유발하는 것으로 알려져 있다. 특히 체내에 흡수되지 않고 접촉만 해도 안질, 손·발톱 변색 등을 일으킨다. 1997년 세계자연보호기금(WWF)에 의해 농약류 43종, 페놀 등 유해화학물질 42종과 함께 내분비교란물질로 지정되었으며, 1970년대 중반 이후 제조와 사용이 금지되었고 1983년 이후 국내 수입도 금지되어 있다. PCB에 의한 피해 사례로는 1968년 일본 후쿠오카를 비롯한 서일본지역에서 발생한 카네미유증사건이 있는데, 후쿠오카현의 북큐슈시에 있는 카네미 창고주식회사의 미강유 제조과정에서 탈취용 열매체로 사용된 PCB가 배관작업 실수로 식용유에 혼입되었고, 문제의 미강유를 섭취한 임산부들이 색소가 침착된 검은 아기를 낳았으며, 태반뿐 아니라 모유를 통해서도 신생아의 피부가 검게 된 일이 있었다. 또한 1만 4,000여 명의 성장 지연, 신경장애, 언어장애, 수족마비 환자를 발생시켰고, 손발 저림, 간 기능장애 등이 나타났다.

(5) 납(Pb, Lead)

납은 가정에서 가장 노출위험이 큰 중금속 중 하나로 고대 로마시대부터 그릇, 수도관 등으로 사용되어 왔으며 납 중독은 고대 그리스, 로마, 중국의 기록에도 나와 있다. 납은 비교적 무른 금속으로 연성이 좋으나 전성은 나쁘며 가공성이 좋고 합금을 잘 이루어 축전지, 배관용 연관(鉛管), 탄환, 핵물질 포장, 활자, 유약, 석유정제첨가물 등 여러 곳에 사용되고 있다. 과거 납이 들어간 페인트로 칠해진 가구, 장난감, 플라스틱제품류, 크레파스, 납이 들어간 유약을 바른 옹기, 납으로 만든 조리기구 등이 주요 납 중독원이었다. 납의 생물학적 역할은 없는 것으로 알려져 있으며, 인체에는 약 120mg 정도의 납이 있는데, 혈액에 0.2ppm, 뼈에 3~30ppm, 조직에 0.2~3ppm농도로 들어있다. 납은 인체의 거의 모든 조직과 시스템에 영향을 미치고 인체에 축적되는 독성 중금속이나, 일부 미생물들은 높은 농도의 납으로 오염된 환경에서도 살 수 있다고 한다. 납 중독의 증상은 두통, 복통, 구토, 빈혈, 경련, 혼수, 만성신장염, 중추신경계 장애 등인데, 높은 농도의 납에 중독되면 성인이나 어린이 모두 뇌와 신장이 손상되어 사망할 수도 있다. 임산부는 유산을 할 수 있으며, 남성의 경우 생식기능 저하가 일어날 수 있다.

(6) 망간(Mn, Manganese)

망간은 모든 생물에게 필요한 필수 미량 영양소로 뼈의 형성과 아미노산, 콜레스테롤 및 탄수화물 대사에 필수적이며 유해산소로부터 세포를 보호하는 것으로 알려져 있다. 동물이나 사람에게서 망간이 결핍되면 성장이 지연되고 생식기능 저하, 당 불내증을 비롯하여 탄수화물 및 지질대사의 변화를 초래하며 특히 골격발달을 저해하는 것으로 알려져 있다. 망간은 섭취 시 대부분이 쓸개즙을 통해 대변으로 배설되는 반면 소변으로 배설되는 양은 매우 적으며 따라서 쓸개즙 배설이 어른에 비해 상대적으로 적은 신생아나 간 질환자의 경우 간 독성의 위험이 있다.

성인이라도 망간 광산이나 제련소 등의 작업자들과 같이 직업상 망간에 노출되어 오랫동안 망간을 흡입할 경우 망간독성으로 파킨슨병과 유사한 운동신경장애가 일어난다. 이밖에 과량의 망간 흡입에 의해 근육통, 피로, 수족 떨림, 기억력 저하, 반사능력 감소 등의 신경독성 증세와 운동장애가 나타난다.

망간은 공업적으로는 제강용(製鋼用)으로서 기계적 강도 및 내식성 등을 높이기 위한 철, 알루미늄, 마그네슘, 구리 등과의 합금제조와 페인트, 건조제, 건전지, 광택제 등에 널리 사용된다.

2) 기타 독성물질

(1) 라돈(Rn, Radon)

토양이나 암석 등 자연계의 물질 중에 함유된 우라늄(U, uranium) 또는 토륨(Th, thorium)이 연속 붕괴하면 라듐(Ra, radium)이 되고 이 라듐이 붕괴할 때 생성되는 원소로서 불활성 기체 형태의 무색, 무미, 무취의 강한 방사성 가스가 '라돈'이다.

자연에 존재하는 라돈은 대부분이 Rn^{222}로 반감기는 3.82일이며 대기 중에는 기체 분자 1,020개당 대략 6개의 비율로 들어있고, 화강암에는 암석 10억 톤당 0.4mg의 비율로 들어있으며, 이외에도 인광석, 석회석, 변성암, 토양 등에도 라돈의 전구물질인 라듐이 들어있다. 라듐은 콘크리트, 석고보드, 석면슬레이트 등 건축자재 중에도 존재하므로 라듐에서 나오는 라돈가스가 건축자재, 지하수 등을 통해서도 실내로 들어오지만 약 85% 이상은 지각으로부터 방출된 것이다(그림 14.11). 따라서 환기가 잘 되지 않는 건물의 실내나 지하 공간, 지하철역 등에서 대기보다 수십 배에서 많게는 수백 배 이상 높은 농도로 라돈이 축적될 수 있다. EPA에 의하면 대기 중 라돈의 평균 농도는 0.4 pCi/L인데 비하여 실내공기의 평균은 1 pCi/L로 매우 높으며, 실내기준을 4 pCi/L 이하로 하고 있다. 일부 온천수, 광천수, 지하수 등에서도 평균 이상의 라듐과 라돈이 발견되기도 한다.

미국 EPA는 라돈이 방사능 때문에 흡연 다음으로 큰 폐암 발병의 원인이라고 경고하고 있는데, 라돈가스가 호흡에 의해 폐로 들어오면 그 붕괴 생성물이 기관지나 폐포에 침착하여 알파선을 계속 방출함으로서 세포중의 염색체에 돌연변이를 일으켜 폐암이 생기는 것으로 알려져 있다. 미국에서 폐암으로 사망하는 사람이 연간 약 140,000명 정도가 되는데, 이 중 10%에 해당되는 14,000여 명이 라돈 때문인 것으로 추정되고 있다. 라돈은 폐암 발생의 직접적인 원인이 될 뿐만 아니라 라돈의 붕괴로 생성되는

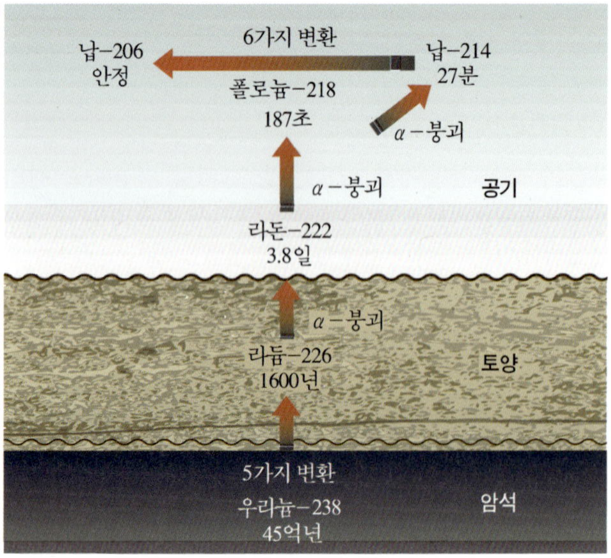

그림 14.10 방사성물질의 붕괴

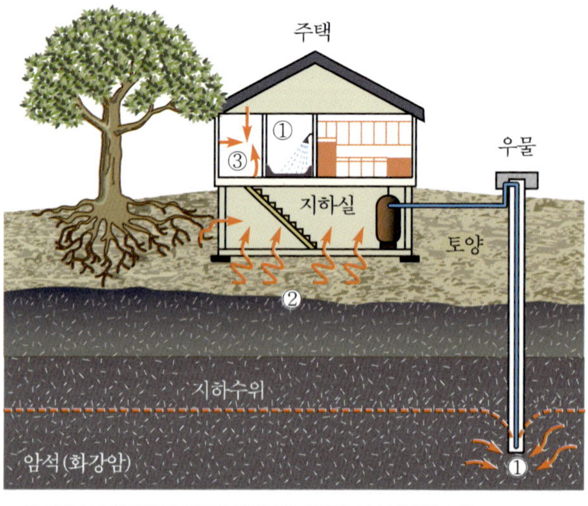

① 지하수중의 라돈이 우물에 유입되어 생활용수로 가정에 유입
② 암석과 토양으로부터 라돈가스가 지하실 틈새로 유입
③ 주택 건축자재로부터 라돈가스 방출

그림 14.11 라돈의 실내 유입경로

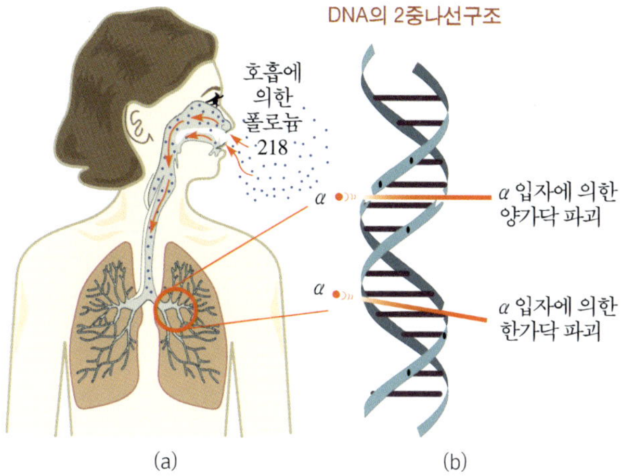

그림 14.12 폴로늄-218의 폐 축적으로 인한 DNA구조 파괴

폴로늄(Po^{218}, 반감기 3분) 역시 폐암의 원인이 되는 것으로 알려져 있다.

폴로늄은 입자상 물질로 다른 미세입자와 함께 폐에 침투하여 붕괴할 경우 세포에 치명적인 해를 줄 수 있는 α입자를 방출한다(그림 14.12). 특히 흡연자의 경우 라돈에 의한 피해는 비흡연자에 비해 10~20배나 높은 것으로 알려져 있다.

라돈에 의한 위해성은 표 14.12와 같다.

표 14.12 **라돈 위해성**

라돈준위 (pCi/L)	일생동안 1,000명이 각각의 준위에 노출될 경우	상대적 위험도 확률
흡연자의 라돈 위해도		
20	약 135명의 폐암환자 발생	← 익사보다 100배
10	약 71명의 폐암환자 발생	← 화재로 인한 사망보다 100배
8	약 57명의 폐암환자 발생	
4	약 29명의 폐암환자 발생	← 비행기 추락사의 100배
2	약 15명의 폐암환자 발생	← 자동차 사고의 2배
1.3	약 9명의 폐암환자 발생	실내 평균준위
0.4	약 3명의 폐암환자 발생	실외 평균준위
비흡연자의 라돈 위해도		
20	약 8명의 폐암환자 발생	← 폭력 등에 의한 사망률
10	약 4명의 폐암환자 발생	
8	약 3명의 폐암환자 발생	← 비행기 추락사의 10배
4	약 2명의 폐암환자 발생	← 익사와 같은 확률
2	약 1명의 폐암환자 발생	← 화재로 인한 사망과 같은 확률
1.3	1명 이하의 폐암환자 발생	실내 평균준위
0.4	1명 이하의 폐암환자 발생	실외 평균준위

14.6 내분비계 교란물질(Endocrine disruptors)

1) 내분비계 교란물질의 유래

최근 미국, 유럽, 일본 등에서는 인간 및 동물의 생체 내에서 수컷의 정자 수를 감소시키거나 수컷의 암컷화, 다음 세대의 성장 억제 등을 초래하는 인위적인 생성물질을 발견하게 되었다. 이러한 물질을 학술용어로는 내분비계교란물질(endocrine disruptors)이라고 부른다. 내분비교란물질이란 생명체의 정상적인 호르몬 기능에 영향을 주는 합성화학물질이나 천연화학물질을 총칭하며 이들은 약물성내분비교란물질, 자연성내분비교란물질, 환경성내분비교란물질 등 3개 그룹으로 분류된다. 내분비교란물질은 1997년 5월 일본학자들이 NHK 방송에 출연하여 "환경 중에 배출된 화학물질이 생물체 내에 유입되어 마치 호르몬처럼 작용한다"고 하여 환경호르몬(environmental hormone)이라는 신조어를 만들어냄으로서 환경호르몬이라고도 부른다.

내분비교란물질은 1996년 3월 '도둑맞은 미래(Our Stolen Future)'라는 책이 발간되면서 전 세계적으로 주목을 받게 되었으며, 1991년 세계자연보호기금이 야생동물의 생태를 조사한 결과를 보도하면서 그 피해가 본격적으로 보고되기 시작하였다.

현재 내분비계 교란물질에는 광범위한 합성화학물질, 의약품 및 일부 천연물질들을 포함하는 것으로 거론되고 있다. 이러한 물질들은 생체 내의 섬세한 호르몬체계에 영향을 주기 때문에 극미량으로도 생식기능에 이상을 가져올 수 있으며, 급·만성 독성과는 달리 차세대에 영향이 나타날 수 있다는 특성 때문에 인류에게 경각심을 일으키고 있다.

내분비계 교란물질의 설명에 앞서서 일반적인 호르몬에 대해 살펴보면 다음과 같다.

호르몬(hormone)이란 생물의 특정된 기관이나 조직의 세포에서 분비되는 유기물로 체액 속으로 들어가 생체 내의 각부로 퍼져 미량으로 사용해도 효과가 나타나서 각부를 돕는 구실을 하는 물질을 말한다. 호르몬은 배출관 없이 혈액 속으로 분비되는 내분비의 과정 중에서 여러 가지 기관을 조절하고 물질대사의 상태를 변화시키며, 성장이나 발육에 영향을 끼친다.

호르몬이 분비되는 기관인 내분비계는 생체의 항상성, 생식, 발생, 행동 등에 관여하는 각종 호르몬을 생산, 방출하는 기관으로 선(gland), 호르몬(hormones), 표적세포(target cell) 등 3가지 부분으로 나누어지는데, 호르몬은 내분비선으로부터 생산, 방출되어 혈액을 통해 유출된 후 먼 곳에 있는 표적세포(target cell)에 도달하여 생화학적인 효과를 나타내게 된다.

이러한 호르몬의 반응은 외부 자극에 대한 반응과 같이 수 초 이내에 이루어지기도 하며, 성장 및 발육, 암수분화 등과 같이 장시간에 걸쳐 이루어지기도 한다. 모든 척추동물(어류에서 포유류까지)은 같은 내분비계를 가지고 있으며, 이들은 각기 유사한 호르몬을 분비하고 있다.

내분비계의 활동은 신경계와의 협력을 통해 이루어지며, 내분비계의 기능으로는 체내의 항상성 유지(영양, 대사, 분비활동, 수분과 염의 균형유지), 외부 자극에 대한 반응, 성장, 발육, 생식에 대한 조절, 체내 에너지 생산, 이용, 저장 등을 들 수 있다.

역사적으로 내분비교란물질 가운데 처음 알려진 것은 호르몬제제 약품이다. 그 가운데 가장 잘 알려진 것이 DES (Diethylstilbestrol)이다. 이 물질은 강력한 합성 여성호르몬인데 임상실험에서 약효와 안전성이 채 확인되지 않은 상태에서 1948년부터 1972년까지 유산 방지 목적으로 임산부에게 널리 투여됐다. 그러나 이 약을 복용한 산모에게서 유산 방지 효과가 나타나지도 않았을 뿐만 아니라, 태어난 여아가 사춘기 나이가 되면 그 나이에 매우 희귀한 질환이 다수 발생하고 남아에게서도 성기 기형이 다수 발생한다는 것이 밝혀졌다.

내분비교란물질로서 자연계에 존재하는 것을 식물성에스트로겐(Phytoestrogens)이라고 하는데 콩·사과·버찌·딸기류·밀·강낭콩 등에 함유되어 있다. 이 물질들은 화학적 구조가 에스트로겐과 비슷하지만 호르몬으로서의 역가는 매우 미미한 것으로 알려져 있다. 그러나 콩으로 만든 두유 속에 함유된 식물성에스트로겐의 농도는 갓난아이들의 혈중 에스트로겐 농도보다 1~2만 배 높으므로 두유를 먹고 자라는 갓난아이들에게 생물학적 변화가 있을 수 있다는 우려가 최근 미국에서 제기되기도 했다. 한편, 식물성에스트로겐이 함유된 식품을 많이 섭취하면 유방암이 예방된다는 보고도 있다.

또 다른 내분비교란물질로는 환경오염물질이 있다. 내분비교란물질이면서 동시에 환경오염물질이기 때문에 엄밀하게 환경성 내분비교란물질(EED ; Environmental endocrine disruptors)이라고 지칭한다. 오늘날 환경문제를 말하면서 내분비교란물질이라고 하면 거의 예외 없이 환경성 내분비교란물질을 의미한다. 이런 물질로는 다이옥신, PCB, DDT, 기타 농약 등 합성화학물질 등이 알려져 있으며 화학적 구조가 생명체의 호르몬과 비슷해 생명체에 흡수될 경우 정상적인 호르몬 기능을 혼란시킴으로써 성기기형, 생식기능 저하, 행동변화, 암 발생 등을 유발할 수 있다는 의혹을 받게 된 것이다.

환경성 내분비교란물질의 섭취는 1차적으로 음식, 특히 이런 물질이 낮은 농도로 함유된 육류, 유제품, 물고기를 통해 이루어진다. 특히 이런 물질은 오염된 지역의 물고기, 쇠고기, 돼지고기, 닭고기 등 지방질에 농축되어 있기 쉽다.

보다 근본적인 원천은 폐기물 소각장, 화학 공장, 그리고 음식물의 잔류 농약 등이다. 산업시설에 의해 배출된 화학물질이 먼저 대기, 수질, 토양 등의 환경을 오염시키고 다음으로 오염물질이 물고기·축산물 등 생물체에 축적된 다음 최종적으로 사람이 소비하는 음식물을 통해 인체 내로 들어오는 것이다. 폐기물 소각장과 여타 연소과정의 대기 배출물은 다이옥신과 PCB의 주요 발생원이다. 또한 오염된 식수나 음식을 포장하기 위해서 사용되는 플라스틱 포장재로부터 내분비교란물질에 노출되기도 한다.

2) 내분비교란물질의 특성

내분비교란물질은 생체는 물론 그 자손의 건강에도 변화를 가져올 수 있는 외인성 물질이며, 특히 성호르몬의 기능에 영향을 많이 주기 때문에 생체의 건강뿐만 아니라 생식능력을 감소시켜 생물군의 개체 수까지도 줄일 수 있어 생태계의 존속을 위협하는 물질이다.

내분비교란물질은 기존의 독성화학물질들보다 훨씬 저농도에서도 생체에 영향을 미칠 수 있으며, 먹이사슬을 통해 농축되기 때문에 더욱 위험하다. 이들은 대부분 지방친화성이 있어 생체 내의 지방에 축적된다. 대표적인 반응으로는 이들이 세포의 호르몬 수용체(hormone receptor)와 결합하여 호르몬과 같은 작용을 하거나 정상적인 호르몬이 수용체와 결합하는 것을 방해하는 것 등이 널리 알려져 있다.

이러한 내분비교란물질은 생체호르몬과는 달리 쉽게 분해되지 않고 매우 안정하여 환경 및 생체 내에 오랫동안 잔류하고 인체 등 생물체의 지방 및 조직에 농축되는 특성을 가지고 있다.

내분비교란물질은 생태계 및 인간의 생식기능 저하, 기형, 성장장해, 암 등을 유발하는 물질로 추정되고 있으며 생태계 및 인간의 호르몬계에 영향을 미쳐 전 세계적으로 생물종에 위협이 될 수 있다는 경각심을 일으켜 오존층 파괴, 지구온난화 문제와 함께 세계 3대 환경문제로 등장하였다.

3) 환경호르몬으로 추정되는 물질들

현재 내분비계 장애를 일으킬 수 있다고 추정되는 물질로는 각종 산업용화학물질(원료물질), 살충제 및 제초제 등의 농약류, 유기중금속류, 소각장의 다이옥신류, 식물에 존재하는 식물성에스트로겐(phytoestrogen) 등의 호르몬유사물질, DES(diethyl stilbestrol)와 같은 의약품으로 사용되는 합성 에스트로겐류 및 기타 식품첨가물 등을 들 수 있다.

현재 세계생태보전기금(WWF, World Wildlife Fund) 목록에는 67종의 화학물질이 등재되어 있으며, 일본 국립의약품식품위생연구소에서는 산업용 화학물질, 의약품, 식품첨가물 등 160여종의 물질을 내분비계 장애물질로 분류하고 있다(표 14.13 참조).

우리나라의 내분비계 장애추정물질 종류와 사용실태는 표 14.14와 같다.

표 14.13 내분비교란물질로 추정되는 물질 및 주변 생활용품

세계야생생물기금(WWF) 분류(67종)	일본 NIHS(국립의약품식품위생연구소) 분류(160여 종)	내분비계장애물질의 발생원 또는 용출우려가 되는 생활용품
• 다이옥신류 등 유기염소 물질 6종 • DDT 등 농약류 44종 • 알킬페놀(펜타－노닐) • 비스페놀 A • 디에틸헥실프탈레이트 등 프탈레이트 8종 • 벤조피렌 • 수은, 납, 카드뮴	• 다이옥신 및 퓨란류 7종 (2,3,7,8-TCDD 등) • 다이옥신류 외의 환경오염물질 6종 (벤조피렌 등) • 산업용 화학물질 및 관련물질 53여종(비스페놀 A, 알킬페놀류, 브롬화난연제 등) • 농약류 68종(DDT, Alachlor 등) • 진균성에스트로겐 2종 (Zearalenol, Zearalenone) • 식물성에스트로겐 31종(Coumestol 등)	• 다이옥신 : 쓰레기 소각장 • 폴리염화비페닐(PCB) : 전기 절연제 • 비스페놀 A : 합성수지 원료, 식품 · 음료용 캔의 안쪽 코팅 • 노닐페놀 : 세제 분해산물 • 프탈레이트류 : 플라스틱 가소제 • 트리부틸주석(TBT) : 선박용 페인트 • PBDE : 브롬화난연제 성분 • DDT : 살충제 • 아트라진, 엔도설판, 아미톨 등 : 농약으로 사용 • 브로모프로페인 : 실리콘 웨이퍼 세척작업 • 수은 : 폐건전지

자료 : 2005. 3 국립환경연구원, 환경위해성평가과

표 14.14 우리나라의 내분비계 장애추정물질 및 사용 실태

농약(41종), 산업용 화학물질(17종), 부생성물질 또는 대사물(9종)

물 질	용 도	규제 내용	제조(톤)	수입(톤)	사용(톤)
1. 다이옥신류(dioxins)	소각시설 부산물	폐기물			
2. 퓨란류(furans)					
3. polychlorobiphenyls(PCBs)	변압기 절연유, 비카본지	유해(금지 '96), 폐기물, 수질, 산안(특정)			
4. polybromobiphenyls(PBBs)	방염제	hexa-, octa- : 신규, deca- : 기존			
5. tributyltin oxide(TBT)	선박바닥 도료, 어망 방부제	유해(제한)	232	7	239
6. 펜타클로로페놀(PCP)	방부제, 제초제, 살균제	유해(금지 '91), 산업(특정), 농약(금지 '91)			
7. 2,4,5-트리클로로페녹시초산(2,4,5-T)	제초제	유해(유독물), 농약(금지)			
8. 2,4-디클로로페녹시초산(2,4-D)	제초제	유해(유독물), 농약(등록)		3	3
9. 알라클로르	제초제	농약(등록)	392		392
10. 알디캅	살충제	유해(금지 '91), 농약(금지 '91)			
11. 베노밀	살충제	농약(등록)	37	138	175
12. (bata-HCH)	살충제	유해(금지 '91)			
13. 카바릴	살충제	유해(유독물), 농약(등록)		39	39
14. 클로르단	살충제	유해(제한), 농약(금지 '69)			
15. cypermethrin	살충제	유해(유독물), 농약(등록)	304		304
16. DBCP	살충제	유해(금지 '91)			
17. DDT	살충제	유해(금지 '91), 농약(금지 '71)			
18. 디코폴	살충제	유해(유독물), 농약(등록)		15	15
19. 디엘드린	살충제	유해(제한), 농약(금지 '70)			
20. 엔도술판	살충제	유해(제한), 농약(등재)	593		593
21. esfenvalerate	살충제	농약(등재)			
22. ethylparathion	살충제	유해(제한), 농약(등재)	135		135
23. fenvalerate	살충제	유해(제한), 농약(등재)		23	23
24. 린덴(lindane)	살충제	유해(금지 '91), 농약(금지 '79)			
25. 헵타클로르(heptachlor)	살충제	유해(제한), 농약(금지 '79)			
26. kelthane(22. 디코폴)	살충제	유해(유독물), 농약(등재)		15	15
27. malathion	살충제	유해(유독물), 농약(등재)		2	2
28. mancozeb	살균제	농약(등재)		1,946	1,946
29. maneb	살균제	농약(금지 '89)			
30. methomyl	살충제	유해(유독물), 농약(등재)	56	144	200
31. metribuzin	제초제	농약(등재)			
32. nitrofen	제초제	유해(유독물), 농약(금지 '82)			
33. toxaphene	살충제	유해(금지 '91), 농약(금지 '82)			
34. trifluralin	제초제	유해(제한), 농약(등재)			
35. vinclozolin	살균제	농약(등재)			
36. zineb	살균제	농약(금지 '90)		2	2
37. ziram	살균제	유해(유독물)			
38. Octachlorostyrene	유기염소계 화합물의 부생성물				

표 14.14 우리나라의 내분비계 장애추정물질 및 사용 실태 (계속)

물 질	용 도	규제 내용	제조(톤)	수입(톤)	사용(톤)
39. DDT metabolites	DDT의 대사물				
40. heptachlorepoxide	헵타클로르				
41. oxychlordane	클로르단의 대사물				
42. 헥사클로로벤젠 (HCB)	살균제, 유기합성원료	제조 · 수입사례 없는 물질			
43. 아미트롤	제초제, 분산염료, 수지경화제	농약(제조 · 수입사례 없는 물질)			
44. 아트라진	제초제	제조 · 수입사례 없는 물질			
45. 케폰	살충제	제조 · 수입사례 없는 물질			
46. synthetic pyrethriods	살충제	제조 · 수입사례 없는 물질			
47. methoxychlor	살충제	제조 · 수입사례 없는 물질			
48. mirex	살충제	제조 · 수입사례 없는 물질			
49. permethrin	살충제	농약(제조 · 수입사례 없는 물질)			
50. transnonachlor	살충제	제조 · 수입사례 없는 물질			
51 Penta-to-Nonyl-Phenols	계면활성제원료	nonyl-		5,728	4,972
		octyl-			35
		tert-octyl-			6
52. 비스페놀 A	합성수지원료		28,885	33,479	61,287
53. di-ethylhexylphthalate(DEHP)	플라스틱가소제		171,617		92,986
54. di-hexylphthalate(DHP)	플라스틱가소제				
55. butylbenzylphthalate(BBP)	플라스틱가소제			1,749	1,832
56. di-propylphthalate(DprP)	플라스틱가소제				
57. di-n butylphthalate(DBP)	플라스틱가소제		2,300	91	4,495
58. dicyclohexylphthalate(DCHP)	플라스틱가소제			1	1
59. di-n-pentylphthalate(DPP)	플라스틱가소제				
60. di-ethylphthalate(DEP)	플라스틱가소제				
61. 스타이렌다이머 62. 스타이렌트리머	스타이렌수지의 미반응물	Polystyrene	2,941	490	18,879
63. 벤조피렌	비의도적 생성물				
64. 2,4-Dichlorophenol	원료중간체				
65. Diethylhexyladipate	플라스틱가소제		3,724		1,372
66. Benzophenone	의약품합성원료, 보착제				
67. N-butylbenzene	합성중간체, 액정제조용				

〈용어 설명〉

유해(유해화학물질관리법, 금지 : 금지물질, 제한 : 취급제한물질), 폐기물(폐기물관리법), 수질(수질관리법), 산안(산업안전보건법, 특정 : 허가대상 또는 금지물질), 농약(농약관리법)

내분비계 장해와 관련해 연구결과 및 그 사례가 보고된 대표적 물질로는 수분에 젖는 것을 방지하기 위하여 폴리에틸렌으로 코팅된 커피점에서 사용하는 테이크아웃용 일회용 종이컵과 테플론 코팅이 되어있는 프라이팬과 냄비 및 국자 등과 같은 조리기구 등에서 검출된 과플르오르화옥탄산(PFOA), 편의점 도시락 용기 및 배달음식용 용기에서의 폴리스타이렌, 각종 아웃도어 의류를 비롯한 용품에서의 방열, 방수, 방유 기능을 위한 과플르오르화합물(PFC) 그리고 식품이나 음료수 캔의 내부코팅물질로 사용되는 비스페놀 A등과 현재 사용이 금지된 DDT, PCB, 소각장에서 주로 발생되는 다이옥신류, 합성세제 원료인 알킬페놀, 플라스틱 가소제로 이용되는 프탈레이트에스터 등이 있다. 이 중 PFOA는 내분비계 장애뿐만 아니라 발암물질로도 알려져 있다.

그림 14.13 내분비계 교란물질 함유제품

4) 환경호르몬의 피해 사례

(1) 야생 동물에 미치는 영향

야생 동물에 관한 연구는 내분비교란물질이 동물의 생식과 발달에 심각한 장애를 일으킨다는 사실을 밝히는데 도움이 됐다. 알려진 내분비교란물질에 고농도로 노출됐을 때 동물생태계에 나타난 현상을 일부 소개하면 다음과 같다.

- 동성 짝짓기를 하고 알을 포기하는 청어갈매기 (Herring gulls)
- 둥지로 귀소하지 않고 새끼를 버리는 독수리
- 수달의 급격한 감소
- 암컷처럼 행동하는 수탉
- 밍크 새끼의 높은 사망률
- 사산되는 양
- 큰 백곰(great white bear)집단의 감소
- 대서양 해안에서 죽은 700마리의 병코 돌고래 (bottlenose dolphins)
- 시베리아 바이칼호수의 죽은 물개 떼
- 지중해에서 죽은 1,000여 마리의 얼룩 돌고래 (striped dolphins)
- 바이러스나 세균 감염으로 죽었지만 PCB와 DDT의 조직 내 농도가 높았던 항구 물개들

(2) 인체에 미치는 영향

인체에 미치는 영향에 관한 증거도 상당히 축적돼 있다. 대만에서 PCB에 오염된 식용유를 섭취한 산모에게서 태어난 아이들 가운데 성장 지연, 주의력 결핍증, 사춘기의 성기 왜소증 등이 관찰됐다. 또한 DES를 섭취한 산모에게서 태어난 여아에게 희귀한 질환이 발생하고 남아에게서 성기 기형이 발생했다. 어려서 자랄 때 미국 오대호의 물고기를 많이 먹은 산모들에게서 태어난 아이들 가운데 출생 시 뇌의 크기가 작고 운동신경장애 등 계속되는 발달장애를 나타내는 경우가 상대적으로 많다.

네덜란드에서 환경이 오염된 지역의 산모에게서 태어난 아이들은 상대적으로 행동과 학습장애가 많고 면역기능이 저하되어 있었으며, 캐나다 북극 지방의 이누이트족 엄마에게 태어난 아이들은 면역기능장애가 더 많아 중이염을

표 14.15 내분비계 장애로 의심되는 야생동물에 대한 주요 보고사례

생 물		장 소	영 향	추정되는 원인물질
패 류	고동	일본해안	웅성화, 개체수 감소	유기주석화합물
어 류	옥새송어	영국하천	자성화, 개체수 감소	노닐페놀 의심
	잉어	영국하천	자웅동체화	노닐페놀 의심
	연어	미국오대호	갑상선비대형성, 개체수 감소	원인 불명
파충류	악어	미국플로리다주 호수	음경왜소화, 알의 부화율 저하, 개체수 감소	호수에 유입된 DDT 등 유기염소계 농약
조 류	갈매기	미국오대호	자성화, 갑상선종양	DDT, PCBs 의심
	미국 가마우지	미국미시간호	알의 부하율 저하	DDT, PCBs 의심
	메추라기	일본	배란 및 산란 장애	살충제 케폰 의심
포유류	바다표범	네덜란드	개체수 감소, 면역기능 저하	PCBs
	북극곰	캐나다	스테로이드 호르몬 저하, 갑상선 호르몬 저하	PCBs, 농약물질
	흰돌고래	캐나다	개체수 감소, 면역기능 저하	PCBs
	아메리카 표범	미국	수컷에서 암컷호르몬 상승, 발육 및 생식소 이상	DDE, PCBs 의심
	양	호주(1940년대)	다발성사산, 기형 발생	식물성에스트로겐 의심

자료 : 2005. 3 국립환경연구원, 환경위해성평가과

많이 앓는다.

영국 의학잡지(British Medical Journal)의 1992년 논문에 의하면 1940년에는 1mL당 1억 1,300개이던 덴마크 남성의 정자 수가 1990년에는 6,600만 개로 줄었다고 한다. 3년 후 뉴잉글랜드 의학잡지(New England Journal of Medicine)에 실린 논문에서도 파리의 정자은행에 보관된 프랑스 남성의 정액을 분석한 결과 1973년 1mL당 8,900만 개이던 정자 수가 1992년에는 6천만 개로 감소했고, 정자 수뿐만 아니라 정자의 운동성도 감소하였음이 확인되었다.

일본에서도 1998년 도쿄 근교에 사는 20대 남성의 평균 정자 수가 1mL당 4,600만 개로서 40대 전·후 남성의 8,400만 개와 비교할 때 거의 절반 수준에 머물고 있다는 조사결과가 나왔다. 연구자들은 내분비교란물질의 하나인 환경 에스트로겐이 원인일 수 있다고 암시했다.

환경 에스트로겐 가운데 하나인 DDT와 PCB에 노출된 여성은 유방암에 걸릴 확률이 높다는 연구결과도 보고되어 있다. 이처럼 현대 인류의 질병 추세에 관한 연구에서 달리 설명되지 않는 현상들, 즉 정자 수의 감소추세, 유방암·전립선암·고환암의 증가 추세, 불임과 기형아의 증가, 주의력 결핍 및 학습장애 어린이의 증가 등이 환경오염물질의 내분비교란 메카니즘에 의해 설명될 수 있는지 연구가 활발하다.

5) 환경호르몬에 대한 대처 방안

(1) 음식물 및 용기에 대한 대책

① 육류보다 곡류, 채소, 과일이 풍부한 식단을 이용한다.
② 플라스틱 및 랩의 사용을 억제한다.
③ 과일과 야채는 껍질을 벗겨서 먹는다.
④ 1회용 식품용기의 사용을 자제한다.

(2) 생활주변의 관리대책

① 금연을 한다.
② 파리, 모기 등 해충구제를 위한 살충제의 사용을 자제하고 방충망, 모기장을 이용한다.
③ 정원이나 텃밭에 농약사용을 자제한다.
④ 폐건전지, 파손된 형광등을 적절히 처리한다.
⑤ 강력한 세제의 사용을 자제한다.

(3) 소비자로서의 대책

① 치아 치료 시 아말감의 사용을 자제한다.

② 내분비계 장애물질 함유 세제사용을 자제한다.

③ 합성수지(Plastic)로 만든 어린이용 장난감의 구매를 자제한다.

CHAPTER 14 | 환경과 건강

EXERCISE

1. 인스턴트식품 속에 들어있는 첨가물의 종류와 양을 조사하라.
2. 가정에서 사용하는 각종 세제류(샴푸, 린스, 세정제, 세척제 등)의 성분과 인체 유해성을 조사하라.
3. 여름철 식중독이 많이 발생하는 원인과 이유를 설명하라.
4. 직업병의 종류를 조사하고 원인과 증상에 대하여 밝혀라.
5. 내분비교란물질의 종류와 영향을 설명하라.
6. 새집증후군 원인물질과 대책에 대하여 설명하라.
7. 가습기살균제에 의한 피해 원인과 관련제품들에 대하여 조사하라.
8. 우리나라에서 식중독으로 인한 사고에 대하여 조사하라.
9. 화장품 속에 들어가는 첨가물의 종류와 양을 조사하라.
10. 각종 유제품 속에 들어가는 첨가물의 종류와 양을 조사하라.

CHAPTER

15

산성비

CHAPTER 15 산성비

15.1 산성비의 정의

수증기를 제외한 깨끗하고 건조한 공기 중에는 질소 78.09%, 산소 20.95%, 아르곤 0.93%, 탄산가스 0.02~0.04%가 들어 있다. 이 4가지 성분을 합하면 거의 100%에 이르고 그 밖에 아주 미량의 헬륨(5.2ppm), 네온(18ppm) 등 수십 종의 가스가 존재한다. 그러나 경제성장과 산업의 발달로 공장이나 산업체, 자동차 등에서 배출되는 각종 오염물질의 양이 증가함에 따라 대기오염이 심각해지고 있다.

산성비 문제 역시 이러한 대기오염 때문에 일어나는 현상이다. 공기 중에는 원래 약 200~400ppm의 이산화탄소 가스가 존재한다. 이산화탄소 가스가 물에 녹게 되면 약산성인 탄산을 생성하는데, 대기압에서 이산화탄소가스가 빗물에 포화될 경우 빗물의 pH는 5.6이 된다. 그러므로 정상적인 빗물에서도 pH는 5.6까지 낮아질 수 있으며, 따라서 다른 산성오염물질에 의해 빗물이 더욱 산성화되어 pH가 5.6 이하가 될 때, 이 비를 산성비[1) 2)]라 한다. 주로 공장이나 발전소, 자동차 등의 각종 오염원에서 대기 중으로 배출된 아황산가스나 질소산화물이 대기 중의 여러 물질과 반응하여 강산성의 황산이나 질산을 생성하고 이것이 빗물에 용해될 때 산성비가 되며 따라서 산성비는 대기에서 산성 물질이 제거되는 과정에서 생기는 현상이라 할 수 있다.

이와 같이 대기 중의 산성 물질이 빗물에 녹아 지표면으로 강하하는 것을 습식침강이라 하고, 좁은 의미의 산성비가

1) 19세기 영국의 화학자인 스미스(Robert Angus Smith)는 침전화학과 그 영향에 대한 선구적인 연구에서 처음으로 산성비(acid rain)라는 용어를 사용했다.

2) 미국의 국가 산성우 평가계획(National Acid Precipitation Assessment Program, NAPAP)에서는 빗물의 평균 pH가 5.0 이하일 때 그 비를 산성비라고 정의하고 있다.

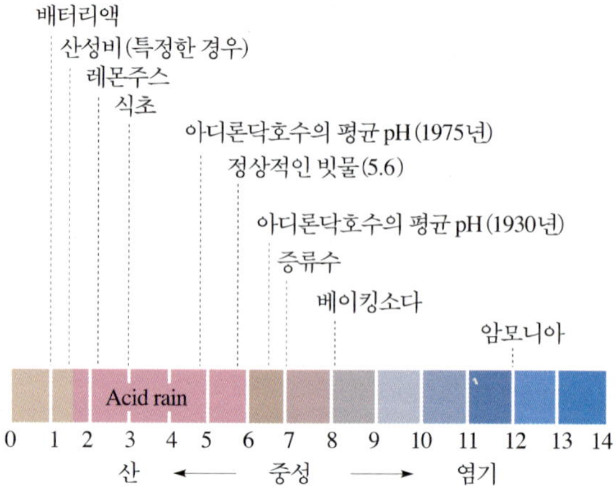

그림 15.1 산성도

된다. 그러나 비뿐만 아니라 다른 형태의 침착물도 산성화의 원인이 될 수 있다. 즉, 산성 물질이 빗물에 의하지 않고 에어로졸(aerosol)과 같은 형태로 직접 지표면으로 강하하여 침착하는 것을 건식침강이라 한다. 실제로 산성 물질에 의한 피해를 고려할 때는 이 2가지 형태를 모두 고려해야 하며, 우리가 관심을 가져야 할 것은 습식 침강물과 건식 침강물－과학적으로 정확한 표현은 산성 침착물(acid deposition) 또는 산성 강하물(acid precipitation)이라고 함－전부이다.

15.2 산성비의 생성 및 원인물질

산성비의 원인이 되는 오염물질 역시 다른 대기오염물질과 마찬가지로 인간의 여러 가지 활동, 즉 각종 공장, 화력발전소, 자동차 등에서 화석연료 연소 시 주로 발생하며, 가정에서 석유나 석탄 등의 연료를 태울 때에도 발생되는데 주요 물질은 아황산가스, 질소산화물, 염화수소 등이다. 이들 산성 가스는 수분이 존재하면 쉽게 황산, 질산, 염산 등과 같은 강산으로 변하여 구름이나 빗물 등에 흡수되어 산성비, 산성안개, 산성눈 등의 형태로 지표면에 강하한다. 산성 침착물의 원인이 되는 오염물질을 좀 더 자세히 알아보면 다음과 같다.

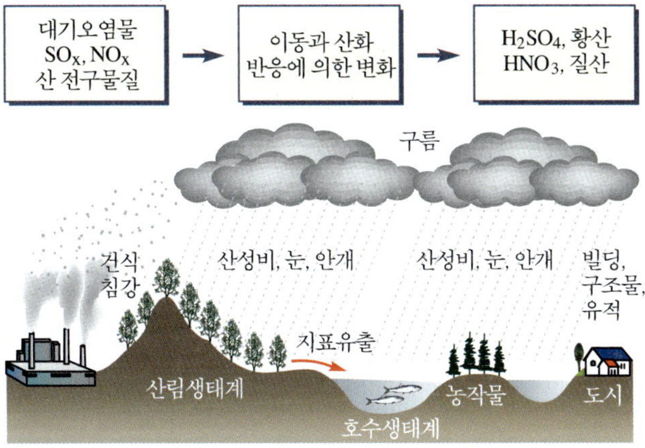

그림 15.2 산성비의 생성경로와 과정

1) 황산(H_2SO_4)

우리가 과거로부터 지금까지 주로 사용하고 있는 화석연료인 석탄과 석유 중에는 불순물로서 황(S)이 들어있다. 일반적으로 기체 연료인 천연가스 중에는 황이 거의 들어있지 않거나 아주 미량이 들어있지만, 등유에는 0.5% 이하, 경유에는 1.6% 이하, 중유에는 4.0% 이하의 황분이 들어 있다. 석탄에는 수 % 이하의 황이 들어있으며, 특히 우리나라에서 생산되는 무연탄에도 산지에 따라 큰 차이가 있지만 0.4~4.5% 정도 들어있다.

이러한 황은 연료 연소 시 함께 산화되어 대부분 이산화황이 되며 일부 소량의 삼산화황을 생성한다.

이산화황이 물에 흡수되면 아황산이 되며 삼산화황은 황산이 된다. 또한 이산화황은 대기 중에서 오존 등과 반응하며 삼산화황이 되기도 하며, 그밖에 매립지나 습지 등에서 발생되는 황화수소의 경우도 대기 중에서 산화될 경우 이산화황이 된다.

특히 삼산화황은 흡습성이 있어 대기 중에서 수분을 흡수하여 점액질의 입자상물질을 만들어 지표면으로 낙하한다.

2) 질산(HNO_3)

질소산화물은 물에 녹을 경우 질산을 생성하며 역시 산성비의 주요 원인이 된다.

최근 산성비는 탈황시설과 천연가스 보급 및 저황연료의 사용에 따라 황산화물(SO_x)보다는 질소산화물(NO_x)에 의한 영향을 더 많이 받고 있다.

질소산화물의 배출은 각종 연료의 고온 연소나 폐기물 소각 시 주로 생성되며, 경제와 산업의 발달로 화석에너지의 사용량과 자동차 등이 급증하면서 NO_x의 배출량은 계속 크게 증가하는 추세에 있다.

3) 염화수소(HCl)

석탄 중에는 황분의 약 20% 정도 되는 염소가 포함되어 있다. 이러한 석탄의 연소에 의해 염소가 대기 중으로 방출되고 수증기가 존재하면 염산으로 되어 빗물에 녹아들어간다.

또한 바닷물 속의 소금 입자가 대기 중에 존재하는 질산·황산 입자와 반응하여 염화수소가스를 생성하기도 한다. 그밖에 음식물 쓰레기 소각 시 염분이 분해되어 염소가스나 염화수소가스 등을 생성할 수도 있고 PVC 등의 소각 시에도 염소나 염화수소가 발생할 수도 있다. 따라서 SO_x나 NO_x에 비하여 염소나 염화수소가 산성비에 미치는 영향은 매우 적지만 소각로 등의 증가에 따라 지속적인 관리가 필요하다.

이와 같이 산성비나 건식 산성침착물의 생성에 가장 큰 영향을 미치는 물질은 SO_x, NO_x, $HCl(Cl_2)$ 등으로 이 중 SO_x가 미치는 영향이 가장 컸었으나 SO_x의 배출기준 강화 및 황함유연료 사용의 규제, 탈황시설의 보급, 연료전환 등으로 산성비 기여도가 크게 감소한 반면 연료사용량 및 자동차의 급격한 증가로 NO_x 배출량이 급증함에 따라 NO_x의 영향이 상대적으로 크게 작용하고 있다.

15.3 우리나라의 산성비 현황

산성비의 주요 원인이 되는 SO_2와 NO_2의 대기 중 농도를 주요 도시에서 측정한 결과를 보면 앞에서 설명한 바와 같이 SO_2(표 15.1)보다 NO_2가(표 15.2) 높게 나타나고 있음을 알 수 있으며, 강수에 대한 산성도 측정(표 15.3)에서도 전국적으로 산성비가 내리고 있음을 알 수 있다.

표 15.1 주요 도시의 연도별 아황산가스 오염도 현황 (단위 : ppm)

연도 \ 도시	서울	부산	대구	인천	광주	울산
1995	0.017	0.023	0.031	0.023	0.010	0.028
2000	0.006	0.010	0.009	0.008	0.006	0.013
2005	0.005	0.006	0.006	0.007	0.004	0.008
2010	0.005	0.006	0.005	0.007	0.004	0.008
2013	0.006	0.007	0.004	0.007	0.005	0.008

자료 : 환경부, 대기환경연보, 2014

표 15.2 기타 주요 대기오염물질 오염도 비교(2012~2013) (단위 : ppm)

오염물질	NO_2		O_3		CO	
환경기준	0.03/년		0.06/8시간		9/8시간	
도시별	2012	2013	2012	2013	2012	2013
서울	0.030	0.033	0.021	0.022	0.5	0.5
부산	0.020	0.021	0.029	0.029	0.4	0.4
대구	0.021	0.023	0.026	0.025	0.5	0.5
인천	0.027	0.028	0.024	0.025	0.6	0.6
광주	0.019	0.020	0.027	0.029	0.5	0.5
대전	0.021	0.021	0.024	0.024	0.5	0.4
울산	0.023	0.024	0.026	0.028	0.5	0.5

자료 : 환경부, 대기환경연보, 2014

표 15.3 연도별 강우산도변화 추이(대기환경연보, 2014, 환경부)

도시	측정소	1995년	2000년	2005년	2006년	2007년	2008년	2009년	2010년	2011년	2012년	2013년
서울	불광동	5.8	4.4(6.7)	4.4(4.6)	4.7(4.8)	4.8(5.0)	4.8(5.0)	4.7(4.7)	4.6(4.9)	4.6(4.8)	4.7	4.4
	구의동	-	4.9(5.6)	-	-	-	5.0(5.0)	4.8(4.8)	4.7(5.2)	4.8(4.8)	4.8	4.8
부산	덕천동	5.3	4.8(5.9)	4.8(5.4)	5.7(5.7)	5.5(5.6)	5.1(5.1)	4.7(4.6)	4.4(4.6)	4.9(5.2)	5.0	4.9
	연산동	-	5.0(5.6)	-	-	-	-	-	4.4(4.6)	4.8(4.9)	5.0	4.9
대구	지산동	5.8	5.8(6.3)	5.3(5.6)	5.5(5.6)	5.6(5.7)	5.5(5.5)	5.0(5.4)	4.6(5.0)	4.7(5.3)	5.0	5.0
	대명동	5.9	5.8(5.9)	-	-	-	4.9(5.0)	4.7(4.9)	4.6(4.7)	4.9(5.1)	5.3	5.3
인천	석모리	-	5.0(5.8)	-	-	-	-	-	-	-	-	-
	구월동	-	-	4.5(5.5)	5.4(4.8)	4.8(5.1)	4.8(4.9)	4.7(4.8)	4.6(5.2)	4.7(5.0)	4.5	4.4
광주	농성동	6.2	5.2(6.2)	4.8(5.0)	5.2(5.4)	4.9(5.5)	4.7(5.3)	4.9(5.3)	5.0(5.5)	5.2(5.7)	5.2	5.2
대전	구성동	6.2	5.1(6.2)	4.6(4.8)	4.7(4.8)	4.7(4.6)	4.5(4.6)	4.6(4.7)	5.0(4.9)	4.9(4.9)	4.7	4.8
울산	성남동	5.4	5.0(5.8)	5.2(5.2)	5.0(4.9)	5.2(5.3)	4.7(4.8)	-	-	-	-	-
	신정동	-	-	-	-	-	-	4.6(4.7)	4.4(4.7)	5.0(5.3)	5.1	5.2
안산	고잔동	5.9	4.8(6.0)	4.4(4.8)	4.7(4.8)	4.5(4.7)	4.5(4.8)	4.7(4.9)	4.5(4.9)	4.4(5.0)	4.8	4.7
이천	설성면	-	-	5.3(5.6)	5.7(5.6)	5.3(5.8)	6.0(6.0)	5.5(6.0)	5.0(5.9)	5.3(6.1)	5.8	5.6
포천	관인면	-	-	4.3(4.9)	5.0(5.1)	5.0(5.2)	5.1(5.5)	4.8(5.1)	4.8(5.5)	4.9(5.7)	4.7	4.6
강릉	옥천동	6.8	5.7(6.7)	5.5(5.8)	5.6(5.6)	5.5(5.9)	6.1(6.1)	4.7(4.7)	4.5(4.9)	4.6(4.8)	4.8	4.8
원주	명륜동	6.6	5.1(6.1)	5.3(5.7)	5.7(5.8)	5.1(6.1)	6.2(6.4)	4.8(4.9)	4.5(4.8)	4.9(5.1)	5.0	4.9
고성	간성읍	-	-	5.3(5.5)	5.6(5.5)	5.0(5.9)	5.5(5.4)	4.9(4.7)	4.5(4.7)	5.1(5.8)	4.9	4.8
양구	방산면	-	-	4.8(5.1)	5.0(5.1)	4.3(5.0)	5.3(5.3)	4.7(4.7)	4.7(4.9)	4.8(4.9)	5.0	4.8
청주	봉명동	-	-	-	-	-	-	4.8(5.0)	4.7(4.9)	5.0(5.1)	5.2	5.2
제천	서부동	6.8	4.7(6.0)	5.4(5.7)	-	-	-	-	-	-	-	-
괴산	청천면	-	-	5.4(5.4)	5.5(5.5)	5.0(5.9)	5.0(5.0)	5.0(5.1)	4.5(5.0)	4.9(5.1)	4.8	4.8
태안	파도리	-	4.6(5.5)	4.6(4.8)	4.5(4.7)	4.5(4.7)	5.0(5.3)	4.5(4.5)	4.6(4.9)	4.5(4.8)	4.8	4.7
공주	사곡면	-	-	-	-	-	5.2(5.3)	4.6(4.7)	4.6(4.7)	4.7(4.7)	4.8	4.8
익산	남중동	6.8	5.7(6.7)	5.9(6.1)	5.2(5.8)	5.2(5.7)	4.8(5.0)	4.8(5.3)	4.7(5.4)	5.4(5.8)	5.0	5.4
임실	운암면	-	-	5.8(6.1)	5.2(5.6)	5.7(6.0)	5.2(5.3)	5.0(5.6)	4.9(5.7)	5.3(5.5)	5.1	5.2
목포	용당동	6.7	5.5(6.1)	4.8(5.2)	5.2(5.5)	4.7(5.6)	4.6(5.1)	4.5(4.9)	4.8(4.9)	4.8(5.3)	5.1	5.2

표 15.3 연도별 강우산도변화 추이 (계속)

도시	측정소	1995년	2000년	2005년	2006년	2007년	2008년	2009년	2010년	2011년	2012년	2013년
광양	중동	5.6	5.3(6.0)	4.8(4.9)	4.8(5.1)	4.5(5.1)	4.4(4.9)	4.6(4.9)	4.6(4.9)	4.8(5.3)	4.8	5.3
여수	삼일동	5.5	5.3(5.8)	-	4.8(5.2)	4.8(5.7)	4.8(5.4)	4.5(4.9)	4.2(4.6)	-	-	-
안동	남문동	5.6	5.5(6.2)	5.2(5.4)	5.4(5.5)	5.2(5.6)	5.4(5.4)	5.1(5.3)	4.6(4.9)	4.9(5.2)	5.1	5.1
김천	평화동	-	5.1(5.8)	5.4(5.5)	5.3(5.3)	5.3(5.4)	6.0(6.2)	-	-	-	-	-
	신음동	-	-	-	-	-	-	4.9(5.2)	4.6(4.8)	4.9(5.5)	5.3	5.1
영덕	지품면	-	-	5.4(5.3)	5.3(5.4)	5.5(5.7)	5.6(5.7)	4.7(5.0)	4.5(4.5)	4.7(4.9)	4.9	5.0
창원	명서동	5.3	5.2(6.0)	4.8(5.1)	4.4(4.5)	4.5(4.9)	4.5(4.5)	4.6(4.7)	4.6(4.9)	4.8(5.2)	5.0	5.1
거제	저구리	-	4.7(5.3)	4.8(5.0)	4.4(4.4)	4.4(4.6)	4.6(4.5)	4.7(4.6)	4.5(4.6)	4.7(4.8)	4.9	4.8
거창	남상면	-	-	5.4(5.6)	4.9(4.9)	5.0(5.2)	4.8(4.9)	4.9(5.1)	4.7(5.1)	5.2(5.7)	5.2	5.4
북제주	고산리	-	5.3(5.5)	4.5(4.7)	4.4(4.4)	4.5(4.5)	4.3(4.8)	49.(5.2)	5.1(5.5)	5.0(5.2)	5.3	5.4

* '97년 이전 자료는 산술평균 자료이며, '98년 이후 자료는 가중평균(괄호 안은 산술평균)임.

1) 주요도시의 대기오염도

(1) SO_2

우리나라 주요 도시의 SO_2 월평균 농도는 장마철인 7~8월에 감소하다가 겨울철에 증가함을 알 수 있으며, 산업단지 지역인 울산의 경우 봄과 여름철에 높은 농도를 나타내고 있음을 알 수 있다. 지역적으로는 인천과 울산이 다른 도시에 비해 높게 나타났다(표 15.4).

표 15.4 주요 도시의 월별 아황산가스 오염도(2013) (단위 : ppm)

연도 \ 도시	서울	부산	대구	인천	광주	대전	울산
1월	0.008	0.008	0.008	0.010	0.006	0.007	0.008
2월	0.006	0.007	0.007	0.008	0.005	0.006	0.007
3월	0.006	0.008	0.005	0.008	0.005	0.004	0.008
4월	0.006	0.006	0.004	0.007	0.005	0.003	0.007
5월	0.006	0.008	0.004	0.008	0.004	0.003	0.011
6월	0.005	0.008	0.003	0.007	0.004	0.002	0.013
7월	0.004	0.007	0.003	0.005	0.004	0.002	0.011
8월	0.004	0.008	0.003	0.006	0.004	0.002	0.011
9월	0.004	0.007	0.002	0.006	0.004	0.002	0.007
10월	0.004	0.006	0.003	0.006	0.004	0.002	0.006
11월	0.005	0.006	0.003	0.007	0.005	0.004	0.006
12월	0.017	0.007	0.006	0.009	0.005	0.006	0.006
연평균	0.006	0.007	0.004	0.007	0.005	0.004	0.008

주 : 환경기준 0.02ppm/년 이하, 0.05ppm/24hr 이하
자료 : 환경부, 대기환경연보, 2014

(2) NO_2

NO_2는 SO_2와 유사한 경향을 나타내고 있음을 알 수 있는데, 자동차가 많은 서울이 다른 도시에 비해 높음을 알 수 있다.

(3) 기타 오염물

오존은 부산과 광주가 가장 높게 나타났으며 지속적으로 증가함을 알 수 있고, 일산화탄소의 경우 무연탄과 같은 연탄의 사용이 줄어들면서 1980년대에 비해 크게 감소한 이후 유사한 농도를 나타내었으며, 납과 카드뮴 역시 무연가솔린 판매 후 크게 감소하였음을 알 수 있다(표 15.5).

표 15.5 주요 도시의 연도별 중금속(납, 카드뮴) 오염도 (단위 : ppm)

항목	년도	서울	부산	대구	인천	광주	대전	울산
Pb	1995	0.1844	0.0705	0.0138	0.2427	0.0487	0.3666	0.0457
	2000	0.0825	0.1004	0.0269	0.1203	0.0435	0.0806	0.0673
	2005	0.0442	0.0464	0.0454	0.0895	0.0300	0.0696	0.0547
	2010	0.0278	0.0463	0.0364	0.0666	0.0223	0.0353	00652
	2013	0.0668	0.0268	0.0311	0.0603	0.0201	0.0504	0.0307
Cd	1995	0.0040	0.0023	0.0005	0.0061	0.0013	0.0034	0.0073
	2000	0.0018	0.0030	0.0012	0.0048	0.0015	0.0017	0.0168
	2005	0.0012	0.0019	0.0022	0.0038	0.0017	0.0010	0.0034
	2010	0.0010	0.0014	0.0013	0.0021	0.0007	0.0009	0.0027
	2013	0.0021	0.0004	0.0018	0.0015	0.0001	0.0014	0.0007

15.4 산성비의 피해

1) 수중 생태계의 피해

하천이나 호수의 물이 pH가 낮아져 산성으로 되면 호수 밑바닥에서 유해 중금속이 녹아나와(용출이라고 함) 수생 생태계에 영향을 주게 된다. 특히 호수가 산성화되면 호수 밑바닥에서 알루미늄의 용출이 급격히 증가하는데, 호수 내의 알루미늄의 농도가 0.2ppm만 되어도 물고기가 호흡장애로 죽어버린다. 그리고 알루미늄은 식물성플랑크톤 및 수생식물에 영양분으로 공급되는 인산염과 결합하여 영양분으로서의 가치를 떨어뜨린다.

또한 호수가 산성화되면 식물성·동물성 플랑크톤, 부착 조류, 수생식물 및 저서생물의 조성이 바뀌고 단순화되며 호수의 물이 아주 맑아지게 되어 깨끗한 호수와 구별하기 어렵게 된다.

2) 토양의 피해

일반적으로 토양은 호수나 하천보다 산성화에 대한 저항력이 강하기 때문에 눈에 띄는 생태학적 장애 없이도 많은 양의 산을 함유할 수 있다. 토양의 산성화 정도는 토양의 유형, 모암의 종류, 인간이 토양을 다루는 방법 등에 따라 다르다. 산성에 가장 약한 땅은 석회질을 거의 품고 있지 않은 화강암, 편마암 및 석영이 많은 암석을 모암으로 하는 토양인데, 산을 거의 중화시키지 못해 산성비에 매우 약하게 된다.

토양에 산성비가 스며들 경우 토양 중의 칼륨, 칼슘, 마그네슘과 같은 염기가 먼저 유실되고, 음이온 중에서는 질산이온, 염소이온이 가장 쉽게 유실되어 토양이 척박해지고 생산성이 줄어드는 등 산성화가 촉진된다. 그리고 pH 5 이하에서는 토양의 산성화가 가속화되어 알루미늄의 농도가 증가하고, Al^{3+}가 토양수 내에서 가수분해 됨으로써 생기는 독성은 식물에 해를 끼칠 뿐만 아니라 토양 중에 있는 카드뮴, 아연, 납, 철, 망간과 같은 금속을 잘 녹게 하여 쉽게 수중 생태계에 퍼져 들어가 먹이사슬에 의한 중금속 중독 피해를 유발시킨다.

3) 산림의 피해

산도가 높은 비가 수목의 상층부에 직접적으로 피해를 주거나 토양에 침투하여 식물체에 유해한 알루미늄이나 망간이온을 유리시켜 잔뿌리에 피해를 줌으로써 나무를 고사시킨다. 이것은 산성비가 광합성을 하는 식물의 엽록소를 파괴하여 탄수화물을 만들어내지 못하게 함으로써 식물의 생산력을 떨어뜨리기 때문이다.

산성비에 의한 간접 피해로 토양의 pH가 4.2 이하로 떨어지면 알루미늄은 독성을 띤 Al^{3+}으로 바뀐다. Al^{3+}은 뿌리를 통해 식물의 내부에 흡수되어 피해를 입히기도 하고, 박테리아와 지렁이 등 유익한 토양미생물이 살 수 없는 환경을 만들며 나무의 잔뿌리를 손상시킨다. 또한 알루미늄이온은 칼슘, 마그네슘이온 등을 용탈시켜 뿌리조직의 중요한 영양소 파괴를 가져온다. 그리고 식물의 잎 표면에 검은 반점 등을 만들어 광합성 작용을 방해하므로 엽록소가 탈색되고 잎 조직이 파괴되어 말라죽는 현상이 나타난다.

그림 15.3 산성비로 파괴된 숲

4) 인체에 미치는 영향

산성비가 인체에 미치는 영향은 직접·간접적으로 나타날 수 있는데, 직접적으로는 눈이나 피부를 자극하여 불쾌감이나 통증을 느끼게 할 수 있다. 또한 대기 중의 산성가스나 입자상 물질의 증가로 산성화된 안개 또는 안개비에 의해 영향을 받을 수 있다고 하나 아직까지 구체적인 사례가 적은 실정이다.

산성비의 원인 물질인 아황산가스 등의 오염물질에 의한 직접적인 영향과 산성비에 의해 물 또는 토양에 녹아 들어갈 수 있는 유해중금속이 장기간에 걸쳐 먹이사슬을 통해 농작물 및 물고기에 축적됨으로써 인체에 간접적인 영향을 미칠 수도 있다.

5) 재산에 미치는 영향

산성화된 빗물은 금속이나 대리석으로 만들어진 동상, 기념탑 등의 유적과 각종 구조물을 부식시킨다. 유럽의 경우 아테네에 있는 파르테논 신전과 아크로폴리스 같은 유적이나 독일의 쾰른성당 등의 부식이 대표적인 예이다.

산성비로 인한 인공석조물의 부식도는 자연 풍화보다 30배 정도 빠르다는 보고도 있다. 특히 금속이 가장 심하게 부식되며 가죽, 고무, 섬유제품이 쉽게 변색되거나 못쓰게 된 사례도 보고되고 있어 이로 인한 경제적 손실도 클 것이다.

1908년

1969년

그림 15.4 산성비에 의한 부식

15.5 산성비를 둘러싼 국제 분쟁

어느 한 배출원에서 배출된 오염물질이 기상 조건과 맞물려 배출된 지역뿐만 아니라 그 인접지역에까지 피해를 미치는 경우가 많다. 이는 오염물질의 국가 간 이동이라는 점에서 매우 중요하다.

미국과 캐나다의 경우 미국의 동북부 공업지역에서 배출된 대기오염물질이 수백 km 떨어진 캐나다의 동부지역까지 이동해 산성비를 내림으로써 1970년대 중반부터 캐나다 지역 1만 4천여 개의 호수가 산성화됨으로서 양국 간의 분쟁을 발생시켰다. 또한 유럽의 경우 스웨덴에서는 1950년에서 1965년 사이에 산성비 때문에 토양이 산성화되고 산림 생산력이 0.3% 떨어졌다는 기록이 있으며, 독일에서는 1960년 초부터 독일 남서부 슈바르츠발트(검은 숲이란 뜻)의 전나무 등이 갑자기 말라죽어버렸다. 슈바르츠발트는 검은 숲이란 이름처럼 숲이 무성했으나 수많은 나무가 말라죽어갔고, 이러한 피해는 계속되어 바바리아 지방과 동부 유럽까지 확산되었다. 그 원인을 조사한 결과, 이 지역이 대도시와 공업지대에 근접해 많은 대기오염물질과 산성비의 영향을 받았기 때문인 것으로 밝혀졌다.

우리나라의 경우 주변상황을 볼 때 중국의 영향으로 지속적인 산성비 피해가 증가될 것으로 예상된다. 왜냐하면 중국은 에너지 소비의 약 75%를 아황산가스의 주 배출원인인 석탄에 의존하고 있고, 동북아시아 지역에서 배출되는 아황산가스의 약 80%가 중국에서 발생하기 때문이다. 이렇게 발생된 아황산가스가 편서풍을 타고 우리나라로 이동해 우리나라 서쪽지방과 내륙지방에 산성비를 내릴 가능성이 높기 때문이다.

EXERCISE

1. 우리나라 산성비의 피해에 대하여 조사하라.
2. 우리나라 산성비 실태에 대하여 조사하라.
3. 산성비로 인한 국제 간 분쟁에 대하여 설명하라.
4. 중국으로부터 유입되는 산성 물질이 우리나라 산성비에 미치는 영향과 여러분이 우리나라 환경책임자라는 가정 하에 이에 대한 피해청구방안을 제시하라.
5. 산성비 관련 자료를 조사하라.

CHAPTER

16

지구온난화

CHAPTER 16 지구온난화

지구온난화는 인간의 다양한 경제활동으로 인해 배출되는 이산화탄소(CO_2), 메탄(CH_4), 염화플루오르화탄소(CFCs), 아산화질소(N_2O) 등 온실가스가 대기 중에 누적되어 지구의 온도를 계속 상승시키는 것으로 지구 생태계 전체에 커다란 영향을 미치고 있다.

지구온난화에 대한 과학적인 근거는 이미 19세기 말부터 일부 과학자들에 의하여 제기되어 왔으며, 1960~1970년대에 들어 다수의 대기과학자들은 대기 중의 이산화탄소가 증가하였다는 사실을 발표하였다.

1980년대에 들어서는 이산화탄소 이외에 미량의 기체들이 온실효과를 유발한다고 발표하였으며 여러 가지 대기온도 예측모델을 통해 과거 기온 변화가 지구온난화 예측모델의 결과와 일치한다는 사실을 확인하였다.

16.1 지구온난화의 정의와 원인

지구 대기 중에 포함된 온실가스는 온실유리나 비닐하우스의 폴리에틸렌필름과 같이 태양으로부터 지표면에 도달하는 단파장의 태양복사파는 잘 투과시키지만, 지표면에서 복사되어 대기로 방출되는 장파장인 적외선은 흡수하여 지표면의 온도를 보존하는 역할을 한다. 지구는 생물들이 서식하기에 적절한 온도 수준을 유지하기 위해서 온실가스를 필요로 한다. 지구의 평균온도는 약 15℃인데 만일 온실가스에 의한 온실효과가 없으면 지구의 평균온도는 영하 17.8℃까지 낮아지게 된다. 그러나 대기 중에 존재하는 수증기, 이산화탄소, 메탄, 아산화질소, 염화플루오르화탄소, 오존 등과 같은 온실가스의 농도가 여러 가지 원인에 의해 높아지면 이들 가스 성분이 보다 많은 장파장의 지구복사에너지를 흡수하여 지구의 열적균형(적절한 온도유지)에 변화가 생기게 된다. 이로 인해서 '자연적 온실효과'에 의해 적절했던 온도가 조금씩 높아져 지구의 평균온도는 상승하게 된다. 이러한 효과를 '강화된 온실효과(enhanced greenhouse effect)'라 하며, 이로 인해 지구가 더워지는 현상을 '지구온난화(global warming)'라고 한다.

지구의 에너지 수지 균형을 보면 입사된 태양광선 중 약 25%는 먼지나 구름에 의해 반사되고 약 25%는 대기에 흡수되며, 나머지 약 50%가 지표면에 도달하는데, 이 중 10%가 지표면의 재반사에 의해 다시 대기에 흡수되고 나머지가 지표면에 흡수된다. 지표면에 흡수된 단파장의 태양복사열은 대기가 냉각될 때 장파장의 적외선이나 열로 지표면에서 재복사되는데, 이러한 지구의 복사열이 대기 중의 이산화탄소와 수증기 등 온실가스의 흡수층을 통과하지 못하고 다시 지표로 환원됨으로써 지표면의 온도가 상승하는 것으로 과학자들은 주장하고 있다.

IPCC(Intergovernmental Panel on Climate Change, 기후변화에 관한 정부 간 패널) 5차 보고서에 의하면 지구온난화로 인하여 21세기에 지구평균기온이 최대 3.7℃, 해수면은 63cm까지 상승할 것으로 예측하고 있다. 따라서 21세기 지구온난화는 자연생태계는 물론 인간의 건강과 사회경제적 활동의 중심인 수자원, 농림, 수산, 축산자원, 산업, 대기질, 거주지 등 자연과 인간의 모든 부분에

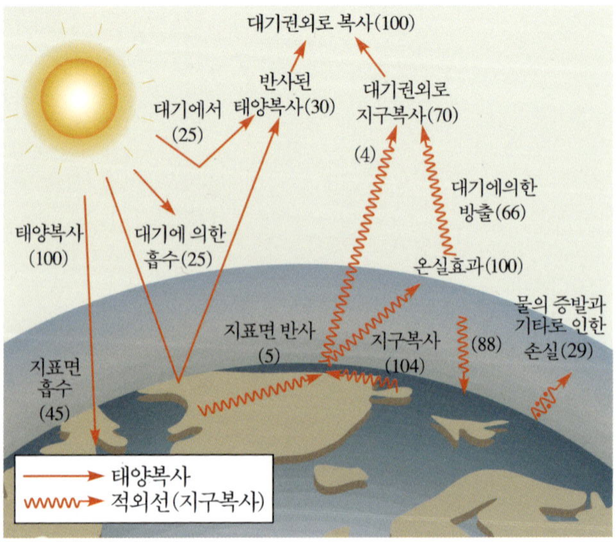

그림 16.1 지구의 에너지 수지

매우 큰 영향을 미칠 것으로 전망된다.

지구온난화를 유발하는 대기 중 온실가스는 산업혁명 이후 화석연료(석유, 석탄, 가스)의 연소, 산림파괴 등 인간의 여러 가지 활동에 기인하여 크게 증가하였으며, 이러한 증가속도는 최근 2만년 동안 전례가 없는 것으로 밝혀졌다. 온실가스들의 지구온난화에 대한 기여도는 이산화탄소가 가장 높지만 이산화탄소와 다른 온실가스의 복사효과(Radiative effect)를 비교하면 다른 온실효과 가스의 영향도 무시할 수 없다. 또한 체류시간이 긴 기체일수록 온실효과에 더 많은 영향을 미치게 되는데, 주요 온실효과에 내한 특징을 표 16.1에 제시하였다.

1) 온실가스의 종류

온실가스란 대기를 구성하는 여러 가지 기체 중 지구온난화를 일으키는 기체로 이산화탄소(CO_2), 메탄(CH_4), 아산화질소(N_2O), 염화플루오르화탄소(CFCs), 수소플루오르화탄소(HFCs), 과플루오르화탄소(PFCs), 육플루오르화황(SF_6), 오존(O_3) 등이 있으며, 1997년 개최된 제3차 기후변화협약 당사국총회(COP : Conference of the Parties)에서 채택된 교토의정서에서 이산화탄소(CO_2), 메탄(CH_4), 아산화질소(N_2O), 수소플루오르화탄소(HFCs), 과플루오르화탄소(PFCs), 육플루오르화황(SF_6)을 6대 온실가스로 지정하였다.

염화플루오르화탄소(일명 프레온)는 과거 냉매, 소화제(消化劑), 분무제 등으로 많이 사용되었으나 오존층 파괴 물질로 알려지면서 현재는 생산과 사용이 전면 금지되었다. 그러나 염화플루오르화탄소의 대체물질로 개발된 수소플루오르화탄소나 육플루오르화황 등도 역시 온실효과를 유발하는 것으로 알려져 있다.

온실가스는 화합물이 지니는 구조로 볼 때 온실가스 종류마다 열 축적 능력이 다르므로 온실효과를 일으키는 잠재력이 달라지게 된다. 이렇게 온실가스별로 지구온난화에 기여하는 정도를 나타낸 것을 지구온난화지수(GWP ; global warming potential)라고 한다.

표 16.2 온실가스별 지구온난화 지수 (GWP)

온실가스 종류	CO_2	CH_4	N_2O	HFCs	PFCs	SF_6
지구온난화 지수	1	21	310	140~11,700	6,500~9,200	23,900

※ 자료 : IPCC 제2차 보고서의 지구온난화지수(GWP)

표 16.1 주요 온실가스의 특징

구 분	이산화탄소	메 탄	아산화질소	염화플루오르화탄소
대기체류기간	50~200년	20년	120년	65~130년
배출원	화석연료, 연소, 산림벌채	쌀 경작, 가축사육 Biomass연소 채광 천연가스 이용	농지경작	냉매, 세척제
지구온난화지수 (이산화탄소 = 1)	1	21	310	1,300~23,900
온난화기여도(%)	60	20	6	14
국내 총배출량	86.3%	7.3%	2.3%	4%
90년 수준의 농도유지조건	60~80% 감축	15~20% 감축	70~80% 감축	
산업혁명이전농도(증가율)	280 ppmv	0.8 ppmv	288 ppbv	0
90년대 농도(증가율)	353 ppmv (26%)	1.73 ppmv (115%)	310 ppbv (8%)	280 pptv(CFC-11) 484 pptv(CFC-12)
1 kg의 GWP*(20년간)	1	63	270	4,500~7,100
1 kg의 GWP*(100년간)	1	21	310	1,300~23,900

* 지구온난화지수(global warming potential)

(1) 이산화탄소(CO_2)

과거에는 화산활동에 의해 증가된 CO_2는 해양에 흡수되거나 광합성에 의해서 탄산이온(CO_3^{2-})의 형태로 지표면에 저장되었다. 따라서 탄소는 CO_2의 형태로 대기 중에만 존재하는 것이 아니라 모든 유기체의 내부, 지표면의 저질, 해양 등에 더 많은 양이 다양한 형태로 존재한다. 탄소는 생태계 내에서 정체해있는 것이 아니라 여러 형태로 존재하면서 순환을 하는데, 이러한 순환 속에서 대기 중 CO_2의 농도가 해양, 토양, 생물 등의 탄소저장소와 유기적 관계에 의하여 상호평형을 이루고 있다. 그러나 산업활동, 발전, 가정, 수송 등에서 주로 사용되는 석유, 석탄, 천연가스 등 화석연료의 연소와 폐기물 소각 등에 의해 과다한 CO_2가 방출되어 이 평형이 깨짐으로서 대기 중 CO_2 농도가 지속적으로 증가하고 있다. 또한 삼림의 벌채 및 가공 과정에서도 삼림에 흡수 저장되었던 CO_2가 방출되기도 한다. 인위적인 CO_2 배출량의 80~85%는 화석연료의 연소에 의해 배출되며 15~20%가 산림훼손 등 토지이용의 변화에 의한 것으로 알려져 있다. CO_2의 복사강제력은 1.46 W/m^2로 온실가스에 의한 지구온난화 기여도의 60%를 차지한다.

대기 중 CO_2 농도는 산업화에 따라 크게 변화해 왔는데, 산업혁명 이전인 1750년과 1880년대 사이에는 280ppm 수준에 머물렀던 것이 1989년에 이르러 350ppm까지 급등했으며, 2016년 398ppm에 이르렀다. 세계기상기구(WMO)는 2014년 4월 북반구의 CO_2 농도가 이미 400ppm을 넘었다고 발표하였다. 향후 현재의 연간 CO_2 농도 증가율 2%를 그대로 유지할 경우 2050년경 산업혁명 이전의 CO_2 농도의 2배인 575ppm에 달하고, 2100년에는 1,330ppm이 될 것으로 예상되며, 유엔 산하 IPCC는 CO_2 농도가 450ppm이 될 경우 산업혁명 이전보다 세계 평균기온이 2℃가량 상승하면서 대규모 홍수와 가뭄, 한파, 이상고온 현상과 같은 극심한 기후변화가 일어날 것으로 경고하고 있다.

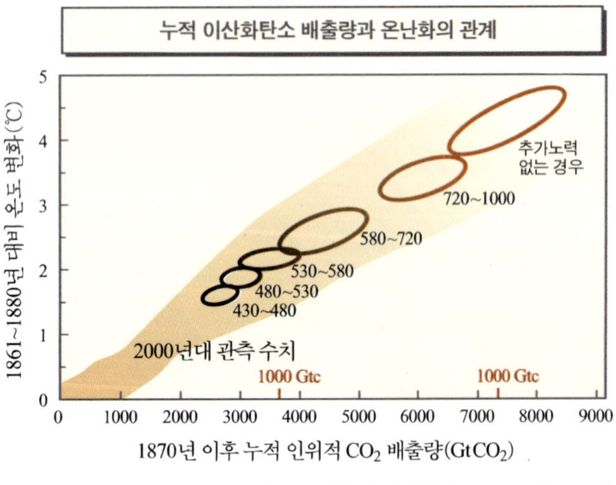

그림 16.2 1870년 이후 인위적으로 배출된 이산화탄소 누적량(Gt CO_2)

(2) 메탄(CH_4)

인간 활동과 생물 활동에 의해 발생하는 메탄은 현재 대기 중의 농도가 약 2ppm 정도로 1960년대 말의 1.3~1.41 ppm에 비해 꾸준히 증가하고 있다. 생물활동에 의한 메탄의 발생원은 목축, 미생물 활동, 논, 습지, 늪, 해양 등이며 인간 활동에 의한 발생원은 천연가스의 사용, 석탄 및 석유 채굴, 생물이나 화석연료의 연소, 목축과 농업의 확대, 인구 증가와 도시화로 인한 폐수 및 분뇨와 쓰레기의 처리 등으로 메탄가스 발생의 절반 이상이 인간에 의한 인위적 발생이다.

메탄은 위와 같은 발생원에 의해 그 농도가 증가하는 반면에 대류권에서 OH기에 의한 산화, 성층권으로의 전이, 생물에 의한 토양에서의 분해 등으로 감소하기도 한다.

대류권에서의 메탄농도 증가는 오존을 비롯한 다른 가스의 분포와 농도를 변화시키며, 성층권에서도 염소가스를 염화수소가스로 만들어 대류권으로 침강시킨다. 성층권에서 염소의 감소는 오존을 파괴시키는 염소원자의 활동을 감소시키고, 메탄은 산화하여 수증기를 생성하는데 수증기의 증가 역시 지구온난화를 유발한다. 메탄의 복사강제력은 0.48W/m^2로 1800년대 이후 약 2배까지 증가하였으며, 온실가스 전체에 의한 지구온난화 기여도의 20%를 차지하고 있다.

표 16.3 메탄가스 발생원별 발생량 (단위 : 백만 톤/년)

발생원	늪지 습지	화석연료 추출	분뇨 및 축분처리	폐기물 매립지	벌채 및 바이오매스 연소	농업	총량
발생량	120	100	80	40	40	160	540

(3) 염화플루오르화탄소 화합물(CFCs)

CFCs는 탄소와 염소, 플루오르로 이루어진 인공화합물로서 화학적으로 매우 안정하고 독성이 없으며 열적 특성이 우수하고 취급이 용이하여 냉매, 세정용매, 분사추진제, 발포제, 소화제 등으로 널리 쓰여 왔다. CFCs는 안정성 때문에 대류권에서는 반응성이 낮아 400년 이상 분해되지 않고 잔류하면서 열을 흡수하는 능력이 CO_2의 16,000배에 달하는 반면, 성층권에서는 자외선 작용 하에 분해되며 이때 생성되는 염소원자 1개가 약 10만개의 오존을 파괴하는 것으로 알려져 있다. CFCs가 오존층 파괴물질이면서 온실효과를 일으키는 것으로 밝혀짐에 따라 현재는 생산과 사용이 전면 금지되어 있다.

(4) 아산화질소(N_2O)

대기 중에서 아산화질소의 농도는 약 0.5ppm으로 매년 0.2~0.3%씩 증가하고 있는 실정이다. N_2O가 증가하는 원인은 화석연료 및 질소비료의 사용 증가, 인구증가로 인한 식량생산 증대와 농경지 확대로 볼 수 있다. 즉, 경작지의 증가와 질소비료, 암모늄 비료의 사용과 해양에서의 질소화에 의해 N_2O가 형성되어 대기 중으로 방출되기 때문이다.

N_2O는 지구복사에너지를 흡수하여 온난화 현상을 일으킬 뿐만 아니라 성층권에서 오존층을 파괴하기도 한다. 즉, 성층권에서 산소원자와 반응하여 NO로 변하며, 이 NO는 오존과 반응하여 오존층을 파괴하게 된다. 복사 강제력은 온실가스의 총 복사 강제력의 6%에 해당하는 0.15 W/m^2이다.

(5) 수소플루오르화탄소(HFCs)와 과플루오르화탄소(PFCs)

수소플루오르화탄소는 불연성 무독성 가스로, 냉장고 및 에어컨 냉매로 사용되며, 과플루오르화탄소는 전자제품과 도금산업 등에서 세정용으로 사용되는데 우리나라는 주로 반도체 제조공정에서 사용되고 있다. 수소플루오르화탄소와 과플루오르화탄소는 모두 CFCs의 대체물질로 개발된 물질이다.

(6) 육플루오르화황

육플루오르화황(SF_6)은 우수한 절연성과 무독성, 낮은 액화온도 등의 특성으로 전력설비의 주요 장치인 가스 절연 개폐장치, 변압기에 주로 사용되어 왔으며, 절연체, 소화기 및 폭발 방지물 등에 쓰이고 있으나, 지구온난화지수가 이산화탄소의 23,000배나 되고 또한 대기 중에서의 잔류기간이 최대 3,200년이나 되어, 온실효과가 CFCs에 비해서는 낮으나 다른 기체에 비해 매우 크므로 지구온난화 측면에서 새로운 대체물질의 개발과 사용량의 감소가 요구된다. 최근 이에 대한 대안으로 친환경 가스인 g3(green gas for grid)가 개발되어 발전소에서의 온실가스 배출을 줄일 수 있게 되었다.

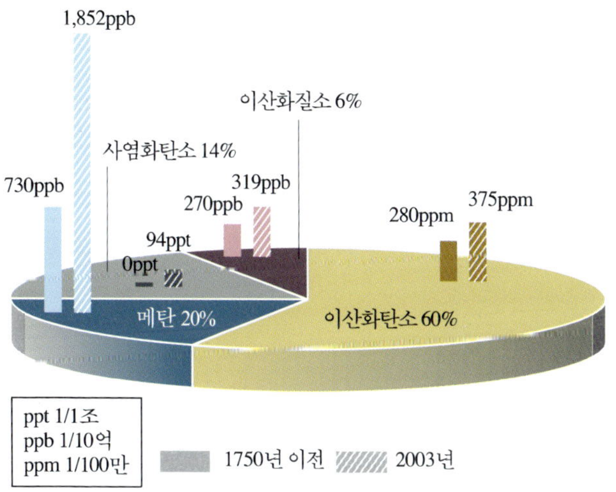

※ 자료 : 오스트레일리아 우라늄과 핵 정보센터(UIC), 2003

그림 16.3 온실가스의 지구온난화 기여도와 농도 변화

16.2 지구온난화의 진행

지구가 생긴 약 45억 년 전 지구의 대기온도를 확실히 알 수 없으나 비교적 논리적으로 기온을 추정할 수 있는 시기는 지금부터 7천만 년 전의 신생대부터이다. 그 이전의 고생대와 중생대는 지금보다 온난했던 것으로 추정되는데, 신생대에서는 이전보다 약간 낮은 기온이 상당기간 지속되었다. 신생대에는 몇 번의 빙하기가 있었는데, 현재는

신생대 제4기 빙하기로 간주되고 있다. 신생대 말기의 빙하가 축소되기 시작한 것은 약 2만 5천 년 전의 일로 그 후 점차적으로 따뜻해지고 있음이 세계 여러 곳의 꽃가루 분석에 의해 추정된다. 인류가 농경생활을 시작한 것은 약 1만 년 전이며, 6,000년 전에는 지구가 더욱 따뜻해져서 인간 활동에 적합한 '기후의 최적기'라고도 부르는데, 사하라 지역에서도 농사가 가능했던 것으로 추정된다.

그 이후 점점 한랭하게 되어 기원전 900~500년경에는 최적기보다 평균 약 2℃가 낮았으나, 기원 후 1000~1200년경에는 다시 기온이 올라가 제2의 기후 최적기로서 지금은 얼음에 덮여있는 그린랜드가 문자 그대로 녹색의 섬이었으며, 바이킹과 노르만족들이 농사와 목축을 하며 정착하였었다. 그 후 다시 세계의 기온은 하강하여 서기 1450~1850년 사이에는 한랭한 날씨가 북반구를 덮으면서 빙하가 내려오고 아이슬란드의 삼림이 모두 소멸되었다. 19세기 중엽부터는 다시 기온이 상승하여 1940년대까지 계속되었다. 북극해의 얼음은 해마다 얇아졌고, 선박이 북극을 항해할 수 있는 기간은 점점 길어졌다. 그러나 1940년을 정점으로 다시 기온은 아주 서서히 하강하기 시작하였다. 1950년대에는 약 50년 기간의 온난기가 끝나고 한랭기가 시작되었다고 보는 과학자들도 있는데, 1970년대까지 하강하던 기온이 1980년대에 들어서면서 지구온난화의 영향으로 급속히 오르기 시작하였다.

지구온난화현상에 대한 실증은 1988년 미국의 한센이 1860년 이후 세계 기온관측 자료를 분석한 결과, 이 기간 동안 지구의 평균기온은 0.5~0.7℃가 상승했고, 지난 10년 동안의 상승세가 가장 크다는 것을 발견하였다. 영국의 위글리도 별도의 연구결과, 20세기 들어 평균 0.5℃ 정도 상승하였으며, IPCC의 최근 제5차 평가보고서에 의하면 온실효과로 인하여 지구의 평균기온이 최근 133년간(1880~2012년) 0.85℃ 상승한 것으로 나타났다. 온도는 우리나라가 속해있는 북반구에서 가장 크게 상승하였으며 또한 해양보다 육지에서 더 높은 것으로 나타났다. 이와 같은 지구온도 상승은 지난 1,000년간 유래가 없는 높은 값으로 알려져 있으며, 미국 국립해양대기청(NOAA)과 항공우주국(NASA)에 의하면 2014년 지표면과 해수면의 평균기온은 14.58℃로, 20세기 평균기온보다 약 0.69도 높았으며, 2016년 7월이 기상관측을 시작한 1880년 이래 '가장 뜨거운 달'이었다고 밝혔다.

우리나라의 경우 1904년부터 기상관측이 시작되었으며 약 100년간(1912~2008년) 6개 관측지점(서울, 인천, 강릉, 대구, 목포, 부산)의 평균기온 상승률은 1.7℃로 비슷한 시기의 지구 평균기온 상승률(0.74±0.03℃)에 비해 높은 편이었는데, 기온 상승값의 약 20~30%는 도시화 효과 때문인 것으로 추정된다. 1950년대 이후 기온 상승률은 20세기 전체 기간에 비하여 약 1.5배 이상 증가하였으며, 사계절 중 겨울에 가장 크게 증가한 반면 여름철 평균기온의 상승경향은 뚜렷하지 않게 나타났다.

그림 16.5에 지구 대기 중의 이산화탄소 농도증가 경향을, 그림 16.6에는 지구 평균온도의 변화 추이를 나타내었다.

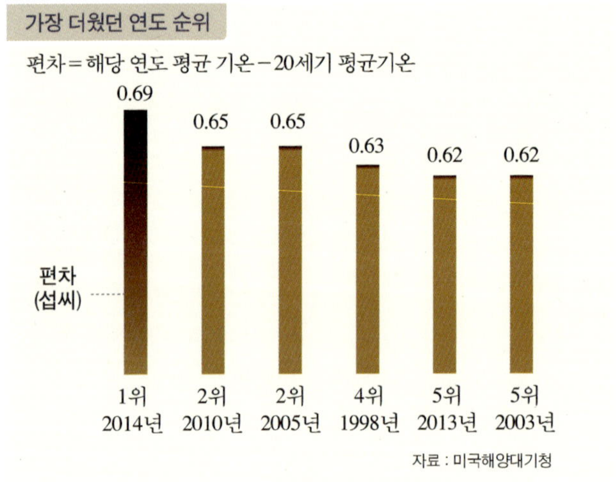

그림 16.4 지난 10년간 가장 더웠던 연도 순위

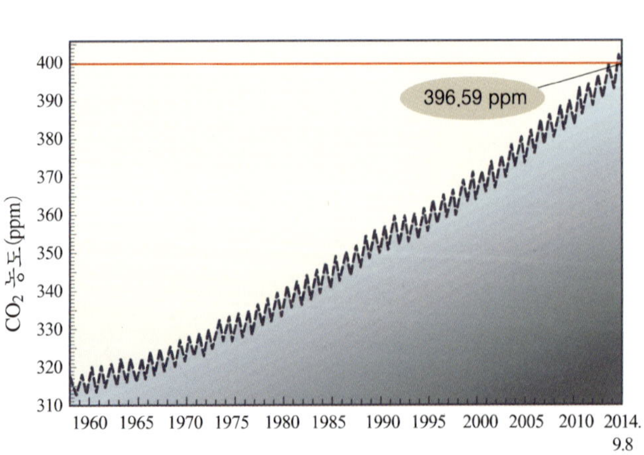

그림 16.5 대기 중 CO_2 농도(미국 하와이 Mauna Loa 관측소)

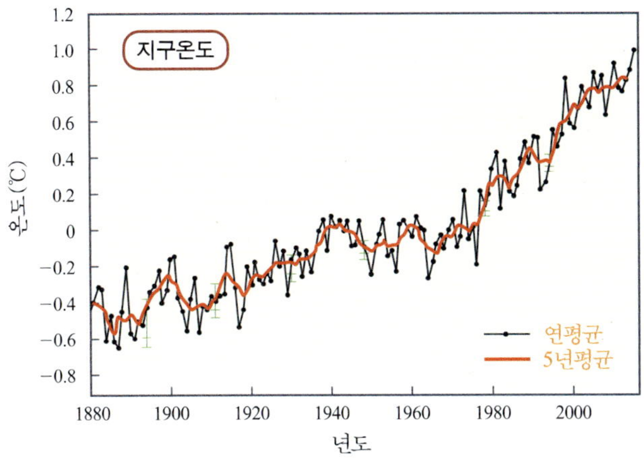

그림 16.6 지구의 평균온도 변화

16.3 온실가스 배출량

1) 국제 배출량

2011년을 기준으로 세계 186개국에서 한 해 동안 토지이용 변화 및 산림부문을 제외한 온실가스의 총 배출량은 43,817백만 tCO_2eq.로서 중국, 미국, 인도, 러시아 순으로

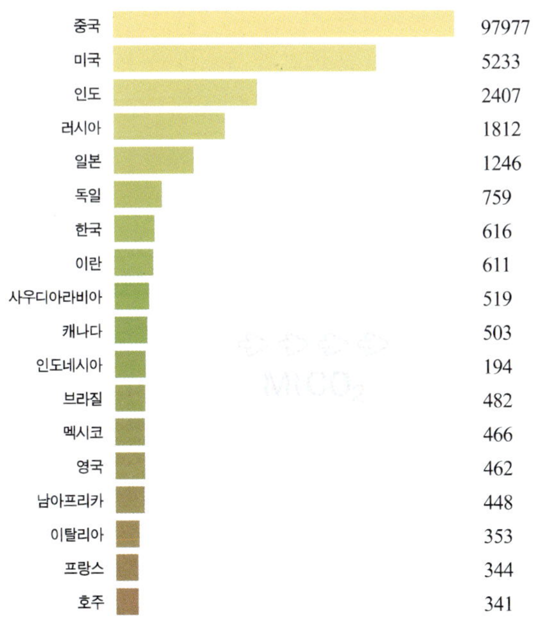

그림 16.7 국가별 이산화탄소 배출량(2013, 단위 : 100만 톤)

높게 나타났으며, 이 4개 국가에서 배출하는 온실가스의 양은 전체 배출량의 50%에 달하였다. 우리나라의 온실가스 배출량은 세계 12위, OECD 국가를 대상으로 할 경우에는 미국, 일본, 독일, 캐나다, 멕시코 다음으로 높은 수준(6위)이다.

표 16.4 OECD 회원국들의 온실가스 총배출량(2013년)

순위	국가	1990	2012	2013	1990년 대비 증감율(%)	2012년 대비 증감율(%)
1	미국	6,301	6,545	6,673	5.9	2.2
2	러시아	3,941	2,862	2,799	−29.0	−2.2
3	일본	1,270	1,391	1,408	10.8	1.2
4	독일	1,248	928	951	−23.8	2.4
5	캐나다	613	715	726	18.4	1.5
6	대한민국	292	684	695	137.6	1.5

* 출처 : 2015년 국가 온실가스 인벤토리 보고서(단위 : 백만 톤 CO_2eq.)

2) 온실가스 배출량 변화

산업혁명(1860년) 이전까지 대기 중 온실가스의 농도는 비교적 일정하였으나 산업혁명 이후 온실가스의 농도는 서서히 증가하고 있다.

온실가스 중 대표적인 CO_2의 대기 중 농도는 18세기 후반 280ppmv에서 1989년 350ppmv로 급등했으며, 2014년에는 400ppmv에 이르렀다. 이는 주로 화석연료의 연소에 따른 CO_2 배출량 증가와 산림의 감소(10~30%)에 의한 영향으로 1989년 이후 연평균 증가율은 0.52%에 달하고 있다. 세계 주요 국가의 이산화탄소 배출량을 그림 16.7에 나타내었다.

미래의 CO_2 배출량 예측을 위해서는 IPCC에서 제시된 6가지 시나리오가 주로 이용된다. 이 시나리오에 의하면 세계 인구가 2050년에 86억으로 증가하며 2100년에는 71억으로 감소하는 것으로 가정하고 있다. CO_2의 주요 배출원인 에너지 사용량의 예측은 2100년에 총에너지 사용량 중 비화석 연료의 비중을 최소 31%인 경우와 최대 85%인 경우로 가정하였으며, 그 결과 CO_2 배출량은 최저 4.3 Gt/년에서 최대 30.3 Gt/년으로 예측되고 있으며 중간값을 갖는 배출량은 약 13 Gt/년이 될 것으로 추정된다. 그림

16.9에 IPCC 시나리오에서 예측한 연간 CO_2 배출량을 나타내었다.

IPCC의 모든 시나리오는 다음 세기 동안 CO_2의 증가를 예시하고 있으며 그 결과 2100년도에 대기 중 CO_2의 농도는 530~970ppm이 될 것으로 예측된다.

한편 온실가스로서 CH_4은 1750년 이후 약 150%나 증가한 것으로 조사되었으며, 앞으로 예측되는 CH_4의 증가량은 CO_2보다는 적을 것으로 보인다. CH_4의 배출은 주로 경작지나 축산단지에서 일어나며 경작지의 확대나 축산업의 증가에는 한계가 있으므로 급격한 증가는 일어나지 않을 것으로 예측된다. IPCC의 시나리오에 의하면 CH_4의 배출량은 현재 330백만 톤에서 2100년에는 236~889백만 톤으로 예측하고 있으며, 대기 중 농도는 1,570~3,730ppb가 될 것으로 보아 낮은 값은 현재의 약 1,800ppb보다도 낮으며, 높은 값은 현재 농도의 약 2배 정도가 된다.

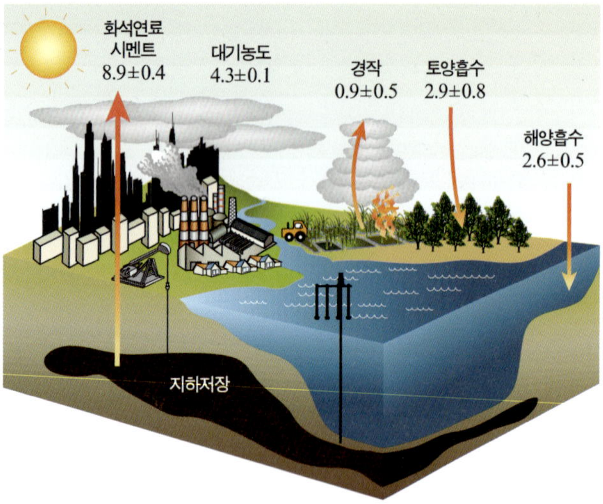

그림 16.8 2004~2013 전 지구적 이산화탄소 수지

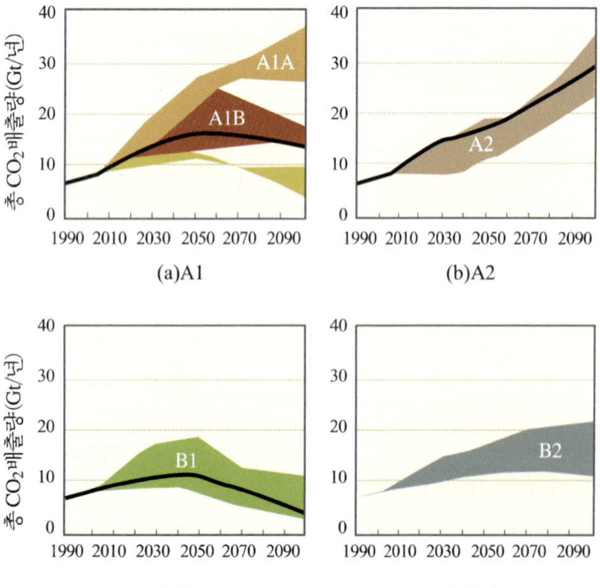

그림 16.9 IPCC 시나리오에 의한 연간 CO_2 배출량

N_2O의 대기 중 농도는 산업화에 따라 지속적으로 증가되어 왔으며 2011년 기준 약 324ppb 정도로 산업화 이전보다 약 20% 높아졌다. N_2O의 농도는 매년 0.25% 정도씩 증가하고 있는 것으로 알려져 있으며 비료 사용량의 증가와 산업화로 2100년에는 현재의 배출량보다 적게는 20% 감소에서 많게는 150%까지 증가가 예상된다.

그러나 세계탄소프로젝트 국제공동연구진이 발표한 '2016년 국제탄소예산'(2005년 이후 1년에 한 번씩 발표되는 보고서로, 최신 이산화탄소 배출량 정보를 담고 있다) 보고서에 따르면 대기 중의 이산화탄소 증가율과 바다와 땅의 이산화탄소 증가율이 모두 3년째 변화가 없는 것으로 나타났다. 2014년 탄소배출량은 363억 톤, 2015년에도 363억 톤, 그리고 2016년엔 364억 톤을 기록함으로서 2000년대 이후 연평균 2.3%씩 꾸준한 증가 추세를 보여온 것과 큰 차이를 보여주고 있다.

연구팀은 그 원인을 미국과 중국에서 찾았는데 이산화탄소의 최대 배출국인 미국과 중국에서 최근 이산화탄소 배출이 줄면서 전 세계 이산화탄소 배출량도 함께 줄어들었다는 것이다.

미국은 2007년부터 탄소 배출량을 줄이는 정책 덕분에 2015년엔 지난해보다 2.5%, 2016년엔 추가로 1.7%를 줄이는 데 성공했고, 중국도 2012년부터 화석연료의 사용량을 줄여 2015년엔 0.7% 감소, 2016년엔 0.5% 감소를 기록한 것으로 나타났다.

3) 국내 배출량

(1) 총배출량

1990년 이후 우리나라의 온실가스 배출량은 지속적인 경제성장과 에너지 다소비 산업구조로 인해 증가하였으나 근년에 들어 증가세가 둔화되고 있다. 그러나 아직도 온실가스 배출량이 OECD국가 중 6위 수준으로 온실가스 감축에 관한 국제적인 압력을 지속적으로 받고 있다. 또한 현재의 산업구조 변화추세가 그대로 이어지고 획기적인 온실가스 감축노력이 시행되지 않을 경우 2020년까지 온실가스 배출량 증가세는 상당기간 지속될 전망이다. 국제환경단체인 유럽기후행동네트워크와 독일 민간연구소 저먼워치가 공동 발표한 2017 기후변화이행지수(CCPI · The Climate Change Performance Index)에 따르면 한국은 58개국 중 최하위권인 55번째(58위)를 기록했다(조사대상은 세계 온실가스 배출량 1% 이상을 차지하는 58개국이지만 1~3위가 없어 최하위는 61위).

(2) 부문별 배출현황

우리나라의 온실가스 배출량은 표 16.5에서 보는바와 같이 2013년을 기준 총 694.5백만 톤(CO_2eq.)으로 전년대비 약 1.5% 증가하였으며, 이 중 LULUCF(토지이용 및 그 변화와 임업부문의 온실가스 흡수량) 분야를 제외한 순발생량은 651.7백만 톤(CO_2eq.)이다. 온실가스 발생량이 증가한 것은 에너지 분야에서 해당 연도의 국내 원자력발전 비중이 낮아지면서 석탄 화력발전의 비중이 커진 것이 주요인이다.

분야별 비중을 보면 총배출량 중 에너지 분야 87.3%, 산업공정 분야 7.6%, 농업 분야 3.0%, 폐기물 분야 2.2%로 전년과 유사하며, 2013년도에 비해 배출량이 감소한 분야는 LULUCF 분야뿐이었고 에너지, 산업, 농업, 폐기물 분야는 모두 증가한 것으로 나타났다(표 16.6).

표 16.5 온실가스 배출현황(1인당 온실가스 총배출량 및 실질 국내총생산 대비 온실가스 총배출량)

구 분	단 위	1990	1995	2000	2005	2010	2011	2012	2013
온실가스 총배출량	백만tCO_2eq	292.3	433.9	498.8	556.2	653.1	680.6	684.3	694.5
추계인구	천명	42,869	45,093	47,008	48,138	49,410	49,779	50,004	50,220
1인당 배출량	tCO_2eq/인	6.8	9.6	10.6	11.6	13.2	13.7	13.7	13.8
	(증감률, %)		(6.8)	(6.2)	(0.5)	(9.4)	(3.5)	(0.1)	(1.1)
GDP	천억 원	3,690	5,394	6,946	8,652	10,437	10,821	11,042	11,349
GDP당 배출량	tCO_2eq/10억	792.1	804.4	718.1	642.8	625.7	629.0	619.7	612.0
	(증감률, %)		(-1.0)	(-1.6)	(-3.2)	(3.4)	(0.5)	(-1.5)	(-1.2)

※ 자료 : 2015 국가온실가스 인벤토리 보고서, 온실가스종합정보센터(2015.12)

표 16.6 분야별 온실가스 배출량 및 흡수량 변화 추이 (단위 : 백만 tCO_2eq)

분 야	연도별 온실가스 배출량					1990년 대비 2013년 증감률	2012년 대비 2013년 증감률
	1990	2000	2011	2012	2013		
에너지	241.3	410.4	594.1	597.3	606.2	151.2%	1.5%
산업공정	20.4	49.8	51.8	51.5	52.6	158.2%	2.1%
농 업	20.8	20.8	20.2	20.7	20.7	-0.2%	0.006%
폐기물	9.8	17.8	14.6	14.8	15.0	52.2%	1.2%
총 배출량 (LULUCF 제외)	292.3	498.8	680.6	684.3	694.5	137.6%	1.5%
LULUCF	-34.2	-58.9	-48.7	-44.8	-42.9	25.3%	-4.4%
순 배출량 (LULUCF 포함)	258.1	439.9	632.0	639.5	651.7	152.5%	1.9%

※ 자료 : 2015 국가온실가스 인벤토리 보고서, 온실가스종합정보센터(2015.12)

표 16.7 **온실가스별 배출량 변화 추이**

(단위 : 백만 tCO_2eq)

온실가스 종류	연도별 온실가스 배출량					1990년 대비 2013년 증감률	2012년 대비 2013년 증감률
	1990	2000	2011	2012	2013		
총 배출량(LULUCF 제외)	292.3	498.8	680.6	684.3	694.5	137.6%	1.5%
이산화탄소(CO_2)	252.9	442.2	623.5	625.8	635.6	151.3%	1.6%
메탄(CH_4)	30.1	26.9	26.0	26.1	26.0	-13.5%	-0.3%
아산화질소(N_2O)	8.1	16.5	12.2	13.6	13.9	72.2%	1.8%
수소플루오르화탄소(HFCs)	1.0	8.4	7.9	8.7	8.1	723.6%	-6.9%
과플루오르화탄소(PFCs)	-	2.2	2.1	2.3	2.3	37.9%*	2.3%
육플루오르화황(SF_6)	0.2	2.5	8.9	7.8	8.6	4,796.0%	10.9%

* PFCs는 통계가 처음 수집된 1997년 배출량을 기준으로 증감률을 계산하였다.

※ 자료 : 2015 국가온실가스 인벤토리 보고서, 온실가스종합정보센터(2015.12)

(3) 온실가스별 배출량

전체 온실가스의 총 배출량을 온실가스별로 구분하여 살펴보면 배출비중은 CO_2가 91.5%로 가장 높으며, CH_4, 3.7%, N_2O 2.0%, SF_6 1.2%, HFCs 1.2%, PFCs 0.3% 순으로 높은 것을 알 수 있으며, 이 중 이산화탄소와 메탄이 전체 배출량의 95% 이상으로 대부분을 차지한다. 각 온실가스의 배출현황은 표 16.7과 같다.

전체 온실가스 배출량 중 이산화탄소(CO_2)의 배출량이 차지하는 비중은 1990년 86.5%에서 2013년 91.5%로 상당량 증가하였으나, 메탄(CH_4)의 경우에는 농경지 감소 및 폐기물 감축 대책추진 등으로 1990년 10.3%에서 2013년 3.7%로 감소하였다. 한편 수소플루오르화탄소(HFCs), 과플루오르화탄소(PFCs), 육플루오르화황(SF_6) 등은 자동차 및 반도체 산업발전에 따라 배출이 증가하고 있는 추세이다.

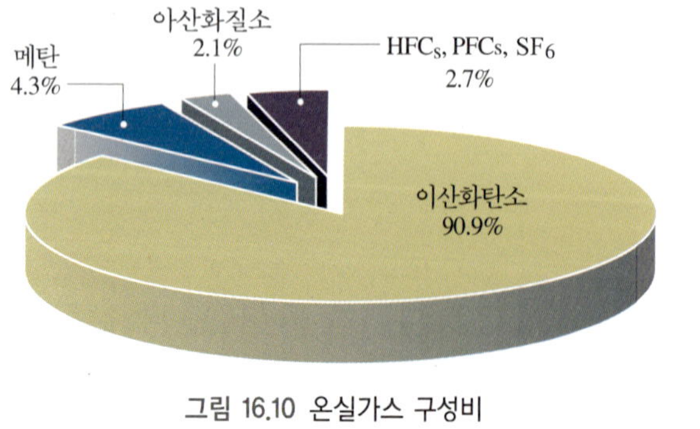

그림 16.10 온실가스 구성비

4) 1인당 CO_2 배출량

IEA(International Energy Agency)의 에너지 통계에 따르면 2013년 세계 평균 1인당 온실가스 배출량은 약 4.5 tCO_2/인의 수준인데 비하여 우리나라는 11.9 tCO_2/인으로 매우 높은 수준이다. 특히, 다른 선진국들이 이산화탄소 배출량에 있어 안정세를 보이고 있는 반면 우리나라는 지속적인 에너지 사용 증가로 다른 선진국에 비해 1인당 이산화탄소 배출량의 증가율이 높은 편일뿐만 아니라, 1인당 국민소득이 우리나라의 3배에 달하는 일본보다도 오히려 더 많은 양을 배출하고 있는 점을 고려할 때 온실가스 배출을 줄이기 위한 에너지 절약이 절실히 요구된다.

미국 EPA의 자료에 따르면 미국의 경우 개인이 가정에서 사용하는 전기, 버리는 쓰레기, 교통수단을 어떻게 선택하느냐에 따라 1인당 총배출량의 약 32%에 영향을 미칠 수 있으며 나머지 68%는 산업형태, 사용하는 사무실 종류, 식품의 재배방식, 기타 요인에 의해 영향을 받는다고 한다.

5) 국가별 온실가스 배출량 감축 목표

온실가스에 의한 지구온난화의 영향은 전 지구적으로 발생한다. 일산화탄소, 질소산화물, 휘발성 유기화합물과 같은 국지적 대기오염물질과 달리 주요 온실가스는 축적성 오염물질이다. 축적성 대기오염물질은 대기 중 수명이 길어 장기간에 걸쳐 축적될 수 있다. 또한 축적성 대기오염

표 16.8 주요 국가의 1인당 CO_2 배출량 (단위 : $tCO_2eq.$/인)

순위	전 세계 국가 대상		순위	OECD 국가 대상	
	국가	1인당 배출량		국가	1인당 배출량
1	카타르	33.4	1	룩셈부르크	17.9
2	쿠웨이트	25.0	2	호주	16.7
3	바레인	21.2	3	미국	16.2
4	아랍에미리트	17.9	4	캐나다	15.3
5	룩셈부르크	17.9	5	에스토니아	14.3
6	트리니다드토바고	17.1	6	대한민국	11.9*
7	호주	16.7	7	일본	9.7
8	브루나이	16.4	8	체코	9.6
9	사우디아라비아	16.4	9	네덜란드	9.3
10	미국	16.2	10	독일	9.3
11	오만	15.9	11	핀란드	9.0
12	캐나다	15.3	12	이스라엘	8.5
13	지브롤터	15.1	13	벨기에	8.0
14	카자흐스탄	14.4	14	오스트리아	7.7
15	에스토니아	14.3	15	폴란드	7.6
16	투르크메니스탄	12.6	16	아일랜드	7.5
17	대한민국	11.9*	17	영국	7.0
18	러시아	10.8	18	슬로베니아	7.0
19	대만	10.6	19	노르웨이	6.9
20	일본	9.7	20	덴마크	6.9

※ 자료 : CO_2 Emissions From Fuel Combustion(IEA, 2015)
* 2015년에 발표된 2013년 국가 온실가스 배출량 통계 중 연료연소 배출량으로부터 추산

물질은 일반적으로 잘 혼합된다. 이러한 온실가스의 특성을 고려할 때 온실가스에 대한 전 지구적 규모의 관리가 필요하다.

기후변화협약에 가입한 모든 국가는 사무국에 온실가스 배출량을 보고할 의무를 가지며, 1997년 12월 일본 교토에서 열린 기후변화협약 제3차 당사국총회(COP3)에서 채택된 교토의정서에서는 부속서1 국가에 대해 온실가스 감축을 의무화하고 있다. 교토의정서는 2008년부터 2012년까지 각 나라별로 표 16.9와 같이 구체적인 감축목표치를 바탕으로 선진국을 중심으로 전체적으로 1990년 대비 평균 온실가스 배출량을 5.2% 줄이는 것을 목표로 하고 있다. 이후 2010년 새 협약체결에 실패하면서 국제사회는 2020년까지 교토의정서 체제를 유지키로 합의했다.

표 16.9 교토의정서에서 정한 온실가스 감축목표

−8%	EU(유럽연합), 독일, 영국, 네덜란드, 프랑스, 덴마크, 룩셈부르크, 포르투갈, 스페인, 벨기에, 이태리, 아일랜드, 오스트리아, 스웨덴, 핀란드, 불가리아, 체코공화국, 루마니아, 슬로바키아, 슬로베니아, 에스토니아, 라트비아, 리히텐슈타인, 리투아니아, 그리스, 모나코, 스위스
−7%	미국
−6%	일본, 캐나다, 폴란드, 헝가리
−5%	크로아티아
0%	뉴질랜드, 러시아연방, 우크라이나
+1%	노르웨이
+8%	오스트레일리아
+10%	아이슬란드

목표량은 국가마다 달라 유럽연합은 8%, 미국은 7%, 일본과 캐나다는 6%를 줄여야 하고, 호주는 8%, 아이슬란드는 10% 이상 증가해서는 안 된다. 단, 유럽연합은 15개 회원국이 공동으로 목표량을 달성하되 회원국 간의 분담내용은 따로 정하게 되고(이를 EU Bubble이라고 함), 러시아는 1990년도 배출량 수준을 유지하면 된다. 그러나 대부분 국가에서 온실가스 배출량이 해마다 늘어나는 추세에 있어 25년 전 수준 이하로 유지하기 위해서는 실제 배출량에서 20~30% 정도 감축해야 한다.

우리나라는 1993년 12월에 47번째로 기후변화협약에 가입하였으며, 2009년 12월 코펜하겐에서 열린 제15차 기후변화 당사국 총회에서 기후변화협약 의무감축국에 편입되지는 않았으나, 온실가스 감축을 위한 국제적 노력에 호응하여 2014년 12월 페루의 리마에서 열린 제20차 유엔기후변화협약(UNFCCC) 당사국총회(COP20)에서 2020년까지 재생에너지 등을 통한 자발적인 국가 온실가스 감축목표로 30%의 탄소배출 절감 목표를 공표하였다.

우리나라 정부는 이미 지난 2015년 6월에 산업계의 거센 반발에도 불구하고 'POST 2020' 온실가스 감축목표로 2030년 BAU(Business as usual, 온실가스 배출량 전망치. 온실가스 감축을 위한 인위적인 조치를 취하지 않을 경우 배출될 것으로 예상되는 온실가스 총량) 대비 37%를 감축하겠다는 내용의 국가별 자발적 온실가스 감축방안(INDC)을 제출한 바 있다. 정부가 확정한 37% 감축안에 따라 2030년 한국의 온실가스 배출량은 5억 3,587만 톤으로 정해졌다.

16.4 지구온난화의 영향

(1) 생물종의 다양성 상실

100년에 3℃의 기온 상승이 일어날 경우, 연간 10km의 속도로 기후대가 이동한다. 그러나 식생이 이동할 수 있는 속도는 겨우 연간 2km로 추정되고 있다. 따라서 기후에 적응하지 못한 식생분포가 축소, 멸종될 우려가 있다. 또한 고산식물의 대부분은 서식영역이 좁아져서 결국에는 멸종하고 만다. 즉, 생태학적으로 생존성이 강한 종류만 살아남게 되어 지구의 풍부한 삼림은 점차 파괴되며, 그 생태계에 존재하는 다른 생물체의 서식지로서의 역할을 충분히 수행할 수 없으므로 결과적으로 모든 생물의 다양성이 상실되는 결과를 초래한다. 영국 왕립식물원의 '세계식물현황 2016'에 의하면 지구상에 39만 900여 종의 식물이 존재하고 이 중 5,000여 종 이상이 멸종상태에 놓인 것으로 나타났으며, 기후변화로 인한 멸종위기식물은 3.7% 정도인 것으로 보고되어 있다.

(2) 해수면의 상승

지구온난화로 기온이 상승하면 극지방이나 고산의 빙상(氷床)이 녹아 바다로 흘러들어가고 수온과 해수면이 상승하게 된다. 남극과 북극지방에서 모두 376만 km²에 달하는 바다얼음이 사라졌는데 이는 인도 대륙보다 넓은 면적이다. 2011~2014년 사이에 그린란드에서만 약 1조 톤의 대륙빙하가 녹아 사라졌으며, 면적으로 현재도 하루에 녹아 사라지는 북극 해빙면적은 89,500km²로 거의 남한면적(99,720km²)에 가까운 해빙이 사라지고 있다. 남극에서도 2000년부터 2013년 사이에 촬영된 사진의 분석 결과 남극 동쪽 빙하 위에 무려 8,000개의 빙하표퇴(supraglacial, 빙하표면이 녹아 생성된 호수)가 확인된 바가 있고, 세계 산지빙하도 약 40% 이상이 줄어든 것으로 보고되고 있다.

영국의 극지방 과학자인 피터 와드햄스(Peter Wadhams) 박사는 바다얼음이 줄어드는 것이 "지구온난화 효과를 50% 높이는 역할을 할 것"이라고 최근 영국 가디언 신문과의 인터뷰에서 밝히기도 했다.

과거 100년 동안의 해수면의 변화를 보면 1년에 1.0~1.5mm의 속도로 상승하여 지난 20세기 동안 평균 10~20cm가 높아졌으며, 최근 50년간에는 그 상승속도가 가속되어 1년에 2.4mm 정도씩 상승하고 있다. IPCC 보고서에 의하면 온실가스의 배출량을 규제하지 않을 경우, 해면은 2030년에 18cm, 2100년에 88cm까지 상승할 것으로 예측하고 있으며, 이미 남태평양의 섬나라 투발루의 경우 해수면 상승으로 호주나 뉴질랜드로의 이주가 시작되었고, 2050년까지 몰디브를 비롯한 많은 섬나라들이 수몰위기에 닥치게 됨에 따라 최대 2억 명이 거주지를 옮겨야 하며, 도쿄와 뉴욕 등 인구 100만 명 이상 도시 136개가 해일 등

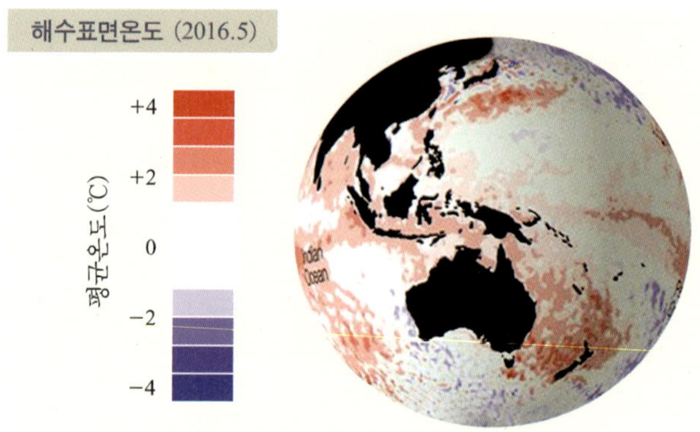

그림 16.11 지구 해수면 온도분포

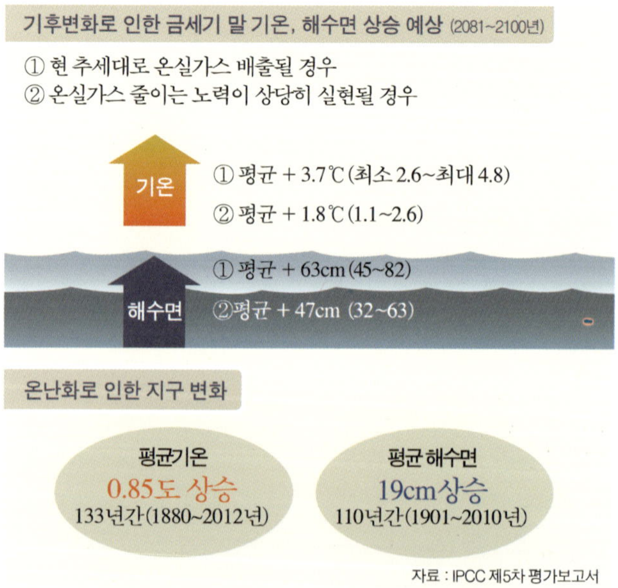

그림 16.12 온난화로 인한 기온 및 해수면 변화

으로 연간 60조 원 이상의 피해를 입을 것으로 예측된다.

한편, 지구온난화로 북극 얼음이 녹기 시작하면서 4개월 정도 쇄빙선 없이 항해가 가능해져 북극항로를 이용한 화물선 등의 항해가 이루어질 전망이다. 북극항로를 이용할 경우 부산에서 네덜란드 로테르담까지 기존 항로에 비해 7천 km가 단축되며 미국의 뉴욕까지도 5천 km가 단축되는 것으로 알려져 있다.

기존 항로와 북극 항로의 거리 비교

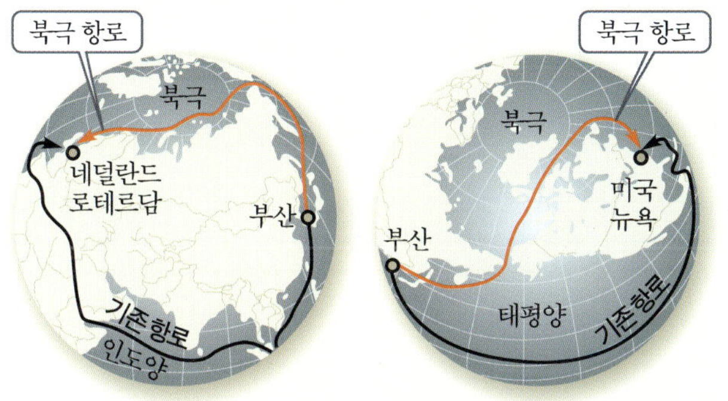

기존 항로(수에즈운하) 2만km	기존항로(파나마운하) 1만8000km
북극항로 1만3000km	북극항로 1만3000km
단축효과 7000km (10일)	단축효과 5000km (6일)

자료 : 부산발전연구원

그림 16.13 온난화로 인한 북극항로

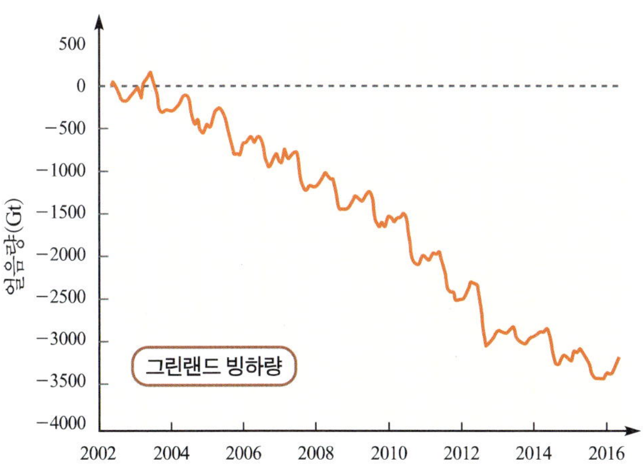

그림 16.14 그린란드 얼음면적의 변화

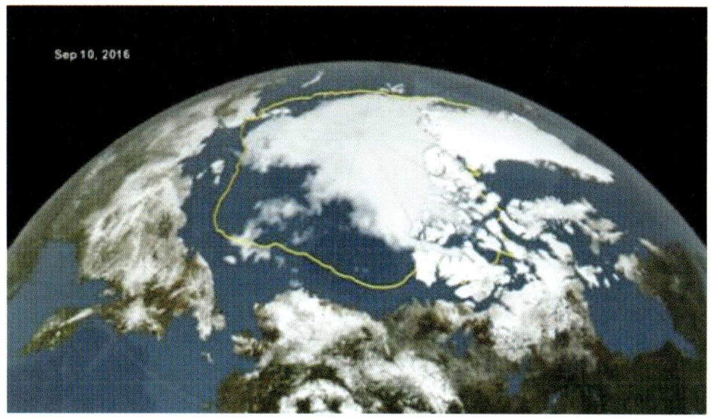

그림 16.15 2015년(노란색 선)과 2016년 그린란드의 얼음경계

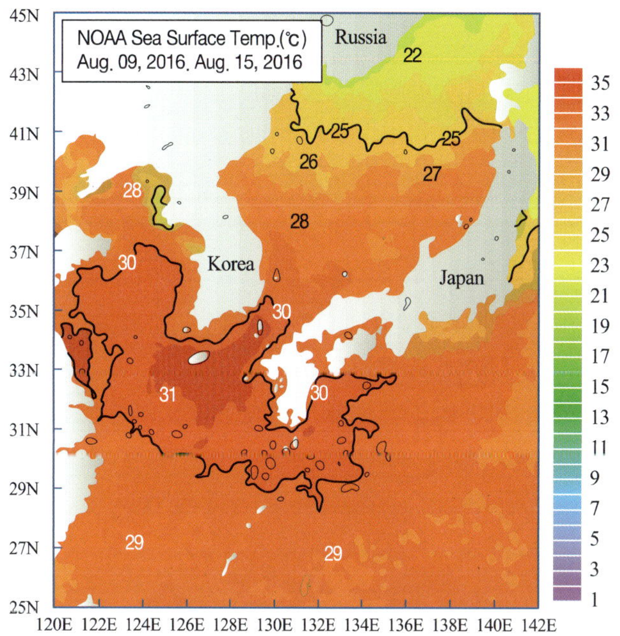

그림 16.16 우리나라 주변 해양온도 변화 (2016.8.9~8.15)

(3) 수온 상승에 의한 해양 생태계의 변화

바다의 1차 생산량의 90%가 대륙과 해안 사이의 연안지역에서 이루어지고 있는데, 지구온난화로 인해 수온이 상승하면 바다 생산량이 대폭 감소될 것으로 예측되고 있다. 예를 들어, 해수 수온상승으로 어패류의 산란이나 부화율이 크게 감소할 뿐만 아니라 열대나 아열대의 얕은 바다에 있는 산호초의 백화현상이 빠르게 진행되고, 물속의 용존산소 감소 역시 많은 어패류의 생존에 치명적인 영향을 초래할 수 있다.

또한 수온의 상승에 따른 물의 증발량 증가는 태풍, 허리케인, 사이클론 등으로 불리는 열대성 저기압의 세력을 더욱 강하게 만들어 폭풍과 홍수에 의한 피해를 더욱 증가시킬 것이다.

(4) 기후의 변화

지구온난화로 발생할 수 있는 기온과 강수의 변화는 다음과 같다. 대기의 온도 상승으로 하층대기 및 지표의 온도가 상승하여 더워지나 반대로 성층권은 차가워지므로 적도 지방에서는 온난화가 심하게 나타나지 않으며 계절의 변화도 적은 반면, 고위도 지방은 겨울이 따뜻해지며 여름은 더욱 더워진다. 따라서 지구가 따뜻해질수록 강수량은 더욱 증가하며, 전 지구적으로 3~5% 정도 증가가 예상된다. 그 결과 중위도 지방에서는 겨울 강수의 증가가 예상되나 아열대 건조대의 강수변화는 크지 않을 것이다.

이와 같은 기후변화로 건조지역은 더욱 더 건조해져 토양속의 수분이 소실되어 사막화가 촉진되고, 습윤(濕潤)한 지역은 더욱 습윤화 된다. 또한 강수량이 어떻게 변화될지 모르기 때문에 농업 생산에 관한 예측도 어렵게 된다. 또한 말라리아 등과 같은 열성 전염병 증가와 농업 생산에 영향을 미치는 해충의 피해가 더욱 확대될 것이라는 우려가 제기되고 있다.

(5) 인류의 건강

지구온난화로 인해 발생하는 기후변화는 동·식물 생태계뿐만 아니라 인류의 건강에도 영향을 미치게 된다. 먼저 기온 상승으로 대기 중 오존농도가 증가하면서 2차 오염물질의 생성으로 대기오염이 심화될 수 있고, 콜레라, 말라리아, 세균성 이질과 같은 열대성 질병이 증가할 것으로 예견된다. 또한 홍수, 태풍, 해일, 폭염 등과 같은 기상재해 등으로 인한 사망자가 크게 늘 수 있다.

16.5 지구온난화에 대한 대처

지구온난화에 대응하기 위해서는 온실가스의 배출을 억제하고 산림 등 흡수원을 확대함으로써 대기 중 온실가스의 축적을 최대한 방지하는 것이 중요하며, 부차적으로 변화된 기후체계에 적절히 적응해 나가는 것이 필요하다.

대기 중 온실가스의 축적을 최대한 방지하기 위해서는 지구온난화의 주범인 이산화탄소 배출을 최소화하는 것으로, 신재생에너지의 보급 확대로 화석연료의 소비를 줄이고, 조림사업 및 적절한 토지 이용을 통하여 흡수기능을 강화해나가야 한다. 또한 메탄의 배출량을 감소시키기 위하여 폐기물 및 폐수의 처리방법개선과 농·축산업 방식의 개선을 추진해나가야 한다. 그러나 이러한 노력은 엄청난 재원과 기술을 요구하여 세계 각국의 산업 전반에 대한 구조 조정을 필요로 한다.

일단 발생된 지구온난화에 적응하기 위해서도 상당한 비용과 노력이 요구된다. 즉, 해수면 상승을 방지하기 위하여 방조제를 건설하거나 저지대의 주민, 산업시설 및 인프라를 이동시켜야 하며 전염병 등 각종 질병의 발생에 대비하여야 한다. 또한 홍수, 폭풍 등 급격한 기후변화에 대응하고 그 피해를 복구하기 위하여 막대한 예산이 필요하게 된다. 그럼에도 불구하고 이러한 적응조치는 기후변화를 근본적으로 방지할 수는 없기 때문에 보조적인 수단으로 밖에는 활용될 수 없다.

결국, 지구온난화에 대응하기 위한 최선의 방법은 대기 중 온실가스 축적을 최대한 줄이는 것이며, 이것은 국제사회의 공동노력으로 해결하여야 할 과제이다. 즉, 인간의 활동으로 인한 자연의 변화를 관측하고 자연의 변화가 인간 생활에 미치는 영향을 이해하는 것에서부터가 노력의 출발이라고 볼 수 있다.

지구온난화에 대한 국제사회의 공동 노력으로 1979년 개최된 제1차 국제기후총회에서는 기후변화문제의 심각성을 서로 공유하였고, 1988년 11월에는 유엔환경계획(UNEP)과 세계기상기구(WMO)가 공동으로 주관하여 기후변화문제에 광범위하게 대처하고자 '기후변화에 관한 정부간 협의체(IPCC : Intergovernmental Panel on Climate Change)'를 설립하였다. 이 기구는 기후변화에 대한 과학적 연구의 교두보 역할을 하고 있으며, 3개의 실무그룹과 1개의 태스크포스팀으로 구성되어 전 세계 130여 개국에서 2,500여 명의 과학자가 참여하여 기후변화 추세와 원인 규명, 기후변화에 따른 생태학적, 사회경제적 영향평가 및 그에 대한 대응전략 등에 관해 연구하고 있다.

IPCC에서 1990년 채택한 제1차 보고서에서는 지구가 더워지고 있다는 과학적 증거를 확인하였고 이는 온실가스 배출을 억제하기 위한 각국의 노력을 촉구하는 유엔기후변화협약(1992년)을 발족하는 결정적 계기가 되었다. 또한 제2차 보고서(1995년)에서는 지구온난화를 인간에 의한 영향으로 결론내리고 온실가스를 줄이기 위한 구속력 있는 장치로서 교토의정서를 채택(1997년)하게 되었으며, 2013년 제5차 보고서에서는 새로운 시나리오에 따른 미래기후변화의 전망을 제시하면서 기후변화가 명백한 사실임을 증명하였다.

현 추세라면 21세기말까지 대기온도가 보다 빠르게 상승할 것으로 예측되어 온실가스 배출을 억제하기 위한 각국의 노력을 촉구하는 국제적 대응을 본격화하고 있다. 이러한 배경 하에서 국제사회는 지구온난화현상에 대한 과학적인 규명 및 장기전망에 관한 연구 활동과 공동의 온실가스 감축목표를 이행하기 위해 '기후변화협약(UNFCCC : United Nations Framework Convention on Climate Change)'이라는 국제협약을 채택하게 되었다. 2015년 프랑스 파리에서 제21차 유엔기후변화협약 당사국총회(COP21)가 개최되었는데, 이 회의에서 195개 참가국들은 2020년에 끝나는 교토의정서를 대체할 '파리협정(Paris Agreement)'을 체결하였다. 이 협정의 내용은 2100년까지 지구의 평균온도 상승폭을 산업화 이전 대비 평균온도의 2℃ 이내로 제한하는 것을 목표로 하는 '신기후체제 합의문'으로, 목표설정에 따라 195개 당사국들은 최선의 목표를 담은 '국가별 자발적 온실가스 감축방안(INDC)'을 5년마다 유엔기후변화협약 사무국에 제출하도록 의무화하고 있다. 현재 지구의 평균기온은 산업혁명 당시인 1750년보다 이미 1℃ 가량 올라가 있는 상태이다.

CHAPTER 16 | 지구온난화

EXERCISE

1. 지구온난화로 인해 우리나라에 미칠 수 있는 영향들로 긍정적 측면과 부정적 측면을 논하라.
2. 지구온난화로 인한 기상 이변의 사례들을 조사하고 피해를 설명하라.
3. 가정에서 온실가스 배출을 줄일 수 있는 실천 방안을 제시하라.
4. 최근 본격 시행하고 있는 온실가스 배출권 거래제가 사회에 미치는 긍정적 영향과 부정적 영향에 대해 알아보자.
5. 교토의정서와 파리협정의 가장 큰 차이점은 무엇인가?

CHAPTER

17

오존층 파괴

CHAPTER 17

오존층 파괴

오존(O_3)이란, 산소원자(O) 3개가 모여 이루어진 불안정한 가스분자로 쉽게 산소분자(O_2) 하나와 산소원자(O) 하나로 분해된다. 오존은 반응성이 매우 크며, 산화력이 강하고 물에 난용성인 기체이다.

수십 년간 대기 중의 오존량 변화를 측정한 결과, 지구 전체 평균으로 오존의 총량 변화는 거의 없으나 고도별로 볼 때 낮은 고도에서의 오존의 양은 증가하고 높은 고도에서의 오존의 양은 감소하는 경향을 나타내고 있다. 더구나 최근 몇 년 동안 남극지방 상공의 오존량이 현저히 감소하여 왔으며, 이에 따라 태양복사선 중 자외선량의 증가로 인간이나 지구생태계에 대한 자외선의 영향이 커져 피부암, 식물 및 동물에의 악영향을 가속화시켰다.

17.1 오존층의 구성과 역할

지구에는 어디에 얼마만큼의 오존이 존재하고 있을까? 지구의 대기 중에는 질소, 산소나 아르곤에 비하면 무시할 정도의 아주 적은 양의 오존이 존재하고 있으며, 대류권(고도 12 km 이내 상공)에 전체 오존량의 10%가 존재한다. 지표면에 가까운 대류권의 오존량은 인체나 지구생태계에 악영향을 미칠 수 있기 때문에 적을수록 좋다. 그런데 산업혁명 이후 대류권의 오존량은 2배 이상 증가한 것으로 밝혀졌다.

성층권(고도 12~50km)에는 전체 오존량의 90% 이상이 몰려 있는데, 여기에 분포하는 오존은 지구의 자연생태계보호를 위한 중요한 역할을 한다. 특히 성층권 내에서도 고도 25 km 부근에 오존이 밀집되어 있는데 이를 오존층이라 부르며, 오존층의 역할은 첫째, 태양에서 지구로 복사되는 태양빛 속의 자외선을 흡수하는 역할을 한다. 자외선 중 가장 해로운 파장은 거의 제거하고 비교적 덜 해로운 파장도 70~90%나 제거한다. 즉, 태양빛 속에 포함된 강한 자외선을 흡수해 인간을 비롯한 각종 동·식물이 살아가는데 지장이 없도록 만들어준다. 그렇기 때문에 성층권의 오존 농도가 1%만 감소하여도 피부암 환자가 3%나 증가하며, 백내장(눈의 수정체에 흰 테가 끼는 현상) 환자도 0.3% 이상 증가한다는 연구보고가 있다. 또한 강한 자외선은 인체의 면역기능을 저하시켜 여러 가지 병에 걸릴 위험이 높아진다. 둘째, 지구 온도 조절에 있어서 여러 가지 중요한 기능을 한다. 이산화탄소나 다른 온실가스와 마찬가지로 오존도 온실가스 중의 하나이다. 따라서

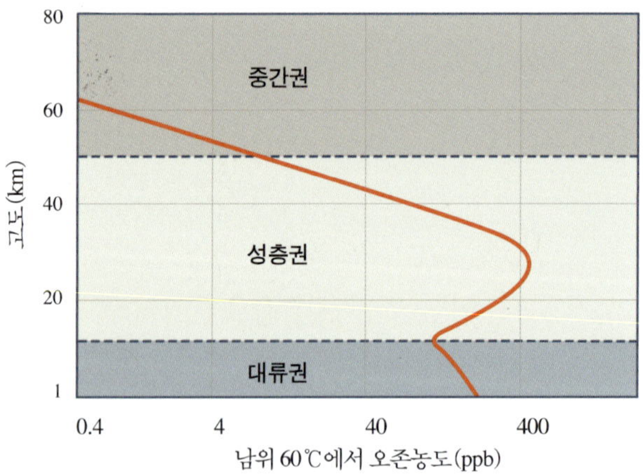

(a)

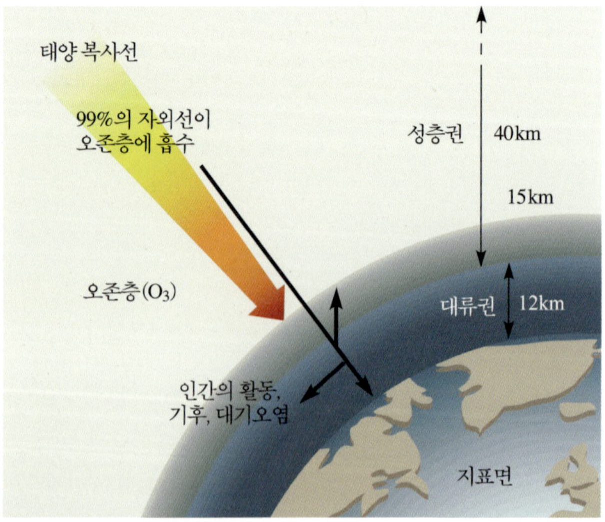

(b)

그림 17.1 (a) 대기권의 구성과 오존 농도
(b) 성층권에서 오존에 의한 자외선 감소

대류권에서 오존농도가 증가하면 지표면에서 발생하는 적외선의 흡수량이 증가하여 우주로 방출되는 적외선의 양이 감소함과 동시에 지구 대기의 온도가 상승하게 된다. 또한 성층권에 존재하는 오존도 자외선을 흡수하여 지구 온도 조절 기능을 한다.

17.2 오존층 파괴

1) 오존의 균형

성층권에서의 오존은 다음 반응식과 같이 자외선이 산소분자에 흡수되어 산소분자가 2개의 산소원자로 쪼개지고, 이 원자가 즉시 다른 산소분자와 결합하여 형성된다. 이렇게 형성된 오존분자는 UV-B를 흡수하고 다시 분해되어 1개의 산소분자와 1개의 산소원자로 나누어진다. 이러한 오존생성 및 분해과정이 균형을 이루게 되어 오존층에서 오존의 양과 농도가 계속 일정하게 유지된다.

$$O_2 \xrightarrow[\text{180}\sim\text{240 nm}]{\text{UV}} O + O$$
$$O_2 + O \longrightarrow O_3$$
오존생성

$$O_3 \xrightarrow[\text{200}\sim\text{320 nm}]{\text{UV}} O_2 + O$$
오존분해

2) 오존층 파괴물질과 파괴 반응

오존의 분해와 관련된 물질은 주작용이 촉매작용으로 그 자체는 화학적으로 변하지 않으면서 오존의 분해과정에서 촉매로서 작용한다. 이러한 촉매기능을 갖는 화학물질로는 염화플루오르화탄소(CFCs,), 일산화질소(NO), 염화메틸(CH_3Cl), 메탄(CH_4), 할론(Halon, 염화브롬화탄소), 사염화탄소(CCl_4) 등이 있다(표 17.1). 이 가스들은 오랜 기간 동안 대류권에 잔류하면서 서서히 성층권으로 유입되어 자외선에 의해 수소, 질소, 염소, 플루오르, 브롬 등과 같이 고도의 화학적 활성을 가진 물질로 분해되어 오존의 파괴를 일으킨다.

이들 중 가장 문제가 되는 것은 CFCs로서 CFCs는 염소, 플루오르, 탄소를 인위적으로 결합하여 만든 화학물질의 총칭이다. CFCs는 매우 안정하기 때문에 대류권에서는 분해되지 않고 성층권까지 이동하여 자외선에 의해 분해되어 오존 파괴의 촉매로 작용하는 염소원자를 방출한다. 방출된 하나의 염소원자는 약 십만 개의 오존을 파괴할 수 있다. 1920년대까지 냉장고의 냉매로 암모니아와 황이 널리 사용되었는데, 독성이 높고 인화성(암모니아)을 가지고 있어서 이들 냉매의 대체물질로 개발된 CFCs는 처음에는 냉매제로 주로 사용되다가 인체에 전혀 해가 없고 안전하며 경제성이 있어서 사용범위가 점차 넓어져 가정용 및 산업용 냉각장치, 각종 전자제품의 세척제, 고효율 단열재, 음식물 포장재, 화장품, 스프레이 등에 널리 사용되었다.

표 17.1 오존층 파괴 물질의 종류, 용도 및 잔류 기간

구분 / 종류	화학식	오존 파괴 잠재력	용 도	대류권 잔류기간(년)
CFC-011	$CFCl_3$	1.0	냉각, 에어로졸, 발포제	65~75
CFC-012	CF_2Cl_2	0.9~1.0	냉각, 에어로졸, 발포제, 살균, 식품냉동, 열 탐지, 경보장치, 화장품, 가압송풍장치	100~140
CFC-113	CCl_3CF_3	0.8~0.9	용제, 화장품	100~134
CFC-114	$CClF_2CClF_2$	0.7~1.0	냉각	300
CFC-115	$CClF_2CF_3$	0.4~0.6	냉각, 거품크림 안정제	500
할론 1301	$CBrF_3$	10.0~13.2	소화(消火)제	110
할론 1211	$CClBrF_2$	2.2~3.0	소화제	15
HCFC-22	$CHClF_2$	0.05	냉각, 에어로졸, 발포제, 소화제	16~20
트리클로로에탄	CH_3CCl_3	0.15	용제	5.5~10
사염화탄소	CCl_4	1.2	용제	50~69

자료 : *Beyond The limits*, Donella H. Meadows, Dennis L. Meadows, Jorgen Randers, 1992

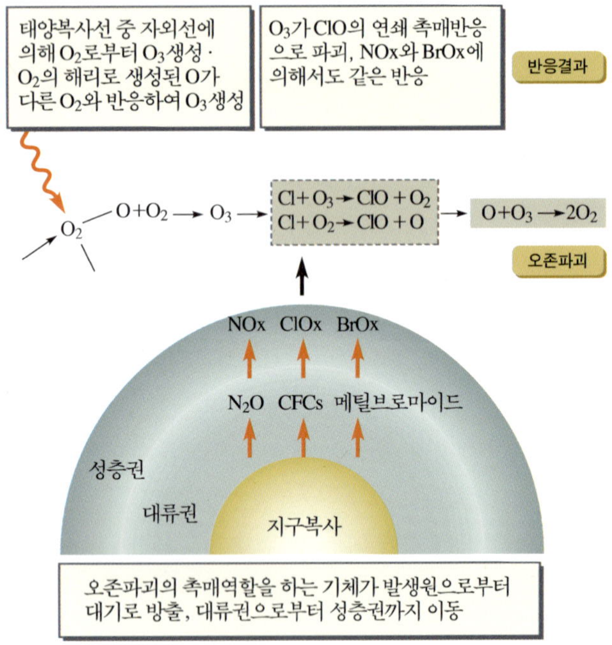

그림 17.2 오존의 자연적 생성과 CFCs, N_2O, 메틸브로마이드 등에 의한 파괴

특히 반도체 산업에서 세정제로 CFCs가 많이 사용되었으며 그 밖에 유기용제로서 트리클로로에틸렌과 테트라클로로에틸렌 등 독성이 강한 특정유해물질이 사용되었다.

할론가스는 프레온가스와 비슷한 물질로서 프레온의 염소 대신에 브롬원자가 들어있고 불에 타지 않는 성질 때문에 소화제(消化劑)로서 많이 이용되었으나 브롬원자가 방출되면 염소원자보다도 오존층을 파괴하는 능력이 크므로 규제대상이 되었다. 그 밖에도 인간이 합성하여 사용하고 있는 물질로서 오존층 파괴를 일으키는 물질로서는 사염화탄소, 메틸클로로포름 등 염소를 포함하고 있는 여러 종류가 있다.

또한 초음속 비행기의 경우 대부분 성층권 하부를 운항하므로 그 배기가스 중 많은 양의 수증기와 질소산화물이 성층권으로 배출된다. 그러므로 질소산화물도 CFCs와 마찬가지로 성층권에서 오존층을 파괴하는 역할을 한다. 그 반응은 다음과 같다.

$$NO + O_3 \longrightarrow NO_2 + O_2$$
$$NO_2 + O \longrightarrow NO + O_2$$
$$O + O_3 \longrightarrow O_2 + O_2$$

17.3 오존층 파괴의 현황

1974년 캘리포니아 대학의 모리나(Molina)와 로우랜드(Row-land) 박사는 염화플루오르화탄소가 오존층을 파괴한다는 내용의 논문을 과학 잡지(Nature)에 처음 발표하였다. 그 후 1985년에 남극 오존층을 정기적으로 관측하고 있던 영국 남극조사팀에 의해 오존층이 계속 파괴되어가고 있는 것이 확인되었다(그림 17.3).

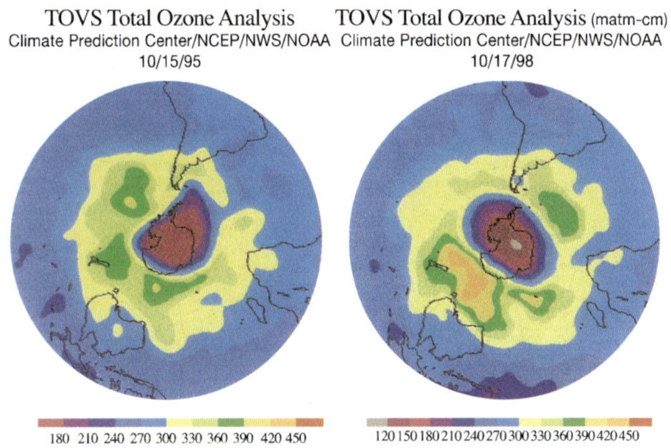

그림 17.3 남극의 오존층 변화(1995, 1998)

또한 전 세계적으로 지속적인 오존층 관찰 결과 성층권 내 오존농도가 계속 감소되고 있음이 보고되었으며, 특히 남극 상공에서 감소율이 높은 것으로 나타남에 따라 오존층 파괴는 전 지구적 문제로 대두되게 되었다.

특히 남극에서 오존층 파괴가 심하게 일어나고 있는 것은 남극의 성층권 온도가 겨울에 영하 80℃까지 내려가서 수증기가 얼음으로 변하고, 남극 주위의 대기 순환이 폐쇄적이어서 저위도에서 남극으로 공기가 정체되는 등 오존의 파괴반응을 촉진하는 조건이 만들어지기 때문이다(그림 17.4). 우리나라 위도의 위치에서도 1978~1987년 사이에 오존층의 3.7%가 감소되었다는 보고가 있었다.

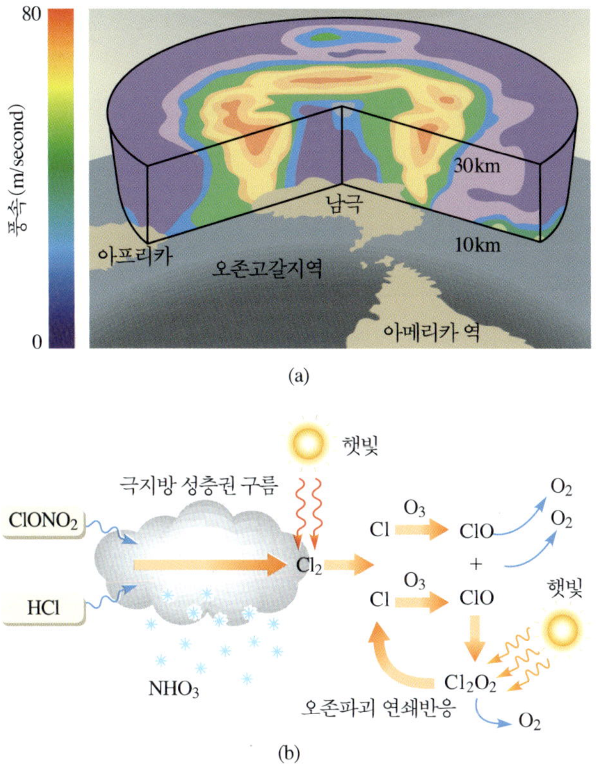

그림 17.4 (a) 극지방 회오리 바람, (b) 극지방 성층권 구름과 오존층 파괴 연쇄반응

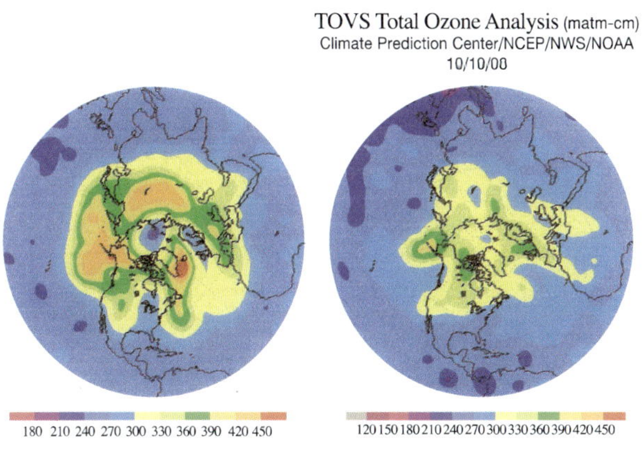

그림 17.5 우리나라 상공의 오존층 변화(1995, 1998)

17.4 오존층 파괴의 영향

오존층의 파괴로 인해 지구에 미치는 영향은 자외선 유입량의 증가로 인한 인간과 자연생태계에 대한 피해와 지구온난화로 인한 지구의 기후변화로 크게 나눌 수 있다.

(1) 피부의 노화 및 피부암 증가

태양복사선 중에는 엄청난 양의 자외선이 들어있지만 성층권의 오존층에 의해 많은 양이 흡수되는데, 오존층이 파괴되면 오존층에서의 유해한 자외선 흡수량이 감소함에 따라 지표면에 도달하는 자외선의 양은 비정상적으로 증가하게 된다. 자외선은 태양광선 중 파장이 가시광선보다 짧고 X선보다는 긴, 눈에 보이지 않는 빛으로 화학작용이 강하여 화학선이라고도 하며, 햇빛에 오래 노출되었을 때 피부가 빨갛게 타는 것도 바로 자외선 때문이다.

자외선이 인체나 동물에 악영향을 미치는 가장 큰 이유는 인체나 동물세포의 기본 인자인 DNA나 핵산(nucleic acid)과 단백질(protein)이 파장 260nm와 278nm의 자외선을 최대로 흡수하기 때문이다. 즉, 이 파장과 일치하는 UV-C 영역의 자외선을 효과적으로 흡수하여 세포의 광산화 반응을 통해 피부의 노화를 촉진시킨다.

또한 오존층 파괴에 의해 가장 민감하게 증가하는 자외선은 280~320nm 사이의 UV-B이다. 이 자외선은 인체의 피부에 홍반을 유발시키는 최대 파장영역이어서 오존층 파괴는 피부 홍반을 생기게 하며, 이러한 악성 피부홍반은 피부암으로도 진행되어 치명적인 결과를 초래한다. 특히 290nm의 파장에서는 돌연변이와 피부 종양을 일으키는 원인물질의 생성률이 330nm의 파장에서보다 천배나 더 높다. 실제로 미국에서는 과거 20년 동안에 5%의 오존층 파괴로 연간 8만 명이나 더 많은 피부암 환자가 발생하였고 7,000여 명이 사망한다는 보고가 있다.

표 17.2 자외선 지수에 따른 피부 손상도

피부 형태 / 자외선 지수	자극에 강한 피부	자극에 둔감한 피부	자극에 민감한 피부	자극에 매우 민감한 피부
0~2.9(매우 낮음)	–	120분	100~110분	60~90분
3~4.9(낮음)	–	100~120분	50~100분	20~50분
5~6.9(보통)	90~120분	60~90분	30~60분	10~30분
7~8.9(높음)	60~100분	40~60분	20~40분	~20분
9 이상(매우 높음)	40~70분	30~40분	10~30분	~10분

a. '자극에 민감한 피부'를 가진 사람은 자외선 지수가 높은 7~8.9일 때 20~40분간 햇빛을 쬐면 피부에 붉은 반점이 생길 수 있음.

(2) 백내장 증가

UV-B 자외선의 증가는 인간의 눈에 치명적이다. 한 예로 오랫동안 배를 탔던 선원들의 눈을 조사한 결과 백내장의 증세를 보인 경우가 많았는데, 눈이 UV-B에 노출되는 정도가 2배 증가하면 백내장 발생률은 1.6배 증가되는 것으로 알려져 있다. 이러한 백내장도 피부홍반과 마찬가지로 각막의 단백질이 자외선을 흡수하여 광화학 반응을 일으켜 단백질을 변형시키기 때문이다.

(3) 동물의 면역기능 저하

인간 이외에도 동물이나 식물에 미치는 영향 또한 크게 나타나고 있다. 최근 동물실험에 의하면 UV-B의 증가로 특정 면역세포가 파괴되어 정상적인 면역기능이 저하된다는 사실이 관찰되었다. 이러한 면역기능의 저하는 자외선에 의한 동물들의 피부암과 기타 질병들의 유발을 촉진시키는 것으로 알려져 있다.

(4) 식물의 생산성 저하 및 생리적 장해

자외선의 증가는 식물의 생장을 저해하여 생산성을 떨어뜨린다. UV-B 자외선은 물속의 상당한 깊이까지 침투할 수 있어서 광합성이 가능한 단세포 조류에 특히 위험하며, 영양단계가 높아질수록 그 피해가 크게 나타나 수생 생태계에 악영향을 미치게 된다.

식물에 대한 영향 또한 예외가 아니어서 많은 식물들이 종류에 따라 UV-B에 민감하게 영향을 받는데, 예를 들면 꽃들의 개화가 달라지기도 한다. 자외선의 영향으로 꽃의 개화시기에 변동이 생기면 꽃가루를 운반하는 곤충들의 활동주기와 시차가 생겨 곤충들의 혼란과 화분수정이 안 되는 등 농업과 자연 생태계의 변화에 중요한 결과를 초래하게 된다.

(5) 지구의 온난화

지구의 온도는 특히 대류권 상층부 및 성층권 하층부의 오존의 양에 큰 영향을 받는다.

대기 중의 오존량이 감소할 경우 2가지 반대되는 현상이 나타나는데, 우선 오존층의 파괴로 많은 양의 자외선이 지표면에 도달하면 지표면의 온도가 높아지는 반면, 성층권에 흡수되는 자외선의 양이 줄어들어 성층권 자체의 온도는 내려간다. 따라서 성층권에서 방출되는 열선인 적외선의 양이 줄어들어 지구 온도가 내려간다. 그러나 대류권에서의 오존량 증가는 이산화탄소와 같이 온실가스로 작용함으로 대기의 온도를 상승하게 한다. 즉, 오존은 장파장의 광선을 잘 투과시키지 않아 지표면에서 복사되는 적외선을 흡수하여 지표면 및 대기의 온도를 점차 상승시킨다.

17.5 몬트리올 의정서

1970년대 초, 미국의 화학자 로우랜드와 모리나는 염화플루오르화탄소(CFCs)가 성층권으로 유입될 경우 자외선에 의해 분해되어 염소원자와 일산화염소분자를 방출함으로서 각각 많은 수의 오존분자들을 파괴할 수 있다는 연구결과를 발표했다. 곧바로 이 문제에 대해 미국에서 조사가 시작되었고, 1976년 미국 국립과학 아카데미는 동일한 결과를 발표하였다. 이에 따라 1978년 미국, 노르웨이, 스웨덴, 캐나다 등은 에어로졸 용기에 들어있는 CFCs의 사용을 금지하였다.

한편, 오존층의 파괴가 알려지면서 28개국 대표부가 오존층 보호를 위한 비엔나 회의에서 이 문제를 논의하고 이어서 국제연합환경계획(UNEP)이 '몬트리올 의정서'의 기초 작업을 수행할 수 있는 권한을 부여함에 따라 1987년에 의정서를 채택하여 1989년 1월 1일부터 발효되었다.

협약 초기에는 CFCs와 할론물질로 된 여러 종류의 생산과 소비를 1994년까지 1986년 수준의 80%까지 줄이고, 1999년까지는 1986년 수준의 50%까지 줄이는 것으로 설계되었으나, 오존층의 파괴 속도가 당초 예상보다 빨라지자 1992년 11월 덴마크의 코펜하겐에서 열린 제4차 가입국 회의에서는 일부 물질에 대해 당초 2000년 1월에 완전 폐기하기로 했던 계획을 1996년 1월로 앞당기고 규제대상 물질도 20종에서 95종으로 확대했다.

몬트리올 의정서는 전 세계의 협력을 통해 환경파괴에

대하여 전 지구적으로 대응한 대표적인 성공사례로 기록되어 있다.

CFCs와 할론 물질의 생산과 사용이 국제적으로 전면 금지됨에 따라 현재까지 개발된 CFCs의 대표적인 대체물질로는 PFCs(perfluoro carbon)와 HFCs(hydrofluoro carbon)가 있는데, PFCs는 탄소와 플루오르만으로 구성된 매우 강력한 결합을 가진 화합물로 기존의 CFCs의 분자결합보다 더욱 안정된 물질이다. 따라서 성층권에서 분해되어 오존층을 파괴시키지 않고 더욱 고층에서 분해된다.

HFCs는 CFCs 분자의 염소대신에 수소(H)를 대체시킨 것으로 대류권에서 쉽게 파괴되어 버린다. 즉, CFCs의 염소대신 수소를 치환함으로써 아주 안정한 화합물을 비교적 불안정한 화합물로 만든 것이다. 그러나 이러한 대체물질도 완벽한 것이 아니며, 오존층 파괴에 대한 영향은 크게 감소하였으나 온실가스로서의 역할과 아직도 적지만 오존층 파괴능력이 있다(염화플루오르화탄소의 1/10). 또한 플루오르가스의 증가 등으로 인해 다른 문제를 야기할 수도 있다. 오존층 파괴를 방지하기 위한 이러한 국제적인 노력의 결과 유엔환경계획(UNEP)과 세계기상기구(WMO)는 '2014 오존층 손상에 관한 과학적 평가' 보고서에서 "오존층을 지키기 위한 국제적인 노력이 궤도에 오른 덕에, 앞으로 수십 년 안에 오존층이 회복될 수 있을 것으로 보인다."고 밝혔으며, 보고서에 따르면 1990년대까지 계속됐던 오존층 파괴는 2000년대부터는 사실상 멈추었고 이후로는 오존층의 구멍이 서서히 작아지고 있으며, 2015년 NASA의 발표에 의하면 남극 오존홀의 면적은 인도면적보다 큰 400만 km^2가 감소하여 현재 2,820 km^2까지 줄어든 것으로 나타났다(그림 17.7). 또한 여러 지표들을 과학자들이 분석한 결과, 남극 상공의 오존층은 21세기 중반에는 1980년대 수준으로 복구될 것으로 예측되었다. UNEP에 의하면 만일 몬트리올 의정서가 없었더라면 오존층 파괴가 계속 진행돼 2030년에는 피부암 환자가 매년 200만 명씩 늘었을 것으로 보고 있다. 아킴 슈타이너 UNEP 사무총장도 "몬트리올 의정서는 환경과 관련해 가장 큰 성공을 거둔 조약"이라며 "하지만 여전히 우리 앞에 놓인 도전은 크고, 기후변화에 대처하기 위한 더 큰 행동으로 성과를 이어가야 한다."고 강조했다.

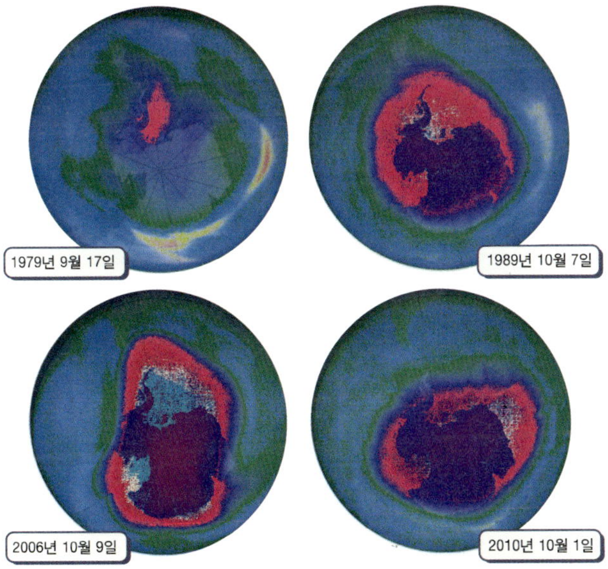

지료 : 유엔환경계획(UNEP)
세계기상기구(WMO)

그림 17.6 남극 상공 오존층 구멍의 변화

a) 2015년

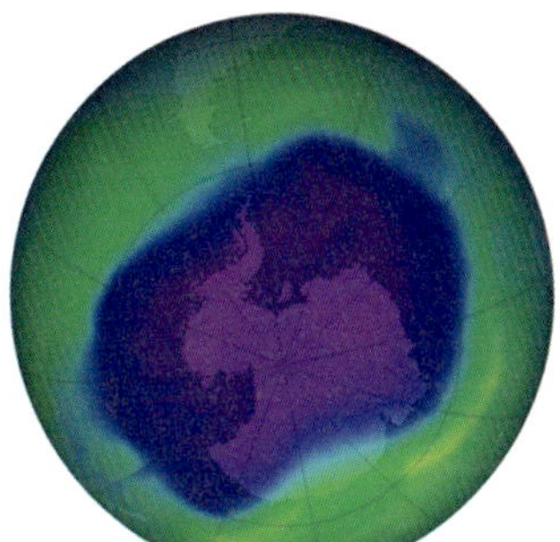

b) 1989.10

그림 17.7 회복되고 있는 남극의 오존홀

EXERCISE

1. 오존층 파괴물질들을 조사하고 각각의 오존층 파괴 기여도를 설명하라.
2. 오존층 파괴에 대한 자료를 조사하고 최근 10년 동안의 결과를 설명하라.
3. UV-B에 대하여 설명하라.
4. 오존층 파괴로 인한 생태계와 인체에 미치는 영향을 설명하라.
5. 자외선 차단용품의 종류를 조사하고 자외선 차단지수에 대하여 설명하라.

CHAPTER 18

기후변화 및 사막화

CHAPTER
18 기후변화 및 사막화

18.1 사막화 현상

사막화는 기후의 변화로 인한 가뭄, 관개 농업, 삼림 벌채, 환경오염 등이 복합적으로 작용하여 토지가 사막으로 변해가는 현상이다. 기후변화와 인간 활동 등으로 사막화 현상은 아프리카 사하라사막 남부의 사헬지역 같은 건조 및 반건조지대에서 주로 나타난다. 자연적 요인과 인위적 요인이 복합적으로 작용하여 발생하는데, 자연적 요인으로는 극심한 가뭄과 장기간에 걸친 건조화 현상이 있고, 인위적 요인으로는 과도한 경작 및 관개, 삼림 벌채, 환경오염으로 인한 기후변화 등이 있다. 사막화를 일으키는 기후적 요인에는 일시적이지만 극심한 가뭄과 장기간에 걸친 건조화 현상이 포함된다. 사막화(Desertification)라는 말은 프랑스 지리학자 Andre Aubreville이 풍부한 산림지와 목초지에서 사막으로 바뀐 아프리카 땅을 묘사하기 위해 1949년에 최초로 사용한 용어로, Warren은 "사막화란 단순한 표면적 의미는 초지였던 지역이 사막과 같은 경관으로 변하는 것이다. 그러나 실제적인 의미는 자연적 요인과 인위적 요인이 결합되어 발생한 일련의 환경변화로 건조지역의 수확량이 지속적으로 감소하는 것이다."라고 정의하였다.

UNEP는 지구 사막화 평가에서 사막화란 '부적절한 인간 활동에 기인하는 건조, 반건조, 건성 반습윤 지역에서 토지의 황폐화 현상'이라고 정의하여 사막화의 주요인으로서 인간의 활동을 크게 강조하고 있다. 여기서 말하는 토지는 토양, 수자원, 지표면, 식생 또는 농작물로 구성된다. 황폐화 현상은 바람이나 물에 의한 토양 침식, 퇴적 또는 자연 식생의 장기적인 감소 및 수확량의 감소, 토양의 염류화, 알칼리화를 일컫는다.

사막화는 어느 정도 진행되면 다시 원상태로 돌이킬 수 없는 비가역적인 현상이다.

UNEP에 따르면 지구 육지면적의 47.2%가 건조지역에 해당된다. 건조지역은 연강수량과 증발 가능량의 비율을 기초로 하여 초건조, 건조, 반건조, 건성 반습윤의 4단계로 구분할 수 있다. 초건조에서 건조로 분류되는 지역이 일반적으로 말하는 사막이다. 사막은 지구 육지면적의 20%를 차지하고 있으며, 대개 위도 15°에서 35°의 아열대 지역에 집중되어 있다. 현재 사막화가 진행되고 있거나 그 위험에 있는 지역은 초건조지역 주변에 위치하는 약간 습윤한 지역이다. 1992년 브라질 리우데자네이루에서 개최된 국제회의에서 아프리카 국가들의 발제로 사막화 대책을 국제적으로 논의하게 되었으며, 이에 따라 1994년 6월 17일에 프랑스 파리에서 기상이변과 산림황폐 등으로 심각한 한발이나 사막화의 영향을 받고 있는 국가들의 사막화를 방지하고 지구환경을 보호하기 위하여 사막화방지협약(Convention to combat desertification)을 채택하였다. UNEP의 조사에 따르면 사막화의 원인은 이상기후나 기상조건의 변화로 인한 자연적인 사막화가 전체 원인의 13%를 차지하고, 나머지 87%는 과도한 방목, 벌채, 경작 등 인위적인 영향이며, 이미 사막인 지역을 제외한 건조지역 중 약 20%의 지역에서 토양 황폐화가 일어나고 있다고 한다. 또 약 50%의 지역이 토양 황폐를 수반하지 않는 식생(植生, 어떤 장소에 모여살고 있는 특유한 식물의 집단) 황폐에 노출되어 있다. 이들을 모두 합하면 건조지역의 약 70%에 해당하는 약 36억 ha가 토지황폐화(사막화)의 피해를 입고 있는 실정이다. 유엔사막화방지협약체인 UNCCD에 의하면 지난 40년간 2,400만 명이 사막화로 고향을 떠났으며 전 세계 곡물재배지의 3분의 1이 황폐화됐다고 발표하였다.

1) 사막화 원인

(1) 자연적 원인 - 한발(drought)

사막의 생성 원인은 자연적 원인과 인위적 원인 2가지로 나누어 생각할 수 있다. 먼저 자연적 원인으로는 지구의 대기 대순환 변화에 따른 고기압대와 저기압대가 변동하여 고기압대가 위치한 곳에서 비가 오지 않음으로서 사막화가 일어난다. 그 예로 사하라사막을 들 수 있는데, 사하라사막은 기원전 5000년경에는 "히프시 사마르(녹색 사하라)"라고 불리었으며 당시에 평균기온은 현재보다 1℃ 정도 높았고 비도 많이 내렸다고 한다.

현재 알제리 남서부 산악지역의 암벽에 조각되어있는 그림에서 당시 사람들의 모습 이외에 하마나 악어 등 대형 동물들의 모습을 볼 수 있는데, 이는 사하라사막 주변에 이러한 동물들이 서식할 수 있는 큰 호수나 강이 있었음을 증명하고 있다. 그러나 현재는 사하라사막 상공으로 저기압이 이동하지 않게 됨에 따라 지속적인 가뭄으로 결국 사막이 되었다.

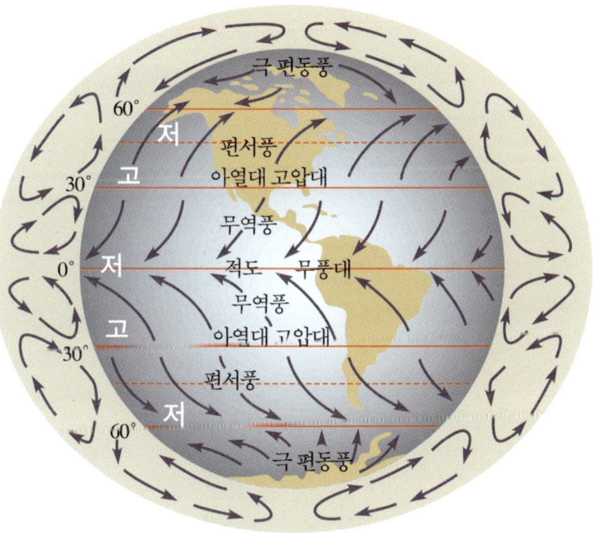

그림 18.1 지구 대기 순환

최근에 사막화로 주목을 받는 지역으로는 사헬(Sahel) 지대가 있다. 사헬이란 아라비아어로 '가장자리'라는 뜻인데, 사하라사막 남쪽지역이 습윤기 이후 계속 강수량이 감소하고 있다. 이 지역에서 연강수량이 200mm인 등치선(等値線)의 변화를 보면 1950년 이후 약 300 km나 남하하였는데 사막의 남쪽 한계가 이 강수량 등치선과 대략 일치하는 것으로 나타났다. 결국 사막이 될 수 있는 지역이 약 300 km나 남하한 것이다. 사헬 지역에서의 사막화의 원인은 결국 강수량의 감소라는 자연적인 원인에 의한 것이다. 여기에 지나친 방목과 경작, 과도한 벌채 등 인위적인 원인까지 겹쳐 사막화를 더욱 촉진하고 있다. 사헬과 그 남쪽에 위치한 수단의 서부지역에서는 1961년부터 매년 200만 ha의 비율로 사막화가 진행되고 있다.

황토(黃土)는 이름 그대로 황색을 띤 누런색의 흙으로서 0.01~0.05mm의 크기를 갖는 입자들의 퇴적물이다. 중국 황토고원의 황토는 타클라마칸사막이나 고비사막 등 중국 서북부 사막의 모래가 북서풍에 날려서 이 지역에 퇴적된 것이다.

중국 북부의 황하강 중류지역에 펼쳐진 황토지대는 그 범위가 아주 넓어서 세계 최대 규모이며, 퇴적층의 두께는 평균 40~50cm에서 최대 400m나 된나. 황노고원은 사막과는 다르지만 불모지라는 점에서 사막과 유사한 특성을 가지고 있다. 황토고원의 표고는 1,000~2,000m, 연강수량은 300~450mm이나 강수의 60~70%가 7~9월 사이에 집중적으로 내린다. 황토는 물의 침식에 매우 약하기 때문에 단기간에 강수가 집중될 경우 빠르게 침식이 일어난다. 더욱이 이 지역에 대하여 청나라 시대(1616~

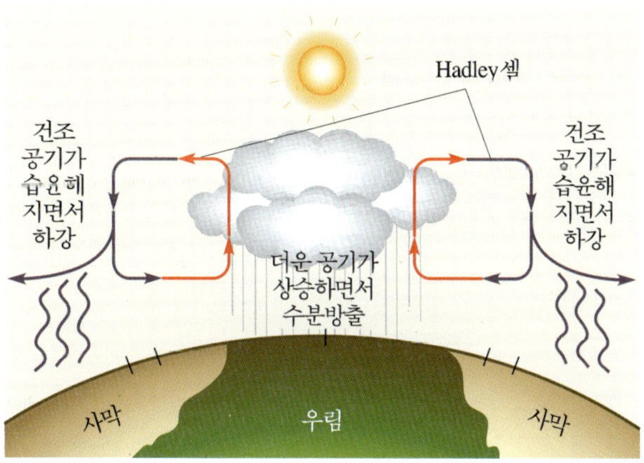

(a) 적도상공의 Hadley 셀

(b) 전 지구적 무역풍(지구자전)

그림 18.2 전 지구적 공기순환

1912년)에 급격한 인구증가로 인한 대규모 삼림벌채와 초지(草地)개간이 실시되었다. 이와 같이 자연적인 원인과 인위적인 원인이 복합적으로 작용한 결과 현재의 황토고원은 무수히 많은 깊은 침식계곡들과 구릉들이 산재한 불모의 땅이 되어버렸다.

그림 18.3 중국 황토고원

(2) 인위적 원인

현재 문제가 점점 심각해지고 있는 사막화 현상에 대하여 자연적인 요인은 어쩔 수 없다고 하더라도 인위적인 원인에 대해서는 인류가 관심을 가져야만 할 것이다.

UNEP의 사막화방지회의에서 전 세계 45개 지역의 사막화 현상을 조사한 결과, 이상기후나 기상조건의 변화 등 자연적인 원인에 의해 사막화가 된 경우는 13% 정도이고, 나머지 87%는 인간의 인위적인 영향에 의한 것으로 추정하고 있다. 인위적인 원인으로는 인간의 활동에 의해 발생되는 온실가스에 의한 지구온난화현상과 산성물질에 의한 산성비로 인한 토양산성화를 들 수 있다. 이에 더하여 지나친 방목이나 경작, 과도한 삼림벌채, 화전(火田), 적절하지 못한 관개 등에 의해서도 사막화가 가속화된다. 삼림벌채에 의한 사막화의 대표적인 예는 아프리카의 사헬 지방과 인도네시아, 브라질 등에서 볼 수 있다. 특히 지구의 산소공장 역할을 하는 열대우림에서의 삼림파괴는 대기 중의 이산화탄소량을 증가시켜 지구온난화를 가중시킬 뿐만 아니라 대류권 내에서 모든 기후변화의 원인이 되며 사막화의 직접적인 원인이 되고 있다. 건조지대에서 반습윤지대에 걸친 지역에서 강수량 변동이 크고 가뭄과 홍수가 빈발한 것도 기후변화의 결과이다.

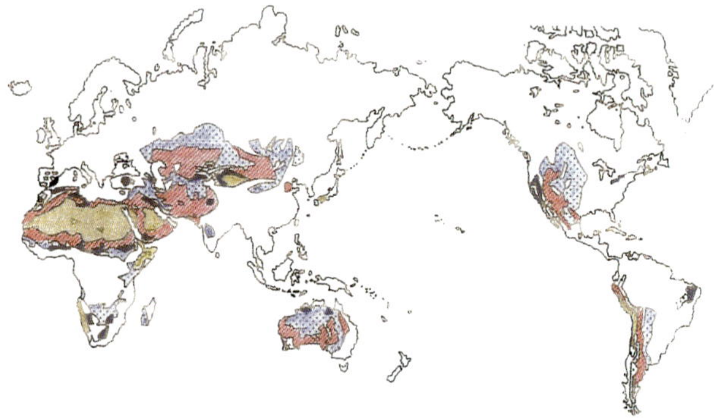

그림 18.4 세계 사막화지도

염류의 농도가 높은 물을 이용한 관개농업도 염류의 토양축적에 의한 사막화를 일으키는데, 농업용수가 경작지에 과잉 공급되면 지하수면이 상승하고, 이로 인해 지하수가 모세관현상에 의해 지표면으로 스며 나와 수분이 증발하게 되면서 물에 함유되어있던 염류가 지표면에 잔류하게 된다. 이와 같이 농업용수 중의 염류가 물의 증발로 토양에 축적됨으로서 토양의 염류화현상으로 사막화가 일어나기도 한다. 이란 북서부의 티그리스강과 유프라테스강의 지류에 위치한 쿠르디스탄 지역은 토양의 염류화가 급격히 진행되고 있는 대표적인 곳으로 고대부터 관개농업에 의해 토양에 축적된 염류로 인해 석회의 함유율이 매우 높다. 따라서 염류의 농도가 높은 물을 대량으로 관개용수로 사용할 경우 단시간에 많은 양의 염들이 지표에 축적되어 염류화된 대지로 변하게 된다. 특히 기온이 높은 지역에서 관개농업을 할 경우 광합성 효율이 높은 고온 건조기에도 농작물 재배가 가능한 반면 관개용수의 증발 때문에 토양의 염류화에 의한 사막화가 빨라질 수 있다.

2) 사막화의 영향

사막화가 진행되면 식생파괴, 토양침식, 모래의 집적(集積), 토질의 황폐화 등으로 식물이 성장할 수 없게 되어 숲이 점차 사라지게 되면서 지표면의 태양에너지 반사율이 증가함에 따라 지표면이 냉각되어 온도가 낮아진다. 따라서 차가워진 지표면에는 건조한 하강기류가 형성되고, 강우량이 감소하여 토양의 수분이 적어지므로 사막화는 더욱 빠른 속도로 진행된다. 이 때문에 지구는 점차 산소가 부족해져 수많은 동·식물들이 멸종하게 되는데 애니메이션 영화 '라이언킹'의 실제 모델이기도 한 바바리 사자도 사막화로 달라진 환경에 적응을 못해서 1922년 야생에서 멸종되었으며, 바바리 사자처럼 사막화로 멸종된 동물과 식물의 수만 해도 6,000여 종에 이른다. 또한 물 부족 현상으로 인해 작물재배가 불가능해지며 이산화탄소의 양이 많아져 지구온난화의 원인으로 작용하기도 한다. 최종적으로는 식량 생산의 기반 그 자체가 파괴되어 최악의 경우에는 식량난에 의해 인간사회에 큰 위기를 초래할 수도 있다.

현재 유라시아에는 129만 5천 km^2의 고비사막을 필두로 티클라마간사막(32만 9천 km^2), 아라비아사막(233만 km^2) 등이 있다. 아프리카에는 단연 세계 제일의 사하라사막(906만 5천 km^2), 남미에는 파타고니아사막(67만 3천 km^2)과 아타까마사막(17만 9천 km^2) 그리고 오스트레일리아에는 오스트레일리아사막(155만 4천 km^2) 등이 있으며, 현재 아시아의 사막화율이 37%로 가장 높고, 아프리카 32% 이외에도 스페인과 프랑스, 호주 등에서 매년 600 ha에 달하는 면적이 사막화되고 있다.

3) 사막화 방지대책

사막화의 방지를 위해서는 먼저 지구 관측위성을 이용한 사막화의 모니터링이 중요하다. 즉, 넓은 범위의 사막화 과정, 정도, 분포 등을 파악하고 장기적으로 변화를 관측하는 것이 필요하다. 또한 사막화를 과정별로 분석하는 일도 필수적이다. 먼저 식생황폐에 따른 사막화에 대해서는 식생의 변동을 해석할 필요가 있다. 현재는 기상위성 노아(NOAA)를 통하여 평면적인 생체량(biomass)의 분포를 알 수 있다. 장래에는 식물의 생육형(生育型), 군락구조 등 입체적 정보를 알아내는 일이 가능해질 것이다. 또한 토양황폐에 수반되는 사막화에 관해서 지표면의 염류침적 상황을 조사하기 위해 토양표층의 이화학적 성질을 모니터링하는 일도 필요하다.

기후변화에 따른 사막화에 대해서는 지구의 대기가 사막화에 어떠한 영향을 미치는가를 기후모델을 이용하여 평가해야 한다. 그러기 위해서는 사막화에 관련된 다양한 현상을 파악하고, 그 분포와 시간적 변화를 종합적으로 관측해야 한다. 그리고 각각의 현상이 상호 간에 미치는 영향을 조사할 필요가 있다. 이러한 사막화의 기초 연구와 함께 사막화에 대한 대책을 추진해야 한다. 그러나 여기에 요구되는 것은 단순히 첨단기술의 도입만이 아니라 지역마다의 사막화 과정, 상황 그리고 그 배경이 된 자연적, 사회적 조건을 고려한 적절한 기술의 개발이다. 우리나라도 중국 고비사막 및 타클라마칸사막에서 발생하는 황사, 북한의 산림황폐화 등으로 사막화가 문제가 되고 있으며, 이러한 문제를 해결하기 위한 지역적 협력과 산림녹화 및 사방기술을 피해국에 지원하고 있다.

18.2 기후변화

우리가 매일 경험하는 기온, 바람, 비, 눈 등과 같은 대기 상태를 날씨라 부르며 수십 년 동안 한 지역의 날씨를 평균화한 것을 기후라고 정의한다. 기후는 위도, 바다로부터의 거리, 식물, 산, 강 등의 존재 및 기타 지리적 요소에 의존하며, 장소 및 시간에 따라 다양하고 계절, 1년 주기, 10년 주기, 빙하기와 같은 시간 규모에 따라 다르게 된다. 수십 년 또는 그 이상 지속되는 기후 또는 변동성이 생태계에 중요한 변화를 초래할 때 이를 기후변화라 하며, 자연적인 원인과 인위적인 원인에 의해 현재의 기후가 지속적으로 변화하고 있다.

기후변화란 현재의 기후체계가 자연적 요인(대기, 해양, 육지, 설빙, 생물권 등 내적요인과 화산분화에 의한 성층권의 에어로졸 증가, 태양활동의 변화, 태양과 지구의 천문학적 상대위치관계 등 외적요인)과 인위적 요인(화석연료 사용에 따른 이산화탄소 및 온실가스 등 대기조성의 변화, 건설 등에 의한 토지피복의 변화, 삼림파괴 등)에 의하여 점차로 변화하는 것을 의미한다.

1980년 이후 지구는 지구온난화 효과, 여러 가지 기상이변의 출현 등 과거와 다른 기후변화를 겪고 있으며, 최근에는 엘니뇨나 라니냐의 강도가 높아지고 과거의 기상관측 최고치를 갱신하는 이상기상 출현 등이 두드러짐에 따라서 인간을 비롯한 생태계를 위협하고 있다.

일반적으로 기후는 일기의 평균값으로 정의하기도 하나, 기후시스템을 고려하는 시간 스케일이 커지면서 대기와 상호작용을 일으키는 넓은 의미의 지구 물리학적 시스템과 관련된 부분도 기후의 정의에 포함하고 있다. 기후변화 기본협약의 목적을 위한 기후변화의 정의에는 "직접적 또는 간접적으로 전체 대기의 성분을 바꾸는 인간 활동에 의한, 그리고 비교할 수 있는 시간동안 관찰된 자연적 기후변동을 포함한 기후의 변화"라고 표현하고 있다. 기후변화를 그 원인이 어디에 있든 전형적인 기후의 정의를 나타내는 30년 평균기후의 변화로서 단순하게 표현하려는 견해도 있다. 최근 들어서 기후변화 개념은 과학논문과 국제토론회에서 여러 가지 다른 의미로 받아들여지고 있다.

앞으로 수세기 동안에 인위적인 기후변화가 지속될 경우 대기 잔류기간이 긴 온실가스는 대기조성, 복사강제력과 기후에 지속적으로 영향을 미칠 것이며, 해양의 열적팽창으로 인해서 전 지구 평균표면온도 상승과 해수면 상승으로 인하여 얼음이 계속 녹을 것이고, 이는 기후가 안정화된 이후 수천 년 동안에도 지속되어 해수면 상승에 기여할 것이다.

1) 기후변화의 원인

기후변화의 요인은 자연적 요인(내적요인과 외적요인), 인위적 요인, 국지적 요인으로 나누어 생각할 수 있다.

(1) 자연적 원인

기후변화는 외적으로 야기된 변화뿐만 아니라 기후시스템 요소의 변화와 요소 간의 상호작용에 의해서 발생한다. 외적요소에 의한 기후변화의 대표적인 예로 화산분화에 의한 성층권의 에어로졸 증가, 태양활동의 변화, 태양과 지구의 천문학적인 상대적 위치변화 등이 있다. 외적요인 없이도 기후시스템은 자연적으로 변할 수 있다. 이는 기후시스템의 5가지 주요 구성요소, 즉 대기권, 수권, 빙하권, 지권, 생물권 등 각 요소들이 상호작용으로 끊임없이 변화하기 때문이다.

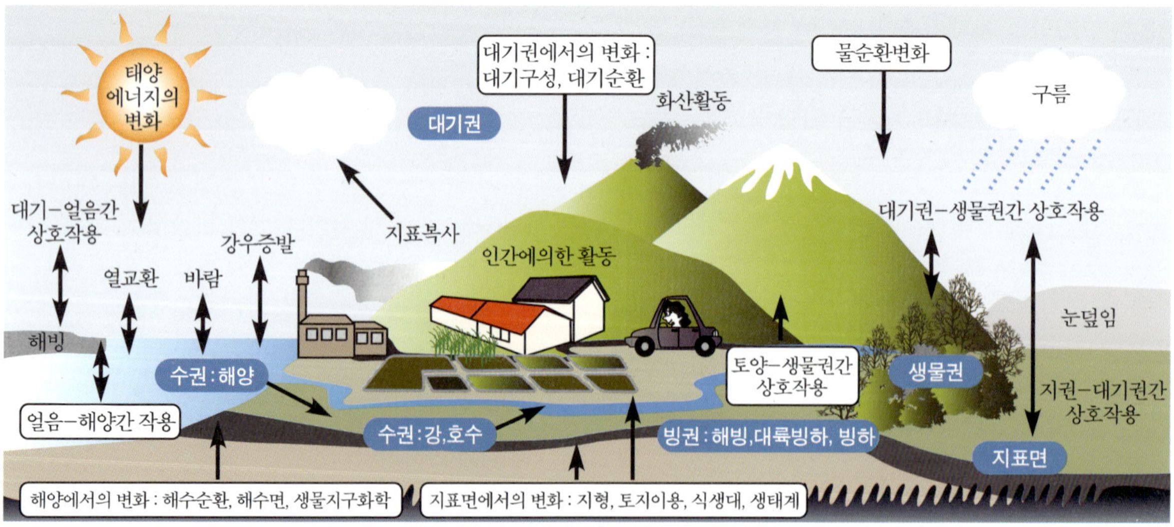

그림 18.5 기후시스템

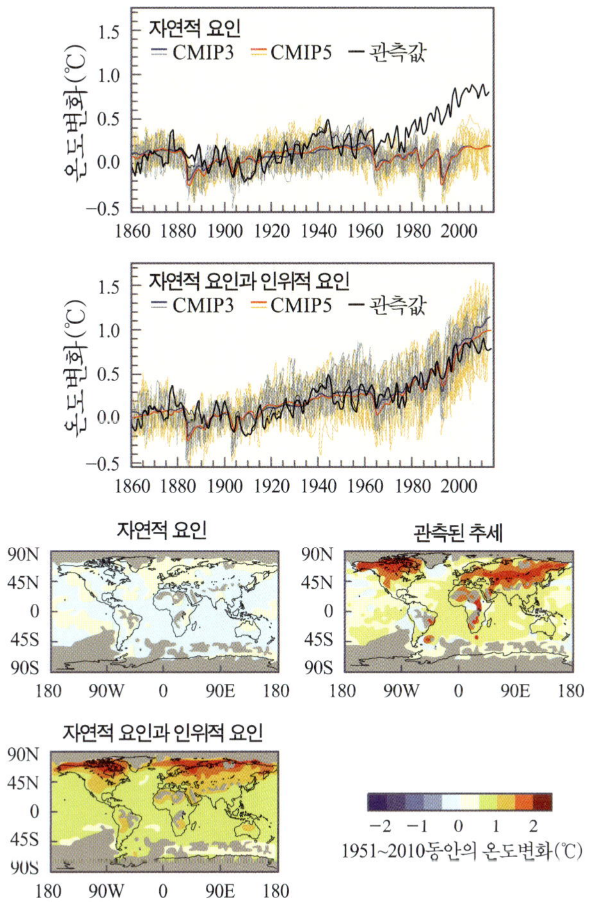

그림 18.6 자연적 요인과 인위적 요인이 기후변화에 미친 영향 비교

(2) 인위적 원인

인간 활동이 대규모적으로 기후에 영향을 미치기 시작한 것은 산업혁명 초기인 18세기 중엽부터이다. 인간 활동, 특히 공장이나 가정에서의 화석연료 연소와 생물체의 연소 등은 대기구성성분에 영향을 주는 온실가스와 에어로졸을 생성하여 온실가스를 증가시키고 대기 중 에어로졸에 의해 태양복사에너지 반사와 구름의 광학적 성질변화(산란효과에 의한 지구 냉각화)를 일으키고 있다. 또한 CFCs 및 기타 플루오르 화합물, 브롬합성물 등의 방출은 복사강제력에 영향을 주고 성층권의 오존도 감소시켰다.

더불어 도시화와 산업화로 인한 토지개발, 산림벌채, 농경지 확대, 광물채광 등은 지구표면의 물리적, 화학적 및 생물학적 특성을 크게 변화시켰다.

2) 새로운 온실가스 시나리오

IPCC는 제4차 평가보고서의 온실가스 배출량 시나리오 대신, 제5차 평가보고서를 위해 새로운 온실가스 시나리오로 '대표농도경로(RCP : Representative Concentration Pathways)'를 도입하였다. 또한 4차 보고서의 온실가스 배출량 시나리오가 인위적인 기후변화요인 중에서 온실가스와 에어로졸의 영향에 의한 강제력만을 포함하고, 온실가스 배출량 시나리오를 미래사회구조 중심으로 선정하였다면, 5차 보고서는 토지이용 변화에 따른 영향까지 포함하였고 대표농도경로는 기후변화 대응정책과 연계하여 온실가스 농도를 비교함으로서 온실가스 저감정책을 실현했을 때의 효과를 더 쉽게 느낄 수 있도록 하였다.

3) 관측된 기후변화와 원인

현재의 지구온난화는 논란의 여지가 없을 정도로 명백하며 이에 따라 기온과 해수온도의 상승, 빙하의 융해, 해수면 상승이 일어나고 있다.

표 18.1 **기후변화 요인**

요 인		문 제
자연적 요인	내적 요인	대기, 해양, 육지, 설빙, 생물권 등
	외적 요인	화산분화에 의한 성층권의 에어로졸(부유 미립자) 증가, 태양활동의 변화, 태양과 지구의 천문학적 상대위치 등
인위적 요인		• 화석연료 과다 사용에 따른 이산화탄소 등 대기 조성의 변화(온실효과에 의한 지구온난화) • 인위적인 에어로졸에 의한 태양복사의 반사와 구름의 광학적 성질의 변화(산란 효과에 의한 지구 냉각화) • 과잉 토지 이용이나 장작과 숯 채취 등에 의한 토지 피복의 변화 등
국지적 요인		인공 열 등에 의한 도시 기후의 변화 등

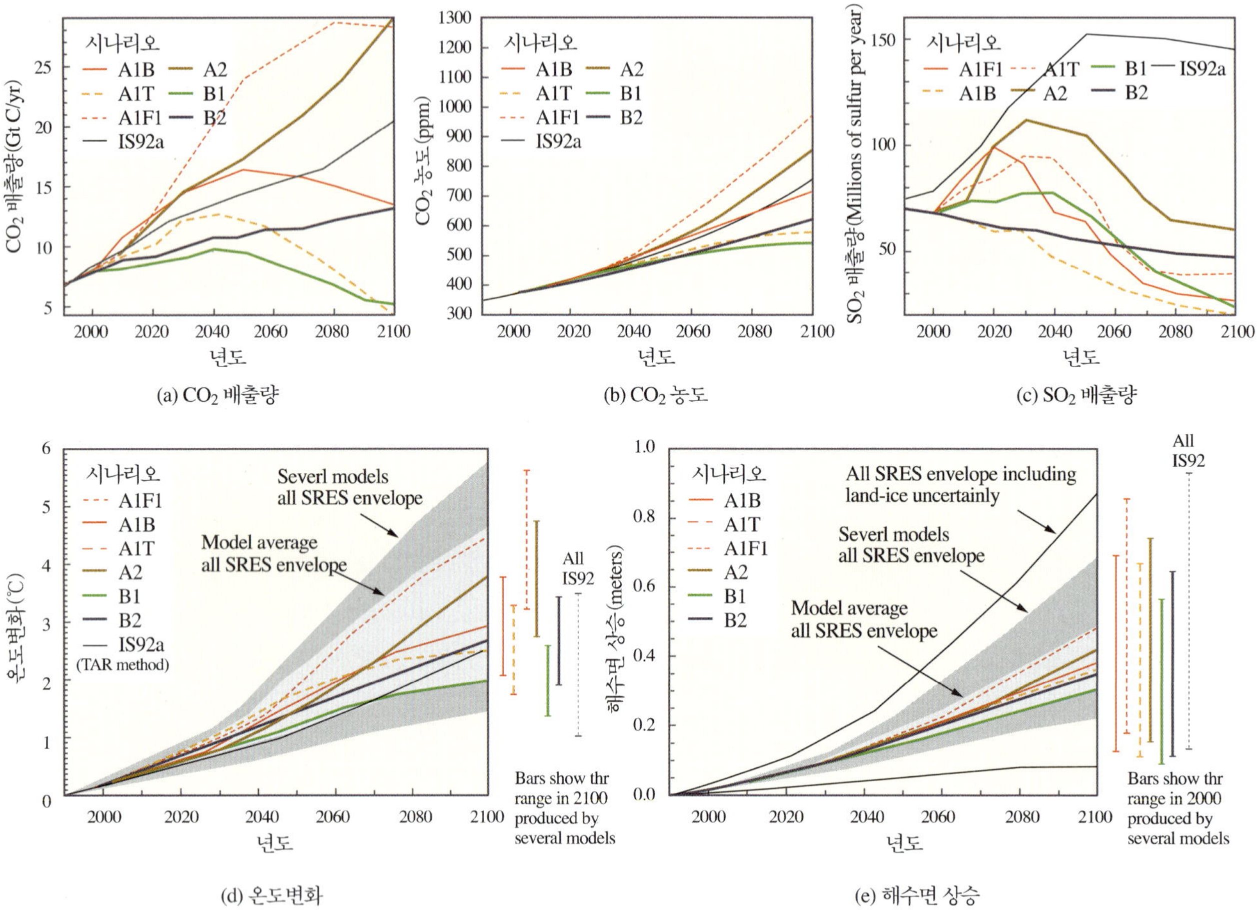

그림 18.7 21세기 기후변화 (IPCC)

온실가스는 산업혁명이전보다 화석연료의 사용과 토지 이용에 따른 산림파괴의 영향으로 크게 증가하고 있고, 그 결과 이산화탄소는 체계적인 대기측정이 시작된 1958년까지는 매년 약 0.7ppm씩 비교적 완만하게 증가하였으나, 이후 매년 2.1ppm씩 가파르게 상승하여 2011년에는 391ppm까지 증가하였다. 전 세계 이산화탄소 농도의 준거 지표인 미국 하와이 마우나로아(Mauna Loa)산에서 측정한 이산화탄소 농도가 2013년 5월 400.03ppm을 기록하면서 IPCC는 현재 추세대로 갈 경우 수십 년 안에 450ppm을 돌파한 뒤 금세기말에는 540~940ppm까지 증가할 것으로 전망하였다. 이산화탄소의 농도가 450ppm 수준이 되면 산업혁명이전보다 지구 평균기온이 2℃ 정도 상승하면서 대규모 홍수와 가뭄, 한파, 이상고온과 같은 기후변화가 훨씬 더 심각해질 것으로 예측된다.

IPCC가 2013년 기후변화의 원인, 기후시스템과 최근 변화에 대한 이해와 미래의 기후전망 등을 중심으로 발간한 제5차 평가보고서에 의하면 지구온난화로 인한 지구평균기온은 지난 133년간(1880~2012년) 0.85℃(0.65~1.06℃) 상승하였고, 평균 강수량의 변화는 뚜렷하지는 않으나, 1901년 이후 북반구 중위도 육지에서 증가하였으며, 지구의 평균 해수면은 110년간(1901~2010년) 19cm(17~21cm)나 상승하였다. 지구의 평균기온은 1850년 이래 지난 30년(1983~2012년) 동안이 가장 더웠고, 21세기의 첫 10년은 더 더웠던 것으로 나타나 지구온난화가 지속되고 있음이 확인되었다. 또한 지구의 빙상과 빙하의 양도 지난 34년(1979~2012) 동안 북극 해빙은 연평균 면적이 10년에 3.5~4.1%의 비율로 줄어들었고, 남극 해빙도 1.2~1.8%의 비율로 증가한 것으로 알려졌다.

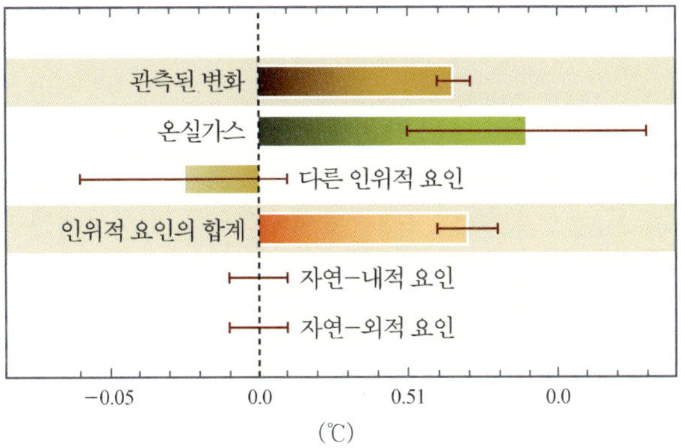

그림 18.8 인간 활동과 자연적 요인이 기후변화 관측치에 미치는 영향(1951~2010)

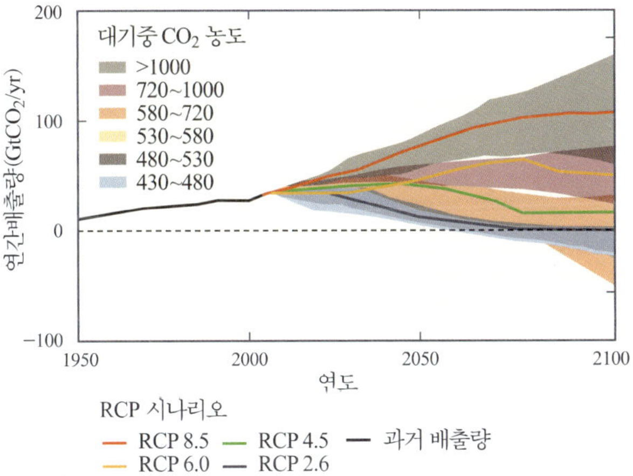

그림 18.9 연간 인위적 이산화탄소 배출량

4) 기후변화 전망

지역적으로 예외가 있지만, 지구 대부분 지역에서 온난화된 기후로 인해 건조지역과 습윤지역의 계절 간 강수량 차이가 커지고, 우기와 건기 간 기온의 차이도 더 벌어질 것이며, 고위도와 적도 태평양의 경우 강수량이 증가할 가능성이 매우 높은 것으로 예측된다. 동아시아의 경우, 21세기말(2081~2100년)의 평균기온은 1986~2005년에 비해 2.4℃ 상승하고, 강수량은 7% 증가할 것으로 전망하고 있다. 장기적인 온난화의 주요 원인은 이산화탄소의 총배출량이며, 온난화와 이산화탄소 배출량은 상호비례관계에 있다.

지구온난화를 2℃ 미만으로 한정할 경우, 산업화시대 초기부터의 인위적인 총 누적 이산화탄소 배출량을 약 1,000Gt(1Gt=10^9톤)으로 제한할 필요가 있으며, 이 누적량의 절반(460~630Gt)은 2011년까지 이미 배출되었다. 그러나 인위적인 이산화탄소를 포함한 온실가스의 배출을 멈춘다고 하더라도 기후변화의 영향과 양상은 수 백 년 동안 지속될 것이며, 배출된 이산화탄소의 20% 이상이 1,000년 이상 대기 중에 남아있을 가능성이 매우 높으므로 국제사회의 대책마련과 적극적인 노력이 필요하다. 21세기 지구온난화로 인한 기후변화는 엘니뇨와 같은 기상이변이 더욱 크게 나타날 것으로 예측되며, 기온상승으로 물의 증발량이 증가하여 지구 평균 강수량과 폭우 빈도도 증가할 것으로 예상된다. 강수량은 지역적 및 계절적으로 편차가 더욱 심화될 것으로 예측된다. 21세기 인위적인 기후변화는 세계의 많은 지역에서 이상고온, 폭우, 토양건조, 열대성 저기압(태풍) 증가, 홍수, 가뭄, 산불, 전염병 등의 발생률 증가 등 다양한 변화를 유발할 것으로 예상하고 있다.

그림 18.10 가뭄피해

5) 우리나라의 기후

전 세계적으로 과거 100년 동안, 특히 지난 20년간 지구의 연평균기온은 급속히 상승했으며, 한반도도 예외는 아니었다. 우리나라 평균기온은 기상청이 관측을 시작한 1904년 이후 100년 정도 되는 기간에 1.5℃ 상승하였으며, 대기 중 이산화탄소 농도도 지속적으로 증가하여 1991년 357.8ppm에서 2000년 373.6ppm이었고, 1990년대에는 겨울이 1920년대에 비해 약 1개월가량 짧아졌고, 여름과 봄은 그만큼 길어진 것으로 나타났다.

국립수산진흥원의 연안 관측결과에 따르면 우리나라 주변 해역의 수온도 꾸준히 상승하는 것으로 나타났다. 강릉 연안의 경우 겨울철 수온이 지난 100년간 2.0℃ 상승하였으며 울진 연안은 1.8℃ 상승한 것으로 보고되고 있다.

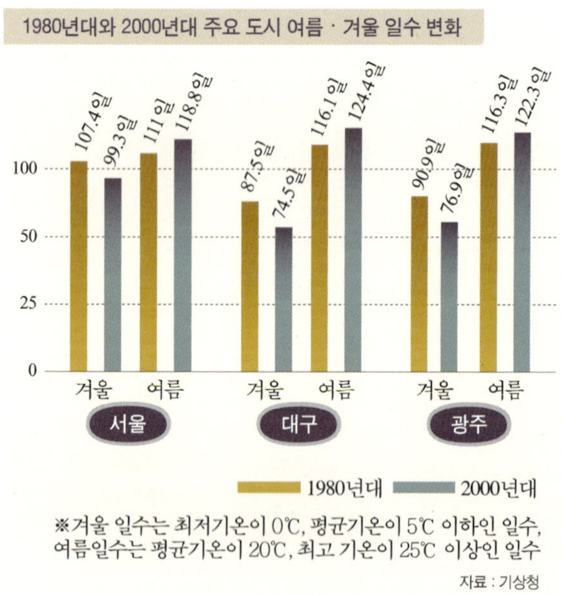

그림 18.11 주요 도시 여름 · 겨울 일수 변화

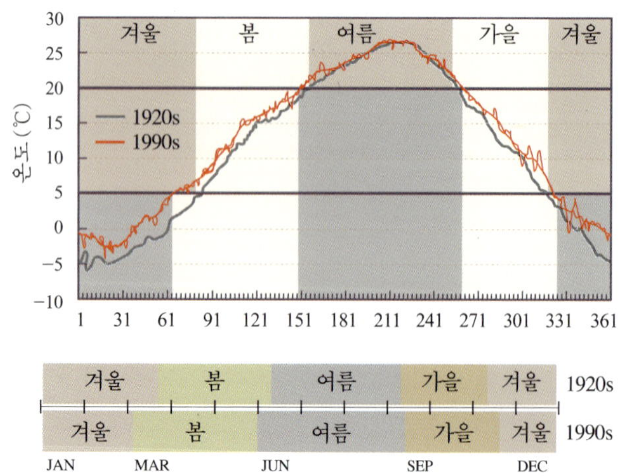

그림 18.12 1920년대와 1990년대 계절의 변화(서울)

※ 자료 : METRI Korea, 2006

IPCC에 의한 우리나라의 기후변화 전망은 현재의 온실가스배출 추세를 유지할 경우 21세기 후반 한반도의 기온은 5.7℃ 상승하며, 북한의 기온 상승은 6.0℃로 남한보다 더 클 것으로 전망하였다. 이로 인해 남한 대부분의 지역과 황해도 연안이 열대 기후가 될 것으로 분석되고, 폭염일수도 현재 평균 7.3일에서 21세기 후반에는 30.2일로 늘어날 것으로 전망하였다.

18.3 엘니뇨와 라니냐 현상

1) 엘니뇨

엘니뇨(El Nino)란 태평양 남미 해안으로부터 중태평양에 이르는 넓은 해역에서 해수면 온도가 0.5℃ 이상 높은 상태가 6개월 이상 지속될 때를 말하는데, 스페인어로 '아기예수(The Child)'라는 뜻으로 남미의 페루 등에서 크리스마스를 전후해 주로 발생하기 때문에 붙여진 이름이다.

2) 엘니뇨의 발생원인

엘니뇨가 발생하는 이유는 동태평양 적도부근에서 따뜻한 바닷물을 서쪽으로 이동시키는 무역풍이 불지 않거나 아주 약하게 불 때 생기며, 그 밖에 동쪽으로 이동하는 해류에 의한 에너지 전달도 발생원인으로 알려져 있다.

무역풍이 약해지는 이유에 대해서는 아직까지 뚜렷하게 밝혀진 것이 없으나 적도에서 일어나는 열적순환작용이 2~6년 주기로 변동하기 때문인 것으로 추정되고 있다. 엘니뇨현상의 평균 지속기간은 12~15개월이며, 9월에서 이듬해 3월경에 세력이 강해진다.

엘니뇨(라니냐)에 대한 구체적인 정의는 엘니뇨 감시구역인 태평양 동부 적도해역(5°S~5°N, 170°W~120°W)에서의 월평균 해수면 온도편차의 3개월 평균값이 5개월 이상 계속해서 +0.5℃ 이상(−0.5℃ 이상)이 될 때 엘니뇨(라니냐)의 시작으로 본다.

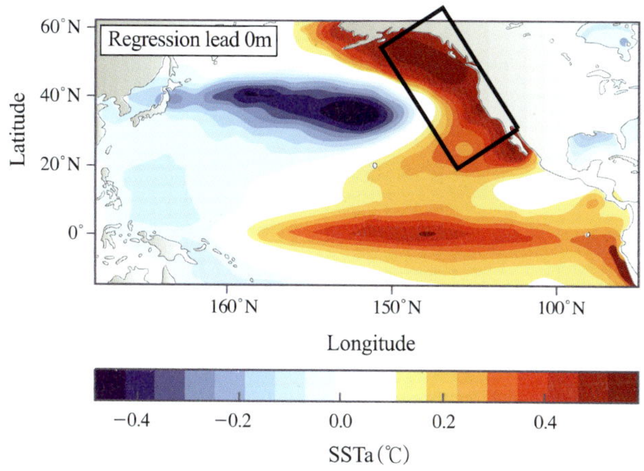

그림 18.13 엘니뇨 감시구역과 해수온도 변화

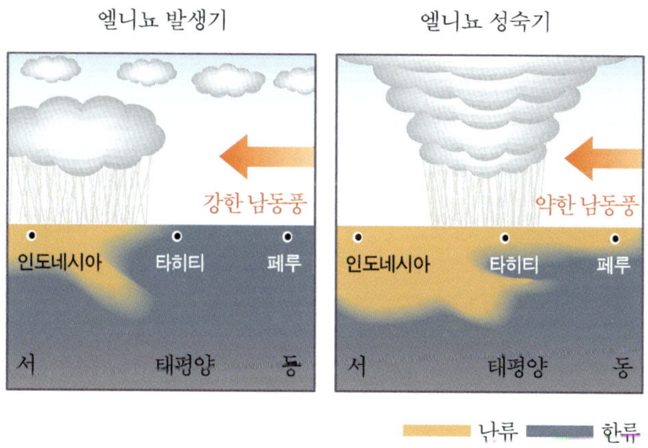

그림 18.14 엘니뇨 발생과정

3) 엘니뇨로 인한 현상

엘니뇨가 발생하면 동태평양에는 따뜻한 바닷물이 머물러있게 되고 동남아시아 지역의 해수는 평소보다 낮은 온도를 보이게 된다. 정상적인 경우에는 따뜻한 해류의 이동으로 동남아시아의 바다에서 고온다습한 상승기류가 형성되어 장마철을 형성하게 되지만, 엘니뇨가 발생하면 필리핀, 인도네시아 등 동남아시아와 호주 북부 등 서태평양 적도 연안지역에서는 강수량이 평년보다 적어 오히려 가뭄이 발생한다. 반면에 대만 및 일본 남부 등 아열대 지역과 적도 태평양 중부, 멕시코 북부와 미국 남부, 남미 대륙 중부에서는 고온다습한 기류가 형성되어 홍수가 발생하게 된다. 또한 알래스카와 캐나다 서부에 걸쳐 고온

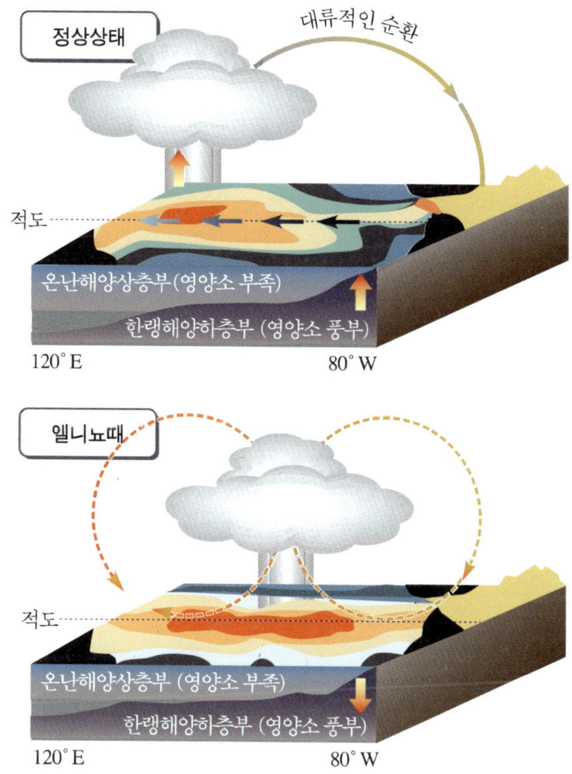

그림 18.15 정상상태와 엘니뇨 발생 시의 비교

경향이, 미국 남동부는 저온이 되기 쉽다. 즉, 엘니뇨가 발생하면 태평양 상의 에너지 분포가 바뀌고 대기의 흐름을 변화시켜 페루 등 남미지역과 태평양을 둘러싼 열대, 아열대지역 등지에서 기상이변이 발생한다.

4) 엘니뇨로 인한 피해

엘니뇨가 발생하면 농산물 흉작, 어획량 감소, 홍수 피해 등 경제적 손실과 희귀생물의 멸종위기, 생태계의 변화, 전염병의 발생 등 다양한 피해를 야기한다. 과거 엘니뇨 피해가 가장 심했던 1982~1983년의 경우 에콰도르에서 홍수로 600명의 인명피해가 있었고, 미국 캘리포니아에서는 대형 허리케인이 발생하였으며 또한 타히티에는 강력한 사이클론이, 오스트레일리아에서는 건조한 모래폭풍이 일어났고, 필리핀·볼리비아·페루 등지에는 심각한 가뭄이 있었으며, 전 세계적으로 80~130억 달러의 재산 피해와 약 2만 7천여 명이 생명을 잃었다.

1998년에 발생한 엘니뇨는 인도와 오스트레일리아의 동부지역에 심한 가뭄피해를 주었으며, 인도에서는 40℃ 이상의 고온으로 말미암아 약 2,500명이 목숨을 잃었다.

엘니뇨는 특히 기후에 민감한 농작물의 생산에 큰 영향을 미치는데 엘니뇨로 인한 가뭄 및 홍수피해가 세계 주요 농산물 생산지역인 태평양 연안국에 집중되어 있어 농산물 생산이 크게 감축된다. 엘니뇨의 영향으로 우리나라에서도 겨울철('97.12~'98.2)에 이상고온, 여름철(1998년)에 호우 및 이상저온현상으로 인해 많은 인명 및 재산피해가 발생하였는데, 1998년 1월 영동지역의 폭설과 영남지역의 폭우가 엘니뇨 때문인 것으로 추정되며, 2002년 여름에 김천・강릉 등에 내린 게릴라성 폭우도 엘니뇨의 여파일 것으로 추측한다. 최근 엘니뇨는 2015년 3월에 시작되어 2016년 5월에 종료됐다.

5) 라니냐

라니냐(La nina)란 적도 무역풍이 평년보다 강해져 서태평양의 해수면과 수온이 평년보다 상승하게 되고, 찬 해수의 용승현상 때문에 동태평양 적도 부근에서 저수온 현상이 강화되어 엘니뇨의 반대현상이 나타나는 것을 말한다. 즉, 월평균 해수면 온도편차의 3개월 평균값이 5개월 이상 계속해서 −0.5℃ 이하로 지속될 때를 라니냐라고 하며 스페인어로 '여자아이(the girl)'라는 뜻을 가지고 있다.

6) 라니냐의 발생원인 및 현상

라니냐는 동태평양 열대지역을 가로지르는 대기 하층에서 편동풍이 증가하고, 대류권 계면부근의 대기 상층에서 편서풍이 증가할 때 발생하며, 따라서 엘니뇨와는 반대로 무역풍이 평소보다 강해지면서 페루 앞바다 동태평양의 해수온도가 낮아지게 된다.

라니냐 현상은 해수의 순환이 엘니뇨 현상과 반대로 나타나므로 라니냐가 발생하면 엘니뇨 때 가뭄이 드는 동남아시아, 호주 북부 등에는 홍수가 발생하며, 반대로 홍수가 나타나는 일본과 미국 남부, 남미 대륙에는 비가 적게 내린다. 또 알래스카와 캐나다 서부에는 엘니뇨 때와 반대로 저온현상이, 미국 남동부는 고온현상이 나타난다. 2012년 4월 라니냐 종료 이후 지금까지 정상상태가 유지되고 있다.

18.4 기후변화로 인한 영향

지구의 온도가 상승하면 날씨가 따뜻해져서 살기 좋아지는 것으로 오해하는 경우가 있다. 지구의 온도상승은 지구 전체의 평균적인 온도상승이 아니라 지역별로 커다란 편차를 나타냄으로서 극지방과 같은 일부지방에서 온도가 평균보다 많이 올라가 빙하가 빠르게 녹는다든지 또 일부지역에서는 반대로 온도가 떨어져 한파가 닥치는 경우가 발생한다. 또한 온도상승으로 수증기의 증발량이 많아지고 대기의 온도분포 불균형 등에 의한 기상변화로 폭염, 폭우, 가뭄, 폭설 등 기상재해가 급증할 수 있다. 따라서 지구온난화로 인해 발생하는 기후변화는 생태계에 긍정적인 면보다 부정적인 영향이 훨씬 크며 인간의 삶에도 막대한 영향을 줄 것으로 예측된다.

기후변화에 의한 영향 중 해수의 온도와 수면의 상승도 문제이지만 0.5℃라는 지구 평균기온의 상승은 매우 작은 수치로 인식될 수 있으나 이는 지난 10,000년 동안 지구가 겪은 가장 큰 변화이다. 현재의 평균기온이 빙하기의 평균기온과 불과 5℃ 밖에 차이가 나지 않는다는 점을 고려한다면 이렇게 작은 온도의 증가로도 우리가 살고 있는 기후가 어떻게 바뀌고 있는지 상상하기조차 어려울 것이다. 한 예로 1997년 엘니뇨에 의한 가뭄으로 동남아시아에서는 열대우림의 산불이 6개월 이상 지속되었고, 1998년에는 양쯔강을 휩쓴 대홍수, 미국의 불볕더위, 유럽의 대홍수, 우리나라에는 3주간의 집중폭우가 발생하는 등 기상재해가 이어진바 있으며 날이 갈수록 규모가 커지고 빈도수도 증가하고 있다. 기후변화로 인한 대표적인 영향들로 다음과 같은 것들이 있다.

온도 상승	물	음식	건강	토지	환경	급격한 변화
1℃	5천만 명의 물 공급 위협	온대 지역에서 곡물 생산이 약간 상승	최소 30만 명이 기후와 관련된 질병으로 사망 (설사, 말라리아, 영양실조 등)	영구동토가 녹아 캐나다와 러시아 등의 지역에서 건물과 도로 파괴	적어도 10%의 육상생물이 멸종 위기 80%의 산호가 표백	대서양의 열 염분 순환이 약해지기 시작
2℃	몇몇 지역에서는 물 사용 가능성이 20~30% 감소 가능성	열대 지역에서 곡물 생산이 급격하게 감소	아프리카에서 4~6천만 이상의 사람들이 말라리아에 노출	매해 천만 명에 이르는 사람들이 해안침수 겪음	15~40%의 생물 멸종 위기 북극곰 등 북극 생물 멸종 위기	그린란드 빙상이 녹기 시작하여 해수면 상승, 최종적으로 7m까지 상승
3℃	남유럽에서는 10년마다 극심한 가뭄 발생 10~40억 이상의 사람들이 물 부족으로 고통	1억5천~5억5천만 이상의 사람들이 굶주릴 위험 고위도 지역에서 농산물 생산량 정점 도달	1~3백만 이상의 사람들이 영양실조로 사망	매해 최대 1억7천만명 까지 해안침수 겪음	20~50%의 생물 멸종 위기 아마존 열대우림 파괴	몬순 등 대기 순환에 급격한 변화가 발생할 위험 상승 서남극 빙상의 붕괴 위험 상승
4℃	남아프리카와 지중해 지역에서 물 사용 가능성 30~50% 감소 가능성	아프리카에서 농산물생산량 15~35%감소	아프리카에서 8천만 명에 이르는 사람들이 말라리아에 노출	매해 최대 3억 명 까지 해안침수 겪음	북극 툰드라 절반 정도 상실 절반 이상의 자연보호구역 이제 기능 상실	대서상의 열 염분 순환이 완전히 붕괴될 위험 상승
5℃	히말라야 빙하가 사라져서 중국과 인도의 수많은 사람에게 영향을 미칠 가능성	해양 산성화가 계속되어 해양 생태계가 심각하게 파괴		해수면 상승이 군소도서국과 저지대(플로리다), 뉴욕, 런던, 도쿄 등 세계의 주요 도시들을 위협		
5℃ 이상	최근 연구에 따르면, 온실가스 배출이 계속되면 지구 평균 온도가 5℃보다 더 상승할 수 있다. 이런 수준의 온도 상승은 지난 시기(age)와 오늘날의 온도 상승과 동등한 수준이며 엄청난 혼란과 대규모 인구 이동을 초래할 것이다. 그러한 변화의 결과는 재앙적일 것이지만 지금 모델로는 인간의 경험을 벗어난 수준의 온도 상승에 따른 결과를 파악하기는 매우 어렵다.					

그림 18.16 지구의 평균온도 상승에 따른 영향

1) 수자원

기후변화는 많은 건조 및 반건조지역에서 물 부족현상을 심화시킬 것으로 평가되고 있다. 세계 17억 인구가 물 부족지역(재사용 가능한 물 공급이 20% 이상인 지역 포함)에 거주하고 있으며 인구증가율을 감안하면 그 인구는 2025년에 약 50억으로 예상된다. 물 수요는 인구증가와 경제성장에 따라 증가하지만 지역에 따라서는 효율적인 사용으로 수요가 감소하기도 한다. 기후변화는 생활용수, 산업용수의 수요보다는 관개용수의 수요증가에 큰 영향을 미칠 것으로 예상된다. 중앙아시아, 남아프리카, 지중해 연안국가 등 많은 물 부족지역에서 기후변화에 의해 물 부족현상이 심화될 것으로 예상되고 있다.

그림 18.17은 2가지의 영국 기후모델에 의한 강수 유출량의 변화를 예측한 결과이다. 일반적으로 유출량의 변화는 기후변화에 따른 강수량 및 증발량의 변화로 일어난다. 예측 결과 고위도, 동남아시아에서는 유출량의 증가가 예상되나 중앙아시아, 지중해지역, 남아프리카 및 호주에서는 감소가 되는 것으로 나타났다. 따라서 기후변화는 이미 가뭄이 규칙적으로 일어나고 있는 지역에서 가뭄의 크기 및 빈도를 더욱 증대시킬 수 있다. 개발도상국은 대부분 건조하거나 반건조지역에 위치하고 있어 기후변화에 매우 취약한 것으로 평가되고 있다. 한편 한반도의 강수패턴 변화는 지역별 및 계절별로 차이가 점점 커지고 있어 한강, 영산강, 섬진강유역과 남해안 및 제주도에서는 상대적으로 많은 강우가 있으나 낙동강유역과 내륙지방에서는 비교적 비가 적게 내리고 있다. 계절별로는 비가 많이 내리는 6~9월 사이 연강수량의 2/3가 집중되고, 10~3월 사이에는 1/5 수준으로 강우의 집중현상이 나타나고 있어 여름에는 집중호우로 홍수가 자주 발생하며 겨울과 봄에는 강수 부족으로 가뭄이 들어 수자원 관리에 어려움이 예상된다.

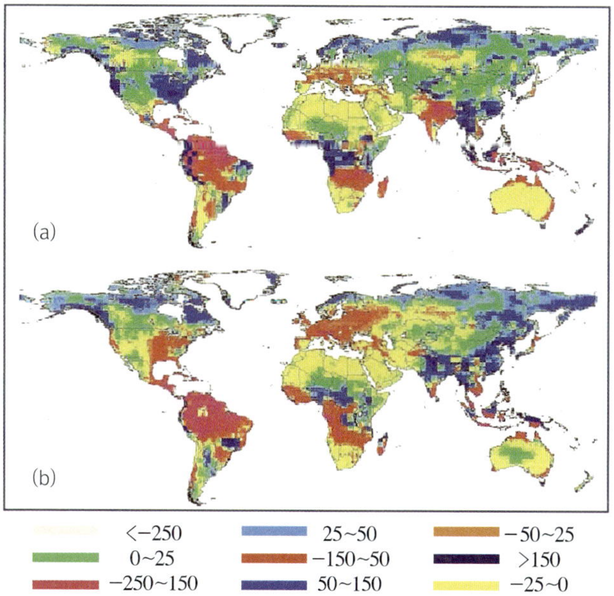

그림 18.17 영국 기후모델을 이용한 1961~1990년 평균 강수 유출량과 2050년의 강수 유출량 변화
(a) Had CM2 모델, (b) Had CM3 모델

2) 생물다양성 상실

지구의 온도가 상승하면 동·식물의 분포는 극지방 쪽으로 이동한다. 100년 동안 온도가 2~6℃ 상승할 경우 동·식물의 서식대는 약 500 km 정도 이동하는데, 식생대의 이동속도가 기후대의 이동속도를 따라가지 못하게 되어 변화된 기후에 적응하지 못하는 많은 종의 식물들이 감소하거나 멸종하게 된다. 또한 식생의 감소와 멸종으로 인한 서식지의 변화와 감소로 동물들 역시 감소하거나 멸종하게 된다. 그 결과 전 지구적으로 종의 단순화로 생물종의 다양성이 상실되고 멸종이 가속화된다. 생태계는 인간에게 식량, 섬유, 의약품, 오락 및 관광, 영양염 순환, 정수, 대기 정화, 수자원, 토양침식 방지, 기후 조절 등 여러 가지 혜택을 제공하고 있다. 따라서 이러한 혜택이 빠르게 감소될 것으로 예측된다.

기후변화에 의한 생태계의 영향에 대한 예로 우리나라 연안의 수온상승에 따른 동해안의 어종 변화를 보면 명태, 청어 등 한류성 어종의 어획량이 급감한 반면 난류성 어종인 오징어 등의 어획량이 크게 증가하고 있으며, 제주도 연안에서 아열대성 어종인 다랑어가 잡히는 등 이미 우리나라 해양에서 온난화의 영향이 입증되고 있다.

3) 식량생산

식량생산은 기후변화와 매우 밀접한 관계가 있다. 현재 전 세계적으로 약 8억 명의 인구가 영양실조상태에 있으며 지속적인 인구증가와 경제개발 및 산업화로 식량소비는 30~40년 후에 현재의 2배가 될 것으로 예상된다. 따라서 기후변화로 인한 농업생산성의 변화는 전 세계의 모든 국가들에게 당면한 문제이다.

식량생산 변화에 대한 예측결과 지구 전체적으로 농업생산은 기후변화(지구 평균표면온도가 2~3℃ 이내)가 적은 지역에서는 현재와 같은 생산성이 지속될 것으로 나타났으나, 기후변화에 따른 농작물 생산량 및 생산성 변화는 지역이나 위치에 따라 상당히 다르므로 생산 유형의 변화는 매우 클 것으로 예상된다. 일반적으로 중위도지역에서는 작은 기후변화 시 농작물의 생산성은 농작물 유형, 성장기, 온도영역의 변화, 강수의 계절성에 의존하면서 증가할 것으로 예측되나, 온도 변화가 2~3℃ 이상이면 생산성이 크게 감소할 것으로 예측되고 있다. 아열대 지역은 건조지역 및 관개되지 않은 지역이 절대 다수인 관계로 작은 온도상승에도 농업생산량이 크게 감소할 것으로 예상된다. 특히 아프리카와 라틴아메리카에서 이러한 현상이 두드러지며, 21세기 동안 총 농업생산량의 30%까지 감소가 예측된다. 따라서 최고 빈곤층이 주로 살고 있는 열대와 아열대 일부 지역에서는 기아의 위협이 더욱 커질 수 있다.

최근 우리나라에서도 기상재해로 인한 농업분야의 피해가 증가하고 있다.

지구온난화에 따른 농업의 영향에 대한 연구결과 한반도 기온이 2℃ 상승할 경우 작물재배 기간이 30일 이상 길어지며, 4℃ 상승할 경우 남부해안지역은 아열대성 기후권에 속하게 되고, 중부지방은 현재의 남해안 도서지역과 유사한 기후 양상을 보일 것으로 예측되었다. 이에 따라 중부 이남지역에서만 재배가 가능하였던 월동작물인 밀, 보리 등을 비롯한 과수 및 많은 밭작물들의 재배지역이 북상하고 남부지역에서는 열대작물의 재배가 보편화 될 것으로 추정된다. 그러나 용수공급문제, 온도장애와 병충해로 인한 생산량 저하 및 품질저하 등으로 인해 지구온난화는 궁극적으로 농업생산성과 안전성을 저해하는 요소로 평가되고 있다.

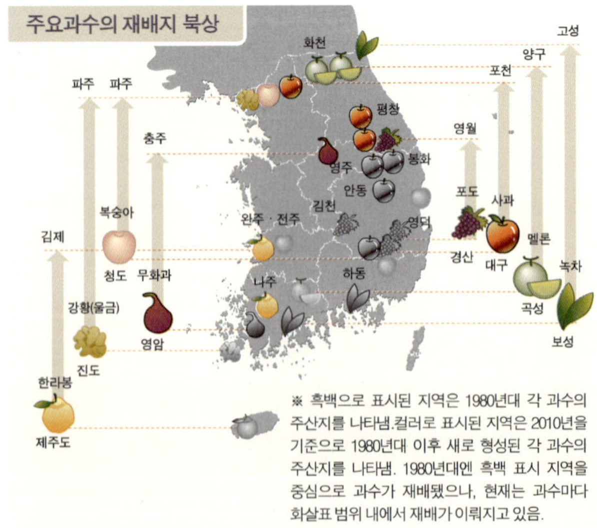

그림 18.18 온난화에 의한 과수재배지 변화

4) 산림

식물의 분포는 적응할 수 있는 환경조건에 의해 결정되는데 기온이 1℃만 변해도 산림의 성장 및 재생능력에 큰 영향을 미치므로 지구온난화는 산림생태계에 큰 영향을 미칠 것으로 예상된다. 과학자들은 대기 중 이산화탄소의 농도가 2배로 증가하면 전 세계 산림의 약 1/3의 생장형태가 변할 것으로 예측하고 있다.

또한 기후변화에 따른 대기 순환과 강수량 변동 등으로 지역에 따라 산림 황폐화가 일어나 사막화가 빠르게 진행될 것으로 예측되며, 미국 서부, 남미 서부해안지역, 아프리카 중부 및 중동지역과 호주 등지에서 이러한 현상이 가속화될 것으로 조사되고 있다. 산림파괴는 대기 중의 CO_2 흡수원 상실을 의미하며, 따라서 지구온난화문제를 가중시킨다. 최근 영국의 기상청 전망에 의하면 2050년경에 브라질의 열대우림이 사막화되어 현재 대기 중 산소의 25%를 공급하고 있는 산소공장의 역할을 상실하게 될 것이라고 경고하고 있다.

5) 질병

지구온난화에 의한 기온상승은 많은 열성 질병을 유발하여 인간의 건강을 위협하고 사망률을 증가시킬 것으로 예상된다.

많은 곤충과 음식 및 물을 매개체로 전염되는 말라리아, 뎅기열(dengue), 황열병, 뇌염, 콜레라, 장티푸스 등은 대표적인 열성 전염병으로, 이 중 말라리아와 뎅기열은 21세기 기후변화에 따라 전파가능지역이 확대되어 전 세계 인구의 40~50%가 이 병에 노출될 수 있을 것으로 예측되고 있다.

또한 지구온난화로 살모넬라증, 콜레라와 같이 음식물이나 물에 매개하는 수인성 질병뿐만 아니라 비매개성 질병도 증가할 것으로 보인다.

기후변화에 따른 우리나라 국민의 건강과 관련한 연구자료는 매우 빈약한 실정인데, 국립환경연구원에 의하면 1993년 이후 우리나라에서 말라리아의 발병률이 상대적으로 증가하고 있으며, 더불어 세균성 이질, 식중독, A형 간염 등 전염병이 다시 증가하는 추세로 이는 지구온난화와 관련이 있는 것으로 보고되고 있다.

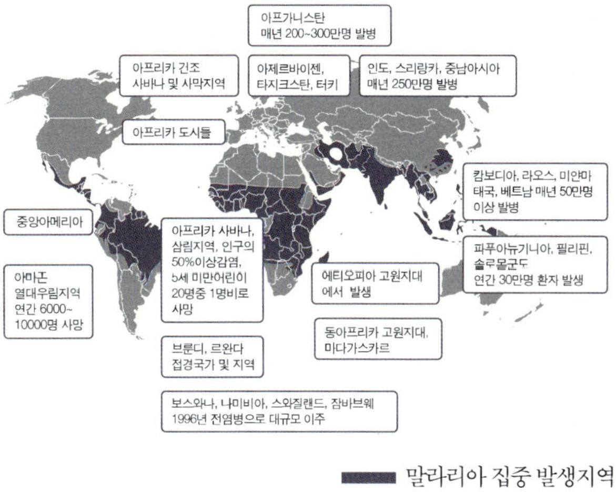

그림 18.19 말라리아 발생 지역

6) 온도 및 해수면 상승

지구온난화에 따른 해수면 상승은 수온 상승에 따른 해수의 열팽창, 빙하의 융해 및 그린란드와 남극 빙상의 융해 등으로 인해 지난 100년간 10~20cm 상승된 것으로 조사되었다. UNEP는 2014년부터 해마다 이산화탄소 배출량 간극 보고서를 발표하여 왔는데 2016년 보고서에서 2030년까지 전 세계 이산화탄소의 연간 배출량은 54~56Gt에 달할 것으로 예측되며, 이와 같은 추세대로라면 2100년에는 산업화이전보다 지구 온도가 2.9~3.4℃까지 증가할 것으로 예측하였다. 또한 해빙 속도가 가속화되고 온실가스 배출이 관리되지 않는다면 2100년에는 해수면이 90cm 이상 상승할 수 있을 것으로 추정된다. 이 경우 뉴욕, 런던, 상하이 같은 대도시들이 큰 타격을 받을 수 있으며, 만약 그린란드의 빙하가 거의 녹는다면 향후 몇 백 년 안에 해수면이 300cm까지 상승하고, 심지어 천년 후에는 600cm 이상 상승할 수 있으나 국제적으로 온실가스 배출을 제한하면 21세기말까지 해수면이 30cm 이상 상승되지 않도록 막을 수 있다고 하였다.

이러한 온도의 상승은 극도의 무더위와 홍수, 가뭄의 발생확률을 높이고, 해수면 상승은 해안에 거주하는 수많은 사람들에게 큰 위협이 될 것이다. 그러나 이산화탄소의 배출량 규제로 대기 중의 농도가 2100년에 538ppm에 도달할 경우 평균기온은 1.8℃, 해수면은 47cm 정도로 상승폭을 완화시킬 수 있을 것으로 전망된다.

또한 지구온난화로 인한 해수면 상승은 해양의 느린 반응 특성으로 인하여 성공적인 온실가스 감축을 통하여 지구온난화가 안정된다고 하더라도 수천 년 정도 계속될 것으로 예측된다.

해수면 상승은 저지대 및 습지의 범람, 연안해의 침식, 강이나 지하수로의 해수 유입, 강 수위 증가, 조석과 파동의 변화, 퇴적물의 변화 등을 유발하며 그 결과 인간 거주지, 자연생태계, 수자원 및 각종 산업시설에 영향을 미칠 것으로 예상되고 있다. 연안지역은 지구온난화로 인한 강수 및 태풍의 강도와 빈도 변화에도 영향을 받기 때문에 지구온난화와 기후변화의 가장 취약한 지대로 인식되고 있다. 세계적으로 연안지역은 인구 및 산업 활동이 집중되고 있는 곳이며 그 추세는 증가 일로에 있다.

해수면 상승이 사회기반시설 및 경제활동에 미치는 영향으로는 주요 사회기반시설(항구, 연안, 도로, 철도, 빌딩 등), 연안산업(석유 및 석유화학공장 등) 및 서비스(관광)에 대한 위협으로 토지 및 건물재산가치 하락과 해수면 상승 영향에 대한 보호비용 증대, 보험료의 증대, 정치적, 제도적 불안 및 사회동요 등을 유발할 수가 있으며 직접적인 영향을 받을 주민 및 국가가 겪을 정치적, 경제적, 제도적, 문화적 스트레스도 상당히 클 것으로 예상되고 있다. 현재 전 세계적으로 4천 6백만 명의 인구가 매년 폭풍, 해일 등에 의한 피해를 경험하고 있으며 해수면이 50cm 상승할 경우 이 숫자는 9천 2백만 명, 1m 상승할 경우 1억 1천 8백만 명으로 늘어나며, 해수면이 1m 상승할 경우 육지의 수몰에 의한 손실은 이집트의 경우 1%, 네덜란드 6%, 방글라데시 17.5%, 마셜군도는 약 80%에 달하며, 수천만 명의 주민이 거주지를 옮겨야 하고, 저지대 소형군도국가에서는 전 국토가 유실될 가능성이 있다. 일본의 경우 1m 해수면 상승에 대한 인프라시설의 유지 보호를 위하여 11조 5천 엔의 비용이 들며, 전 일본 연안을 보호하기 위한 비용은 20조엔 이상(1993년 기준)이 드는 것으로 추산하였다.

특히 인도네시아 자카르타지역은 현재 전체 면적의 40%가 해수면보다 낮은 상태로 매년 해수면이 1cm씩 상승하고 있어 80여 년 후 지금보다 90cm까지 상승할 것으로

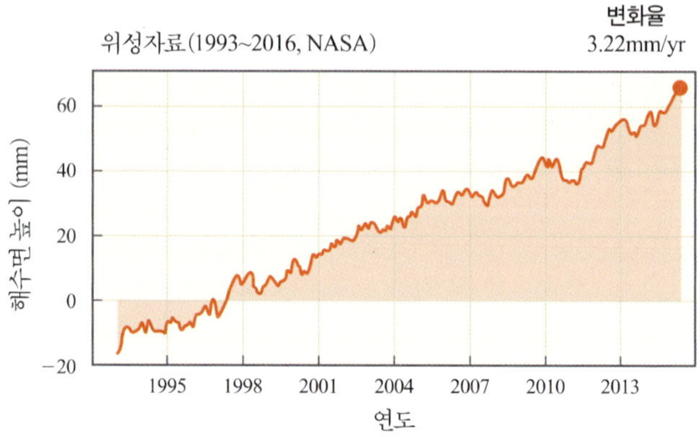

그림 18.20 해수면 상승

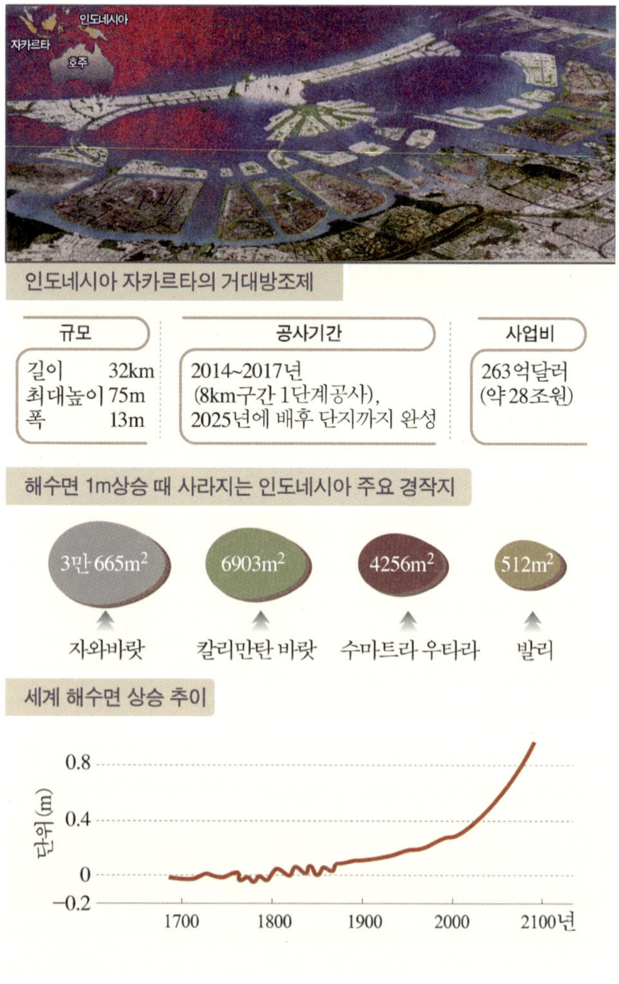

그림 18.21 해수면 상승으로 인한 인도네시아 방조제 사업

예측되고 있다. 영국의 BBC방송은 이미 인도네시아에서 24개의 섬이 해수면 상승으로 사라졌으며, 전문가들은 2050년까지 인도네시아의 1만 7,500개 섬 중 1,500개가 사라질 것으로 전망하고 있다. 이에 따라 인도네시아 정부는 2014년 10월부터 수도인 자카르타가 수몰되는 것을 막기 위해 약 28조원의 예산을 들여 높이 75m에 폭 13m인 방조제를 32 km나 건설하기 위한 공사를 시작하였다. 우리나라의 경우에도 서해안을 중심으로 백중사리, 태풍이나 폭풍 등에 의한 해일과 같은 기상재해에 의하여 이미 해수의 범람 및 해안 잠식, 지하수로의 해수 침입 등 상당한 피해를 주기적으로 경험하고 있다. 이와 같은 연안지역의 피해는 지구온난화로 인한 해수면 상승 및 태풍, 강수 변동 등의 중첩으로 훨씬 더 증가될 것으로 예상된다.

18.5 기후변화 대응을 위한 국제적 협약

지구온난화에 대한 국제사회의 공동 노력으로 1979년 개최된 제1차 국제기후총회에서 기후변화 문제의 심각성을 서로 공유하였고, 1988년 11월에는 UNEP와 세계기상기구(WMO : World Meteorological Organization)가 공동으로 기후변화 현상규명, 영향 및 대응전략 분석 등 광범위한 연구를 위해 국제 과학자 그룹인 '기후변화에 관한 정부 간 협의체(IPCC)'를 설립하여 3개의 분과에 전 세계 2,000여 명의 과학자가 참여하여 종합보고서를 작성하여 발표하게 되었다.

그 결과 IPCC의 1차 보고서는 1990년에 발표되어 국제기후변화협약(UNFCCC)의 설립에 크게 기여하였고, 1995년에 나온 2차 보고서는 기후변화를 과학적으로 기정사실화하였으며 교토의정서 채택기반을 마련하였다. 2001년의 3차 보고서는 기후변화가 지역에 따라 다른 모습으로 나타나며 가난한 열대국가일수록 기후변화의 영향에 취약함을 보여주었고, 2013년 9월 5차 보고서는 기후변화의 원인, 기후시스템과 최근 변화에 대한 이해와 미래의 기후전망 등을 포함한 내용을 발표하면서, 기후변화 위험도는 지금부터 수십 년 간의 온실가스 배출량에 따라 결정된다고 경고하였다.

현재 IPCC는 지구온난화문제에 관한 가장 권위 있는 기구로서 주기적으로 지구온난화의 실상을 밝히는 보고서를 제출하고 있다.

1) 기후변화 협약

(1) 배경

이산화탄소 등 지구 기온을 상승시키는 온실가스의 배출을 억제함으로써 지구온난화로 인한 해수면 상승, 생태계 파괴 등의 지구환경피해를 방지하기 위하여 1979년 2월 스위스 제네바에서 세계기상기구(WMO) 주관으로 제1차 세계기후회의가 개최되었으며, 여기에서 온실가스가 기후변화에 미치는 영향과 그 평가에 대한 논의가 진행되었다.

이와 같은 연구결과에 따라 선진국의 온실가스 배출량 감축 필요성이 제기되었고, 각국의 입장조정 및 실행을 도모하는 과학적인 기후변화 연구체제를 기반으로 하는 국제기구 및 협약의 필요성이 대두되었다. 이에 따라 1990년 12월 UN총회에서 기후변화에 관한 기본협약을 위한 '국가 간 협상위원회(INC : Intergovernmental Negotiating Committee)'가 설립되었다. 그리고 1992년 5월 제5차 위원회는 기후변화협약을 채택하였다.

(2) 채택 및 발효

유엔기후변화협약(UNFCCC : United Nations Framework Convention on Climate Change)은 1992년 6월 브라질의 리우환경회의에서 지구온난화에 따른 이상 기후현상을 예방하기 위한 목적으로 채택되어 당시 회의 참가국 178개국 중 우리나라를 포함한 154개국이 서명하였으며 1994년 3월 21일 공식 발효되었다. 이후 2016년 5월 기준으로 196개 국가와 EU를 포함하여 197개국이 당사국으로 가입하고 있다.

(3) 협약의 주요 내용

① **구성** : 전문과 26개 조항으로 구성

② **일반 의무사항** : 일반 의무사항은 선진, 개도국의 공통 의무사항으로 온실가스 배출 감축을 위한 국가전략을

자체적으로 수립·시행·공개할 의무, 온실가스 배출·흡수 현황 및 국가전략보고 의무 등으로 구성되었음.

③ **특별 의무사항** : 특별 의무사항은 온실가스 배출을 2000년까지 1990년 수준으로 감축해야 하는 부속서 I 국가의 의무와 개도국에 협약이행을 위한 재정 및 기술적 지원을 제공해야 하는 부속서 II국가의 의무로 구성되어있음.

(4) 협약의 기본원칙

① 공동의 차별화된 책임 및 능력에 입각한 의무부담의 원칙(온실가스 배출에 역사적인 책임이 있으며 기술·재정능력이 있는 선진국의 선도적 역할을 강조)

② 개발도상국의 특수사정 배려의 원칙

③ 기후변화의 예측, 방지를 위한 예방적 조치 시행원칙

④ 모든 국가의 지속가능한 성장의 보장원칙

2) 교토의정서

1995년 3월 독일 베를린에서 열린 제1차 당사국총회에서 부속서 I 국가의 의무 강화를 위하여 2000년 이후 선진국들의 온실가스 감축목표와 일정을 논의하기 위한 실무회의인 베를린 위임사항에 관한 특별그룹(AGBM : Ad Hoc Work Group on Berlin Mandate)을 설치하기로 하였고, 1996년 7월 스위스 제네바에서 열린 제2차 당사국총회에서는 베를린 위임사항에 관한 협상을 가속화하고 그 결과를 법적 구속력이 있는 문서로 채택하기로 하는 각료선언을

※ NF_3는 제2차 공약기간(2013~2020년)에 추가

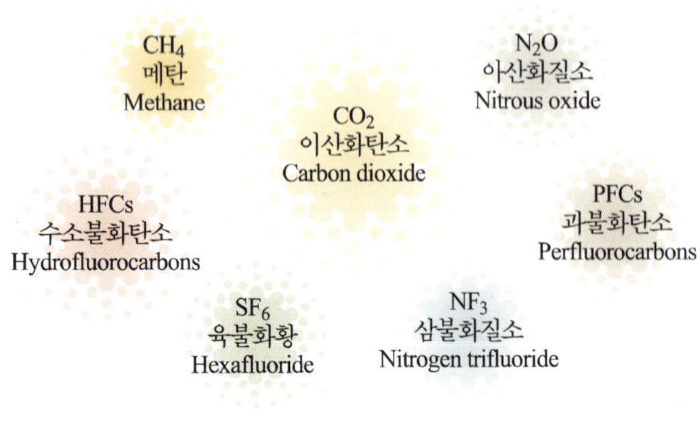

그림 18.22 감축대상 온실가스

채택하였다. 1997년 12월 일본 교토에서 개최된 제3차 당사국총회에서 최종 온실가스 감축에 관한 교토의정서를 채택하여 2005년 2월 16일부터 발효되었으며 당사국은 2016년 5월 기준으로 191개 국가와 EU를 포함하여 192개이다.

(1) 교토의정서 발효 조건

의정서의 발효는 협약 당사국 중 55개국 이상이 가입하고, 의정서에 가입한 부속서 I 국가의 1990년 이산화탄소 배출량의 55% 이상이 된 후 90일이 경과되어야 한다.

(2) 주요 내용

① 선진국(부속서 I 국가)의 구속력 있는 감축목표 설정 : 제1차 공약기간(2008~2012) 동안에 부속서 B국가 전체의 온실가스 배출량을 1990년도 대비 5.2% 감축

② 공동이행제도, 청정개발체제, 배출권거래제 등 시장원리에 입각한 새로운 온실가스 감축 수단의 도입

③ 국가 간 연합을 통한 공동 감축목표 달성 허용 등

표 18.2 교토의정서

기후변화협약의 부속서 I · II 국가 목록(알파벳 순서)	
부속서 I (42개국 +EEC)	호주, 오스트리아, 벨라루스, 벨기에, 불가리아, 캐나다, 크로아티아*, 키프로스*, 체코*, 덴마크, 유럽경제공동체(EEC, 현재 EU), 에스토니아, 핀란드, 프랑스, 독일, 그리스, 헝가리, 아이슬란드, 아일랜드, 이탈리아, 일본, 라트비아, 리히텐슈타인*, 리투아니아, 룩셈부르크, 말타*, 모나코*, 네덜란드, 뉴질랜드, 노르웨이, 폴란드, 포르투갈, 루마니아, 러시아, 슬로바키아*, 슬로베니아*, 스페인, 스웨덴, 스위스, 터키, 우크라이나, 영국, 미국 * 나중에 추가된 국가
부속서 II (23개국 +EEC)	호주, 오스트리아, 벨기에, 캐나다, 덴마크, 유럽경제공동체, 핀란드, 프랑스, 독일, 그리스, 아이슬란드, 아일랜드, 이탈리아, 일본, 룩셈부르크, 네덜란드, 뉴질랜드, 노르웨이, 포르투갈, 스페인, 스웨덴, 스위스, 영국, 미국 ※ 터키는 나중에 삭제

※ 1992년 당시 우리나라는 OECD 국가가 아니었기 때문에(1996년 가입) 비부속서 I 국가로 분류

(3) 교토 메커니즘

온실가스 감축 의무를 지는 당사국의 온실가스 감축 시 신축성을 허용하기 위하여 3개의 교토 메커니즘을 도입하였다. 이는 온실가스 감축 시 각국의 국내 수단에만 의존할 경우

동원할 수 있는 수단에는 한계가 있으므로 실천 단계에서 보다 유연한 방식을 적용할 수 있도록 하였다.

- **공동이행제도**(Joint Implementation) : 교토의정서 제6조에 규정된 것으로 선진국인 A국이 선진국인 B국에 투자하여 발생된 온실가스 감축분의 일정분을 A국의 배출 저감 실적으로 인정하는 제도
- **청정개발체제**(Clean Development Mechanism) : 교토의정서 제12조에 규정된 것으로 선진국인 A국이 개발도상국인 B국에 투자하여 발생된 온실가스 배출 감축 분을 자국의 감축 실적에 반영할 수 있도록 하는 제도
- **배출권거래제**(Emission Trading) : 교토의정서 제17조에 규정된 것으로 온실가스 감축 의무가 있는 국가에 배출쿼터를 부여한 후, 동 국가 간 배출 쿼터의 거래를 허용하는 제도

표 18.3 교토 메커니즘 요약

교토의정서에 도입된 시장 요소		
구분	조항	주요 내용
공동이행제도(JI)	제6조	부속서 I 국가(A국)가 다른 부속서 I 국가(B국)에 투자하여 온실가스 배출을 감축하면 그 가운데 일부를 A국의 감축으로 인정
청정개발제도(CDM)	제12조	부속서 I 국가(A국)가 비부속서 I 국가(C국)에 투자하여 온실가스 배출을 감축하면 그 가운데 일부를 A국의 감축으로 인정
배출권거래제(ET)	제17조	온실가스 감축 의무가 있는 국가들에 배출 할당량을 부여한 후, 해당 국가들이 서로 배출권을 거래할 수 있도록 허용

(4) 포스트 교토의정서와 평가

교토의정서의 제1차 공약기간이 2012년으로 끝나게 됨에 따라 2012년 이후(post 2012)에 대한 논의가 필요하게 되자, 2007년 제13차 당사국총회(인도네시아 발리)에서 2009년까지 구속력 있는 합의를 도출하는 것을 목표로 '발리행동계획(Bali Action Plan)'을 채택하였다. 이에 따라 국가들은 포스트 2012에 대한 협상을 시작하였다. 그러나 2009년 제15차 당사국총회(덴마크 코펜하겐)에서 감축 의무, 재원 등 주요 쟁점을 둘러싸고 국가들 간의 의견이 좁혀지지 않아 결국 협상이 결렬되고, '모든 국가가 감축 의무를 부담한다'는 내용의 코펜하겐 합의(Copenhagen Accord)만을 이루었으나 당사국총회에서는 채택하지 않았다. 이후 교토의정서의 제1차 공약만료 직전인 2012년 12월 제18차 당사국총회(카타르 도하)에서 '도하 개정문'을 채택함으로서 교토의정서의 제2차 공약기간을 2013~2020까지 연장하기로 하고, 그 기간 동안 온실가스 배출량을 평균 18% 감축하는 것을 내용으로 하는 개정문을 채택하였으나, 이 개정문이 발효되기 위해서는 교토의정서 당사국(192개국)의 3/4인 144개국의 비준이 필요한데, 2016년 5월까지 비준한 국가는 65개국에 불과하여 개정문의 효력이 없게 되었다. 그럼에도 불구하고 제1차 공약기간 동안 교토의정서 부속서 B국가들에 의한 온실가스 배출량 감축은 1990년도 대비 평균 22.6%로, 당초 목표이었던 평균 5.2%를 크게 초과하는 것이어서 매우 큰 성과를 거둔 것으로 평가되었다. 또한 전 세계적으로 128개국에서 약 8,000개에 달하는 청정개발제도(CDM) 사업을 수행한 덕분에, 개발도상국들은 온실가스 감축량을 선진국에 판매함으로서 95~135억 달러의 수익을 얻었고, 선진국 또한 CDM으로 35억 달러를 절약할 수 있었던 것으로 나타났다.

그러나 교토의정서 채택 시 최대 온실가스 배출국 중 하나였던 미국은 의정서 비준을 안 하였으며, 캐나다는 제1차 공약기간 후 탈퇴하였고, 일본, 러시아, 뉴질랜드는 탈퇴하지 않았지만 제2차 공약 기간에 참여하지 않겠다는 의사를 밝혔으며 중국, 인도처럼 온실가스를 많이 배출하는 국가는 개발도상국이라는 이유로 감축 의무가 없었던 것이 가장 큰 문제로 지적되었다. 제1차 공약 시작 전 중국의 온실가스 배출량은 전 세계 배출량의 21%로 19.9%인 미국보다 높았으며 이후 현재까지 세계 1위를 차지하고 있다. 제1차 공약기간 중 감축 의무 국가들의 온실가스 배출 비중은 22%에 불과하였다. 교토의정서의 제1차 공약기간의 만료에 따라 제2차 공약기간을 정하는 도하 개정문까지 오랜 시간이 걸렸고 또한 현재까지도 발효를 못하고 있는 점을 고려할 때, 모든 국가가 개별적인 온실가스 감축 목표를 정하여 공동으로 기후변화에 적극 대응하기란 매우 어려운 일이 아닐 수 없다. 따라서 이전과 다른 새로운 체제가 필요하다는 인식이 확산되면서 2011년 제17차 당사국총회(남아프리카 더반)에서 기후변화 방지를 위해 2020년 이후 적용될 새로운 체제를 설립할 것을 합의하고 이 협상을

2015년까지 완료하기로 하였는데 이 협상을 '더반플랫폼(Durban Platform for Enhanced Action)'이라고 하며, 이 협상을 위해 '더반 플랫폼에 관한 특별작업반(ADP : Ad Hoc Working Group on the Durban Platform for Enhanced Action)'이 구성되었다.

표 18.4 기후변화 대응을 위한 국제사회의 주요 노력

1992년 ▌유엔기후변화협약 채택(1994년 발효)
1992년 환경개발회의(UNCED)에서 서명을 시작한 기후변화협약은 형평성, 공통의 그러나 차별화된 책임과 개별 국가의 능력을 고려하여 선진국과 개발도상국에 다른 종류의 기후변화 대응 의무를 부과하였다.
※ 2016년 5월 현재, 196개국과 유럽연합(EU)이 당사국. 우리나라는 1993년 가입
1997년 ▌(COP3) 교토의정서 채택(2005년 발효)
기후변화협약을 구체적으로 이행하기 위하여 제3차 당사국총회가 채택한 교토의정서는 제1차 공약기간인 2008년에서 2012년까지 선진국의 온실가스 배출량을 1990년도 수준에 비하여 평균 5.2% 감축하도록 규정하고 있다.
※ 2016년 5월 현재, 191개국과 유럽연합(EU)이 당사국. 우리나라는 2002년 비준
2007년 ▌(COP13) 발리행동계획 채택
제13차 당사국총회는 발리행동계획을 채택하여 교토의정서 제1차 공약기간 이후에 적용될 합의문을 채택하기 위한 Post-2012 협상을 시작하였다.
2009년 ▌(COP15) 코펜하겐 총회에서 Post-2012 협상 결렬
Post-2012 협상 시한이었던 2009년 제15차 당사국총회에서 국가 간 의견 차이와 협상 과정상 문제로 협상이 결렬되어 기후체제에 위기를 초래하였다.
2011년 ▌(COP17) 더반 총회에서 교토의정서 공약기간 연장, 신기후체제 수립을 위한 Post-2020 협상 개시
제17차 당사국총회는 교토의정서 제2차 공약기간을 2013년부터 2020년까지로 정하였으며, 2015년 제21차 당사국총회를 협상 시한으로 설정하고 신기후체제를 위한 Post-2020 협상을 시작하였다.
※ 교토의정서 제2차 공약기간을 규정한 도하개정문은 2016년 5월까지도 발효되지 않음.
2015년 ▌(COP21) 신기후제제의 기반이 되는 파리협정 채택

표 18.5 교토의정서와 파리협정의 비교

교토의정서	구분	파리협정
온실가스 배출량 감축 (1차 : 5.2%, 2차 : 18%)	목표	2℃ 목표 1.5℃ 목표 달성 노력
주로 온실가스 감축에 초점	범위	온실가스 감축만이 아니라 적응, 재원, 기술이전, 역량배양, 투명성 등을 포괄
주로 선진국	감축 의무국가	모든 당사국
하향식	목표 설정방식	상향식
징벌적(미달성량의 1.3배를 다음 공약기간에 추가)	목표 불이행시 징벌 여부	비징벌적
특별한 언급 없음	목표 설정기준	진전원칙
공약기간에 종료 시점이 있어 지속가능한지 의문	지속가능성	종료 시점을 규정하지 않아 지속가능한 대응 가능
국가 중심	행위자	다양한 행위자의 참여 독려

3) 파리협정

더반 플랫폼에 따라 2012년부터 2015년까지 합의문 작성을 위한 15차례의 협상 끝에 2015년 12월 12일 제21차 당사국총회(파리)는 신 기후체계의 기반이 되는 '파리협정(Paris Agreement)'을 채택하였다. 파리협정은 기후변화에 대응하기 위하여 온실가스 배출량을 감축하는 것은 물론 이미 발생한 기후변화에 적응하는 것도 목표로 한다. 또한 지구의 평균온도 상승폭을 산업화 이전의 온도를 기준으로 '2℃보다 훨씬 작게'로 제한하고 1.5℃로 상승폭을 제한하도록 노력한다는 추가 합의사항을 협약서 내용에 명시하고 있다. 협약서에 1.5℃ 조항이 들어간 것은 2℃ 제한목표가 충분하지 않다는 몰디브, 쿠바, 자메이카, 싱가포르 등 44개 섬 국가동맹과 같은 기후변화 취약국들의 주장을 반영하였기 때문이다. 이러한 목표달성을 위해 선진국들은 개발도상국에 재원과 기술, 역량배양 등을 지원할 것을 별도로 규정하고 있으며, 신기후체제 구축을 위해 감축(mitigation), 적응(adaptation), 재원 (finance), 기술(technology), 역량배양(capacity-building), 투명성(transparency) 등 6개 분야를 설정하고 있다. 파리협정은 보다 더 많은 국가들의 참여를 유도하고 기후변화에 신속하게 대응하기 위해 각 당사국들이 스스로의 상황을 고려하여 자발적으로 온실가스 감축목표(NDC : Nationally Determined Contribution, 이 목표를 국가결정기여라고 하며 기후변화에 대응하기 위해 분야별로 당사국이 취할 노력을 스스로 결정하여 제출한 목표)를 정하여 제출할 것을 의무화하였으나 NDC내용에 대한 법적 구속력은 부여하지 않았다.

당사국들은 NDC를 달성하기 위해 국가정책을 시행하여야하고 주기적으로 새로운 NDC를 제출할 의무가 있으며, 법적 구속력이 없어도 NDC를 어기기는 어려울 것으로 보인다. 왜냐하면 국제사회와 여론으로부터의 비난 때문이기도 하겠지만 무역이나 국제관계에서의 보이지 않는 압력이 작용할 것으로 보이기 때문이다. 파리협정은 내용이 아니라 관련 절차에 일정한 구속력을 부여하여 당사국들이 목표를 달성토록 유도하고 있다.

2016년 4월 기준으로 189개국들이 NDC를 제출하였으며 이들 국가의 온실가스 총배출량은 2010년 세계 배출량의 95.7%에 해당하고, 전 세계 GDP에서 이들 국가들이 차지하는 비중은 99.7%이며, 인구비중은 98.7%(2010 기준)이다.

표 18.6 파리협정의 주요 조항별 내용

파리협정은 신기후체제에서 적용될 내용을 총 29개 조항에 담고 있다. 목표와 의무 등 주요 내용을 담고 있는 조항은 다음과 같다.

조 항	주요 내용
2조(목표)	산업화 이전 대비 온도 상승을 2℃ 이하로 유지하고 더 나아가 1.5℃까지 억제하기 위하여 노력
3조(총칙)	진전원칙으로 각 분야에 대한 NDC 제출
4조(감축)	세계적으로 조속하게 배출정점 달성 5년마다 NDC 제출 의무 / 이행은 국내에 맡김
5조(REDD+)	산림을 포함하여 온실가스 흡수원과 저장고 보전
6조(국제 탄소시장)	당사국들이 자발적으로 연계하여 온실가스 배출 감축량을 국제적으로 거래하는 것을 허용
7조(적응)	기후복원력을 높이고 기후변화에 대한 취약성을 감소시키기 위하여 적응 능력을 배양
8조(손실과 피해)	기후변화로 발생한 손실과 피해 문제의 중요성
9조(재원)	선진국은 선도적으로 개발도상국을 위한 재원을 조성・제공하고 다른 국가는 자발적으로 참여
10조(기술)	감축과 적응을 위하여 기술을 개발하고 개발한 기술을 이전하는 행위의 중요성 강조
11조(역량배양)	개발도상국의 역량을 배양하기 위하여 노력
13조(투명성)	감축・적응 행동 및 지원에 대하여 투명성 강화
14조(글로벌 이행점검)	5년 단위로, 세계적으로 이행을 점검
15조(이행・준수 메커니즘)	당사국이 파리협정을 이행하고 준수하도록 하기 위한 위원회를 설립하고 운영

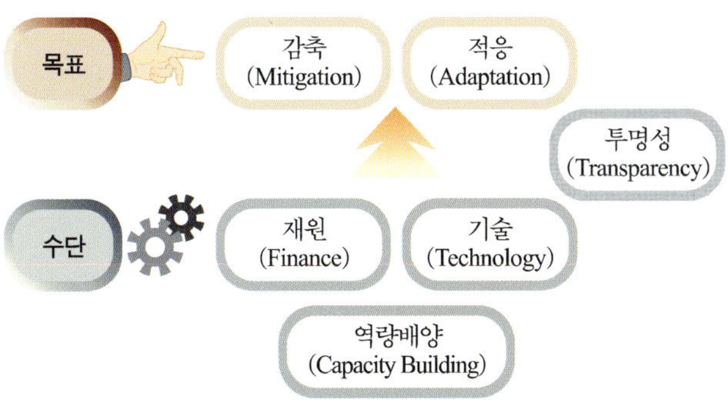

그림 18.23 파리협정의 주요 분야

표 18.7 주요 국가들의 NDC 내용

국가 명	감축 목표 (%)	목표 연도	기준 연도	목표 유형	국제 탄소시장
대한민국	37	2030	–	BAU	○
미국	26~28	2025	2005	절대량	×
중국	60~65	2030	2005	집약도	–
EU	40	2030	1990	절대량	×
러시아	25~30	2030	1990	절대량	×
일본	26	2030	2013	절대량	○
인도	33~35	2030	2005	집약도	○
캐나다	30	2030	2005	절대량	○
호주	26~28	2030	2005	절대량	–
멕시코	(無조건)25 (조건부)40	2030	–	BAU	○
스위스	50	2030	1990	절대량	○

출처 : UNFCCC INDC 포탈 재구성

- 목표 연도와 기준 연도
  - 목표 연도 : 2025년 혹은 2030년
  - 기준 연도 : 감축하는 국가가 기준 연도를 설정
- 목표 유형
  - 절대량 : 기준 연도 배출량에 대비하여 목표 설정
  - BAU : 목표 연도의 배출 전망치(Business As Usual, 온실가스를 감축하기 위한 조치를 취하지 않을 경우의 배출량 추정치)에 대비하여 목표 설정
  - 집약도 : 국내총생산(GDP, Gross Domestic Product) 1단위당 온실가스 배출량(배출량/GDP)을 기준으로 목표 설정
- 국제 탄소시장
  - ○ : 감축 목표를 달성하기 위하여 국제 탄소시장 활용(예정)
  - × : 감축 목표를 달성하기 위하여 국제 탄소시장 활용 안 함.
  - – : 감축 목표를 달성하기 위하여 국제 탄소시장 활용 여부 언급 없음.

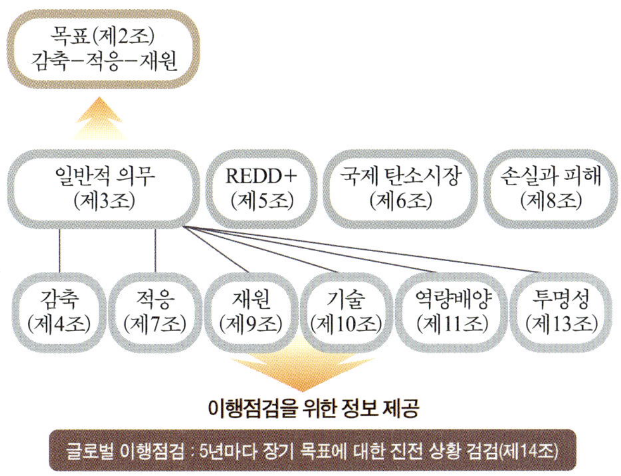

그림 18.24 파리협정 주요 조항들의 상호관계

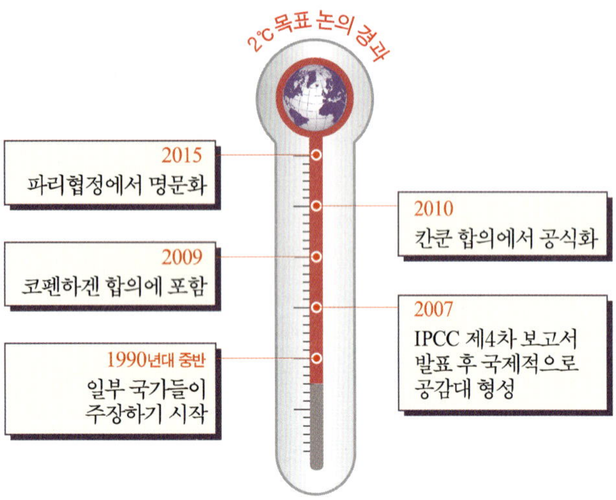

그림 18.25 파리협정의 목표

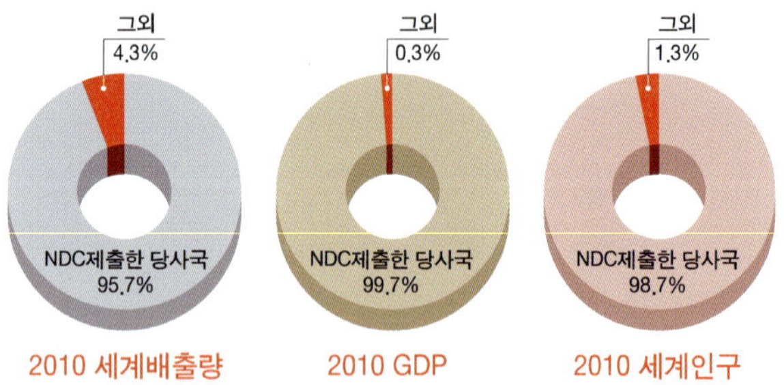

그림 18.26 NDC 제출국가들의 온실가스 비중

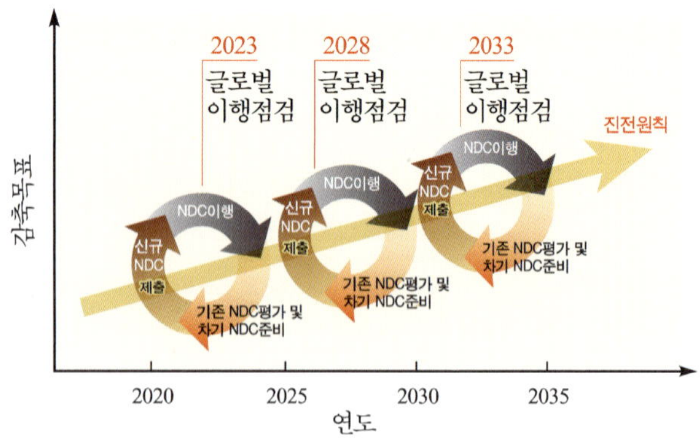

그림 18.27 파리협정의 온실가스 감축계획

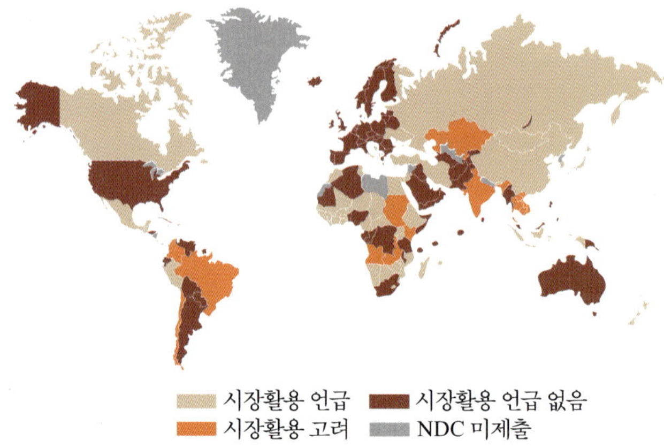

그림 18.28 NDC에 국제탄소시장 활용 의사를 밝힌 국가 현황

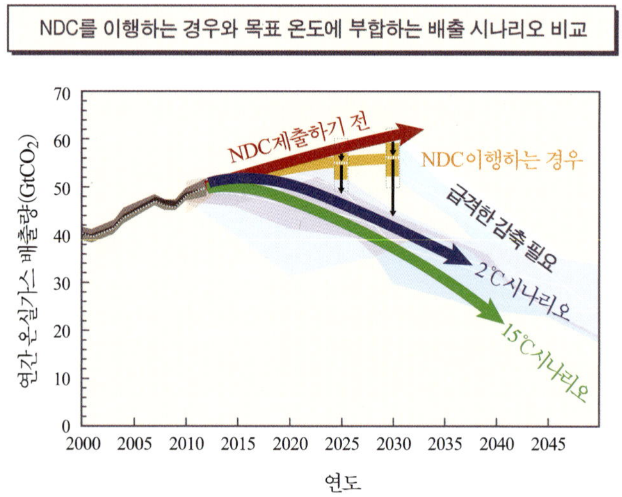

그림 18.29 NDC 이행과 목표온도 달성을 위한 시나리오

EXERCISE

1. 최근 10년 동안 엘니뇨의 발생에 대하여 조사하라.
2. 세계의 기상이변에 대하여 조사하라.
3. 한반도의 최근 30년간 기후변화를 조사하라.
4. 기후변화로 인해 생태계에 나타나는 영향을 조사하라.
5. 세계 사막화에 대하여 조사하라.
6. 저탄소 녹색성장을 위한 우리나라의 정책을 조사하라.
7. 기후변화로 인한 우리나라 연근해 어종의 변화를 조사하라.
8. 교토의정서의 조문별 주요 내용에 대하여 조사하라.
9. 탄소배출권 거래제도에 대하여 설명하라.
10. 자신의 하루 생활을 탄소발자국으로 나타내어라.

CHAPTER
19

환경영향평가

CHAPTER

19 환경영향평가

19.1 환경영향평가제도의 의의와 역사

현대 산업사회 이후 자정능력(환경용량)을 초과하는 과도한 오염물질의 배출은 환경오염이 관리 또는 해결하여야 하는 사회문제로 인식되는 계기가 되었다. 특히 오염된 환경은 복구에 상당한 경제적 비용과 시간이 요구될 뿐만 아니라 한번 훼손되면 원상회복이 거의 불가능하기 때문에 오염물질의 정화나 훼손된 자연환경의 복구라는 사후관리수단보다는 오염물질의 발생과 환경파괴를 예방하는 사전관리적 수단의 중요성이 크게 부각되고 있다.

환경영향평가는 이러한 환경파괴나 오염에 대한 사전 예방적 수단으로서 개발 사업에 대한 계획을 수립·시행함에 있어 해당사업의 경제성과 기술성뿐만 아니라 환경성까지 종합적으로 고려하여 환경적으로 건전하고 지속가능한 사업계획안을 모색하는 과정이자 계획기법이라 할 수 있다. 즉, 과거에는 사업의 경제성과 기술성에 주안점을 두고 개발사업계획을 결정하였다면, 환경오염의 심화로 경제성과 기술성외에 환경보전을 주요 인자로 하여 사업계획의 합목적성을 평가하여야 한다는 견해가 대두되었고 이에 따라 환경영향평가 제도가 도입되었다.

환경영향평가제도란 환경에 중대한 영향을 초래할 수 있는 정책이나 계획 및 개발사업 등의 시행으로 인한 환경상의 부정적인 영향을 미리 예측·분석하고 이에 대한 저감 방안을 강구하는 것으로 계획과정의 일환이며, 의사결정을 지원하는 사회적 절차로서, 1969년 미국의 국가환경정책법(NEPA : National Environmental Policy Act)에서 처음 도입되었으며, 현재 전 세계 100여개 국가에서 시행 중에 있다.

유엔환경계획(UNEP ; United Nations Environment Program)에서는 '환경영향평가의 목표와 원칙'이라는 결정문서에서 '환경영향평가는 환경적으로 건전하고 지속가능한 개발을 보장하는 관점에서 개발행위에 있어 계획된 대상사업에 의해 환경에 미치는 영향을 조사·분석·평가하는 것을 의미한다'고 정의하였다. 일반적으로 환경영향평가 과정은 크게 평가대상과 형태를 설정하고 대안을 모색하기 위한 스크리닝과 스코핑과정, 현상을 분석하고 예측 및 평가를 하는 예측·평가과정, 저감방안을 설정하고 대안을 평가하는 분석 및 적정대안 추천과정 등으로 이루어진다.

우리나라에서의 환경영향평가제도는 1977년 제정된 환경보전법에서 행정기관이 시행하는 도시개발, 산업입지의 조성, 에너지 개발 등에 대한 협의근거를 마련함으로써 처음 도입되었다. 그러나 구체적인 시행지침이 마련되지 않아 상당기간 실제적으로 시행되지 못하다가 1981년 2월 '환경영향평가서 작성에 관한 규정(환경청고시 제81-4호)'이 제정됨에 따라 본격적으로 실시되기 시작하였다. 이후 환경보전법의 개정을 통해 행정기관뿐만 아니라 공공단체, 정부투자기관 및 민간이 시행하는 사업까지 평가대상 사업이 크게 확대되었다.

1990년 환경청의 환경처 승격으로 환경법체계가 개편되면서 환경영향평가에 관한 사항을 환경정책기본법에 규정하였고 주민의견수렴 및 사후관리제도가 도입되었다. 이후 1993년 단일법으로 환경영향평가법이 제정되어 시행되다가 2001년 환경·교통·재해 등에 관한 영향평가법으로 통합 운영되기도 하였으나, 2011년 환경정책기본법과 환경영향평가법으로 이원화된 환경영향평가 관련 제도를 일원화하고 주민의견 수렴절차를 강화하는 등 환경영향평가제도에 대한 신뢰성을 제고하기 위한 방향으로 환경영향평가법이 전면 개정되어 현재의 환경영향평가제도의 틀을 마련하였다. 이에 따라 우리나라 환경영향평가제도는 행정계획 단계에서의 전략환경영향평가(SEIA : Strategic Environmental Impact Assessment)와 개발계획단계에서의 소규모환경영향평가 및 환경영향평가(EIA : Environmental Impact Assessment)제도로 구분되어 있으며, 환경영향평가에 대한 협의내용 관리제도의 하나로 사후환경영향제도를 운영하고 있다. 이후 환경영향평가사제도의 신설, 자연생태환경 분야의 평가를 전문으로 하는 제2종 환경영향평가업의 도입, 환경영향평가 등 대상의 확대 및 조정과 전문가 또는 전문기관의 의견을 듣거나 현지조사를 통한 사후환경영향조사의 결과 및 조치내용 검토 등 여러 가지 제도의 개선을 통해 현재의 환경영향평가제도에 이르고 있다.

이와 같은 여러 가지 환경영향평가 제도에 대한 진행 절차는 그림 19.1과 같다.

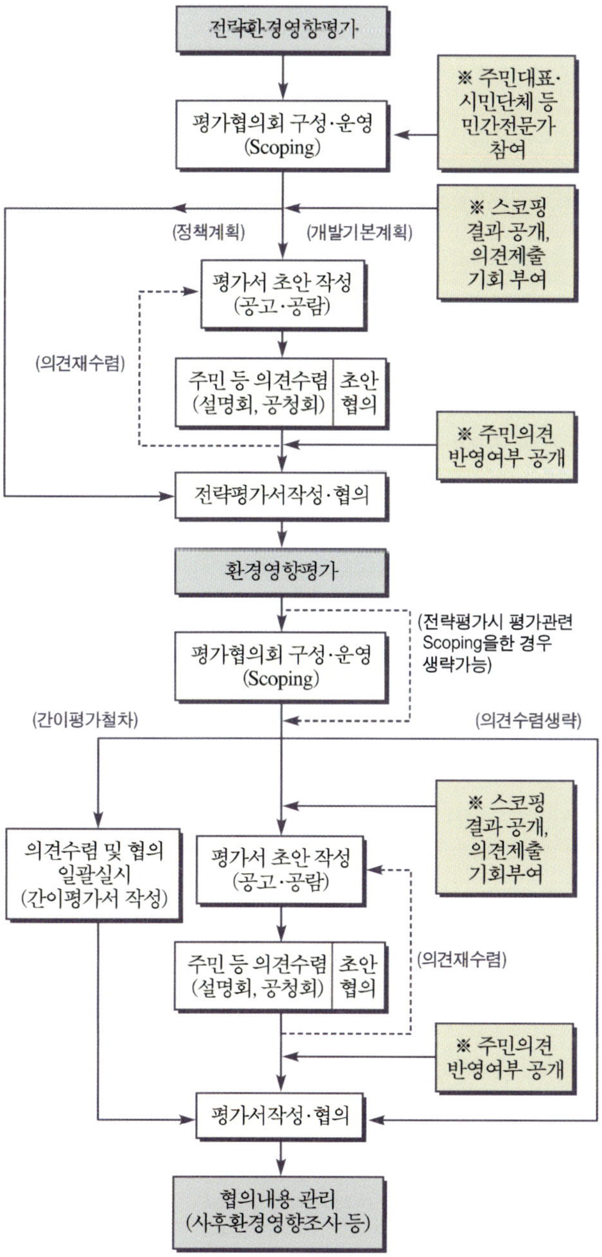

그림 19.1 우리나라 환경영향평가 진행 절차

19.2 전략 환경영향평가제도

1) 제도의 의의

전략 환경영향평가는 개발사업에 선행되는 상위단계의 정책(Policy), 계획(Plan), 프로그램(Program) 수립 시 경제적, 사회적 영향과 함께 환경적 영향을 통합 고려하여 지속가능한 발전을 이루는 체계적 의사결정의 지원수단으로서 도입되있으며, 환경영향평가법(제2조)에서는 전략 환경영향평가를 '환경에 영향을 미치는 상위계획을 수립할 때, 환경보전계획과의 부합여부 확인 및 대안의 설정 · 분석 등을 통하여 환경적 측면에서 해당 계획의 적정성 및 입지의 타당성 등을 검토하여 국토의 지속가능한 발전을 도모하는 것을 말한다'고 정의하고 있다.

우리나라에서 전략 환경영향평가를 도입한 것은 환경영향평가제도가 보통 사업계획이 확정된 이후 시행단계에서 이루어지기 때문에 계획의 변경이나 취소가 어렵다는 문제가 있어 1993년 1월 '행정계획 및 사업의 환경성검토에 관한 규정'이라는 총리훈령(제270호)에 근거하여 공공기관에서 추진하는 행정계획을 대상으로 사전협의제도를 도입한 것이 시초이다. 이후 1999년 12월 환경정책기본법을 개정하면서 사전환경성 검토의 근거를 마련하게 되었고, 2005년과 2006년 동법과 동법 시행령을 개정하면서 환경상의 영향을 미치는 행정계획의 수립 시 대안의 설정과 분석 등을 통하여 계획의 적정성과 입지의 타당성 등을 검토하기 위한 전략 환경평가체계로 개선하여 시행되었으며, 2011년 환경정책기본법에 따라 시행되던 사전환경성검토제도를 환경영향평가법에 도입하여 전략 환경영향평가와 소규모 환경영향평가로 구분하여 2012년 7월부터 시행해오고 있다.

전략 환경영향평가제도는 첫째, 환경에 영향을 미치는 행정계획 또는 개발 사업이 확정 · 시행되기 전에 환경적 영향을 고려함으로써 지속가능한 계획의 수립 또는 사업이 추진될 수 있도록 하는 지속가능한 개발이념의 실현기능과 둘째, 상위 기본계획에 대하여 입지의 타당성, 주변 환경과의 조화 여부 등을 검토함으로써 환경 친화적인 합리적 대안을 모색할 수 있도록 하는 기능, 그리고, 환경영향평가과정에서 쟁점이 되고 있는 입지의 타당성, 토지 이용계획의 적정성 등을 사전에 미리 스크린 함으로써 환경영향평가의 협의기간을 단축하고 효율성을 높이는 기능과 역할을 하고 있다고 할 수 있다.

2) 평가 대상 계획

전략 환경영향평가의 대상이 되는 계획은 계획의 성격 등을 고려하여 정책계획과 개발기본계획으로 구분할 수 있는데, 정책계획은 국토의 전 지역이나 일부 지역을 대상으로 개발 및 보전 등에 관한 기본방향이나 지침 등을 일반적으로 제시하는 계획이며, 개발기본계획은 국토의 일부지역을 대상으로 구체적인 개발구역의 지정에 관한 계획

표 19.1 전략 환경영향평가 대상이 되는 정책계획의 종류

구 분	전략 환경영향평가대상 정책행정계획의 종류
도시의 개발	「수도권 대기환경개선에 관한 특별법」 제8조 제1항에 따른 수도권 대기환경관리 기본계획
	「실내공기질 관리법」 제4조의3 제1항에 따른 실내 공기질 관리 기본계획
항만의 건설	「연안관리법」 제6조 제1항에 따른 연안통합관리계획
	「연안관리법」 제21조 제1항에 따른 연안정비 기본계획
도로의 건설	「국가통합교통체계효율화법」 제22조 제1항에 따른 도로정비 기본계획
	「대도시권 광역교통 관리에 대한 특별법」 제3조 제1항에 따른 대도시권 광역교통 기본계획
	「물의 재이용 촉진 및 지원에 관한 법률」 제5조 제1항에 따른 물 재이용 기본계획
수자원의 개발	「수질 및 수생태계 보전에 관한 법률」 제24조 제1항에 따른 대권역 수질 및 수생태계 보전계획
	「지하수법」 제6조 제1항에 따른 지하수 관리 기본계획
	「하수도법」 제4조의2 제1항에 따른 유역하수도정비계획
	「하천법」 제23조 제1항에 따른 수자원장기종합계획
	「한강수계 상수원수질개선 및 주민지원 등에 관한 법률」 제4조의2 제1항에 따른 수변구역관리 기본계획
	「낙동강수계 물 관리 및 주민지원 등에 관한 법률」 제4조의2 제1항에 따른 수변구역관리 기본계획
	「금강수계 물 관리 및 주민지원 등에 관한 법률」 제4조의2 제1항에 따른 수변구역관리 기본계획
	「영산강 · 섬진강수계 물 관리 및 주민지원 등에 관한 법률」 제4조의2 제1항에 따른 수변구역관리 기본계획
관광단지의 개발	「관광진흥법」 제49조 제1항에 따른 관광개발 기본계획
	「관광진흥법」 제49조 제2항에 따른 권역별 관광개발계획
	「온천법」 제3조의2에 따른 온천발전종합계획
	「도시공원 및 녹지 등에 관한 법률」 제5조 제1항에 따른 공원녹지 기본계획
	「자연환경보전법」 제14조에 따른 생태 · 경관보전지역관리 기본계획
	「자연환경보전법」 제15조에 따른 시 · 도 생태 · 생태보전지역관리계획
산지의 개발	「사방사업법」 제3조의2에 따른 사방사업 기본계획
	「산림기본법」 제11조에 따른 산림 기본계획
	「산림문화 · 휴양에 관한 법률」 제4조에 따른 산림문화 · 휴양 기본계획
	「임업 및 산촌 진흥촉진에 관한 법률」 제23조에 따른 산촌진흥 기본계획
	「산림자원의 조성 및 관리에 관한 법률」 제9조 제5항에 따라 수립되는 전국임도 기본계획
	「산림복지 진흥에 관한 법률」 제5조에 따른 산림복지진흥계획
특정지역의 개발	「농어촌정비법」 제4조에 따른 농어촌 정비 종합계획
	「농어촌정비법」 제7조에 따른 농업생산기반 정비계획
	「지역 개발 및 지원에 관한 법률」 제7조에 따른 지역개발계획
폐기물·분뇨·가축분뇨 처리시설 설치	「폐기물관리법」 제9조에 따른 폐기물처리 기본계획
	「가축분뇨의 관리 및 이용에 관한 법률」 제5조에 따른 가축분뇨관리 기본계획

이거나 개별 법령에서 실시계획 등을 수립하기 전에 수립하도록 하는 계획으로서 실시계획 등의 기준이 되는 계획을 말한다. 이를 구체적으로 살펴보면 국가기간교통망계획 등 8개 분야 32개의 계획이 전략 환경영향평가 대상이 되는 정책계획이며, 도시·군관리계획 등 16개 분야 83개의 계획이 전략 환경영향평가서를 작성하여 환경부와 협의를 해야 하는 개발기본계획에 해당한다. 한편, 전략 환경영향평가 대상계획을 수립하려는 행정기관의 장은 해당계획이 입지 등 구체적인 사항을 정하고 있지 않거나 정량적인 평가가 불가능한 경우 등에는 평가항목·범위·방법 등에 관한 사항을 간략하게 하는 약식전략 환경영향평가를 실시할 수 있다.

현행 환경영향평가법 시행령에서 규정하고 있는 구체적인 전략 환경영향평가 대상사업은 표 19.1과 표 19.2와 같으며, 약식전략 환경영향평가 대상사업은 표 19.3과 표 19.4와 같다. 다만, 국방부장관이 군사상 고도의 기밀보호가 필요하거나 군사작전의 긴급한 수행을 위하여 필요하다고 인정하여 환경부장관과 협의한 계획이나 국가정보원장이 국가안보를 위하여 고도의 기밀보호가 필요하다고 인정하여 환경부장관과 협의한 계획에 한해서는 전략 환경영향평가를 실시하지 아니할 수 있다.

표 19.2 **전략 환경영향평가 대상이 되는 개발기본계획의 종류**

구 분	전략 환경영향평가 대상 개발기본계획의 종류
도시의 개발	「건설기술 진흥법 시행령」 제81조에 따라 국가 또는 지방자치단체가 타당성조사를 실시하는 총공사비 500억 원 이상의 건설공사계획(도로건설공사는 고속국도건설공사로 한정)
	「공공기관 지방 이전에 따른 혁신도시 건설 및 지원에 관한 특별법」 제6조에 따른 혁신도시개발예정지구의 지정
	「국토의 계획 및 이용에 관한 법률」 제2조 제4호에 따른 도시·군 관리계획
	「도시개발법」 제3조 및 제4조에 따른 도시개발구역의 지정 및 개발계획(환경영향평가대상사업규모 이상인 경우)
	「도시재정비 촉진을 위한 특별법」 제5조에 따른 재정비촉진지구의 지정(대상지역이 도시지역외의 지역인 경우)
	「도시재정비 촉진을 위한 특별법」 제9조에 따른 재정비촉진계획(대상지역이 도시지역외의 지역인 경우로 한정)
	「도시 및 주거환경정비법」 제3조 제1항에 따른 도시·주거환경정비 기본계획
	「도시 및 주거환경정비법」 제4조에 따른 정비계획의 수립 및 정비구역의 지정(환경영향평가대상사업규모 이상인 경우)
	「물류시설의 개발 및 운영에 관한 법률」 제22조에 따른 일반물류단지개발계획 및 일반물류단지의 지정 또는 같은 법 제22조의 2에 따른 도시첨단물류단지개발계획 및 도시첨단물류단지의 지정
	「공공주택건설 등에 관한 특별법」 제6조에 따른 공공주택지구의 지정
	「사회기반시설에 대한 민간투자법」 제9조에 따른 민간부문 제안사업 및 같은 법 제10조에 따른 민간투자시설사업 기본계획
	「역세권의 개발 및 이용에 관한 법률」 제4조 및 제7조에 따른 역세권개발구역의 지정 및 사업계획
	「유통산업발전법」 제34조에 따른 공동집배송센터 개발촉진지구의 지정
	「택지개발촉진법」 제3조 및 제8조에 따른 택지개발지구의 지정 및 택지개발계획
	「민간임대주택에 관한 특별법」 제22조에 따른 기업형 임대주택 공급촉진지구의 지정
산업입지·산업단지 조성	「국토의 계획 및 이용에 관한 법률 시행령」에 따른 공장의 건축이 가능한 지역의 지정
	「문화산업진흥 기본법」에 따른 문화산업진흥지구의 지정
	「산업입지 및 개발에 관한 법률」에 따른 국가산업단지의 지정, 일반산업단지의 지정, 도시첨단산업단지의 지정, 농공단지의 지정, 재생사업지구 지정을 위한 재생계획
	「산업집적활성화 및 공장설립에 관한 법률」에 따른 유치지역의 지정
	「외국인투자 촉진법」에 따른 외국인 투자지역의 지정(이미 개발된 산업단지, 개별 공장부지에 지정하는 경우 제외)
	「중소기업진흥에 관한 법률」에 따른 단지조성사업이 포함된 협동화실천계획
에너지 개발	「전원개발촉진법」에 따른 전원개발사업 예정구역의 지정
항만의 건설	「신항만건설촉진법」에 따른 신항만건설 예정지역의 지정
	「어촌·어항법」에 따른 어촌종합개발사업계획, 어항의 지정
	「항만법」에 따른 항만 기본계획, 항만재개발사업계획
	「마리나항만의 조성 및 관리 등에 관한 법률」 제8조에 따른 사업계획

표 19.2 **전략 환경영향평가 대상이 되는 개발기본계획의 종류(계속)**

구 분	전략 환경영향평가 대상 개발기본계획의 종류
도로의 건설	「농어촌도로 정비법」 제6조에 따른 도로 기본계획
	「도로법」 제2조 제1호 및 「국토의 계획 및 이용에 관한 법률」 제2조 제13호에 따른 도로(고속도로 제외)의 건설공사계획
	「도시교통정비 촉진법」 제5조 제1항에 따른 도시교통정비 기본계획
수자원의 개발	「댐건설 및 주변지역지원 등에 관한 법률」 제7조에 따른 댐건설 기본계획
철도의 건설	「도시철도법」 제6조 제1항에 따른 노선별 도시철도 기본계획
	「철도건설법」 제7조에 따른 사업별 철도건설 기본계획
공항의 건설	「수도권신공항건설 촉진법」 제4조에 따른 신공항건설에 관한 기본계획
	「항공법」 제89조 제2항에 따른 공항개발 기본계획
하천의 이용 및 개발	「소하천정비법」 제6조에 따른 소하천정비종합계획
	「하천법」 제25조에 따른 하천 기본계획
개간・공유수면 매립	「공유수면 관리 및 매립에 관한 법률」 제22조에 따른 공유수면매립 기본계획
관광단지의 개발	「관광진흥법」 제52조에 따른 관광지등의 지정
	「온천법」에 따른 온천보호구역의 지정, 온천개발계획
	「자연공원법」에 따른 국립공원에 관한 공원계획의 결정, 도립공원계획의 결정, 군립공원계획의 결정
산지의 개발	「임업 및 산촌 진흥촉진에 관한 법률」에 따른 임업진흥계획, 산촌개발사업계획
	「장사 등에 관한 법률」 제5조 제2항에 따른 묘지 등의 수급 중・장기계획
	「산림복지 진흥에 관한 법률」 제33조에 따른 산림복지단지조성계획
특정지역의 개발	「경제자유구역의 지정 및 운영에 관한 특별법」에 따른 경제자유구역개발계획 및 경제자유구역의 지정
	「농어촌정비법」에 따른 농업생산기반 정비사업 기본계획, 생활환경 정비계획, 한계농지 등 정비지구의 지정, 마을정비구역의 지정
	「연구개발특구의 육성에 관한 특별법」에 따른 특구의 지정, 특구개발계획, 특구관리계획
	「도서개발촉진법」에 따른 개발대상도서의 지정 및 같은 법 제6조에 따른 사업계획
	「석탄산업법」에 따른 탄광지역진흥사업 추진대상지역의 지정 또는 탄광지역진흥사업계획
	「지역개발 및 지원에 관한 법률」에 따른 지역개발사업구역의 지정
	「신행정수도 후속대책을 위한 연기・공주지역 행정중심복합도시 건설을 위한 특별법」 제20조에 따른 개발계획
	「주한미군기지 이전에 따른 평택시 등의 지원 등에 관한 특별법」에 따른 국제화계획지구의 지정
	「지역특화발전특구에 대한 규제특례법」에 따른 특구의 지정 및 특구계획
	「제주특별자치도 설치 및 국제자유도시 조성을 위한 특별법」에 따른 광역시설 계획
	「친수구역 활용에 관한 특별법」에 따른 친수구역의 지정 또는 사업계획 수립(친수구역조성사업에 직접 관련되는 사업 포함)
	「폐광지역 개발 지원에 관한 특별법」에 따른 폐광지역 환경보전계획
	「기업도시개발 특별법」에 따른 개발구역의 지정, 기업도시 개발계획
	「새만금사업 추진 및 지원에 관한 특별법」 제7조 제1항에 따른 광역기반시설 설치계획
	「공공기관 지방이전에 따른 혁신도시 건설 및 지원에 관한 특별법」 제11조 제1항에 따른 혁신도시 개발계획
	「도청이전을 위한 도시건설 및 지원에 관한 특별법」 제13조 제1항에 따른 도청이전 신도시 개발계획
	「동・서・남해안 및 내륙권 발전 특별법」 제7조 제1항에 따른 개발구역 지정
	「접경지역 지원 특별법」 제17조 제1항에 따른 접경특화 발전지구 지정
체육시설의 설치	「청소년활동 진흥법」에 따른 청소년수련지구의 지정
폐기물・분뇨・가축분뇨 처리시설의 설치	「폐기물처리시설 설치촉진 및 주변지역지원 등에 관한 법률」에 따른 폐기물처리시설의 입지 선정
	「건설폐기물의 재활용촉진에 관한 법률」에 따른 재활용 기본계획
	「자원의 절약과 재활용촉진에 관한 법률」에 따른 자원순환 기본계획
	「수질 및 수생태계 보전에 관한 법률」 제49조 제1항에 따른 폐수종말처리시설 기본계획
국방・군사시설의 설치	「국방・군사시설사업에 관한 법률」에 따른 국방・군사시설 사업계획
	「군사기지 및 군사시설 보호법」에 따른 보호구역 등의 지정

표 19.3 약식전략 환경영향평가 대상이 되는 정책계획의 종류

구 분	전략 환경영향평가 대상 정책행정계획의 종류
항만의 건설	「연안관리법」 제6조 제1항에 따른 연안통합관리계획
도로의 건설	「국가통합교통체계효율화법」 제4조 제1항에 따른 국가기간교통망계획
	「대도시권 광역교통관리에 대한 특별법」 제3조 제1항에 따른 대도시권 광역교통 기본계획
소자원의 개발	「지하수법」 제6조 제1항에 따른 지하수관리 기본계획
	「하천법」 제23조 제1항에 따른 수자원장기종합계획
관광단지의 개발	「도시공원 및 녹지 등에 관한 법률」 제5조 제1항에 따른 공원녹지 기본계획

표 19.4 약식전략 환경영향평가 대상이 되는 개발기본계획의 종류

구 분	전략 환경영향평가 대상 개발기본계획의 종류
도시의 개발	「도시 및 주거환경정비법」 제3조 제1항에 따른 도시 · 주거환경정비 기본계획
도로의 건설	「도시교통정비 촉진법」 제5조 제1항에 따른 도시교통정비 기본계획

3) 평가서 작성 주체와 내용

환경영향평가법 제9조 및 제12조 등에 의하면 '전략 환경영향평가 대상이 되는 계획을 수립하려는 행정기관의 장은 전략 환경영향평가를 실시하여야 한다'라거나 '개발기본계획을 수립하는 행정기관의 장은 전략 환경영향평가시 초안을 작성한 후 주민 등의 의견을 수렴하여야 한다'고 규정하고 있어 전략 환경영향평가 실시 및 평가서 작성 주체가 계획을 수립하는 행정기관의 장임을 명시하고 있다. 다만 동법 제11조 제2항이나 제12조 등에서 '행정기관 외의 자가 제안하여 수립되는 전략 환경영향평가 대상계획의 경우에는 전략 환경영향평가 대상계획을 제안하는 자가 평가 준비서를 작성하여 전략 환경영향평가 대상계획을 수립하는 행정기관의 장에게 전략 환경영향평가 항목 등을 결정하여 줄 것을 요청하여야 한다'라거나 '행정기관외의 자가 제안하여 수립되는 개발기본계획의 경우에는 개발기본계획을 제안하는 자가 전략 환경영향평가서 초안을 작성하여 개발기본계획을 수립하는 행정기관의 장에게 제출하여야 한다'고 규정하고 있어 행정기관외의 자라도 개발기본계획을 제안하는 경우 전략 환경영향평가서는 개발기본계획을 제안하는 자가 작성하도록 규정하고 있다.

전략 환경영향평가서에서 기술하여야하는 세부평가항목들은 전략 환경영향평가 대상계획이 정책계획이냐 개발기본계획이냐에 따라 그 내용이 달라지며, 정책계획의 경우에는 국가 환경정책이나 국제환경 동향 · 협약 · 규범 등

표 19.5 전략 환경영향평가의 분야별 세부 평가항목

가. 정책계획
1) 환경보전계획과의 부합성 가) 국가 환경정책 나) 국제환경 동향 · 협약 · 규범 2) 계획의 연계성 · 일관성 가) 상위 계획 및 관련 계획과의 연계성 나) 계획목표와 내용과의 일관성 3) 계획의 적정성 · 지속성 가) 공간계획의 적정성 나) 수요 공급 규모의 적정성 다) 환경용량의 지속성
나. 개발기본계획
1) 계획의 적정성 가) 상위계획 및 관련 계획과의 연계성 나) 대안 설정 · 분석의 적정성 2) 입지의 타당성 가) 자연환경의 보전 (1) 생물다양성 · 서식지 보전 (2) 지형 및 생태축의 보전 (3) 주변 자연경관에 미치는 영향 (4) 수환경의 보전 나) 생활환경의 안정성 (1) 환경기준 부합성 (2) 환경기초시설의 적정성 (3) 자원 · 에너지 순환의 효율성 다) 사회 · 경제 환경과의 조화성 : 환경친화적 토지이용

환경보전계획과의 부합성, 상위계획 및 관련 계획과의 연계성과 계획목표와 내용과의 일관성 등 계획의 연계성·일관성, 그리고 공간계획의 적정성, 수요·공급규모의 적정성과 환경용량의 지속성 등 계획의 적정성·지속성 등을 평가하게 된다. 한편, 개발기본계획의 경우에는 상위계획 및 관련 계획과의 연계성이나 대안설정·분석의 적정성 등 계획의 적정성과 함께 자연환경의 보전과 생활환경의 안정성, 환경친화적 토지이용 등을 살펴보는 사회·경제환경과의 조화성 등 입지의 타당성을 검토하게 된다.

4) 협의 절차

전략 환경영향평가 대상계획을 수립하려는 행정기관의 장은 전략 환경영향평가를 실시하기 전에 전략 환경영향평가 대상계획의 목적 및 개요, 대상지역의 설정 등을 포함하는 전략 환경영향평가 준비서를 작성하여 환경영향평가협의회 심의를 거쳐 전략 환경영향평가 대상지역, 토지이용 구상안, 대안과 평가항목 및 범위, 방법 등을 결정하게 된다. 행정기관외의 자가 제안하여 수립하는 전략 환경영향평가 대상계획의 경우에도 대상계획을 제안하는 자가 평가 준비서를 작성하여 대상계획을 수립하는 행정기관의 장에게 전략 환경영향평가항목 등을 결정하여 줄 것을 요청하면 동일하게 환경영향평가협의회 심의를 거치게 된다. 환경영향평가협의회의 심의를 거쳐 결정된 전략 환경영향평가항목 등은 대상지역 관할 시·군·구나 대상계획을 수립하려는 행정기관의 정보통신망 및 환경영향평가 정보지원시스템에 14일 이상 공개하면서 주민 등의 의견을 수렴하여 평가서(초안)에 그 내용을 반영하여야 한다.

전략 환경영향평가 대상계획 중 개발기본계획을 수립하는 행정기관의 장은 평가서 초안을 작성하여 공고·공람하고 설명회 등을 통해 관계행정기관과 주민의 의견을 충분히 수렴하여 전략 환경영향평가서를 작성하게 되며, 주민의견의 수렴결과는 공개하도록 되어 있다. 다만 전략 환경영향평가 대상계획 중 정책계획에 해당하는 경우에는 평가서 초안 작성과 주민의견 수렴과정을 생략하고 전략 환경영향평가서를 작성하여 환경부와 협의를 하게 된다. 협의를 요청받은 환경부장관은 30일 이내에 협의결과를 통보하며, 주관 행정기관의 장은 통보받은 협의내용을 해당 계획에 반영하기 위하여 필요한 조치를 하거나 전략 환경영향평가 대상계획을 제안하는 자 등에게 필요한 조치를 할 것을 요구하여, 협의내용에 대한 조치를 한 날 또는 조치계획을 확정한 날로부터 30일 이내에 조치결과 또는 조치계획을 협의기관의 장에게 통보하도록 되어 있다. 이와 같은 전략 환경영향평가 협의절차를 도해하면 그림 19.2와 같다.

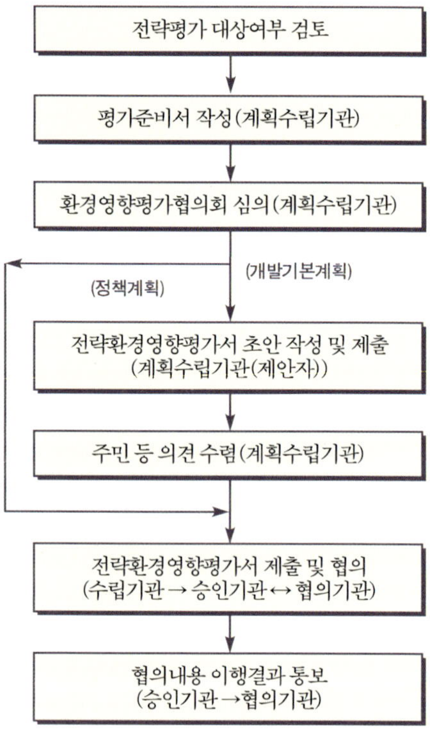

그림 19.2 전략 환경영향평가 진행 절차

19.3 소규모 환경영향평가제도

1) 제도의 의의와 대상 사업

소규모 환경영향평가제도란 환경보전이 필요한 지역이나 난개발이 우려되어 계획적 개발이 필요한 지역에서 개발 사업을 시행할 때 입지의 타당성과 환경에 미치는 영향을 미리 조사·예측·평가하여 환경보전방안을 마련하는 것을 말한다. 즉, 소규모 환경영향평가의 대상이 되는 개발 사업은 보전이 필요한 지역과 난개발이 우려되어 환경보전을 고려한 계획적 개발이 필요한 지역에서 시행되는 개발사업으로서, 환경영향평가 대상사업의 종류 및 범위에 해당되지 않는 개발 사업이 해당된다.

소규모 환경영향평가 대상사업의 종류 및 규모는 환경영향평가법 시행령(제59조)에 명확히 규정되어 있는데, 표 19.6에서 보는 바와 같이 관리지역, 농림지역, 자연환경보전지역, 개발제한구역, 습지보호지역 등 18개 보전용도지역에서 실시하는 개발면적 $5,000m^2$에서 $30,000m^2$ 이상인 개발사업과 도시지역에서 실시하는 $60,000m^2$ 이상의 특정 개발사업, 초지조성사업 등이 대상이 된다. 다만, 「재난 및 안전관리

표 19.6 **소규모 환경영향평가 대상사업**

구 분	소규모 환경영향평가 대상사업의 종류 및 규모
「국토의 계획 및 이용에 관한 법률」 적용지역	도시지역의 경우 사업계획 면적이 6만 제곱미터(녹지지역의 경우 1만 제곱미터) 이상인 다음의 어느 하나에 해당하는 사업 1) 「체육시설의 설치·이용에 관한 법률」 제12조에 따른 사업계획에 따라 시행하는 체육시설의 설치사업 2) 「골재채취법」 제21조의2에 따른 골재채취 예정지에서 골재를 채취하는 사업 3) 「어촌·어항법」 제19조 제2항 제1호에 따른 어항시설 기본계획에 따라 시행하는 개발사업 4) 「국토의 계획 및 이용에 관한 법률」 제2조 제4호 다목에 따른 기반시설 설치·정비 또는 개량에 관한 계획에 따라 시행하는 사업 5) 「국토의 계획 및 이용에 관한 법률」 제2조 제5호의 지구단위계획에 따라 시행하는 사업
	관리지역의 경우 사업계획 면적이 다음의 면적 이상인 것 1) 보전관리지역 : 5,000제곱미터 2) 생산관리지역 : 7,500제곱미터 3) 계획관리지역 : 10,000제곱미터
	농림지역의 경우 사업계획 면적이 7,500제곱미터 이상인 것
	자연환경보전지역의 경우 사업계획 면적이 5,000제곱미터 이상인 것
「개발제한구역의 지정 및 관리에 관한 특별조치법」 적용지역	개발제한구역의 경우 사업계획 면적이 5,000제곱미터 이상인 것
「자연환경보전법」 및 「야생생물 보호 및 관리에 관한 법률」 적용지역	생태·경관보전지역(시·도 생태·경관보전지역 포함)의 경우 사업계획 면적이 다음의 면적 이상인 것 1) 생태·경관핵심보전구역 : 5,000제곱미터 2) 생태·경관완충보전구역 : 7,500제곱미터 3) 생태·경관전이보전구역 : 10,000제곱미터
	자연유보지역의 경우 사업계획 면적이 5,000제곱미터 이상인 것
	야생생물 특별보호구역 및 야생생물 보호구역의 경우 사업계획 면적이 5,000제곱미터 이상인 것
「산지관리법」 적용지역	공익용산지의 경우 사업계획 면적이 10,000제곱미터 이상인 것
	공익용산지 외의 산지의 경우 사업계획 면적이 30,000제곱미터 이상인 것
「자연공원법」 적용지역	공원자연보존지구의 경우 사업계획 면적이 5,000제곱미터 이상인 것
	공원자연환경지구, 공원마을지구 또는 문화유산지구의 경우 사업계획 면적이 7,500제곱미터 이상인 것
「습지보전법」 적용지역	습지보호지역의 경우 사업계획 면적이 5,000제곱미터 이상인 것
	습지주변관리지역의 경우 사업계획 면적이 7,500제곱미터 이상인 것
	습지개선지역의 경우 사업계획 면적이 7,500제곱미터 이상인 것
「수도법」, 「하천법」, 「소하천정비법」 및 「지하수법」 적용지역	광역상수도가 설치된 호소의 경계면(계획홍수위 기준)으로부터 상류로 1킬로미터 이내인 지역의 경우 사업계획 면적이 7,500제곱미터(공동주택의 경우에는 5,000제곱미터) 이상인 것
	하천구역의 경우 사업계획 면적이 10,000제곱미터 이상인 것
	소하천구역의 경우 사업계획 면적이 7,500제곱미터 이상인 것
	관리청이 소하천정비시행계획을 수립하여 소하천정비사업을 시행하는 경우 사업계획 면적이 7,500제곱미터 이상인 것
	지하수보전구역의 경우 사업계획 면적이 5,000제곱미터 이상인 것
「초지법」 적용지역	초지조성허가신청의 경우 사업계획 면적이 30,000제곱미터 이상인 것
그 밖의 개발사업	사업계획 면적이 최소 소규모 환경영향평가 대상 면적의 60퍼센트 이상인 개발사업 중 환경오염, 자연환경훼손 등으로 지역균형발전과 생활환경이 파괴될 우려가 있는 사업으로서 시·도 또는 시·군·구의 조례로 정하는 사업과 관계행정기관의 장이 미리 시·도 또는 시·군·구 환경정책위원회의 의견을 들어 소규모 환경영향평가가 필요하다고 인정한 사업

기본법」에 따른 응급조치를 위한 사업과 국방부장관이 군사상 고도의 기밀보호가 필요하거나 군사작전의 긴급한 수행을 위하여 필요하다고 인정하여 환경부장관과 협의한 개발사업 혹은 국가정보원장이 국가안보를 위하여 고도의 기밀보호가 필요하다고 인정하여 환경부장관과 협의한 개발 사업에 대하여서는 소규모 환경영향평가 대상에서 제외할 수 있다.

2) 평가서 작성 주체와 내용

환경영향평가법 제43조에 따르면 보전이 필요한 지역과 난개발이 우려되어 환경보전을 고려한 계획적 개발이 필요한 지역 등에서 개발 사업을 하려는 자는 소규모 환경영향평가를 실시하여야 한다고 규정하고 있어 소규모 환경영향평가의 실시 주체가 사업자임을 명시하고 있다.

소규모 환경영향평가서에는 사업의 개요, 평가 대상지역의 범위 및 대상사업의 주변지역에 대한 토지이용 및 환경 현황, 입지의 타당성, 환경에 미치는 영향의 조사·예측·평가 결과와 환경보전방안 등이 포함되도록 작성하여야 하며, 소규모 환경영향평가에 참여한 사람의 인적사항 등을 적시하도록 되어있다. 소규모 환경영향평가의 분야별 세부 평가항목은 표 19.7과 같다.

표 19.7 소규모 환경영향평가의 분야별 세부 평가항목

가. 사업개요 및 지역 환경 현황	나. 환경에 미치는 영향 예측·평가 및 환경보전방안
1) 사업개요 2) 지역개황 3) 자연생태환경 4) 생활환경 5) 사회·경제환경	1) 자연생태환경(동·식물상 등) 2) 대기질, 악취 3) 수질(지표, 지하), 해양환경 4) 토지이용, 토양, 지형·지질 5) 친환경적 자원순환, 소음·진동 6) 경관 7) 전파 장해, 일조 장해 8) 인구, 주거, 산업

3) 협의 절차

소규모 환경영향평가는 승인 등을 받아야 하는 사업자가 대상사업에 대한 승인 등을 받기 전에 평가서를 작성하여 승인기관의 장에게 제출하며, 승인기관장 등은 대상사업에 대한 승인 등을 하거나 대상사업을 확정하기 전에 환경부장관에게 소규모 환경영향평가서를 제출하고 협의를 요청하게 된다. 협의를 요청받은 환경부장관은 협의 요청 절차의 적합성과 소규모 환경영향평가서의 내용 등을 검토하여 30일 내(부득이한 사유로 기간을 연장한 경우에는 40일)에 협의내용을 승인기관장 등에게 통보하도록 되어 있으며, 협의내용을 통보받은 사업자는 협의 내용을 해당 사업계획 등에 반영하기 위하여 필요한 조치를 하여야 하고, 승인기관장이 사업계획 등에 대하여 승인 등을 하거나 확정하였을 때에는 협의내용의 반영 결과를 환경부장관에게 통보하여야 한다. 이와 같은 소규모 환경영향평가 협의절차를 요약하면 그림 19.3과 같다.

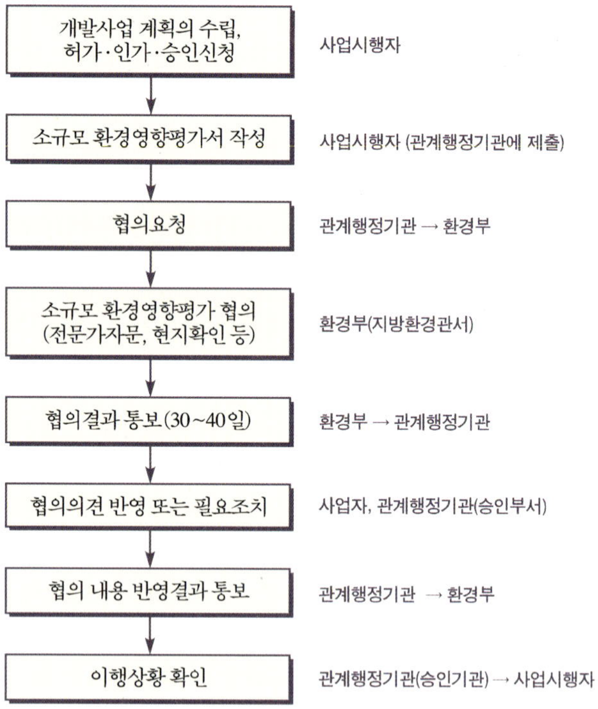

그림 19.3 소규모 환경영향평가 협의 절차

19.4 환경영향평가제도

1) 제도의 의의와 대상 사업

환경영향평가란 환경에 영향을 미치는 실시계획이나 시행계획 등의 허가·인가·승인·면허 또는 결정을 할 때 해당 사업이 환경에 미치는 영향을 미리 조사·예측·평가하여 해로운 환경영향을 피하거나 제거 또는 감소시킬 수 있는 방안을 마련하기 위한 제도를 말한다.

이러한 환경영향평가제도가 갖는 기능은 다음과 같다. 첫째, 정보제공 기능으로, 사업의 실시로 인한 환경영향에 대한 정보를 정책결정권자에게 제공함으로써 정책결정시 반영하도록 하는 것으로 환경영향평가제도의 가장 기본적인 기능이다. 또한 지방자치단체 및 지역주민에게 개발계획이나 사업에 대한 판단을 할 수 있도록 사업 현황이나 환경영향 등에 관한 정보를 제공하게 되고 환경영향평가절차에 참여하는 행정기관과 주민으로부터 지역 환경정보를 제공받기도 한다. 둘째, 합의 형성기능으로, 평가서 공람, 설명회 및 공청회 개최 등을 통한 정보제공, 주민의견 수렴 등 일련의 절차를 통해 지역주민과 사업자, 행정기관간의 정보교류와 소통을 통해 사업에 대한 이해와 합의를 도출할 수 있다. 셋째, 친환경적인 계획안이 되도록 유도하는 기능이다. 마지막으로 규제기능으로 사업의 인·허가 시 조건을 붙이거나 협의조건 미이행에 대하여 제재를 가하는 등 환경영향평가제도를 규제제도와 연계하여 제도화하는 것이 가능하다.

이와 같이 환경영향평가는 환경기초시설 확충, 녹지의 원형보전 등 예방적 차원의 환경관리를 가능하게 해줄 뿐만 아니라, 주민참여를 통해 사업계획 수립 전반에 대한 절차적 민주성을 확보하고 환경 분쟁을 예방하며, 환경과 관련된 제도를 보완하고 개선을 유도하는 효과를 가진다. 반면, 미래에 대한 정확한 예측이 어렵고, 환경적 손실의 계량화가 어려워 대안의 비교·검토가 쉽지 않으며, 개발과 보전의 조화수준에 대한 객관적 판단기준을 정하기 어려워 사람마다 서로 다른 의견이 제시될 수 있다는 한계도 가지고 있다. 따라서 환경관리의 과학적 근거를 명백히 하고, 그것에 상응한 관리계획을 세워 목적에 적합한 정책결정을 하기 위해서는 지속적인 제도적 보완이 필요할 뿐만 아니라, 무엇보다도 환경에 대한 의식수준 향상이 필요하다고 할 수 있다.

환경영향평가와 앞서 설명한 소규모 환경영향평가의 가장 큰 차이점 중 하나는 평가 대상사업의 판단기준에 있다. 소규모 환경영향평가의 경우에는 보전용도지역에서 일정규모 이상의 개발 사업에 대하여 실시하는 데 반해, 환경영향평가의 경우에는 개발 사업의 종류에 따라 사업계획 면적이 일정규모 이상인 경우에 대상이 된다. 즉, 환경영향평가의 경우 사업의 종류와 규모가 대상사업 여부를 결정하는 기준이 되고, 소규모 환경영향평가는 개발 사업을 계획하는 지역의 특성과 규모가 대상사업을 판단하는 기준이 된다고 할 수 있다. 또한 보전이 필요하거나 난개발이 우려되는 지역 내에서의 사업이라고 하더라도 환경영향평가 대상이 되는 사업의 경우에는 소규모 환경영향평가를 중복해서 실시하지 않는다.

우리나라의 환경영향평가 대상사업은 법으로 그 대상을 명확하게 규정하고 있는데, 모두 17개 분야 83개 사업으로 매우 광범위하며 이를 전부 환경영향평가 대상으로 할 경우 엄청난 숫자의 사업이 대상이 된다. 따라서 이들 중 일정규모 이상만을 평가 대상으로 하고 있으며 규모가 작은 것은 전술한 바와 같이 개발 사업이 이루어지는 지역에 따라 일정규모 이상에 대해서 소규모 환경영향평가를 실시하도록 하고 있다. 환경영향평가법 시행령 제31조제2항에서 규정하고 있는 환경영향평가 대상사업은 표 19.8과 같다.

표 19.8 **환경영향평가 대상사업**

구 분	환경영향평가 대상사업의 종류 및 범위
도시의 개발사업	「도시개발법」에 따른 도시개발사업 또는 「민간임대주택에 관한 특별법」에 따른 기업형 임대주택 공급촉진지구 조성사업 중 사업면적이 25만 제곱미터 이상인 사업
	「도시 및 주거환경정비법」에 따른 정비사업(주거환경개선사업 및 주거환경관리사업은 제외)중 사업면적 30만 제곱미터 이상인 사업
	「국토의 계획 및 이용에 관한 법률」에 따른 도시ㆍ군계획시설사업 중 다음 어느 하나에 해당하는 시설에 관한 사업 1) 운하 2) 유통업무설비로서 사업면적이 20만 제곱미터 이상인 것 3) 주차장시설로서 사업면적이 20만 제곱미터 이상인 것 4) 시장(市場)으로서 사업면적이 15만 제곱미터 이상인 것
	「주택법」에 따른 주택건설사업 또는 대지조성사업 중 사업면적이 30만 제곱미터 이상인 사업
	「택지개발촉진법」에 따른 택지개발사업 또는 「공공주택건설 등에 관한 특별법」에 따른 공공주택지구조성사업 중 사업면적이 30만 제곱미터 이상인 사업
	「유통산업발전법」에 따른 공동집배송센터 조성사업 중 사업면적이 20만 제곱미터 이상인 사업
	「여객자동차 운수사업법」에 따른 여객자동차터미널 설치공사 중 사업면적이 20만 제곱미터 이상인 사업
	「물류시설의 개발 및 운영에 관한 법률」에 따른 물류터미널 개발사업 또는 물류단지개발사업 중 사업면적이 20만 제곱미터 이상인 사업
	「교육기본법」에 따른 학교의 설치공사 중 사업면적이 30만 제곱미터 이상인 사업
	「하수도법」에 따른 공공하수처리시설 또는 개인하수처리시설 설치공사 중 처리능력이 1일 10만 세제곱미터 이상인 사업
	「농어촌정비법」에 따른 생활환경정비사업 중 마을정비구역의 조성사업 면적이 20만 제곱미터 이상인 사업
	「공공기관 지방이전에 따른 혁신도시건설 및 지원에 관한 특별법」에 따른 혁신도시개발사업 중 사업면적이 25만 제곱미터 이상인 사업
	「역세권의 개발 및 이용에 관한 법률」에 따른 역세권개발사업 중 사업면적이 25만 제곱미터 이상인 사업
산업입지 및 산업 단지의 조성사업	「산업입지 및 개발에 관한 법률」에 따른 산업단지개발사업 중 사업면적이 15만 제곱미터 이상인 사업
	「중소기업진흥에 관한 법률」에 따른 단지조성사업 중 사업면적이 15만 제곱미터 이상인 사업
	「자유무역지역의 지정 및 운영에 관한 법률」에 따른 자유무역지역을 지정하는 경우로서 사업면적이 15만 제곱미터 이상인 사업
	「산업집적활성화 및 공장설립에 관한 법률」에 따른 공장을 설립하는 경우로서 사업면적이 15만 제곱미터 이상인 사업
	「도시개발법」에 따른 도시개발사업 중 공업용지조성사업의 사업면적이 15만 제곱미터 이상인 사업
	「산업기술단지 지원에 관한 특례법」에 따른 산업기술단지의 조성사업 중 사업면적이 15만 제곱미터 이상인 사업
	「연구개발특구의 육성에 관한 특별법」에 따른 연구개발특구의 조성사업 중 사업면적이 15만 제곱미터 이상인 사업
에너지 개발사업	「해저광물자원 개발법」에 따른 해저광업 개발사업 중 에너지개발을 목적으로 하는 사업
	「광업법」에 따른 광업 중 에너지개발을 목적으로 하는 광업으로서 채광면적이 30만 제곱미터 이상인 사업
	「전원개발촉진법」에 따른 전원개발사업 중 다음의 어느 하나에 해당하는 시설에 관한 사업 1) 발전시설용량이 1만 킬로와트 이상인 발전소. 다만, 댐 및 저수지 건설을 수반하는 발전소는 3천, 태양력ㆍ풍력 또는 연료전지 발전소는 10만, 발전소 냉각수를 활용한 해양소수력 발전소는 3만 킬로와트 이상인 것 2) 345킬로볼트 이상의 지상송전선로로서 선로길이가 10킬로미터 이상인 것 3) 765킬로볼트 이상의 옥외변전소 4) 조성면적이 30만 제곱미터 이상인 회(灰) 처리장 5) 조성면적이 5만 제곱미터 이상인 저탄장(貯炭場)
	「전기사업법」에 따른 전기설비 중 다음의 어느 하나에 해당하는 설비의 설치사업 1) 발전시설용량이 1만 킬로와트 이상인 발전소. 다만, 댐 및 저수지 건설을 수반하는 경우에는 3천, 공장용지 안의 자가용(自家用) 발전설비는 3만, 태양력ㆍ풍력 또는 연료전지 발전소는 10만 킬로와트 이상인 것 2~5) 위의 「전원개발촉진법」에 따른 전원개발사업 중 2)~5)항과 동일
	「집단에너지사업법」에 따른 공급시설 중 발전시설용량이 1만 킬로와트(공장용지 또는 산업용지 안에 설치하는 경우에는 3만 킬로와트) 이상인 열 발생설비의 설치사업
	「송유관 안전관리법」에 따른 송유관 중 저유시설(貯油施設) 설치공사로서 저장용량이 10만 킬로리터 이상인 공사
	「석유 및 석유대체연료 사업법」에 따른 석유정제업자ㆍ석유수출입업자 및 석유판매업자의 저유시설, 「액화석유가스의 안전관리 및 사업법」의 액화석유가스 수출입업자의 저장시설 또는 「한국석유공사법」에 따른 석유비축시설의 설치공사 중 저장용량이 10만 킬로리터 이상인 공사
	「한국가스공사법」에 따른 가스사업의 설치공사 중 저장시설의 용량이 10만 킬로리터 이상인 공사
항만의 건설사업	「어촌ㆍ어항법」에 따른 어항시설 건설사업 또는 어항개발사업 중 1) 외곽시설(길이 300미터 이상 또는 공유수면 3만 제곱미터 이상의 매립이 수반되는 것만 해당) 2) 계류시설(공유수면 3만 제곱미터 이상의 매립이 수반되는 것만 해당) 3) 그 밖의 어항시설(사업면적이 15만 제곱미터 이상 또는 공유수면 3만 제곱미터 이상의 매립이 수반되는 것만 해당)

표 19.8 **환경영향평가 대상사업 (계속)**

구 분	환경영향평가 대상사업의 종류 및 범위
항만의 건설사업	「항만법」에 따른 항만시설 중 1) 외곽시설(길이 300미터 이상 또는 공유수면 3만 제곱미터 이상의 매립이 수반되는 것만 해당) 2) 계류시설(공유수면 3만 제곱미터 이상의 매립이 수반되는 것만 해당) 3) 그 밖의 항만시설(공유수면매립이 수반되는 경우 매립면적이 3만 이상, 그 외는 15만 제곱미터 이상인 것만 해당)
	「항만법」에 따른 항만 및 「신항만건설촉진법」에 따른 신항만에서의 준설사업 중 준설면적 10만 제곱미터 이상 또는 준설량 20만 세제곱미터 이상인 것(항로·정박지 등을 유지하기 위한 준설과 오염물질 제거를 위한 준설은 제외)
	「신항만건설촉진법」에 따른 신항만건설사업 중 1) 외곽시설로서 길이 300미터 이상 또는 공유수면 3만 제곱미터 이상의 매립이 수반되는 것 2) 계류시설로서 공유수면 3만 제곱미터 이상의 매립이 수반되는 것 3) 그 밖의 항만시설로서 조성면적 15만 제곱미터 이상 또는 공유수면 3만 제곱미터 이상의 매립이 수반되는 것
	「항만법」에 따른 항만재개발사업 중 사업면적 30만 제곱미터 이상인 항만재개발사업 또는 다음의 어느 하나 1) 외곽시설로서 길이 300미터 이상 또는 공유수면 3만 제곱미터 이상의 매립이 수반되는 것 2) 계류시설로서 공유수면 3만 제곱미터 이상의 매립이 수반되는 것 3) 그 밖의 항만시설로 조성면적 15만 제곱미터 이상 또는 공유수면 3만 제곱미터 이상의 매립이 수반되는 것
	「마리나항만의 조성 및 관리 등에 관한 법률」에 따른 마리나항만시설 중 1) 외곽시설(길이 300미터 이상 또는 공유수면 3만 제곱미터 이상의 매립이 수반되는 것만 해당) 2) 계류시설(공유수면 3만 제곱미터 이상의 매립이 수반되는 것만 해당) 3) 그 밖의 항만시설(공유수면매립이 수반되는 경우 매립면적이 3만 이상, 그 외는 15만 제곱미터 이상인 것만 해당)
도로의 건설사업	「도로법」 및 「국토의 계획 및 이용에 관한 법률」에 따른 도로의 건설사업 중 1) 4킬로미터 이상의 신설(도시지역에서는 폭 25미터 이상의 도로만 해당 - 고속국도와 자동차전용도로 또는 지하도로는 예외) 2) 왕복 2차로 이상인 기존 도로로서 길이 10킬로미터 이상의 확장 등
수자원의 개발사업	「댐건설 및 주변지역지원 등에 관한 법률」에 따른 댐 설치공사로서 만수면적이 200만 제곱미터 이상이거나 총저수용량이 2천만 세제곱미터 이상인 것
	「하천법」에 따른 하천시설 중 하구둑 설치공사로서 만수면적이 200만 제곱미터 이상이거나 총저수용량이 2천만 세제곱미터 이상인 것
	「농어촌정비법」에 따른 농업생산기반시설 중 만수면적이 200만 제곱미터 이상이거나 총저수용량이 2천만 세제곱미터 이상인 저수지·보 또는 유지의 조성
철도 (도시철도 포함)의 건설사업	「철도건설법」 또는 「국토의 계획 및 이용에 관한 법률」에 따른 철도 또는 고속철도의 건설사업 중 길이가 4킬로미터 이상이거나 철도시설의 면적이 10만 제곱미터 이상인 것
	「도시철도법」에 따른 도시철도 및 도시철도시설 건설사업 중 길이 4킬로미터 이상이거나 도시철도시설(부지를 포함)의 면적이 10만 제곱미터 이상인 것
	「궤도운송법」에 따른 궤도사업(전용궤도 등을 포함)으로서 1) 삭도의 길이가 2킬로미터 이상인 경우 2) 궤도(삭도는 제외)의 길이가 4킬로미터 이상인 경우 3) 궤도시설(부지를 포함)의 면적이 10만 제곱미터 이상인 것
공항의 건설사업	「항공법」에 따른 공항개발사업 중 1) 비행장의 신설 2) 길이가 500미터 이상인 활주로의 건설 3) 그 밖의 공항개발사업으로서 사업면적이 20만 제곱미터 이상인 것
하천의 이용 및 개발	다음의 구역에서 하는 「하천법」에 따른 하천공사 중 그 공사구간이 하천 중심길이로 10킬로미터 이상인 사업 1) 「하천법」 제2조 제2호에 따른 하천구역 2) 「하천법」 제12조에 따른 홍수관리구역
개간 및 공유수면 매립사업	「공유수면 관리 및 매립에 관한 법률」에 따른 매립사업 중 1) 「항만법」에 따른 무역항, 연안항 및 「신항만건설촉진법」에 따른 신항만, 「국토의 계획 및 이용에 관한 법률」에 따른 자연환경보전지역에서의 매립사업인 경우 : 3만 제곱미터 이상 2) 그 밖의 지역에서의 매립사업인 경우 : 30만 제곱미터 이상
	「농어촌정비법」에 따른 간척사업 또는 개간사업 중 사업면적이 100만 제곱미터 이상인 것
관광단지 개발사업	「관광진흥법」에 따른 관광사업 중 사업면적이 30만 제곱미터 이상인 것
	「관광진흥법」에 따른 관광지 및 관광단지의 조성사업 중 사업면적이 30만 제곱미터 이상인 것
	「온천법」에 따른 온천원보호지구에서의 온천개발사업 중 사업면적이 30만 제곱미터 이상인 것
	「자연공원법」에 따른 공원사업 중 사업 면적이 10만 제곱미터 이상인 것
	「국토의계획 및 이용에 관한 법률」에 따른 도시·군계획사업 중 유원지에 설치되는 시설면적이 10만 제곱미터 이상인 것

표 19.8 **환경영향평가 대상사업 (계속)**

구 분	환경영향평가 대상사업의 종류 및 범위
관광단지 개발사업	「도시공원 및 녹지 등에 관한 법률」에 따른 공원시설의 설치사업 중 1) 공원시설면적의 합계가 10만 제곱미터 이상인 사업 2) 공원시설면적 및 비공원시설면적의 합계가 10만 제곱미터 이상인 사업(민간공원추진자가 설치하는 경우)
산지의 개발사업	「산지관리법」에 따른 산지에서 시행되는 다음의 어느 하나에 해당하는 사업 1) 「장사 등에 관한 법률」에 따른 묘지 또는 봉안시설의 설치사업 중 사업면적이 25만 제곱미터 이상인 사업 2) 「초지법」에 따른 초지의 조성사업 중 조성면적이 30만 제곱미터 이상인 사업 3) 1) 및 2) 외의 사업 중 「산지관리법」에 따른 산지전용허가면적이 20만 제곱미터 이상인 사업
	「산림자원의 조성 및 관리에 관한 법률」에 따른 임도(林道)의 설치사업 중 1) 노선의 총길이가 8킬로미터 이상인 사업 2) 노선의 총길이가 4킬로미터 이상인 사업(「산지관리법」에 따른 공익용 산지에서 이루어지는 사업의 경우)
	「산림복지 진흥에 관한 법률」에 따른 산림복지단지에 조성되는 산림복지시설별 산지전용면적의 합이 20만 제곱미터 이상인 사업
특정지역의 개발사업	제1호부터 제12호까지, 제14호부터 제17호까지 규정에 따른 환경영향평가대상사업의 범위에 해당하는 사업 중 「지역개발 및 지원에 관한 법률」에 따라 시행되는 사업
	「지역 개발 및 지원에 관한 법률」에 따른 지역개발사업 중 사업면적이 20만 제곱미터 이상인 것
	「주한미군기지 이전에 따른 평택시 등의 지원 등에 관한 특별법」에 따른 주한미군시설사업
	「주한미군기지 이전에 따른 평택시 등의 지원 등에 관한 특별법」에 따른 국제화계획지구의 개발사업
	「주한미군기지 이전에 따른 평택시 등의 지원 등에 관한 특별법」에 따른 평택시개발사업
	「신행정수도 후속대책을 위한 연기·공주지역 행정중심복합도시건설을 위한 특별법」에 따른 행정중심복합도시 건설사업
	「경제자유구역의 지정 및 운영에 관한 특별법」에 따른 경제자유구역의 개발사업
	「기업도시개발 특별법」 제2조 제3호에 따른 기업도시개발사업
	「수도권신공항건설 촉진법」 제2조 제2호에 따른 신공항건설사업
	「친수구역활용에 관한 특별법」에 따른 친수구역조성사업(친수구역조성사업에 직접 관련되는 사업을 포함)
체육시설 설치사업	「체육시설의 설치·이용에 관한 법률」에 따른 체육시설의 설치공사 중 사업면적이 25만 제곱미터 이상인 것
	「경륜·경정법」에 따른 경륜 또는 경정 시설의 설치사업 중 사업면적이 25만 제곱미터 이상인 것
	「청소년활동 진흥법」에 따른 청소년수련시설의 설치사업 중 사업면적이 30만 제곱미터 이상인 것
	「청소년활동 진흥법」에 따른 청소년수련지구의 조성사업 중 사업면적이 30만 제곱미터 이상인 것
	「한국마사회법」에 따른 경마장의 설치사업 중 사업면적이 25만 제곱미터 이상인 것
폐기물 처리시설·분뇨처리시설 및 가축분뇨 처리시설 설치	「폐기물관리법」에 따른 폐기물처리시설 중 1) 최종처분시설 중 매립시설로 폐기물매립시설의 조성면적이 30만 제곱미터 이상이거나 매립용적이 330만 세제곱미터 이상인 것 2) 최종처분시설 중 매립시설로서 지정폐기물 처리시설의 조성면적이 5만 제곱미터 이상이거나 매립용적이 25만 세제곱미터 이상인 것 3) 중간처분시설 중 소각시설로서 처리능력이 1일 100톤 이상인 것
	다음의 어느 하나에 해당하는 시설로서 처리용량이 1일 100 세제곱미터 이상인 것 1) 「하수도법」에 따른 분뇨처리시설 2) 「가축분뇨의 관리 및 이용에 관한 법률」에 따른 처리시설 또는 공공처리시설 3) 「폐기물관리법」에 따른 폐기물처리시설 중 중간처분시설 또는 재활용시설로서 음식물류 폐기물 처리시설
국방·군사시설의 설치사업	「국방·군사시설 사업에 관한 법률」에 따른 국방·군사시설사업 중 사업면적이 33만 제곱미터 이상인 것 다만, 체육을 위하여 필요한 시설(골프장을 포함한다)의 경우에는 사업면적이 25만 제곱미터 이상인 것
	「군사기지 및 군사시설 보호법」에 따른 군사기지(해군기지는 제외) 안에서 시행되는 다음 사업 1) 비행장의 신설 2) 길이 500미터 이상인 활주로의 건설 3) 그 밖의 사업으로서 사업면적이 20만 제곱미터 이상인 것
	「군사기지 및 군사시설 보호법」에 따른 군사시설(해군기지의 군사시설은 제외)의 설치사업으로서 다음의 어느 하나에 해당하는 사업 1) 비행장의 신설 2) 길이 500미터 이상인 활주로의 건설 3) 그 밖에 사업면적이 20만 제곱미터 이상인 사업
	「군사기지 및 군사시설 보호법」에 따른 해군기지 안에서 시행되는 사업으로서 사업면적이 15만 제곱미터 이상이거나 공유수면 3만 제곱미터 이상의 매립이 수반되는 것

표 19.8 환경영향평가 대상사업 (계속)

구 분	환경영향평가 대상사업의 종류 및 범위
토석·모래·자갈·광물 등의 채취사업	「하천법」에 따른 하천구역 또는 홍수관리구역에서 토석·암석·모래·자갈 또는 광물을 채취하는 사업으로서 그 채취면적이 다음의 어느 하나에 해당하는 사업 1) 「수도법」에 따른 상수원보호구역에서 채취하는 경우 : 2만 제곱미터 이상 2) 상수원보호구역의 상류방향으로 유수거리 5킬로미터 이내인 지역에서 채취하는 경우 : 5만 제곱미터 이상
	「산지관리법」에 따른 산지에서 토석을 채취하거나 광물을 채굴하는 사업으로서 그 채취 또는 채굴 면적이 다음의 어느 하나에 해당하는 사업 1) 토석을 채취하는 경우 : 승인 등을 받으려는 면적이 10만 제곱미터 이상 2) 광물을 채굴하는 경우 : 「광업법」에 따른 채굴계획의 인가를 받은 광구 안의 산지훼손면적(완충구역의 면적을 포함)이 10만 제곱미터 이상
	「산지관리법」에 따른 채석단지의 지정
	해안에서 「광업법」에 따른 광물을 채취하는 사업으로서 「광업법」에 따른 광구의 단위구역당 광물채취면적이 다음의 어느 하나에 해당하는 사업 1) 강원도 및 경상북도의 경우 : 2만 제곱미터 이상 2) 그 밖의 지역의 경우 : 3만 제곱미터 이상
	「골재채취법」에 따른 골재채취예정지의 면적이 25만 제곱미터 이상이거나 채취량이 50만 세제곱미터 이상인 것
	「골재채취법」에 따라 해안에서 골재를 채취하는 경우로서 「광업법」에 따른 광구의 단위구역당 채취면적이 25만 제곱미터 이상이거나 채취량이 50만 세제곱미터 이상인 것
	「골재채취법」에 따른 골재채취단지의 지정

2) 평가서 작성 주체와 내용

일반적으로 환경영향평가서를 작성하는 주체로는 사업자 또는 사업자가 선정한 엔지니어링 업체 등이 평가서를 작성하게 하는 사업자 중심주의와 공공사업뿐만 아니라 민간사업의 경우에도 사업의 승인권한을 갖는 기관이 평가서를 작성하거나 평가서에 대한 최종 책임을 지게 하는 행정기관 중심주의, 그리고 사업자나 승인기관 등과 관련이 없는 독립된 기관이 평가서를 작성토록 하는 중립적 제3기관이 작성하는 방안이 있다. 일본, 프랑스, 영국, 네덜란드 등의 국가에서는 사업자 중심주의를, 미국, 캐나다, 독일의 일부 지방자치단체(에어랑겐, 칼스루헤 등) 등에서는 행정기관 중심주의를 채택하고 있다.

우리나라의 경우에는 환경영향평가법 제22조에서 환경영향평가 대상사업을 하려는 자(사업자)가 환경영향평가를 실시하도록 규정하고 있는데, 이와 같이 사업자 중심주의의 환경영향평가는 환경영향평가제도가 환경관리수단으로서의 목적을 가지고 있기 때문에 사업주체는 자기의 사업이 환경에 어떠한 영향을 미치게 되는가에 관하여 구체적으로 인식하여야 할 필요가 있을 뿐 아니라 사업의 세부적인 계획과 추진과정을 가장 잘 알고 있으며, 사업에 대한 책임이 사업자에게 있어 평가서에 대한 책임한계를 명확히 하고, 하자가 있을 경우 공사 중지 등 사업자에게 책임을 물어 사후 조치를 쉽게 취할 수 있는 장점이 있다.

그러나 환경영향평가서의 작성을 위해서는 21개 항목에 대한 다양한 전문지식이 필요한데 반하여, 사업자가 이러한 능력을 모두 갖추도록 기대하기는 현실적으로 어려운 측면이 있으므로 전문가에 의한 지원책이 필요하게 된다. 이를 위하여 환경영향평가법 제53조에서는 환경영향평가 등을 하려는 자가 평가서 등을 작성할 때에는 환경영향평가업의 등록을 한 자(환경영향평가업자)에게 그 작성을 대행하게 할 수 있다고 규정하여 환경부장관에게 등록한 환경영향평가업자로 하여금 평가서 초안 및 평가서, 사후환경영향조사서, 약식평가서 등의 작성을 대행하게 할 수 있도록 하고 있다. 이 경우, 환경영향평가서의 작성주체는 여전히 당해 사업을 수행하는 자(사업자)가 되기 때문에 환경영향평가업자에 의하여 작성되는 평가서의 경우에도 환경영향평가서의 내용과 평가서에 포함된 각종 사항에 대하여는 평가의 주체인 사업자에게 최종적인 책임이 있게 된다.

한편, 환경영향평가서 작성 시 평가해야하는 분야별 세부평가 항목은 표 19.9에서 보는 바와 같이 환경영향평가법 시행령(제2조 제1항) 규정에 따라 6개 분야 21개 항목으로 정해져 있으며, 세부항목에 대한 상세한 평가방법은 환경부의 고시 '환경영향평가서등 작성 등에 관한 규정'으로 정하고 있기 때문에 이 방법에 적합하게 평가하여 평가서를 작성하여야 한다.

표 19.9 환경영향평가의 분야별 세부 평가항목

가. 자연생태환경 분야	다. 수환경 분야	마. 생활환경 분야
1) 동 · 식물상 2) 자연환경자산	1) 수질(지표 · 지하) 2) 수리 · 수문 3) 해양환경	1) 친환경적 자원순환 2) 소음 · 진동 3) 위락 · 경관 4) 위생 · 공중보건 5) 전파 장해 6) 일조 장해
나. 대기환경 분야	**라. 토지환경 분야**	**바. 사회 · 경제환경 분야**
1) 기상 2) 대기질 3) 악취 4) 온실가스	1) 토지이용 2) 토양 3) 지형 · 지질	1) 인구 2) 주거(이주의 경우를 포함) 3) 산업

3) 환경영향평가서 협의 절차

사업자가 환경영향 평가서를 작성하여 평가서의 협의 주체로 하여금 이를 검토하게 하고, 궁극적으로 부정적 영향을 최소화하는 방안을 수립하여 사업을 시행토록 하는 과정에서 각 단계별 충실한 노력이 환경영향평가제도의 목적달성에 매우 중요하다고 할 수 있다. 따라서 협의 절차가 너무 까다로울 경우에는 많은 시일이 소요될 뿐만 아니라 작성과정에서도 사업시행에 부정적인 요소가 될 수 있으며, 협의 절차가 너무 간소할 경우에는 형식적인 절차로 전락하여 본래의 환경영향평가제도의 목적달성을 어렵게 할 수도 있다. 따라서 이와 같은 양면성을 고려하여 제도의 효율적인 목적달성이 이루어질 수 있도록 적절한 절차를 수립하여 시행하여야 한다.

우리나라에서는 사업자가 환경영향평가를 실시하기 전에 평가 준비서를 작성하여 환경영향평가협의회의 심의를 거쳐 환경영향평가 대상지역과 평가 항목 · 범위 · 방법 등과 환경보전방안의 대안 등을 결정한 후, 환경영향평가서의 초안을 작성하여 공고 · 공람 등을 통해 주민 등의 의견을 수렴하도록 되어 있다. 초안에 대한 주민과 전문가, 관계행정기관의 의견을 수렴한 후 사업자는 이를 충분히 검토하여 환경영향평가서를 작성하게 되며, 작성된 환경영향평가서를 승인기관 등에 제출하여 환경부와 협의한 후 협의 의견을 반영하여 사업을 확정하게 된다.

환경영향평가 대상사업에 대한 개발기본계획을 수립할 때 전략 환경영향평가서 초안을 작성하여 의견수렴 절차를 거친 경우나 환경에 미치는 영향이 적은 사업의 경우로써 법에서 정한 일정요건을 갖춘 사업에 대해서는 간이평가라 하여 환경영향평가서 초안의 작성이나 의견수렴 절차 등 일부 절차를 생략할 수도 있다. 상세한 환경영향평가 수행 절차를 그림 19.4에 요약하여 제시하였다.

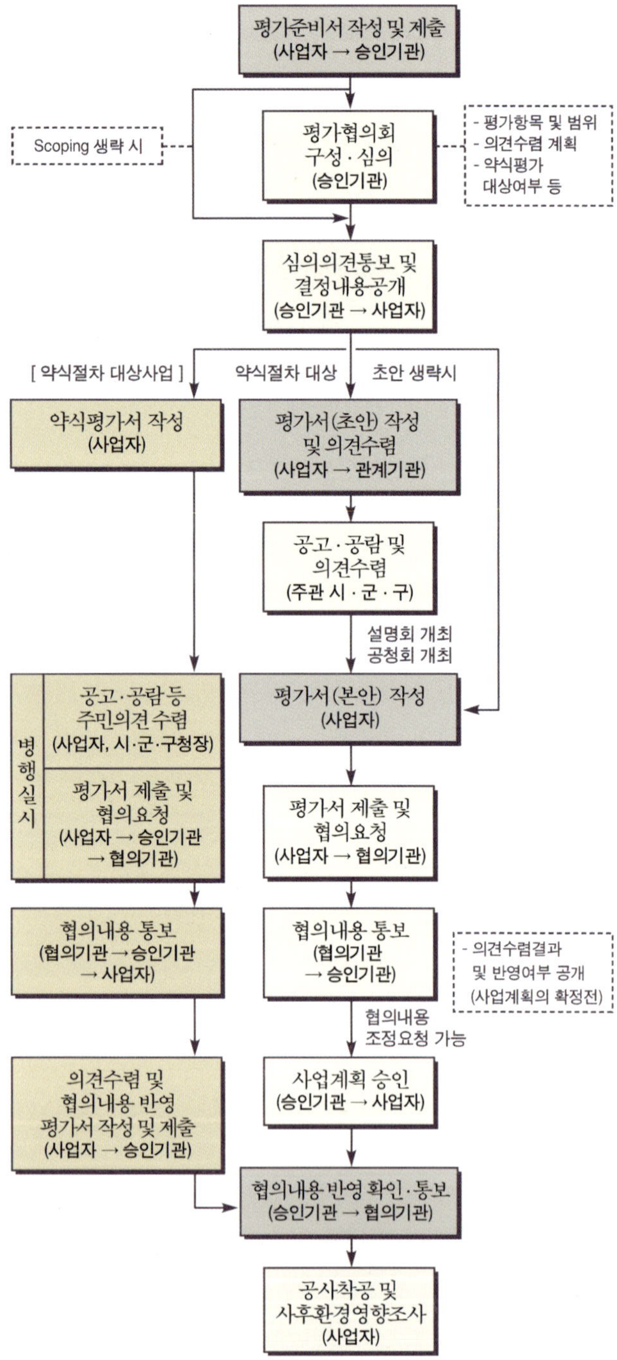

그림 19.4 환경영향평가 수행 절차

19.5 사후 환경영향조사제도

사후 환경영향조사란 사업 착공 시부터 발생될 수 있는 환경피해를 방지하고 당초 환경영향평가가 적절하게 실시되었는가를 파악하기 위하여 사업자가 행하는 주변 환경에 대한 조사·분석 및 평가행위를 말한다. 우리나라 환경영향평가법 제36조에서는 '사업자는 환경영향평가 해당 사업을 착공한 후에 그 사업이 주변 환경에 미치는 영향을 조사하고 그 결과를 환경부장관과 승인기관의 장에게 통보하여야 한다'라고 규정하여 사후 환경영향조사와 결과의 통보를 사업자의 의무로 규정하고 있다.

따라서 사후 환경영향조사제도는 공사 중과 공사 후 환경상 영향 여부, 평가서 예측내용의 적정성 등을 검토하기 위하여 사업장 주변의 환경질 및 생태계 현황 등을 조사하는 것으로써, 대상사업의 착공 후에 발생될 수 있는 환경영향을 조사하고, 조사결과를 토대로 당해 사업으로 인하여 주변 환경의 피해가 예상될 경우 이를 환경부장관에게 통보하고 필요한 조치를 이행하는데 목적이 있다고 할 수 있다.

사후 환경영향조사의 조사항목은 환경영향평가의 분야별 세부평가 항목 중 환경정책기본법에 따라 환경기준이 설정된 항목과 평가서 협의내용을 통보할 때 협의기관의 장이 사후 환경영향조사를 하도록 제시한 항목을 대상으로 하며, 항목별 조사주기는 환경상황을 적절하게 파악할 수 있는 주기(분기, 반기, 연)로 한다. 또한 사후 환경영향조사를 하여야 하는 기간은 환경영향평가법에 의해 사업의 유형에 따라 사업 착공 시부터 사업 준공 시까지 하거나, 사업 준공 후 3년까지 혹은 5년까지 하거나, 특정한 시기를 지정하여 시행하는 경우도 있다. 환경영향평가법 시행규칙(제19조 제1항)에서 규정하고 있는 구체적인 사후 환경영향조사 대상사업과 조사기간을 표 19.10에 요약하여 제시하였다. 또한 사후 환경영향조사의 결과 및 조치내용 등을 검토할 때에 환경부장관이 관계 전문가 또는 전문기관의 의견을 듣거나 현지조사를 의뢰할 수 있게 하는 등 최근 개정된 사후 환경영향조사 법 규정에 따른 수행 절차를 그림 19.5에 요약하여 제시하였다.

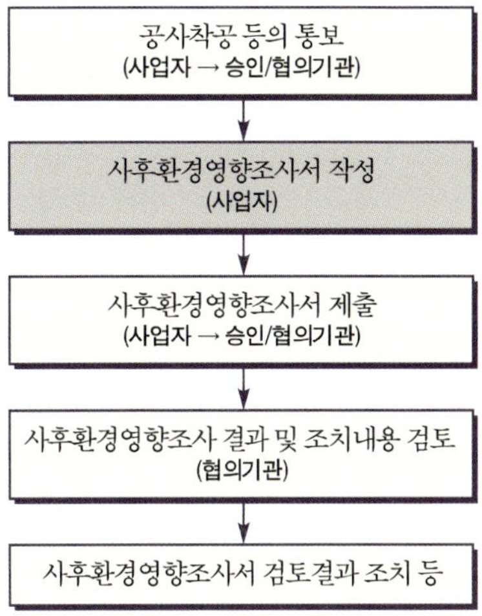

그림 19.5 사후환경영향조사 수행 절차

본 19장의 내용은 현재(2017년 1월) 시행 중인 각종 법령을 기준으로 한 것으로 이후 법령개정 등에 따라 세부 내용이 달라질 수 있음.

표 19.10 사후환경영향조사 대상사업 및 기간

사후환경영향조사 대상사업		조사 기간
도시의 개발사업	가. 도시개발사업 또는 기업형 임대주책 공급촉진지구 조성사업 나. 정비사업 다. 주택건설사업 및 대지조성사업 라. 택지개발사업 및 보금자리주택지구 조성사업 마. 공동집배송센터 조성사업 바. 여객자동차터미널 설치공사 사. 물류터미널 및 물류단지개발사업 아. 공공하수처리시설 및 개인하수처리시설의 설치공사 자. 마을정비구역의 조성사업 차. 혁신도시개발사업 카. 역세권개발사업	사업 착공 시부터 사업 준공 후 3년까지
	타. 운하	사업 착공 시부터 사업 준공 후 5년까지
	파. 유통업무설비, 주차장시설 및 시장 하. 학교의 설치공사	사업 착공 시부터 사업 준공 시까지
산업입지 및 산업 단지의 조성사업	사업 착공 시부터 사업 준공 시까지 및 사업 준공 후 입주율이 70%에 도달한 다음 해부터 3년간 (사업 준공 후 7년이 되는 해에도 입주율이 70%에 도달하지 않은 경우에는 7년이 되는 해에만 실시)	
에너지 개발사업	가. 에너지개발을 목적으로 하는 해저광업 나. 에너지개발을 목적으로 하는 광업	사업 착공 시부터 채광 완료 후 3년까지
	다. 회처리장 라. 저탄장 마. 송유관 중 저유시설 설치공사 바. 저유시설 또는 석유비축시설의 설치공사 사. 가스사업의 설치공사 중 저장시설	사업 착공 시부터 사업 준공 후 3년까지
	아. 발전소 자. 열 발생설비의 설치사업	사업 착공 시부터 사업 준공 후 5년까지
	차. 지상송전선로 카. 옥외변전소	사업 착공 시부터 사업 준공 시까지
항만의 건설사업	가. 외곽시설 나. 계류시설 다. 어항시설 또는 항만시설로서 공유수면 3만 제곱미터 이상의 매립이 수반되는 것	사업 착공 시부터 사업 준공 후 5년까지
	라. 준설사업	사업 착공 시부터 준설 완료 후 5년까지
	마. 항만재개발사업	사업 착공 시부터 사업 준공 후 3년까지
	바. 어항시설 또는 항만시설로서 공유수면이 3만 제곱미터 이상의 매립이 수반되지 않는 것	사업 착공 시부터 사업 준공 시까지
도로의 건설사업		사업 착공 시부터 사업 준공 후 3년까지
수자원의 개발사업		사업 착공 시부터 사업 준공 후 5년까지
철도의 건설 사업		사업 착공 시부터 사업 준공 후 3년까지
공항의 건설사업	가. 비행장	사업 착공 시부터 사업 준공 후 5년까지
	나. 활주로 건설 다. 공항개발사업	사업 착공 시부터 사업 준공 시까지
하천의 이용 및 개발사업		사업 착공 시부터 사업 준공 후 3년까지
개간 및 공유수면의 매립사업		사업 착공 시부터 사업 준공 후 5년까지
관광단지의 개발사업	가. 관광사업	사업 착공 시부터 사업 준공 후 3년까지
	나. 관광지 및 관광단지 조성사업 다. 온천개발사업	사업 착공 시부터 사업 준공 후 5년까지
	라. 공원사업 마. 도시·군계획사업 중 유원지 내 시설 설치사업 바. 공원시설의 설치사업	사업 착공 시부터 사업 준공 시까지

표 19.10 **사후환경영향조사 대상사업 및 기간**(계속)

사후환경영향조사 대상사업		조사 기간
산지의 개발사업	가. 묘지 또는 봉안시설의 설치사업 나. 초지조성, 산지전용허가 다. 임도설치사업 라. 산림복지시설의 조성사업	사업 착공 시부터 사업 준공 시까지
특정 지역의 개발사업	가. 「지역균형개발 및 지방중소기업 육성에 관한 법률」에 따라 시행되는 사업	제1호부터 제12호까지, 제14호부터 제17호까지의 사업의 조사기간을 준용
	나. 지역개발사업 다. 주한미군시설사업, 국제계획지구 개발사업, 평택시개발사업 라. 행정중심복합도시 건설사업 마. 경제자유구역의 개발사업 바. 기업도시개발사업 사. 친수구역조성사업	사업 착공 시부터 사업 준공 후 3년까지
	아. 신공항건설사업	사업 착공 시부터 사업 준공 후 5년까지
체육시설의 설치사업	가. 체육시설 설치공사 나. 경마장 설치사업	사업 착공 시부터 사업 준공 후 3년까지
	다. 경륜 또는 경정시설 설치사업 라. 청소년수련시설 설치사업 마. 청소년수련지구 조성사업	사업 착공 시부터 사업 준공 시까지
폐기물처리시설·분뇨처리시설 및 가축분뇨처리시설의 설치사업	가. 최종처리시설 중 매립시설 나. 중간처리시설 중 소각시설	사업 착공 시부터 사업 준공 후 5년까지
	다. 가축분뇨 처리시설 또는 공공처리시설 라. 음식물류 폐기물의 처리시설	사업 착공 시부터 사업 준공 시까지
국방군사시설의 설치사업	가. 국방·군사시설사업	사업 착공 시부터 사업 준공 시까지
	나. 비행장	사업 착공 시부터 사업 준공 후 5년까지
	다. 활주로의 건설 및 그 밖의 사업 라. 해군기지내 시행사업	사업 착공 시부터 사업 준공 시까지
토석·모래·자갈·광물 등의 채취사업	가. 토석·암석·모래·자갈 또는 광물의 채취사업 나. 산지에서의 토석·광물 채취사업 다. 채석단지의 지정 라. 해안에서의 광물채취사업 마. 해안에서의 골재채취사업 바. 골재채취단지의 지정	사업 착공 시부터 채취 완료 후 3년까지
	사. 골재채취예정지의 지정	사업 착공 시부터 골재채취 종료 시까지

찾아보기

▮ ㅅ

▮ ㅇ

■ ㅈ

■ ㅊ

▌ㅋ

▌ㅌ

▌ㅍ

▌ㅎ

▌기타

제2판 인간과 환경 정가 22,000원

저자 : 김광렬 · 신택수 · 연익준 · 윤 철 · 이장훈 · 홍상표

발행인 : 임정대
발행처 : 도서출판 **화수목**

발행 : 2015년 9월 7일 초 판 1쇄
2017년 3월 6일 제2판 1쇄
2018년 6월 25일 제2판 2쇄

등록 : 제2014-000166호
주소 : 서울시 마포구 신촌로 2길 5-15
전화 : 02-338-9119
팩스 : 02-335-2201

ISBN 979-11-86290-77-4 (93530)